国家科学技术学术著作出版基金资助出版

『十二五』国家重点图书出版规划项目

菊科紫菀族花粉

的形态结构与系统演化

Pollen Morphology and Phylogeny of the Tribe *Astereae* (Compositae)

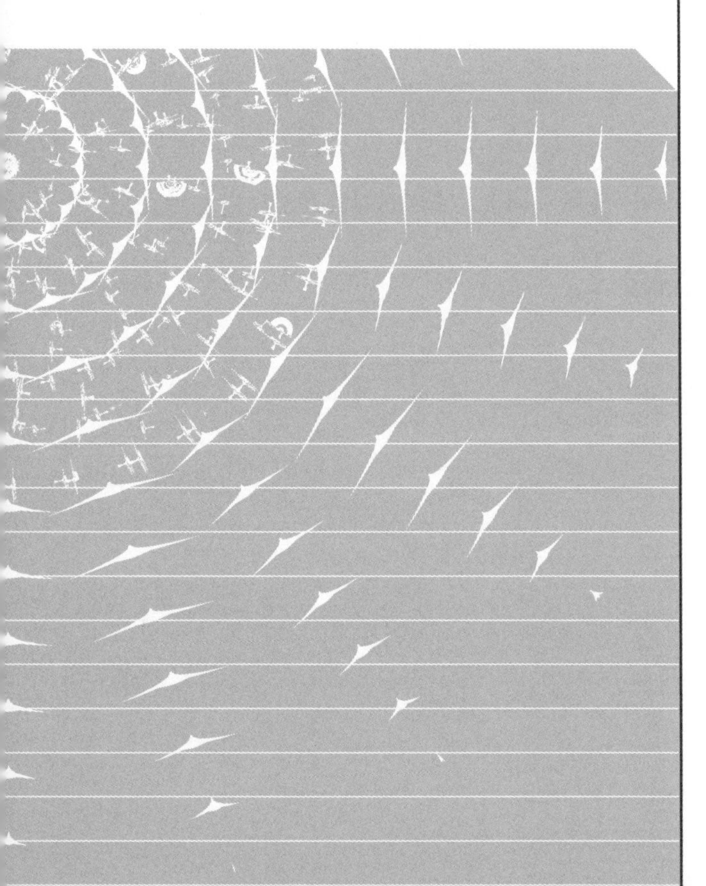

张小平 周忠泽 著

中国科学技术大学出版社

内 容 简 介

本书对菊科紫菀族的36属350种植物花粉进行了光学显微镜、扫描电镜与透射电镜的观察和研究。根据花粉的形状、大小、萌发器官的类型、外壁纹饰和内层结构，首次将紫菀族花粉划分为40个类型，其中很多类型为第一次报道。同时，利用Hennig86程序，对紫菀族40个花粉类型进行了分支分析，结果表明紫菀族分为田基黄亚族（*Grangeinae*）和紫菀亚族（*Asterinae*）两个亚族较为合理，从花粉角度证实了Jeffrey关于紫菀族次级划分的论断，并详细讨论了各类型之间的系统演化关系。在此基础上，将所获得的孢粉学资料和植物地理分布结合起来，探讨了紫菀族植物的起源地点和时间，以及多样化中心、分布式样及迁移路线。提出了各类型花粉进化程度的判别标准和完整的分类系统，特别是将花粉形态结构的形成与生境因子联系起来，首次构建了花粉生态类型的概念。最后，按照孢粉特征和植物体形态特征相结合的原则，对紫菀族各重要属、种的分类提出了一系列新的处理意见。

全书包括紫菀族植物36属350种（包括变种）花粉形态描述，花粉类型检索表，地理分布图12幅，光学显微镜、扫描电镜和透射电镜图版（照片）179面。

本书适合植物分类学、孢粉学、地质古生物学、医学等专业的高等院校师生和科研单位研究人员阅读参考。

图书在版编目(CIP)数据

菊科紫菀族花粉的形态结构与系统演化/张小平，周忠泽著.—合肥：中国科学技术大学出版社，2016.12

国家科学技术学术著作出版基金资助项目

“十二五”国家重点图书出版规划项目

ISBN 978-7-312-03180-9

Ⅰ. 菊…　Ⅱ. ①张…②周…　Ⅲ. 菊科—花粉—研究　Ⅳ. Q949.783.5

中国版本图书馆CIP数据核字(2016)第311459号

出版　中国科学技术大学出版社
安徽省合肥市金寨路96号，230026
http://press.ustc.edu.cn

印刷　安徽联众印刷有限公司

发行　中国科学技术大学出版社

经销　全国新华书店

开本　787 mm×1092 mm　1/16

印张　31.25

字数　672千

版次　2016年12月第1版

印次　2016年12月第1次印刷

定价　98.00元

前　　言

植物花粉是孢粉学(palynology)的主要研究对象,作为一个独立的生物研究单元,因其外壁构造独特和形态变异多样,尤其是其变异的遗传性和在同一类群内较高等级分类层次上所显示出的高度一致性与稳定性,使得孢粉学研究成为解决植物疑难类群的分类定位问题和追溯系统发育过程,从而构建自然分类系统的重要而有效的途径之一。近年来,孢粉学特征被成功地用于划分被子植物最高阶元分类群的一个典型例子是证实了进化高级的双子叶植物中具三沟型花粉的类群是一个严格的单系群,这一结果为揭示整个被子植物类群的亲缘关系和演化路线提供了有力的佐证。然而,目前应用孢粉学资料探讨专科、专属的系统分类与进化问题的专著还不多见。有鉴于此,我们才动意撰写一本专著,全面系统地论述某一类群的花粉形态及其系统演化,一方面是为了总结我们多年来的研究结果,以丰富被子植物大科、重要科类群的系统进化学研究;另一方面也是为了弥补国内被子植物专著性研究资料的不足,以适应日益深化的国际植物学发展趋势。

菊科紫菀族(*Astereae*)是被子植物中最年轻、进化地位最高的类群之一,该族植物在中国有 200 种左右,其中不少是中国的特有属种。由于该族种群分化剧烈,因而属间关系复杂,特别是紫菀族内部属间详尽的、准确的相互亲缘关系问题尚待澄清。例如:(1) *Aster* 属作为紫菀族的一个核心属,其内部分化情况怎样?与别的属是如何联系的? 分布在新、旧世界的紫菀属(*Aster*)植物是什么样的关系?(2) 旧世界的飞蓬属(*Erigeron*),马兰属(*Kalimeris*)分别和美洲大陆的 *Trimorpha*, *Boltonia* 属在种系发生上是什么关系?(3) 分类位置长期有争议的属于中国特有的毛冠菊属(*Nannogolottis*)是否应作为紫菀族的成员?(4) 紫菀族中所包含的几大地理分布较为隔离的类群如南美洲和中美洲的 *Baccharis* 属群以及欧洲的雏菊属(*Bellis*)群与广泛分布在世界范围内的紫菀属(*Aster*),飞蓬属(*Erigeron*) 和白酒草属(*Conyza*)群是什么关系? 这样的地理分布格局又是怎样形成的? 等等。这些问题的解决必须依赖植物系统分类学家从不同方面进行更广泛、更系统、更深入的研究,以获取充分的资料和证据,从中找出客观的、正确的答案。

1990 年至 1991 年在瑞典乌普萨拉大学做访问学者时,作者跟随世界著名菊科分支分类学家 Kare Bremer 教授，开始涉足菊科紫菀族的系统分类学研究，主要对该族所包含的 170 属 2800 多种植物的形态特征进行了分支分析，研究结果《紫菀族的分支分类》1993 年发表在《Plant Systematics and Evolution》杂志上。回国后，作者又开展了对中国紫菀族植物的研究。紫菀族植物在中国有 28 属 224 种，是一个分化快、种类多、鉴定难的类群。寻找到新的特征成为解决紫菀族内属群间详尽、准确的亲缘关系问题的关键所在，而本类群又鲜见孢粉学研究先例，适逢其时(1996 年)，笔者考入中国科学院南京地质古生物研究所，攻读孢粉学专业方向的博士学位，师从唐领余教授，系统地学习了孢粉学的理论知识和研究方法，正是基于这样的背景，才得以开展紫菀族的孢粉学研究，试图获得对该类群花粉的变异和演化规律的整体了解和认识，进而从孢粉学角度探讨族内各类群的系统亲缘关系。

本书对菊科紫菀族的 36 属 350 种植物花粉进行了光学显微镜、扫描电镜与透射电镜的观察和研究。根据花粉的形状、大小、萌发孔的类型、外壁纹饰和内层结构，首次将紫菀族花粉划分为 40 个类型，其中很多类型为第一次报道。同时，利用 Hennig86 程序，对紫菀族 40 个花粉类型进行了分支分析，结果表明紫菀族分为田基黄亚族(*Grangeinae*)和紫菀亚族(*Asterinae*)两个亚族较为合理，从花粉角度证实了 Jeffrey 关于紫菀族次级划分的论断，并详细讨论了各类型之间的系统演化关系。在此基础上，将所获得的孢粉学资料和植物地理分布结合起来，探讨了紫菀族植物的起源地点和时间，以及多样化中心、分布式样及迁移路线。提出了各类型花粉进化程度的判别标准和完整的分类系统，特别是将花粉形态结构的形成与生境因子联系起来，首次构建了花粉生态类型的概念。最后，按照孢粉特征和形态特征相结合的原则，对紫菀族各重要属、种的分类提出了一系列新的处理意见。

全书包括紫菀族植物 36 属 350 种(包括变种)花粉形态描述，花粉类型检索表，地理分布图 12 幅，光学显微镜、扫描电镜和透射电镜图版(照片)179 面。本书适合植物分类学、孢粉学、地质古生物学、医学等专业的高等院校师生和科研单位研究人员阅读参考。

书稿承蒙中国科学院南京地质古生物研究所唐领余、宋之琛、李浩敏、张一勇四位教授审阅，他们提出许多修改意见；安徽师范大学王友保教授协助整理部分资料和进行数据统计，邵剑文教授帮助绘制地理分布图，范佳佳、常强强、潘苗、赵飒娜、左菲菲帮助核对花粉描述和图表数据，盛继露、王芳、杨娟、吕彩婷协助完成部分图版制样工作；中国科学院植物研究所标本馆、江苏省·中国科学院植物研究所标本馆、瑞典自然历史博物馆植物标本馆提供大部分花粉材料；安徽师范大学实验技术中心摄制洗印光学显微镜照片；中国科学院南京地质古生物研究所电镜室帮助摄制扫描电镜照片；同济大学陈士超副教授帮助制作超薄切片与摄制透射电镜照片；中国科学技术大学沈显生教授审校书稿。没有上述单位和个人的热忱相助，本书是不可能完成的。作者谨向上述提到的单位和个人致以诚挚的谢意。

本书得到2011年度国家科学技术学术著作出版基金资助，并入选第15批“华夏英才基金”学术著作出版项目，还得到现代古生物学和地层学国家重点实验室(中国科学院南京地质古生物研究所)开放课题基金(课题号143115)资助和重要生物资源保护与利用研究安徽省重点实验室(安徽师范大学生命科学学院)专项基金资助，谨致谢忱！

限于作者水平，书中难免有疏漏之处，恳切期望读者不吝批评指正。

张小平
2016年10月8日

目　　录

1 引　言

紫菀族(*Astereae*)是菊科(Compositae)13个族中较大的族,含170属2800多种(Zhang Xiaoping, Bremer,1993;Bremer,1994;APG,1998),分布于全世界,尤以美洲温带地区种类最多。我国有28属224种(林镕、陈艺林,1985),主要分布在我国的西北部干旱草原地区,包括新疆、内蒙古,以及西藏东南、云南西北、四川和喜马拉雅地区。

紫菀族植物分化剧烈,种类繁多,分类非常困难。Bentham(1873)和Hoffmann(1890)将紫菀族分为6个亚族,即一枝黄花亚族(*Solidagininae*),田基黄亚族(*Grangeinae*),雏菊亚族(*Bellidinae*),紫菀亚族(*Asterinae*),白酒草亚族(*Conyzinae*)和*Baccharidinae*。但同时,Bentham和Hooker(1873)又指出该族不易划分为界限分明的亚族,因此上述6个亚族的分类处理只能看作权宜之策。1977年,当Grau(1977)首次重新审订这个族的分类系统时,只承认其中的田基黄亚族(*Grangeinae*)和*Baccharidinae*两个亚族是自然类群,其余4个亚族均被他废弃。然而,他亦未能搞清这些类群间的关系,最后只是简单地按照属群的地理分布予以归类而草草了结了对该族的修订。1993年,张小平(Zhang Xiaoping)和Kare Bremer(1993)合作对紫菀族进行了全面的分支分析。他们的研究结果表明:田基黄亚族(*Grangeinae*)是其余亚族的姐妹群,占据较原始的位置,剩下的属群可以分为两大亚族,即以北美洲为分布中心的同色花类一枝黄化亚族(*Solidagininae*)和世界性分布的广义异色花类紫菀亚族(*Asterinae*),后者包括了Bentham的雏菊亚族(*Bellidinae*),白酒草亚族(*Conyzinae*),*Baccharidinae*以及由Cuatrecasas在1969年建立的*Hinterhuberinae*共4个亚族,分支分析显示这些类群都是紫菀亚族(*Asterinae*)类的衍生产物,不应独立于紫菀亚族(*Asterinae*)之外,否则必然人为造成诸多并系类群。此后,Nesom(1994a)也利用形态特征对紫菀族进行了全面的系统整理,但是他的分类系统与前述系统相比变动较大,他将紫菀族分成14个亚族,在保留最早由Bentham提出的6个亚族的基础上,分别从雏菊亚族(*Solidagininae*)和紫菀亚族(*Asterinae*)中又独立出8个亚族。这一结果得到了Lane等人(1994)DNA限制性内切酶基因位点数据分支分析的支持。总之,目前紫菀族在亚族水平上的分类和演化研究已经取得了一些进展,并为进一步研究奠定了基础。

但是很显然,上述研究对于紫菀族究竟应分成几个亚族更合理并未取得一致意见,其关键在于未解决紫菀族内部属间详尽的、准确的相互亲缘关系问题,特别是亚、非地区早期工作较薄弱,属的系统发育研究资料匮乏,从而影响了综合分析的结果。因此,有很多问题尚待澄清。例如:(1) 紫菀属(*Aster*)作为紫菀族的一个核心属,其内部分化情况怎样?与别的属是如何联系的?分布在新、旧世界的紫菀属(*Aster*)植物是什么样的关系?(2) 旧世界的飞蓬属(*Erigeron*),马兰属(*Kalimeris*)分别和美洲大陆的*Trimorpha*,*Boltonia*属在种系发生上是什么关系?(3) 分类位置长期有争议的属于中国特有的毛冠菊属(*Nannogolottis*)是否应作为紫菀族的成员？(4) 紫菀族中所包含的几大地理分布较为隔离的类群如南美洲和中美洲的 *Baccharis* 属群以及欧洲的雏菊属(*Bellis*)群与广泛分布在世界范围内的紫菀属(*Aster*)，飞蓬属(*Erigeron*)和白酒草属(*Conyza*)群是什么关系？这样的地理分布格局又是怎样形成的？等等。总之，在紫菀族的系统分类方面尚存在很多问题有待于研究。这些问题的解决必须依赖植物系统分类学家从不同方面进行更广泛、更系统、更深入的研究，以获取充分的资料和证据，从中找出客观的、正确的答案。

孢粉形态特征一直被分类学家视为相当稳定的特征，它对于决定属、种甚至更高级别的分类单元的分类地位及其相互亲缘关系具有重要意义(Erdtman，1952；Oldfield，1959；Carlquist，1961，1964；Raj，1961；Tardieu-Blot，1963；Wodehouse，1965；Jones，1970；Brenner，1996；Odgaard，1999；Noyes，2000；Ferguson，2000；Blackmore，Paterson，2005；Blackmore，2007；Furness，Hesse，2007；Zavada，1984，2007)。菊科孢粉形态研究始于 1890 年(Fischer，1890)，纵观整个研究历史，可以分为 3 个阶段：

第一阶段为外形观察描述、花粉分型阶段。本阶段主要研究花粉的外形特征(exomophology)。Wodehouse 在 1926 年至 1945 年期间，利用光学显微镜(LM)观察和描述了菊科各个类群代表属种花粉的外部形态，按照外壁纹饰特征，将菊科花粉分为 3 种主要类型：(1) 外壁光滑的(psilate)；(2) 外壁具刺的(echinate)；(3) 外壁网胞状的(lophate)，即外壁形成脊和由脊围成的一个个凹陷。第(3)种类型又分成 2 种亚类型：① 脊上有刺的(echinolophate)；② 脊上无刺的(psilolophate)。在 Wodehouse 的花粉分类系统中，紫菀族(*Astereae*)被归入外壁有刺的类型当中。由于当时受光学显微镜和制样方法的限制，Wodehouse 没有也不可能揭示菊科花粉壁的内层结构特征。因此，他的研究结果显示菊科 13 个族除了斑鸠菊族(*Vernonieae*)和菊苣族(*Cichorieae*)的花粉有较大的差异外，其余 11 个族的大部分类群的花粉外形特征有着惊人的相似。

第二阶段为花粉壁层结构观察分型阶段。直到 1960 年，Stix 借助紫外光显微镜观察经切割的花粉粒，才首次描述菊科花粉的内部结构。Stix 观察了菊科所有 13 个族的 228 个代表种，揭示出菊科花粉内部结构的高度变异性和复杂性。当然，其中有些变异类型和 Wodehouse 在光学显微镜下看到的外部类型是对应的。Stix 的重要发现是：菊科很多外形特征很相似的花粉粒，其内层结构却很不相同，而且内层结构的差异较好地反映了植物之间的关系。根据这些差异，她在菊科中划分出 42 种花粉类型(Stix，1960)，但她并没有将这 42 种花粉类型和族的分类或各类群的系统演化路线联系起来，从而探讨它们的作用和意义。

第三阶段为利用透射电镜(TEM)观察花粉壁的超显微结构，并结合菊科的分类系统来划分菊科的花粉类型阶段。Skvarla 等(1977)根据花粉外壁外层的超微结构，将外壁具刺、形态相似的菊科花粉又分为 3 种基本类型，即春黄菊型(*Anthemoid* pattern)、向日葵型(*Helianthoid* pattern)和千里光型(*Senecioid* pattern)。春黄菊型的花粉外壁外层不具有因柱状层(columellae)脱离基足层(foot layer)而形成的囊状空腔(cavea)，而其他两种类型都具有此种空腔；向日葵型的花粉又以基柱(bacula)和覆盖层(tectum)具有内泡状穿孔(internal foramina)与不具有穿孔而具有实心基柱(solid bacula)的千里光型相区别。在上述花粉分类系统中，紫菀族和向日葵族(*Heliantheae*)，泽兰族(*Eupatorieae*)，堆心菊族(*Helenieae*)及金盏花族(*Calenduleae*)归为一类，均属于向日葵型。

上述研究已全面、系统地展示了整个菊科在族级水平上的花粉形态结构及其在分类和系统演化中的作用。近年来，已经对菊科很多族的花粉进行了专门研究，如莴苣族(*Lactuceae*)

(Blackmore,1982a,1982b),斑鸠菊族(*Vernonieae*)(Keeley,Jones,1979),*Liabeae*(Robinson,Marticorena,1986),菊苣族(*Cichorieae*)(Tomb et al.,1974)和豚草亚族(*Ambrosiinae*)(Skvarla,1965)。然而,紫菀族(*Astereae*)中除了少数美洲属种如 *Amphiachyris*, *Amphipappus*, *Greenella*, *Gutierrezia*, *Gymnosperma*, *Xanthocephalum*, *Calotis*, *Aphanostephus*, *Chaetopappa*, *Boltonia*, *Astranthium* spp., *Baccharis*,雏菊属(*Bellis*),飞蓬属(*Erigeron*),一枝黄花属(*Solidago*)等以外,大部分属种尚未进行花粉研究。

本书的研究旨在在前人工作的基础上,通过全面观察紫菀族,尤其是产于中国的紫菀族植物的花粉形态结构,获得对紫菀族花粉的变异和演化规律的整体了解和认识,进而从孢粉学角度试图探讨紫菀族内各相关类群的系统亲缘关系,为解决上述问题提供孢粉学依据,同时也为整个菊科的系统分类研究积累基本资料。

2 材料与方法

研究用的大部分花粉取自蜡叶标本，少部分采于新鲜材料。标本由下列标本馆提供：中国科学院植物研究所标本馆，江苏省・中国科学院植物研究所标本馆，四川大学生物系植物标本馆，安徽师范大学生物系植物标本馆，瑞典自然历史博物馆植物标本馆。所有凭证标本均由林镕和陈艺林鉴定与审核（表 1），其名称参照 1985 年版《中国植物志》第 74 卷第 116 册。本书对菊科紫菀族的 36 属 350 种植物花粉进行了光学显微镜（LM）、扫描电镜（SEM）与透射电镜（TEM）的观察描述和研究。用于光学显微镜观察的材料采用 Erdtman（1952，1960）的醋酸酐分解法处理，用玻棒取出少量已处理好的花粉，放在置有一小块甘油胶的载玻片上，稍加热，使甘油胶熔化，然后将盖玻片在酒精灯上稍烤热，迅速盖上，待甘油胶完全凝固后，再用加拿大树胶将盖片周边封好，在载玻片的右角上贴上标签，制成永久装片。用于扫描电镜观察的材料用 95%乙醇自花药中洗出，然后于解剖镜下将花粉粒逐粒挑到粘有金属箔纸的铜台上，送入真空镀膜机中喷金，在 JSM-6300 型扫描电镜下观察，拍照并记录。用于透射电镜观察的材料直接用含有 1% OsO_4、pH 值为 7.2 的双胂二氢钠在室温下染色 1.5～2 小时，再用 0.1 M、pH 值为 6.4 的磷酸缓冲液（PBS）冲洗 3 次后，在酒精溶液中进行梯度脱水（50%～100%）；经脱水后的材料置于环氧树脂包埋剂中浸透、包埋、聚合，制成包埋块，用德国产 LKB 超薄切片机和自制的玻璃刀进行超薄切片；将超薄切片捞在覆有 Formva 膜的铜网上，然后用醋酸双氧铀-柠檬酸铅溶液进行双重染色；最后，待铜网上的切片晾干后，在 HITACHI H-600 型透射电镜下进行观察和拍照。

花粉粒的大小和形状在 OLYMPUS 光学显微镜下放大 400 倍后用测微尺量得，所测指标包括极光切面上的赤道直径、赤道光切面上的极轴直径以及刺长。每个种至少测量 20 粒，取其平均值、最大值和最小值，以示变化幅度。所有的凭证标本玻片保存在安徽师范大学生物系植物标本馆。

光学显微镜外形描述遵循 Wodehouse（1935）的术语系统，透射电镜的内部壁层结构描述采用 Skvarla 等（1962）的术语标准。

表 1　实验材料

Table 1　List of the species examined for this study

种 Species	采集地 Locality	采集人 Collector	标本号 No.
Aster abatus	Los Angeles, USA	J. Ewan	3083
A. acer	USSR	Legit N. Skalosubous	202118
A. acuminatus	USA	H. E. Ahles	091356

续表

种 Species	采集地 Locality	采集人 Collector	标本号 No.
三脉紫菀 *A. ageratodies*	西藏 Tibet，China	罗建 等 J. Luo et al	0909
A. ageratoides subsp. *leiophyllus* var. *tenuifolius*		G. Murata	1118621
三脉紫菀坚叶变种 *A. ageratoides* var. *firmus*	中国陕西 Shaanxi，China	傅坤俊 K. J. Fu	275628
三脉紫菀异叶变种 *A. ageratoides* var. *heterophyllus*	中国云南 Yunnan，China	林来官 L. G. Lin	325222
翼柄紫菀 *A. alatipes*	中国湖北 Hubei，China	T. P. Wang	12093
小舌紫菀 *A. albescens*	中国陕西 Shaanxi，China	孔郭本 G. B. Kong	275699
小舌紫菀白背变种 *A. albescens* var. *discolor*		T. P. Wang	7896
小舌紫菀腺点变种 *A. albescens* var. *glandulosus*	中国四川 Sichuan，China	胡文光 W. G. Hu	250983
小舌紫菀狭叶变种 *A. albescens* var. *gracilior*	中国云南 Yunnan，China	刘慎锷 S. E. Liu	4302
小舌紫菀无毛变种 *A. albescens* var. *levissimus*	中国湖北 Hubei，China	张志松 Z. S. Zhang	530687
小舌紫菀椭叶变种 *A. albescens* var. *limprichtii*	中国四川 Sichuan，China	何铸 Z. He	268770
A. albescens var. *ovatus*	中国云南 Yunnan，Chian	王启元 Q. Y. Wang	69753
小舌紫菀长毛变种 *A. albescens* var. *pilosus*	中国四川 Sichuan，China	Harry Smith	988716
小舌紫菀糙叶变种 *A. albescens* var. *rugosus*	中国四川 Sichuan，China	俞德俊 D. J. Yu	652134
小舌紫菀柳叶变种 *A. albescens* var. *salignus*	中国云南 Yunnan，China	王启元 Q. Y. Wang	324914
高山紫菀 *A. alpinus*	中国青海 Qinghai，China	关克俭 K. J. Guan	1150626
A. altaicus	中国河北 Hebei，China	关克俭 K. J. Guan	0875464
A. altaicus var. *latibracheatus*	中国山西 Shanxi，China	T. Tang	1238
A. amellus	USSR		3808
A. anomalus	Missouri Botanic Garden	Peter H. Raven	26872

续表

种 Species	采集地 Locality	采集人 Collector	标本号 No.
银鳞紫菀 *A. argyropholis*	中国四川 Sichuan，China	李馨 X. Li	629214
星舌紫菀 *A. asteroides*	中国四川 Sichuan，China	川西考察队 Chuanxi Survey Team	836409
耳叶紫菀 *A. auriculatus*	中国四川 Sichuan，China		711428
A. azureus	Wisconsin，USA	W. Hess	1157786
白舌紫菀 *A. baccharoides*	中国广东 Guangdong，China	胡秀英 X. Y. Hu	1207364
巴塘紫菀 *A. batangensis*	中国云南 Yunnan，China	崔友文 Y. W. Cui	6526
巴塘紫菀匙叶变种 *A. batangensis* var. *staticefolius*	中国云南 Yunnan，China	云贵队 Yungui Team	1262651
A. benthamii	中国香港 Hong Kong，China	胡秀英 X. Y. Hu	114049
短毛紫菀 *A. brachytrichus*	中国云南 Yunnan，China	中甸队 Zhongdian Team	744793
线舌紫菀 *A. bietii*	中国云南 Yunnan，China	T. T. Yu	308332
扁毛紫菀 *A. bulleyanus*	中国云南 Yunnan，China	王启元 Q. Y. Wang	68499
A. canus	Hungary		329947
A. changiana	中国广西 Guangxi，China	钟济新，陈少卿 J. X. Zhong，S. Q. Chen	116060
A. ciliolatus	Alberta，USA	W. Hess	1381777
A. cimitaneus	中国四川 Sichuan，China	杨宏清 H. Q. Yang	0025
A. coerulescens	New Mexico，USA	W. Hess	1405812
A. concolor	South Carolina，USA	W. Thomas	1101244
A. conspicuus	British，Columbia	Tim Johns	1272735
A. cordifolius	Massachusetts，USA	H. E. Ahles	1182198
A. debilis	中国湖北 Hubei，China	刘鑫源 X. Y. Liu	909
A. delavayi	中国西藏 Tibet，China		1253319
A. dimorphyllus	Japan	T. Nakai	236932
重冠紫菀 *A. diplostephioides*	中国云南 Yunnan，China	G. Forrest	0605422

续表

种 Species	采集地 Locality	采集人 Collector	标本号 No.
A. divaricatus	Pennsylvania，USA	F. H. Utech	1281161
长梗紫菀 *A. dolichopodus*	中国四川 Sichuan，China	李馨 X. Li	633127
长叶紫菀 *A. dolichophyllus*	中国广西 Guangxi，China	广福队 Guangfu Team	01056
A. dumosus	Ohio，USA	G. Murata	1302548
A. ericoides	Arizona，USA	B. Bartholomew	1575679
镰叶紫菀 *A. falcifolius*	中国甘肃 Gansu，China	何叶祺 Y. Q. He	0886163
狭苞紫菀 *A. farreri*	中国河北 Hebei，China	李建藩 J. F. Li	5422
A. fastigiatus	中国四川 Sichuan，China	L. Sato	260108
萎软紫菀 *A. flaccidus*	中国云南 Yunnan，China	C. W. Wang	64680
A. foliaceus Lindl. ssp. *apricus*	British,Columbia	Tim Johns	1272741
褐毛紫菀 *A. fuscescens*	中国西藏 Tibet，China		1253312
秦中紫菀 *A. giraldii*	中国陕西 Shaanxi，China	太白山队 Taibaishan Team	505
A. glaucodes	Utah，USA		1340454
A. glehnii	Japan	E. W. Wood	1270228
红冠紫菀 *A. handelii*	中国四川 Sichuan，China	T. T. Yu	3999
横斜紫菀 *A. hersileoides*	中国四川 Sichuan，China	方文培 W. P. Fang	268674
异苞紫菀 *A. heterolepis*	中国庐山 Lushan，China	Hopkinson	488
须弥紫菀 *A. himalaicus*	中国西藏 Tibet，China	中甸队 Zhongdian Team	0889715
A. hirtifolius	New Mexico，USA	W. Hess	1261323
A. hispidus	中国四川 Sichuan，China	四川资源普查队 Resource Survey Team of Sichuan	
等苞紫菀 *A. homochlamydeus*	中国四川 Sichuan，China	李馨 X. Li	0546284

续表

种 Species	采集地 Locality	采集人 Collector	标本号 No.
A. ibericus	USSR	I. Karjagint	767472
大埔紫菀 *A. itsunboshi*	中国台湾 Taiwan, China	S. Suzuki	82263
滇西北紫菀 *A. jeffreyanus*	中国云南 Yunnan, China	T. T. Yu	308360
A. laevis	中国北京 Beijing, China	Garden worker	5339
A. lanceolatus	Poloniae Exsiccatae	T. Taoik	261
A. lateriflorus	Pennsylvania, USA	Fred H. Utech	1281613
宽苞紫菀 *A. latibracteatus*	中国云南 Yunnan, China	T. T. Yu	308214
线叶紫菀 *A. lavanduliifolius*	中国四川 Sichuan, China	四川队 Sichuan Team	711537
A. leucanthemifolius	Colorado, USA	G. Davides	1340461
丽江紫菀 *A. likiangensis*	中国云南 Yunnan, China	秦仁昌 R. C. Qin	348353
舌叶紫菀 *A. lingulatus*	中国云南 Yunnan, China	赵锡元 X. Y. Zhao	348328
青海紫菀 *A. lipskyi*	中国青海 Qinghai, China	青甘队 Qinggan Team	690609
A. littoralis	Japan	N. D	60119
圆苞紫菀 *A. mackii*	中国吉林 Jilin, China	L. Kitammra	260133
A. macrophyllus	Pennsylvania, USA	L. K. Henry	1191687
莽山紫菀 *A. mangshanensis*	中国湖南 Hunan, China	湖南师范大学 The Hunan Normal University	869
大花紫菀 *A. megalanthus*	中国四川 Sichuan, China	川天组 Chuantian Team	0556006
川鄂紫菀 *A. moupinensis*	中国湖北 Hubei, China	张志松 Z. S. Zhang	529496
A. nemoralis Ait. var. *major*	Massachusetts, USA	C. A. Weatherby	1343129
黑山紫菀 *A. nigromontanus*	Shiaolushan, China	M. K. Li, Chin Tang	286170
亮叶紫菀 *A. nitidus*	中国四川 Sichuan, China	李玉凤 Y. F. Li	796753

续表

种 Species	采集地 Locality	采集人 Collector	标本号 No.
A. *novae-anglicae*	Pennsylvania，USA	Fred H. Utech	1281615
A. *occidentalis*	Alberta，USA	W. Hess	1381723
石生紫菀 *A*. *oreophilus*	中国云南 Yunnan，China	昆明工作站 Kunming Station	0590640
琴叶紫菀 *A*. *panduratus*	中国浙江 Zhejiang，China	周根生 G. S. Zhou	0387
A. *pansus*	British，Columbia	Tim Johns	1272740
A. *patens*	Missouri，USA	Jim Conrad	100261
A. *pilosus*	Pennsylvania，USA	Fred H. Utech	1281030
高茎紫菀 *A*. *prorerus*	中国浙江 Zhejiang，China	植物资源普查队 Plant Resource Survey Team	761124
A. *puniceus*	Massachusetts，USA	H. E. Ahles	1282633
密叶紫菀 *A*. *pycnophyllus*	中国云南 Yunnan，China	王汉臣 H. C. Wang	360592
A. *radula*	Carnegie Museum，USA	P. Brooks	10223
凹叶紫菀 *A*. *retusus*	中国西藏 Tibet，China	洪德元 D. Y. Hong	0893956
A. *roseus*	Divitschi，USSR	I. Karjagint	767493
A. *sagittifolius*	Missouri，USA		1101266
A. *salicifolius*	Sweden	Erik Akerlund	26766
怒江紫菀 *A*. *salwinensis*	中国云南 Yunnan，China	T. T. Yu	324742
短舌紫菀等毛变种 *A*. *sampsonii* var. *isochaetus*	中国湖南 Hunan，China	何观州 G. Z. He	1256253
A. *scopulorus*	Nevada，USA	James D. More	1437418
A. *sedifolius*	USSR	C. S. Tomb	1212562
狗舌紫菀 *A*. *senecioides*	中国西藏 Tibet，China	J. F. Rock	1269621
四川紫菀 *A*. *sutchuenensis*	中国四川 Sichuan，China	李馨 X. Li	0547756
A. *shortii*	Pennsylvania，USA	L. K. Henry	1191685
西伯利亚紫菀 *A*. *sibiricus*	USSR	J. C. Coffey	1261037
A. *sibiricus* L. var. *meritus*	Alberta，USA	W. Hess	1381721

续表

种 Species	采集地 Locality	采集人 Collector	标本号 No.
西固紫菀 *A. sikuensis*	中国四川 Sichuan, China	T. P. Wang	7956
岳麓紫菀 *A. sinianus*	中国江西 Jiangxi, China	江西队 Jiangxi Team	847870
甘川紫菀 *A. smithianus*	中国四川 Sichuan, China	李馨 X. Li	629141
缘毛紫菀 *A. souliei*	中国四川 Sichuan, China	关克俭 K. J. Guan	834003
A. spathulifolius	Japan	T. Uchiyama	236976
A. spectabilis	New York, USA	H. A. Gleason	34170
圆耳紫菀 *A. sphaerotus*	中国广西 Guangxi, China	陈照宙 Z. Z. Chen	0980706
A. squarosus	USA	Baton Rouge	236977
A. subintegerrimus	USSR		1340776
A. subspicatus	British, Columbia	David Veale	122015
A. subulatus	中国贵州 Guizhou, China	安顺队 Anshun Team	1551
凉山紫菀 *A. taliangshanensis*	中国四川 Sichuan, China	四川考察队 Sichuan Survey Team	660347
紫菀 *A. tataricus*	中国黑龙江 Heilongjiang, China	东井队 Dongjing Team	315924
变种紫菀 *A. tataricus* var. *petersianus*	中国河北 Hebei, China	河北考察队 Hebei Survey Team	61078
德钦紫菀 *A. techinensis*	中国云南 Yunnan, China	T. Y. Yu	308558
A. tenuifolius	Maryland, USA	E. C. Lernard	30669
A. tephrodes	South Arizona, USA	R. H. Peebles	236982
天全紫菀 *A. tientschuanensis*	中国四川 Sichuan, China	K. L. Chu	268891
东俄洛紫菀 *A. tongolensis*	中国四川 Sichuan, China	关克俭 K. J. Guan	830709
A. trichocarpus	中国福建 Fujian, China		274
A. triloba	USA		209475
三基脉紫菀 *A. trinervius*	中国西藏 Tibet, China		1265584

续表

种 Species	采集地 Locality	采集人 Collector	标本号 No.
海紫菀 *A. tripolium*	Sweden		1273673
察瓦龙紫菀 *A. tsarungensis*	中国四川 Sichuan, China	中苏队 Zhongsu Team	713494
A. tuganianus	中国江苏 Jiangsu, China	方文哲 W. Z. Fang	811424
陀螺紫菀 *A. turbinatus*	Chekiang, China	P. C. Tsoong	T.1053
A. umbellatus	Massachusetts, USA	H. E. Ahles	1126967
A. undulatus	Massachusetts, USA	H. E. Ahles	1182197
峨眉紫菀单头变形 *A. veitchianus* f. *yamatzutae*	中国四川 Sichuan, China	关克俭 K. J. Guan	8000912
密毛紫菀 *A. vestitus*	中国西藏 Tibet, China	George Forrest	1275350
A. vimineus	Massachusetts, USA	H. E. Ahles	1014232
A. wuciwuus	Staten Island, USA	A. Hoeeick	36623
云南紫菀 *A. yunnanensis*	中国云南 Yunnan, China	王启元 Q. Y. Wang	308568
云南紫菀夏河变种 *A. yunnanensis* var. *labrangensis*	中国云南 Yunnan, China	T. T. Yu	325201
云南紫菀狭苞变种 *A. yunnanensis* var. *angnstior*	中国云南 Yunnan, China	Hopkingson	12062
Acamptopappus shockleyi	North America	Chien P/EL	236661
Ac. sphaerocephahus	North America	Chien P/EL	236665
Amphiachyris fremontii	California, USA	R. S. Ferris	236730
Aphanostephus riddelli	Texas, USA	P. H. Raven	1119076
紫菀木 *Asterothamnus alyssoides*	中国新疆 Xinjiang, China		
中亚紫菀木 *A. centrali-asiaticus*	中国甘肃 Gansu, China	黄河队 Huanghe Team	2647
灌木紫菀木 *A. fruticosus*			
毛叶紫菀木 *A. poliifolius*	中国新疆 Xinjiang, China	关克俭 K. J. Guan	527415
Bellis annua	Sweden	J. B. Peris	1394796

续表

种 Species	采集地 Locality	采集人 Collector	标本号 No.
雏菊 *B. perennis*	中国浙江 Zhejiang, China	关克俭 K. J. Guan	0552627
Boltonia latisquama	England		
短星菊 *Brachyactis ciliata*	中国吉林 Jilin, China	刘慎锷 S. E. Liu	295177
腺毛短星菊 *B. pubescens*	Kashmir, USA	T. N. Liou	5703
西疆短星菊 *B. roylei*	中国新疆 Xinjiang, China	朱安仁 A. R. Zhu	0592670
翠菊 *Callistephus chinensis*	中国河北 Hebei, China	关克俭 K. J. Guan	1170
刺冠菊 *Calotis caespitosa*	中国浙江 Zhejiang, China	梁向日 X. R. Liang	353232
C. hispidula	South Australia	J. Z. Weber	1279215
C. multicaulis	Australia	J. Z. Weber	1208937
C. kempei	South Australia	S. Barker	1220278
Chrysopsis atenophylla	North America	P. A. Rydberg	36648
Ch. mariana	New York, USA	Garden worker	34178
Chrysothamnus tretifolius	California, USA	S. Castagnoli	1273259
Chr. viscidiflorus	Oregon, USA	K. K. Halse	1282882
埃及白酒草 *Conyza aegyptiaca*	中国福建 Fujian, China	T. N. Liou	450
熊胆草 *Co. blinii*	中国云南 Yunnan, China	刘慎锷 S. E. Liu	15194
香丝草 *Co. bonariensis*	中国四川 Sichuan, China	李馨 X. Li	0549908
加拿大蓬 *Co. canadensis*	中国贵州、云南 Guizhou, Yunnan, China	关克俭 K. J. Guan	094399
白酒草 *Co. japonica*	中国云南 Yunnan, China	刘慎锷 S. E. Liu	13934
粘毛白酒草 *Co. leucantha*	中国云南 Yunnan, China	T. N. Liou	407591
木里白酒草 *Co. muliensis*	中国云南 Yunnan, China	邱炳云 B. Y. Qiu	5915

续表

种 Species	采集地 Locality	采集人 Collector	标本号 No.
劲直白酒草 *Co. stricta*	中国云南 Yunnan，China	秦仁昌 R. C. Qin	505092
苏门白酒草 *Co. sumatrensis*	中国四川 Sichuan，China	王为华 W. H. Wang	1258424
Cyathocline lyrata	中国贵州 Guizhou，China		667722
杯菊 *Cy. purpurea*	中国贵州 Guizhou，China		
Doellingeria ambellata	New York，USA	H. N. Moldenke	34181
东风菜 *D. scabra*	中国陕西 Shaanxi，China		223
鱼眼草 *Dichrocephala auriculata*	中国四川 Sichuan，China	关克俭 K. J. Guan	839907
小鱼眼草 *Di. benthamii*	中国四川 Sichuan，China	管中天 Z. T. Guan	712814
菊叶鱼眼草 *Di. chrysanthemifolia*	中国西藏 Tibet，China	西藏综合考察队 Tibet Survey Team	698125
飞蓬 *Erigeron acer*	中国河北 Hebei，China	陈凯 K. Chen	2563
E. alpinus	中国云南 Yunnan，China	A. Kerner	330108
阿尔泰飞蓬 *E. altaicus*	中国新疆 Xinjiang，China	秦仁昌 R. C. Qin	0576
一年蓬 *E. annuus*	中国吉林 Jilin，China	通化组 Tonghua Team	0863606
橙花飞蓬 *E. aurantiacus*	中国新疆 Xinjiang，China		
E. boreale	Sweden	E. Asplund	369484
短葶飞蓬 *E. breviscapus*	中国四川 Sichuan，China	谢朝俊 C. J. Xie	539131
E. canansis	中国浙江 Zhejiang，China	关克俭 K. J. Guan	0552312
E. clokeyi	California，USA	J. D. Morfield	1447341
E. compositus var. *glabratus*	Nevada，USA	D. H. Peebles	1447204
E. divergens	South Arizona，USA	R. H. Peebles	2778
长茎飞蓬 *E. elonagatus*	中国吉林 Jilin，China	高山考察队 Mountain Survey Team	0863712

续表

种 Species	采集地 Locality	采集人 Collector	标本号 No.
棉苞飞蓬 *E. eriocalyx*	中国新疆 Xinjiang, China		10762
E. foliosus	Los Angeles, California, USA	I. W. Clokey	237336
E. frondeus	California, USA	A. A. Heller	237337
台湾飞蓬 *E. fukuyamae*	中国台湾 Taiwan, China		
E. glabellus	Wisconsin, USA	S. Springo	13959
E. gracilipes	中国西藏 Tibet, China	张永田 Y. T. Zhang	0883410
E. glaucus	California, USA	L. R. Abrams	237338
珠峰飞蓬 *E. himalajensis*	中国云南 Yunnan, China	王启元 Q. Y. Wang	69153
E. jaeschkei	中国西藏 Tibet, China	西藏队 Tibet Team	673913
堪察加飞蓬 *E. kamtschaticus*	中国吉林 Jilin, China	付沛云 P. Y. Fu	0863704
俅江飞蓬 *E. kiukiangensis*	中国云南 Yunnan, China	王启元 Q. Y. Wang	66767
山飞蓬 *E. komarovii*	中国吉林 Jilin, China	周义良 Y. L. Zhou	256682
西疆飞蓬 *E. krylovii*	中国新疆 Xinjiang, China	新疆综合考察队 Xinjiang Survey Team	674611
贡山飞蓬 *E. kunshanensis*	中国云南 Yunnan, China	王启元 Q. Y. Wang	324749
毛苞飞蓬 *E. lachnocephalus*	中国新疆 Xinjiang, China	新疆综合考察队 Xinjiang Survey Team	526079
光山飞蓬 *E. leioreades*	中国新疆 Xinjiang, China	关克俭 K. J. Guan	526188
白舌飞蓬 *E. leucoglossus*	中国西藏 Tibet, China	张永田 Y. T. Zhang	0882730
矛叶飞蓬 *E. lonchophyllus*	USSR	B. K. Schischkin	202175
E. miser	California, Nevada, USA	A. A. Heller	237342
E. mucronatus	North America	T. N. Liou	209706
E. multicaulis	中国西藏 Tibet, China	W. Koelt	33329
密叶飞蓬 *E. multifolius*	中国四川 Sichuan, China	王启元 Q. Y. Wang	65322

续表

种 Species	采集地 Locality	采集人 Collector	标本号 No.
多舌飞蓬 *E. multiradiatus*	中国四川 Sichuan，China	川经凉 J. L. Chuan	664272
山地飞蓬 *E. oreades*	中国新疆 Xinjiang，China	秦仁昌 R. C. Qin	1125
展苞飞蓬 *E. patentisquamus*	中国四川 Sichuan，China	关克俭 K. J. Guan	845088
柄叶飞蓬 *E. petiolaris*	中国新疆 Xinjiang，China	秦仁昌 R. C. Qin	378190
E. philadelphicus	Hungary	Gy. Timko	330110
E. politus	Sweden	E. Asphund	369485
E. pomeensis	中国西藏 Tibet，China	应俊生 J. S. Ying	650994
紫苞飞蓬 *E. porphyrolepis*	中国西藏 Tibet，China	应俊生 J. S. Ying	108147
假泽山飞蓬 *E. pseudoseravschanicus*	中国新疆 Xinjiang，China	秦仁昌 R. C. Qin	1110
E. pulchellus	New York，USA	H. N. Moldenke	44551
紫茎飞蓬 *E. purpurascens*	中国四川 Sichuan，China	胡文光 W. G. Hu	11076
E. pygmaeus	California，USA	J. D. Morefield	1447343
E. ramosus	New York，USA	H. N. Moldenke	44552
革叶飞蓬 *E. schmalhausenii*	中国新疆 Xinjiang，China	李安仁 A. R. Li	8349
泽山飞蓬 *E. seravschanicus*	中国新疆 Xinjiang，China	新疆综合考察队 Xinjiang Survey Team	10052
E. strigosus	Missouri，USA		1101289
细茎飞蓬 *E. tenuicaulis*	中国四川 Sichuan，China	青藏队	6023
天山飞蓬 *E. tianschanicus*	中国新疆 Xinjiang，China	新疆资源考察队 Resource Survey Team of Xinjiang	0593965
E. unalaschkensis	Sweden	E. Asplund	369486
E. uniflorus	Sweden	E. Asplund	369487
E. vagus	California，USA	J. D. Morefield	1447352
E. venustus	USSR	C. Gurvitsh	767468
E. violaceus	USSR	B. N. Touocuonob	417668

续表

种 Species	采集地 Locality	采集人 Collector	标本号 No.
阿尔泰乳菀 *Galatella altaica*	中国新疆 Xinjiang，China	秦仁昌 R. C. Qin	1322
盘花乳菀 *G. biflora*	中国新疆 Xinjiang，China	关克俭 K. J. Guan	528778
紫缨乳菀 *G. chromopappa*	中国新疆 Xinjiang，China	林有润 Y. R. Lin	1124283
兴安乳菀 *G. dahurica*	中国内蒙古 Neimenggu，China	胡兴学 X. X. Hu	0853338
帚枝乳菀 *G. fastigiiformis*	中国新疆 Xinjiang，China	秦仁昌 R. C. Qin	3633
鳞苞乳菀 *G. hauptii*	中国新疆 Xinjiang，China	秦仁昌 R. C. Qin	2431
G. macrosciadia	USSR	T. S. Elias	1179632
乳菀 *G. punctata*	中国新疆 Xinjiang，China	关克俭 K. J. Guan	526511
昭苏乳菀 *G. regelii*	中国新疆 Xingjiang，China	林有润 Y. R. Lin	1113104
卷缘乳菀 *G. scoparia*	中国新疆 Xinjiang，China		
新疆乳菀 *G. songorica*	中国新疆 Xinjiang，China	八一农学院	727640
田基黄 *Grangea maderaspatana*	中国广东 Guangdong，China	黄茂先 M. X. Huang	707106
Grindelia camporus	California，USA	O. L. Wiggins	237443
Gri. robusta	North America	Chien P/EL	237441
胶菀 *Gri. squarrosa*	Iowa，USA	A. H. Dece	237447
Gutierrezia sarothrae	Utah，USA	F. H. Utech	1281034
窄叶裸菀 *Gymnaster angustifolius*	中国浙江 Zhejiang，China	秦仁昌 R. C. Qin	236923
裸菀 *Gy. piccolii*	中国陕西 Shaanxi，China	K. T. Fu	3396
四川裸菀 *Gy. simplex*	USA	F. H. Utech	1581574
Haplopappus divaricatus	Oklahoma，USA	P. Nighswonger	1220990

续表

种 Species	采集地 Locality	采集人 Collector	标本号 No.
Ha. linearifolius	California, USA	I. L. Wiggins	236782
Ha. rupinulosus	Kansas, USA	P. A. Rydberg	36765
Ha. suffruticosus	California, USA	J. D. Morefield	1447331
阿尔泰狗娃花粗毛变种 *Heteropappus altaicus* var. *hirsutus*	中国青海 Qinghai, China	钟补求 B. Q. Zhong	0567864
阿尔泰狗娃花千叶变种 *H. altaicus* var. *millefolius*	中国内蒙古 Neimenggu, China	朗学忠 X. Z. Lang	500652
青藏狗娃花 *H. bowerii*	中国青海 Qinghai, China	青甘队 Qinggan Team	691050
圆齿狗娃花 *H. crenatifolius*	中国甘肃 Gansu, China	黄河队 Huanghe Team	02251
拉萨狗娃花 *H. gouldii*	中国西藏 Tibet, China	张永田 Y. T. Zang	0883765
狗娃花 *H. hispidus*	中国吉林 Jilin, China	王崇书 C. S. Wang	0852196, 538
砂狗娃花 *H. meyendorffii*		冯家文 J. W. Feng	91
半卧狗娃花 *H. semiprostratus*	中国西藏 Tibet, China	青藏队 Qingzang Team	13438
鞑靼狗娃花 *H. tataricus*	中国内蒙古 Neimenggu, China	刘慎锷 S. E. Liu	384582
Heterotheca camporus	North Carolina, USA	S. W. Leonard	1101251
He. subaxillaris	Carolina, USA	S. R. Hill	1558628
He. graminifolia	Florida, USA	O. E. Jemrings	1281243
裂叶马兰 *Kalimeris incisa*	中国吉林 Jilin, China	周义良 Y. L. Zhou	256605
马兰 *K. indica*	中国安徽 Anhui, China	华东工作站 Huadong Station	0561234
马兰狭叶变种 *K. indica* var. *stenohylla*	中国陕西 Shaanxi, China	K. T. Fu	3436
全叶马兰 *K. integrifolia*	中国黑龙江 Heilongjiang, China	东北队 Dongbei Team	315918
山马兰 *K. lautureana*	中国山西 Shanxi, China	刘天魁 T. K. Liu	0850785

续表

种 Species	采集地 Locality	采集人 Collector	标本号 No.
蒙古马兰 *K. mongolica*	中国吉林 Jilin, China	傅沛云 P. Y. Fu	295444
毡毛马兰 *K. shimadai*	中国浙江 Zhejiang, China	刘晓熊 X. X. Liu	709954
Lagenophora billardieri	Sumatra, Indonesia	H. H. Bartlett	7528
瓶头草 *Lagenophora stipitata*	中国广西 Guangxi, China	广西队 Guangxi Team	390540
新疆麻菀 *Linosyris tatarica*	中国新疆 Xinjiang, China	朱格清 G. Q. Zhu	0860471
灰毛麻菀 *L. villosa*	Ukraine	College of USSR	425187
Microglossa albescens	中国四川 Sichuan, China		15108
Mi. harrowianus var. *glabratus*	中国云南 Yunnan, China		
小舌菊 *Mi. pyrifolia*	中国贵州 Guizhou, China	昆明工作站 Kunming Station	0578137
羽裂黏冠草 *Myriactis delevayi*	中国云南 Yunnan, China	K. M. Feng	302823
M. janensis			
台湾黏冠草 *M. longipedunculata*	中国台湾 Taiwan, China	S. Suzuk	82233
圆舌黏冠草 *M. nepalensis*	中国湖北 Hubei, China	傅国动 G. D. Fu	702450
狐狸草 *M. wallichii*	中国西藏 Tibet, China	西安资源普查队 Resource Survey Team of Xi'an	0957721
黏冠草 *M. wightii*	中国湖南 Hunan, China		15108
毛冠菊 *Nannoglottis carpesioides*	中国甘肃 Gansu, China		
厚毛毛冠菊 *N. delavayi*			12626
狭舌毛冠菊 *N. gynura*	中国云南 Yunnan, China		
宽苞毛冠菊 *N. latisquama*	中国云南 Yunnan, China		24749

续表

种 Species	采集地 Locality	采集人 Collector	标本号 No.
大果毛冠菊 *N. macrocarpa*	中国西藏 Tibet, China		5539
玉龙毛冠菊 *N. hieraciophylla*			
川西毛冠菊 *N. souliei*	中国四川 Sichuan, China		73064
云南毛冠菊 *N. yunnanensis*	中国云南 Yunnan, China		1875
Pentachaeta exilis	California, USA	I. L. Wiggins	237658
秋分草 *Rhynchospermum verticillatum*	中国湖北 Hubei, China	Ho-Chang Chow	49725
Solidago altopilosa	Kentucky, USA	D. E. Boufford	1214276
S. altissima	Missouri, USA	J. Semple	1101272
S. arguta	Massachusetts, USA	H. E. Ahles	1014239
S. ×asperula desf.	New Hampshire, USA	D. E. Boufford	1307115
S. caesia	Pennsylvania, USA	F. H. Utech	1281176
S. californica	Los Angeles, California, USA	J. Ewan	30363
S. californica Nutt. var. *paucifica*	中国河北 Hebei, China	汪发瓒 F. Z. Wang	0348
加拿大一枝黄花 *S. canadensis*	中国江苏 Jiangsu, China	刘玉壶,曹何经 Y. H. Liu, H. J. Cao	377582
S. caucasica	CCEP	S. Juzepczuk	0566610
S. conferta	South Minnesota, USA	P. A. Rydberg	36770
一枝黄花 *S. decurrens*	中国贵州 Guizhou, China		1214106
S. erecta	Virginia, USA	Earl L. Core	36772
S. fistulosa	South Carolina, USA	D. E. Boufford	1270168
S. flexicaulis	North Carolina, USA	S. W. Leonard	1119509
S. gigantea	Massachusetts, USA	H. E. Ahles	1220708
S. graminifolia	Pennsylvania, USA	L. K. Henry	1191532
S. gymnospermoides	Oklahoma, USA	P. Nighswonger	1213524 (1265)
S. juncea	Pennsylvania, USA	L. R. Henry	1191709
S. lapponica	USSR	S. Juzepczuk, Czerepanov	0562129

续表

种 Species	采集地 Locality	采集人 Collector	标本号 No.
S. latifolia	North America	R. C. Alexander	09159
S. macrophylla	North Carolina, USA	D. White	1220928
S. miratilis	Japan	W. P. Brooks	260
S. missouriensis	Illinois, USA	H. C. Benke	30267
S. nemoralis	New York, USA	H. N. Moldenke	34208
S. oreophila	Illinois, New Mexico, USA	W. Hess	1216147
钝苞一枝黄花 *S. pacifica*	中国吉林 Jilin, China	王光正 G. Z. Wang	295291
S. puberula	North America	R. C. Alexander	09162
S. riddellii	Lisle, Illinois, USA	W. Hess	1282756
S. rigidiusenla	Lisle, Illinois, USA	N. C. Fasset	654169
S. rugosa	USA	Z. W. Cloney	654179
S. serotina	New York, USA	H. N. Moldenke	34211
S. spathulata			
S. speciosa	California, USA	D. E. Bouffoed	1258830
S. speciosa	Massachusetts, USA	H. E. Ahles	1150886
S. tortifolia	Carolina, USA	D. E. Bouffoed	1258829
S. trinevata	Illinois, USA	W. Hess	1216230 (2905)
S. uliginosa var. *linoides*	Vermont, USA	D. E. Bouffoed	130711
S. ulmifolia	Massachusetts, USA	H. E. Ahles	1187020
S. virgausea L. var. *dahurica*	中国吉林 Jilin, China	方振富 Z. F. Fang	1205004
毛果一枝黄花 *S. virgaurea*	中国吉林 Jilin, China	刘慎锷 S. E. Liu	703990
碱菀 *Tripolium vulgare*	中国黑龙江 Heilongjiang, China	黑龙江普查队 Resource Survey Team of Heilongjiang	0872445
女菀 *Turczaninowia fastigiata*	中国内蒙古 Neimenggu, China	呼盟第一分队 No. 1 Resource Survey Team of Humeng	
Xanthisma texanum	Texas, USA	Alleizette	5501

3 紫菀族花粉的形态与结构

3.1 族及亚族花粉的形态与超微结构

3.1.1 紫菀族花粉的形态与超微结构

1. 大小

花粉的大小通常以最长的轴长来度量。然而，根据 Ting(1964)，花粉的大小最好以花粉大小指数来度量。大小指数(size index) $SI=\sqrt{P\cdot E}$。在紫菀族内，花粉大小指数的变化范围为 14.23～39.45 μm，极轴(P 轴)最长达 42 μm，赤道轴(E 轴)最长达 45 μm。

2. 形状

P/E 比值的大小可以反映花粉的形状。紫菀族植物花粉的形状变异较大，除了少数为扁球形($P/E<0.88$)和长球形($P/E>1.14$)以外，大部分花粉的 P 轴和 E 轴是等长或近等长的，因此都是圆球形或近圆球形的。长球形花粉的 P 轴长大大超过 E 轴长，其中，一类花粉由赤道向两极狭缩成尖顶(图版 15：1)；另一类花粉极区不狭缩，较宽。

3. 外壁纹饰

紫菀族植物花粉的外壁纹饰全部是被刺的(echinate)，根据 Wodehouse(1965)，其最显著的特征就是刺的长度，刺间距、刺形和刺基部有无孔、孔的数目和大小等在整个族内变异很大，并呈现出一定的规律性。

(1) 刺间距。大部分种的刺间距为 1～1.5 μm，最稀的刺见于重冠紫菀(*Aster diplostephyoides*)(图版 23：6)，刺间距为 4.3 μm；最密的刺在紫菀属(*Aster*)和飞蓬属(*Erigeron*)中都存在，如 *Erigeron pomeensis*(图版 111：1)，刺在基部紧密相连，不留有任何空间，间距为零，整个覆盖层全由刺组成。

(2) 刺形。刺形在各个属内表现出极大的多样性，刺的类型有：① 钻样刺。又分为以下几种：边直，刺长渐尖，顶端锐尖；顶端弯曲，喙状尖头；顶端圆钝，较粗壮；顶端稍膨大，略呈指状。② 短圆锥状刺。又分为以下几种：边直，顶端急尖，基部较宽；边凹，顶端骤尖；边直，顶端钝，丘状。③ 基部膨大型刺。刺腹壶状膨大，顶端急尖。④ 基部盘状刺。刺基部盘状，顶端骤尖。

(3) 刺基部的孔。Maria Lea Salgado-Labouriau(1982)利用扫描电镜对菊科花粉刺基部的孔进行了专门研究，通过与先前光学显微镜和透射电镜的研究结果相对比，认为这种孔是一个稳定的形态特征，且因种而异。在紫菀族内，除少数属种（飞蓬属（*Erigeron*），*Aster spathulifolius*，*A. canus*，星舌紫菀（*A. asteroides*））的花粉基部无孔外，大部分属的花粉基部均有孔。就孔的位置、数量、形状而言，可以作出如下区分：① 基部1层孔的（图版152：2）；② 基部2层孔的（*Aster ageratordes* subsp. *lerophyllus* var. *tenuifolius*，图版3：6）；③ 基部3层孔以上的，如 *Solidago oreophilia*（图版156：11）。孔的大小在一个种内是混合的，如乳菀（*Galatella punctata*）（图版121：7）；然而孔的外形轮廓在一个种内却是固定的。在紫菀族内，可以见到两种类型的孔：一种是孔缘较薄而清晰的，如鞑靼狗娃花（*Heteropappus tataricus*）（图版133：6）；另一种是孔缘厚而模糊、内陷的，如帚枝乳菀（*Galatella fastigiiformis*）（图版121：4）。

4. 沟

95%以上的紫菀族植物的花粉萌发孔为三孔沟。沟从一极穿过内孔到达另一极，通常较长。大部分花粉为副合沟（parasyncolporate）的，沟界极区的面积变异较大，极区的刺数从1到20余个反映出这一变化。合沟（syncolporate）的花粉见于 *Cyathocline lyrata*，杯菊（*C. purpurea*）（图版88；89）和 *Erigeron divergens*，*E. frondeus*（图版96；98）。沟宽的变化范围因属种而异，通常在赤道附近最宽。最宽的达10 μm。一般圆球形或扁球形花粉的沟成梭状，沟的两端大部分窄缩渐尖，而长球形花粉的沟一般沟端圆钝状，如图版102：10；119：10。沟通常向两极渐浅，在赤道处较深，深度一般不超过外壁外层的厚度，绝大部分沟的深度局限于柱状层厚度之内，如图版170：1。所有的花粉均有沟膜，圆球形或扁球形花粉的沟膜明显，长球形花粉的沟膜往往深凹，不易看见。有的沟膜较光滑，但大部分沟膜具粗糙颗粒或皱褶。

5. 内孔

在以往文献报道（王伏雄 等，1995）中，紫菀族植物花粉的内孔均为横长。从我们所做的材料（光学显微镜照片）来看，内口器的形状和大小在整个族内是变化的。大部分种的内口器在光学显微镜下显示不出来，能够看清内口器轮廓的，除少数是纵长圆形的（图版27：12；56：8；130：9）以外，大部分内口器确为横长，但形状并不一样，可分为3种类型：

（1）内口器横长，沟状，两端尖，呈梭形，如图版125：2；48：7；51：10；74：10；111：6；119：9；124：9；145：8；158：3；161：6；162：7；163：3。

（2）内口器横长，孔与沟约等宽，边为直线，呈矩形，如图版4：3；26：8；37：10；44：8；83：6；87：4；102：5；127：8；161：9。

（3）内口器横长，孔宽与沟宽相等，但上下边为弧形，呈圆形，如图版89：3；109：5；112：9；122：5；135：5；138：9；147：12；159：11。

紫菀族植物的花粉壁层的超微结构在所有观察过的种类中几乎是一致的，除了 *Solidago californica*（图版179：1～4）较特殊外，其余均可以区分出两层形态上明显不同的壁层，即外壁外层（ektexine）和外壁内层（endexine）（Faegri，1956）。外壁外层又可以分为下面几层：刺、覆盖层、柱状层、柱状层基（columellae base layer）和基足层。在沟缘和极区，基足层和柱状层基连接在一起；而在沟间区，两者分离，形成一空腔，称为囊腔。下面详细描述各层的结构：

（1）刺。从切面看，壁上刺是由覆盖层隆起形成的。刺基部的穿孔一般和基柱之间的空隙相通。刺的内部从基部到三分之二的部位存在大量空腔，这些空腔是由于此部位是由少数几根较粗的基柱支撑而非实心的缘故（图版69：5；171：2；173：5）。

(2) 覆盖层(tectum)。覆盖层是由柱状层的远端部分扩展相连而成的,其厚度一般等于或薄于外壁内层,少有穿孔,通常是连续的、光滑的。

(3) 柱状层(columellae)。柱状层由短棒状的基柱组成。基柱的两极均扩展分支。远极(distal end)分支相互融合,形成覆盖层。覆盖层上的穿孔或刺基部的穿孔都是由于下列两种情形造成的:① 相邻基柱的分支融合不完全;② 分支发生处的基柱产生分裂。近极部分横向扩展(proximal portion),相互连接成一连续层,其厚度至少和覆盖层等厚,常比覆盖层厚。

(4) 基柱、覆盖层和柱状层基部的内孔(internal foramina)。在透射电镜观察过的材料中,柱状层的这三个组分都存在由 Skvarla 和 Larson(1965a)定义的"内孔"。这些孔在上述3种结构内部是清晰可见的,分布向外(覆盖层)渐稀,到达刺顶已没有内孔(图版 173)。这些孔洞大部分呈不规则的圆形。在一枝黄花属(*Solidago*)的花粉(图版 179: 4)中,孔洞呈圆形。在柱状层基部,由于孔洞分布较密,融合成长条状(图版 176: 6);但在基柱和覆盖层中,孔洞都是独立的,保持原来的形状,这些孔洞本来应该是空的,在3万倍和10万倍显微镜下可见清晰透明的小孔(图版 174: 3,4)。

(5) 囊腔(cavea)。在外壁外层中,柱状层基和基足层相分离,形成一个大的空腔,称为囊腔。这种囊腔在检查过的材料中是普遍存在的。尽管在光学显微镜下观察整个花粉粒很难判断囊腔的存在(图版 132: 13),但是壁层结构的超薄切片总是能清楚地显示它的存在(半卧狗娃花(*Heteropappus semiprostratus*),图版 176: 2,3,5)。赤道部位的横切片囊腔显示最清楚(图版 177: 4),然而在极区、亚极区或沟缘处,柱状层和基足层连接在一起,这种连接,要么基柱直接着生在基足层上(图版 171: 5,6; 172: 6; 173: 7,5; 175: 5; 177: 5; 178: 1),要么以少数较短的基柱有间隔地将柱状层基和基足层连接在一起(图版 169: 1,2; 107: 3; 170: 1,5; 174: 1; 178: 2)。

(6) 基足层(foot layer)。基足层是外壁外层的最内一层,很薄,质地均匀一致,和外壁内层结合在一起,覆盖在内层之上。该层在染色和电子密度等方面与上面几层是一致的,但是没有内孔。

(7) 外壁内层。外壁内层是外壁的最内层,紧贴在基足层之内。在紫菀族中,外壁内层是基足层的6~7倍厚。内层是由很多层叠加起来的(图版 169~175; 176: 4; 177)。在 *Solidago californica* 的花粉中,外壁内层的各片层在沟区有较大的空隙,类似于"百页窗"结构。内层的内缘一般凹凸不平。

3.1.2　各亚族花粉的形态与超微结构

如前所述,关于紫菀族的亚族分类,目前仍没有一个统一的分类系统可供使用。本书采用形态分支分类系统(Zhang Xiaoping, Bremer,1993),即将紫菀族分为田基黄亚族、一枝黄花亚族和紫菀亚族。下面分别描述这3个亚族的花粉特征:

1. 田基黄亚族(*Grangeinae*)

花粉粒近球形至长球形,$P/E=0.90\sim1.34$。极面观三裂圆形,极区面积小。$\sqrt{P\cdot E}=16.90\sim20.64\ \mu m$。花粉粒具三孔沟,沟窄呈缝隙状或宽而两端钝圆,内孔横长。外壁具坚硬粗短的刺,刺基部和覆盖层表面有明显的网状穿孔。花粉外壁外层厚 $0.18\sim2.50\ \mu m$,外层与内层比为 $1.5\sim2.0$。基柱与覆盖层都有内部穿孔,囊腔不明显。

2．一枝黄花亚族(*Solidagininae*)

花粉粒大部分近球形，少数为扁球形或长球形，$P/E=0.75\sim1.25$。极面观大部分为三裂圆形，少数为四裂或六裂圆形，极区面积通常较大。$\sqrt{P\cdot E}=15.30\sim28.72\ \mu m$。花粉粒具三孔沟或多孔沟，沟较短或较长，短沟一般呈梭形，中间宽，两端尖；长沟通常似带状，中间与两端等宽，内孔横长。外壁上具较稀疏的刺，刺呈圆锥形，基部常膨大，只有1层小孔或偶见小散孔。覆盖层表面不具穿孔，一般有细皱褶。花粉外壁厚1.8～3.3 μm，外层与内层比为1.5～2.5。基柱与覆盖层均有内部穿孔，囊腔不明显。

3．紫菀亚族(*Asterinae*)

花粉粒圆球形、扁球形至长球形，$P/E=0.76\sim1.92$。极面观大部分为三裂圆形，少数为二环形、四裂或五裂圆形。$\sqrt{P\cdot E}=16.20\sim42.71\ \mu m$。花粉粒具三孔沟，少量为二孔沟或四至五孔沟，沟形变化很大，沟长0.52～1.25 μm，沟宽1.04～26.22 μm，内孔横长或纵长，少有方形。外壁上覆盖着长而尖的刺，刺形多样，刺基部有1层或多层小孔。覆盖层通常无穿孔，光滑或有皱褶。花粉外壁厚0.89～4.0 μm，外层与内层比为1.0～4.0。基柱与覆盖层均具内部穿孔，囊腔明显或不明显。

3.2 属、种花粉特征描述及比较

3.2.1 属的花粉形态特征

1．紫菀属(*Aster* L.)

多年生草本、亚灌木或灌木。广泛分布于亚洲、欧洲和北美洲。狭义的紫菀属包括250余种。

花粉粒扁球形、近球形至长球形，$P/E=0.80\sim1.70$。极面观为三裂圆形或三角形，偶有二裂或四裂圆形。花粉体积最小的为小舌紫菀椭叶变种（*A. albescens* var. *limprichtii*），$\sqrt{P\cdot E}$仅15.12 μm；体积最大的为大花紫菀（*A. megalanthus*），$\sqrt{P\cdot E}$达37.13 μm。花粉外壁厚1.1～4.0 μm，外层与内层比为1.0～4.0。外壁具刺状纹饰，刺基部具有小孔，散孔或1层或多层。刺长2.0～5.0 μm，基部直径1.7～3.9 μm。

2．*Acamptopappus* (A. Gray) A. Gray

灌木。分布于北美洲西部。包括2种。

花粉粒近球形或长球形，$P/E=0.92\sim1.19$。极面观圆形或三裂圆形。$\sqrt{P\cdot E}=21.60\sim21.97\ \mu m$。花粉粒有孔无沟，或具三孔沟。花粉外壁厚1.7～2.4 μm，外层与内层比为1.5～2.5。外壁具刺状纹饰，刺基部常无孔。刺长2.0～2.8 μm，基部直径1.0～2.6 μm。

3．*Amphiachyris* (DC.) Nutt.

一年生草本。分布于美国。包括2种。

花粉粒近球形，$P/E=0.91\sim0.97$。极面观三裂圆形。$\sqrt{P\cdot E}=24.10\sim25.02\ \mu m$。花

粉外壁厚 2.0～2.3 μm,外层与内层比约为 1.5。外壁具刺状纹饰,刺基部常具 1 层小孔。刺长 2.5～2.9 μm,基部直径 1.6～2.0 μm。

4. *Aphanostephus* DC.

一年生至多年生草本。分布于美国南部和墨西哥。包括 4 种。

花粉粒长球形,$P/E = 1.17 \sim 1.28$。极面观三裂圆形。$\sqrt{P \cdot E} = 22.71 \sim 25.12$ μm。花粉外壁厚 1.8～2.1 μm,外层与内层比约为 2.0。外壁具刺状纹饰。刺基部直径 2.3～2.5 μm。

5. 紫菀木属(*Asterothamnus* Novopokr.)

多分枝半灌木。分布于中亚、中国西北和蒙古。包括 7 种。

花粉粒近球形,$P/E = 0.90 \sim 1.05$。极面观三裂圆形。$\sqrt{P \cdot E} = 22.71 \sim 25.12$ μm。花粉外壁厚 1.9～2.5 μm,外层与内层比为 1.5～2.5。外壁具刺状纹饰,刺基部具 1～2 层小孔。刺长 2.7～4.4 μm,基部直径 2.5～3.2 μm。

6. 雏菊属(*Bellis* L.)

一年生至多年生草本。分布于北半球许多地区。包括 7 种。

花粉粒扁球形或近球形,$P/E = 0.75 \sim 0.94$。极面观三裂圆形。$\sqrt{P \cdot E} = 19.34 \sim 20.19$ μm。花粉外壁厚 2.0～2.2 μm,外层与内层比约为 2.0。外壁具刺状纹饰,刺基部具 1～2层小孔。刺长 2.8～3.2 μm,基部直径 1.6～1.8 μm。

7. *Boltonia* L'Herit

多年生草本。分布于北美洲。包括 5 种。

花粉粒扁球形或近球形,$P/E = 0.85 \sim 0.92$。极面观三裂圆形。$\sqrt{P \cdot E} = 16.12 \sim 16.23$ μm。花粉外壁厚 1.2～1.5 μm,外层与内层比约为 1.5。外壁具刺状纹饰,刺基部常无孔。刺长 2.0～2.7 μm,基部直径 1.5～2.8 μm。

8. *Brachyactis* Ledeb.

一年生或多年生草本。分布于亚洲中部、东部和北美洲。包括 6 种。

花粉粒扁球形或近球形,$P/E = 0.87 \sim 1.01$。极面观三裂圆形。$\sqrt{P \cdot E} = 22.46 \sim 23.35$ μm。花粉外壁厚 2.1～2.5 μm,外层与内层比为 1.5～2.0。外壁具刺状纹饰,刺基部常无孔,偶有小孔。刺长 2.7～3.3 μm,基部直径 1.7～2.3 μm。

9. 翠菊属(*Callistephus* Cass.)

一年生草本。原产中国,在东亚和中欧有栽培。1 种。

花粉粒近球形,$P/E = 0.90 \sim 1.01$。极面观三裂圆形。$\sqrt{P \cdot E} = 23.34 \sim 25.12$ μm。花粉外壁厚2.6～2.8 μm,外层与内层比约为 2.0。外壁具刺状纹饰,刺基部具 1 层小孔。刺长 2.6～3.1 μm,基部直径 2.0～2.4 μm。

10. 刺冠菊属(*Calotis* R. Brown)

一年生或多年生丛生草本,偶半灌木。分布于东南亚和大洋洲。约包括 20 种。

花粉粒近球形或长球形,$P/E = 0.92 \sim 1.25$。极面观三裂圆形或四裂圆形。$\sqrt{P \cdot E} = 15.64 \sim 23.80$ μm。花粉外壁厚 1.7～2.8 μm,外层与内层比为 1.5～2.5。外壁具刺状纹饰,

刺基部具1～2层小孔。刺长1.6～2.6 μm,基部直径1.6～2.6 μm。

11. *Chrysopsis* (Nutt.) S. Elliott

一年生至二年生草本,或具短生长期多年草本。分布于北美洲东南部。包括10种。

花粉粒近球形,P/E=0.90～0.95。极面观三裂圆形。$\sqrt{P \cdot E}$=23.14～27.52 μm。花粉外壁厚2.5～2.8 μm,外层与内层比为2.0～2.5。外壁具刺状纹饰,刺基部常具2层小孔。刺长3.1～4.1 μm,基部直径2.7～3.1 μm。

12. *Chrysothamnus* Nutt.

半灌木或灌木。分布于北美洲西部。包括15种。

花粉粒扁球形或近球形,P/E = 0.87～0.90。极面观三裂圆形。$\sqrt{P \cdot E}$ = 22.45～26.79 μm。花粉外壁厚1.8～2.2 μm,外层与内层比为1.5～2.0。外壁具刺状纹饰,刺基部具2～3层小孔。刺长2.1～2.9 μm,基部直径2.2～2.6 μm。

13. 白酒草属(*Conyza* Less.)

一年生、二年生或多年生草本,稀灌木。广泛分布于热带和亚热带地区。包括80～100种。

花粉粒近球形或长球形,P/E = 0.89～1.24。极面观三裂圆形。$\sqrt{P \cdot E}$ = 16.94～22.52 μm。花粉外壁厚1.3～2.5 μm,外层与内层比为1.5～2.0。外壁具刺状纹饰,刺基部常无孔,偶有散见小孔。刺长2.2～3.7 μm,基部直径1.6～3.0 μm。

14. 杯菊属(*Cyathocline* Cass.)

一年生或多年生草本。分布于中国西南部和印度。包括3种。

花粉粒近球形至长球形,P/E = 0.98～1.34。极面观三裂圆形。$\sqrt{P \cdot E}$ = 16.69～18.90 μm。花粉外壁厚2.0～2.2 μm,外层与内层比为1.5～2.0。外壁具刺状纹饰,刺基部具2～3层小孔。刺长2.9～3.4 μm,基部直径2.1～2.4 μm。

15. 东风菜属(*Doellingeria* Nees)

多年生草本。分布于亚洲东部和北美洲。包括7种。

花粉近球形或长球形,P/E=0.89～1.51。极面观三裂圆形或三角形。$\sqrt{P \cdot E}$=22.37～23.12 μm。花粉外壁厚2.0～2.6 μm,外层与内层比为1.5～2.0。外壁具刺状纹饰,刺基部具1～2层小孔。刺长3.3～5.0 μm,基部直径2.6～3.8 μm。

16. 鱼眼草属(*Dichrocephala* DC.)

一年生草本。分布于亚洲、非洲和大洋洲的热带地区。包括5～6种。

花粉粒多近球形,P/E=0.93～0.96。极面观三裂圆形。$\sqrt{P \cdot E}$=16.89～20.64 μm。花粉外壁厚2.0～2.5 μm,外层与内层比为1.5～2.0。外壁具刺状纹饰,刺基部无孔或有小散孔。刺长1.9～2.3 μm,基部直径1.9～2.4 μm。

17. 飞蓬属(*Erigeron* L.)

一年生或多年生草本,稀半灌木或灌木。分布于欧亚大陆和美洲大陆。包括200种。

花粉粒近球形,偶长球形或扁球形,P/E=0.76～1.44。极面观三裂圆形或三角形,偶四裂或五裂圆形。$\sqrt{P \cdot E}$=15.95～26.65 μm。花粉外壁厚1.5～3.0 μm,外层与内层比为

1.5～3.0。外壁具刺状纹饰，刺基部有散见小孔或具1～2层小孔或无孔。刺长1.9～4.2 μm，基部直径1.4～4.5 μm。

18．乳菀属(*Galatella* Cass.)

多年生草本。广泛分布于欧亚大陆。包括40种。

花粉粒近球形至长球形，$P/E=0.95\sim1.50$。极面观三裂圆形。$\sqrt{P\cdot E}=24.34\sim34.60$ μm。花粉外壁厚1.9～3.0 μm，外层与内层比为1.5～2.5。外壁具刺状纹饰，刺基部具1～3层小孔。刺长2.9～3.4 μm，基部直径2.1～3.7 μm。

19．田基黄属(*Grangea* Adans.)

一年生或多年生草本。分布于非洲北部及热带地区、马达加斯加和亚洲热带地区。包括10种。

花粉粒近球形，$P/E=0.90\sim1.02$。极面观三裂圆形。$\sqrt{P\cdot E}=19.20\sim19.87$ μm。花粉外壁厚1.5～2.0 μm，外层与内层比为1.5～2.0。外壁具刺状纹饰，刺基部有小散孔。刺长2.8～3.4 μm，基部直径2.4～2.7 μm。

20．*Gutierrezia* Lag.

一年生或多年生草本、半灌木或灌木。主要分布于北美洲西南部和南美洲南部。包括27种。

花粉粒扁球形或近球形，$P/E=0.82\sim0.90$。极面观三裂圆形。$\sqrt{P\cdot E}=23.92\sim24.93$ μm。花粉外壁厚2.0～2.5 μm，外层与内层比约为2.0。外壁具刺状纹饰，刺基部常无孔。刺长2.9～3.3 μm，基部直径2.0～2.3 μm。

21．*Grindelia* Willd.

一年生或多年生草本。广泛分布于美洲大陆。包括55种。

花粉粒扁球形至近球形，$P/E=0.61\sim0.97$。极面观三裂圆形。$\sqrt{P\cdot E}=25.64\sim28.35$ μm。花粉外壁厚2.1～2.3 μm，外层与内层比为1.5～2.5。外壁具刺状纹饰，刺基部常无孔。刺长3.0～3.9 μm，基部直径2.4～3.0 μm。

22．裸菀属(*Gymnaster* Kitam.)

一年生草本。分布于亚洲东部。包括5种。

花粉粒近球形，$P/E=0.94\sim0.95$。极面观二裂或三裂圆形。$\sqrt{P\cdot E}=20.64\sim24.33$ μm。花粉外壁厚2.2～2.4 μm，外层与内层比约为2.0。外壁具刺状纹饰，刺基部具散孔或1层小孔。刺长3.1～3.6 μm，基部直径2.4～2.7 μm。

23．*Haplopappus* Cass.

一年生草本或灌木。分布于南美洲，主要是智利。包括70种。

花粉粒近球形或扁球形，$P/E=0.90\sim0.92$。极面观三裂圆形。$\sqrt{P\cdot E}=20.89\sim26.22$ μm。花粉外壁厚2.2～2.6 μm，外层与内层比约为2.0。外壁具刺状纹饰，刺基部无孔或具1～2层小孔。刺长2.3～4.5 μm，基部直径1.7～2.5 μm。

24．狗娃花属(*Heteropappus* Less.)

一年生、二年生或多年生草本。广泛分布于中亚和东亚。包括20种。

花粉粒近球形或长球形，$P/E = 0.90 \sim 1.15$。极面观三裂圆形。$\sqrt{P \cdot E} = 23.09 \sim 28.28$ μm。花粉外壁厚 2.3～2.9 μm，外层与内层比为 2.0～2.5。外壁具刺状纹饰，刺基部常具 1～3 层小孔。刺长 2.8～4.0 μm，基部直径 1.6～3.3 μm。

25. *Heterotheca* Cass.

多年生或一年生草本。分布于北美洲，主要是美国西部和墨西哥。包括 25 种。

花粉粒扁球形或近球形，$P/E = 0.86 \sim 1.10$。极面观三裂圆形。$\sqrt{P \cdot E} = 21.31 \sim 25.74$ μm。花粉外壁厚 2.1～2.6 μm，外层与内层比为 1.5～2.5。外壁具刺状纹饰，刺基部具 2～3 层小孔。刺长3.2～3.8 μm，基部直径 2.3～2.7 μm。

26. 马兰属(*Kalimeris* Cass.)

多年生草本。广泛分布于中亚、东亚和东南亚。包括 10 种。

花粉粒近球形或扁球形，$P/E = 0.84 \sim 1.05$。极面观三裂圆形。$\sqrt{P \cdot E} = 20.62 \sim 31.65$ μm。花粉外壁厚 2.1～3.4 μm，外层与内层比为 1.5～3.0。外壁具刺状纹饰，刺基部具散孔或 1～3 层小孔。刺长 2.9～4.6 μm，基部直径 1.8～3.5 μm。

27. 瓶头草属(*Lagenophora* Cass.)

低矮的一年生草本。分布于东南亚、大洋洲、中美洲和南美洲。包括 5 种。

花粉粒近球形，$P/E=0.94 \sim 1.05$。极面观三裂圆形。$\sqrt{P \cdot E}=21.89 \sim 22.99$ μm。花粉外壁厚2.0～2.3 μm，外层与内层比约为 2.0。外壁具刺状纹饰，刺基部无孔或具 1 层小孔。刺长 3.0～3.4 μm，基部直径 1.5～1.8 μm。

28. 麻菀属(*Linosyris* Cass.)

多年生草本。主要分布于欧洲和亚洲草原及森林草原区。包括 10 种。

花粉粒近球形或长球形，$P/E = 1.04 \sim 1.17$。极面观三裂圆形。$\sqrt{P \cdot E} = 28.96 \sim 30.64$ μm。花粉外壁厚 2.1～2.6 μm，外层与内层比约为 2.0。刺长 2.9～3.1 μm，基部直径 2.4～2.7 μm。

29. 黏冠草属(*Myriactis* Less.)

一年生或多年生草本。分布于亚洲、非洲和南美洲的热带地区。包括 12 种。

花粉粒近球形、长球形或扁球形，$P/E = 0.80 \sim 1.30$。极面观三裂圆形。$\sqrt{P \cdot E} = 21.79 \sim 25.68$ μm。花粉外壁厚 2.0～3.1 μm，外层与内层比为 1.5～3.0。外壁具刺状纹饰，刺基部常具 1～2 层小孔或无孔。刺长 2.7～4.1 μm，基部直径 1.4～2.7 μm。

30. 小舌菊属(*Microglossa* DC.)

灌木或半灌木。分布于亚洲和非洲的热带地区。包括 10 种。

花粉粒近球形，$P/E=0.90 \sim 0.96$，极面观三裂圆形。$\sqrt{P \cdot E}=20.64 \sim 24.34$ μm。花粉外壁厚2.1～2.5 μm，外层与内层比为 1.5～2.0。外壁具刺状纹饰，刺基部无孔或具 1 层小孔。刺长 3.2～3.8 μm，基部直径 2.0～2.2 μm。

31. 毛冠菊属(*Nannoglottis* Maxim.)

多年生草本。分布于中国西南部。包括 9 种。

花粉粒近球形、长球形或扁球形，$P/E = 0.87 \sim 1.19$。极面观三裂圆形。$\sqrt{P \cdot E} =$

26.05～32.82 μm。花粉外壁厚 1.9～3.1 μm,外层与内层比为 1.5～2.5。外壁具刺状纹饰,刺基部常无孔。刺长 2.3～3.6 μm,基部直径 1.8～2.4 μm。

32．毛冠菀属(*Pentachaeta* Nutt.)

一年生草本。分布于美国西南部和墨西哥。包括 6 种。

花粉粒近球形,P/E=0.92～0.96。极面观三裂圆形。$\sqrt{P \cdot E}$=22.76～23.87 μm。花粉外壁厚2.0～2.4 μm,外层与内层比约为 2.0。外壁具刺状纹饰,刺基部常无孔。刺长 2.0～2.3 μm,基部直径 2.0～2.4 μm。

33．秋分草属(*Rhynchospermum* Reinw.)

多年生草本。分布于亚洲热带地区。1 种。

花粉粒近球形,P/E=0.89～0.92。极面观三裂圆形。$\sqrt{P \cdot E}$=22.86～24.12 μm。花粉外壁厚2.6～3.0 μm,外层与内层比为 2.0～2.5。外壁具刺状纹饰,刺基部常具 1 层小孔。刺长 3.4～3.9 μm,基部直径 2.1～2.5 μm。

34．一枝黄花属(*Solidago* L.)

多年生草本。主要分布于北美洲,少数分布于欧亚大陆和南美洲。包括 200 种。

花粉粒近球形、扁球形或长球形,P/E=0.76～1.25。极面观三裂圆形,偶有四裂或六裂圆形。$\sqrt{P \cdot E}$=15.30～27.80 μm。花粉外壁厚 1.7～3.3 μm,外层与内层比为 1.5～2.5。外壁具刺状纹饰,刺基部具散孔或 1～3 层小孔。刺长 1.9～4.6 μm,基部直径 1.4～3.3 μm。

35．碱菀属(*Tripolium* Nees)

一年生或速生多年生草本。分布于北美洲、北部非洲和欧亚大陆。1 种。

花粉粒近球形,P/E=0.90～0.93。极面观三裂圆形。$\sqrt{P \cdot E}$=27.43～28.96 μm。花粉外壁厚3.0～3.5 μm,外层与内层比约为 2.5。外壁具刺状纹饰,刺基部常具 1 层小孔。刺长 3.2～3.6 μm,基部直径 2.0～2.4 μm。

36．女菀属(*Turczaninowia* DC.)

多年生草本。分布于东亚。1 种。

花粉粒长球形,P/E=1.14～1.17。极面观三角形。$\sqrt{P \cdot E}$=22.79～23.72 μm。花粉外壁厚 2.7～3.0 μm,外层与内层比约为 2.5。外壁具刺状纹饰,刺基部常无孔。刺长 1.8～2.1 μm,基部直径1.6～2.1 μm。

3.2.2 种的花粉形态特征

1．*Aster abatus* Blake(图版 1：1～5)

花粉粒近球形,P/E=0.96,赤道面观圆形,极面观三裂圆形,大小为 30.0(20.0～32.5)μm×31.3(23.7～32.5)μm。具三孔沟,沟宽 7.8 μm,沟长/P=0.84,两端渐尖,沟膜光滑,沟缘不明显,内孔不明显。外壁厚为 2.3 μm,外层是内层的 2 倍。层次分明,内层薄,覆盖层光滑无孔,外层内部具基柱,柱状层与内层间有空隙。外壁纹饰在光学显微镜下为刺状,在赤道光切面上约有 15 个刺,极光切面每裂片具 6 个刺。在扫描电镜下具显著的刺状纹饰,刺渐尖,顶端锐尖,刺长 3.3 μm,刺基部直径 2.7 μm,相邻两刺之间距离为 1.3 μm,刺长与刺基部宽之比为 1.2，刺基部无小孔，沟界极区刺数为 7。

2. *A. acer* L.（图版 1：6～10）

花粉粒近球形，$P/E=0.92$，赤道面观圆至椭圆形，极面观三裂圆形，大小为 28.7(25.0～32.5)μm×31.3(25.0～32.5)μm。具三孔沟，沟宽 8.0 μm，沟长/$P=0.88$，两端渐尖，沟膜较光滑，内孔不明显。外壁厚为 2.0 μm，外层是内层的 2 倍。层次分明，内层薄，覆盖层光滑无孔，外层内部具基柱，柱状层与内层间有空隙。外壁纹饰在光学显微镜下为刺状，在赤道光切面上约有 15 个刺，极光切面每裂片具 6 个刺。在扫描电镜下具显著的刺状纹饰，刺渐尖，顶端锐尖，刺长 3.3 μm，刺基部直径 2.5 μm，相邻两刺之间距离为 1.0 μm，刺长与刺基部宽之比为 1.3，刺基部无小孔，沟界极区刺数为 8。

3. *A. acuminatus* Michaux（图版 2：1～5）

花粉粒近球形，$P/E=0.95$，赤道面观圆至椭圆形，极面观三裂圆形，大小为 26.2(20.0～30.0)μm×27.5(20.0～31.3)μm。具三孔沟，沟宽 6.2 μm，沟长/$P=0.82$，两端渐尖，沟膜较光滑，具细颗粒，内孔不明显。外壁厚为 1.9 μm，外层是内层的 1.5 倍。层次分明，内层薄，覆盖层光滑无孔，外层内部具基柱，柱状层与内层间有空隙。外壁纹饰在光镜下为刺状，在赤道光切面上约有 14 个刺，极光切面每裂片具 5 个刺。在扫描电镜下具显著的刺状纹饰，刺渐尖，顶端锐尖，刺长 3.2 μm，刺基部直径 2.7 μm，相邻两刺之间距离为 1.1 μm，刺长与刺基部宽之比为 1.2，刺基部具 1～2 层小孔，沟界极区刺数为 11。

4. *A. aegyropholis* Hand.-Mazz.（图版 2：6～10）

花粉粒近长球形，$P/E=1.25$，赤道面观椭圆形，极面观三裂圆形，大小为 25.0(20.0～31.2)μm×20.0(17.5～27.5)μm。具三孔沟，沟宽 4.5 μm，沟长/$P=0.91$，两端渐尖，沟膜深陷，内孔横长。外壁厚为 2.0 μm，外层是内层的 2 倍。层次分明，内层薄，覆盖层具皱褶或皱波状纹饰，外层内部具基柱，柱状层与内层间有空隙。外壁纹饰在光学显微镜下为刺状，在赤道光切面上约有 10 个刺，极光切面每裂片具 6 个刺。在扫描电镜下具显著的刺状纹饰，刺渐尖，顶端锐尖，刺长 2.0 μm，刺基部直径 1.5 μm，相邻两刺之间距离为 1.0 μm，刺长与刺基部宽之比为 1.3，刺基部无小孔，沟界极区刺数为 10。

5. 三脉紫菀(*A. ageratoides* Turcz.)（图版 3：1～5）

花粉粒扁球形，$P/E=0.88$，赤道面观圆至椭圆形，极面观三裂圆形，大小为 20.0(17.5～23.7)μm×22.7(20.0～27.5)μm。具三孔沟，沟宽 3.7 μm，沟长/$P=0.91$，两端渐尖，沟膜具颗粒，内孔不明显。外壁厚为 1.8 μm，外层是内层的 1.5 倍。层次分明，内层薄，覆盖层具密集颗粒状纹饰，外层内部具基柱，柱状层与内层间有空隙。外壁纹饰在光学显微镜下为刺状，在赤道光切面上约有 12 个刺，极光切面每裂片具 5 个刺。在扫描电镜下具显著的刺状纹饰，刺渐尖，顶端锐尖，刺长 3.8 μm，刺基部直径 2.9 μm，相邻两刺之间距离为 1.2 μm，刺长与刺基部宽之比为 1.3，刺基部无小孔，沟界极区刺数为 7。

6. *A. ageratoides* subsp. *leiophyllus* var. *tenuifolius*（图版 3：6～10）

花粉粒近球形，$P/E=0.91$，赤道面观圆至椭圆形，极面观三裂圆形，大小为 25.0(17.5～30.0)μm×27.5(20.0～30.0)μm。具三孔沟，沟宽 5.0 μm，沟长/$P=0.86$，两端渐尖，沟膜粗糙，内孔不明显。外壁厚为 2.1 μm，外层是内层的 2 倍。层次分明，内层薄，覆盖层具皱褶或皱波状纹饰，外层内部具基柱，柱状层与内层间有空隙。外壁纹饰在光学显微镜下为刺状，在赤道光切面上约有 15 个刺，极光切面每裂片具 6 个刺。在扫描电镜下具显著的刺状纹饰，刺渐尖，刺长 4.3 μm，刺基部直径 3.4 μm，相邻两刺之间距离为 1.5 μm，刺长与刺基部宽之比为 1.3，刺基部具 2～3 层小孔，沟界极区刺数为 14。

7. 三脉紫菀坚叶变种(*A. ageratoides* var. *firmus* (Diels) Hand.-Mazz.)(图版 4：1～5)

花粉粒近球形，$P/E=1.00$，赤道面观圆至椭圆形，极面观三裂圆形，大小为 30.0(25.0～35.0)μm×30.0(23.9～32.5)μm。具三孔沟，沟宽 7.3 μm，沟长/$P=0.94$，两端渐尖，沟膜具细颗粒，内孔不明显。外壁厚为 2.0 μm，外层是内层的 2 倍。层次分明，内层薄，覆盖层具密集颗粒状纹饰，外层内部具基柱，柱状层与内层间有空隙。外壁纹饰在光学显微镜下为刺状，在赤道光切面上约有 16 个刺，极光切面每裂片具 5 个刺。在扫描电镜下具显著的刺状纹饰，刺渐尖，顶端锐尖，刺长 4.2 μm，刺基部直径 3.0 μm，相邻两刺之间距离为 1.8 μm，刺长与刺基部宽之比为 1.4，刺基部具 1 层内陷小孔，沟界极区刺数为 8。

8. 三脉紫菀异叶变种(*A. ageratoides* var. *heterophyllus* Maxim.)(图版 4：6～10)

花粉粒近球形，$P/E=1.05$，赤道面观圆至椭圆形，极面观三裂圆形，大小为 27.5(20.0～30.0)μm×26.3(22.5～32.5)μm。具三孔沟，沟宽 5.0 μm，沟长/$P=0.88$，两端渐尖，沟膜具细颗粒，内孔明显横长。外壁厚为 1.8 μm，外层是内层的 2 倍。层次分明，内层薄，覆盖层具密集颗粒状纹饰，外层内部具基柱，柱状层与内层间有空隙。外壁纹饰在光学显微镜下为刺状，在赤道光切面上约有 12 个刺，极光切面每裂片具 5 个刺。在扫描电镜下具显著的刺状纹饰，刺渐尖，顶端锐尖，刺长 3.2 μm，刺基部直径 2.2 μm，相邻两刺之间距离为 0.8 μm，刺长与刺基部宽之比为 1.5，刺基部具 1 层小孔，沟界极区刺数为 14。

9. 翼柄紫菀(*A. alatipes* Hemsl.)(图版 5：1～4)

花粉粒近长球形，$P/E=1.14$，赤道面观椭圆形，极面观三裂圆形，大小为 22.8(16.3～30.0)μm×20.0(17.5～27.5)μm。具三孔沟，沟宽 1.4 μm，沟长/$P=0.96$，两端渐尖，沟膜较光滑，内孔明显横长。外壁厚为 2.0 μm，外层是内层的 2 倍。层次分明，内层薄，覆盖层具密集颗粒状纹饰，外层内部具基柱，柱状层与内层间有空隙。外壁纹饰在光学显微镜下为刺状，在赤道光切面上约有 8 个刺，极光切面每裂片具 6 个刺。在扫描电镜下具显著的刺状纹饰，刺渐尖，顶端尖，刺长 3.1 μm，刺基部直径 2.0 μm，相邻两刺之间距离为 1.0 μm，刺长与刺基部宽之比为 1.1，刺基部具 1～2 层小孔，沟界极区刺数为 6。

10. 小舌紫菀(*A. albescens* (DC.) Hand.-Mazz.)(图版 5：6～10)

花粉粒近球形，$P/E=0.95$，赤道面观圆至椭圆形，极面观三裂圆形，大小为 25.0(22.5～27.5)μm×26.3(21.3～28.8)μm。具三孔沟，沟宽 5.0 μm，沟长/$P=0.89$，两端渐尖，沟膜较粗糙，内孔不明显。外壁厚为 1.1 μm，外层是内层的 2 倍。层次分明，内层薄，覆盖层具强烈皱褶或条沟状纹饰，外层内部具基柱，柱状层与内层间有空隙。外壁纹饰在光学显微镜下为刺状，在赤道光切面上约有 11 个刺，极光切面每裂片具 5 个刺。在扫描电镜下具显著的刺状纹饰，刺渐尖，顶端尖，刺长 4.3 μm，刺基部直径 3.4 μm，相邻两刺之间距离为 1.2 μm，刺长与刺基部宽之比为 1.2，刺基部具 1 层小孔，沟界极区刺数为 8。

11. 小舌紫菀白背变种(*A. albescens* var. *discolor* Ling)(图版 6：1～5)

花粉粒近长球形，$P/E=1.15$，赤道面观圆至椭圆形，极面观三裂圆形，大小为 17.6(15.0～27.5)μm×23.9(21.3～27.5)μm。具三孔沟，沟宽 2.3 μm，沟长/$P=0.94$，两端渐尖，沟膜不明显，内孔不明显。外壁厚为1.3 μm，外层是内层的2倍。层次分明，内层薄，覆盖层具皱褶或皱波状纹饰，外层内部具基柱，柱状层与内层间有空隙。外壁纹饰在光学显微镜下为刺状，在赤道光切面上约有8个刺，极光切面每裂片具5个刺。在扫描电镜下具显著的刺状纹饰，刺渐尖，刺长2.8 μm，刺基部直径2.2 μm，相邻两刺之间距离为1.1 μm，刺长与刺基部宽之比为1.3，刺基部具1层小孔，沟界极区刺数为9。

12. 小舌紫菀腺点变种(*A. albescens* var. *glandulosus* Hand.-Mazz.)(图版6：6～8)

花粉粒近长球形，*P*/*E*＝1.06，赤道面观椭圆形，极面观三裂圆形，大小为28.9(21.3～30.0)μm×26.3(25.0～28.9)μm。具三孔沟，沟宽2.3 μm，沟长/*P*＝0.87，两端渐尖，沟膜较光滑，内孔明显横长。外壁厚为1.2 μm，外层是内层的2倍。层次分明，内层薄，覆盖层具皱褶或皱波状纹饰，外层内部具基柱，柱状层与内层间有空隙。外壁纹饰在光学显微镜下为刺状，在赤道光切面上约有16个刺，极光切面每裂片具6个刺。在扫描电镜下具显著的刺状纹饰，刺渐尖，顶端锐尖，刺长3.9 μm，刺基部直径2.9 μm，相邻两刺之间距离为0.8 μm，刺长与刺基部宽之比为1.3，刺基部无小孔，沟界极区刺数为8。

13. 小舌紫菀狭叶变种(*A. albescens* var. *gracilior* Hand.-Mazz.)(图版7：1～6)

花粉粒近长球形，*P*/*E*＝1.16，赤道面观椭圆形，极面观深裂圆形，大小为28.9(22.5～37.5)μm×24.9(20.0～27.5)μm。具三孔沟，沟宽3.5 μm，沟长/*P*＝0.88，两端渐尖，沟膜深陷，内孔不明显。外壁厚为1.8 μm，外层是内层的1.5倍。层次分明，内层薄，覆盖层具强烈皱褶或条沟状纹饰，外层内部具基柱，柱状层与内层间有空隙。外壁纹饰在光学显微镜下为刺状，在赤道光切面上约有15个刺，极光切面每裂片具5个刺。在扫描电镜下具显著的刺状纹饰，刺渐尖，顶端尖，刺长4.8 μm，刺基部直径3.4 μm，相邻两刺之间距离为1.6 μm，刺长与刺基部宽之比为1.4，刺基部具2层小孔，沟界极区刺数为3。

14. 小舌紫菀无毛变种(*A. albescens* var. *levissimus* Hand.-Mazz.)(图版7：7～11)

花粉粒扁球形，*P*/*E*＝0.87，赤道面观椭圆形，极面观浅三裂圆形，或二裂圆形，大小为22.5(15.0～27.5)μm×25.9(17.5～30.0)μm。具三孔沟，沟宽4.2 μm，沟长/*P*＝0.97，两端渐尖，沟膜具细颗粒，内孔不明显。外壁厚为2.1 μm，外层是内层的1.5倍。层次分明，内层薄，覆盖层光滑无孔，外层内部具基柱，柱状层与内层间有空隙。外壁纹饰在光学显微镜下为刺状，在赤道光切面上约有10个刺，极光切面每裂片具6个刺。在扫描电镜下具显著的刺状纹饰，刺渐尖，顶端尖，刺长3.5 μm，刺基部直径2.0 μm，相邻两刺之间距离为1.2 μm，刺长与刺基部宽之比为1.7，刺基部偶有小孔，沟界极区刺数为13。

15. 小舌紫菀椭叶变种(*A. albescens* var. *limprichtii* Hand.-Mazz.)(图版8：1～5)

花粉粒扁球形，*P*/*E*＝0.89，赤道面观圆至椭圆形，极面观深三裂圆形，大小为20.0(16.2～22.5)μm×22.5(15.0～25.0)μm。具三孔沟，沟宽4.2 μm，沟长/*P*＝0.70，两端渐尖，沟膜粗糙具颗粒，内孔不明显。外壁厚为1.6 μm，外层是内层的1.5倍。层次分明，内层薄，覆盖层较光滑，外层内部具基柱，柱状层与内层间有空隙。外壁纹饰在光学显微镜下为刺状，在赤道光切面上约有13个刺，极光切面每裂片具5个刺。在扫描电镜下具显著的刺状纹饰，刺渐尖，顶端尖，刺长2.9 μm，刺基部直径3.2 μm，相邻两刺之间距离为1.0 μm，刺长与刺基部宽之比为0.9，刺基部偶有小孔，沟界极区刺数为6。

16. 小舌紫菀卵叶变种(*A. albescens* var. *ovatus* Ling)(图版8：6～10)

花粉粒近球形，*P*/*E*＝1.08，赤道面观圆至椭圆形，极面观三裂圆形，大小为32.5(22.5～

37.5)μm×30.0(22.5～35.0)μm。具三孔沟，沟宽8.5 μm，沟长/P=0.74，两端渐尖，沟膜较光滑，内孔不明显。外壁厚为1.2 μm，外层是内层的1.5倍。层次分明，内层薄，覆盖层较光滑，外层内部具基柱，柱状层与内层间有空隙。外壁纹饰在光学显微镜下为刺状，在赤道光切面上约有17个刺，极光切面每裂片具6个刺。在扫描电镜下具显著的刺状纹饰，刺渐尖，顶端尖，刺长4.0 μm，刺基部直径3.0 μm，相邻两刺之间距离为1.5 μm，刺长与刺基部宽之比为1.3，刺基部具4层小孔，沟界极区刺数为4。

17. 小舌紫菀长毛变种(*A. albescens* var. *pilosus* Hand.-Mazz.)(图版9：1～5)

花粉粒近球形，P/E=1.03，赤道面观圆至椭圆形，极面观三裂圆形，大小为26.3(22.5～32.5)μm×25.5(15.0～30.0)μm。具三孔沟，沟宽5.2 μm，沟长/P=0.81，两端渐尖，沟膜较光滑，内孔不明显。外壁厚为2.5 μm，外层是内层的2倍。层次分明，内层薄，覆盖层光滑，外层内部具基柱，柱状层与内层间有空隙。外壁纹饰在光学显微镜下为刺状，在赤道光切面上约有11个刺，极光切面每裂片具6个刺。在扫描电镜下具显著的刺状纹饰，刺渐尖，刺长3.3 μm，刺基部直径4.1 μm，相邻两刺之间距离为1.3 μm，刺长与刺基部宽之比为0.8，刺基部具2层小孔，沟界极区刺数为3。

18. 小舌紫菀糙叶变种(*A. albescens* var. *rugosus* Ling)(图版9：6～10)

花粉粒近球形，P/E=0.96，赤道面观圆至椭圆形，极面观三裂圆形，大小为26.3(18.9～32.5)μm×27.5(20.0～33.8)μm。具三孔沟，沟宽3.8 μm，沟长/P=0.75，两端渐尖，沟膜较光滑，内孔不明显。外壁厚为2.4 μm，外层是内层的2倍。层次分明，内层薄，覆盖层较光滑，外层内部具基柱，柱状层与内层间有空隙。外壁纹饰在光学显微镜下为刺状，在赤道光切面上约有13个刺，极光切面每裂片具5个刺。在扫描电镜下具显著的刺状纹饰，刺渐尖，刺长4.1 μm，刺基部直径2.8 μm，相邻两刺之间距离为0.8 μm，刺长与刺基部宽之比为1.5，刺基部偶有小孔，沟界极区刺数为6。

19. 小舌紫菀柳叶变种(*A. albescens* var. *salignus* Hand.-Mazz.)(图版10：1～6)

花粉粒近球形，P/E=1.06，赤道面观圆至椭圆形，极面观三裂圆形，偶有四裂圆形，大小为28.9(21.2～33.7)μm×27.5(18.9～35.0)μm。具三孔沟，沟宽6.0 μm，沟长/P=0.86，两端渐尖，沟膜较光滑，内孔不明显。外壁厚为2.8 μm，外层是内层的2倍。层次分明，内层薄，覆盖层具强烈皱褶或条沟状纹饰，外层内部具基柱，柱状层与内层间有空隙。外壁纹饰在光学显微镜下为刺状，在赤道光切面上约有20个刺，极光切面每裂片具6个或4个刺。在扫描电镜下具显著的刺状纹饰，刺渐尖至长渐尖，顶端突尖，刺长4.5 μm，刺基部直径3.2 μm，相邻两刺之间距离为1.7 μm，刺长与刺基部宽之比为1.4，刺基部偶有小孔，沟界极区刺数为8。

20. 高山紫菀(*A. alpinus* L.)(图版10：7～11)

花粉粒长球形，P/E = 1.20，赤道面观椭圆形，极面观三裂圆形，大小为31.5(17.5～32.5)μm×26.3(20.0～30.0)μm。具三孔沟，沟宽5.9 μm，沟长/P=0.98，两端渐尖，沟膜粗糙具颗粒，内孔不明显。外壁厚为2.1 μm，外层是内层的1.5倍。层次分明，内层薄，覆盖层具细小颗粒状纹饰，外层内部具基柱，柱状层与内层间有空隙。外壁纹饰在光学显微镜下为刺状，在赤道光切面上约有10个刺，极光切面每裂片具5个刺。在扫描电镜下具显著的刺状纹饰，刺渐尖，刺长3.8 μm，刺基部直径3.2 μm，相邻两刺之间距离为1.5 μm，刺长与刺基部宽之比为1.2，刺基部无小孔，沟界极区刺数为4。

21. *A. altaicus* Willd.(图版 11：1～6)

花粉粒近球形，*P*/*E*=0.90，赤道面观圆至椭圆形，极面观浅三裂圆形，大小为 22.5(18.7～25.0)μm×25.0(22.5～27.5)μm。具三孔沟，沟宽 4.6 μm，沟长/*P*=0.91，两端圆钝，沟膜粗糙具颗粒，内孔不明显。外壁厚为 2.0 μm，外层是内层的 2.5 倍。层次分明，内层薄，覆盖层较光滑，外层内部具基柱，柱状层与内层间有空隙。外壁纹饰在光学显微镜下为刺状，在赤道光切面上约有 14 个刺，极光切面每裂片具 6 个刺。在扫描电镜下具显著的刺状纹饰，刺渐尖，顶端锐尖，刺长 3.3 μm，刺基部直径 2.4 μm，相邻两刺之间距离为 1.0 μm，刺长与刺基部宽之比为 1.4，刺基部无小孔，沟界极区刺数为 10。

22. *A. altaicus* var. *latibracheatus* Ling(图版 11：7～11)

花粉粒扁球形，*P*/*E*=0.80，赤道面观圆至椭圆形，极面观浅三裂圆形，大小为 25.0(21.3～28.7)μm×31.2(25.0～32.5)μm。具三孔沟，沟宽 5.6 μm，沟长/*P*=0.83，两端渐尖，沟膜较光滑具细皱褶，内孔不明显。外壁厚为 2.0 μm，外层是内层的 2 倍。层次分明，内层薄，覆盖层较光滑，外层内部具基柱，柱状层与内层间有空隙。外壁纹饰在光学显微镜下为刺状，在赤道光切面上约有 12 个刺，极光切面每裂片具 6 个刺。在扫描电镜下具显著的刺状纹饰，刺渐尖，顶端锐尖，刺长 3.2 μm，刺基部直径 3.1 μm，相邻两刺之间距离为 1.0 μm，刺长与刺基部宽之比为 1.0，刺基部具 1 层小孔，沟界极区刺数为 9。

23. *A. amellus* L.(图版 12：1～5)

花粉粒长球形，*P*/*E*=1.21，赤道面观椭圆形，极面观深三裂圆形，大小为 30.0(25.0～32.0)μm×24.8(20.0～28.5)μm。具三孔沟，沟宽 2.6 μm，沟长/*P*=0.82，两端渐尖，沟膜不明显，内孔不明显。外壁厚为 3.1 μm，外层是内层的 3 倍。层次分明，内层薄，覆盖层较光滑，外层内部具基柱，柱状层与内层间有空隙。外壁纹饰在光学显微镜下为刺状，在赤道光切面上约有 16 个刺，极光切面每裂片具 6 个刺。在扫描电镜下具显著的刺状纹饰，刺渐尖，顶端尖，刺长 4.6 μm，刺基部直径 3.9 μm，相邻两刺之间距离为 1.1 μm，刺长与刺基部宽之比为 1.2，刺基部偶有小孔，沟界极区刺数为 3。

24. *A. anomalus* Engelm.(图版 12：6～10)

花粉粒扁球形，*P*/*E*=0.84，赤道面观椭圆形，极面观深三裂圆形，大小为 21.2(20.0～23.6)μm×25.1(22.5～27.5)μm。具三孔沟，沟宽 4.1 μm，沟长/*P*=0.81，两端渐尖，沟膜具细颗粒，内孔略显横长。外壁厚为 2.0 μm，外层是内层的 2 倍。层次分明，内层薄，覆盖层具皱褶或皱波状纹饰，外层内部具基柱，柱状层与内层间有空隙。外壁纹饰在光学显微镜下为刺状，在赤道光切面上约有 13 个刺，极光切面每裂片具 5 个刺。在扫描电镜下具显著的刺状纹饰，刺渐尖，顶端常弯曲，刺长 3.1 μm，刺基部直径 2.6 μm，相邻两刺之间距离为 0.4 μm，刺长与刺基部宽之比为1.2，刺基部具 1 层小孔，沟界极区刺数为 5。

25. 银鳞紫菀(*A. argyropholis* Hand.-Mazz.)(图版 13：1～5)

花粉粒近球形，*P*/*E*=1.11，赤道面观椭圆形，极面观三裂圆形，大小为 25.0(20.0～32.5)μm×22.5(17.5～25.0)μm。具三孔沟，沟宽 2.7 μm，沟长/*P*=0.92，两端渐尖，沟膜光滑，内孔略显横长。外壁厚为 1.8 μm，外层是内层的 2 倍。层次分明，内层薄，覆盖层光滑，外层内部具基柱，柱状层与内层间有空隙。外壁纹饰在光学显微镜下为刺状，在赤道光切面上约有 13 个刺，极光切面每裂片具 5 个刺。在扫描电镜下具显著的刺状纹饰，刺渐尖，刺长 3.7

μm,刺基部直径 2.6 μm,相邻两刺之间距离为 0.8 μm,刺长与刺基部宽之比为 1.4,刺基部无小孔,沟界极区刺数为 7。

26. 星舌紫菀(*A. asteroides* (DC.) O. Ktze)(图版 13：6～10)

花粉粒近球形,*P/E*＝1.10,赤道面观圆至椭圆形,极面观深三裂圆形,大小为 30.0(20.0～35.0)μm×27.5(22.5～32.5)μm。具三孔沟,沟宽 4.1 μm,沟长/*P*＝0.83,两端渐尖,沟膜具细小颗粒,内孔不明显。外壁厚为 2.9 μm,外层是内层的 3 倍。层次分明,内层薄,覆盖层具细小颗粒状纹饰,外层内部具基柱,柱状层与内层间有空隙。外壁纹饰在光学显微镜下为刺状,在赤道光切面上约有 10 个刺,极光切面每裂片具 5 个刺。在扫描电镜下具显著的刺状纹饰,刺渐尖,顶端尖,刺长 4.0 μm,刺基部直径 2.9 μm,相邻两刺之间距离为 2.4 μm,刺长与刺基部宽之比为 1.4,刺基部无小孔,沟界极区刺数为 1。

27. 耳叶紫菀(*A. auriculatus* Franch.)(图版 14：1～5)

花粉粒近球形,*P/E*＝1.10,赤道面观圆至椭圆形,极面观三裂圆形,大小为 30.0(20.0～35.0)μm×27.5(22.5～31.3)μm。具三孔沟,沟宽 3.3 μm,沟长/*P*＝0.88,两端渐尖,沟膜极粗糙,内孔不明显。外壁厚为 3.3 μm,外层是内层的 3 倍。层次分明,内层薄,覆盖层具细小颗粒状纹饰,外层内部具基柱,柱状层与内层间有空隙。外壁纹饰在光学显微镜下为刺状,在赤道光切面上约有 10 个刺,极光切面每裂片具 6 个刺。在扫描电镜下具显著的刺状纹饰,刺矮钝,突尖,刺长 2.4 μm,刺基部直径 2.7 μm,相邻两刺之间距离为 1.3 μm,刺长与刺基部宽之比为 0.9,刺基部具 1 层小孔,沟界极区刺数为 4。

28. *A. azureus* Lindl.(图版 14：6～10)

花粉粒近球形,*P/E*＝0.91,赤道面观圆至椭圆形,极面观三裂圆形或二裂圆形,大小为 25.0(18.7～31.2)μm×27.6(20.0～32.5)μm。具二孔沟或三孔沟,沟宽 5.0 μm,沟长/*P*＝0.85,两端渐尖,沟膜较光滑,内孔不明显。外壁厚为 2.5 μm,外层是内层的 2 倍。层次分明,内层薄,覆盖层较光滑,外层内部具基柱,柱状层与内层间有空隙。外壁纹饰在光学显微镜下为刺状,在赤道光切面上约有 11 个刺,极光切面每裂片具 6 个刺。在扫描电镜下具显著的刺状纹饰,刺渐尖,顶端锐尖,刺长 3.8 μm,刺基部直径 3.0 μm,相邻两刺之间距离为 0.8 μm,刺长与刺基部宽之比为 1.3,刺基部无孔,沟界极区刺数为 18。

29. 白舌紫菀(*A. baccharoides* Steetz.)(图版 15：1～3)

花粉粒长球形,*P/E*＝1.90,赤道面观尖椭圆形,极面观三角形,大小为 27.4(22.5～32.5)μm×13.8(10.5～20.3)μm。具三孔沟,沟宽 1.4 μm,沟长/*P*＝0.88,两端渐尖,沟深陷,沟膜不明显,沟间区成脊状隆起,内孔不明显。外壁厚为 3.9 μm,外层是内层的 4 倍。层次分明,内层薄,覆盖层具多数小孔,外层内部具基柱,柱状层与内层间有空隙。外壁纹饰在光学显微镜下为刺状,在赤道光切面上约有 10 个刺,极光切面每裂片具 5 个刺。在扫描电镜下具显著的刺状纹饰,刺长渐尖,顶端弯曲,刺长 3.3 μm,刺基部直径 1.9 μm,相邻两刺之间距离为 2.6 μm,刺长与刺基部宽之比为 1.7,刺基部具 2～3 层小孔,沟界极区刺数为 1。

30. 巴塘紫菀(*A. batangensis* Bur. et Franch.)(图版 15：4～9)

花粉粒长球形,*P/E*＝1.25,赤道面观椭圆形,极面观三角形,大小为 25.0(20.0～30.0)μm×20.0(18.7～28.0)μm。具三孔沟,沟宽 2.9 μm,沟长/*P*＝0.87,两端渐尖,沟内陷,沟膜不明显,沟间区成脊状隆起,内孔不明显。外壁厚为 2.4 μm,外层是内层的 2.5 倍。层次分明,内层薄,覆盖层具皱褶,外层内部具基柱,柱状层与内层间有空隙。外壁纹饰在光学显微镜下为刺状,在赤道光切面上约有3个刺,极光切面每裂片具6个刺。在扫描电镜下具显著的刺状纹饰,刺渐尖,顶端圆钝,刺长4.1 μm,刺基部直径2.6 μm,相邻两刺之间距离为0.8 μm,刺长与刺基部宽之比为1.6,刺基部具2层明显小孔,沟界极区刺数为3。

31. 巴塘紫菀匙叶变种(*A. batangensis* var. *staticefolius* (Franch.) Ling)(图版16:1~5)

花粉粒近球形,P/E=1.07,赤道面观圆至椭圆形,极面观三裂圆形,大小为32.5(25.0~40.0)μm×30.0(20.0~36.3)μm。具三孔沟,沟宽5.0 μm,沟长/P=0.79,两端渐尖,沟膜较光滑,内孔不明显。外壁厚为2.8 μm,外层是内层的2倍。层次分明,内层薄,覆盖层具皱褶或皱波状纹饰,外层内部具基柱,柱状层与内层间有空隙。外壁纹饰在光学显微镜下为刺状,在赤道光切面上约有17个刺,极光切面每裂片具5个刺。在扫描电镜下具显著的刺状纹饰,刺基部膨大,上部长尖,呈突尖,刺长4.6 μm,刺基部直径3.2 μm,相邻两刺之间距离为1.5 μm,刺长与刺基部宽之比为1.4,刺基部具2层内陷小孔,沟界极区刺数为7。

32. *A. benthamii* Steetz.(图版16:6~10)

花粉粒近球形,P/E=1.04,赤道面观圆至椭圆形,极面观浅三裂圆形,大小为31.3(25.0~35.0)μm×30.0(22.5~35.0)μm。具三孔沟,沟宽4.7 μm,沟长/P=0.85,两端渐尖,沟膜具细颗粒,内孔不明显。外壁厚为3.8 μm,外层是内层的3倍。层次分明,内层薄,覆盖层具细小颗粒状纹饰,外层内部具基柱,柱状层与内层间有空隙。外壁纹饰在光学显微镜下为刺状,在赤道光切面上约有12个刺,极光切面每裂片具6个刺。在扫描电镜下具显著的刺状纹饰,刺基部膨大,呈突尖,刺长3.5 μm,刺基部直径3.2 μm,相邻两刺之间距离为1.1 μm,刺长与刺基部宽之比为1.1,刺基部具2层小孔,沟界极区刺数为12。

33. 短毛紫菀(*A. brachytrichus* Franch.)(图版17:1~6)

花粉粒近球形,P/E=1.05,赤道面观圆至椭圆形,极面观三裂圆形,大小为25.0(22.5~27.5)μm×23.7(20.0~26.3)μm。具三孔沟,沟宽6.5 μm,沟长/P=0.93,两端渐尖,沟膜粗糙具颗粒,内孔不明显。外壁厚为3.1 μm,外层是内层的2倍。层次分明,内层薄,覆盖层具细小颗粒状纹饰,外层内部具基柱,柱状层与内层间有空隙。外壁纹饰在光学显微镜下为刺状,在赤道光切面上约有15个刺,极光切面每裂片具5个刺。在扫描电镜下具显著的刺状纹饰,刺渐尖,刺长2.9 μm,刺基部直径2.2 μm,相邻两刺之间距离为1.7 μm,刺长与刺基部宽之比为1.3,刺基部无小孔,沟界极区刺数为7。

34. 线舌紫菀(*A. bietii* Franch.)(图版17:7~11)

花粉粒近长球形,P/E=1.16,赤道面观椭圆形,极面观三裂圆形(偶二裂),大小为34.8(28.7~37.5)μm×30.0(25.0~35.0)μm。具三孔沟,沟宽4.4 μm,沟长/P=0.81,两端渐尖,沟膜粗糙,内孔不明显。外壁厚为1.6 μm,外层是内层的2倍。层次分明,内层薄,覆盖层具细小颗粒状纹饰,外层内部具基柱,柱状层与内层间有空隙。外壁纹饰在光学显微镜下为刺状,在赤道光切面上约有11个刺,极光切面每裂片具5个刺。在扫描电镜下具显著的刺状纹饰,刺突尖,刺长4.5 μm,刺基部直径4.2 μm,相邻两刺之间距离为1.3 μm,刺长与刺基部宽之比为1.1,刺基部具1层小孔,沟界极区刺数为7。

35. 扁毛紫菀(*A. bulleyanus* J. F. Jeffr)(图版18:1~6)

花粉粒近球形,P/E=0.97,赤道面观圆至椭圆形,极面观浅三裂圆形,大小为26.8(17.5

～30.0)μm×27.5(20.0～32.5)μm。具三孔沟，沟宽 6.8 μm，沟长/P＝0.72，两端渐尖，沟膜粗糙具颗粒，内孔不明显。外壁厚为 2.8 μm，外层是内层的 3 倍。层次分明，内层薄，覆盖层具细小颗粒状纹饰，外层内部具基柱，柱状层与内层间有空隙。外壁纹饰在光学显微镜下为刺状，在赤道光切面上约有 13 个刺，极光切面每裂片具 5 个刺。在扫描电镜下具显著的刺状纹饰，刺渐尖，刺长 3.8 μm，刺基部直径 2.7 μm，相邻两刺之间距离为 1.3 μm，刺长与刺基部宽之比为 1.4，刺基部无小孔，沟界极区刺数为 21。

36. *A*. *canus* W. et K.(图版 18：7～11)

花粉粒近球形，P/E＝0.92，赤道面观圆至椭圆形，极面观三裂圆形，大小为 30.0(25.0～32.5)μm×32.5(25.0～37.5)μm。具三孔沟，沟宽 4.4 μm，沟长/P＝0.94，两端渐尖，沟膜较光滑，内孔明显纵长。外壁厚为 2.2 μm，外层是内层的 1.5 倍。层次分明，内层薄，覆盖层具穿孔，外层内部具基柱，柱状层与内层间有空隙。外壁纹饰在光学显微镜下为刺状，在赤道光切面上约有 5 个刺，极光切面每裂片具 6 个刺。在扫描电镜下具显著的刺状纹饰，刺突尖，刺长 4.0 μm，刺基部直径 3.0 μm，相邻两刺之间距离为 1.6 μm，刺长与刺基部宽之比为 1.3，刺基部无小孔，沟界极区刺数为 5。

37. *A*. *changiana* Ling (图版 19：1～5)

花粉粒近球形，P/E＝1.00，赤道面观椭圆形，极面观浅三裂圆形，大小为 27.5(22.5～31.3)μm×27.5(20.0～30.0)μm。具三孔沟，沟宽 6.2 μm，沟长/P＝0.89，两端渐尖，沟膜粗糙深陷，内孔不明显。外壁厚为 2.5 μm，外层是内层的 2 倍。层次分明，内层薄，覆盖层具细小颗粒状纹饰，外层内部具基柱，柱状层与内层间有空隙。外壁纹饰在光学显微镜下为刺状，在赤道光切面上约有 10 个刺，极光切面每裂片具 5 个刺。在扫描电镜下具显著的刺状纹饰，刺渐尖，刺长 3.4 μm，刺基部直径 2.7 μm，相邻两刺之间距离为 1.0 μm，刺长与刺基部宽之比为 1.3，刺基部具 1 层小孔，沟界极区刺数为 10。

38. *A*. *ciliolatus* Lindl.(图版 19：6～10)

花粉粒长球形，P/E＝1.30，赤道面观尖椭圆形，极面观三角形，大小为 27.5(22.5～30.0)μm×21.2(20.0～28.5)μm。具三孔沟，沟宽 12.7 μm，沟长/P＝0.91，两端渐尖，沟深陷，沟膜不明显，沟间区具脊状隆起，内孔不明显。外壁厚为 2.3 μm，外层是内层的 1.5 倍。层次分明，内层薄，覆盖层具皱褶或皱波状纹饰，外层内部具基柱，柱状层与内层间有空隙。外壁纹饰在光学显微镜下为刺状，在赤道光切面上约有 13 个刺，极光切面每裂片具 5 个刺。在扫描电镜下具显著的刺状纹饰，刺渐尖，刺长 4.3 μm，刺基部直径 3.8 μm，相邻两刺之间距离为 1.0 μm，刺长与刺基部宽之比为 1.3，刺基部具 1 层小孔，沟界极区刺数为 3。

39. *A*. *cimitaneus* W. W. Smith et Fare(图版 20：1～3)

花粉粒近球形，P/E＝1.08，赤道面观圆至椭圆形，极面观深三裂圆形，大小为 20.5(18.5～25.5)μm×19.8(16.8～23.8)μm。具三孔沟，沟宽 6.4 μm，沟长/P＝0.89，两端渐尖，沟膜较光滑具细颗粒，内孔不明显。外壁厚为 2.3 μm，外层是内层的 1.5 倍。层次分明，内层薄，覆盖层具密集颗粒状纹饰，外层内部具基柱，柱状层与内层间有空隙。外壁纹饰在光学显微镜下为刺状，在赤道光切面上约有 16 个刺，极光切面每裂片具 6 个刺。在扫描电镜下具显著的刺状纹饰，刺渐尖，刺长 4.5 μm，刺基部直径 2.9 μm，相邻两刺之间距离为 1.3 μm，刺长与刺基部宽之比为 1.6，刺基部具 1～2 层小孔，沟界极区刺数为 4。

40. *A. coerulescens* DC.(图版 20：4～8)

花粉粒近球形，$P/E=0.92$，赤道面观圆至椭圆形，极面观深三裂圆形，大小为 27.5(23.6～32.5)μm×30.0(27.5～33.9)μm。具三孔沟，沟宽 5.8 μm，沟长/$P=0.90$，两端渐尖，沟膜具细颗粒，内孔不明显。外壁厚为 2.3 μm，外层是内层的 1.5 倍。层次分明，内层薄，覆盖层光滑，外层内部具基柱，柱状层与内层间有空隙。外壁纹饰在光学显微镜下为刺状，在赤道光切面上约有 18 个刺，极光切面每裂片具 6 个刺。在扫描电镜下具显著的刺状纹饰，刺渐尖，刺长 3.5 μm，刺基部直径 2.2 μm，相邻两刺之间距离为 0.8 μm，刺长与刺基部宽之比为 1.6，刺基部具 1 层内陷小孔，沟界极区刺数为 5。

41. *A. concolor* L.(图版 20：9,10；21：1,2)

花粉粒长球形，$P/E=1.24$，赤道面观圆至椭圆形，极面观三裂圆形，大小为 29.3(21.2～32.5)μm×23.6(20.0～27.5)μm。具三孔沟，沟宽 5.0 μm，沟长/$P=0.88$，两端渐尖，沟膜光滑，内孔不明显。外壁厚为 2.3 μm，外层是内层的 2 倍。层次分明，内层薄，覆盖层光滑，外层内部具基柱，柱状层与内层间有空隙。外壁纹饰在光学显微镜下为刺状，在赤道光切面上约有 17 个刺，极光切面每裂片具 6 个刺。在扫描电镜下具显著的刺状纹饰，刺渐尖，刺长 3.1 μm，刺基部直径 2.4 μm，相邻两刺之间距离为 0.7 μm，刺长与刺基部宽之比为 1.3，刺基部具 1～2 层小孔，沟界极区刺数为 7。

42. *A. conspicuus* Lindl.(图版 21：3～6)

花粉粒近长球形，$P/E=1.14$，赤道面观椭圆形，极面观三裂圆形，大小为 45.6(35.0～48.5)μm×40.0(35.0～43.9)μm。具三孔沟，沟宽 5.7 μm，沟长/$P=0.97$，沟成带状，深陷，沟膜不明显，内孔不明显。外壁厚为 3.9 μm，外层是内层的 3 倍。层次分明，内层薄，覆盖层较光滑，外层内部具基柱，柱状层与内层间有空隙。外壁纹饰在光学显微镜下为刺状，在赤道光切面上约有 14 个刺，极光切面每裂片具 5 个刺。在扫描电镜下具显著的刺状纹饰，刺渐尖，刺长 4.3 μm，刺基部直径 3.6 μm，相邻两刺之间距离为 1.8 μm，刺长与刺基部宽之比为 1.2，刺基部具 2～3 层小孔，沟界极区刺数为 6。

43. *A. cordifolius* L.(图版 21：7～9；22：1,2)

花粉粒近球形，$P/E=1.00$，赤道面观圆至椭圆形，极面观浅三裂圆形，大小为 22.5(20.0～26.3)μm×22.5(20.0～25.0)μm。具三孔沟，沟宽 5.2 μm，沟长/$P=0.88$，两端渐尖，沟膜粗糙下陷具颗粒，内孔不明显。外壁厚为 1.9 μm，外层是内层的 1.5 倍。层次分明，内层薄，覆盖层具皱褶或皱波状纹饰，外层内部具基柱，柱状层与内层间有空隙。外壁纹饰在光学显微镜下为刺状，在赤道光切面上约有 12 个刺，极光切面每裂片具 5 个刺。在扫描电镜下具显著的刺状纹饰，刺渐尖，刺长 3.1 μm，刺基部直径 2.4 μm，相邻两刺之间距离为 0.8 μm，刺长与刺基部宽之比为 1.3，刺基部具 1 层小孔，沟界极区刺数为 12。

44. *A. debilis* Ling(图版 22：3～5)

花粉粒近球形，$P/E=0.89$，赤道面观圆至椭圆形，极面观三裂圆形，大小为 27.5(23.9～31.3)μm×30.8(23.8～32.5)μm。具三孔沟，沟宽 6.0 μm，沟长/$P=0.94$，两端渐尖，沟膜粗糙，内孔不明显。外壁厚为 2.7 μm，外层是内层的 2 倍。层次分明，内层薄，覆盖层具皱褶或皱波状纹饰，外层内部具基柱，柱状层与内层间有空隙。外壁纹饰在光学显微镜下为刺状，在赤道光切面上约有 14 个刺，极光切面每裂片具 5 个刺。在扫描电镜下具显著的刺状纹饰，刺

突尖，刺长 3.0 μm，刺基部直径 2.6 μm，相邻两刺之间距离为 1.4 μm，刺长与刺基部宽之比为 1.2，刺基部具 1～2 层小孔，沟界极区刺数为 7。

45．*A*．*delavayi* Franch.（图版 22：6～10）

花粉粒扁球形，*P*/*E*＝0.87，赤道面观椭圆形，极面观深三裂圆形，大小为 35.0（22.5～40.0）μm×40.2（25.0～45.0）μm。具三孔沟，沟宽 5.2 μm，沟长/*P*＝0.76，两端渐尖，沟膜深陷，内孔不明显。外壁厚为 3.0 μm，外层是内层的 2.5 倍。层次分明，内层薄，覆盖层具皱褶或皱波状纹饰，外层内部具基柱，柱状层与内层间有明显空隙。外壁纹饰在光学显微镜下为刺状，在赤道光切面上约有 12 个刺，极光切面每裂片具 5 个刺。在扫描电镜下具显著的刺状纹饰，刺渐尖，刺长 3.3 μm，刺基部直径 2.3 μm，相邻两刺之间距离为 1.3 μm，刺长与刺基部宽之比为 1.4，刺基部偶有小孔，沟界极区刺数为 4。

46．*A*．*dimorphyllus* Fr. et Lava.（图版 23：1～5）

花粉粒近球形，*P*/*E*＝1.10，赤道面观圆至椭圆形，极面观三裂圆形，大小为 27.5（23.7～32.5）μm×25.0（22.5～30.0）μm。具三孔沟，沟宽 4.1 μm，沟长/*P*＝0.79，两端圆钝，沟膜具细颗粒，内孔不明显。外壁厚为 2.0 μm，外层是内层的 2 倍。层次分明，内层薄，覆盖层光滑，外层内部具基柱，柱状层与内层间有空隙。外壁纹饰在光学显微镜下为刺状，在赤道光切面上约有 12 个刺，极光切面每裂片具 6 个刺。在扫描电镜下具显著的刺状纹饰，刺渐尖，刺长 3.2 μm，刺基部直径 2.3 μm，相邻两刺之间距离为 2.0 μm，刺长与刺基部宽之比为 1.4，刺基部具 1 层小孔，沟界极区刺数为 7。

47．重冠紫菀（*A*．*diplostephioides* C. B. Clarke）（图版 23：6～10）

花粉粒扁球形，*P*/*E*＝0.88，赤道面观椭圆形，极面观深三裂圆形，大小为 27.5（25.0～30.0）μm×31.3（25.0～32.5）μm。具三孔沟，沟宽 6.1 μm，沟长/*P*＝0.92，两端渐尖，沟膜粗糙下陷，内孔不明显。外壁厚为 2.5 μm，外层是内层的 2 倍。层次分明，内层薄，覆盖层具穿孔，外层内部具基柱，柱状层与内层间有空隙。外壁纹饰在光学显微镜下为刺状，在赤道光切面上约有 14 个刺，极光切面每裂片具 5 个刺。在扫描电镜下具显著的刺状纹饰，刺渐尖，刺长 2.8 μm，刺基部直径 2.4 μm，相邻两刺之间距离为 4.1 μm，刺长与刺基部宽之比为 1.2，刺基部具 1 层小孔，沟界极区刺数为 4。

48．*A*．*divaricatus* L.（图版 24：1～5）

花粉粒近球形，*P*/*E*＝1.00，赤道面观圆至椭圆形，极面观浅三裂圆形，大小为 25.0（22.5～27.5）μm×25.0（21.0～27.5）μm。具三孔沟，沟宽 4.9 μm，沟长/*P*＝0.89，两端渐尖，沟膜光滑，内孔不明显。外壁厚为 3.1 μm，外层是内层的 3 倍。层次分明，内层薄，覆盖层光滑，外层内部具基柱，柱状层与内层间有空隙。外壁纹饰在光学显微镜下为刺状，在赤道光切面上约有 9 个刺，极光切面每裂片具 5 个刺。在扫描电镜下具显著的刺状纹饰，刺长渐尖，顶端弯曲，刺长 4.4 μm，刺基部直径 2.8 μm，相邻两刺之间距离为 1.2 μm，刺长与刺基部宽之比为 1.5，刺基部无小孔，沟界极区刺数为 10。

49．长梗紫菀（*A*．*dolichopodus* Ling）（图版 24：6～8）

花粉粒近球形，*P*/*E*＝0.95，赤道面观圆至椭圆形，极面观深三裂圆形，大小为 25.0（22.5～26.3）μm×26.3（21.0～27.0）μm。具三孔沟，沟宽 5.0 μm，沟长/*P*＝0.82，两端渐尖，沟膜较粗糙，内孔不明显。外壁厚为 2.0 μm，外层是内层的 1.5 倍。层次分明，内层薄，覆盖层具细小颗粒状纹饰，外层内部具基柱，柱状层与内层间有空隙。外壁纹饰在光学显微镜下为刺状，在赤道光切面上约有 13 个刺，极光切面每裂片具 5 个刺。在扫描电镜下具显著的刺状纹饰，刺渐尖，刺长 4.0 μm，刺基部直径 2.8 μm，相邻两刺之间距离为 1.6 μm，刺长与刺基部宽之比为 1.4，刺基部具 2～3 层小孔，沟界极区刺数为 4。

50．长叶紫菀（*A*．*dolichophyllus* Ling）（图版 24：9；25：1～5）

花粉粒近球形，*P*/*E*＝1.08，赤道面观圆至椭圆形，极面观三裂圆形，大小为 35.0（27.5～40.0）μm×32.5（22.5～37.5）μm。具三孔沟，沟宽 4.5 μm，沟长/*P*＝0.73，两端渐尖，沟膜皱褶具颗粒，内孔不明显。外壁厚为 2.8 μm，外层是内层的 2.5 倍。层次分明，内层薄，覆盖层具皱褶或皱波状纹饰，外层内部具基柱，柱状层与内层间有空隙。外壁纹饰在光学显微镜下为刺状，在赤道光切面上约有 13 个刺，极光切面每裂片具 5 个刺。在扫描电镜下具显著的刺状纹饰，刺长渐尖，刺长 4.1 μm，刺基部直径 2.6 μm，相邻两刺之间距离为 2.0 μm，刺长与刺基部宽之比为 1.6，刺基部无小孔，沟界极区刺数为 5。

51．*A*．*dumosus* L.（图版 25：6～10）

花粉粒近长球形，*P*/*E*＝1.14，赤道面观椭圆形，极面观三裂圆形，大小为 25.0（20.0～30.0）μm×22.0（18.9～25.0）μm。具三孔沟，沟宽 1.7 μm，沟长/*P*＝0.84，两端渐尖，沟膜不明显，内孔不明显。外壁厚为 2.7 μm，外层是内层的 2 倍。层次分明，内层薄，覆盖层光滑，外层内部具基柱，柱状层与内层间有空隙。外壁纹饰在光学显微镜下为刺状，在赤道光切面上约有 13 个刺，极光切面每裂片具 6 个刺。在扫描电镜下具显著的刺状纹饰，刺渐尖，刺长 3.5 μm，刺基部直径 2.6 μm，相邻两刺之间距离为 0.8 μm，刺长与刺基部宽之比为 1.3，刺基部具 1 层内陷小孔，沟界极区刺数为 8。

52．*A*．*ericoides* L.（图版 26：1～4）

花粉粒近球形，*P*/*E*＝0.94，赤道面观圆至椭圆形，极面观三裂圆形，大小为 21.1（17.5～23.9）μm×22.5（18.7～25.0）μm。具三孔沟，沟宽 3.6 μm，沟长/*P*＝0.75，两端渐尖，沟膜光滑，内孔不明显。外壁厚为 2.5 μm，外层是内层的 2 倍。层次分明，内层薄，覆盖层较光滑，外层内部具基柱，柱状层与内层间有空隙。外壁纹饰在光学显微镜下为刺状，在赤道光切面上约有 10 个刺，极光切面每裂片具 5 个刺。在扫描电镜下具显著的刺状纹饰，刺渐尖，刺长 3.8 μm，刺基部直径 3.3 μm，相邻两刺之间距离为 0.9 μm，刺长与刺基部宽之比为 1.2，刺基部偶有小孔，沟界极区刺数为 7。

53．海紫菀（*A*．*tripolium* L.）（图版 26：5～10）

花粉粒近球形，*P*/*E*＝0.92，赤道面观圆至椭圆形，极面观三裂圆形，大小为 27.5（22.5～37.5）μm×30.0（23.7～38.9）μm。具三孔沟，沟宽 3.7 μm，沟长/*P*＝0.92，两端渐尖，沟膜具细颗粒，内孔不明显。外壁厚为 3.0 μm，外层是内层的 2.5 倍。层次分明，内层薄，覆盖层具强烈皱褶或条沟状纹饰，外层内部具基柱，柱状层与内层间有空隙。外壁纹饰在光学显微镜下为刺状，在赤道光切面上约有 14 个刺，极光切面每裂片具 5 个刺。在扫描电镜下具显著的刺状纹饰，刺突尖，顶端弯曲，刺长 3.8 μm，刺基部直径 3.8 μm，相邻两刺之间距离为 1.3 μm，刺长与刺基部宽之比为 1.4，刺基部无小孔，沟界极区刺数为 9。

54．镰叶紫菀（*A*．*falcifolius* Hand.-Mazz.）（图版 27：1～6）

花粉粒长球形，*P*/*E*＝1.30，赤道面观椭圆形，极面观深三裂圆形，大小为 25.0（22.5～

28.2)μm×19.0(17.8～27.5)μm。具三孔沟，沟宽 5.3 μm，沟长/P=0.79，两端渐尖，沟深陷，沟膜不明显，沟间区成脊状隆起，脊部具 4 排刺，内孔不明显。外壁厚为 1.9 μm，外层是内层的 1.5 倍。层次分明，内层薄，覆盖层具强烈皱褶或条沟状纹饰，外层内部具基柱，柱状层与内层间有空隙。外壁纹饰在光学显微镜下为刺状，在赤道光切面上约有 10 个刺，极光切面每裂片具 5 个刺。在扫描电镜下具显著的刺状纹饰，刺长渐尖，刺长 4.2 μm，刺基部直径 2.4 μm，相邻两刺之间距离为 1.8 μm，刺长与刺基部宽之比为 1.7，刺基部偶有小孔，沟界极区刺数为 4。

55. 狭苞紫菀(*A. farreri* W. W. Smith. et J. F. Jeffrey)(图版 27：7～12)

花粉粒长球形，P/E=1.20，赤道面观椭圆形，极面观深三裂圆形，大小为 28.7(25.0～33.8)μm×23.9(22.5～27.5)μm。具三孔沟，沟宽 7.6 μm，沟长/P=0.70，两端渐尖，沟膜较粗糙，内孔不明显。外壁厚为 2.0 μm，外层是内层的 1.5 倍。层次分明，内层薄，覆盖层具皱褶或皱波状纹饰，外层内部具基柱，柱状层与内层间有空隙。外壁纹饰在光学显微镜下为刺状，在赤道光切面上约有 17 个刺，极光切面每裂片具 5 个刺。在扫描电镜下具显著的刺状纹饰，刺渐尖，刺长 3.0 μm，刺基部直径 2.4 μm，相邻两刺之间距离为 1.8 μm，刺长与刺基部宽之比为 1.3，刺基部无小孔，沟界极区刺数为 4。

56. *A. fastigiatus* Fischer(图版 28：1～3)

花粉粒近球形，P/E=1.04，赤道面观圆至椭圆形，极面观三裂圆形，大小为 20.0(17.5～23.9)μm×19.2(15.0～22.5)μm。具三孔沟，沟宽 3.5 μm，沟长/P=0.96，两端渐尖，沟膜较粗糙，内孔不明显。外壁厚为 2.8 μm，外层是内层的 2 倍。层次分明，内层薄，覆盖层具细小颗粒状纹饰，外层内部具基柱，柱状层与内层间有空隙。外壁纹饰在光学显微镜下为刺状，在赤道光切面上约有 7 个刺，极光切面每裂片具 5 个刺。在扫描电镜下具显著的刺状纹饰，刺长渐尖，刺长 3.1 μm，刺基部直径 2.0 μm，相邻两刺之间距离为 1.5 μm，刺长与刺基部宽之比为 1.6，刺基部具 1 层小孔，沟界极区刺数为 6。

57. 萎软紫菀(*A. flaccidus* Bunge)(图版 28：4～8)

花粉粒近球形，P/E=1.00，赤道面观圆至椭圆形，极面观深三裂圆形，大小为 30.0(25.0～35.0)μm×30.0(25.0～35.0)μm。具三孔沟，沟宽 4.7 μm，沟长/P=0.88，两端渐尖，沟膜粗糙，内孔不明显。外壁厚为 3.0 μm，外层是内层的 2.5 倍。层次分明，内层薄，覆盖层具强烈皱褶或条沟状纹饰，外层内部具基柱，柱状层与内层间有空隙。外壁纹饰在光学显微镜下为刺状，在赤道光切面上约有 13 个刺，极光切面每裂片具 6 个刺。在扫描电镜下具显著的刺状纹饰，刺长渐尖，顶端锐尖，刺长 4.2 μm，刺基部直径 2.4 μm，相邻两刺之间距离为 1.5 μm，刺长与刺基部宽之比为1.7，刺基部具 1 层小孔，沟界极区刺数为 5。

58. *A. foliaceus* Lindl. ssp. *apricus* A. Gray(图版 28：9，10)

花粉粒扁球形，P/E = 0.88，赤道面观椭圆形，极面观三裂圆形，大小为 14.2(10.5～18.5)μm×16.1(12.5～20.5)μm。具三孔沟，沟宽 4.3 μm，沟长/P=0.91，两端渐尖，沟膜粗糙具细小颗粒状纹饰，内孔不明显。外壁厚为 2.6 μm，外层是内层的 2 倍。层次分明，内层薄，覆盖层具细小颗粒状纹饰，外层内部具基柱，柱状层与内层间有空隙。外壁纹饰在光学显微镜下为刺状，在赤道光切面上约有 7 个刺，极光切面每裂片具 5 个刺。在扫描电镜下具显著的刺状纹饰，刺渐尖，刺长 3.0 μm，刺基部直径 2.3 μm，相邻两刺之间距离为 0.7 μm，刺长与刺基部宽之比为 1.3，刺基部无小孔，沟界极区刺数为 8。

59. 褐毛紫菀(*A*. *fuscescens* Burr. et Franch.)(图版 29：1～6)

花粉粒近球形，$P/E=1.10$，赤道面观圆至椭圆形，极面观三裂圆形，大小为 30.0(21.3～33.8)μm×27.5(22.5～30.0)μm。具三孔沟，沟宽 6.7 μm，沟长/$P=0.68$，两端渐尖，沟膜粗糙，内孔不明显。外壁厚为 2.1 μm，外层是内层的 2 倍。层次分明，内层薄，覆盖层具细小颗粒状纹饰，外层内部具基柱，柱状层与内层间有空隙。外壁纹饰在光学显微镜下为刺状，在赤道光切面上约有 11 个刺，极光切面每裂片具 5 个刺。在扫描电镜下具显著的刺状纹饰，刺渐尖，顶端钝，刺长 4.1 μm，刺基部直径 3.0 μm，相邻两刺之间距离为 1.7 μm，刺长与刺基部宽之比为 1.4，刺基部具 2 层小孔，沟界极区刺数为 8。

60. 秦中紫菀(*A*. *giraldii* Diels)(图版 29：7～11)

花粉粒长球形，$P/E=1.20$，赤道面观椭圆形，极面观三裂圆形，大小为 27.5(21.3～31.3)μm×26.9(23.8～30.0)μm。具三孔沟，沟宽 5.3 μm，沟长/$P=0.98$，两端渐尖，沟膜粗糙，内孔不明显。外壁厚为 2.3 μm，外层是内层的 2.5 倍。层次分明，内层薄，覆盖层具密集颗粒状纹饰，外层内部具基柱，柱状层与内层间有空隙。外壁纹饰在光学显微镜下为刺状，在赤道光切面上约有 14 个刺，极光切面每裂片具 5 个刺。在扫描电镜下具显著的刺状纹饰，刺长渐尖，刺长 3.9 μm，刺基部直径 1.8 μm，相邻两刺之间距离为 2.3 μm，刺长与刺基部宽之比为 2.2，刺基部具 1 层小孔，沟界极区刺数为 6。

61. *A*. *glaucodes* Blake(图版 30：1～4)

花粉粒近球形，$P/E=0.95$，赤道面观圆至椭圆形，极面观二裂圆形或三裂圆形，大小为 26.2(21.2～31.4)μm×27.5(21.2～32.5)μm。具二孔沟或三孔沟，沟宽 6.7 μm，沟长/$P=0.80$，两端渐尖，沟膜具粗糙颗粒，内孔不明显。外壁厚为 1.8 μm，外层是内层的 1.5 倍。层次分明，内层薄，覆盖层较光滑，外层内部具基柱，柱状层与内层间有空隙。外壁纹饰在光学显微镜下为刺状，在赤道光切面上约有 14 个刺，极光切面每裂片具 5 个或 8 个刺。在扫描电镜下具显著的刺状纹饰，刺突尖，刺长 2.0 μm，刺基部直径 2.2 μm，相邻两刺之间距离为 1.6 μm，刺长与刺基部宽之比为 0.9，刺基部无小孔，沟界极区刺数为 8。

62. *A*. *glehnii* Fr. Schm.(图版 30：5～9)

花粉粒近球形，$P/E=0.90$，赤道面观圆至椭圆形，极面观三裂圆形，大小为 25.0(20.0～30.0)μm×25.0(22.5～31.3)μm。具三孔沟，沟宽 5.5 μm，沟长/$P=0.94$，两端渐尖，沟膜具细小颗粒状纹饰，内孔不明显。外壁厚为 2.1 μm，外层是内层的 2 倍。层次分明，内层薄，覆盖层具细小颗粒状纹饰，外层内部具基柱，柱状层与内层间有空隙。外壁纹饰在光学显微镜下为刺状，在赤道光切面上约有 10 个刺，极光切面每裂片具 5 个刺。在扫描电镜下具显著的刺状纹饰，刺渐尖，顶端弯曲，刺长 4.2 μm，刺基部直径 2.3 μm，相邻两刺之间距离为 1.3 μm，刺长与刺基部宽之比为1.8，刺基部无小孔，沟界极区刺数为 7。

63. 红冠紫菀(*A*. *handelii* Onno)(图版 30：10；31：1～5)

花粉粒近长球形，$P/E=1.16$，赤道面观圆至椭圆形，极面观三裂圆形，大小为 35.0(25.0～37.5)μm×30.2(22.5～35.0)μm。具三孔沟，沟宽 10.5 μm，沟长/$P=0.89$，两端渐尖，沟深陷，沟膜不明显，沟间区成脊状隆起，内孔不明显。外壁厚为 2.7 μm，外层是内层的 3.5 倍。层次分明，内层薄，覆盖层具细小颗粒状纹饰，外层内部具基柱，柱状层与内层间有空隙。外壁纹饰在光学显微镜下为刺状，在赤道光切面上约有 14 个刺，极光切面每裂片具 5 个刺。在扫描电镜下具显著的刺状纹饰，刺渐尖，刺长 3.0 μm，刺基部直径 2.4 μm，相邻两刺之间距离为 2.0 μm，刺长与刺基部宽之比为 1.3，刺基部无小孔，沟界极区刺数为 4。

64. 横斜紫菀（*A. hersileoides* Schneid.）（图版 31：6～10）

花粉粒近球形，*P/E*＝1.05，赤道面观圆至椭圆形，极面观深三裂圆形，大小为 23.8（17.5～27.5）μm×22.7（20.0～27.5）μm。具三孔沟，沟宽 6.7 μm，沟长/*P*＝0.77，两端渐尖，沟膜粗糙具细小颗粒状纹饰，内孔不明显。外壁厚为 2.8 μm，外层是内层的 2 倍。层次分明，内层薄，覆盖层具细小颗粒状纹饰，外层内部具基柱，柱状层与内层间有空隙。外壁纹饰在光学显微镜下为刺状，在赤道光切面上约有 9 个刺，极光切面每裂片具 5 个刺。在扫描电镜下具显著的刺状纹饰，刺突尖，刺长 3.3 μm，刺基部直径 3.3 μm，相邻两刺之间距离为 1.8 μm，刺长与刺基部宽之比为 1.0，刺基部具 1～2 层小孔，沟界极区刺数为 4。

65. 异苞紫菀（*A. heterolepis* Hand.-Mazz.）（图版 32：1～6）

花粉粒近球形，*P/E*＝1.08，赤道面观圆至椭圆形，极面观三裂圆形，大小为 32.5（22.5～37.5）μm×30.0（22.5～33.8）μm。具三孔沟，沟宽 7.1 μm，沟长/*P*＝0.73，两端渐尖，沟膜粗糙，内孔明显横长。外壁厚为 2.9 μm，外层是内层的 2 倍。层次分明，内层薄，覆盖层较光滑，外层内部具基柱，柱状层与内层间有空隙。外壁纹饰在光学显微镜下为刺状，在赤道光切面上约有 14 个刺，极光切面每裂片具 5 个刺。在扫描电镜下具显著的刺状纹饰，刺长渐尖，顶端锐尖，刺长 3.3 μm，刺基部直径 2.2 μm，相邻两刺之间距离为 1.3 μm，刺长与刺基部宽之比为 1.5，刺基部偶有小孔，沟界极区刺数为 5。

66. 须弥紫菀（*A. himalaicus* C. B. Clarke）（图版 32：7～12）

花粉粒近球形，*P/E*＝0.95，赤道面观圆至椭圆形，极面观三裂圆形，大小为 25.0（20.0～33.9）μm×26.2（20.0～32.5）μm。具三孔沟，沟宽 7.2 μm，沟长/*P*＝0.75，两端渐尖，沟膜粗糙具细小颗粒状纹饰，内孔不明显。外壁厚为 2.3 μm，外层是内层的 1.5 倍。层次分明，内层薄，覆盖层具密集颗粒状纹饰，外层内部具基柱，柱状层与内层间有空隙。外壁纹饰在光学显微镜下为刺状，在赤道光切面上约有 12 个刺，极光切面每裂片具 4～5 个刺。在扫描电镜下具显著的刺状纹饰，刺长渐尖，刺长 3.6 μm，刺基部直径 2.2 μm，相邻两刺之间距离为 2.2 μm，刺长与刺基部宽之比为 1.6，刺基部无小孔，沟界极区刺数为 4。

67. *A. hirtifolius* Blake（图版 33：1～6）

花粉粒近球形，*P/E*＝0.95，赤道面观圆至椭圆形，极面观三裂圆形，大小为 23.7（20.0～26.7）μm×25.0（22.5～28.9）μm。具三孔沟，沟宽 5.1 μm，沟长/*P*＝0.94，两端渐尖，沟膜粗糙下陷，内孔明显横长。外壁厚为 2.0 μm，外层是内层的 1.5 倍。层次分明，内层薄，覆盖层具细小颗粒状纹饰，外层内部具基柱，柱状层与内层间有空隙。外壁纹饰在光学显微镜下为刺状，在赤道光切面上约有 10 个刺，极光切面每裂片具 5 个刺。在扫描电镜下具显著的刺状纹饰，刺渐尖，刺长 2.6 μm，刺基部直径 2.0 μm，相邻两刺之间距离为 0.4 μm，刺长与刺基部宽之比为 1.3，刺基部具 1 层小孔，沟界极区刺数为 8。

68. *A. hispidus* Thunb.（图版 33：7～9）

花粉粒近球形，*P/E*＝1.11，赤道面观圆至椭圆形，极面观三裂圆形，大小为 23.5（20.0～27.5）μm×21.2（19.5～27.5）μm。具三孔沟，沟宽 6.1 μm，沟长/*P*＝0.73，两端渐尖，沟膜粗糙具细小颗粒状纹饰，内孔不明显。外壁厚为 2.1 μm，外层是内层的 2 倍。层次分明，内层薄,覆盖层具细小颗粒状纹饰,外层内部具基柱,柱状层与内层间有空隙。外壁纹饰在光学显微镜下为刺状,在赤道光切面上约有 12 个刺,极光切面每裂片具 5 个刺。在扫描电镜下具显著的刺状纹饰,刺长渐尖,刺长 4.7 μm,刺基部直径 3.1 μm,相邻两刺之间距离为 1.3 μm,刺长与刺基部宽之比为1.5,刺基部具 1 层小孔,沟界极区刺数为 7。

69. 等苞紫菀(*A. homochlamydeus* Hand.-Mazz.)(图版 34: 1~5)

花粉粒近长球形,P/E=1.14,赤道面观椭圆形,极面观浅三裂圆形,大小为 30.0(22.5~35.0)μm×26.3(20.0~30.0)μm。具三孔沟,沟宽 4.5 μm,沟长/P=0.93,两端渐尖,沟膜较粗糙,内孔不明显。外壁厚为 4.0 μm,外层是内层的 3 倍。层次分明,内层薄,覆盖层具皱褶或皱波状纹饰,外层内部具基柱,柱状层与内层间有空隙。外壁纹饰在光学显微镜下为刺状,在赤道光切面上有 9~14 个刺,极光切面每裂片具 6 个刺。在扫描电镜下具显著的刺状纹饰,刺渐尖,刺长 3.8 μm,刺基部直径 3.1 μm,相邻两刺之间距离为 1.1 μm,刺长与刺基部宽之比为 1.2,刺基部具 1 层小孔,沟界极区刺数为 12。

70. *A. ibericus* Ster.(图版 34: 6~10)

花粉粒长球形,P/E=1.36,赤道面观圆至椭圆形,极面观三裂圆形,大小为 32.5(30.0~36.2)μm×23.9(20.5~30.5)μm。具三孔沟,沟宽 7.2 μm,沟长/P=0.83,两端渐尖,沟膜光滑,内孔不明显。外壁厚为 2.7 μm,外层是内层的 1.5 倍。层次分明,内层薄,覆盖层具细小颗粒状纹饰,外层内部具基柱,柱状层与内层间有空隙。外壁纹饰在光学显微镜下为刺状,在赤道光切面上约有 14 个刺,极光切面每裂片具 5 个刺。在扫描电镜下具显著的刺状纹饰,刺突尖,刺长 3.2 μm,刺基部直径 2.9 μm,相邻两刺之间距离为 1.7 μm,刺长与刺基部宽之比为 1.1,刺基部少数小孔,沟界极区刺数为 6。

71. 大埔紫菀(*A. itsunboshi* Kitam.)(图版 35: 1~3)

花粉粒近球形,P/E=1.00,赤道面观圆至椭圆形,极面观三裂圆形,大小为 20.0(17.5~25.0)μm×20.0(15.8~25.0)μm。具三孔沟,沟宽 6.1 μm,沟长/P=0.84,两端渐尖,沟膜具皱褶或皱波状纹饰,内孔不明显。外壁厚为 2.0 μm,外层是内层的 1.5 倍。层次分明,内层薄,覆盖层具皱褶或皱波状纹饰,外层内部具基柱,柱状层与内层间有空隙。外壁纹饰在光学显微镜下为刺状,在赤道光切面上约有 15 个刺,极光切面每裂片具 5 个刺。在扫描电镜下具显著的刺状纹饰,刺长渐尖,刺长 4.7 μm,刺基部直径 2.2 μm,相邻两刺之间距离为 1.4 μm,刺长与刺基部宽之比为 2.1,刺基部无小孔,沟界极区刺数为 8。

72. 滇西北紫菀(*A. jeffreyanus* Diels)(图版 35: 4~9)

花粉粒近球形,P/E=0.95,赤道面观圆至椭圆形,极面观三裂圆形,大小为 27.5(20.0~30.0)μm×28.7(22.5~31.3)μm。具三孔沟,沟宽 5.0 μm,沟长/P=0.76,两端渐尖,沟膜粗糙深陷,内孔不明显。外壁厚为 2.0 μm,外层是内层的 2 倍。层次分明,内层薄,覆盖层具密集皱波状纹饰,外层内部具基柱,柱状层与内层间有空隙。外壁纹饰在光学显微镜下为刺状,在赤道光切面上约有 12 个刺,极光切面每裂片具 5 个刺。在扫描电镜下具显著的刺状纹饰,刺长渐尖,刺长 3.8 μm,刺基部直径 2.2 μm,相邻两刺之间距离为 1.9 μm,刺长与刺基部宽之比为 1.7,刺基部无小孔,沟界极区刺数为 7。

73. *A. laevis* L.(图版 36: 1~5)

花粉粒近球形,P/E=1.11,赤道面观圆至椭圆形,极面观二裂、三裂或四裂圆形,大小为

36.8(31.3～40.0)μm×33.1(30.0～37.5)μm。具二孔沟、三孔沟或四孔沟，沟宽 3.0 μm，沟长/P = 0.56，两端渐尖，沟膜光滑具明显颗粒，内孔不明显。外壁厚为 4.1 μm，外层是内层的 4 倍。层次分明，内层薄，覆盖层较光滑，外层内部具基柱，柱状层与内层间有空隙。外壁纹饰在光学显微镜下为刺状，在赤道光切面上约有 14 个刺，极光切面每裂片具 4～5 个刺。在扫描电镜下具显著的刺状纹饰，刺渐尖，刺长 3.6 μm，刺基部直径 3.0 μm，相邻两刺之间距离为 0.8 μm，刺长与刺基部宽之比为1.2，刺基部具 2～3 层小孔，沟界极区刺数为 16。

74. *A. lanceolatus* Willd.(图版 36：6～10)

花粉粒扁球形，P/E = 0.87，赤道面观椭圆形，极面观二裂圆形，大小为 25.0(21.2～28.9)μm×28.9(22.5～32.5)μm。具二孔沟或三孔沟，沟宽 5.1 μm，沟长/P = 0.77，两端渐尖，沟膜具明显颗粒，内孔不明显。外壁厚为 3.0 μm，外层是内层的 2 倍。层次分明，内层薄，覆盖层具细小颗粒状纹饰，外层内部具基柱，柱状层与内层间有空隙。外壁纹饰在光学显微镜下为刺状，在赤道光切面上约有 10 个刺，极光切面每裂片具 7 个刺。在扫描电镜下具显著的刺状纹饰，刺渐尖，顶端弯曲，刺长 4.2 μm，刺基部直径 3.3 μm，相邻两刺之间距离为 1.3 μm，刺长与刺基部宽之比为 1.3，刺基部无小孔，沟界极区刺数为 5。

75. *A. lateriflorus* Britton(图版 37：1～5)

花粉粒近球形，P/E = 1.08，赤道面观圆至椭圆形，极面观三裂圆形，大小为 32.5(28.7～35.0)μm×30.1(20.0～35.0)μm。具三孔沟，沟宽 6.0 μm，沟长/P = 0.76，两端渐尖，沟膜光滑下陷，内孔不明显。外壁厚为 2.1 μm，外层是内层的 2 倍。层次分明，内层薄，覆盖层较光滑，外层内部具基柱，柱状层与内层间有空隙。外壁纹饰在光学显微镜下为刺状，在赤道光切面上约有 16 个刺，极光切面每裂片具 6 个刺。在扫描电镜下具显著的刺状纹饰，刺长渐尖，刺长 4.2 μm，刺基部直径 2.8 μm，相邻两刺之间距离为 1.5 μm，刺长与刺基部宽之比为 1.5，刺基部具 1 层小孔，沟界极区刺数为 8。

76. 宽苞紫菀(*A. latibracteatus* Franch.)(图版 37：6～10)

花粉粒近球形，P/E = 0.92，赤道面观圆至椭圆形，极面观三裂圆形，大小为 26.7(23.8～30.0)μm×28.9(26.7～31.3)μm。具三孔沟，沟宽 5.7 μm，沟长/P = 0.84，两端渐尖，沟膜光滑，内孔明显横长。外壁厚为 1.9 μm，外层是内层的 1.5 倍。层次分明，内层薄，覆盖层较光滑，外层内部具基柱，柱状层与内层间有空隙。外壁纹饰在光学显微镜下为刺状，在赤道光切面上约有 11 个刺，极光切面每裂片具 5 个刺。在扫描电镜下具显著的刺状纹饰，刺渐尖，刺长 3.9 μm，刺基部直径 2.9 μm，相邻两刺之间距离为 0.9 μm，刺长与刺基部宽之比为 1.3，刺基部偶有小孔，沟界极区刺数为 10。

77. 线叶紫菀(*A. lavanduliifolius* Hand.-Mazz.)(图版 38：1～5)

花粉粒近球形，P/E = 0.95，赤道面观圆至椭圆形，极面观三裂圆形，大小为 23.8(18.8～25.0)μm×25.0(22.5～35.0)μm。具三孔沟，沟宽 5.3 μm，沟长/P = 0.80，两端渐尖，沟膜下陷具颗粒，内孔不明显。外壁厚为 1.9 μm，外层是内层的 1.5 倍。层次分明，内层薄，覆盖层具密集皱波状纹饰，外层内部具基柱，柱状层与内层间有空隙。外壁纹饰在光学显微镜下为刺状，在赤道光切面上约有 18 个刺，极光切面每裂片具 5 个刺。在扫描电镜下具显著的刺状纹饰，刺渐尖，刺长 3.6 μm，刺基部直径 2.2 μm，相邻两刺之间距离为 1.3 μm，刺长与刺基部宽之比为 1.6，刺基部无小孔，沟界极区刺数为 5。

78. *A. leucanthemifolius* (Nutt.) Greene(图版 38：6～10)

花粉粒近长球形，P/E = 1.15，赤道面观椭圆形，极面观三裂圆形，大小为 27.5(25.0～31.3)μm×23.9(21.9～28.0)μm。具三孔沟，沟宽 6.8 μm，沟长/P = 0.84，两端渐尖，沟膜光滑，内孔不明显。外壁厚为 2.0 μm，外层是内层的 2 倍。层次分明，内层薄，覆盖层较光滑，外层内部具基柱，柱状层与内层间有空隙。外壁纹饰在光学显微镜下为刺状，在赤道光切面上约有 14 个刺，极光切面每裂片具 5 个刺。在扫描电镜下具显著的刺状纹饰，刺长渐尖，刺长 2.7 μm，刺基部直径 1.8 μm，相邻两刺之间距离为 1.4 μm，刺长与刺基部宽之比为 1.5，刺基部具 2～3 层小孔，沟界极区刺数为 8。

79. 丽江紫菀(*A. likiangensis* Franch.)(图版 39：1～3,5～7)

花粉粒近长球形，P/E = 1.17，赤道面观圆至椭圆形，极面观三裂圆形，大小为 35.0(27.5～40.0)μm×29.9(25.0～38.8)μm。具三孔沟，沟宽 2.8 μm，沟长/P = 0.84，两端渐尖，沟膜具皱褶或皱波状纹饰，内孔不明显。外壁厚为 3.8 μm，外层是内层的 3 倍。层次分明，内层薄，覆盖层具密集皱波状纹饰，外层内部具基柱，柱状层与内层间有空隙。外壁纹饰在光学显微镜下为刺状，在赤道光切面上约有 14 个刺，极光切面每裂片具 5 个刺。在扫描电镜下具显著的刺状纹饰，刺长渐尖，刺长 4.3 μm，刺基部直径 2.4 μm，相邻两刺之间距离为 1.8 μm，刺长与刺基部宽之比为 1.8，刺基部偶有内陷小孔，沟界极区刺数为 10。

80. 舌叶紫菀(*A. lingulatus* Franch.)(图版 39：4,8,9；40：1～3)

花粉粒近球形，P/E = 1.04，赤道面观圆至椭圆形，极面观三裂圆形，大小为 32.5(25.0～41.3)μm×31.3(25.0～45.0)μm。具三孔沟，沟宽 5.3 μm，沟长/P = 0.92，两端渐尖，沟膜粗糙具颗粒，内孔不明显。外壁厚为 3.5 μm，外层是内层的 3 倍。层次分明，内层薄，覆盖层具密集皱波状纹饰，外层内部具基柱，柱状层与内层间有空隙。外壁纹饰在光学显微镜下为刺状，在赤道光切面上约有 14 个刺，极光切面每裂片具 5 个刺。在扫描电镜下具显著的刺状纹饰，刺长渐尖，刺长 3.9 μm，刺基部直径 2.4 μm，相邻两刺之间距离为 2.0 μm，刺长与刺基部宽之比为 1.6，刺基部偶有小孔，沟界极区刺数为 8。

81. 青海紫菀(*A. lipskyi* Komar.)(图版 40：4～7)

花粉粒近球形，P/E = 1.08，赤道面观圆至椭圆形，极面观三裂圆形，大小为 26.9(20.0～27.5)μm×25.0(18.9～30.0)μm。具三孔沟，沟宽 4.5 μm，沟长/P = 0.79，两端渐尖，沟膜具细颗粒，内孔不明显。外壁厚为 2.4 μm，外层是内层的 2 倍。层次分明，内层薄，覆盖层较光滑，外层内部具基柱，柱状层与内层间有空隙。外壁纹饰在光学显微镜下为刺状，在赤道光切面上约有 12 个刺，极光切面每裂片具 5 个刺。在扫描电镜下具显著的刺状纹饰，刺渐尖，刺长 3.2 μm，刺基部直径 2.6 μm，相邻两刺之间距离为 1.9 μm，刺长与刺基部宽之比为 1.2，刺基部偶有小孔，沟界极区刺数为 8。

82. *A. littoralis* Komar.(图版 40：8～12)

花粉粒近球形，P/E = 1.05，赤道面观圆至椭圆形，极面观三裂圆形，大小为 27.5(15.0～30.0)μm×26.2(18.5～27.5)μm。具三孔沟，沟宽 3.6 μm，沟长/P = 0.77，两端渐尖，沟膜具皱褶，内孔不明显。外壁厚为 2.6 μm，外层是内层的 2 倍。层次分明，内层薄，覆盖层较光滑，外层内部具基柱，柱状层与内层间有空隙。外壁纹饰在光学显微镜下为刺状，在赤道光切面上约有 14 个刺，极光切面每裂片具 5 个刺。在扫描电镜下具显著的刺状纹饰，刺长渐尖，顶端锐

尖,刺长 5.0 μm,刺基部直径 2.8 μm,相邻两刺之间距离为 1.2 μm,刺长与刺基部宽之比为 1.8,刺基部偶有小孔,沟界极区刺数为 6。

83. 圆苞紫菀(*A. maackii* Regel)(图版 41:1～3)

花粉粒近球形,$P/E=0.95$,赤道面观圆至椭圆形,极面观三裂圆形,大小为 27.5(20.0～30.0)μm×28.8(26.3～36.3)μm。具三孔沟,沟宽 6.1 μm,沟长/$P=0.88$,两端圆钝,沟膜具密集小颗粒,内孔明显纵长。外壁厚为 2.1 μm,外层是内层的 2 倍。层次分明,内层薄,覆盖层穿孔,具颗粒,外层内部具基柱,柱状层与内层间有空隙。外壁纹饰在光学显微镜下为刺状,在赤道光切面上有 10～15 个刺,极光切面每裂片具 6 个刺。在扫描电镜下具显著的刺状纹饰,刺矮钝,刺长 2.0 μm,刺基部直径 2.5 μm,相邻两刺之间距离为 2.1 μm,刺长与刺基部宽之比为 0.8,刺基部偶有小孔,沟界极区刺数为 4。

84. *A. macrophyllus* L.(图版 41:4～8)

花粉粒近球形,$P/E=1.08$,赤道面观圆至椭圆形,极面观三裂圆形,大小为 32.5(27.5～36.4)μm×30.0(26.2～32.5)μm。具三孔沟,沟宽 7.6 μm,沟长/$P=0.83$,两端渐尖,沟膜光滑,内孔不明显。外壁厚为 2.3 μm,外层是内层的 2 倍。层次分明,内层薄,覆盖层较光滑,外层内部具基柱,柱状层与内层间有空隙。外壁纹饰在光学显微镜下为刺状,在赤道光切面上约有 15 个刺,极光切面每裂片具 5 个刺。在扫描电镜下具显著的刺状纹饰,刺渐尖,顶端锐尖,刺长 4.2 μm,刺基部直径 3.3 μm,相邻两刺之间距离为 1.2 μm,刺长与刺基部宽之比为 1.3,刺基部偶有小孔,沟界极区刺数为 7。

85. 莽山紫菀(*A. mangshanensis* Ling)(图版 41:9,10;42:1～4)

花粉粒扁球形,$P/E=0.87$,赤道面观椭圆形,极面观深三裂圆形,大小为 23.8(22.5～27.5)μm×27.5(25.0～30.0)μm。具三孔沟,沟宽 6.0 μm,沟长/$P=0.98$,两端渐尖,沟膜粗糙具颗粒,内孔明显横长。外壁厚为 2.1 μm,外层是内层的 2 倍。层次分明,内层薄,覆盖层较光滑,外层内部具基柱,柱状层与内层间有空隙。外壁纹饰在光学显微镜下为刺状,在赤道光切面上约有 9 个刺,极光切面每裂片具 5 个刺。在扫描电镜下具显著的刺状纹饰,刺长渐尖,刺长 4.5 μm,刺基部直径 2.9 μm,相邻两刺之间距离为 1.8 μm,刺长与刺基部宽之比为 1.6,刺基部具 1 层内陷小孔,沟界极区刺数为 4。

86. 大花紫菀(*A. megalanthus* Ling)(图版 42:5～10)

花粉粒近长球形,$P/E=1.17$,赤道面观椭圆形,极面观三裂圆形,大小为 40.2(22.5～42.5)μm×34.3(21.2～37.5)μm。具三孔沟,沟宽 5.6 μm,沟长/$P=0.95$,两端渐尖,无沟膜,内孔明显横长。外壁厚为 2.3 μm,外层是内层的 2 倍。层次分明,内层薄,覆盖层具密集颗粒状纹饰,外层内部具基柱,柱状层与内层间有空隙。外壁纹饰在光学显微镜下为刺状,在赤道光切面上约有 14 个刺,极光切面每裂片具 5 个刺。在扫描电镜下具显著的刺状纹饰,刺渐尖,刺长 3.8 μm,刺基部直径 2.5 μm,相邻两刺之间距离为 1.8 μm,刺长与刺基部宽之比为 1.5,刺基部无小孔,沟界极区刺数为 8。

87. 川鄂紫菀(*A. moupinensis* (Franch.) Hand.-Mazz.)(图版 43:1～6)

花粉粒近球形,$P/E=0.91$,赤道面观圆至椭圆形,极面观浅三裂圆形,大小为 25.0(20.0～27.5)μm×27.5(22.5～32.5)μm。具三孔沟,沟宽 5.0 μm,沟长/$P=0.83$,两端渐尖,沟膜粗糙具细小颗粒状纹饰,内孔不明显。外壁厚为 2.3 μm,外层是内层的 2 倍。层次分明,内层薄,覆盖层具皱褶或皱波状纹饰,外层内部具基柱,柱状层与内层间有空隙。外壁纹饰在光学显微镜下为刺状,在赤道光切面上有10~13个刺,极光切面每裂片具5个刺。在扫描电镜下具显著的刺状纹饰,刺突尖,刺长3.3 μm,刺基部直径3.3 μm,相邻两刺之间距离为1.3 μm,刺长与刺基部宽之比为1.0,刺基部具2层小孔,沟界极区刺数为10。

88. *A. nemoralis* Ait. var. *major* Peck(图版43:7~11)

花粉粒长球形,$P/E=1.33$,赤道面观圆至椭圆形,极面观三裂圆形,大小为33.3(25.0~35.5)μm×25.0(20.0~27.5)μm。具三孔沟,沟宽4.9 μm,沟长/$P=0.84$,两端渐尖,沟膜具皱褶,内孔明显纵长。外壁厚为2.1 μm,外层是内层的1.5倍。层次分明,内层薄,覆盖层具细小颗粒状纹饰,外层内部具基柱,柱状层与内层间有空隙。外壁纹饰在光学显微镜下为刺状,在赤道光切面上约有8个刺,极光切面每裂片具6个刺。在扫描电镜下具显著的刺状纹饰,刺渐尖,刺长3.3 μm,刺基部直径2.8 μm,相邻两刺之间距离为1.2 μm,刺长与刺基部宽之比1.2,刺基部具1层小孔,沟界极区刺数为8。

89. 黑山紫菀(*A. nigromontanus* Dunn)(图版44:1~6)

花粉粒近球形,$P/E=1.10$,赤道面观圆至椭圆形,极面观三裂圆形,大小为27.5(23.9~32.5)μm×25.0(22.5~27.5)μm。具三孔沟,沟宽4.7 μm,沟长/$P=0.92$,两端渐尖,沟膜不明显,内孔不明显。外壁厚为2.4 μm,外层是内层的2倍。层次分明,内层薄,覆盖层具皱褶或皱波状纹饰,外层内部具基柱,柱状层与内层间有空隙。外壁纹饰在光学显微镜下为刺状,在赤道光切面上约有12个刺,极光切面每裂片具5个刺。在扫描电镜下具显著的刺状纹饰,刺基部膨大,顶端长尖,刺长3.5 μm,刺基部直径3.0 μm,相邻两刺之间距离为0.7 μm,刺长与刺基部宽之比为1.2,刺基部具1~2层小孔,沟界极区刺数为7。

90. 亮叶紫菀(*A. nitidus* Chang)(图版44:7~12)

花粉粒近球形,$P/E=0.90$,赤道面观圆至椭圆形,极面观三裂圆形,大小为22.5(16.3~27.5)μm×25.0(18.9~30.0)μm。具三孔沟,沟宽4.3 μm,沟长/$P=0.86$,两端渐尖,沟膜粗糙,内孔不明显。外壁厚为2.1 μm,外层是内层的2倍。层次分明,内层薄,覆盖层具细小颗粒,外层内部具基柱,柱状层与内层间有空隙。外壁纹饰在光学显微镜下为刺状,在赤道光切面上约有13个刺,极光切面每裂片具5个刺。在扫描电镜下具显著的刺状纹饰,刺渐尖,刺长3.8 μm,刺基部直径2.8 μm,相邻两刺之间距离为1.3 μm,刺长与刺基部宽之比为1.4,刺基部具1层小孔,沟界极区刺数为13。

91. *A. novae-anglicae* L.(图版45:1~5)

花粉粒近球形,$P/E=0.95$,赤道面观圆至椭圆形,极面观三裂圆形,大小为27.5(23.7~30.0)μm×28.9(25.0~32.5)μm。具三孔沟,沟宽5.4 μm,沟长/$P=0.84$,两端圆钝,沟膜较光滑,内孔明显纵长。外壁厚为2.5 μm,外层是内层的2.5倍。层次分明,内层薄,覆盖层具细小颗粒状纹饰,外层内部具基柱,柱状层与内层间有空隙。外壁纹饰在光学显微镜下为刺状,在赤道光切面上约有12个刺,极光切面每裂片具5个刺。在扫描电镜下具显著的刺状纹饰,刺渐尖,刺长3.5 μm,刺基部直径2.8 μm,相邻两刺之间距离为1.0 μm,刺长与刺基部宽之比为1.3,刺基部偶有小孔,沟界极区刺数为7。

92. *A. occidentalis* (Nutt.) T. et G. (图版45:6~10)

花粉粒长球形,$P/E=1.25$,赤道面观圆至椭圆形,极面观三裂圆形,大小为37.5(30.0~

40.0)μm×30.0(25.0～35.0)μm。具三孔沟,沟宽4.8 μm,沟长/P=0.81,两端渐尖,沟膜粗糙下陷,具大颗粒,内孔不明显。外壁厚为3.0 μm,外层是内层的3倍。层次分明,内层薄,覆盖层具密集颗粒状纹饰,外层内部具基柱,柱状层与内层间有空隙。外壁纹饰在光学显微镜下为刺状,在赤道光切面上约有15个刺,极光切面每裂片具4～6个刺。在扫描电镜下具显著的刺状纹饰,刺渐尖,刺长2.7 μm,刺基部直径2.2 μm,相邻两刺之间距离为1.2 μm,刺长与刺基部宽之比为1.2,刺基部具1层小孔,沟界极区刺数为11。

93. 石生紫菀(*A. oreophilus* Franch.)(图版46:1～5)

花粉粒近球形,P/E=0.91,赤道面观圆至椭圆形,极面观三裂圆形,大小为25.0(20.0～32.5)μm×27.5(21.3～35.0)μm。具三孔沟,沟宽9.3 μm,沟长/P=0.89,两端渐尖,沟膜具皱褶或皱波状纹饰,内孔明显纵长。外壁厚为2.7 μm,外层是内层的2倍。层次分明,内层薄,覆盖层具细小颗粒状纹饰,外层内部具基柱,柱状层与内层间有空隙。外壁纹饰在光学显微镜下为刺状,在赤道光切面上约有10个刺,极光切面每裂片具5个刺。在扫描电镜下具显著的刺状纹饰,刺渐尖,刺长3.0 μm,刺基部直径2.6 μm,相邻两刺之间距离为1.2 μm,刺长与刺基部宽之比为1.2,刺基部具1层小孔,沟界极区刺数为6。

94. 琴叶紫菀(*A. panduratus* Nees ex Walper)(图版46:6～10)

花粉粒近长球形,P/E=1.11,赤道面观圆至椭圆形,极面观三裂圆形,大小为25.0(21.3～30.0)μm×22.5(17.5～27.5)μm。具三孔沟,沟宽3.8 μm,沟长/P=0.91,两端渐尖,无沟膜,内孔明显纵长。外壁厚为2.8 μm,外层是内层的2.5倍。层次分明,内层薄,覆盖层具细小颗粒状纹饰,外层内部具基柱,柱状层与内层间有空隙。外壁纹饰在光学显微镜下为刺状,在赤道光切面上约有10个刺,极光切面每裂片具5个刺。在扫描电镜下具显著的刺状纹饰,刺基部膨大,顶端长尖,刺长4.2 μm,刺基部直径3.3 μm,相邻两刺之间距离为0.4 μm,刺长与刺基部宽之比为1.3,刺基部具3层小孔,沟界极区刺数为8。

95. *A. pansus* (Blake) Cronq.(图版47:1～4)

花粉粒近球形,P/E=0.93,赤道面观圆至椭圆形,极面观三裂圆形,大小为17.5(15.0～21.2)μm×18.9(16.3～22.5)μm。具三孔沟,沟宽5.4 μm,沟长/P=0.94,两端渐尖,沟膜具皱褶或皱波状纹饰,内孔不明显。外壁厚为2.3 μm,外层是内层的2倍。层次分明,内层薄,覆盖层具细小颗粒状纹饰,外层内部具基柱,柱状层与内层间有空隙。外壁纹饰在光学显微镜下为刺状,在赤道光切面上约有12个刺,极光切面每裂片具5个刺。在扫描电镜下具显著的刺状纹饰,刺长渐尖,刺长3.7 μm,刺基部直径2.3 μm,相邻两刺之间距离为0.5 μm,刺长与刺基部宽之比为1.6,刺基部具1层小孔,沟界极区刺数为8。

96. *A. patens* Ait.(图版47:5～9)

花粉粒近球形,P/E=0.91,赤道面观圆至椭圆形,极面观三裂圆形,大小为25.0(22.5～27.5)μm×27.5(16.3～31.3)μm。具三孔沟,沟宽6.8 μm,沟长/P=0.87,两端圆钝,沟膜粗糙下陷,具大颗粒,内孔不明显。外壁厚为2.5 μm,外层是内层的3倍。层次分明,内层薄,覆盖层具细小颗粒状纹饰,外层内部具基柱,柱状层与内层间有空隙。外壁纹饰在光学显微镜下为刺状,在赤道光切面上约有14个刺,极光切面每裂片具5个刺。在扫描电镜下具显著的刺状纹饰,刺渐尖,刺长3.9 μm,刺基部直径2.8 μm,相邻两刺之间距离为0.9 μm,刺长与刺基部宽之比为1.4,刺基部具1～2层小孔,沟界极区刺数为7。

97. 密叶紫菀(*A. pycnophyllus* W. W. Smith)(图版 47：10；48：1～4)

花粉粒近长球形，P/E = 1.11，赤道面观圆至椭圆形，极面观三裂圆形，大小为 27.8(21.3～33.5)μm×25.0(20.0～31.3)μm。具三孔沟，沟宽 5.6 μm，沟长/P = 0.96，两端渐尖，沟膜具细小颗粒状纹饰，内孔不明显。外壁厚为 2.9 μm，外层是内层的 2 倍。层次分明，内层薄，覆盖层具细小颗粒状纹饰，外层内部具基柱，柱状层与内层间有空隙。外壁纹饰在光学显微镜下为刺状，在赤道光切面上约有 13 个刺，极光切面每裂片具 7 个刺。在扫描电镜下具显著的刺状纹饰，刺长渐尖，刺长 4.2 μm，刺基部直径 2.2 μm，相邻两刺之间距离为 1.7 μm，刺长与刺基部宽之比为 1.9，刺基部具 1～2 层小孔，沟界极区刺数为 4。

98. *A. pilosus* Willd.(图版 48：5～10)

花粉粒近球形，P/E = 0.95，赤道面观圆至椭圆形，极面观三裂圆形，大小为 18.9(17.5～30.0)μm×20.0(18.8～28.9)μm。具三孔沟，沟宽 5.7 μm，沟长/P = 0.96，两端渐尖，沟膜很光滑，内孔明显横长。外壁厚为 2.9 μm，外层是内层的 2.5 倍。层次分明，内层薄，覆盖层光滑，外层内部具基柱，柱状层与内层间有空隙。外壁纹饰在光学显微镜下为刺状，在赤道光切面上约有 10 个刺，极光切面每裂片具 5 个刺。在扫描电镜下具显著的刺状纹饰，刺长渐尖，刺长 3.1 μm，刺基部直径 2.0 μm，相邻两刺之间距离为 1.8 μm，刺长与刺基部宽之比为 1.6，刺基部偶有小孔，沟界极区刺数为 7。

99. 高茎紫菀(*A. prorerus* Hemsl.)(图版 49：1～6)

花粉粒近长球形，P/E = 1.10，赤道面观圆至椭圆形，极面观浅三裂圆形，大小为 25.0(21.1～27.5)μm×22.5(20.0～26.3)μm。具三孔沟，沟宽 3.3 μm，沟长/P = 0.82，两端渐尖，沟膜粗糙具颗粒，内孔不明显。外壁厚为 2.3 μm，外层是内层的 2 倍。层次分明，内层薄，覆盖层具强烈皱褶或条沟状纹饰，外层内部具基柱，柱状层与内层间有空隙。外壁纹饰在光学显微镜下为刺状，在赤道光切面上约有 10 个刺，极光切面每裂片具 5 个刺。在扫描电镜下具显著的刺状纹饰，刺长渐尖，刺长 3.8 μm，刺基部直径 2.5 μm，相邻两刺之间距离为 1.0 μm，刺长与刺基部宽之比为 1.5，刺基部偶有小孔，沟界极区刺数为 12。

100. *A. puniceus* L.(图版 49：7～11)

花粉粒近球形，P/E = 1.05，赤道面观圆至椭圆形，极面观三裂圆形，大小为 25.0(21.3～33.9)μm×23.7(20.0～28.9)μm。具三孔沟，沟宽 5.8 μm，沟长/P = 0.81，两端渐尖，沟膜光滑深陷，内孔横长。外壁厚为 2.4 μm，外层是内层的 2 倍。层次分明，内层薄，覆盖层较光滑，外层内部具基柱，柱状层与内层间有空隙。外壁纹饰在光学显微镜下为刺状，在赤道光切面上约有 10 个刺，极光切面每裂片具 6 个刺。在扫描电镜下具显著的刺状纹饰，刺长渐尖，刺长 3.7 μm，刺基部直径 2.4 μm，相邻两刺之间距离为 1.0 μm，刺长与刺基部宽之比为 1.5，刺基部具 2 层小孔，沟界极区刺数为 7。

101. *A. radula* Ait.(图版 50：1～5)

花粉粒近球形，P/E = 0.96，赤道面观圆至椭圆形，极面观三裂圆形，大小为 26.3(23.7～30.0)μm×27.5(25.0～31.3)μm。具三孔沟，沟宽 3.3 μm，沟长/P = 0.96，两端渐尖，沟膜光滑下陷，内孔不明显。外壁厚为 3.1 μm，外层是内层的 3 倍。层次分明，内层薄，覆盖层较光滑，外层内部具基柱，柱状层与内层间有空隙。外壁纹饰在光学显微镜下为刺状，在赤道光切面上约有 13 个刺，极光切面每裂片具 6 个刺。在扫描电镜下具显著的刺状纹饰，刺渐尖，刺长

4.2 μm,刺基部直径3.2 μm,相邻两刺之间距离为1.0 μm,刺长与刺基部宽之比为1.3,刺基部具1层小孔,沟界极区刺数为7。

102. 凹叶紫菀(*A. retusus* Ludlow)(图版50:6～11)

花粉粒近球形,*P*/*E*=1.04,赤道面观圆至椭圆形,极面观深三裂圆形,大小为31.3(25.0～37.5)μm×27.5(20.0～37.5)μm。具三孔沟,沟宽5.3 μm,沟长/*P*=0.75,两端渐尖,沟膜粗糙具小颗粒,内孔不明显。外壁厚为2.8 μm,外层是内层的2倍。层次分明,内层薄,覆盖层具强烈皱褶或条沟状纹饰,外层内部具基柱,柱状层与内层间有空隙。外壁纹饰在光学显微镜下为刺状,在赤道光切面上约有13个刺,极光切面每裂片具5个刺。在扫描电镜下具显著的刺状纹饰,刺长渐尖,顶端锐尖,刺长3.5 μm,刺基部直径2.0 μm,相邻两刺之间距离为1.1 μm,刺长与刺基部宽之比为1.8,刺基部偶有小孔,沟界极区刺数为4。

103. *A. sibiricus* L. var. *meritus* (A. Nels.) Raup.(图版51:1～5)

花粉粒近长球形,*P*/*E*=1.11,赤道面观圆至椭圆形,极面观三裂圆形,大小为25.0(20.0～30.0)μm×22.5(21.2～28.9)μm。具三孔沟,沟宽3.6 μm,沟长/*P*=0.98,两端渐尖,沟膜粗糙具大颗粒,内孔横长。外壁厚为2.2 μm,外层是内层的2倍。层次分明,内层薄,覆盖层较光滑,外层内部具基柱,柱状层与内层间有空隙。外壁纹饰在光学显微镜下为刺状,在赤道光切面上约有13个刺,极光切面每裂片具6个刺。在扫描电镜下具显著的刺状纹饰,刺长渐尖,顶端钝尖,刺长3.1 μm,刺基部直径2.1 μm,相邻两刺之间距离为1.3 μm,刺长与刺基部宽之比为1.5,刺基部具1层小孔,沟界极区刺数为8。

104. *A. roseus* Ster.(图版51:6～10)

花粉粒近球形,*P*/*E*=0.96,赤道面观圆至椭圆形,极面观三裂圆形,大小为22.5(17.5～28.9)μm×23.4(18.7～30.0)μm。具三孔沟,沟宽3.6 μm,沟长/*P*=0.83,两端渐尖,沟膜较光滑,内孔明显横长。外壁厚为2.1 μm,外层是内层的1.5倍。层次分明,内层薄,覆盖层较光滑,外层内部具基柱,柱状层与内层间有空隙。外壁纹饰在光学显微镜下为刺状,在赤道光切面上约有15个刺,极光切面每裂片具6个刺。在扫描电镜下具显著的刺状纹饰,刺渐尖,刺长3.1 μm,刺基部直径2.2 μm,相邻两刺之间距离为0.9 μm,刺长与刺基部宽之比为1.4,刺基部具1层小孔,沟界极区刺数为5。

105. *A. sagittifolius* Wedemeyer(图版52:1～5)

花粉粒扁球形,*P*/*E*=0.88,赤道面观椭圆形,极面观三裂圆形,大小为22.0(20.0～27.5)μm×25.0(20.0～30.0)μm。具三孔沟,沟宽3.2 μm,沟长/*P*=0.91,两端渐尖,沟膜光滑,内孔明显横长。外壁厚为2.5 μm,外层是内层的2.5倍。层次分明,内层薄,覆盖层较光滑,外层内部具基柱,柱状层与内层间有空隙。外壁纹饰在光学显微镜下为刺状,在赤道光切面上约有14个刺,极光切面每裂片具5个刺。在扫描电镜下具显著的刺状纹饰,刺基部膨大,顶端长尖,弯曲,刺长3.6 μm,刺基部直径2.0 μm,相邻两刺之间距离为1.1 μm,刺长与刺基部宽之比为1.8,刺基部偶有小孔,沟界极区刺数为8。

106. *A. salicifolius* Scholler(图版52:6～10)

花粉粒近球形,*P*/*E*=0.95,赤道面观圆至椭圆形,极面观三裂圆形,大小为26.1(18.9～28.7)μm×27.5(20.0～32.5)μm。具三孔沟,沟宽6.1 μm,沟长/*P*=0.76,两端圆钝,沟膜具细颗粒,较光滑,内孔不明显。外壁厚为2.8 μm,外层是内层的2.5倍。层次分明,内层薄,覆盖层较光滑，外层内部具基柱，柱状层与内层间有空隙。外壁纹饰在光学显微镜下为刺状，在赤道光切面上约有 12 个刺，极光切面每裂片具 5 个刺。在扫描电镜下具显著的刺状纹饰，刺渐尖，顶端锐尖，刺长 4.4 μm，刺基部直径 2.8 μm，相邻两刺之间距离为 0.8 μm，刺长与刺基部宽之比为 1.6，刺基部具 2 层小孔，沟界极区刺数为 6。

107. 怒江紫菀(*A. salwinensis* Onno)(图版 53：1～6)

花粉粒长球形，*P*/*E* = 1.28，赤道面观椭圆形，极面观三裂圆形，大小为 39.1(28.5～42.5)μm×30.5(21.3～37.5)μm。具三孔沟，沟宽 5.0 μm，沟长/*P* = 0.80，两端渐尖，沟膜较光滑，内孔不明显。外壁厚为 3.8 μm，外层是内层的 3.5 倍。层次分明，内层薄，覆盖层具皱褶或皱波状纹饰，外层内部具基柱，柱状层与内层间有空隙。外壁纹饰在光学显微镜下为刺状，在赤道光切面上约有 13 个刺，极光切面每裂片具 5 个刺。在扫描电镜下具显著的刺状纹饰，刺突尖，顶端平截，刺长 3.4 μm，刺基部直径 3.6 μm，相邻两刺之间距离为 1.2 μm，刺长与刺基部宽之比为 0.9，刺基部无小孔，沟界极区刺数为 2。

108. 短舌紫菀等毛变种(*A. sampsonii* var. *isochaetus* Chang)(图版 53：7～11)

花粉粒长球形，*P*/*E* = 1.30，赤道面观椭圆形，极面观三角形，大小为 32.5(28.5～36.8)μm×25.0(22.5～31.3)μm。具三孔沟，沟宽 8.7 μm，沟长/*P* = 0.90，两端渐尖，无沟膜，内孔不明显。外壁厚为 3.1 μm，外层是内层的 3 倍。层次分明，内层薄，覆盖层穿孔，外层内部具基柱，柱状层与内层间有空隙。外壁纹饰在光学显微镜下为刺状，在赤道光切面上约有 9 个刺，极光切面每裂片具 4～5 个刺。在扫描电镜下具显著的刺状纹饰，刺渐尖，刺长 3.1 μm，刺基部直径 2.6 μm，相邻两刺之间距离为 1.6 μm，刺长与刺基部宽之比为 1.2，刺基部具 2～3 层小孔，沟界极区刺数为 3。

109. *A. scopulorus* A. Gray(图版 54：1～5)

花粉粒近球形，*P*/*E* = 1.00，赤道面观圆至椭圆形，极面观三裂圆形，大小为 25.0(12.5～32.5)μm×25.0(11.3～27.5)μm。具三孔沟，沟宽 7.2 μm，沟长/*P* = 0.90，两端渐尖，沟膜较光滑，内孔不明显。外壁厚为 2.5 μm，外层是内层的 2 倍。层次分明，内层薄，覆盖层较光滑，外层内部具基柱，柱状层与内层间有空隙。外壁纹饰在光学显微镜下为刺状，在赤道光切面上约有 19 个刺，极光切面每裂片具 5 个刺。在扫描电镜下具显著的刺状纹饰，刺突尖，刺长 2.1 μm，刺基部直径 2.4 μm，相邻两刺之间距离为 1.6 μm，刺长与刺基部宽之比为 0.9，刺基部无小孔，沟界极区刺数为 3。

110. *A. sedifolius* L.(图版 54：6～10)

花粉粒近球形，*P*/*E* = 0.95，赤道面观圆至椭圆形，极面观深三裂圆形，大小为 27.5(22.5～30.0)μm×28.9(22.5～31.2)μm。具三孔沟，沟宽 4.1 μm，沟长/*P* = 0.90，两端渐尖，沟膜光滑，内孔不明显。外壁厚为 2.4 μm，外层是内层的 2 倍。层次分明，内层薄，覆盖层具皱褶或皱波状纹饰，外层内部具基柱，柱状层与内层间有空隙。外壁纹饰在光学显微镜下为刺状，在赤道光切面上约有 12 个刺，极光切面每裂片具 6 个刺。在扫描电镜下具显著的刺状纹饰，刺渐尖，刺长 2.9 μm，刺基部直径 2.4 μm，相邻两刺之间距离为 1.5 μm，刺长与刺基部宽之比为 1.2，刺基部无小孔，沟界极区刺数为 3。

111. 狗舌紫菀(*A. senecioides* Franch.)(图版 55：1～6)

花粉粒近球形，*P*/*E* = 1.04，赤道面观圆至椭圆形，极面观三裂圆形，大小为 35.0(30.0～

37.5)μm×33.7(28.9～40.0)μm。具三孔沟,沟宽4.2 μm,沟长/P=0.81,两端圆钝,沟膜具颗粒,内孔明显横长。外壁厚为3.1 μm,外层是内层的2倍。层次分明,内层薄,覆盖层较光滑,外层内部具基柱,柱状层与内层间有空隙。外壁纹饰在光学显微镜下为刺状,在赤道光切面上有10～13个刺,极光切面每裂片具6个刺。在扫描电镜下具显著的刺状纹饰,刺渐尖,顶端钝尖,刺长3.8 μm,刺基部直径2.9 μm,相邻两刺之间距离为1.3 μm,刺长与刺基部宽之比为1.3,刺基部偶有小孔,沟界极区刺数为3。

112. 四川紫菀(*A. sutchuenensis* Franch.)(图版55:7～12)

花粉粒近长球形,P/E=1.18,赤道面观圆至椭圆形,极面观三裂圆形,大小为25.0(23.8～30.0)μm×21.2(18.9～27.5)μm。具三孔沟,沟宽4.5 μm,沟长/P=0.96,两端渐尖,沟膜不明显,内孔不明显。外壁厚为2.4 μm,外层是内层的2倍。层次分明,内层薄,覆盖层较光滑,外层内部具基柱,柱状层与内层间有空隙。外壁纹饰在光学显微镜下为刺状,在赤道光切面上约有10个刺,极光切面每裂片具6个刺。在扫描电镜下具显著的刺状纹饰,刺渐尖,顶端钝尖,刺长3.8 μm,刺基部直径3.0 μm,相邻两刺之间距离为0.7 μm,刺长与刺基部宽之比为1.3,刺基部具2层小孔,沟界极区刺数为8。

113. *A. shortii* Lindl.(图版56:1～5)

花粉粒近球形,P/E=1.05,赤道面观圆至椭圆形,极面观浅三裂圆形,大小为30.0(22.5～37.5)μm×28.7(23.7～35.0)μm。具三孔沟,沟宽5.7 μm,沟长/P=0.92,两端渐尖,沟膜粗糙,具较大颗粒,内孔明显横长。外壁厚为2.8 μm,外层是内层的2倍。层次分明,内层薄,覆盖层具细小颗粒状纹饰,外层内部具基柱,柱状层与内层间有空隙。外壁纹饰在光学显微镜下为刺状,在赤道光切面上约有12个刺,极光切面每裂片具7个刺。在扫描电镜下具显著的刺状纹饰,刺渐尖,刺长2.7 μm,刺基部直径2.3 μm,相邻两刺之间距离为0.9 μm,刺长与刺基部宽之比为1.2,刺基部无小孔,沟界极区刺数为11。

114. 西伯利亚紫菀(*A. sibiricus* L.)(图版56:6～10)

花粉粒近球形,P/E=0.91,赤道面观圆至椭圆形,极面观三裂圆形,大小为25.0(21.1～32.5)μm×27.5(22.5～30.0)μm。具三孔沟,沟宽4.3 μm,沟长/P=0.97,两端渐尖,沟膜粗糙,具密集皱波状纹饰,内孔明显纵长。外壁厚为2.8 μm,外层是内层的2倍。层次分明,内层薄,覆盖层具密集皱波状纹饰,外层内部具基柱,柱状层与内层间有空隙。外壁纹饰在光学显微镜下为刺状,在赤道光切面上约有12个刺,极光切面每裂片具6个刺。在扫描电镜下具显著的刺状纹饰,刺渐尖,刺长4.2 μm,刺基部直径3.1 μm,相邻两刺之间距离为1.5 μm,刺长与刺基部宽之比为1.4,刺基部偶有小孔,沟界极区刺数为7。

115. 西固紫菀(*A. sikuensis* W. W. Smith et Farr.)(图版57:1～3)

花粉粒近球形,P/E=1.06,赤道面观圆至椭圆形,极面观三裂圆形,大小为23.8(20.0～25.0)μm×22.5(18.7～25.0)μm。具三孔沟,沟宽4.5 μm,沟长/P=0.92,两端渐尖,沟膜粗糙,内孔明显横长。外壁厚为1.5 μm,外层是内层的1.5倍。层次分明,内层薄,覆盖层较光滑,外层内部具基柱,柱状层与内层间有空隙。外壁纹饰在光学显微镜下为刺状,在赤道光切面上约有10个刺,极光切面每裂片具5个刺。在扫描电镜下具显著的刺状纹饰,刺突尖,刺长3.0 μm,刺基部直径2.7 μm,相邻两刺之间距离为1.4 μm,刺长与刺基部宽之比为1.1,刺基部无小孔,沟界极区刺数为6。

116. 岳麓紫菀(*A. sinianus* Hand.-Mazz.)(图版 57：4～9)

花粉粒近球形，*P*/*E*=0.98，赤道面观圆至椭圆形，极面观三裂圆形，大小为 27.3(20.0～28.9)μm×26.8(20.0～31.3)μm。具三孔沟，沟宽 4.5 μm，沟长/*P*=0.81，两端渐尖，沟膜粗糙具颗粒，内孔明显横长。外壁厚为 2.1 μm，外层是内层的 1.5 倍。层次分明，内层薄，覆盖层具密集皱波状纹饰，外层内部具基柱，柱状层与内层间有空隙。外壁纹饰在光学显微镜下为刺状，在赤道光切面上约有 14 个刺，极光切面每裂片具 5 个刺。在扫描电镜下具显著的刺状纹饰，刺渐尖，刺长 3.3 μm，刺基部直径 2.5 μm，相邻两刺之间距离为 1.5 μm，刺长与刺基部宽之比为 1.2，刺基部具 1～2 层小孔，沟界极区刺数为 7。

117. 甘川紫菀(*A. smithianus* Hand.-Mazz.)(图版 57：10～12)

花粉粒近球形，*P*/*E*=1.05，赤道面观圆至椭圆形，极面观深三裂圆形，大小为 26.3(21.0～30.0)μm×25.0(19.5～27.5)μm。具三孔沟，沟宽 5.6 μm，沟长/*P*=0.73，两端渐尖，沟膜光滑内陷，内孔不明显。外壁厚为 2.0 μm，外层是内层的 2 倍。层次分明，内层薄，覆盖层较光滑，外层内部具基柱，柱状层与内层间有空隙。外壁纹饰在光学显微镜下为刺状，在赤道光切面上约有 10 个刺，极光切面每裂片具 5 个刺。在扫描电镜下具显著的刺状纹饰，刺渐尖，刺长 3.3 μm，刺基部直径 2.5 μm，相邻两刺之间距离为 1.4 μm，刺长与刺基部宽之比为 1.3，刺基部偶有内陷小孔，沟界极区刺数为 4。

118. 缘毛紫菀(*A. souliei* Franch.)(图版 58：1～5)

花粉粒长球形，*P*/*E*=1.31，赤道面观椭圆形，极面观深三裂圆形，大小为 36.0(25.0～40.0)μm×27.5(22.5～30.0)μm。具三孔沟，沟宽 5.3 μm，沟长/*P*=0.81，两端渐尖，沟膜不明显，内孔不明显。外壁厚为 2.5 μm，外层是内层的 2.5 倍。层次分明，内层薄，覆盖层具皱褶或皱波状纹饰，外层内部具基柱，柱状层与内层间有空隙。外壁纹饰在光学显微镜下为刺状，在赤道光切面上约有 10 个刺，极光切面每裂片具 5 个刺。在扫描电镜下具显著的刺状纹饰，刺指状，刺长 3.6 μm，刺基部直径 2.2 μm，相邻两刺之间距离为 2.0 μm，刺长与刺基部宽之比为 1.6，刺基部偶有小孔，沟界极区刺数为 4。

119. *A. spathulifolius* Maxim.(图版 58：6～10)

花粉粒近球形，*P*/*E*=1.06，赤道面观圆至椭圆形，极面观三裂圆形，大小为 28.9(25.0～33.4)μm×27.3(22.5～32.5)μm。具三孔沟，沟宽 4.2 μm，沟长/*P*=0.98，两端圆钝，沟膜具细小颗粒状纹饰，内孔不明显。外壁厚为 2.1 μm，外层是内层的 2 倍。层次分明，内层薄，覆盖层较光滑，外层内部具基柱，柱状层与内层间有空隙。外壁纹饰在光学显微镜下为刺状，在赤道光切面上约有 16 个刺，极光切面每裂片具 5 个刺。在扫描电镜下具显著的刺状纹饰，刺渐尖，刺长 3.5 μm，刺基部直径 2.8 μm，相邻两刺之间距离为 1.7 μm，刺长与刺基部宽之比为 1.3，刺基部无小孔，沟界极区刺数为 7。

120. *A. spectabilis* Ait.(图版 59：1～5)

花粉粒扁球形，*P*/*E*=0.85，赤道面观椭圆形，极面观深三裂圆形，大小为 30.0(22.5～32.5)μm×35.2(28.7～37.5)μm。具三孔沟，沟宽 4.5 μm，沟长/*P*=1.22，两端渐尖，沟膜具细皱褶，内孔明显横长。外壁厚为 2.4 μm，外层是内层的 2 倍。层次分明，内层薄，覆盖层具皱褶或皱波状纹饰，外层内部具基柱，柱状层与内层间有空隙。外壁纹饰在光学显微镜下为刺状，在赤道光切面上约有 14 个刺，极光切面每裂片具 5 个刺。在扫描电镜下具显著的刺状纹

饰，刺突尖，刺长 3.0 μm，刺基部直径 3.0 μm，相邻两刺之间距离为 0.5 μm，刺长与刺基部宽之比为 1.0，刺基部偶有小孔，沟界极区刺数为 3。

121. 圆耳紫菀(*A. sphaerotus* Ling)(图版 59：6～10)

花粉粒近球形，P/E = 1.00，赤道面观圆至椭圆形，极面观三裂圆形，大小为 27.5(22.5～30.5)μm × 27.5(25.0～30.0)μm。具三孔沟，沟宽 4.4 μm，沟长/P = 0.97，两端渐尖，沟膜不明显，内孔方形。外壁厚为 2.1 μm，外层是内层的 2 倍。层次分明，内层薄，覆盖层具密集皱波状纹饰，外层内部具基柱，柱状层与内层间有空隙。外壁纹饰在光学显微镜下为刺状，在赤道光切面上约有 13 个刺，极光切面每裂片具 5 个刺。在扫描电镜下具显著的刺状纹饰，刺长渐尖，顶端偶弯曲，刺长 4.9 μm，刺基部直径 2.4 μm，相邻两刺之间距离为 2.0 μm，刺长与刺基部宽之比为 2.0，刺基部具 1 层内陷小孔，沟界极区刺数为 5。

122. *A. squarosus* Walt.(图版 60：1～5)

花粉粒近长球形，P/E = 1.14，赤道面观椭圆形，极面观三裂圆形，大小为 26.4(22.5～28.9)μm × 23.2(21.3～25.0)μm。具三孔沟，沟宽 5.0 μm，沟长/P = 0.88，两端渐尖，沟下陷，沟膜不明显，内孔不明显。外壁厚为 2.3 μm，外层是内层的 2 倍。层次分明，内层薄，覆盖层具强烈皱褶或条沟状纹饰，外层内部具基柱，柱状层与内层间有空隙。外壁纹饰在光学显微镜下为刺状，在赤道光切面上约有 11 个刺，极光切面每裂片具 5 个刺。在扫描电镜下具显著的刺状纹饰，刺渐尖，顶端偶弯曲，刺长 2.8 μm，刺基部直径 2.0 μm，相邻两刺之间距离为 1.2 μm，刺长与刺基部宽之比为 1.4，刺基部偶有小孔，沟界极区刺数为 10。

123. *A. subintegerrimus* (Trautv.) Ostenf. et Res.(图版 60：6～10)

花粉粒近球形，P/E = 0.94，赤道面观圆至椭圆形，极面观三裂圆形，大小为 22.5(20.0～27.5)μm × 23.9(20.0～28.7)μm。具三孔沟，沟宽 5.2 μm，沟长/P = 0.83，两端渐尖，沟膜光滑内陷，内孔不明显。外壁厚为 2.2 μm，外层是内层的 2 倍。层次分明，内层薄，覆盖层较光滑，外层内部具基柱，柱状层与内层间有空隙。外壁纹饰在光学显微镜下为刺状，在赤道光切面上约有 10 个刺，极光切面每裂片具 6 个刺。在扫描电镜下具显著的刺状纹饰，刺渐尖，顶端偶弯曲，刺长 3.6 μm，刺基部直径 2.7 μm，相邻两刺之间距离为 1.1 μm，刺长与刺基部宽之比为 1.3，刺基部无小孔，沟界极区刺数为 7。

124. *A. subspicatus* Nees(图版 61：1～5)

花粉粒扁球形，P/E = 0.86，赤道面观椭圆形，极面观三裂圆形，大小为 30.0(25.0～33.7)μm × 35.0(26.4～36.4)μm。具三孔沟，沟宽 4.3 μm，沟长/P = 0.91，两端渐尖，沟膜十分光滑，内孔圆形。外壁厚为 2.9 μm，外层是内层的 2.5 倍。层次分明，内层薄，覆盖层具细小颗粒状纹饰，外层内部具基柱，柱状层与内层间有空隙。外壁纹饰在光学显微镜下为刺状，在赤道光切面上约有 15 个刺，极光切面每裂片具 6 个刺。在扫描电镜下具显著的刺状纹饰，刺长渐尖，顶端常弯曲，刺长 4.7 μm，刺基部直径 2.7 μm，相邻两刺之间距离为 1.2 μm，刺长与刺基部宽之比为 1.7，刺基部无小孔，沟界极区刺数为 9。

125. *A. subulatus* Michx.(图版 61：6～10)

花粉粒近球形，P/E = 0.93，赤道面观圆至椭圆形，极面观三裂圆形，大小为 20.0(16.2～23.7)μm × 21.4(17.5～25.0)μm。具三孔沟，沟宽 5.4 μm，沟长/P = 0.95，两端渐尖，沟膜较光滑，内孔不明显。外壁厚为 2.1 μm，外层是内层的 2 倍。层次分明，内层薄，覆盖层具皱褶或皱波状纹饰，外层内部具基柱，柱状层与内层间有空隙。外壁纹饰在光学显微镜下为刺状，在赤道光切面上约有 14 个刺，极光切面每裂片具 5 个刺。在扫描电镜下具显著的刺状纹饰，刺渐尖，刺长 3.5 μm，刺基部直径 2.6 μm，相邻两刺之间距离为 0.8 μm，刺长与刺基部宽之比为 1.4，刺基部具 1 层内陷小孔，沟界极区刺数为 6。

126. 凉山紫菀(*A. taliangshanensis* Ling)(图版 62：1～6)

花粉粒近球形，$P/E=0.90$，赤道面观圆至椭圆形，极面观三裂圆形，大小为 22.5(19.8～27.5)μm×25.0(20.2～28.3)μm。具三孔沟，沟宽 5.3 μm，沟长/$P=0.93$，两端渐尖，沟膜光滑内陷，内孔不明显。外壁厚为 2.8 μm，外层是内层的 2.5 倍。层次分明，内层薄，覆盖层具皱褶或皱波状纹饰，外层内部具基柱，柱状层与内层间有空隙。外壁纹饰在光学显微镜下为刺状，在赤道光切面上约有 11 个刺，极光切面每裂片具 5 个刺。在扫描电镜下具显著的刺状纹饰，刺长渐尖，刺长 4.8 μm，刺基部直径 3.0 μm，相邻两刺之间距离为 1.7 μm，刺长与刺基部宽之比为 1.6，刺基部具 1 层内陷小孔，沟界极区刺数为 7。

127. 紫菀(*A. tataricus* L. f.)(图版 62：7～12)

花粉粒近球形，$P/E=1.00$，赤道面观圆至椭圆形，极面观三裂圆形，大小为 27.5(23.8～35.0)μm×27.5(20.0～30.0)μm。具三孔沟，沟宽 6.3 μm，沟长/$P=0.82$，两端渐尖，沟膜粗糙具多数颗粒，内孔明显横长。外壁厚为 2.7 μm，外层是内层的 2.5 倍。层次分明，内层薄，覆盖层具强烈皱褶或条沟状纹饰，外层内部具基柱，柱状层与内层间有空隙。外壁纹饰在光学显微镜下为刺状，在赤道光切面上有 12～15 个刺，极光切面每裂片具 5 个刺。在扫描电镜下具显著的刺状纹饰，刺长渐尖，顶端锐尖，刺长 3.8 μm，刺基部直径 2.5 μm，相邻两刺之间距离为 1.3 μm，刺长与刺基部宽之比为 1.5，刺基部无小孔，沟界极区刺数为 7。

128. 变种紫菀(*A. tataricus* var. *petersianus* Hort. ex Bailey)(图版 63：1～6)

花粉粒近球形，$P/E=1.01$，赤道面观圆至椭圆形，极面观深三裂圆形，大小为 28.3(27.5～30.0)μm×28.0(20.0～28.3)μm。具三孔沟，沟宽 6.5 μm，沟长/$P=0.79$，两端渐尖，沟膜粗糙具颗粒，内孔不明显。外壁厚为 2.3 μm，外层是内层的 1.5 倍。层次分明，内层薄，覆盖层具密集皱波状纹饰，外层内部具基柱，柱状层与内层间有空隙。外壁纹饰在光学显微镜下为刺状，在赤道光切面上有 11～12 个刺，极光切面每裂片具 5 个刺。在扫描电镜下具显著的刺状纹饰，刺渐尖，刺长 4.3 μm，刺基部直径 3.2 μm，相邻两刺之间距离为 1.4 μm，刺长与刺基部宽之比为 1.4，刺基部偶有内陷小孔，沟界极区刺数为 4。

129. 德钦紫菀(*A. techinensis* Ling)(图版 63：7～12)

花粉粒近球形，$P/E=1.05$，赤道面观圆至椭圆形，极面观三裂圆形，大小为 25.0(18.9～30.0)μm×23.7(20.0～32.5)μm。具三孔沟，沟宽 6.1 μm，沟长/$P=0.79$，两端渐尖，沟膜具细密颗粒，内孔不明显。外壁厚为 2.5 μm，外层是内层的 2.5 倍。层次分明，内层薄，覆盖层具密集皱波状纹饰，外层内部具基柱，柱状层与内层间有空隙。外壁纹饰在光学显微镜下为刺状，在赤道光切面上约有 9 个刺，极光切面每裂片具 5 个刺。在扫描电镜下具显著的刺状纹饰，刺长渐尖，刺长 4.6 μm，刺基部直径 1.9 μm，相邻两刺之间距离为 1.8 μm，刺长与刺基部宽之比为 2.4，刺基部无小孔，沟界极区刺数为 6。

130. *A. tenuifolius* L.(图版 64：1～5)

花粉粒近球形，$P/E=0.95$，赤道面观圆至椭圆形，极面观三裂圆形，大小为 27.5(18.6～

30.0)μm×28.9(20.0～32.5)μm。具三孔沟,沟宽5.9 μm,沟长/P＝0.95,两端渐尖,沟膜下陷具细颗粒,内孔明显横长。外壁厚为2.8 μm,外层是内层的3倍。层次分明,内层薄,覆盖层较光滑,外层内部具基柱,柱状层与内层间有空隙。外壁纹饰在光学显微镜下为刺状,在赤道光切面上约有11个刺,极光切面每裂片具5个刺。在扫描电镜下具显著的刺状纹饰,刺长渐尖,顶端锐尖,刺长3.5 μm,刺基部直径2.4 μm,相邻两刺之间距离为1.2 μm,刺长与刺基部宽之比为1.5,刺基部具1层小孔,沟界极区刺数为8。

131. *A. tephrodes* (Gray) Blake(图版64：6～10)

花粉粒近球形,P/E＝1.06,赤道面观圆至椭圆形,极面观三裂圆形,大小为25.0(20.0～28.7)μm×23.4(18.9～26.4)μm。具三孔沟,沟宽4.0 μm,沟长/P＝0.98,两端渐尖,沟膜内陷具细颗粒,内孔不明显。外壁厚为1.9 μm,外层是内层的1.5倍。层次分明,内层薄,覆盖层具密集颗粒状纹饰,外层内部具基柱,柱状层与内层间有空隙。外壁纹饰在光学显微镜下为刺状,在赤道光切面上约有10个刺,极光切面每裂片具5个刺。在扫描电镜下具显著的刺状纹饰,刺渐尖,刺长2.8 μm,刺基部直径2.2 μm,相邻两刺之间距离为1.1 μm,刺长与刺基部宽之比为1.3,刺基部无小孔,沟界极区刺数为8。

132. 天全紫菀(*A. tientschuanensis* Hand.-Mazz.)(图版65：1～5)

花粉粒近长球形,P/E＝1.18,赤道面观椭圆形,极面观深三裂圆形,大小为32.5(23.9～37.5)μm×27.5(21.3～35.0)μm。具三孔沟,沟宽5.2 μm,沟长/P＝0.86,两端渐尖,沟膜光滑内陷,内孔不明显。外壁厚为3.2 μm,外层是内层的3倍。层次分明,内层薄,覆盖层具强烈皱褶或条沟状纹饰,外层内部具基柱,柱状层与内层间有空隙。外壁纹饰在光学显微镜下为刺状,在赤道光切面上约有12个刺,极光切面每裂片具5个刺。在扫描电镜下具显著的刺状纹饰,刺长渐尖,刺长3.9 μm,刺基部直径1.7 μm,相邻两刺之间距离为1.6 μm,刺长与刺基部宽之比为2.3,刺基部无小孔,沟界极区刺数为3。

133. 东俄洛紫菀(*A. tongolensis* Franch.)(图版65：6～11)

花粉粒近球形,P/E＝1.10,赤道面观圆至椭圆形,极面观二裂或深三裂圆形,大小为30.0(25.5～35.0)μm×27.5(20.0～32.5)μm。具三孔沟,沟宽6.7 μm,沟长/P＝0.82,两端渐尖,沟膜具皱褶或皱波状纹饰,内孔不明显。外壁厚为3.4 μm,外层是内层的2.5倍。层次分明,内层薄,覆盖层具强烈皱褶或条沟状纹饰,外层内部具基柱,柱状层与内层间有空隙。外壁纹饰在光学显微镜下为刺状,在赤道光切面上约有12个刺,极光切面每裂片具6个刺。在扫描电镜下具显著的刺状纹饰,刺渐尖,刺长4.3 μm,刺基部直径3.2 μm,相邻两刺之间距离为0.8 μm,刺长与刺基部宽之比为1.3,刺基部具1层内陷小孔,沟界极区刺数为7。

134. *A. trichocarpus* Duce.(图版66：1～3)

花粉粒近长球形,P/E＝1.14,赤道面观尖椭圆形,极面观三裂圆形,大小为21.3(17.5～23.8)μm×18.7(16.3～22.5)μm。具三孔沟,沟宽6.1 μm,沟长/P＝0.89,两端渐尖,沟膜粗糙,内孔明显横长。外壁厚为2.0 μm,外层是内层的2倍。层次分明,内层薄,覆盖层较光滑,外层内部具基柱,柱状层与内层间有空隙。外壁纹饰在光学显微镜下为刺状,在赤道光切面上约有8个刺,极光切面每裂片具5个刺。在扫描电镜下具显著的刺状纹饰,刺长渐尖,顶端锐尖,刺长3.7 μm,刺基部直径2.2 μm,相邻两刺之间距离为1.0 μm,刺长与刺基部宽之比为1.7,刺基部偶有小孔,沟界极区刺数为7。

135. *A*. *triloba*(图版 66：4,5)

花粉粒长球形，P/E = 1.92，赤道面观长椭圆形，极面观三角形，大小为 30.0(25.0～32.5)μm×15.6(14.0～25.0)μm。具三孔沟，沟宽 6.1 μm，沟长/P = 0.97，两端渐尖，沟内陷，沟膜不明显，沟间区成脊状隆起，内孔不明显。外壁厚为 3.3 μm，外层是内层的 3 倍。层次分明，内层薄，覆盖层较光滑，外层内部具基柱，柱状层与内层间有空隙。外壁纹饰在光学显微镜下为刺状，在赤道光切面上约有 12 个刺，极光切面每裂片具 5 个刺。在扫描电镜下具显著的刺状纹饰，刺基部宽扁相连，顶端长尖，刺长 3.7 μm，刺基部直径 2.2 μm，相邻两刺之间距离为 1.0 μm，刺长与刺基部宽之比为 1.7，刺基部具 1 层小孔，沟界极区刺数为 2。

136. 三基脉紫菀(*A*. *trinervius* D. Don)(图版 66：6～11)

花粉粒近球形，P/E = 0.90，赤道面观圆至椭圆形，极面观三裂圆形，大小为 22.5(17.5～27.5)μm×25.0(21.3～28.7)μm。具三孔沟，沟宽 4.3 μm，沟长/P = 0.92，两端渐尖，沟膜具细小颗粒状纹饰，内孔明显横长。外壁厚为 3.0 μm，外层是内层的 2 倍。层次分明，内层薄，覆盖层具密集颗粒状纹饰，外层内部具基柱，柱状层与内层间有空隙。外壁纹饰在光学显微镜下为刺状，在赤道光切面上约有 10 个刺，极光切面每裂片具 6 个刺。在扫描电镜下具显著的刺状纹饰，刺长渐尖，顶端锐尖，刺长 5.0 μm，刺基部直径 3.1 μm，相邻两刺之间距离为 1.1 μm，刺长与刺基部宽之比为 1.6，刺基部具 1 层小孔，沟界极区刺数为 7。

137. 察瓦龙紫菀(*A*. *tsarungensis* Ling)(图版 67：1～6)

花粉粒长球形，P/E = 1.23，赤道面观椭圆形，极面观三裂圆形，大小为 32.5(25.0～35.0)μm×26.4(22.5～30.0)μm。具三孔沟，沟宽 4.4 μm，沟长/P = 0.81，两端渐尖，沟膜粗糙具细小颗粒状纹饰，内孔明显横长。外壁厚为 3.0 μm，外层是内层的 2 倍。层次分明，内层薄，覆盖层具密集皱波状纹饰，外层内部具基柱，柱状层与内层间有空隙。外壁纹饰在光学显微镜下为刺状，在赤道光切面上约有 18 个刺，极光切面每裂片具 5 个刺。在扫描电镜下具显著的刺状纹饰，刺突尖，顶端锐尖，刺长 3.3 μm，刺基部直径 3.3 μm，相邻两刺之间距离为 1.1 μm，刺长与刺基部宽之比为 1.0，刺基部偶有内陷小孔，沟界极区刺数为 7。

138. *A*. *tuganianus* Ait.(图版 67：7～11)

花粉粒近球形，P/E = 0.96，赤道面观圆至椭圆形，极面观三裂圆形，大小为 28.7(25.0～32.5)μm×30.0(25.0～33.9)μm。具三孔沟，沟宽 5.0 μm，沟长/P = 0.98，两端渐尖，沟膜具皱褶内陷，内孔明显横长。外壁厚为 2.5 μm，外层是内层的 1.5 倍。层次分明，内层薄，覆盖层较光滑，外层内部具基柱，柱状层与内层间有空隙。外壁纹饰在光学显微镜下为刺状，在赤道光切面上约有 15 个刺，极光切面每裂片具 6 个刺。在扫描电镜下具显著的刺状纹饰，刺突尖，刺长 3.7 μm，刺基部直径 3.4 μm，相邻两刺之间距离为 1.2 μm，刺长与刺基部宽之比为 1.1，刺基部具 1 层内陷小孔，沟界极区刺数为 4。

139. 陀螺紫菀(*A*. *turbinatus* S. Moore)(图版 68：1～6)

花粉粒近球形，P/E = 1.00，赤道面观圆至椭圆形，极面观三裂圆形，大小为 33.8(28.9～37.5)μm×33.8(28.9～37.5)μm。具三孔沟，沟宽 5.5 μm，沟长/P = 0.81，两端渐尖，沟膜具皱褶内陷，内孔横长。外壁厚为 3.5 μm，外层是内层的 3 倍。层次分明，内层薄，覆盖层具密集皱波状纹饰，外层内部具基柱，柱状层与内层间有空隙。外壁纹饰在光学显微镜下为刺状，在赤道光切面上约有 12 个刺，极光切面每裂片具 5 个刺。在扫描电镜下具显著的刺状纹饰，

刺渐尖,顶端弯曲,刺长 3.6 μm,刺基部直径 2.6 μm,相邻两刺之间距离为 1.9 μm,刺长与刺基部宽之比为 1.4,刺基部具 1 层小孔,沟界极区刺数为 8。

140. *A. umbellatus* Miller(图版 68: 7～11)

花粉粒近球形,P/E = 0.98,赤道面观圆至椭圆形,极面观三裂圆形,大小为 19.6(17.5～23.8)μm×20.0(18.7～25.0)μm。具三孔沟,沟宽 3.9 μm,沟长/P = 0.75,两端渐尖,沟膜不明显,内孔不明显。外壁厚为 1.9 μm,外层是内层的 1.5 倍。层次分明,内层薄,覆盖层较光滑,外层内部具基柱,柱状层与内层间有空隙。外壁纹饰在光学显微镜下为刺状,在赤道光切面上约有 12 个刺,极光切面每裂片具 5 个刺。在扫描电镜下具显著的刺状纹饰,刺长渐尖,刺长 4.4 μm,刺基部直径 2.4 μm,相邻两刺之间距离为 0.9 μm,刺长与刺基部宽之比为 1.8,刺基部具 1 层小孔,沟界极区刺数为 8。

141. *A. undulatus* L.(图版 69: 1,2,4～6)

花粉粒近球形,P/E = 1.06,赤道面观圆至椭圆形,极面观浅三裂圆形,大小为 28.3(25.0～30.0)μm×26.7(20.0～28.0)μm。具三孔沟,沟宽 6.8 μm,沟长/P = 0.82,两端渐尖,沟膜粗糙深陷,内孔不明显。外壁厚为 2.8 μm,外层是内层的 1.5 倍。层次分明,内层薄,覆盖层具密集皱波状纹饰,外层内部具基柱,柱状层与内层间有空隙。外壁纹饰在光学显微镜下为刺状,在赤道光切面上约有 14 个刺,极光切面每裂片具 6 个刺。在扫描电镜下具显著的刺状纹饰,刺长渐尖,顶端弯曲,刺长 2.8 μm,刺基部直径 1.9 μm,相邻两刺之间距离为 1.6 μm,刺长与刺基部宽之比为 1.5,刺基部无小孔,沟界极区刺数为 11。

142. 峨眉紫菀单头变形(*A. veitchianus* f. *yamatzutae* (*Matsuda*) Ling)(图版 69: 3,7～11)

花粉粒近球形,P/E = 1.10,赤道面观圆至椭圆形,极面观三裂圆形,大小为 28.8(20.0～33.5)μm×26.3(15.0～31.3)μm。具三孔沟,沟宽 5.6 μm,沟长/P = 0.98,两端渐尖,沟膜光滑下陷,内孔明显横长。外壁厚为 2.9 μm,外层是内层的 2 倍。层次分明,内层薄,覆盖层具密集皱波状纹饰,外层内部具基柱,柱状层与内层间有空隙。外壁纹饰在光学显微镜下为刺状,在赤道光切面上约有 13 个刺,极光切面每裂片具 5 个刺。在扫描电镜下具显著的刺状纹饰,刺长渐尖,刺长 3.9 μm,刺基部直径 2.1 μm,相邻两刺之间距离为 1.7 μm,刺长与刺基部宽之比为 1.9,刺基部无小孔,沟界极区刺数为 11。

143. 密毛紫菀(*A. vestitus* Franch.)(图版 70: 1～6)

花粉粒长球形,P/E = 1.77,赤道面观椭圆形,极面观三裂圆形,大小为 35.0(30.0～37.5)μm×30.0(26.5～35.0)μm。具三孔沟,沟宽 6.5 μm,沟长/P = 0.98,两端渐尖,沟膜粗糙具细小颗粒状纹饰,内孔不明显。外壁厚为 3.0 μm,外层是内层的 2.5 倍。层次分明,内层薄,覆盖层具细小颗粒状纹饰,外层内部具基柱,柱状层与内层间有空隙。外壁纹饰在光学显微镜下为刺状,在赤道光切面上有 8～11 个刺,极光切面每裂片具 5 个刺。在扫描电镜下具显著的刺状纹饰,刺长渐尖,刺长 4.3 μm,刺基部直径 2.4 μm,相邻两刺之间距离为 1.4 μm,刺长与刺基部宽之比为 1.8,刺基部无小孔,沟界极区刺数为 8。

144. *A. vimineus* Lamrck(图版 70: 7～11)

花粉粒近球形,P/E = 0.93,赤道面观圆至椭圆形,极面观三裂圆形,大小为 17.5(13.7～21.3)μm×18.9(15.0～21.2)μm。具三孔沟,沟宽 3.6 μm,沟长/P = 0.96,两端渐尖,沟膜较光滑,内孔不明显。外壁厚为 1.8 μm,外层是内层的 1.5 倍。层次分明,内层薄,覆盖层较光滑，外层内部具基柱，柱状层与内层间有空隙。外壁纹饰在光学显微镜下为刺状，在赤道光切面上约有 9 个刺，极光切面每裂片具 5 个刺。在扫描电镜下具显著的刺状纹饰，刺渐尖，刺长 3.2 μm，刺基部直径 2.7 μm，相邻两刺之间距离为 0.7 μm，刺长与刺基部宽之比为 1.2，刺基部具 2～3 层小孔，沟界极区刺数为 7。

145. *A. wuciwuus* Willd.（图版 71：1～5）

花粉粒近球形，$P/E=0.95$，赤道面观圆至椭圆形，极面观三裂圆形，大小为 27.5(20.0～30.0)μm×28.9(21.1～35.4)μm。具三孔沟，沟宽 4.2 μm，沟长/$P=0.95$，沟带状，沟膜较粗糙具颗粒，内孔圆形至横长。外壁厚为 1.8 μm，外层是内层的 1.5 倍。层次分明，内层薄，覆盖层较光滑，外层内部具基柱，柱状层与内层间有空隙。外壁纹饰在光学显微镜下为刺状，在赤道光切面上约有 14 个刺，极光切面每裂片具 5 个刺。在扫描电镜下具显著的刺状纹饰，刺长渐尖，刺长 3.9 μm，刺基部直径 2.5 μm，相邻两刺之间距离为 1.2 μm，刺长与刺基部宽之比为 1.6，刺基部具 1 层小孔，沟界极区刺数为 8。

146. 云南紫菀(*A. yunnanensis* Franch.)（图版 71：6～11）

花粉粒近球形，$P/E=1.05$，赤道面观圆至椭圆形，极面观深三裂圆形，大小为 30.0(27.5～32.5)μm×28.7(27.5～31.3)μm。具三孔沟，沟宽 7.8 μm，沟长/$P=0.81$，两端渐尖，沟膜粗糙具颗粒，内孔不明显。外壁厚为 1.9 μm，外层是内层的 1.5 倍。层次分明，内层薄，覆盖层具密集皱波状纹饰，外层内部具基柱，柱状层与内层间有空隙。外壁纹饰在光学显微镜下为刺状，在赤道光切面上约有 16 个刺，极光切面每裂片具 6 个刺。在扫描电镜下具显著的刺状纹饰，刺渐尖，刺长 3.6 μm，刺基部直径 2.6 μm，相邻两刺之间距离为 1.3 μm，刺长与刺基部宽之比为 1.4，刺基部具 1 层小孔，沟界极区刺数为 8。

147. 云南紫菀狭苞变种(*A. yunnanensis* var. *angnstior* Griers)（图版 72：1～5）

花粉粒近球形，$P/E=1.02$，赤道面观圆至椭圆形，极面观三裂圆形，大小为 33.2(26.8～41.3)μm×32.5(22.5～40.0)μm。具三孔沟，沟宽 5.0 μm，沟长/$P=0.79$，两端渐尖，沟膜具密集皱波状纹饰，内孔不明显。外壁厚为 2.8 μm，外层是内层的 2 倍。层次分明，内层薄，覆盖层具密集皱波状纹饰，外层内部具基柱，柱状层与内层间有空隙。外壁纹饰在光学显微镜下为刺状，在赤道光切面上约有 12 个刺，极光切面每裂片具 5 个刺。在扫描电镜下具显著的刺状纹饰，刺长渐尖，刺长 3.9 μm，刺基部直径 2.4 μm，相邻两刺之间距离为 1.3 μm，刺长与刺基部宽之比为 1.6，刺基部无小孔，沟界极区刺数为 8。

148. 云南紫菀夏河变种(*A. yunnanensis* var. *labrangensis* (Hand.-Mazz.) Ling)（图版 72：6～11）

花粉粒扁球形，$P/E=0.84$，赤道面观椭圆形，极面观深三裂圆形，大小为 22.5(20.0～27.5)μm×26.8(17.5～30.0)μm。具三孔沟，沟宽 4.0 μm，沟长/$P=0.82$，两端渐尖，沟膜光滑深陷，内孔不明显。外壁厚为 1.5 μm，外层是内层的 2 倍。层次分明，内层薄，覆盖层较光滑，外层内部具基柱，柱状层与内层间有空隙。外壁纹饰在光学显微镜下为刺状，在赤道光切面上约有 15 个刺，极光切面每裂片具 5 个刺。在扫描电镜下具显著的刺状纹饰，刺渐尖，刺长 3.0 μm，刺基部直径 2.5 μm，相邻两刺之间距离为 1.3 μm，刺长与刺基部宽之比为 1.2，刺基部具极少数小孔，沟界极区刺数为 4。

149. *Acamptopappus sphaerocephalus* A. Gray（图版 73：1～6）

花粉粒近球形，$P/E=1.09$，赤道面观圆至椭圆形，极面观深三裂圆形，大小为 23.8(20.0

～26.3)μm×21.8(18.8～25.0)μm。具三孔沟,沟宽3.0 μm,沟长/P=0.82,两端渐尖,沟膜具皱褶或皱波状纹饰,内孔不明显。外壁厚为2.1 μm,外层是内层的2.5倍。层次分明,内层薄,覆盖层具强烈皱褶或条沟状纹饰,外层内部具基柱,柱状层与内层间有空隙。外壁纹饰在光镜下为刺状,在赤道光切面上约有11个刺,极光切面每裂片具6个刺。在扫描电镜下具显著的刺状纹饰,刺渐尖,刺长2.7 μm,刺基部直径2.5 μm,相邻两刺之间距离为0.7 μm,刺长与刺基部宽之比为1.1,刺基部偶有小孔,沟界极区刺数为3。

150. *Ac. shockleyi* A. Gray(图版73：7～12)

花粉粒近球形,P/E=0.94,赤道面观圆至椭圆形,极面观圆形,大小为21.2(18.9～27.5)μm×22.5(20.0～28.7)μm。具三孔,孔宽4.6 μm,沟长/P=0.78。外壁厚为1.9 μm,外层是内层的2倍。层次分明,内层薄,覆盖层较光滑,外层内部具基柱,柱状层与内层间有空隙。外壁纹饰在光学显微镜下为刺状,在赤道光切面上约有14个刺,极光切面每裂片具7个刺。在扫描电镜下具显著的刺状纹饰,刺基部膨大,顶端锐尖,刺长2.7 μm,刺基部直径2.3 μm,相邻两刺之间距离为1.2 μm,刺长与刺基部宽之比为1.2,刺基部无小孔,沟界极区刺数为5。

151. *Amphiachyris fremontii* A. Gray(图版74：1～5)

花粉粒近球形,P/E=0.95,赤道面观圆至椭圆形,极面观三裂圆形,大小为23.7(21.3～26.3)μm×25.0(21.3～27.5)μm。具三孔沟,沟宽4.5 μm,沟长/P=0.88,两端渐尖,沟膜具细小颗粒状纹饰,内孔不明显。外壁厚为2.2 μm,外层是内层的1.5倍。层次分明,内层薄,覆盖层较光滑,外层内部具基柱,柱状层与内层间有空隙。外壁纹饰在光学显微镜下为刺状,在赤道光切面上约有16个刺,极光切面每裂片具7个刺。在扫描电镜下具显著的刺状纹饰,刺长渐尖,刺长2.7 μm,刺基部直径1.8 μm,相邻两刺之间距离为1.3 μm,刺长与刺基部宽之比为1.5,刺基部具1层小孔,沟界极区刺数为7。

152. *Aphanostephus riddellii* T. et G. (图版74：6～10)

花粉粒长球形,P/E=1.26,赤道面观椭圆形,极面观三裂圆形,大小为27.5(22.5～32.5)μm×21.8(20.0～27.5)μm。具三孔沟,沟宽2.1 μm,沟长/P=0.98,两端渐尖,沟膜具细小颗粒状纹饰,内孔明显横长。外壁厚为2.0 μm,外层是内层的2倍。层次分明,内层薄,覆盖层较光滑,外层内部具基柱,柱状层与内层间有空隙。外壁纹饰在光学显微镜下为刺状,在赤道光切面上约有12个刺,极光切面每裂片具6个刺。在扫描电镜下具显著的刺状纹饰,刺突尖,刺长2.2 μm,刺基部直径2.4 μm,相邻两刺之间距离为0.8 μm,刺长与刺基部宽之比为0.9,刺基部具1～2层小孔,沟界极区刺数为8。

153. 紫菀木(*Asterothamnus alyssoides* (Turcz.) Novopokr.)(图版75：1～6)

花粉粒近球形,P/E=0.96,赤道面观圆至椭圆形,极面观三裂圆形,大小为26.3(22.5～28.7)μm×27.5(25.0～31.2)μm。具三孔沟,沟宽3.4 μm,沟长/P=0.96,两端圆钝,沟膜内陷具细小颗粒状纹饰,内孔不明显。外壁厚为2.3 μm,外层是内层的2倍。层次分明,内层薄,覆盖层具强烈皱褶或条沟状纹饰,外层内部具基柱,柱状层与内层间有空隙。外壁纹饰在光学显微镜下为刺状,在赤道光切面上约有16个刺,极光切面每裂片具5～6个刺。在扫描电镜下具显著的刺状纹饰,刺渐尖,刺长4.4 μm,刺基部直径3.2 μm,相邻两刺之间距离为1.0 μm,刺长与刺基部宽之比为1.4,刺基部具少数内陷小孔,沟界极区刺数为7。

154. 中亚紫菀木(*As. centrali-asiaticus* Novopokr.)(图版 75：7～12)

花粉粒扁球形，$P/E=0.89$，赤道面观圆至椭圆形，极面观深三裂圆形，大小为 21.2(18.9～25.0)μm×23.8(20.0～30.0)μm。具三孔沟，沟宽 5.9 μm，沟长/$P=0.73$，两端渐尖，沟膜具细小颗粒状纹饰，内孔不明显。外壁厚为 2.3 μm，外层是内层的 2 倍。层次分明，内层薄，覆盖层具强烈皱褶或条沟状纹饰，外层内部具基柱，柱状层与内层间有空隙。外壁纹饰在光学显微镜下为刺状，在赤道光切面上约有 12 个刺，极光切面每裂片具 5 个刺。在扫描电镜下具显著的刺状纹饰，刺突尖，刺长 3.2 μm，刺基部直径 2.8 μm，相邻两刺之间距离为 1.4 μm，刺长与刺基部宽之比为 1.1，刺基部具 1 层内陷小孔，沟界极区刺数为 3。

155. 灌木紫菀木(*As. fruticosus* (C. Winkl.) Novopokr.)(图版 76：1～6)

花粉粒近球形，$P/E=1.05$，赤道面观圆至椭圆形，极面观三裂圆形，大小为 26.3(20.0～28.9)μm×25.0(20.0～30.0)μm。具三孔沟，沟宽 3.6 μm，沟长/$P=0.79$，两端渐尖，沟膜内陷，内孔不明显。外壁厚为 2.5 μm，外层是内层的 2 倍。层次分明，内层薄，覆盖层具密集皱波状纹饰，外层内部具基柱，柱状层与内层间有空隙。外壁纹饰在光学显微镜下为刺状，在赤道光切面上约有 12 个刺，极光切面每裂片具 6 个刺。在扫描电镜下具显著的刺状纹饰，刺突尖，刺长 2.7 μm，刺基部直径 2.5 μm，相邻两刺之间距离为 1.7 μm，刺长与刺基部宽之比为 1.1，刺基部具 1～2 层小孔，沟界极区刺数为 5。

156. 毛叶紫菀木(*As. poliifolius* Novopokr.)(图版 76：7～11)

花粉粒近球形，$P/E=1.00$，赤道面观圆至椭圆形，极面观三裂圆形，大小为 25.0(22.5～28.9)μm×25.0(22.5～30.0)μm。具三孔沟，沟宽 2.0 μm，沟长/$P=0.86$，两端渐尖，沟膜不明显，内孔明显横长。外壁厚为 1.9 μm，外层是内层的 1.5 倍。层次分明，内层薄，覆盖层具强烈皱褶或条沟状纹饰，外层内部具基柱，柱状层与内层间有空隙。外壁纹饰在光学显微镜下为刺状，在赤道光切面上约有 11 个刺，极光切面每裂片具 6 个刺。在扫描电镜下具显著的刺状纹饰，刺突尖，刺长 2.8 μm，刺基部直径 2.8 μm，相邻两刺之间距离为 1.0 μm，刺长与刺基部宽之比为 1.0，刺基部具 2 层明显小孔，沟界极区刺数为 5。

157. *Bellis annua* L.(图版 77：1～6)

花粉粒扁球形，$P/E=0.75$，赤道面观椭圆形，极面观三裂圆形，大小为 17.5(13.7～21.2)μm×23.3(15.0～25.0)μm。具三孔沟，沟宽 6.9 μm，沟长/$P=0.85$，两端渐尖，沟膜具颗粒，内孔明显横长。外壁厚为 2.1 μm，外层是内层的 2 倍。层次分明，内层薄，覆盖层具密集皱波状纹饰，外层内部具基柱，柱状层与内层间有空隙。外壁纹饰在光学显微镜下为刺状，在赤道光切面上约有 8 个刺，极光切面每裂片具 5 个刺。在扫描电镜下具显著的刺状纹饰，刺长渐尖，刺长 3.0 μm，刺基部直径 1.6 μm，相邻两刺之间距离为 1.6 μm，刺长与刺基部宽之比为 1.9，刺基部具 1～2 层小孔，沟界极区刺数为 8。

158. 雏菊(*B. perennis* L.)(图版 77：7～12)

花粉粒扁球形，$P/E=0.83$，赤道面观椭圆形，极面观三裂圆形，大小为 17.5(16.3～22.5)μm×21.2(17.5～23.7)μm。具三孔沟，沟宽 4.0 μm，沟长/$P=0.88$，两端渐尖，沟膜不明显，内孔明显横长。外壁厚为 2.1 μm，外层是内层的 2 倍。层次分明，内层薄，覆盖层具密集皱波状纹饰，外层内部具基柱，柱状层与内层间有空隙。外壁纹饰在光学显微镜下为刺状，在赤道光切面上约有 12 个刺，极光切面每裂片具 5 个刺。在扫描电镜下具显著的刺状纹饰，

刺长渐尖，刺长 3.0 μm，刺基部直径 1.8 μm，相邻两刺之间距离为 1.6 μm，刺长与刺基部宽之比为 1.7，刺基部具 1～2 层小孔，沟界极区刺数为 8。

159. *Boltonia latisquama* A. Gray(图版 78：1～6)

花粉粒近球形，$P/E=0.96$，赤道面观圆至椭圆形，极面观三裂圆形，大小为 17.2(14.5～18.5)μm×17.5(13.8～20.0)μm。具三孔沟，沟宽 4.2 μm，沟长$/P=0.90$，两端渐尖，沟膜不明显，内孔明显横长沟状。外壁厚为 1.4 μm，外层是内层的 1.5 倍。层次分明，内层薄，覆盖层具强烈皱褶或条沟状纹饰，外层内部具基柱，柱状层与内层间有空隙。外壁纹饰在光学显微镜下为刺状，在赤道光切面上约有 10 个刺，极光切面每裂片具 5 个刺。在扫描电镜下具显著的刺状纹饰，刺渐尖，顶端锐尖，刺长 2.3 μm，刺基部直径 1.6 μm，相邻两刺之间距离为 0.8 μm，刺长与刺基部宽之比为 1.4，刺基部无小孔，沟界极区刺数为 8。

160. 短星菊(*Brachyactis ciliata* Ledeb.)(图版 78：7～11)

花粉粒近球形，$P/E=0.90$，赤道面观圆至椭圆形，极面观深三裂圆形，大小为 22.5(20.0～27.5)μm×25.0(21.2～28.9)μm。具三孔沟，沟宽 1.7 μm，沟长$/P=0.88$，两端渐尖，沟膜不明显，内孔不明显。外壁厚为 2.5 μm，外层是内层的 2 倍。层次分明，内层薄，覆盖层较光滑，外层内部具基柱，柱状层与内层间有空隙。外壁纹饰在光学显微镜下为刺状，在赤道光切面上约有 14 个刺，极光切面每裂片具 5～6 个刺。在扫描电镜下具显著的刺状纹饰，刺渐尖，顶端锐尖，刺长 2.7 μm，刺基部直径 2.1 μm，相邻两刺之间距离为 0.7 μm，刺长与刺基部宽之比为 1.3，刺基部无小孔，沟界极区刺数为 4。

161. 腺毛短星菊(*Br. pubescens* (DC.) Aitch. et C. B. Clarke)(图版 79：1～6)

花粉粒扁球形，$P/E=0.87$，赤道面观椭圆形，极面观深三裂圆形，大小为 21.8(20.0～25.0)μm×25.0(22.5～28.9)μm。具三孔沟，沟宽 4.4 μm，沟长$/P=0.90$，两端渐尖，沟膜不明显，内孔明显横长。外壁厚为 2.1 μm，外层是内层的 1.5 倍。层次分明，内层薄，覆盖层具皱褶或皱波状纹饰，外层内部具基柱，柱状层与内层间有空隙。外壁纹饰在光学显微镜下为刺状，在赤道光切面上约有 16 个刺，极光切面每裂片具 7 个刺。在扫描电镜下具显著的刺状纹饰，刺长渐尖，刺长 3.3 μm，刺基部直径 1.7 μm，相邻两刺之间距离为 1.8 μm，刺长与刺基部宽之比为 2.0，刺基部无小孔，沟界极区刺数为 3。

162. 西疆短星菊(*Br. roylei* (DC.) Wendelbo)(图版 79：7～12)

花粉粒近球形，$P/E=0.89$，赤道面观圆至椭圆形，极面观三裂圆形，大小为 21.2(20.0～25.0)μm×23.8(21.3～27.5)μm。具三孔沟，沟宽 4.2 μm，沟长$/P=0.86$，两端渐尖，沟膜下陷具细小颗粒状纹饰，内孔明显横长。外壁厚为 2.5 μm，外层是内层的 2 倍。层次分明，内层薄，覆盖层具强烈皱褶或条沟状纹饰，外层内部具基柱，柱状层与内层间有空隙。外壁纹饰在光学显微镜下为刺状，在赤道光切面上约有 14 个刺，极光切面每裂片具 7 个刺。在扫描电镜下具显著的刺状纹饰，刺渐尖，刺长 3.1 μm，刺基部直径 2.3 μm，相邻两刺之间距离为 0.8 μm，刺长与刺基部宽之比为 1.3，刺基部具 1 层小孔，沟界极区刺数为 8。

163. 翠菊(*Callistephus chinensis* (L.) Nees)(图版 80：1～6)

花粉粒近球形，$P/E=0.95$，赤道面观圆至椭圆形，极面观三裂圆形，大小为 23.7(21.2～27.5)μm×25.0(22.5～28.8)μm。具三孔沟，沟宽 2.1 μm，沟长$/P=0.90$，两端渐尖，沟膜具细小颗粒状纹饰，内孔不明显。外壁厚为 2.7 μm，外层是内层的 2 倍。层次分明，内层薄，覆盖层较光滑，外层内部具基柱，柱状层与内层间有空隙。外壁纹饰在光学显微镜下为刺状，在赤道光切面上约有 11 个刺，极光切面每裂片具 5 个刺。在扫描电镜下具显著的刺状纹饰，刺基部膨大，顶端锐尖，刺长 2.7 μm，刺基部直径 2.2 μm，相邻两刺之间距离为 0.8 μm，刺长与刺基部宽之比为 1.2，刺基部具 1 层小孔，沟界极区刺数为 8。

164. 刺冠菊(*Calotis caespitosa* Chang)(图版 80：7～12)

花粉粒近球形，$P/E=0.92$，赤道面观圆至椭圆形，极面观深三裂圆形，大小为 15.0(12.5～17.5)μm×16.3(12.5～18.7)μm。具三孔沟，沟宽 1.0 μm，沟长/$P=0.86$，两端渐尖，沟膜具皱褶，内孔不明显。外壁厚为 2.4 μm，外层是内层的 2 倍。层次分明，内层薄，覆盖层具皱褶或皱波状纹饰，外层内部具基柱，柱状层与内层间有空隙。外壁纹饰在光学显微镜下为刺状，在赤道光切面上约有 6 个刺，极光切面每裂片具 5 个刺。在扫描电镜下具显著的刺状纹饰，刺长渐尖，刺长 2.6 μm，刺基部直径 1.7 μm，相邻两刺之间距离为 1.0 μm，刺长与刺基部宽之比为 1.5，刺基部具 1～2 层明显小孔，沟界极区刺数为 3。

165. *C. hispidula* F. Muell.(图版 81：1,2)

花粉粒近球形，$P/E=1.05$，赤道面观圆至椭圆形，极面观三裂圆形，大小为 23.7(20.0～28.8)μm×22.5(20.0～27.5)μm。具三孔沟，沟宽 4.7 μm，沟长/$P=0.89$，两端渐尖，沟膜粗糙，内孔不明显。外壁厚为 1.7 μm，外层是内层的 1.5 倍。层次分明，内层薄，覆盖层较光滑，外层内部具基柱，柱状层与内层间有空隙。外壁纹饰在光学显微镜下为刺状，在赤道光切面上约有 10 个刺，极光切面每裂片具 7 个刺。在扫描电镜下具显著的刺状纹饰，刺突尖，刺长 2.1 μm，刺基部直径 2.0 μm，相邻两刺之间距离为 0.9 μm，刺长与刺基部宽之比为 1.0，刺基部具 1 层小孔，沟界极区刺数为 6。

166. *C. multicaulis* (Turcz.) Druce.(图版 81：3～7)

花粉粒长球形，$P/E=1.25$，赤道面观椭圆形，极面观深四裂圆形，大小为 26.6(20.5～27.5)μm×21.3(17.5～23.8)μm。具四孔沟，沟宽 2.3 μm，沟长/$P=0.80$，沟带状，沟膜不明显，内孔明显横长。外壁厚为 2.7 μm，外层是内层的 2.5 倍。层次分明，内层薄，覆盖层具细小颗粒状纹饰，外层内部具基柱，柱状层与内层间有空隙。外壁纹饰在光学显微镜下为刺状，在赤道光切面上约有 12 个刺，极光切面每裂片具 6 个刺。在扫描电镜下具显著的刺状纹饰，刺突尖，顶端锐尖，常弯曲，刺长 1.6 μm，刺基部直径 1.6 μm，相邻两刺之间距离为 0.7 μm，刺长与刺基部宽之比为 1.0，刺基部具 2 层小孔，沟界极区刺数为 3。

167. *C. kempei* F. Muell.(图版 81：8～12)

花粉粒近球形，$P/E=0.94$，赤道面观圆至椭圆形，极面观三裂圆形，大小为 20.0(18.8～22.5)μm×21.3(18.8～25.0)μm。具三孔沟，沟宽 2.7 μm，沟长/$P=0.99$，两端渐尖，沟膜具细小颗粒状纹饰，内孔明显圆形。外壁厚为 2.8 μm，外层是内层的 2 倍。层次分明，内层薄，覆盖层具皱褶或皱波状纹饰，外层内部具基柱，柱状层与内层间有空隙。外壁纹饰在光学显微镜下为刺状，在赤道光切面上约有 9 个刺，极光切面每裂片具 5 个刺。在扫描电镜下具显著的刺状纹饰，刺突尖，刺长 2.6 μm，刺基部直径 2.6 μm，相邻两刺之间距离为 1.4 μm，刺长与刺基部宽之比为 1.0，刺基部具 1 层小孔，沟界极区刺数为 8。

168. *Chrysopsis atenophylla* Kansas(图版 82：1～6)

花粉粒近球形，$P/E=0.95$，赤道面观圆至椭圆形，极面观三裂圆形，大小为 22.5(21.3～

25.0)μm×23.8(22.5～27.5)μm。具三孔沟,沟宽 5.4 μm,沟长/P=0.82,沟带状,沟膜粗糙,内孔不明显。外壁厚为 2.8 μm,外层是内层的 2.5 倍。层次分明,内层薄,覆盖层颗粒状不平,外层内部具基柱,柱状层与内层间有空隙。外壁纹饰在光学显微镜下为刺状,在赤道光切面上约有 12 个刺,极光切面每裂片具 6 个刺。在扫描电镜下具显著的刺状纹饰,刺基部膨大,刺长 3.1 μm,刺基部直径 2.7 μm,相邻两刺之间距离为 0.8 μm,刺长与刺基部宽之比为 1.2,刺基部具 2 层小孔,沟界极区刺数为 9。

169. *Ch. mariana* (L.) Ell.(图版 82：7～11)

花粉粒近球形,P/E=0.91,赤道面观圆至椭圆形,极面观三裂圆形,大小为 26.2(23.8～31.3)μm×28.9(26.2～33.7)μm。具三孔沟,沟宽 4.5 μm,沟长/P=0.81,沟带状,沟膜不明显,内孔不明显。外壁厚为 2.7 μm,外层是内层的 2 倍。层次分明,内层薄,覆盖层较光滑,外层内部具基柱,柱状层与内层间有空隙。外壁纹饰在光学显微镜下为刺状,在赤道光切面上约有 12 个刺,极光切面每裂片具 6 个刺。在扫描电镜下具显著的刺状纹饰,刺基部膨大,顶端长尖,刺长 4.1 μm,刺基部直径 3.1 μm,相邻两刺之间距离为 0.7 μm,刺长与刺基部宽之比为 1.3,刺基部具 2 层小孔,沟界极区刺数为 8。

170. *Chrysothamnus tretifolius* (Dur.) Hall.(图版 83：1～5)

花粉粒扁球形,P/E=0.87,赤道面观椭圆形,极面观深三裂圆形,大小为 25.0(18.7～27.5)μm×28.7(20.0～30.0)μm。具三孔沟,沟宽 5.7 μm,沟长/P=0.89,两端渐尖,沟膜光滑,具细颗粒,内孔不明显。外壁厚为 2.0 μm,外层是内层的 1.5 倍。层次分明,内层薄,覆盖层具细小颗粒状纹饰,外层内部具基柱,柱状层与内层间有空隙。外壁纹饰在光学显微镜下为刺状,在赤道光切面上约有 18 个刺,极光切面每裂片具 5 个刺。在扫描电镜下具显著的刺状纹饰,刺突尖,刺长 2.1 μm,刺基部直径 2.3 μm,相邻两刺之间距离为 0.9 μm,刺长与刺基部宽之比为 0.9,刺基部具 2～3 层小孔,沟界极区刺数为 4。

171. *Chr. viscidiflorus* (Hook.) Nutt.(图版 83：6～10)

花粉粒近球形,P/E=0.89,赤道面观圆至椭圆形,极面观三裂圆形,大小为 21.3(17.5～25.0)μm×23.7(20.0～28.9)μm。具三孔沟,沟宽 4.8 μm,沟长/P=0.90,两端渐尖,沟膜光滑,内孔不明显。外壁厚为 2.1 μm,外层是内层的 1.5 倍。层次分明,内层薄,覆盖层较光滑,外层内部具基柱,柱状层与内层间有空隙。外壁纹饰在光学显微镜下为刺状,在赤道光切面上约有 14 个刺,极光切面每裂片具 5 个刺。在扫描电镜下具显著的刺状纹饰,刺基部膨大,顶端锐尖,刺长 2.9 μm,刺基部直径 2.6 μm,相邻两刺之间距离为 0.8 μm,刺长与刺基部宽之比为 1.1,刺基部具 2～3 层小孔,沟界极区刺数为 8。

172. 埃及白酒草(*Conyza aegyptiaca* (L.) Ait.)(图版 84：1～5)

花粉粒近球形,P/E=0.89,赤道面观圆至椭圆形,极面观深三裂圆形,大小为 21.3(20.0～23.7)μm×23.8(21.3～28.9)μm。具三孔沟,沟宽 4.0 μm,沟长/P=0.86,两端渐尖,无沟膜,内孔明显纵长。外壁厚为 2.5 μm,外层是内层的 2 倍。层次分明,内层薄,覆盖层具强烈皱褶或条沟状纹饰,外层内部具基柱,柱状层与内层间有空隙。外壁纹饰在光学显微镜下为刺状,在赤道光切面上约有 12 个刺,极光切面每裂片具 6 个刺。在扫描电镜下具显著的刺状纹饰,刺渐尖,顶端锐尖,刺长 2.7 μm,刺基部直径 1.6 μm,相邻两刺之间距离为 1.2 μm,刺长与刺基部宽之比为 1.7,刺基部无小孔,沟界极区刺数为 8。

173. 熊胆草(*Co. blinii* Levl.)(图版 84：6～10)

花粉粒近球形，$P/E=0.90$，赤道面观圆至椭圆形，极面观深三裂圆形，大小为 23.7(21.2～27.5)μm×26.3(22.5～28.9)μm。具三孔沟，沟宽 5.0 μm，沟长/$P=0.87$，两端渐尖，沟膜粗糙具颗粒，内孔不明显。外壁厚为 2.4 μm，外层是内层的 2 倍。层次分明，内层薄，覆盖层具强烈皱褶或条沟状纹饰，外层内部具基柱，柱状层与内层间有空隙。外壁纹饰在光学显微镜下为刺状，在赤道光切面上约有 14 个刺，极光切面每裂片具 6 个刺。在扫描电镜下具显著的刺状纹饰，刺渐尖，刺长 2.7 μm，刺基部直径 2.5 μm，相邻两刺之间距离为 0.6 μm，刺长与刺基部宽之比为 1.1，刺基部偶有内陷小孔，沟界极区刺数为 5。

174. 香丝草(*Co. bonariensis* (L.) Cronq.)(图版 85：1～3)

花粉粒近球形，$P/E=1.00$，赤道面观圆至椭圆形，极面观三裂圆形，大小为 18.7(12.5～20.0)μm×18.7(15.0～21.5)μm。具三孔沟，沟宽 2.7 μm，沟长/$P=0.90$ ，两端渐尖，沟膜不明显，内孔不明显。外壁厚为 2.1 μm，外层是内层的 1.5 倍。层次分明，内层薄，覆盖层较光滑，外层内部具基柱，柱状层与内层间有空隙。外壁纹饰在光学显微镜下为刺状，在赤道光切面上约有 16 个刺，极光切面每裂片具 5 个刺。在扫描电镜下具显著的刺状纹饰，刺长渐尖，顶端常弯曲，刺长 3.7 μm，刺基部直径 2.0 μm，相邻两刺之间距离为 1.1 μm，刺长与刺基部宽之比为 1.9，刺基部偶有小孔，沟界极区刺数为 8。

175. 加拿大蓬(*Co. canadensis* (L.) Cronq.)(图版 85：4～9)

花粉粒近球形，$P/E=0.93$，赤道面观圆至椭圆形，极面观深三裂圆形，大小为 17.5(15.0～20.0)μm×18.9(17.5～22.5)μm。具三孔沟，沟宽 3.2 μm，沟长/$P=0.86$，两端渐尖，沟膜具颗粒内陷，内孔不明显。外壁厚为 1.3 μm，外层是内层的 1.5 倍。层次分明，内层薄，覆盖层较光滑，外层内部具基柱，柱状层与内层间有空隙。外壁纹饰在光学显微镜下为刺状，在赤道光切面上约有 11 个刺，极光切面每裂片具 5 个刺。在扫描电镜下具显著的刺状纹饰，刺突尖，顶端锐尖，刺长 3.2 μm，刺基部直径 3.0 μm，相邻两刺之间距离为 1.1 μm，刺长与刺基部宽之比为 1.1，刺基部具 1 层小孔，沟界极区刺数为 4。

176. 白酒草(*Co. japonica* (Thunb.) Less.)(图版 86：1～6)

花粉粒近球形，$P/E=0.89$，赤道面观圆至椭圆形，极面观三裂圆形，大小为 20.0(16.3～23.8)μm×22.5(18.8～25.0)μm。具三孔沟，沟宽 1.3 μm，沟长/$P=0.82$，两端渐尖，沟膜粗糙具颗粒，内孔明显横长沟状。外壁厚为 2.1 μm，外层是内层的 1.5 倍。层次分明，内层薄，覆盖层具穿孔，外层内部具基柱，柱状层与内层间有空隙。外壁纹饰在光学显微镜下为刺状，在赤道光切面上约有 14 个刺，极光切面每裂片具 6 个刺。在扫描电镜下具显著的刺状纹饰，刺渐尖，刺长 2.2 μm，刺基部直径 2.2 μm，相邻两刺之间距离为 1.0 μm，刺长与刺基部宽之比为 1.0，刺基部无小孔，沟界极区刺数为 7。

177. 黏毛白酒草(*Co. leucantha* (D. Don) Ludlow et Raven)(图版 86：7～10)

花粉粒近球形，$P/E=1.00$，赤道面观圆至椭圆形，极面观浅三裂圆形，大小为 17.5(12.5～20.0)μm×17.5(14.0～21.5)μm。具三孔沟，沟宽 4.0 μm，沟长/$P=0.98$，两端渐尖，沟膜光滑，内孔不明显。外壁厚为 2.3 μm，外层是内层的 2 倍。层次分明，内层薄，覆盖层具密集皱波状纹饰，外层内部具基柱，柱状层与内层间有空隙。外壁纹饰在光学显微镜下为刺状，在赤道光切面上约有 15 个刺，极光切面每裂片具 5 个刺。在扫描电镜下具显著的刺状纹饰，刺

渐尖，刺长 3.7 μm，刺基部直径 2.8 μm，相邻两刺之间距离为 1.2 μm，刺长与刺基部宽之比为 1.4，刺基部无小孔，沟界极区刺数为 12。

178. 木里白酒草(*Co. muliensis* Y. L. Chen)(图版 87：1～6)

花粉粒近球形，P/E＝1.07，赤道面观圆至椭圆形，极面观深三裂圆形，大小为 21.3(17.5～23.8)μm×20.0(17.5～22.5)μm。具三孔沟，沟宽 2.7 μm，沟长/P＝0.77，沟带状，沟膜较粗糙，内孔明显横长。外壁厚 2.3 μm，外层是内层的 2 倍。层次分明，内层薄，覆盖层较光滑，外层内部具基柱，柱状层与内层间有空隙。外壁纹饰在光学显微镜下为刺状，在赤道光切面上约有 10 个刺，极光切面每裂片具 5 个刺。在扫描电镜下具显著的刺状纹饰，刺渐尖，刺长 2.8 μm，刺基部直径 2.0 μm，相邻两刺之间距离为 0.6 μm，刺长与刺基部宽之比为 1.4，刺基部无小孔，沟界极区刺数为 3。

179. 劲直白酒草(*Co. stricta* Willd.)(图版 87：7～11)

花粉粒长球形，P/E＝1.24，赤道面观椭圆形，极面观深三裂圆形，大小为 18.9(15.0～20.0)μm×15.2(12.5～20.0)μm。具三孔沟，沟宽 2.4 μm，沟长/P＝0.91，两端渐尖，沟膜不明显，内孔明显横长。外壁厚为 1.5 μm，外层是内层的 1.5 倍。层次分明，内层薄，覆盖层具细小颗粒状纹饰，外层内部具基柱，柱状层与内层间有空隙。外壁纹饰在光学显微镜下为刺状，在赤道光切面上约有 9 个刺，极光切面每裂片具 5 个刺。在扫描电镜下具显著的刺状纹饰，刺长渐尖，顶端锐尖，刺长 2.8 μm，刺基部直径 2.5 μm，相邻两刺之间距离为 1.0 μm，刺长与刺基部宽之比为 1.3，刺基部偶有小孔，沟界极区刺数为 7。

180. 苏门白酒草(*Co. sumatrensis* (Retz.) Walker)(图版 88：1～6)

花粉粒近球形，P/E＝0.94，赤道面观圆至椭圆形，极面观三裂圆形，大小为 20.0(17.5～25.0)μm×21.3(17.5～26.3)μm。具三孔沟，沟宽 2.3 μm，沟长/P＝0.83，沟带状，沟膜较粗糙，内孔不明显。外壁厚为 2.2 μm，外层是内层的 1.5 倍。层次分明，内层薄，覆盖层较光滑，外层内部具基柱，柱状层与内层间有空隙。外壁纹饰在光学显微镜下为刺状，在赤道光切面上约有 11 个刺，极光切面每裂片具 6 个刺。在扫描电镜下具显著的刺状纹饰，刺渐尖，顶端锐尖常弯曲，刺长 3.4 μm，刺基部直径 2.1 μm，相邻两刺之间距离为 0.9 μm，刺长与刺基部宽之比为 1.6，刺基部偶有内陷小孔，沟界极区刺数为 6。

181. *Cyathocline lyrata* Cass.(图版 88：7～11)

花粉粒近球形，P/E＝1.00，赤道面观圆形，极面观三裂圆形，大小为 18.9(16.3～21.2)μm×18.9(15.0～21.2)μm。具三孔沟，沟宽 4.3 μm，沟长/P＝0.82，沟端缝状，三沟于极区汇合，内孔明显横长。外壁厚为 2.0 μm，外层是内层的 1.5 倍。层次分明，内层薄，覆盖层具均匀细小颗粒状纹饰，外层内部具基柱，柱状层与内层间有空隙。外壁纹饰在光学显微镜下为刺状，在赤道光切面上约有 7 个刺，极光切面每裂片具 4 个刺。在扫描电镜下具显著的刺状纹饰，刺渐尖，刺长 3.4 μm，刺基部直径 2.4 μm，相邻两刺之间距离为 2.0 μm，刺长与刺基部宽之比为 1.4，刺基部具 2～3 层小孔，沟界极区刺数为 1。

182. 杯菊(*Cy. purpurea* (Buch.-Ham. ex D. Don) O. Kuntz.)(图版 89：1～6)

花粉粒长球形，P/E＝1.34，赤道面观椭圆形，极面观三裂圆形，大小为 18.7(16.3～22.5)μm×14.9(12.5～20.0)μm。具三孔沟，沟宽 1.7 μm，沟长/P＝0.90，两端渐尖，沟膜不明显，内孔明显横长。外壁厚为 2.1 μm，外层是内层的 1.5 倍。层次分明，内层薄，覆盖层具网状穿孔，外层内部具基柱，柱状层与内层间有空隙。外壁纹饰在光学显微镜下为刺状，在赤道光切面上约有 6 个刺，极光切面每裂片具 3～5 个刺。在扫描电镜下具显著的刺状纹饰，刺渐尖，刺长 2.9 μm，刺基部直径 2.1 μm，相邻两刺之间距离为 2.5 μm，刺长与刺基部宽之比为 1.4，刺基部具 2～3 层小孔，沟界极区刺数为 7。

183. *Doellingeria ambellata* (Mill.) Nees(图版 89：7～11)

花粉粒近球形，*P*/*E*=0.89，赤道面观圆至椭圆形，极面观三裂圆形，大小为 21.3(20.0～25.0)μm×23.8(21.2～27.5)μm。具三孔沟，沟宽 4.5 μm，沟长/*P*=0.81，两端渐尖，沟膜粗糙具颗粒，内孔不明显。外壁厚为 2.0 μm，外层是内层的 1.5 倍。层次分明，内层薄，覆盖层较光滑，外层内部具基柱，柱状层与内层间有空隙。外壁纹饰在光学显微镜下为刺状，在赤道光切面上约有 12 个刺，极光切面每裂片具 5 个刺。在扫描电镜下具显著的刺状纹饰，刺渐尖，刺长 3.3 μm，刺基部直径 2.6 μm，相邻两刺之间距离为 1.4 μm，刺长与刺基部宽之比为 1.3，刺基部具 2 层小孔，沟界极区刺数为 7。

184. 东风菜(*Do*. *scabra* (Thunb.) Nees)(图版 90：1～6)

花粉粒长球形，*P*/*E*=1.51，赤道面观椭圆形，极面观三角形，大小为 27.5(21.3～31.5)μm×18.2(16.0～22.5)μm。具三孔沟，沟宽 3.6 μm，沟长/*P*=0.93，沟带状，沟膜不明星，沟间区成脊状隆起，内孔不明显。外壁厚为 2.6 μm，外层是内层的 2 倍。层次分明，内层薄，覆盖层较光滑，外层内部具基柱，柱状层与内层间有空隙。外壁纹饰在光学显微镜下为刺状，在赤道光切面上约有 8 个刺，极光切面每裂片具 5 个刺。在扫描电镜下具显著的刺状纹饰，刺基部宽扁，刺长 5.0 μm，刺基部直径 3.8 μm，相邻两刺之间距离为 1.0 μm，刺长与刺基部宽之比为 1.3，刺基部具 1～2 层小孔，沟界极区刺数为 5。

185. 鱼眼草(*Dichrocephala auriculata* (Thunb.) Druce)(图版 90：7～9)

花粉粒近球形，*P*/*E*=0.93，赤道面观圆至椭圆形，极面观深三裂圆形，大小为 16.3(15.0～20.0)μm×17.5(16.3～21.2)μm。具三孔沟，沟宽 3.0 μm，沟长/*P*=0.84，两端渐尖，沟膜粗糙具皱褶或皱波状纹饰，内孔不明显。外壁厚为 2.5 μm，外层是内层的 2 倍。层次分明，内层薄，覆盖层较光滑，外层内部具基柱，柱状层与内层间有空隙。外壁纹饰在光学显微镜下为刺状，在赤道光切面上约有 8 个刺，极光切面每裂片具 6 个刺。在扫描电镜下具显著的刺状纹饰，刺渐尖，刺长 2.3 μm，刺基部直径 1.7 μm，相邻两刺之间距离为 1.5 μm，刺长与刺基部宽之比为 1.4，刺基部无小孔，沟界极区刺数为 4。

186. 小鱼眼草(*Di*. *benthamii* C. B. Clarke)(图版 91：1～5)

花粉粒近球形，*P*/*E*=0.96，赤道面观圆至椭圆形，极面观三裂圆形，大小为 18.1(12.5～26.3)μm×18.9(12.5～25.0)μm。具三孔沟，沟宽 3.3 μm，沟长/*P*=0.82，两端渐尖，沟膜粗糙具皱褶或皱波状纹饰，内孔明显横长。外壁厚为 2.0 μm，外层是内层的 2 倍。层次分明，内层薄，覆盖层较光滑，外层内部具基柱，柱状层与内层间有空隙。外壁纹饰在光学显微镜下为刺状，在赤道光切面上约有 10 个刺，极光切面每裂片具 5 个刺。在扫描电镜下具显著的刺状纹饰，刺渐尖，刺长 2.7 μm，刺基部直径 2.4 μm，相邻两刺之间距离为 1.1 μm，刺长与刺基部宽之比为 1.1，刺基部偶有小孔，沟界极区刺数为 4。

187. 菊叶鱼眼草(*Di*. *chrysanthemifolia* DC.)(图版 91：6～11)

花粉粒近球形，*P*/*E*=0.94，赤道面观圆至椭圆形，极面观深三裂圆形，大小为 20.0(16.3～

23.8)μm×21.3(17.5～25.0)μm。具三孔沟，沟宽3.0 μm，沟长/P=0.90，两端渐尖，无沟膜，内孔不明显。外壁厚为2.4 μm，外层是内层的2倍。层次分明，内层薄，覆盖层较光滑，外层内部具基柱，柱状层与内层间有空隙。外壁纹饰在光学显微镜下为刺状，在赤道光切面上约有12个刺，极光切面每裂片具6个刺。在扫描电镜下具显著的刺状纹饰，刺渐尖，刺长1.8 μm，刺基部直径1.8 μm，相邻两刺之间距离为1.0 μm，刺长与刺基部宽之比为1.0，刺基部偶有小孔，沟界极区刺数为1。

188. 飞蓬(*Erigeron acer* L.)(图版92：1～6)

花粉粒近球形，P/E=0.95，赤道面观圆至椭圆形，极面观三裂圆形，大小为21.3(17.5～25.0)μm×22.5(20.0～27.5)μm。具三孔沟，沟宽5.8 μm，沟长/P=0.86，两端渐尖，沟膜具密集皱波状纹饰，内孔不明显。外壁厚为1.9 μm，外层是内层的2倍。层次分明，内层薄，覆盖层具密集皱波状纹饰，外层内部具基柱，柱状层与内层间有空隙。外壁纹饰在光学显微镜下为刺状，在赤道光切面上约有12个刺，极光切面每裂片具6个刺。在扫描电镜下具显著的刺状纹饰，刺渐尖，顶端常弯曲，刺长3.2 μm，刺基部直径2.6 μm，相邻两刺之间距离为1.0 μm，刺长与刺基部宽之比为1.2，刺基部无小孔，沟界极区刺数为13。

189. *E. alpinus* L.(图版92：7～9)

花粉粒近球形，P/E=0.98，赤道面观圆至椭圆形，极面观三裂圆形，大小为19.6(15.0～23.8)μm×20.0(17.5～25.0)μm。具三孔沟，沟宽5.2 μm，沟长/P=0.84，两端渐尖，沟膜粗糙具颗粒，内孔不明显。外壁厚为1.9 μm，外层是内层的2倍。层次分明，内层薄，覆盖层具密集皱波状纹饰，外层内部具基柱，柱状层与内层间有空隙。外壁纹饰在光学显微镜下为刺状，在赤道光切面上约有8个刺，极光切面每裂片具5个刺。在扫描电镜下具显著的刺状纹饰，刺渐尖，顶端锐尖，刺长2.8 μm，刺基部直径1.8 μm，相邻两刺之间距离为1.6 μm，刺长与刺基部宽之比为1.6，刺基部具1层小孔，沟界极区刺数为12。

190. 阿尔泰飞蓬(*E. altaicus* M. Pop.)(图版93：1～6)

花粉粒近球形，P/E=0.95，赤道面观圆至椭圆形，极面观三裂圆形，大小为23.7(21.3～32.5)μm×25.0(22.5～33.9)μm。具三孔沟，沟宽4.7 μm，沟长/P=0.79，两端渐尖，沟膜光滑，内孔不明显。外壁厚为2.8 μm，外层是内层的2.5倍。层次分明，内层薄，覆盖层具强烈皱褶或条沟状纹饰，外层内部具基柱，柱状层与内层间有空隙。外壁纹饰在光学显微镜下为刺状，在赤道光切面上约有16个刺，极光切面每裂片具5个刺。在扫描电镜下具显著的刺状纹饰，刺渐尖，顶端锐尖，刺长3.0 μm，刺基部直径2.4 μm，相邻两刺之间距离为1.2 μm，刺长与刺基部宽之比为1.3，刺基部具1层小孔，沟界极区刺数为11。

191. 一年蓬(*E. annuus* (L.) Pers.)(图版93：7～10)

花粉粒长球形，P/E=1.44，赤道面观椭圆形，极面观三角形，大小为18.5(15.0～20.0)μm×12.8(10.0～16.5)μm。具三孔沟，沟宽3.0 μm，沟长/P=0.98，两端渐尖，沟膜不明显，内孔不明显。外壁厚为2.6 μm，外层是内层的2.5倍。层次分明，内层薄，覆盖层较光滑，外层内部具基柱，柱状层与内层间有空隙。外壁纹饰在光学显微镜下为刺状，在赤道光切面上约有10个刺，极光切面每裂片具5个刺。在扫描电镜下具显著的刺状纹饰，刺基部宽扁相连，刺长2.9 μm，刺基部直径2.0 μm，相邻两刺之间距离为0.3 μm，刺长与刺基部宽之比为1.5，刺基部具1～2层小孔，沟界极区刺数为7。

192. 橙花飞蓬(*E. aurantiacus* Regel)(图版 94：1～5)

花粉粒扁球形,*P*/*E*=0.76,赤道面观椭圆形,极面观深三裂圆形,大小为 20.0(17.5～27.5)μm×26.3(20.0～30.0)μm。具三孔沟,沟宽 4.0 μm,沟长/*P*=0.94,沟带状,沟膜较光滑下陷,内孔明显横长。外壁厚为 1.8 μm,外层是内层的 1.5 倍。层次分明,内层薄,覆盖层较光滑,外层内部具基柱,柱状层与内层间有空隙。外壁纹饰在光学显微镜下为刺状,在赤道光切面上约有 9 个刺,极光切面每裂片具 5 个刺。在扫描电镜下具显著的刺状纹饰,刺突尖,刺长 2.3 μm,刺基部直径 2.0 μm,相邻两刺之间距离为 1.3 μm,刺长与刺基部宽之比为 1.2,刺基部无小孔,沟界极区刺数为 6。

193. *E. boreale* (Vierh.) Simm.(图版 94：6～11)

花粉粒扁球形,*P*/*E*=0.88,赤道面观圆至椭圆形,极面观深三裂圆形,大小为 21.1(17.5～30.0)μm×23.9(20.0～26.2)μm。具三孔沟,沟宽 4.0 μm,沟长/*P*=0.96,两端渐尖,沟膜具细小颗粒状纹饰下陷,内孔不明显。外壁厚为 2.9 μm,外层是内层的 2.5 倍。层次分明,内层薄,覆盖层具细小颗粒状纹饰,外层内部具基柱,柱状层与内层间有空隙。外壁纹饰在光学显微镜下为刺状,在赤道光切面上约有 14 个刺,极光切面每裂片具 5 个刺。在扫描电镜下具显著的刺状纹饰,刺长渐尖,顶端常弯曲,刺长 3.4 μm,刺基部直径 2.1 μm,相邻两刺之间距离为 1.7 μm,刺长与刺基部宽之比为 1.6,刺基部无小孔,沟界极区刺数为 6。

194. 短葶飞蓬(*E. breviscapus* (Vnt.) Hand.-Mazz.)(图版 95：1～6)

花粉粒近球形,*P*/*E*=0.89,赤道面观圆至椭圆形,极面观三裂圆形,大小为 20.0(16.3～25.0)μm×22.5(20.0～28.9)μm。具三孔沟,沟宽 5.0 μm,沟长/*P*=0.91,两端渐尖,沟膜具细小颗粒状纹饰,内孔不明显。外壁厚为 1.8 μm,外层是内层的 1.5 倍。层次分明,内层薄,覆盖层具皱褶或皱波状纹饰,外层内部具基柱,柱状层与内层间有空隙。外壁纹饰在光学显微镜下为刺状,在赤道光切面上约有 11 个刺,极光切面每裂片具 5 个刺。在扫描电镜下具显著的刺状纹饰,刺突尖,刺长 2.0 μm,刺基部直径 2.2 μm,相邻两刺之间距离为 1.2 μm,刺长与刺基部宽之比为 0.9,刺基部无小孔,沟界极区刺数为 12。

195. *E. canansis* L.(图版 95：7～9)

花粉粒扁球形,*P*/*E*=0.83,赤道面观椭圆形,极面观三裂圆形,大小为 15.0(13.9～18.7)μm×18.0(15.0～21.3)μm。具三孔沟,沟宽 6.1 μm,沟长/*P*=0.95,两端渐尖,沟膜具细小颗粒状纹饰,内孔明显横长沟状。外壁厚为 1.6 μm,外层是内层的 1.5 倍。层次分明,内层薄,覆盖层具细小颗粒状纹饰,外层内部具基柱,柱状层与内层间有空隙。外壁纹饰在光学显微镜下为刺状,在赤道光切面上约有 12 个刺,极光切面每裂片具 5 个刺。在扫描电镜下具显著的刺状纹饰,刺基部膨大,顶端长尖,刺长 2.6 μm,刺基部直径 2.0 μm,相邻两刺之间距离为 1.2 μm,刺长与刺基部宽之比为 1.3,刺基部无小孔,沟界极区刺数为 11。

196. *E. clokeyi* Cronq.(图版 95：10～13；96：6,7)

花粉粒近球形,*P*/*E*=0.94,赤道面观圆至椭圆形,极面观三裂圆形,大小为 18.7(15.0～22.5)μm×20.0(16.3～25.0)μm。具三孔沟,沟宽 2.8 μm,沟长/*P*=0.85,两端渐尖,沟膜具细小颗粒状纹饰下陷,内孔明显纵长。外壁厚为 3.5 μm,外层是内层的 3.5 倍。层次分明,内层薄,覆盖层具密集颗粒状纹饰,外层内部具基柱,柱状层与内层间有空隙。外壁纹饰在光学显微镜下为刺状,在赤道光切面上约有 10 个刺,极光切面每裂片具 5 个刺。在扫描电镜下具显著的刺状纹饰，刺突尖，刺长 2.7 μm，刺基部直径 2.1 μm，相邻两刺之间距离为 1.3 μm，刺长与刺基部宽之比为1.3，刺基部偶有小孔，沟界极区刺数为 13。

197. *E. compositus* var. *glabratus* Macoun（图版 96：1～5）

花粉粒长球形，$P/E = 1.33$，赤道面观椭圆形，极面观三裂圆形，大小为 28.8(26.3～31.1)μm×21.7(20.5～27.5)μm。具三孔沟，沟宽 2.9 μm，沟长/P = 0.97，沟端缝状，沟膜不明显，内孔不明显。外壁厚为 2.3 μm，外层是内层的 2 倍。层次分明，内层薄，覆盖层具强烈皱褶或条沟状纹饰，外层内部具基柱，柱状层与内层间有空隙。外壁纹饰在光学显微镜下为刺状，在赤道光切面上约有 6 个刺，极光切面每裂片具 6 个刺。在扫描电镜下具显著的刺状纹饰，刺渐尖，顶端钝，刺长 4.2 μm，刺基部直径 4.5 μm，相邻两刺之间距离为 1.4 μm，刺长与刺基部宽之比为 0.9，刺基部具 2 层小孔，沟界极区刺数为 4。

198. *E. divergens* T. et G.（图版 96：8～13）

花粉粒近球形，$P/E = 1.08$，赤道面观圆至椭圆形，极面观深三裂圆形，大小为 18.9(15.0～22.5)μm×17.5(15.0～21.4)μm。具三孔沟，沟宽 4.0 μm，沟长/P = 0.83，两端渐尖，与极区汇合，沟膜不明显，内孔不明显。外壁厚为 1.6 μm，外层是内层的 1.5 倍。层次分明，内层薄，覆盖层具强烈皱褶或条沟状纹饰，外层内部具基柱，柱状层与内层间有空隙。外壁纹饰在光学显微镜下为刺状，在赤道光切面上约有 10 个刺，极光切面每裂片具 5 个刺。在扫描电镜下具显著的刺状纹饰，刺渐尖，刺长 2.3 μm，刺基部直径 1.9 μm，相邻两刺之间距离为 0.5 μm，刺长与刺基部宽之比为 1.3，刺基部无小孔，沟界极区刺数为 13。

199. 长茎飞蓬（*E. elonagatus* Auct.）（图版 97：1～4）

花粉粒近球形，$P/E = 0.94$，赤道面观圆至椭圆形，极面观三裂圆形，大小为 20.0(17.5～23.8)μm×21.3(18.9～23.8)μm。具三孔沟，沟宽 6.5 μm，沟长/P = 0.87，两端圆钝，沟膜粗糙具大颗粒，内孔不明显。外壁厚为 1.7 μm，外层是内层的 1.5 倍。层次分明，内层薄，覆盖层具细小颗粒状纹饰，外层内部具基柱，柱状层与内层间有空隙。外壁纹饰在光学显微镜下为刺状，在赤道光切面上约有 12 个刺，极光切面每裂片具 5 个刺。在扫描电镜下具显著的刺状纹饰，刺长渐尖，顶端常弯曲，刺长 3.0 μm，刺基部直径 1.8 μm，相邻两刺之间距离为 0.7 μm，刺长与刺基部宽之比为 1.7，刺基部偶有小孔，沟界极区刺数为 10。

200. 棉苞飞蓬（*E. eriocalyx* (Ledeb.) Vierh.）（图版 97：5～10）

花粉粒近球形，$P/E = 0.94$，赤道面观圆至椭圆形，极面观三裂圆形，大小为 22.5(17.5～27.5)μm×23.9(18.7～30.0)μm。具三孔沟，沟宽 7.1 μm，沟长/P = 0.91，两端渐尖，沟膜粗糙具颗粒，内孔明显横长。外壁厚为 2.4 μm，外层是内层的 2 倍。层次分明，内层薄，覆盖层具强烈皱褶或条沟状纹饰，外层内部具基柱，柱状层与内层间有空隙。外壁纹饰在光学显微镜下为刺状，在赤道光切面上约有 11 个刺，极光切面每裂片具 5 个刺。在扫描电镜下具显著的刺状纹饰，刺长渐尖，基部膨大，刺长 3.5 μm，刺基部直径 2.8 μm，相邻两刺之间距离为 0.6 μm，刺长与刺基部宽之比为 1.3，刺基部具 1 层小孔，沟界极区刺数为 8。

201. *E. foliosus* Nutt.（图版 98：1～6）

花粉粒近球形，$P/E = 1.06$，赤道面观圆至椭圆形，极面观深三裂圆形，大小为 22.5(20.0～27.5)μm×21.2(18.8～28.9)μm。具三孔沟，沟宽 7.2 μm，沟长/P = 0.84，两端渐尖，沟膜粗糙具颗粒，内孔不明显。外壁厚为 2.4 μm，外层是内层的 2 倍。层次分明，内层薄，覆盖层具皱褶或皱波状纹饰，外层内部具基柱，柱状层与内层间有空隙。外壁纹饰在光学显微镜下为刺状，在赤道光切面上约有 15 个刺，极光切面每裂片具 5 个刺。在扫描电镜下具显著的刺状纹饰，刺突尖，刺长 2.6 μm，刺基部直径 2.8 μm，相邻两刺之间距离为 0.6 μm，刺长与刺基部宽之比为 0.9，刺基部无小孔，沟界极区刺数为 5。

202. *E. frondeus* Greene（图版 98：7～10；99：1，2）

花粉粒近球形，$P/E=1.07$，赤道面观圆至椭圆形，极面观深三裂圆形，大小为 20.0(15.0～23.7)μm×18.7(15.0～22.5)μm。具三孔沟，沟宽 4.0 μm，沟长/$P=0.83$，两端渐尖，于极区汇合，沟膜光滑，内孔明显横长。外壁厚为 2.3 μm，外层是内层的 2 倍。层次分明，内层薄，覆盖层较光滑，外层内部具基柱，柱状层与内层间有空隙。外壁纹饰在光学显微镜下为刺状，在赤道光切面上约有 10 个刺，极光切面每裂片具 5 个刺。在扫描电镜下具显著的刺状纹饰，刺突尖，刺长 3.5 μm，刺基部直径 2.5 μm，相邻两刺之间距离为 0.6 μm，刺长与刺基部宽之比为 1.4，刺基部具 1 层小孔，沟界极区刺数为 10。

203. 台湾飞蓬（*E. fukuyamae* Kitam.）（图版 99：3～7）

花粉粒扁球形，$P/E=0.88$，赤道面观圆至椭圆形，极面观三裂圆形，大小为 20.0(16.1～23.9)μm×23.6(17.5～26.2)μm。具三孔沟，沟宽 4.7 μm，沟长/$P=0.87$，两端圆钝，沟膜粗糙具细小颗粒状纹饰，内孔不明显。外壁厚为 1.5 μm，外层是内层的 1.5 倍。层次分明，内层薄，覆盖层具强烈皱褶或条沟状纹饰，外层内部具基柱，柱状层与内层间有空隙。外壁纹饰在光学显微镜下为刺状，在赤道光切面上约有 10 个刺，极光切面每裂片具 5 个刺。在扫描电镜下具显著的刺状纹饰，刺长渐尖，顶端常弯曲，刺长 3.2 μm，刺基部直径 2.2 μm，相邻两刺之间距离为 0.8 μm，刺长与刺基部宽之比为 1.5，刺基部无小孔，沟界极区刺数为 8。

204. *E. glabellus* Nutt.（图版 99：8～12）

花粉粒扁球形，$P/E=0.78$，赤道面观椭圆形，极面观深三裂圆形，大小为 20.0(16.3～23.7)μm×25.6(20.0～27.5)μm。具三孔沟，沟宽 4.1 μm，沟长/$P=0.80$，两端渐尖，沟膜粗糙下陷，具细小颗粒状纹饰，内孔明显横长沟状。外壁厚为 2.5 μm，外层是内层的 1.5 倍。层次分明，内层薄，覆盖层具强烈皱褶或条沟状纹饰，外层内部具基柱，柱状层与内层间有空隙。外壁纹饰在光学显微镜下为刺状，在赤道光切面上约有 12 个刺，极光切面每裂片具 5 个刺。在扫描电镜下具显著的刺状纹饰，刺渐尖，基部膨大，顶端锐尖，常弯曲，刺长 3.0 μm，刺基部直径 2.3 μm，相邻两刺之间距离为 0.5 μm，刺长与刺基部宽之比为 1.3，刺基部具 1 层小孔，沟界极区刺数为 5。

205. *E. gracilipes* Ling et Y. L. Chen（图版 100：1～6）

花粉粒近球形，$P/E=0.94$，赤道面观圆至椭圆形，极面观三裂圆形，大小为 21.2(17.5～25.0)μm×22.5(20.0～26.3)μm。具三孔沟，沟宽 2.8 μm，沟长/$P=0.98$，沟带状，沟膜光滑下陷，内孔明显横长沟状。外壁厚为 2.3 μm，外层是内层的 2 倍。层次分明，内层薄，覆盖层较光滑，外层内部具基柱，柱状层与内层间有空隙。外壁纹饰在光学显微镜下为刺状，在赤道光切面上约有 11 个刺，极光切面每裂片具 5 个刺。在扫描电镜下具显著的刺状纹饰，刺突尖，刺长 3.3 μm，刺基部直径 2.4 μm，相邻两刺之间距离为 0.6 μm，刺长与刺基部宽之比为 1.4，刺基部无小孔，沟界极区刺数为 7。

206. *E. glaucus* Ker.（图版 100：7～10）

花粉粒近球形，$P/E=0.93$，赤道面观圆至椭圆形，极面观三裂圆形，大小为 17.5(16.3～

22.5)μm×18.9(16.3～26.2)μm。具三孔沟，沟宽 5.2 μm，沟长/P = 0.84，两端圆钝，沟膜具皱褶或皱波状纹饰，内孔明显纵长。外壁厚为 3.0 μm，外层是内层的 2.5 倍。层次分明，内层薄，覆盖层具密集皱波状纹饰，外层内部具基柱，柱状层与内层间有空隙。外壁纹饰在光学显微镜下为刺状，在赤道光切面上约有 10 个刺，极光切面每裂片具 5～6 个刺。在扫描电镜下具显著的刺状纹饰，刺渐尖，刺长 2.4 μm，刺基部直径 2.2 μm，相邻两刺之间距离为 1.8 μm，刺长与刺基部宽之比为 1.1，刺基部具 1 层小孔，沟界极区刺数为 6。

207. 珠峰飞蓬(*E. himalajensis* Vierh.)(图版 101：1～5)

花粉粒扁球形，P/E = 0.85，赤道面观椭圆形，极面观三裂圆形，大小为 21.3(15.0～25.0)μm×25.0(16.3～27.5)μm。具三孔沟，沟宽 4.0 μm，沟长/P = 0.95，两端渐尖，沟膜极粗糙，内孔不明显。外壁厚为 2.0 μm，外层是内层的 2 倍。层次分明，内层薄，覆盖层具皱褶或皱波状纹饰，外层内部具基柱，柱状层与内层间有空隙。外壁纹饰在光学显微镜下为刺状，在赤道光切面上约有 12 个刺，极光切面每裂片具 5 个刺。在扫描电镜下具显著的刺状纹饰，刺渐尖，刺长 2.7 μm，刺基部直径 2.0 μm，相邻两刺之间距离为 0.8 μm，刺长与刺基部宽之比为 1.4，刺基部无小孔，沟界极区刺数为 7。

208. *E. jaeschkei* Vierh.(图版 101：6～10)

花粉粒近球形，P/E = 0.94，赤道面观圆至椭圆形，极面观深三裂圆形，大小为 21.1(17.5～23.8)μm×22.5(17.5～26.1)μm。具三孔沟，沟宽 4.5 μm，沟长/P = 0.94，两端渐尖，沟膜较光滑，内孔明显横长。外壁厚为 2.6 μm，外层是内层的 2.5 倍。层次分明，内层薄，覆盖层具细小颗粒状纹饰，外层内部具基柱，柱状层与内层间有空隙。外壁纹饰在光学显微镜下为刺状，在赤道光切面上约有 11 个刺，极光切面每裂片具 5 个刺。在扫描电镜下具显著的刺状纹饰，刺渐尖，刺长 2.8 μm，刺基部直径 2.3 μm，相邻两刺之间距离为 1.2 μm，刺长与刺基部宽之比为 1.2，刺基部无小孔，沟界极区刺数为 6。

209. 堪察加飞蓬(*E. kamtschaticus* DC.)(图版 102：1～5)

花粉粒近球形，P/E = 0.89，赤道面观圆至椭圆形，极面观三裂圆形，大小为 20.0(17.5～23.7)μm×22.5(20.0～28.9)μm。具三孔沟，沟宽 5.0 μm，沟长/P = 0.89，两端圆钝，沟膜具颗粒，内孔明显横长。外壁厚为 2.2 μm，外层是内层的 2 倍。层次分明，内层薄，覆盖层具细小颗粒状纹饰，外层内部具基柱，柱状层与内层间有空隙。外壁纹饰在光学显微镜下为刺状，在赤道光切面上约有 16 个刺，极光切面每裂片具 5 个刺。在扫描电镜下具显著的刺状纹饰，刺渐尖，顶端钝，刺长 2.5 μm，刺基部直径 2.5 μm，相邻两刺之间距离为 0.8 μm，刺长与刺基部宽之比为 1.0，刺基部偶有小孔，沟界极区刺数为 10。

210. 俅江飞蓬(*E. kiukiangensis* Ling et Y. L. Chen)(图版 102：6～11)

花粉粒近球形，P/E = 1.00，赤道面观圆至椭圆形，极面观三裂圆形，大小为 22.5(20.0～27.5)μm×22.5(21.2～28.7)μm。具三孔沟，沟宽 4.6 μm，沟长/P = 0.82，沟带状，仅在沟边具残膜，内孔不明显。外壁厚为 2.0 μm，外层是内层的 2 倍。层次分明，内层薄，覆盖层较光滑，外层内部具基柱，柱状层与内层间有空隙。外壁纹饰在光学显微镜下为刺状，在赤道光切面上约有 14 个刺，极光切面每裂片具 6 个刺。在扫描电镜下具显著的刺状纹饰，刺长渐尖，刺长 3.2 μm，刺基部直径 1.6 μm，相邻两刺之间距离为 0.8 μm，刺长与刺基部宽之比为 2.0，刺基部偶有小孔，沟界极区刺数为 10。

211. 山飞蓬(*E. komarovii* Botsch.)(图版 103：1～5)

花粉粒近球形，$P/E=0.94$，赤道面观圆至椭圆形，极面观三裂圆形，大小为 20.0(18.7～25.0)μm×21.3(17.5～23.7)μm。具三孔沟，沟宽 5.0 μm，沟长$/P=0.96$，两端渐尖，沟膜较光滑，内孔不明显。外壁厚为 2.5 μm，外层是内层的 2 倍。层次分明，内层薄，覆盖层较光滑，外层内部具基柱，柱状层与内层间有空隙。外壁纹饰在光学显微镜下为刺状，在赤道光切面上约有 9 个刺，极光切面每裂片具 5 个刺。在扫描电镜下具显著的刺状纹饰，刺突尖，刺长 3.0 μm，刺基部直径 2.8 μm，相邻两刺之间距离为 0.7 μm，刺长与刺基部宽之比为 1.1，刺基部具 1 层小孔，沟界极区刺数为 8。

212. 西疆飞蓬(*E. krylovii* Serg.)(图版 103：6～10)

花粉粒近球形，$P/E=1.04$，赤道面观圆至椭圆形，极面观三裂圆形，大小为 21.3(17.5～25.0)μm×20.5(17.5～25.0)μm。具三孔沟，沟宽 4.8 μm，沟长$/P=0.85$，两端渐尖，沟膜粗糙具细小颗粒状纹饰，内孔不明显。外壁厚为 2.0 μm，外层是内层的 1.5 倍。层次分明，内层薄，覆盖层具密集颗粒状纹饰，外层内部具基柱，柱状层与内层间有空隙。外壁纹饰在光学显微镜下为刺状，在赤道光切面上约有 10 个刺，极光切面每裂片具 5 个刺。在扫描电镜下具显著的刺状纹饰，刺突尖，顶端锐尖，刺长 3.4 μm，刺基部直径 2.0 μm，相邻两刺之间距离为 0.6 μm，刺长与刺基部宽之比为 1.7，刺基部具 1 层小孔，沟界极区刺数为 10。

213. 贡山飞蓬(*E. kunshanensis* Ling et Y. L. Chen)(图版 104：1～3)

花粉粒近球形，$P/E=1.00$，赤道面观圆至椭圆形，极面观浅三裂圆形，大小为 18.7(15.0～25.0)μm×18.7(14.5～23.8)μm。具三孔沟，沟宽 6.0 μm，沟长$/P=0.98$，两端渐尖，沟膜具大颗粒，内孔不明显。外壁厚为 2.1 μm，外层是内层的 2 倍。层次分明，内层薄，覆盖层具皱褶或皱波状纹饰，外层内部具基柱，柱状层与内层间有空隙。外壁纹饰在光学显微镜下为刺状，在赤道光切面上约有 13 个刺，极光切面每裂片具 5 个刺。在扫描电镜下具显著的刺状纹饰，刺渐尖，顶端常平截，刺长 3.0 μm，刺基部直径 2.2 μm，相邻两刺之间距离为 0.8 μm，刺长与刺基部宽之比为 1.4，刺基部无小孔，沟界极区刺数为 12。

214. 毛苞飞蓬(*E. lachnocephalus* Botsch.)(图版 104：4～9)

花粉粒近球形，$P/E=0.94$，赤道面观圆至椭圆形，极面观三裂圆形，大小为 18.7(16.3～22.5)μm×20.0(17.5～23.7)μm。具三孔沟，沟宽 6.0 μm，沟长$/P=0.87$，两端渐尖，沟膜具小颗粒，内孔不明显。外壁厚为 2.3 μm，外层是内层的 2 倍。层次分明，内层薄，覆盖层较光滑，常有穿孔，外层内部具基柱，柱状层与内层间有空隙。外壁纹饰在光学显微镜下为刺状，在赤道光切面上约有 10 个刺，极光切面每裂片具 5 个刺。在扫描电镜下具显著的刺状纹饰，刺渐尖，顶端常平截，刺长 2.6 μm，刺基部直径 1.4 μm，相邻两刺之间距离为 1.8 μm，刺长与刺基部宽之比为 1.9，刺基部无小孔，沟界极区刺数为 8。

215. 光山飞蓬(*E. leioreades* M. Pop.)(图版 105：1～6)

花粉粒扁球形，$P/E=0.84$，赤道面观圆至椭圆形，极面观三裂圆形，大小为 16.8(15.0～22.5)μm×20.0(17.5～25.0)μm。具三孔沟，沟宽 5.6 μm，沟长$/P=0.88$，两端渐尖，沟膜粗糙具细小颗粒状纹饰，内孔不明显。外壁厚为 3.0 μm，外层是内层的 3 倍。层次分明，内层薄，覆盖层具强烈皱褶或条沟状纹饰，外层内部具基柱，柱状层与内层间有空隙。外壁纹饰在光学显微镜下为刺状，在赤道光切面上约有 7 个刺，极光切面每裂片具 6～7 个刺。在扫描电镜下具显著的刺状纹饰,刺突尖,基部膨大,顶端锐尖,刺长 2.4 μm,刺基部直径 2.2 μm,相邻两刺之间距离为 0.8 μm,刺长与刺基部宽之比为 1.1,刺基部偶有小孔,沟界极区刺数为 7。

216. 白舌飞蓬(*E. leucoglossus* Ling et Y. L. Chen)(图版 105: 7~12)

花粉粒近球形,*P*/*E* = 0.89,赤道面观圆至椭圆形,极面观三裂圆形,大小为 20.0(17.5~25.0)μm×22.5(18.9~26.3)μm。具三孔沟,沟宽 3.5 μm,沟长/*P* = 0.94,两端渐尖,沟膜光滑,内孔不明显。外壁厚为 2.8 μm,外层是内层的 2.5 倍。层次分明,内层薄,覆盖层较光滑,外层内部具基柱,柱状层与内层间有空隙。外壁纹饰在光学显微镜下为刺状,在赤道光切面上约有 10 个刺,极光切面每裂片具 4 个刺。在扫描电镜下具显著的刺状纹饰,刺渐尖,刺长 3.0 μm,刺基部直径 2.3 μm,相邻两刺之间距离为 1.2 μm,刺长与刺基部宽之比为 1.3,刺基部无小孔,沟界极区刺数为 6。

217. 矛叶飞蓬(*E. lonchophyllus* Hook.)(图版 106: 1~6)

花粉粒近球形,*P*/*E* = 0.94,赤道面观圆至椭圆形,极面观三裂圆形,大小为 23.5(17.5~25.0)μm×25.0(18.7~26.4)μm。具三孔沟,沟宽 4.8 μm,沟长/*P* = 0.82,两端渐尖,沟膜具皱褶或皱波状纹饰凹陷,内孔明显横长。外壁厚为 2.7 μm,外层是内层的 2.5 倍。层次分明,内层薄,覆盖层具强烈皱褶或条沟状纹饰,外层内部具基柱,柱状层与内层间有空隙。外壁纹饰在光镜下为刺状,在赤道光切面上约有 13 个刺,极光切面每裂片具 5 个刺。在扫描电镜下具显著的刺状纹饰,刺渐尖,刺长 3.0 μm,刺基部直径 2.4 μm,相邻两刺之间距离为 0.8 μm,刺长与刺基部宽之比为 1.3,刺基部具 1 层小孔,沟界极区刺数为 7。

218. *E. miser* A. Gray(图版 106: 7~12)

花粉粒近球形,*P*/*E* = 0.89,赤道面观圆至椭圆形,极面观三裂圆形,大小为 20.0(15.0~23.7)μm×22.5(17.5~25.0)μm。具三孔沟,沟宽 3.7 μm,沟长/*P* = 0.88,两端渐尖,沟膜具皱褶或皱波状纹饰,内孔圆形至横长。外壁厚为 2.5 μm,外层是内层的 2 倍。层次分明,内层薄,覆盖层具强烈皱褶或条沟状纹饰,外层内部具基柱,柱状层与内层间有空隙。外壁纹饰在光学显微镜下为刺状,在赤道光切面上约有 12 个刺,极光切面每裂片具 5~6 个刺。在扫描电镜下具显著的刺状纹饰,刺渐尖,刺长 3.2 μm,刺基部直径 2.5 μm,相邻两刺之间距离为 0.7 μm,刺长与刺基部宽之比为 1.3,刺基部具 1 层小孔,沟界极区刺数为 7。

219. *E. mucronatus* Wall.(图版 107: 1~3)

花粉粒近球形,*P*/*E* = 1.02,赤道面观圆至椭圆形,极面观四裂圆形,大小为 21.3(16.3~25.0)μm×20.9(16.0~26.8)μm。具三孔沟,沟宽 2.4 μm,沟长/*P* = 0.96,两端渐尖,沟膜较光滑,内孔不明显。外壁厚为 2.0 μm,外层是内层的 1.5 倍。层次分明,内层薄,覆盖层较光滑,外层内部具基柱,柱状层与内层间有空隙。外壁纹饰在光学显微镜下为刺状,在赤道光切面上约有 13 个刺,极光切面每裂片具 6 个刺。在扫描电镜下具显著的刺状纹饰,刺渐尖,刺长 2.2 μm,刺基部直径 1.6 μm,相邻两刺之间距离为 0.7 μm,刺长与刺基部宽之比为 1.4,刺基部无小孔,沟界极区刺数为 8。

220. *E. multicaulis* Wall.(图版 107: 4~8)

花粉粒近球形,*P*/*E* = 0.89,赤道面观圆至椭圆形,极面观三裂圆形,大小为 20.0(16.3~22.5)μm×22.5(17.5~25.0)μm。具三孔沟,沟宽 4.2 μm,沟长/*P* = 0.87,沟带状,沟膜具细小颗粒状纹饰,内孔圆形。外壁厚为 2.3 μm,外层是内层的 2 倍。层次分明,内层薄,覆盖层具穿孔，外层内部具基柱，柱状层与内层间有空隙。外壁纹饰在光学显微镜下为刺状，在赤道光切面上约有 13 个刺，极光切面每裂片具 5 个刺。在扫描电镜下具显著的刺状纹饰，刺突尖，顶端钝，刺长 1.9 μm，刺基部直径 2.1 μm，相邻两刺之间距离为 1.3 μm，刺长与刺基部宽之比为 0.9，刺基部偶有小孔，沟界极区刺数为 8。

221. 密叶飞蓬(*E. multifolius* Hand.-Mazz.)(图版 107：9～11)

花粉粒长球形，*P/E* = 1.41，赤道面观尖椭圆形，极面观三角形，大小为 26.3(22.5～30.0)μm×18.6(16.0～25.0)μm。具三孔沟，沟宽 8.8 μm，沟长/*P* = 0.96，沟带状，沟膜不明显，沟间区成脊状隆起，内孔不明显。外壁厚为 3.0 μm，外层是内层的 3 倍。层次分明，内层薄，覆盖层具细小颗粒状纹饰，外层内部具基柱，柱状层与内层间有空隙。外壁纹饰在光学显微镜下为刺状，在赤道光切面上约有 10 个刺，极光切面每裂片具 5 个刺。在扫描电镜下具显著的刺状纹饰，刺长渐尖，呈指状，顶端常弯曲，刺长 3.0 μm，刺基部直径 2.2 μm，相邻两刺之间距离为 1.1 μm，刺长与刺基部宽之比为 1.4，刺基部具 1 层小孔，沟界极区刺数为 2。

222. 多舌飞蓬(*E. multiradiatus* (Lindl.) Benth.)(图版 108：1～5)

花粉粒近球形，*P/E* = 0.89，赤道面观圆至椭圆形，极面观深三裂圆形，大小为 18.7(15.0～20.0)μm×21.3(17.5～25.0)μm。具三孔沟，沟宽 5.2 μm，沟长/*P* = 0.88，两端圆钝，沟膜凹陷具颗粒，内孔不明显。外壁厚为 2.1 μm，外层是内层的 1.5 倍。层次分明，内层薄，覆盖层具密集皱波状纹饰，外层内部具基柱，柱状层与内层间有空隙。外壁纹饰在光学显微镜下为刺状，在赤道光切面上约有 10 个刺，极光切面每裂片具 5 个刺。在扫描电镜下具显著的刺状纹饰，刺突尖，刺长 2.7 μm，刺基部直径 2.2 μm，相邻两刺之间距离为 1.5 μm，刺长与刺基部宽之比为 1.2，刺基部具 1 层小孔，沟界极区刺数为 3。

223. 山地飞蓬(*E. oreades* (Schrenk) Fisch. et Mey.)(图版 108：6～10)

花粉粒近球形，*P/E* = 0.98，赤道面观圆至椭圆形，极面观三裂圆形，大小为 25.0(21.3～30.0)μm×27.5(23.7～33.8)μm。具三孔沟，沟宽 5.9 μm，沟长/*P* = 0.99，两端渐尖，沟膜具大颗粒，内孔不明显。外壁厚为 2.7 μm，外层是内层的 2 倍。层次分明，内层薄，覆盖层具细小颗粒状纹饰，外层内部具基柱，柱状层与内层间有空隙。外壁纹饰在光学显微镜下为刺状，在赤道光切面上约有 12 个刺，极光切面每裂片具 5 个刺。在扫描电镜下具显著的刺状纹饰，刺突尖，顶端锐尖，刺长 2.9 μm，刺基部直径 3.0 μm，相邻两刺之间距离为 0.6 μm，刺长与刺基部宽之比为 1.0，刺基部无小孔，沟界极区刺数为 8。

224. 展苞飞蓬(*E. patentisquamus* J. F. Jeffr.)(图版 109：1～6)

花粉粒近球形，*P/E* = 0.90，赤道面观圆至椭圆形，极面观三裂圆形，大小为 22.5(17.5～25.0)μm×25.0(20.0～28.9)μm。具三孔沟，沟宽 4.0 μm，沟长/*P* = 0.93，两端圆钝，沟膜较光滑，内孔明显横长。外壁厚为 2.1 μm，外层是内层的 2 倍。层次分明，内层薄，覆盖层较光滑，外层内部具基柱，柱状层与内层间有空隙。外壁纹饰在光学显微镜下为刺状，在赤道光切面上约有 14 个刺，极光切面每裂片具 5 个刺。在扫描电镜下具显著的刺状纹饰，刺突尖，刺长 2.8 μm，刺基部直径 2.6 μm，相邻两刺之间距离为 0.6 μm，刺长与刺基部宽之比为 1.1，刺基部具 1 层小孔，沟界极区刺数为 7。

225. 柄叶飞蓬(*E. petiolaris* Vierh.)(图版 109：7～12)

花粉粒近球形，*P/E* = 1.07，赤道面观圆至椭圆形，极面观三裂或四裂圆形，大小为 20.0

(16.1～23.7)μm×18.7(15.0～20.0)μm。具三孔沟，沟宽 4.0 μm，沟长/P = 0.83，两端圆钝，沟膜粗糙内陷具细小颗粒状纹饰，内孔明显横长。外壁厚为 2.8 μm，外层是内层的 2.5 倍。层次分明，内层薄，覆盖层具皱褶或皱波状纹饰，外层内部具基柱，柱状层与内层间有空隙。外壁纹饰在光学显微镜下为刺状，在赤道光切面上约有 9 个刺，极光切面每裂片具 4 个刺。在扫描电镜下具显著的刺状纹饰，刺长渐尖，顶端锐尖，刺长 3.2 μm，刺基部直径 2.1 μm，相邻两刺之间距离为 0.6 μm，刺长与刺基部宽之比为 1.5，刺基部无小孔，沟界极区刺数为 9。

226. *E*. *philadelphicus* L.(图版 110：1～6)

花粉粒近球形，P/E = 0.92，赤道面观圆至椭圆形，极面观三裂圆形，大小为 16.1(12.5～18.7)μm×17.5(15.0～20.0)μm。具三孔沟，沟宽 3.3 μm，沟长/P = 0.85，两端渐尖，沟膜光滑，内孔明显横长。外壁厚为 2.5 μm，外层是内层的 2 倍。层次分明，内层薄，覆盖层具细小颗粒状纹饰，外层内部具基柱，柱状层与内层间有空隙。外壁纹饰在光学显微镜下为刺状，在赤道光切面上约有 14 个刺，极光切面每裂片具 5 个刺。在扫描电镜下具显著的刺状纹饰，刺突尖，刺长 2.3 μm，刺基部直径 2.1 μm，相邻两刺之间距离为 0.5 μm，刺长与刺基部宽之比为 1.1，刺基部具 1～2 层小孔，沟界极区刺数为 7。

227. *E*. *politus* Fr.(图版 110：7～12)

花粉粒扁球形，P/E = 0.87，赤道面观椭圆形，极面观深三裂圆形，大小为 22.5(20.0～25.0)μm×25.9(22.5～30.0)μm。具三孔沟，沟宽 3.9 μm，沟长/P = 0.89，沟带状，沟膜深陷具大颗粒，内孔明显横长。外壁厚为 2.1 μm，外层是内层的 2 倍。层次分明，内层薄，覆盖层具细小颗粒状纹饰，外层内部具基柱，柱状层与内层间有空隙。外壁纹饰在光学显微镜下为刺状，在赤道光切面上约有 12 个刺，极光切面每裂片具 6 个刺。在扫描电镜下具显著的刺状纹饰，刺突尖，基部盘状膨大，顶端锐尖，刺长 2.2 μm，刺基部直径 2.2 μm，相邻两刺之间距离为 0.3 μm，刺长与刺基部宽之比为 1.0，刺基部无小孔，沟界极区刺数为 4。

228. *E*. *pomeensis* Ling et Y. L. Chen(图版 111：1～6)

花粉粒扁球形，P/E = 0.87，赤道面观椭圆形，极面观深三裂圆形，大小为 22.5(20.0～27.5)μm×25.9(21.1～28.5)μm。具三孔沟，沟宽 5.0 μm，沟长/P = 0.90，两端渐尖，沟膜不明显，内孔明显横长沟状。外壁厚为 2.5 μm，外层是内层的 2 倍。层次分明，内层薄，覆盖层较光滑，外层内部具基柱，柱状层与内层间有空隙。外壁纹饰在光学显微镜下为刺状，在赤道光切面上约有 12 个刺，极光切面每裂片具 5 个刺。在扫描电镜下具显著的刺状纹饰，刺突尖，刺长 3.3 μm，刺基部直径 2.7 μm，相邻两刺之间距离为 0.2 μm，刺长与刺基部宽之比为 1.2，刺基部具 1 层小孔，沟界极区刺数为 3。

229. 紫苞飞蓬(*E*. *porphyrolepis* Ling et Y. L. Chen)(图版 111：7～12)

花粉粒扁球形，P/E = 0.88，赤道面观椭圆形，极面观深三裂圆形，大小为 25.0(20.0～28.9)μm×28.4(21.3～31.1)μm。具三孔沟，沟宽 4.8 μm，沟长/P = 0.88，两端渐尖，沟膜具颗粒，内孔明显横长沟状。外壁厚为 2.4 μm，外层是内层的 2 倍。层次分明，内层薄，覆盖层具强烈皱褶或条沟状纹饰，外层内部具基柱，柱状层与内层间有空隙。外壁纹饰在光学显微镜下为刺状，在赤道光切面上约有 10 个刺，极光切面每裂片具 5 个刺。在扫描电镜下具显著的刺状纹饰，刺突尖，顶端锐尖，刺长 2.4 μm，刺基部直径 2.2 μm，相邻两刺之间距离为 1.2 μm，刺长与刺基部宽之比为1.1，刺基部具 1 层小孔，沟界极区刺数为 4。

230. 假泽山飞蓬(*E*. *pseudoseravschanicus* Botsch.)(图版 112：1～6)

花粉粒近球形，*P*/*E*＝0.89，赤道面观圆至椭圆形，极面观三裂圆形，大小为 20.0(17.5～25.0)μm×22.5(17.5～26.3)μm。具三孔沟，沟宽 4.4 μm，沟长/*P*＝0.84，两端渐尖，沟膜具大颗粒，内孔不明显。外壁厚为 1.8 μm，外层是内层的 1.5 倍。层次分明，内层薄，覆盖层具强烈皱褶或条沟状纹饰，外层内部具基柱，柱状层与内层间有空隙。外壁纹饰在光学显微镜下为刺状，在赤道光切面上约有 14 个刺，极光切面每裂片具 5 个刺。在扫描电镜下具显著的刺状纹饰，刺长渐尖，顶端锐尖，刺长 3.0 μm，刺基部直径 1.8 μm，相邻两刺之间距离为 1.2 μm，刺长与刺基部宽之比为 1.7，刺基部具 1 层小孔，沟界极区刺数为 8。

231. *E*. *pulchellus* Michx.(图版 112：7～12)

花粉粒近球形，*P*/*E*＝0.89，赤道面观圆至椭圆形，极面观三裂圆形，大小为 20.0(17.5～25.0)μm×22.5(20.0～27.5)μm。具三孔沟，沟宽 5.0 μm，沟长/*P*＝0.90，两端渐尖，沟膜粗糙内陷，具细小颗粒状纹饰，内孔明显横长。外壁厚为 2.4 μm，外层是内层的 2 倍。层次分明，内层薄，覆盖层具强烈皱褶或条沟状纹饰，外层内部具基柱，柱状层与内层间有空隙。外壁纹饰在光镜下为刺状，在赤道光切面上约有 12 个刺，极光切面每裂片具 6 个刺。在扫描电镜下具显著的刺状纹饰，刺渐尖，刺长 2.9 μm，刺基部直径 2.1 μm，相邻两刺之间距离为 0.9 μm，刺长与刺基部宽之比为 1.4，刺基部具 1 层小孔，沟界极区刺数为 8。

232. 紫茎飞蓬(*E*. *purpurascens* Ling et Y. L. Chen)(图版 113：1～5)

花粉粒近球形，*P*/*E*＝1.02，赤道面观圆至椭圆形，极面观深三裂圆形，大小为 21.3(15.0～25.0)μm×20.9(15.0～22.5)μm。具三孔沟，沟宽 2.5 μm，沟长/*P*＝0.85，两端渐尖，无沟膜，内孔不明显。外壁厚为 2.2 μm，外层是内层的 2 倍。层次分明，内层薄，覆盖层较光滑，外层内部具基柱，柱状层与内层间有空隙。外壁纹饰在光学显微镜下为刺状，在赤道光切面上约有 12 个刺，极光切面每裂片具 6 个刺。在扫描电镜下具显著的刺状纹饰，刺长渐尖，顶端常弯曲，刺长 3.8 μm，刺基部直径 2.1 μm，相邻两刺之间距离为 0.9 μm，刺长与刺基部宽之比为 1.8，刺基部具 1 层小孔，沟界极区刺数为 8。

233. *E*. *pygmaeus* (A. Gray) Greene(图版 113：6～10)

花粉粒近球形，*P*/*E*＝0.89，赤道面观圆至椭圆形，极面观深三裂圆形，大小为 20.0(17.5～26.1)μm×22.5(18.6～27.5)μm。具三孔沟，沟宽 6.4 μm，沟长/*P*＝0.86，两端渐尖，沟膜具颗粒，内孔不明显。外壁厚为 2.3 μm，外层是内层的 2 倍。层次分明，内层薄，覆盖层较光滑，外层内部具基柱，柱状层与内层间有空隙。外壁纹饰在光学显微镜下为刺状，在赤道光切面上约有 18 个刺，极光切面每裂片具 5 个刺。在扫描电镜下具显著的刺状纹饰，刺突尖，基部膨大，刺长 2.9 μm，刺基部直径 2.8 μm，相邻两刺之间距离为 0.5 μm，刺长与刺基部宽之比为 1.0，刺基部具 2 层小孔，沟界极区刺数为 6。

234. *E*. *ramosus* (Walt.) B. S. P.(图版 114：1～5)

花粉粒近球形，*P*/*E*＝0.97，赤道面观圆至椭圆形，极面观三裂圆形，大小为 15.7(12.0～17.5)μm×16.2(11.4～18.9)μm。具三孔沟，沟宽 3.1 μm，沟长/*P*＝0.89，两端渐尖，沟膜内陷，很粗糙，具细小颗粒状纹饰，内孔不明显。外壁厚为 1.6 μm，外层是内层的 1.5 倍。层次分明，内层薄，覆盖层具密集颗粒状纹饰，外层内部具基柱，柱状层与内层间有空隙。外壁纹饰在光学显微镜下为刺状，在赤道光切面上约有 9 个刺，极光切面每裂片具 5 个刺。在扫描电镜下具显著的刺状纹饰，刺渐尖，刺长 3.0 μm，刺基部直径 2.2 μm，相邻两刺之间距离为 0.6 μm，刺长与刺基部宽之比为 1.4，刺基部具少数小孔，沟界极区刺数为 10。

235. 革叶飞蓬(*E. schmalhausenii* M. Pop.)(图版 114：6～10)

花粉粒扁球形，$P/E=0.87$，赤道面观椭圆形，极面观三裂圆形，大小为 19.6(17.5～23.9)μm×22.5(18.7～25.0)μm。具三孔沟，沟宽 5.7 μm，沟长/$P=0.82$，两端渐尖，沟膜光滑，内孔不明显。外壁厚为 1.5 μm，外层是内层的 1.5 倍。层次分明，内层薄，覆盖层较光滑，外层内部具基柱，柱状层与内层间有空隙。外壁纹饰在光学显微镜下为刺状，在赤道光切面上约有 14 个刺，极光切面每裂片具 5 个刺。在扫描电镜下具显著的刺状纹饰，刺突尖，刺长 2.5 μm，刺基部直径 2.0 μm，相邻两刺之间距离为 0.6 μm，刺长与刺基部宽之比为 1.2，刺基部无小孔，沟界极区刺数为 10。

236. 泽山飞蓬(*E. seravschanicus* M. Pop.)(图版 115：1～5)

花粉粒近球形，$P/E=0.93$，赤道面观圆至椭圆形，极面观深三裂圆形，大小为 18.6(16.3～22.5)μm×20.0(17.5～23.9)μm。具三孔沟，沟宽 4.3 μm，沟长/$P=0.86$，两端渐尖，沟膜粗糙内陷，具细小颗粒状纹饰，内孔明显横长。外壁厚为 2.1 μm，外层是内层的 2 倍。层次分明，内层薄，覆盖层具密集颗粒状纹饰，外层内部具基柱，柱状层与内层间有空隙。外壁纹饰在光学显微镜下为刺状，在赤道光切面上约有 10 个刺，极光切面每裂片具 5 个刺。在扫描电镜下具显著的刺状纹饰，刺突尖，刺长 2.3 μm，刺基部直径 2.2 μm，相邻两刺之间距离为 0.7 μm，刺长与刺基部宽之比为 1.1，刺基部偶有小孔，沟界极区刺数为 4。

237. *E. strigosus* Muhl. et Willd.(图版 115：6～10)

花粉粒近长球形，$P/E=1.18$，赤道面观椭圆形，极面观五裂圆形，大小为 27.5(20.0～30.0)μm×23.3(18.8～27.5)μm。具五孔沟，沟宽 4.4 μm，沟长/$P=0.95$，沟带状，沟膜不明显，内孔不明显。外壁厚为 2.7 μm，外层是内层的 2.5 倍。层次分明，内层薄，覆盖层较光滑，外层内部具基柱，柱状层与内层间有空隙。外壁纹饰在光学显微镜下为刺状，在赤道光切面上约有 17 个刺，极光切面每裂片具 5 个刺。在扫描电镜下具显著的刺状纹饰，刺突尖，顶端锐尖，刺长 2.5 μm，刺基部直径 2.2 μm，相邻两刺之间距离为 0.2 μm，刺长与刺基部宽之比为 1.1，刺基部具 1～2 层小孔，沟界极区刺数为 12。

238. 细茎飞蓬(*E. tenuicaulis* Ling et Y. L. Chen)(图版 116：1～6)

花粉粒扁球形，$P/E=0.87$，赤道面观圆至椭圆形，极面观三裂圆形，大小为 18.6(16.2～22.5)μm×21.4(17.5～22.5)μm。具三孔沟，沟宽 4.7 μm，沟长/$P=0.84$，两端圆钝，沟膜不明显，内孔明显横长。外壁厚为 1.5 μm，外层是内层的 1.5 倍。层次分明，内层薄，覆盖层较光滑，外层内部具基柱，柱状层与内层间有空隙。外壁纹饰在光学显微镜下为刺状，在赤道光切面上约有 10 个刺，极光切面每裂片具 5 个刺。在扫描电镜下具显著的刺状纹饰，刺长渐尖，顶端锐尖，刺长 3.0 μm，刺基部直径 2.0 μm，相邻两刺之间距离为 1.2 μm，刺长与刺基部宽之比为 1.5，刺基部无小孔，沟界极区刺数为 8。

239. 天山飞蓬(*E. tianschanicus* Botsch.)(图版 116：7～11)

花粉粒近球形，$P/E=0.94$，赤道面观圆至椭圆形，极面观深三裂圆形，大小为 20.0(16.3～23.9)μm×21.3(17.5～25.0)μm。具三孔沟，沟宽 5.0 μm，沟长/$P=0.74$，两端渐尖，沟膜粗糙具细小颗粒状纹饰，内孔不明显。外壁厚为 2.1 μm，外层是内层的 1.5 倍。层次分明，内层薄，覆盖层具强烈皱褶或条沟状纹饰，外层内部具基柱，柱状层与内层间有空隙。外壁纹饰在光学显微镜下为刺状，在赤道光切面上约有 14 个刺，极光切面每裂片具 5 个刺。在扫描电镜下具显著的刺状纹饰，刺渐尖，刺长 2.9 μm，刺基部直径 2.2 μm，相邻两刺之间距离为 0.7 μm，刺长与刺基部宽之比为 1.3，刺基部无小孔，沟界极区刺数为 3。

240. *E. uniflorus* L.(图版 117：1～5)

花粉粒近球形，$P/E=0.94$，赤道面观圆至椭圆形，极面观深三裂圆形，大小为 21.2(17.5～25.0)μm×22.5(20.0～27.5)μm。具三孔沟，沟宽 2.7 μm，沟长/$P=0.82$，两端渐尖，沟膜粗糙深陷，具细小颗粒状纹饰，内孔不明显。外壁厚为 2.5 μm，外层是内层的 2 倍。层次分明，内层薄，覆盖层具强烈皱褶或条沟状纹饰，外层内部具基柱，柱状层与内层间有空隙。外壁纹饰在光镜下为刺状，在赤道光切面上约有 15 个刺，极光切面每裂片具 6 个刺。在扫描电镜下具显著的刺状纹饰，刺长渐尖，刺长 3.1 μm，刺基部直径 1.4 μm，相邻两刺之间距离为 1.4 μm，刺长与刺基部宽之比为 2.2，刺基部具 1 层小孔，沟界极区刺数为 5。

241. *E. vagus* Payson(图版 117：6～11)

花粉粒长球形，$P/E=1.22$，赤道面观椭圆形，极面观深三裂圆形，大小为 26.2(20.0～28.7)μm×21.5(18.9～27.5)μm。具三孔沟，沟宽 5.9 μm，沟长/$P=0.82$，两端圆钝，沟膜具密集颗粒状纹饰，内孔明显横长。外壁厚为 2.4 μm，外层是内层的 2 倍。层次分明，内层薄，覆盖层具细小颗粒状纹饰，外层内部具基柱，柱状层与内层间有空隙。外壁纹饰在光学显微镜下为刺状，在赤道光切面上约有 9 个刺，极光切面每裂片具 6 个刺。在扫描电镜下具显著的刺状纹饰，刺突尖，顶端锐尖，刺长 2.5 μm，刺基部直径 2.5 μm，相邻两刺之间距离为 0.8 μm，刺长与刺基部宽之比为 1.0，刺基部具 1 层小孔，沟界极区刺数为 1。

242. *E. venustus* Botsch.(图版 118：1～6)

花粉粒近球形，$P/E=0.90$，赤道面观圆至椭圆形，极面观三裂圆形，大小为 22.5(20.0～25.0)μm×25.0(21.4～28.5)μm。具三孔沟，沟宽 3.3 μm，沟长/$P=0.84$，两端圆钝，沟膜光滑内陷，内孔不明显。外壁厚为 2.8 μm，外层是内层的 2.5 倍。层次分明，内层薄，覆盖层具密集颗粒状纹饰，外层内部具基柱，柱状层与内层间有空隙。外壁纹饰在光学显微镜下为刺状，在赤道光切面上约有 12 个刺，极光切面每裂片具 5 个刺。在扫描电镜下具显著的刺状纹饰，刺突尖，刺长 3.3 μm，刺基部直径 2.8 μm，相邻两刺之间距离为 1.1 μm，刺长与刺基部宽之比为 1.2，刺基部具 2 层小孔，沟界极区刺数为 7。

243. *E. violaceus* M. Pop.(图版 118：7～9)

花粉粒扁球形，$P/E=0.84$，赤道面观圆至椭圆形，极面观深三裂圆形，大小为 20.0(17.5～23.7)μm×23.8(20.0～27.5)μm。具三孔沟，沟宽 4.6 μm，沟长/$P=0.98$，两端渐尖，沟膜粗糙具细小颗粒状纹饰，内孔不明显。外壁厚为 2.2 μm，外层是内层的 2 倍。层次分明，内层薄，覆盖层具强烈皱褶或条沟状纹饰，外层内部具基柱，柱状层与内层间有空隙。外壁纹饰在光学显微镜下为刺状，在赤道光切面上约有 10 个刺，极光切面每裂片具 6 个刺。在扫描电镜下具显著的刺状纹饰，刺渐尖，刺长 2.8 μm，刺基部直径 2.0 μm，相邻两刺之间距离为 1.2 μm，刺长与刺基部宽之比为 1.4，刺基部无小孔，沟界极区刺数为 4。

244. 阿尔泰乳菀(*Galatella altaica* Tzvel.)(图版 119：1～6)

花粉粒近球形，$P/E=1.00$，赤道面观圆至椭圆形，极面观深三裂圆形，大小为 28.9(25.0

~31.3)μm×28.9(23.7~30.0)μm。具三孔沟,沟宽7.3 μm,沟长/P=0.86,两端渐尖,沟膜具细小颗粒,内孔不明显。外壁厚为2.2 μm,外层是内层的2倍。层次分明,内层薄,覆盖层具细小颗粒状纹饰,外层内部具基柱,柱状层与内层间有空隙。外壁纹饰在光学显微镜下为刺状,在赤道光切面上约有15个刺,极光切面每裂片具6个刺。在扫描电镜下具显著的刺状纹饰,刺渐尖,顶端钝,刺长2.9 μm,刺基部直径2.9 μm,相邻两刺之间距离为0.7 μm,刺长与刺基部宽之比为1.0,刺基部具2~3层小孔,沟界极区刺数为4。

245. 盘花乳菀(*G. biflora* (L.) Nees et Esenb.)(图版119:7~11)

花粉粒长球形,P/E=1.33,赤道面观椭圆形,极面观三裂圆形,大小为39.9(27.5~42.5)μm×30.0(23.7~35.0)μm。具三孔沟,沟宽1.6 μm,沟长/P=0.86,沟带状,沟膜光滑内陷,内孔横长。外壁厚为3.0 μm,外层是内层的3倍。层次分明,内层薄,覆盖层较光滑,外层内部具基柱,柱状层与内层间有空隙。外壁纹饰在光学显微镜下为刺状,在赤道光切面上约有16个刺,极光切面每裂片具6个刺。在扫描电镜下具显著的刺状纹饰,刺突尖,刺长3.1 μm,刺基部直径3.7 μm,相邻两刺之间距离为1.1 μm,刺长与刺基部宽之比为0.8,刺基部具2~3层小孔,沟界极区刺数为5。

246. 紫缨乳菀(*G. chromopappa* Novopokr.)(图版120:1~6)

花粉粒近球形,P/E=0.95,赤道面观圆至椭圆形,极面观三裂圆形,大小为23.7(20.0~28.9)μm×25.0(21.3~30.0)μm。具三孔沟,沟宽4.1 μm,沟长/P=0.82,两端渐尖,沟膜具明显皱褶,内孔明显横长沟状。外壁厚为2.8 μm,外层是内层的2.5倍。层次分明,内层薄,覆盖层具密集皱波状纹饰,外层内部具基柱,柱状层与内层间有空隙。外壁纹饰在光学显微镜下为刺状,在赤道光切面上约有10个刺,极光切面每裂片具6个刺。在扫描电镜下具显著的刺状纹饰,刺突尖,顶端锐尖,刺长3.1 μm,刺基部直径2.4 μm,相邻两刺之间距离为1.7 μm,刺长与刺基部宽之比为1.3,刺基部具2层小孔,沟界极区刺数为10。

247. 兴安乳菀(*G. dahurica* DC.)(图版120:7~11)

花粉粒近球形,P/E=0.96,赤道面观圆至椭圆形,极面观深三裂圆形,大小为26.3(21.3~30.0)μm×27.5(22.5~31.3)μm。具三孔沟,沟宽3.7 μm,沟长/P=0.86,两端渐尖,沟膜较光滑,内孔不明显。外壁厚为2.9 μm,外层是内层的2.5倍。层次分明,内层薄,覆盖层较光滑,外层内部具基柱,柱状层与内层间有空隙。外壁纹饰在光学显微镜下为刺状,在赤道光切面上约有12个刺,极光切面每裂片具5个刺。在扫描电镜下具显著的刺状纹饰,刺突尖,顶端锐尖,刺长3.4 μm,刺基部直径3.1 μm,相邻两刺之间距离为1.2 μm,刺长与刺基部宽之比为1.1,刺基部具1~2层小孔,沟界极区刺数为4。

248. 帚枝乳菀(*G. fastigiiformis* Novopokr.)(图版121:1~6)

花粉粒近球形,P/E=1.04,赤道面观圆至椭圆形,极面观深三裂圆形,大小为30.0(25.0~35.0)μm×28.9(25.0~33.4)μm。具三孔沟,沟宽2.7 μm,沟长/P=0.90,两端渐尖,沟膜不明显,内孔明显横长沟状。外壁厚为1.9 μm,外层是内层的1.5倍。层次分明,内层薄,覆盖层具皱褶或皱波状纹饰,外层内部具基柱,柱状层与内层间有空隙。外壁纹饰在光学显微镜下为刺状,在赤道光切面上约有15个刺,极光切面每裂片具6个刺。在扫描电镜下具显著的刺状纹饰,刺渐尖,基部膨大,顶端长尖,刺长3.4 μm,刺基部直径3.0 μm,相邻两刺之间距离为1.1 μm,刺长与刺基部宽之比为1.1,刺基部具2~3层小孔,沟界极区刺数为4。

249. 鳞苞乳菀(*G. hauptii* (Ledeb.) Lindl.)(图版 121：7～11)

花粉粒长球形，$P/E=1.50$，赤道面观尖椭圆形，极面观三角形，大小为 37.5(27.5～40.0)μm×25.0(23.7～31.3)μm。具三孔沟，沟宽 1.6 μm，沟长/$P=0.90$，沟带状，沟膜不明显，内孔不明显。外壁厚为 2.4 μm，外层是内层的 1.5 倍。层次分明，内层薄，覆盖层较光滑，外层内部具基柱，柱状层与内层间有空隙。外壁纹饰在光学显微镜下为刺状，在赤道光切面上约有 15 个刺，极光切面每裂片具 6 个刺。在扫描电镜下具显著的刺状纹饰，刺渐尖，基部膨大，顶端突尖，刺长 3.2 μm，刺基部直径 2.9 μm，相邻两刺之间距离为 1.5 μm，刺长与刺基部宽之比为 1.1，刺基部具 2～3 层小孔，沟界极区刺数为 1。

250. *G. macrosciadia* Gand.(图版 122：1～6)

花粉粒扁球形，$P/E=0.88$，赤道面观椭圆形，极面观三裂圆形，大小为 28.4(25.0～31.3)μm×32.5(26.3～35.0)μm。具三孔沟，沟宽 10 μm，沟长/$P=0.78$，两端突尖，沟膜具细小颗粒，内孔横长。外壁厚为 2.7 μm，外层是内层的 1.5 倍。层次分明，内层薄，覆盖层较光滑，外层内部具基柱，柱状层与内层间有空隙。外壁纹饰在光学显微镜下为刺状，在赤道光切面上约有 14 个刺，极光切面每裂片具 5 个刺。在扫描电镜下具显著的刺状纹饰，刺渐尖，刺长 3.0 μm，刺基部直径 2.1 μm，相邻两刺之间距离为 1.3 μm，刺长与刺基部宽之比为 1.4，刺基部具 1～2 层小孔，沟界极区刺数为 8。

251. 乳菀(*G. punctata* (W. et K.) Nees et Esenb.)(图版 122：7～12)

花粉粒长球形，$P/E=1.34$，赤道面观椭圆形，极面观三裂圆形，大小为 33.6(23.7～37.5)μm×25.0(22.5～27.5)μm。具三孔沟，沟宽 2.0 μm，沟长/$P=0.97$，沟带状，沟膜不明显，内孔不明显。外壁厚为 2.8 μm，外层是内层的 2.5 倍。层次分明，内层薄，覆盖层具皱褶或皱波状纹饰，外层内部具基柱，柱状层与内层间有空隙。外壁纹饰在光学显微镜下为刺状，在赤道光切面上约有 12 个刺，极光切面每裂片具 5 个刺。在扫描电镜下具显著的刺状纹饰，刺突尖，刺长 3.2 μm，刺基部直径 3.0 μm，相邻两刺之间距离为 1.3 μm，刺长与刺基部宽之比为 1.1，刺基部具 2～3 层小孔，沟界极区刺数为 7。

252. 昭苏乳菀(*G. regelii* Tzvel.)(图版 123：1,2)

花粉粒近球形，$P/E=1.00$，赤道面观圆至椭圆形，极面观深三裂圆形，大小为 25.0(23.0～30.0)μm×25.0(22.5～28.9)μm。具三孔沟，沟宽 3.3 μm，沟长/$P=0.80$，沟带状，沟膜不明显，内孔不明显。外壁厚为 2.1 μm，外层是内层的 2 倍。层次分明，内层薄，覆盖层具皱褶或皱波状纹饰，外层内部具基柱，柱状层与内层间有空隙。外壁纹饰在光学显微镜下为刺状，在赤道光切面上约有 12 个刺，极光切面每裂片具 6 个刺。在扫描电镜下具显著的刺状纹饰，刺渐尖，刺长 3.2 μm，刺基部直径 2.5 μm，相邻两刺之间距离为 1.3 μm，刺长与刺基部宽之比为 1.3，刺基部无小孔，沟界极区刺数为 4。

253. 卷缘乳菀(*G. scoparia* (Kar. et Kir.) Novopokr.)(图版 123：3～8)

花粉粒近球形，$P/E=0.92$，赤道面观圆至椭圆形，极面观深三裂圆形，大小为 28.7(25.0～31.3)μm×31.3(27.5～33.4)μm。具三孔沟，沟宽 3.3 μm，沟长/$P=0.85$，沟带状，沟膜不明显，内孔不明显。外壁厚为 2.7 μm，外层是内层的 2.5 倍。层次分明，内层薄，覆盖层具强烈皱褶或条沟状纹饰，外层内部具基柱，柱状层与内层间有空隙。外壁纹饰在光学显微镜下为刺状，在赤道光切面上约有 15 个刺，极光切面每裂片具 6 个刺。在扫描电镜下具显著的刺状

纹饰,刺渐尖,顶端钝尖,刺长 3.4 μm,刺基部直径 2.9 μm,相邻两刺之间距离为 0.8 μm,刺长与刺基部宽之比为 1.2,刺基部无小孔,沟界极区刺数为 3。

254. 新疆乳菀(*G. songorica* Novopokr.)(图版 123: 9~12; 124: 1,2)

花粉粒近长球形,$P/E=1.14$,赤道面观椭圆形,极面观三裂圆形,大小为 27.5(22.5~30.0)μm×24.0(22.5~27.5)μm。具三孔沟,沟宽 4.2 μm,沟长/$P=0.98$,两端渐尖,沟膜具皱褶,内孔明显横长。外壁厚为 2.8 μm,外层是内层的 2.5 倍。层次分明,内层薄,覆盖层具密集皱波状纹饰,外层内部具基柱,柱状层与内层间有空隙。外壁纹饰在光学显微镜下为刺状,在赤道光切面上约有 12 个刺,极光切面每裂片具 6 个刺。在扫描电镜下具显著的刺状纹饰,刺突尖,顶端钝尖,刺长 3.2 μm,刺基部直径 2.5 μm,相邻两刺之间距离为 0.8 μm,刺长与刺基部宽之比为 1.3,刺基部具 2~3 层小孔,沟界极区刺数为 7。

255. 田基黄(*Grangea maderaspatana* (L.) Poir)(图版 124: 3~7)

花粉粒近球形,$P/E=0.94$,赤道面观圆至椭圆形,极面观三裂或四裂圆形,大小为 18.7(16.3~28.8)μm×20.0(17.5~28.9)μm。具三孔沟,沟宽 5.6 μm,沟长/$P=0.96$,两端渐尖,沟膜较光滑,内孔横长。外壁厚为 1.8 μm,外层是内层的 2 倍。层次分明,内层薄,覆盖层较光滑,外层内部具基柱,柱状层与内层间有空隙。外壁纹饰在光学显微镜下为刺状,在赤道光切面上约有 10 个刺,极光切面每裂片具 4~5 个刺。在扫描电镜下具显著的刺状纹饰,刺渐尖,刺长 3.2 μm,刺基部直径 2.6 μm,相邻两刺之间距离为 0.7 μm,刺长与刺基部宽之比为 1.2,刺基部偶有小孔,沟界极区刺数为 10。

256. *Gutierrezia sarothrae* (Pursh) Britt.(图版 124: 8~12)

花粉粒扁球形,$P/E=0.82$,赤道面观圆至椭圆形,极面观深三裂圆形,大小为 22.5(18.7~30.0)μm×27.5(20.0~32.5)μm。具三孔沟,沟宽 4.6 μm,沟长/$P=0.88$,两端圆钝,沟膜很粗糙,具细小颗粒状纹饰,内孔明显横长沟状。外壁厚为 2.5 μm,外层是内层的 2 倍。层次分明,内层薄,覆盖层具细小颗粒状纹饰,外层内部具基柱,柱状层与内层间有空隙。外壁纹饰在光镜下为刺状,在赤道光切面上约有 17 个刺,极光切面每裂片具 6 个刺。在扫描电镜下具显著的刺状纹饰,刺渐尖,刺长 3.2 μm,刺基部直径 2.2 μm,相邻两刺之间距离为 0.5 μm,刺长与刺基部宽之比为 1.5,刺基部无小孔,沟界极区刺数为 8。

257. *Grindelia camporum* Greene(图版 125: 1,2)

花粉粒近球形,$P/E=0.97$,赤道面观圆至椭圆形,极面观三裂圆形,大小为 27.9(20.0~30.0)μm×28.8(23.7~31.3)μm。具三孔沟,沟宽 5.4 μm,沟长/$P=0.80$,两端渐尖,沟膜粗糙,内孔明显横长沟状。外壁厚为 2.8 μm,外层是内层的 2.5 倍。层次分明,内层薄,覆盖层具细小颗粒状纹饰,外层内部具基柱,柱状层与内层间有空隙。外壁纹饰在光学显微镜下为刺状,在赤道光切面上约有 10 个刺,极光切面每裂片具 5 个刺。在扫描电镜下具显著的刺状纹饰,刺渐尖,刺长 3.0 μm,刺基部直径 2.6 μm,相邻两刺之间距离为 1.3 μm,刺长与刺基部宽之比为 1.2,刺基部无小孔,沟界极区刺数为 7。

258. *Gri. robusta* Nutt.(图版 125: 3~7)

花粉粒近球形,$P/E=0.91$,赤道面观圆至椭圆形,极面观三裂圆形,大小为 26.3(22.5~30.0)μm×28.8(23.7~32.5)μm。具三孔沟,沟宽 7.3 μm,沟长/$P=0.80$,两端渐尖,沟膜较光滑,内孔不明显。外壁厚为 2.6 μm,外层是内层的 2 倍。层次分明,内层薄,覆盖层较光滑,外层内部具基柱，柱状层与内层间有空隙。外壁纹饰在光学显微镜下为刺状，在赤道光切面上约有 13 个刺，极光切面每裂片具 6 个刺。在扫描电镜下具显著的刺状纹饰，刺渐尖，顶端常弯曲，刺长 3.9 μm，刺基部直径 3.0 μm，相邻两刺之间距离为 1.8 μm，刺长与刺基部宽之比为 1.3，刺基部无小孔，沟界极区刺数为 8。

259. 胶菀(*Gri*. *squarrosa* (Ph.) Dunal)(图版 125：8～12)

花粉粒近球形，$P/E=0.95$，赤道面观圆至椭圆形，极面观深三裂圆形，大小为 25.0(22.5～28.7)μm×26.3(22.5～30.0)μm。具三孔沟，沟宽 5.7 μm，沟长/$P=0.88$，两端渐尖，沟膜粗糙具细小颗粒状纹饰，内孔不明显。外壁厚为 2.3 μm，外层是内层的 1.5 倍。层次分明，内层薄，覆盖层较光滑，外层内部具基柱，柱状层与内层间有空隙。外壁纹饰在光学显微镜下为刺状，在赤道光切面上约有 13 个刺，极光切面每裂片具 6 个刺。在扫描电镜下具显著的刺状纹饰，刺渐尖，刺长 3.5 μm，刺基部直径 2.4 μm，相邻两刺之间距离为 0.6 μm，刺长与刺基部宽之比为 1.5，刺基部无小孔，沟界极区刺数为 6。

260. 窄叶裸菀(*Gy*. *angustifolius* (Chang) Ling)(图版 126：1～6)

花粉粒近球形，$P/E=0.95$，赤道面观圆至椭圆形，极面观三裂圆形，大小为 22.5(20.0～25.0)μm×23.8(17.5～25.0)μm。具三孔沟，沟宽 4.2 μm，沟长/$P=0.90$，两端渐尖，沟膜具皱褶或皱波状纹饰，内孔不明显。外壁厚为 2.2 μm，外层是内层的 2 倍。层次分明，内层薄，覆盖层具皱褶或皱波状纹饰，外层内部具基柱，柱状层与内层间有空隙。外壁纹饰在光学显微镜下为刺状，在赤道光切面上约有 10 个刺，极光切面每裂片具 6 个刺。在扫描电镜下具显著的刺状纹饰，刺突尖，顶端锐尖，刺长 3.6 μm，刺基部直径 2.6 μm，相邻两刺之间距离为 0.5 μm，刺长与刺基部宽之比为 1.4，刺基部偶有小孔，沟界极区刺数为 7。

261. 裸菀(*Gy*. *piccolii* (Hook. f.) Kitam.)(图版 126：7～12)

花粉粒近球形，$P/E=0.95$，赤道面观圆至椭圆形，极面观三裂圆形，大小为 22.5(20.0～25.0)μm×26.3(21.2～27.5)μm。具三孔沟，沟宽 3.3 μm，沟长/$P=0.88$，两端渐尖，无沟膜，内孔不明显。外壁厚为 2.4 μm，外层是内层的 2 倍。层次分明，内层薄，覆盖层较光滑，外层内部具基柱，柱状层与内层间有空隙。外壁纹饰在光学显微镜下为刺状，在赤道光切面上约有 12 个刺，极光切面每裂片具 6 个刺。在扫描电镜下具显著的刺状纹饰，刺渐尖，刺长 3.1 μm，刺基部直径 2.7 μm，相邻两刺之间距离为 1.4 μm，刺长与刺基部宽之比为 1.2，刺基部偶有小孔，沟界极区刺数为 4。

262. 四川裸菀(*Gy*. *simplex* (Chang) Ling)(图版 127：1～6)

花粉粒近球形，$P/E=0.94$，赤道面观圆至椭圆形，极面观三裂圆形，大小为 20.0(17.5～25.0)μm×21.3(17.5～25.0)μm。具三孔沟，沟宽 3.8 μm，沟长/$P=0.88$，两端渐尖，沟膜粗糙具细小颗粒状纹饰，内孔不明显。外壁厚为 2.2 μm，外层是内层的 2 倍。层次分明，内层薄，覆盖层较光滑，外层内部具基柱，柱状层与内层间有空隙。外壁纹饰在光学显微镜下为刺状，在赤道光切面上约有 10 个刺，极光切面每裂片具 5 个刺。在扫描电镜下具显著的刺状纹饰，刺突尖，顶端锐尖，刺长 3.5 μm，刺基部直径 2.5 μm，相邻两刺之间距离为 1.7 μm，刺长与刺基部宽之比为 1.4，刺基部具 1 层小孔，沟界极区刺数为 8。

263. *Haplopappus divaricatus* (Nutt.) A. Gray(图版 127：7～12)

花粉粒扁球形，$P/E=0.86$，赤道面观圆至椭圆形，极面观三裂圆形，大小为 19.4(16.3～

23.7)μm×22.5(17.5～26.2)μm。具三孔沟，沟宽 3.2 μm，沟长/P=0.84，两端渐尖，沟膜粗糙具细小颗粒状纹饰，内孔明显横长。外壁厚为 2.3 μm，外层是内层的 2 倍。层次分明，内层薄，覆盖层具强烈皱褶或条沟状纹饰，外层内部具基柱，柱状层与内层间有空隙。外壁纹饰在光学显微镜下为刺状，在赤道光切面上约有 12 个刺，极光切面每裂片具 6 个刺。在扫描电镜下具显著的刺状纹饰，刺突尖，刺长 2.4 μm，刺基部直径 2.0 μm，相邻两刺之间距离为 0.7 μm，刺长与刺基部宽之比为 1.2，刺基部具 1 层小孔，沟界极区刺数为 8。

264. *Ha. linearifolius* DC.(图版 128：1～6)

花粉粒近球形，P/E=0.91，赤道面观圆至椭圆形，极面观三裂圆形，大小为 25.0(22.5～27.5)μm×27.5(23.7～31.3)μm。具三孔沟，沟宽 2.5 μm，沟长/P=0.88，两端渐尖，沟膜光滑，内孔不明显。外壁厚为 2.6 μm，外层是内层的 2 倍。层次分明，内层薄，覆盖层呈穴状凹陷，外层内部具基柱，柱状层与内层间有空隙。外壁纹饰在光学显微镜下为刺状，在赤道光切面上约有 18 个刺，极光切面每裂片具 7 个刺。在扫描电镜下具显著的刺状纹饰，刺突尖，顶端钝，刺长 2.3 μm，刺基部直径 1.7 μm，相邻两刺之间距离为 1.8 μm，刺长与刺基部宽之比为 1.4，刺基部无小孔，沟界极区刺数为 15。

265. *Ha. rupinulosus* (Pursh) DC.(图版 128：7～12)

花粉粒近球形，P/E=0.90，赤道面观圆至椭圆形，极面观三裂圆形，大小为 22.5(20.0～26.3)μm×25.0(22.5～27.5)μm。具三孔沟，沟宽 4.0 μm，沟长/P=0.89，两端渐尖，沟膜粗糙具细小颗粒状纹饰，内孔不明显。外壁厚为 2.2 μm，外层是内层的 2 倍。层次分明，内层薄，覆盖层具密集颗粒状纹饰，外层内部具基柱，柱状层与内层间有空隙。外壁纹饰在光学显微镜下为刺状，在赤道光切面上约有 12 个刺，极光切面每裂片具 6 个刺。在扫描电镜下具显著的刺状纹饰，刺渐尖，顶端钝，刺长 3.2 μm，刺基部直径 2.5 μm，相邻两刺之间距离为 1.7 μm，刺长与刺基部宽之比为 1.3，刺基部偶有小孔，沟界极区刺数为 12。

266. *Ha. suffruticosus* (Nutt.) A. Gray(图版 129：1～6)

花粉粒近球形，P/E=0.91，赤道面观圆至椭圆形，极面观三裂圆形，大小为 25.0(22.5～31.3)μm×27.5(23.7～32.5)μm。具三孔沟，沟宽 2.3 μm，沟长/P=0.94，两端渐尖，沟膜通常具细颗粒，内孔不明显。外壁厚为 2.7 μm，外层是内层的 2 倍。层次分明，内层薄，覆盖层具皱褶或皱波状纹饰，外层内部具基柱，柱状层与内层间有空隙。外壁纹饰在光学显微镜下为刺状，在赤道光切面上约有 14 个刺，极光切面每裂片具 6 个刺。在扫描电镜下具显著的刺状纹饰，刺基部膨大，顶端长尖，刺长 4.5 μm，刺基部直径 3.1 μm，相邻两刺之间距离为 0.8 μm，刺长与刺基部宽之比为 1.5，刺基部具 2 层小孔，沟界极区刺数为 7。

267. 阿尔泰狗娃花粗毛变种(*Heteropappus altaicus* var. *hirsutus* (Hand.-Mazz.) Ling)(图版 129：7～12)

花粉粒长球形，P/E=1.28，赤道面观椭圆形，极面观三裂圆形，大小为 32.0(22.5～35.0)μm×25.0(20.0～28.7)μm。具三孔沟，沟宽 5.8 μm，沟长/P=0.89，沟带状，沟膜粗糙具细小颗粒状纹饰，内孔纵长。外壁厚为 2.5 μm，外层是内层的 2 倍。层次分明，内层薄，覆盖层较光滑，外层内部具基柱，柱状层与内层间有空隙。外壁纹饰在光学显微镜下为刺状，在赤道光切面上约有 12 个刺，极光切面每裂片具 6 个刺。在扫描电镜下具显著的刺状纹饰，刺突尖，顶端锐尖，刺长 2.8 μm，刺基部直径 3.0 μm，相邻两刺之间距离为 1.7 μm，刺长与刺基部宽之比为 0.9，刺基部具 2 层小孔，沟界极区刺数为 8。

268. 阿尔泰狗娃花千叶变种(*H. altaicus* var. *millefolius* (Vnt.) Wang)(图版 130：1～6)

花粉粒近球形，$P/E=0.90$，赤道面观圆至椭圆形，极面观深三裂圆形，大小为 22.5(20.0～26.2)μm×25.0(21.4～28.8)μm。具三孔沟，沟宽 3.0 μm，沟长/$P=0.97$，两端渐尖，沟膜深陷较光滑，内孔不明显。外壁厚为 2.8 μm，外层是内层的 2.5 倍。层次分明，内层薄，覆盖层具强烈皱褶或条沟状纹饰，外层内部具基柱，柱状层与内层间有空隙。外壁纹饰在光学显微镜下为刺状，在赤道光切面上约有 13 个刺，极光切面每裂片具 6 个刺。在扫描电镜下具显著的刺状纹饰，刺长渐尖，刺长 3.1 μm，刺基部直径 2.0 μm，相邻两刺之间距离为 1.2 μm，刺长与刺基部宽之比为 1.5，刺基部具 1 层小孔，沟界极区刺数为 4。

269. 青藏狗娃花(*H. bowerii* (Hemsl.) Griers.)(图版 130：7～12)

花粉粒近球形，$P/E=1.00$，赤道面观圆至椭圆形，极面观深三裂圆形，大小为 25.0(21.3～32.5)μm×25.0(20.0～32.5)μm。具三孔沟，沟宽 4.8 μm，沟长/$P=0.98$，两端渐尖，沟膜不明显，内孔不明显，圆形。外壁厚为 2.7 μm，外层是内层的 2.5 倍。层次分明，内层薄，覆盖层具密集皱波状纹饰，外层内部具基柱，柱状层与内层间有空隙。外壁纹饰在光学显微镜下为刺状，在赤道光切面上约有 15 个刺，极光切面每裂片具 6 个刺。在扫描电镜下具显著的刺状纹饰，刺长渐尖，顶端常弯曲，刺长 3.2 μm，刺基部直径 1.6 μm，相邻两刺之间距离为 0.8 μm，刺长与刺基部宽之比为 2.0，刺基部无小孔，沟界极区刺数为 2。

270. 圆齿狗娃花(*H. crenatifolius* (Hand.-Mazz.) Griers.)(图版 131：1～6)

花粉粒近球形，$P/E=0.95$，赤道面观圆至椭圆形，极面观三裂或四裂圆形，大小为 23.7(20.0～27.5)μm×25.0(20.0～28.9)μm。具三孔沟或四孔沟，沟宽 5.4 μm，沟长/$P=0.84$，两端渐尖，沟膜具细颗粒，内孔横长。外壁厚为 2.6 μm，外层是内层的 2.5 倍。层次分明，内层薄，覆盖层具密集皱波状纹饰，外层内部具基柱，柱状层与内层间有空隙。外壁纹饰在光学显微镜下为刺状，在赤道光切面上约有 12 个刺，极光切面每裂片具 4～5 个刺。在扫描电镜下具显著的刺状纹饰，刺突尖，刺长 2.9 μm，刺基部直径 2.8 μm，相邻两刺之间距离为 1.1 μm，刺长与刺基部宽之比为 1.0，刺基部具 2～3 层小孔，沟界极区刺数为 8。

271. 拉萨狗娃花(*H. gouldii* (C. E. C. Fisch.) Griers.)(图版 131：7～12)

花粉粒近球形，$P/E=1.07$，赤道面观圆至椭圆形，极面观三裂圆形，大小为 25.4(20.0～30.0)μm×23.7(18.9～27.5)μm。具三孔沟，沟宽 4.7 μm，沟长/$P=0.98$，两端渐尖，沟膜内陷较光滑，内孔横长。外壁厚为 2.6 μm，外层是内层的 2 倍。层次分明，内层薄，覆盖层较光滑，外层内部具基柱，柱状层与内层间有空隙。外壁纹饰在光学显微镜下为刺状，在赤道光切面上约有 11 个刺，极光切面每裂片具 6 个刺。在扫描电镜下具显著的刺状纹饰，刺基部宽大，顶端长尖，刺长 3.6 μm，刺基部直径 3.1 μm，相邻两刺之间距离为 0.8 μm，刺长与刺基部宽之比为 1.2，刺基部具 2～3 层小孔，沟界极区刺数为 9。

272. 狗娃花(*H. hispidus* (Thunb.) Less.)(图版 132：1～3)

花粉粒近球形，$P/E=0.91$，赤道面观圆至椭圆形，极面观深三裂圆形，大小为 25.0(21.3～27.5)μm×27.5(23.8～30.0)μm。具三孔沟，沟宽 4.2 μm，沟长/$P=0.84$，两端渐尖，沟膜粗糙，内孔不明显。外壁厚为 2.3 μm，外层是内层的 2 倍。层次分明，内层薄，覆盖层具穿孔，外层内部具基柱，柱状层与内层间有空隙。外壁纹饰在光学显微镜下为刺状，在赤道光切面上约有 12 个刺，极光切面每裂片具 5 个刺。在扫描电镜下具显著的刺状纹饰，刺突尖，顶端常弯

曲，刺长 3.5 μm，刺基部直径 3.3 μm，相邻两刺之间距离为 0.9 μm，刺长与刺基部宽之比为 1.1，刺基部具 1 层小孔，沟界极区刺数为 4。

273. 砂狗娃花(*H. meyendorffii* (Regel et Maack) Komar.)(图版 132：4～9)

花粉粒近长球形，*P*/*E*＝1.15，赤道面观椭圆形，极面观深三裂圆形，大小为 28.7(22.5～30.0)μm×25.0(22.5～31.3)μm。具三孔沟，沟宽 5.0 μm，沟长/*P*＝0.94，沟带状，沟膜具皱褶或皱波状纹饰，内孔明显横长沟状。外壁厚为 2.5 μm，外层是内层的 2 倍。层次分明，内层薄，覆盖层具皱褶或皱波状纹饰，外层内部具基柱，柱状层与内层间有空隙。外壁纹饰在光学显微镜下为刺状，在赤道光切面上约有 15 个刺，极光切面每裂片具 6 个刺。在扫描电镜下具显著的刺状纹饰，刺渐尖，顶端常弯曲，刺长 3.3 μm，刺基部直径 2.8 μm，相邻两刺之间距离为 1.3 μm，刺长与刺基部宽之比为 1.2，刺基部具 2～3 层小孔，沟界极区刺数为 6。

274. 半卧狗娃花(*H. semiprostratus* Griers.)(图版 132：10～13；133：1,2)

花粉粒近球形，*P*/*E*＝0.91，赤道面观圆至椭圆形，极面观深三裂圆形，大小为 25.0(22.5～28.7)μm×27.5(23.7～30.0)μm。具三孔沟，沟宽 4.9 μm，沟长/*P*＝0.90，两端渐尖，沟膜具细皱褶，内孔不明显。外壁厚为 2.4 μm，外层是内层的 2 倍。层次分明，内层薄，覆盖层具穿孔，外层内部具基柱，柱状层与内层间有空隙。外壁纹饰在光学显微镜下为刺状，在赤道光切面上约有 12 个刺，极光切面每裂片具 5 个刺。在扫描电镜下具显著的刺状纹饰，刺渐尖，基部膨大，顶端长尖，刺长 3.5 μm，刺基部直径 3.0 μm，相邻两刺之间距离为 0.9 μm，刺长与刺基部宽之比为 1.2，刺基部具 2 层小孔，沟界极区刺数为 1。

275. 鞑靼狗娃花(*H. tataricus* (Lindl.) Tamamsch.)(图版 133：3～8)

花粉粒近球形，*P*/*E*＝0.94，赤道面观圆至椭圆形，极面观深三裂圆形，大小为 22.5(18.9～27.5)μm×23.7(18.9～28.7)μm。具三孔沟，沟宽 5.6 μm，沟长/*P*＝0.88，两端圆钝，沟膜具颗粒，内孔横长。外壁厚为 2.9 μm，外层是内层的 2.5 倍。层次分明，内层薄，覆盖层具穿孔，外层内部具基柱，柱状层与内层间有空隙。外壁纹饰在光学显微镜下为刺状，在赤道光切面上约有 10 个刺，极光切面每裂片具 5 个刺。在扫描电镜下具显著的刺状纹饰，刺渐尖，基部膨大，顶端长尖，常弯曲，刺长 4.0 μm，刺基部直径 3.3 μm，相邻两刺之间距离为 0.9 μm，刺长与刺基部宽之比为 1.2，刺基部具 2～3 层小孔，沟界极区刺数为 3。

276. *Heterotheca subaxillaris* (Lam.) Britt. & Rusby(图版 133：9～13)

花粉粒近球形，*P*/*E*＝1.10，赤道面观圆至椭圆形，极面观三裂圆形，大小为 22.5(18.9～26.3)μm×20.0(18.9～25.0)μm。具三孔沟，沟宽 4.1 μm，沟长/*P*＝0.84，两端渐尖，沟膜具细颗粒，内孔不明显。外壁厚为 2.5 μm，外层是内层的 2 倍。层次分明，内层薄，覆盖层具强烈皱褶或条沟状纹饰，外层内部具基柱，柱状层与内层间有空隙。外壁纹饰在光学显微镜下为刺状，在赤道光切面上约有 10 个刺，极光切面每裂片具 5～6 个刺。在扫描电镜下具显著的刺状纹饰，刺渐尖，顶端锐尖，刺长 3.3 μm，刺基部直径 2.7 μm，相邻两刺之间距离为 0.8 μm，刺长与刺基部宽之比为 1.2，刺基部具 2 层小孔，沟界极区刺数为 8。

277. *He. camporum* (Greene) Shinners(图版 134：1～6)

花粉粒近球形，*P*/*E*＝0.97，赤道面观圆至椭圆形，极面观三裂圆形，大小为 25.0(21.2～27.5)μm×25.8(22.5～30.0)μm。具三孔沟，沟宽 5.0 μm，沟长/*P*＝0.94，两端渐尖，沟膜具细颗粒，内孔不明显。外壁厚为 2.6 μm，外层是内层的 2.5 倍。层次分明，内层薄，覆盖层具皱褶或皱波状纹饰,外层内部具基柱,柱状层与内层间有空隙。外壁纹饰在光学显微镜下为刺状,在赤道光切面上约有16个刺,极光切面每裂片具6个刺。在扫描电镜下具显著的刺状纹饰,刺渐尖,刺长3.2 μm,刺基部直径2.3 μm,相邻两刺之间距离为0.8 μm,刺长与刺基部宽之比为1.4,刺基部偶有小孔,沟界极区刺数为14。

278. *He. graminifolia* (Michx.) Shinners(图版134:7~12)

花粉粒近球形,$P/E=0.96$,赤道面观圆至椭圆形,极面观三裂圆形,大小为25.2(21.2~27.5)μm×26.3(22.5~28.7)μm。具三孔沟,沟宽2.7 μm,沟长/$P=0.88$,沟带状,沟膜粗糙深陷,具细小颗粒状纹饰,内孔不明显。外壁厚为2.1 μm,外层是内层的1.5倍。层次分明,内层薄,覆盖层具细小颗粒状纹饰,外层内部具基柱,柱状层与内层间有空隙。外壁纹饰在光学显微镜下为刺状,在赤道光切面上约有12个刺,极光切面每裂片具7个刺。在扫描电镜下具显著的刺状纹饰,刺长渐尖,刺长3.8 μm,刺基部直径2.4 μm,相邻两刺之间距离为1.2 μm,刺长与刺基部宽之比为1.6,刺基部具2~3层小孔,沟界极区刺数为7。

279. 裂叶马兰(*Kalimeris incisa* (Fisch.) DC.)(图版135:1~5)

花粉粒扁球形,$P/E=0.84$,赤道面观椭圆形,极面观三裂圆形,大小为18.9(17.5~25.0)μm×22.5(18.7~27.5)μm。具三孔沟,沟宽3.7 μm,沟长/$P=0.86$,两端渐尖,沟膜具皱褶或皱波状纹饰,内孔横长。外壁厚为2.1 μm,外层是内层的1.5倍。层次分明,内层薄,覆盖层具强烈皱褶或条沟状纹饰,外层内部具基柱,柱状层与内层间有空隙。外壁纹饰在光学显微镜下为刺状,在赤道光切面上约有11个刺,极光切面每裂片具5个刺。在扫描电镜下具显著的刺状纹饰,刺渐尖,刺长2.9 μm,刺基部直径2.0 μm,相邻两刺之间距离为0.7 μm,刺长与刺基部宽之比为1.5,刺基部偶有小孔,沟界极区刺数为15。

280. 马兰(*K. indica* (L.) Sch.-Bip.)(图版135:6~11)

花粉粒扁球形,$P/E=0.86$,赤道面观椭圆形,极面观三裂圆形,大小为21.5(18.5~27.5)μm×25.0(20.0~31.3)μm。具三孔沟,沟宽5.2 μm,沟长/$P=0.84$,两端渐尖,沟膜具皱褶或皱波状纹饰,内孔不明显。外壁厚为2.5 μm,外层是内层的2倍。层次分明,内层薄,覆盖层具强烈皱褶或条沟状纹饰,外层内部具基柱,柱状层与内层间有空隙。外壁纹饰在光学显微镜下为刺状,在赤道光切面上约有12个刺,极光切面每裂片具5个刺。在扫描电镜下具显著的刺状纹饰,刺长渐尖,顶端锐尖,刺长3.4 μm,刺基部直径2.2 μm,相邻两刺之间距离为1.3 μm,刺长与刺基部宽之比为1.6,刺基部偶有小孔,沟界极区刺数为13。

281. 马兰狭叶变种(*K. indica* var. *stenophylla* Kitam.)(图版136:1~6)

花粉粒近球形,$P/E=0.95$,赤道面观圆至椭圆形,极面观三裂圆形,大小为23.7(20.0~27.5)μm×25.0(21.3~30.0)μm。具三孔沟,沟宽3.3 μm,沟长/$P=0.80$,两端渐尖,沟膜不明显内陷,内孔圆形。外壁厚为2.6 μm,外层是内层的2倍。层次分明,内层薄,覆盖层具细小颗粒状纹饰,外层内部具基柱,柱状层与内层间有空隙。外壁纹饰在光学显微镜下为刺状,在赤道光切面上约有12个刺,极光切面每裂片具6个刺。在扫描电镜下具显著的刺状纹饰,刺长渐尖,刺长3.1 μm,刺基部直径1.8 μm,相邻两刺之间距离为1.2 μm,刺长与刺基部宽之比为1.7,刺基部具1层小孔,沟界极区刺数为10。

282. 全叶马兰(*K. integrifolia* Turcz. ex DC.)(图版136:7~12)

花粉粒近球形,$P/E=0.92$,赤道面观圆至椭圆形,极面观三裂圆形,大小为30.0(25.0~

35.0)μm×32.5(27.5～36.4)μm。具三孔沟,沟宽 1.0 μm,沟长/P=0.82,两端渐尖,沟膜不明显,内孔明显横长。外壁厚为 3.0 μm,外层是内层的 3 倍。层次分明,内层薄,覆盖层具强烈皱褶或条沟状纹饰,外层内部具基柱,柱状层与内层间有空隙。外壁纹饰在光学显微镜下为刺状,在赤道光切面上约有 12 个刺,极光切面每裂片具 6 个刺。在扫描电镜下具显著的刺状纹饰,刺渐尖,基部膨大,顶端长尖,常弯曲,刺长 3.0 μm,刺基部直径 2.4 μm,相邻两刺之间距离为 0.9 μm,刺长与刺基部宽之比为 1.3,刺基部具 2 层小孔,沟界极区刺数为 7。

283. 山马兰(*K*. *lautureana* (Debx.) Kitam.)(图版 137：1～5)

花粉粒近球形,P/E=0.90,赤道面观圆至椭圆形,极面观浅三裂圆形,大小为 30.0(23.7～35.0)μm×33.4(25.0～36.4)μm。具三孔沟,沟宽 5.6 μm,沟长/P=0.92,两端渐尖,沟膜具皱褶,具细小颗粒状纹饰,内孔不明显。外壁厚为 3.4 μm,外层是内层的 3 倍。层次分明,内层薄,覆盖层具强烈皱褶或条沟状纹饰,外层内部具基柱,柱状层与内层间有空隙。外壁纹饰在光镜下为刺状,在赤道光切面上约有 9 个刺,极光切面每裂片具 6 个刺。在扫描电镜下具显著的刺状纹饰,刺渐尖,基部膨大,顶端长尖,常弯曲,刺长 4.5 μm,刺基部直径 3.2 μm,相邻两刺之间距离为 0.9 μm,刺长与刺基部宽之比为 1.4,刺基部具 3 层小孔,沟界极区刺数为 14。

284. 蒙古马兰(*K*. *mongolica* (Franch.) Kitam.)(图版 137：6～11)

花粉粒近球形,P/E=1.00,赤道面观圆至椭圆形,极面观三裂圆形,大小为 30.0(25.0～32.5)μm×30.0(23.8～33.2)μm。具三孔沟,沟宽 4.4 μm,沟长/P=0.85,两端渐尖,沟膜具细小颗粒状纹饰,内孔不明显。外壁厚为 3.3 μm,外层是内层的 3 倍。层次分明,内层薄,覆盖层具强烈皱褶或条沟状纹饰,外层内部具基柱,柱状层与内层间有空隙。外壁纹饰在光学显微镜下为刺状,在赤道光切面上约有 15 个刺,极光切面每裂片具 5 个刺。在扫描电镜下具显著的刺状纹饰,刺渐尖,基部宽大,顶端长尖,常弯曲,刺长 4.6 μm,刺基部直径 3.5 μm,相邻两刺之间距离为 0.9 μm,刺长与刺基部宽之比为 1.3,刺基部具 2～3 层小孔,沟界极区刺数为 10。

285. 毡毛马兰(*K*. *shimadai* Kitam.)(图版 138：1～6)

花粉粒近球形,P/E=0.95,赤道面观圆至椭圆形,极面观深三裂圆形,大小为 27.5(22.5～35.0)μm×28.8(22.5～35.0)μm。具三孔沟,沟宽 5.0 μm,沟长/P=0.88,两端渐尖,沟膜具细小颗粒状纹饰,内孔不明显。外壁厚为 4.0 μm,外层是内层的 3.5 倍。层次分明,内层薄,覆盖层具强烈皱褶或条沟状纹饰,外层内部具基柱,柱状层与内层间有空隙。外壁纹饰在光学显微镜下为刺状,在赤道光切面上约有 10 个刺,极光切面每裂片具 5 个刺。在扫描电镜下具显著的刺状纹饰,刺突尖,顶端锐尖,刺长 3.4 μm,刺基部直径 3.4 μm,相邻两刺之间距离为 1.3 μm,刺长与刺基部宽之比为 1.0,刺基部具 1 层小孔,沟界极区刺数为 5。

286. *Lagenophora billardieri* Cass.(图版 138：7～9)

花粉粒近球形,P/E=0.94,赤道面观圆至椭圆形,极面观深三裂圆形,大小为 21.3(20.0～22.5)μm×22.5(21.3～25.0)μm。具三孔沟,沟宽 4.3 μm,沟长/P=0.97,两端渐尖,沟膜粗糙具细小颗粒状纹饰,内孔明显横长。外壁厚为 3.3 μm,外层是内层的 2.5 倍。层次分明,内层薄,覆盖层具密集皱波状纹饰,外层内部具基柱,柱状层与内层间有空隙。外壁纹饰在光学显微镜下为刺状,在赤道光切面上约有 12 个刺,极光切面每裂片具 7 个刺。在扫描电镜下具显著的刺状纹饰,刺长渐尖,顶端锐尖,刺长 3.2 μm,刺基部直径 1.8 μm,相邻两刺之间距离为 1.2 μm,刺长与刺基部宽之比为 1.8,刺基部具 1 层小孔,沟界极区刺数为 4。

287. 瓶头草(*Lagenophora stipitata* (Labill.) Druce)(图版 138:10～14;139:1)

花粉粒近球形,$P/E=1.05$,赤道面观圆至椭圆形,极面观三裂圆形,大小为 23.7(20.0～25.0)μm×22.5(20.0～25.0)μm。具三孔沟,沟宽 5.1 μm,沟长/$P=0.88$,两端渐尖,沟膜具细小颗粒状纹饰,内孔明显横长。外壁厚为 2.0 μm,外层是内层的 2 倍。层次分明,内层薄,覆盖层具密集皱波状纹饰,外层内部具基柱,柱状层与内层间有空隙。外壁纹饰在光学显微镜下为刺状,在赤道光切面上约有 12 个刺,极光切面每裂片具 5 个刺。在扫描电镜下具显著的刺状纹饰,刺长渐尖,刺长 3.3 μm,刺基部直径 1.6 μm,相邻两刺之间距离为 1.6 μm,刺长与刺基部宽之比为 2.1,刺基部无小孔,沟界极区刺数为 8。

288. 新疆麻菀(*L. tatarica* (Less.) C. A. Meyer)(图版 139:8～13)

花粉粒近长球形,$P/E=1.17$,赤道面观椭圆形,极面观三裂圆形,大小为 31.3(26.3～37.5)μm×26.8(22.5～30.0)μm。具三孔沟,沟宽 5.0 μm,沟长/$P=0.92$,沟带状,沟膜不明显,内孔明显横长。外壁厚为 2.6 μm,外层是内层的 2 倍。层次分明,内层薄,覆盖层具皱褶或皱波状纹饰,外层内部具基柱,柱状层与内层间有空隙。外壁纹饰在光学显微镜下为刺状,在赤道光切面上约有 12 个刺,极光切面每裂片具 6 个刺。在扫描电镜下具显著的刺状纹饰,刺矮钝突尖,刺长 2.9 μm,刺基部直径 2.5 μm,相邻两刺之间距离为 1.3 μm,刺长与刺基部宽之比为 1.2,刺基部偶有小孔,沟界极区刺数为 6。

289. 灰毛麻菀(*Linosyris villosa* (L.) DC.)(图版 139:2～7)

花粉粒近球形,$P/E=1.04$,赤道面观圆至椭圆形,极面观三裂圆形,大小为 31.3(27.5～33.7)μm×30.0(27.5～32.5)μm。具三孔沟,沟宽 5.5 μm,沟长/$P=0.88$,两端圆钝,沟膜较光滑,内孔不明显。外壁厚为 2.1 μm,外层是内层的 2 倍。层次分明,内层薄,覆盖层较光滑,外层内部具基柱,柱状层与内层间有空隙。外壁纹饰在光学显微镜下为刺状,在赤道光切面上约有 17 个刺,极光切面每裂片具 6 个刺。在扫描电镜下具显著的刺状纹饰,刺矮钝突尖,刺长 3.1 μm,刺基部直径 2.7 μm,相邻两刺之间距离为 1.1 μm,刺长与刺基部宽之比为 1.1,刺基部偶有小孔,沟界极区刺数为 14。

290. 羽裂黏冠草(*Myriactis delevayi* Gagnep)(图版 140:1～6)

花粉粒近球形,$P/E=0.95$,赤道面观圆至椭圆形,极面观深三裂圆形,大小为 23.7(21.2～30.0)μm×25.0(23.7～31.3)μm。具三孔沟,沟宽 3.2 μm,沟长/$P=0.86$,两端渐尖,沟膜平滑,内孔横长。外壁厚为 2.0 μm,外层是内层的 1.5 倍。层次分明,内层薄,覆盖层较光滑,外层内部具基柱,柱状层与内层间有空隙。外壁纹饰在光学显微镜下为刺状,在赤道光切面上约有 13 个刺,极光切面每裂片具 5 个刺。在扫描电镜下具显著的刺状纹饰,刺长渐尖,顶端锐尖,刺长 3.1 μm,刺基部直径 1.6 μm,相邻两刺之间距离为 1.2 μm,刺长与刺基部宽之比为 2.0,刺基部偶有小孔,沟界极区刺数为 2。

291. *M. janensis* Koidz.(图版 140:7,8)

花粉粒近球形,$P/E=0.95$,赤道面观圆至椭圆形,极面观三裂圆形,大小为 22.5(20.0～26.3)μm×23.8(21.3～27.5)μm。具三孔沟,沟宽 4.5 μm,沟长/$P=0.89$,两端渐尖,沟膜较光滑,内孔不明显。外壁厚为 2.2 μm,外层是内层的 1.5 倍。层次分明,内层薄,覆盖层较光滑,外层内部具基柱,柱状层与内层间有空隙。外壁纹饰在光学显微镜下为刺状,在赤道光切面上约有 10 个刺,极光切面每裂片具 5 个刺。在扫描电镜下具显著的刺状纹饰,刺渐尖,刺长 3.0 μm,刺基部直径 2.2 μm,相邻两刺之间距离为 1.1 μm,刺长与刺基部宽之比为 1.4,刺基部偶有小孔,沟界极区刺数为 4。

292. 台湾黏冠草(*M. longipedunculata* Hayata)(图版 140:9～13)

花粉粒扁球形,$P/E=0.88$,赤道面观椭圆形,极面观深三裂圆形,大小为 20.0(17.5～25.0)μm×25.0(20.0～27.5)μm。具三孔沟,沟宽 4.7 μm,沟长/$P=0.80$,两端渐尖,沟膜不明显,内孔不明显。外壁厚为 2.6 μm,外层是内层的 2 倍。层次分明,内层薄,覆盖层具皱褶或皱波状纹饰,外层内部具基柱,柱状层与内层间有空隙。外壁纹饰在光学显微镜下为刺状,在赤道光切面上约有 10 个刺,极光切面每裂片具 6 个刺。在扫描电镜下具显著的刺状纹饰,刺长渐尖,刺长 3.2 μm,刺基部直径 1.4 μm,相邻两刺之间距离为 1.2 μm,刺长与刺基部宽之比为 2.3,刺基部具 1 层小孔,沟界极区刺数为 6。

293. 圆舌黏冠草(*M. nepalensis* Less.)(图版 141:1～6)

花粉粒近球形,$P/E=1.05$,赤道面观圆至椭圆形,极面观深三裂圆形,大小为 25.0(21.3～27.5)μm×23.8(21.3～30.0)μm。具三孔沟,沟宽 4.3 μm,沟长/$P=0.88$,两端渐尖,沟膜具皱褶内陷,内孔不明显。外壁厚为 2.8 μm,外层是内层的 2.5 倍。层次分明,内层薄,覆盖层具强烈皱褶或条沟状纹饰,外层内部具基柱,柱状层与内层间有空隙。外壁纹饰在光学显微镜下为刺状,在赤道光切面上约有 12 个刺,极光切面每裂片具 5 个刺。在扫描电镜下具显著的刺状纹饰,刺长渐尖,顶端锐尖,刺长 4.1 μm,刺基部直径 2.7 μm,相邻两刺之间距离为 0.9 μm,刺长与刺基部宽之比为 1.5,刺基部无小孔,沟界极区刺数为 4。

294. 狐狸草(*M. wallichii* Less.)(图版 141:7～12)

花粉粒近球形,$P/E=0.94$,赤道面观圆至椭圆形,极面观深三裂圆形,大小为 21.1(18.7～23.8)μm×22.5(20.0～31.3)μm。具三孔沟,沟宽 3.5 μm,沟长/$P=0.97$,两端渐尖,沟膜较光滑,内孔纵长。外壁厚为 2.5 μm,外层是内层的 2 倍。层次分明,内层薄,覆盖层较光滑,外层内部具基柱,柱状层与内层间有空隙。外壁纹饰在光学显微镜下为刺状,在赤道光切面上约有 212 个刺,极光切面每裂片具 5 个刺。在扫描电镜下具显著的刺状纹饰,刺长渐尖,刺长 3.9 μm,刺基部直径 2.3 μm,相邻两刺之间距离为 1.7 μm,刺长与刺基部宽之比为 1.7,刺基部具 1 层小孔,沟界极区刺数为 3。

295. 黏冠草(*M. wightii* DC.)(图版 142:1～6)

花粉粒长球形,$P/E=1.30$,赤道面观椭圆形,极面观深三裂圆形,大小为 29.3(22.5～32.5)μm×22.5(20.0～25.0)μm。具三孔沟,沟宽 4.8 μm,沟长/$P=0.94$,两端渐尖,沟膜不明显,内孔明显横长沟状。外壁厚为 3.1 μm,外层是内层的 3 倍。层次分明,内层薄,覆盖层具强烈皱褶或条沟状纹饰,外层内部具基柱,柱状层与内层间有空隙。外壁纹饰在光学显微镜下为刺状,在赤道光切面上约有 11 个刺,极光切面每裂片具 5 个刺。在扫描电镜下具显著的刺状纹饰,刺渐尖,顶端锐尖,刺长 2.7 μm,刺基部直径 2.2 μm,相邻两刺之间距离为 1.3 μm,刺长与刺基部宽之比为1.2,刺基部具 1～2 层小孔,沟界极区刺数为 2。

296. *Microglossa albescens* Clarke(图版 142:7～12)

花粉粒近球形,$P/E=0.95$,赤道面观圆至椭圆形,极面观三裂圆形,大小为 23.7(20.0～25.0)μm×25.0(22.5～27.5)μm。具三孔沟,沟宽 5.0 μm,沟长/$P=0.96$,两端渐尖,沟膜较光滑，内孔不明显。外壁厚为 2.5 μm，外层是内层的 2 倍。层次分明，内层薄，覆盖层较光滑，外层内部具基柱，柱状层与内层间有空隙。外壁纹饰在光学显微镜下为刺状，在赤道光切面上约有 11 个刺，极光切面每裂片具 6 个刺。在扫描电镜下具显著的刺状纹饰，刺长渐尖，顶端锐尖，刺长 3.5 μm，刺基部直径 2.3 μm，相邻两刺之间距离为 0.9 μm，刺长与刺基部宽之比为 1.5，刺基部无小孔，沟界极区刺数为 7。

297. *Mi. harrowianus* var. *glabratus*（图版 143：1～6）

花粉粒近球形，$P/E=0.95$，赤道面观圆至椭圆形，极面观深三裂圆形，大小为 23.7(17.5～25.0)μm×25.0(22.5～30.0)μm。具三孔沟，沟宽 4.9 μm，沟长/$P=0.88$，两端渐尖，沟膜具细颗粒，内孔不明显。外壁厚为 2.2 μm，外层是内层的 1.5 倍。层次分明，内层薄，覆盖层较光滑，外层内部具基柱，柱状层与内层间有空隙。外壁纹饰在光学显微镜下为刺状，在赤道光切面上约有 10 个刺，极光切面每裂片具 6 个刺。在扫描电镜下具显著的刺状纹饰，刺长渐尖，顶端锐尖，刺长 3.8 μm，刺基部直径 2.2 μm，相邻两刺之间距离为 0.8 μm，刺长与刺基部宽之比为 1.7，刺基部具 1 层小孔，沟界极区刺数为 4。

298. 小舌菊(*Mi. pyrifolia* (Lam.) O. Kuntz.)（图版 143：7～12）

花粉粒近球形，$P/E=0.94$，赤道面观圆至椭圆形，极面观三裂圆形，大小为 20.0(11.3～22.5)μm×21.3(12.5～25.0)μm。具三孔沟，沟宽 3.6 μm，沟长/$P=0.84$，沟带状，沟膜具皱褶或皱波状纹饰，内孔不明显。外壁厚为 2.1 μm，外层是内层的 1.5 倍。层次分明，内层薄，覆盖层具细小颗粒状纹饰，外层内部具基柱，柱状层与内层间有空隙。外壁纹饰在光学显微镜下为刺状，在赤道光切面上约有 12 个刺，极光切面每裂片具 5 个刺。在扫描电镜下具显著的刺状纹饰，刺长渐尖，顶端偶弯曲，刺长 3.2 μm，刺基部直径 2.2 μm，相邻两刺之间距离为 0.9 μm，刺长与刺基部宽之比为 1.5，刺基部无小孔，沟界极区刺数为 4。

299. *Pentachaeta exilis* A. Gray（图版 144：1～6）

花粉粒近球形，$P/E=0.95$，赤道面观圆至椭圆形，极面观浅三裂圆形，大小为 22.5(20.0～25.0)μm×23.8(20.0～27.5)μm。具三孔沟，沟宽 4.0 μm，沟长/$P=0.70$，沟带状，沟膜内陷具细小颗粒状纹饰，内孔不明显。外壁厚为 2.1 μm，外层是内层的 2 倍。层次分明，内层薄，覆盖层较光滑具穿孔，外层内部具基柱，柱状层与内层间有空隙。外壁纹饰在光学显微镜下为刺状，在赤道光切面上约有 18 个刺，极光切面每裂片具 7 个刺。在扫描电镜下具显著的刺状纹饰，刺渐尖，刺长 2.6 μm，刺基部直径 2.2 μm，相邻两刺之间距离为 0.4 μm，刺长与刺基部宽之比为 1.2，刺基部偶有小孔，沟界极区刺数为 20。

300. 秋分草(*Rhynchospermum verticillatum* Reinw.)（图版 144：7～12）

花粉粒近球形，$P/E=0.90$，赤道面观圆至椭圆形，极面观三裂圆形，大小为 22.5(21.1～27.5)μm×25.0(22.5～30.0)μm。具三孔沟，沟宽 5.9 μm，沟长/$P=0.85$，两端渐尖，沟膜粗糙具密集皱波状纹饰，内孔不明显。外壁厚为 2.7 μm，外层是内层的 2.5 倍。层次分明，内层薄，覆盖层具密集皱波状纹饰，外层内部具基柱，柱状层与内层间有空隙。外壁纹饰在光学显微镜下为刺状，在赤道光切面上约有 10 个刺，极光切面每裂片具 6 个刺。在扫描电镜下具显著的刺状纹饰，刺长渐尖，基部梅花状膨大，顶端锐尖，常弯曲，刺长 3.6 μm，刺基部直径 2.4 μm，相邻两刺之间距离为 1.6 μm，刺长与刺基部宽之比为 1.5，刺基部具 1 层小孔，沟界极区刺数为 10。

301. *Solidago altissima* L.(图版 145：1～6)

花粉粒近球形，$P/E=0.95$，赤道面观尖椭圆形，极面观三角形，大小为 23.7(22.5～26.4)μm×25.0(23.7～28.8)μm。具三孔沟，沟宽 4.8 μm，沟长/$P=0.89$，两端渐尖，沟膜不明显，内孔不明显。外壁厚为 2.5 μm，外层是内层的 2.5 倍。层次分明，内层薄，覆盖层较光滑，外层内部具基柱，柱状层与内层间有空隙。外壁纹饰在光学显微镜下为刺状，在赤道光切面上约有 11 个刺，极光切面每裂片具 5 个刺。在扫描电镜下具显著的刺状纹饰，刺渐尖，刺长 3.0 μm，刺基部直径 2.4 μm，相邻两刺之间距离为 1.2 μm，刺长与刺基部宽之比为 1.3，刺基部具 1～2 层小孔，沟界极区刺数为 5。

302. *S. albopilosa* Braun(图版 145：7～12)

花粉粒扁球形，$P/E=0.83$，赤道面观椭圆形，极面观三裂圆形，大小为 22.5(20.0～26.4)μm×27.1(22.5～30.0)μm。具三孔沟，沟宽 3.2 μm，沟长/$P=0.93$，两端渐尖，沟膜粗糙具皱褶或皱波状纹饰，内孔明显横长沟状。外壁厚为 2.2 μm，外层是内层的 2 倍。层次分明，内层薄，覆盖层具皱褶或皱波状纹饰，外层内部具基柱，柱状层与内层间有空隙。外壁纹饰在光学显微镜下为刺状，在赤道光切面上约有 11 个刺，极光切面每裂片具 5 个刺。在扫描电镜下具显著的刺状纹饰，刺渐尖，刺长 3.1 μm，刺基部直径 2.6 μm，相邻两刺之间距离为 0.9 μm，刺长与刺基部宽之比为 1.2，刺基部偶有小孔，沟界极区刺数为 14。

303. *S. arguta* Ait.(图版 146：1～6)

花粉粒近球形，$P/E=0.89$，赤道面观圆至椭圆形，极面观三裂圆形，大小为 20.0(16.3～22.5)μm×22.7(18.7～25.0)μm。具三孔沟，沟宽 4.0 μm，沟长/$P=0.84$，两端圆钝，沟膜不明显，内孔不明显。外壁厚为 2.2 μm，外层是内层的 2 倍。层次分明，内层薄，覆盖层较光滑，外层内部具基柱，柱状层与内层间有空隙。外壁纹饰在光学显微镜下为刺状，在赤道光切面上约有 12 个刺，极光切面每裂片具 5 个刺。在扫描电镜下具显著的刺状纹饰，刺突尖，顶端钝，刺长 2.0 μm，刺基部直径 2.2 μm，相邻两刺之间距离为 1.2 μm，刺长与刺基部宽之比为 0.9，刺基部具 2 层小孔，沟界极区刺数为 8。

304. *Solidago* × *asperula* Desf.(图版 146：7～12)

花粉粒近长球形，$P/E=1.15$，赤道面观椭圆形，极面观三裂圆形，大小为 20.0(16.2～22.5)μm×17.4(15.0～20.0)μm。具三孔沟，沟宽 3.6 μm，沟长/$P=0.98$，沟带状，沟膜较光滑，内孔明显横长沟状。外壁厚为 2.6 μm，外层是内层的 2 倍。层次分明，内层薄，覆盖层较光滑，外层内部具基柱，柱状层与内层间有空隙。外壁纹饰在光学显微镜下为刺状，在赤道光切面上约有 10 个刺，极光切面每裂片具 5 个刺。在扫描电镜下具显著的刺状纹饰，刺渐尖，基部膨大，顶端锐尖，刺长 3.3 μm，刺基部直径 3.3 μm，相邻两刺之间距离为 1.2 μm，刺长与刺基部宽之比为 1.0，刺基部具 2～3 层小孔，沟界极区刺数为 7。

305. *S. caesia* L.(图版 147：1～6)

花粉粒近球形，$P/E=0.95$，赤道面观圆至椭圆形，极面观三裂圆形，大小为 21.3(16.3～23.7)μm×22.5(17.5～25.0)μm。具三孔沟，沟宽 4.2 μm，沟长/$P=0.82$，两端渐尖，沟膜具细颗粒，内孔不明显。外壁厚为 2.1 μm，外层是内层的 2 倍。层次分明，内层薄，覆盖层较光滑，外层内部具基柱，柱状层与内层间有空隙。外壁纹饰在光学显微镜下为刺状，在赤道光切面上约有 11 个刺，极光切面每裂片具 5 个刺。在扫描电镜下具显著的刺状纹饰，刺渐尖，顶端

钝，刺长 3.1 μm，刺基部直径 2.4 μm，相邻两刺之间距离为 1.1 μm，刺长与刺基部宽之比为 1.3，刺基部具 1 层小孔，沟界极区刺数为 5。

306. *S. californica* Nutt.（图版 147：7～12）

花粉粒近球形，$P/E=0.89$，赤道面观圆至椭圆形，极面观圆形，大小为 20.0（18.8～22.5）μm×22.5（20.0～35.0）μm。具二孔或三孔，沟宽 4.3 μm，沟长/$P=0.86$，内孔圆形。外壁厚为 2.0 μm，外层是内层的 2 倍。层次分明，内层薄，覆盖层较光滑，外层内部具基柱，柱状层与内层间有空隙。外壁纹饰在光学显微镜下为刺状，在赤道光切面上约有 10 个刺，极光切面每裂片具 5 个刺。在扫描电镜下具显著的刺状纹饰，刺基部膨大呈丘状，刺长 1.9 μm，刺基部直径 2.8 μm，相邻两刺之间距离为 0.8 μm，刺长与刺基部宽之比为 0.7，刺基部具 1 层小孔，沟界极区刺数为 6。

307. *S. californica* Nutt. var. *paucifica*（图版 148：1～7）

花粉粒近球形，$P/E=0.94$，赤道面观圆至椭圆形，极面观三裂或四裂至六裂圆形，大小为 20.0（17.5～25.0）μm×21.3（18.9～27.5）μm。具三孔沟至六孔沟，沟宽 1.6 μm，沟长/$P=0.80$，两端渐尖，沟膜粗糙具细小颗粒状纹饰，内孔不明显。外壁厚为 2.6 μm，外层是内层的 2 倍。层次分明，内层薄，覆盖层较光滑，外层内部具基柱，柱状层与内层间有空隙。外壁纹饰在光学显微镜下为刺状，在赤道光切面上约有 14 个刺，极光切面每裂片具 5 个刺。在扫描电镜下具显著的刺状纹饰，刺基部膨大，顶端突尖，刺长 3.2 μm，刺基部直径 3.0 μm，相邻两刺之间距离为 1.1 μm，刺长与刺基部宽之比为 0.7，刺基部具 2 层小孔，沟界极区刺数 25。

308. 加拿大一枝黄花（*S. canadensis* L.）（图版 148：8，9）

花粉粒近球形，$P/E=0.96$，赤道面观圆至椭圆形，极面观三裂圆形，大小为 15.0（12.5～18.9）μm×15.6（12.5～20.0）μm。具三孔沟，沟宽 3.8 μm，沟长/$P=0.97$，两端渐尖，沟膜粗糙具细小颗粒状纹饰，内孔不明显。外壁厚为 1.8 μm，外层是内层的 2 倍。层次分明，内层薄，覆盖层较光滑，外层内部具基柱，柱状层与内层间有空隙。外壁纹饰在光学显微镜下为刺状，在赤道光切面上约有 9 个刺，极光切面每裂片具 5 个刺。在扫描电镜下具显著的刺状纹饰，刺渐尖，刺长 2.0 μm，刺基部直径 2.5 μm，相邻两刺之间距离为 1.2 μm，刺长与刺基部宽之比为 0.8，刺基部具 1 层小孔，沟界极区刺数为 6。

309. *S. caucasica* Kem.-Nath.（图版 148：10～12）

花粉粒近球形，$P/E=0.90$，赤道面观圆至椭圆形，极面观三裂圆形，大小为 23.7（21.3～26.3）μm×25.0（23.7～27.5）μm。具三孔沟，沟宽 4.1 μm，沟长/$P=0.96$，两端渐尖，沟膜粗糙具细小颗粒状纹饰，内孔明显横长沟状。外壁厚为 2.3 μm，外层是内层的 2 倍。层次分明，内层薄，覆盖层具细小颗粒状纹饰，外层内部具基柱，柱状层与内层间有空隙。外壁纹饰在光学显微镜下为刺状，在赤道光切面上约有 11 个刺，极光切面每裂片具 5 个刺。在扫描电镜下具显著的刺状纹饰，刺渐尖，刺长 3.0 μm，刺基部直径 2.6 μm，相邻两刺之间距离为 1.7 μm，刺长与刺基部宽之比为 1.2，刺基部具 1 层小孔，沟界极区刺数为 6。

310. *S. conferta* Mill.（图版 149：1～5）

花粉粒长球形，$P/E=1.23$，赤道面观椭圆形，极面观深三裂圆形，大小为 28.7（20.0～30.0）μm×23.3（18.7～27.5）μm。具三孔沟，沟宽 2.5 μm，沟长/$P=0.84$，沟带状，沟膜平滑，内孔明显横长。外壁厚为 2.6 μm，外层是内层的 2 倍。层次分明，内层薄，覆盖层较光滑，外层内部具基柱，柱状层与内层间有空隙。外壁纹饰在光学显微镜下为刺状，在赤道光切面上约有 10 个刺，极光切面每裂片具 5 个刺。在扫描电镜下具显著的刺状纹饰，刺突尖，刺长 3.2 μm，刺基部直径 2.6 μm，相邻两刺之间距离为 1.1 μm，刺长与刺基部宽之比为 1.2，刺基部具 2～3 层小孔，沟界极区刺数为 5。

311. 一枝黄花(*S*. *decurrens* Lour.)(图版 149：6～11)

花粉粒近球形，*P*/*E*＝0.90，赤道面观圆至椭圆形，极面观三裂圆形，大小为 22.5(21.3～26.3)μm×25.0(23.7～27.5)μm。具三孔沟，沟宽 5.4 μm，沟长/*P*＝0.98，两端渐尖，沟膜粗糙具细小颗粒状纹饰，内孔不明显。外壁厚为 2.8 μm，外层是内层的 2.5 倍。层次分明，内层薄，覆盖层较光滑，外层内部具基柱，柱状层与内层间有空隙。外壁纹饰在光学显微镜下为刺状，在赤道光切面上约有 11 个刺，极光切面每裂片具 5 个刺。在扫描电镜下具显著的刺状纹饰，刺长渐尖，顶端锐尖，刺长 3.4 μm，刺基部直径 2.1 μm，相邻两刺之间距离为 1.4 μm，刺长与刺基部宽之比为 1.6，刺基部偶有小孔，沟界极区刺数为 5。

312. *S*. *erecta* Pursh(图版 150：1～6)

花粉粒近球形，*P*/*E*＝0.89，赤道面观圆至椭圆形，极面观三裂圆形，大小为 18.9(16.2～22.5)μm×21.3(18.7～23.7)μm。具三孔沟，沟宽 4.4 μm，沟长/*P*＝0.80，两端渐尖，沟膜光滑，内孔明显横长沟状。外壁厚为 2.1 μm，外层是内层的 2 倍。层次分明，内层薄，覆盖层具强烈皱褶或条沟状纹饰，外层内部具基柱，柱状层与内层间有空隙。外壁纹饰在光学显微镜下为刺状，在赤道光切面上约有 14 个刺，极光切面每裂片具 5 个刺。在扫描电镜下具显著的刺状纹饰，刺长渐尖，顶端锐尖，刺长 3.0 μm，刺基部直径 2.0 μm，相邻两刺之间距离为 1.6 μm，刺长与刺基部宽之比为 1.5，刺基部具 1～2 层小孔，沟界极区刺数为 8。

313. *S*. *fistulosa* Mill.(图版 150：7～12)

花粉粒近球形，*P*/*E*＝0.89，赤道面观圆至椭圆形，极面观三裂圆形，大小为 18.9(16.2～22.5)μm×21.3(17.5～23.7)μm。具三孔沟，沟宽 4.4 μm，沟长/*P*＝0.82，两端渐尖，沟膜具细小颗粒状纹饰，内孔不明显。外壁厚为 1.9 μm，外层是内层的 1.5 倍。层次分明，内层薄，覆盖层具细小颗粒状纹饰，外层内部具基柱，柱状层与内层间有空隙。外壁纹饰在光学显微镜下为刺状，在赤道光切面上约有 10 个刺，极光切面每裂片具 5 个刺。在扫描电镜下具显著的刺状纹饰，刺长渐尖，顶端钝，刺长 2.9 μm，刺基部直径 2.0 μm，相邻两刺之间距离为 1.0 μm，刺长与刺基部宽之比为 1.5，刺基部具 2 层小孔，沟界极区刺数为 3。

314. *S*. *flexicaulis* L.(图版 151：1～6)

花粉粒近球形，*P*/*E*＝0.91，赤道面观圆至椭圆形，极面观三裂圆形，大小为 25.0(22.5～27.5)μm×27.5(23.7～30.0)μm。具三孔沟，沟宽 4.1，沟长/*P*＝0.82，两端渐尖，沟膜具细小颗粒状纹饰，内孔明显横长。外壁厚为 3.0 μm，外层是内层的 2.5 倍。层次分明，内层薄，覆盖层具细小颗粒状纹饰，外层内部具基柱，柱状层与内层间有空隙。外壁纹饰在光学显微镜下为刺状，在赤道光切面上约有 10 个刺，极光切面每裂片具 5 个刺。在扫描电镜下具显著的刺状纹饰，刺渐尖，刺长 3.0 μm，刺基部直径 2.2 μm，相邻两刺之间距离为 0.8 μm，刺长与刺基部宽之比为 1.4，刺基部具 2～3 层小孔，沟界极区刺数为 3。

315. *S*. *graminifolia* (L.) Salisb.(图版 151：7～12)

花粉粒扁球形，*P*/*E*＝0.88，赤道面观椭圆形，极面观二裂或三裂圆形，大小为 17.5(15.0

～23.8)μm×20.0(17.5～26.3)μm。具二孔沟或三孔沟，沟宽4.0 μm，沟长/P=0.86，两端渐尖，沟膜具颗粒，内孔明显横长。外壁厚为2.0 μm，外层是内层的2倍。层次分明，内层薄，覆盖层具细小颗粒状纹饰，外层内部具基柱，柱状层与内层间有空隙。外壁纹饰在光学显微镜下为刺状，在赤道光切面上约有10个刺，极光切面每裂片具5个刺。在扫描电镜下具显著的刺状纹饰，刺渐尖，顶端钝，刺长3.3 μm，刺基部直径2.4 μm，相邻两刺之间距离为0.7 μm，刺长与刺基部宽之比为1.4，刺基部具1层小孔，沟界极区刺数为3。

316. *S*. *gigantea* Ait.(图版152：1～5)

花粉粒扁球形，P/E=0.83，赤道面观椭圆形，极面观深三裂圆形，大小为17.5(15.0～21.4)μm×21.5(16.3～23.8)μm。具三孔沟，沟宽3.1 μm，沟长/P=0.85，两端渐尖，沟膜粗糙具细小颗粒状纹饰，内孔不明显。外壁厚为1.8 μm，外层是内层的1.5倍。层次分明，内层薄，覆盖层较光滑，外层内部具基柱，柱状层与内层间有空隙。外壁纹饰在光学显微镜下为刺状，在赤道光切面上约有9个刺，极光切面每裂片具5个刺。在扫描电镜下具显著的刺状纹饰，刺长渐尖，顶端钝，刺长3.2 μm，刺基部直径2.0 μm，相邻两刺之间距离为1.2 μm，刺长与刺基部宽之比为1.6，刺基部具1层小孔，沟界极区刺数为3。

317. *S*. *gymnospermoides* (Greene) Fern.(图版152：6～11)

花粉粒扁球形，P/E=0.87，赤道面观椭圆形，极面观深三裂圆形，大小为20.7(17.5～25.0)μm×23.8(20.0～28.9)μm。具三孔沟，沟宽4.4 μm，沟长/P=0.91，两端渐尖，沟膜具细皱褶，内孔明显横长。外壁厚为3.0 μm，外层是内层的2.5倍。层次分明，内层薄，覆盖层较光滑，外层内部具基柱，柱状层与内层间有空隙。外壁纹饰在光学显微镜下为刺状，在赤道光切面上约有10个刺，极光切面每裂片具5个刺。在扫描电镜下具显著的刺状纹饰，刺长渐尖，顶端钝，刺长3.2 μm，刺基部直径2.5 μm，相邻两刺之间距离为0.8 μm，刺长与刺基部宽之比为1.3，刺基部具1～2层小孔，沟界极区刺数为5。

318. *S*. *juncea* Ait.(图版153：1～5)

花粉粒近球形，P/E=0.94，赤道面观圆至椭圆形，极面观三裂圆形，大小为20.0(17.5～26.3)μm×21.3(17.5～27.5)μm。具三孔沟，沟宽3.2 μm，沟长/P=0.97，两端渐尖，沟膜具细颗粒，内孔不明显。外壁厚为2.5 μm，外层是内层的2倍。层次分明，内层薄，覆盖层具细小颗粒状纹饰，外层内部具基柱，柱状层与内层间有空隙。外壁纹饰在光学显微镜下为刺状，在赤道光切面上约有10个刺，极光切面每裂片具5个刺。在扫描电镜下具显著的刺状纹饰，刺渐尖，刺长3.2 μm，刺基部直径2.2 μm，相邻两刺之间距离为0.8 μm，刺长与刺基部宽之比为1.4，刺基部具2层小孔，沟界极区刺数为5。

319. *S*. *lapponica* Wither(图版153：6～11)

花粉粒长球形，P/E=1.24，赤道面观椭圆形，极面观三裂圆形，大小为30.9(23.8～32.5)μm×25.0(21.3～32.5)μm。具三孔沟，沟宽4.0 μm，沟长/P=0.80，沟带状，沟膜不明显，内孔不明显。外壁厚为2.4 μm，外层是内层的2倍。层次分明，内层薄，覆盖层具细小颗粒状纹饰，外层内部具基柱，柱状层与内层间有空隙。外壁纹饰在光学显微镜下为刺状，在赤道光切面上约有11个刺，极光切面每裂片具5个刺。在扫描电镜下具显著的刺状纹饰，刺长渐尖，顶端钝，刺长4.6 μm，刺基部直径3.0 μm，相邻两刺之间距离为1.3 μm，刺长与刺基部宽之比为1.5，刺基部具2层小孔，沟界极区刺数为1。

320. *S*. *latifolia* L.(图版 154：1～6)

花粉粒近球形，*P*/*E* = 1.05，赤道面观圆至椭圆形，极面观三裂圆形，大小为 25.0(22.5～28.9)μm×23.7(20.0～27.5)μm。具三孔沟，沟宽 4.6 μm，沟长/*P* = 0.77，两端圆钝，沟膜光滑内陷，内孔不明显。外壁厚为 2.6 μm，外层是内层的 2 倍。层次分明，内层薄，覆盖层具穿孔，外层内部具基柱，柱状层与内层间有空隙。外壁纹饰在光学显微镜下为刺状，在赤道光切面上约有 10 个刺，极光切面每裂片具 5 个刺。在扫描电镜下具显著的刺状纹饰，刺长渐尖，刺长 3.1 μm，刺基部直径 1.7 μm，相邻两刺之间距离为 1.2 μm，刺长与刺基部宽之比为 1.8，刺基部具 2 层小孔，沟界极区刺数为 8。

321. *S*. *macrophylla* Pursh(图版 154：7～12)

花粉粒近球形，*P*/*E* = 0.95，赤道面观圆至椭圆形，极面观三裂圆形，大小为 23.7(21.2～25.0)μm×25.0(22.5～27.5)μm。具三孔沟，沟宽 5.2 μm，沟长/*P* = 0.76，两端渐尖，沟膜具细颗粒，内孔明显横长沟状。外壁厚为 2.3 μm，外层是内层的 2 倍。层次分明，内层薄，覆盖层具皱褶或皱波状纹饰，外层内部具基柱，柱状层与内层间有空隙。外壁纹饰在光学显微镜下为刺状，在赤道光切面上约有 10 个刺，极光切面每裂片具 5 个刺。在扫描电镜下具显著的刺状纹饰，刺渐尖，刺长 3.3 μm，刺基部直径 2.2 μm，相邻两刺之间距离为 1.2 μm，刺长与刺基部宽之比为 1.5，刺基部具 1 层小孔，沟界极区刺数为 7。

322. *S*. *miratilis* Kitam.(图版 155：1～6)

花粉粒近球形，*P*/*E* = 1.07，赤道面观圆至椭圆形，极面观深三裂圆形，大小为 20.0(17.5～22.5)μm×18.7(17.5～20.0)μm。具三孔沟，沟宽 4.8 μm，沟长/*P* = 0.80，两端圆钝，沟膜具皱褶或皱波状纹饰，内孔不明显。外壁厚为 2.2 μm，外层是内层的 2 倍。层次分明，内层薄，覆盖层具皱褶或皱波状纹饰，外层内部具基柱，柱状层与内层间有空隙。外壁纹饰在光学显微镜下为刺状，在赤道光切面上约有 7 个刺，极光切面每裂片具 5 个刺。在扫描电镜下具显著的刺状纹饰，刺长渐尖，顶端常弯曲，刺长 3.2 μm，刺基部直径 2.0 μm，相邻两刺之间距离为 1.8 μm，刺长与刺基部宽之比为 1.6，刺基部偶有小孔，沟界极区刺数为 3。

323. *S*. *missouriensis* Nutt.(图版 155：7～12)

花粉粒长球形，*P*/*E* = 1.20，赤道面观椭圆形，极面观三裂圆形，大小为 22.4(16.8～25.0)μm×18.7(16.3～22.5)μm。具三孔沟，沟宽 1.7 μm，沟长/*P* = 0.98，两端渐尖，沟膜不明显，内孔不明显。外壁厚为 1.9 μm，外层是内层的 2 倍。层次分明，内层薄，覆盖层具密集颗粒状纹饰，外层内部具基柱，柱状层与内层间有空隙。外壁纹饰在光学显微镜下为刺状，在赤道光切面上约有 10 个刺，极光切面每裂片具 5 个刺。在扫描电镜下具显著的刺状纹饰，刺长渐尖，顶端钝，刺长 2.5 μm，刺基部直径 1.4 μm，相邻两刺之间距离为 1.6 μm，刺长与刺基部宽之比为 1.8，刺基部具 1 层小孔，沟界极区刺数为 4。

324. *S*. *nemoralis* Ait.(图版 156：1～5)

花粉粒长球形，*P*/*E* = 1.25，赤道面观椭圆形，极面观深三裂圆形，大小为 18.8(17.5～22.5)μm×15.0(12.5～23.7)μm。具三孔沟，沟宽 2.0 μm，沟长/*P* = 0.90，两端渐尖，沟膜光滑，内孔不明显。外壁厚为 1.8 μm，外层是内层的 2 倍。层次分明，内层薄，覆盖层较光滑，外层内部具基柱，柱状层与内层间有空隙。外壁纹饰在光学显微镜下为刺状，在赤道光切面上约有 11 个刺，极光切面每裂片具 5 个刺。在扫描电镜下具显著的刺状纹饰，刺渐尖，刺长

3.0 μm,刺基部直径 2.8 μm,相邻两刺之间距离为 1.6 μm,刺长与刺基部宽之比为 1.5,刺基部具 1 层小孔,沟界极区刺数为 3。

325. *S*. *oreophila* Rydb.(图版 156:6~11)

花粉粒近球形,$P/E=0.94$,赤道面观圆至椭圆形,极面观三裂圆形,大小为 20.0(17.5~25.0)μm×21.3(18.7~27.5)μm。具三孔沟,沟宽 4.0 μm,沟长/$P=0.98$,两端渐尖,沟膜光滑内陷,内孔不明显。外壁厚为 2.1 μm,外层是内层的 2 倍。层次分明,内层薄,覆盖层具穿孔,外层内部具基柱,柱状层与内层间有空隙。外壁纹饰在光学显微镜下为刺状,在赤道光切面上约有 11 个刺,极光切面每裂片具 5 个刺。在扫描电镜下具显著的刺状纹饰,刺渐尖,顶端钝,刺长 3.3 μm,刺基部直径 2.4 μm,相邻两刺之间距离为 1.1 μm,刺长与刺基部宽之比为 1.4,刺基部具 3~4 层小孔,沟界极区刺数为 5。

326. 钝苞一枝黄花(*S*. *pacifica* Juz.)(图版 157:1~5)

花粉粒近球形,$P/E=0.95$,赤道面观圆至椭圆形,极面观深三裂圆形,大小为 21.3(18.7~25.0)μm×22.5(20.0~28.7)μm。具三孔沟,沟宽 5.2 μm,沟长/$P=0.88$,两端渐尖,沟膜光滑,内孔不明显。外壁厚为 2.6 μm,外层内层的 2 倍。层次分明,内层薄,覆盖层具穿孔,外层内部具基柱,柱状层与内层间有空隙。外壁纹饰在光学显微镜下为刺状,在赤道光切面上约有 12 个刺,极光切面每裂片具 5 个刺。在扫描电镜下具显著的刺状纹饰,刺长渐尖,顶端锐尖,刺长 4.2 μm,刺基部直径 2.2 μm,相邻两刺之间距离为 1.7 μm,刺长与刺基部宽之比为 1.9,刺基部具 2 层小孔,沟界极区刺数为 4。

327. *S*. *puberula* Nutt.(图版 157:6~10)

花粉粒近球形,$P/E=0.95$,赤道面观圆至椭圆形,极面观三裂圆形,大小为 18.9(16.3~22.5)μm×20.0(17.5~25.0)μm。具三孔沟,沟宽 4.2 μm,沟长/$P=0.96$,两端渐尖,沟膜光滑,内孔不明显。外壁厚为 2.7 μm,外层是内层的 2 倍。层次分明,内层薄,覆盖层具强烈皱褶或条沟状纹饰,外层内部具基柱,柱状层与内层间有空隙。外壁纹饰在光学显微镜下为刺状,在赤道光切面上约有 11 个刺,极光切面每裂片具 5 个刺。在扫描电镜下具显著的刺状纹饰,刺渐尖,顶端钝,刺长 3.2 μm,刺基部直径 1.9 μm,相邻两刺之间距离为 1.1 μm,刺长与刺基部宽之比为 1.6,刺基部具 1~2 层小孔,沟界极区刺数为 7。

328. *S*. *riddellii* Franch.(图版 157:11~13; 158:1,2)

花粉粒近球形,$P/E=0.89$,赤道面观圆至椭圆形,极面观深三裂圆形,大小为 18.9(17.5~21.4)μm×21.3(18.9~25.0)μm。具三孔沟,沟宽 4.0 μm,沟长/$P=0.80$,两端渐尖,沟膜平滑,内孔不明显。外壁厚为 2.5 μm,外层是内层的 2 倍。层次分明,内层薄,覆盖层具强烈皱褶或条沟状纹饰,外层内部具基柱,柱状层与内层间有空隙。外壁纹饰在光学显微镜下为刺状,在赤道光切面上约有 10 个刺,极光切面每裂片具 5 个刺。在扫描电镜下具显著的刺状纹饰,刺长渐尖,顶端钝,刺长 3.1 μm,刺基部直径 1.7 μm,相邻两刺之间距离为 1.5 μm,刺长与刺基部宽之比为 1.8,刺基部具 1~2 层小孔,沟界极区刺数为 2。

329. *S*. *rigidiusenla* (S. et G.) Portes(图版 158:3~7)

花粉粒扁球形,$P/E=0.84$,赤道面观圆至椭圆形,极面观三裂圆形,大小为 18.9(15.0~21.3)μm×22.5(18.9~25.0)μm。具三孔沟,沟宽 6.0 μm,沟长/$P=0.80$,两端渐尖,沟膜具细颗粒,内孔明显横长沟状。外壁厚为 2.4 μm,外层是内层的 2 倍。层次分明,内层薄,覆盖层具皱褶或皱波状纹饰,外层内部具基柱,柱状层与内层间有空隙。外壁纹饰在光学显微镜下为刺状,在赤道光切面上约有 14 个刺,极光切面每裂片具 5 个刺。在扫描电镜下具显著的刺状纹饰,刺渐尖,顶端锐尖,刺长 3.0 μm,刺基部直径 2.1 μm,相邻两刺之间距离为 1.6 μm,刺长与刺基部宽之比为 1.4,刺基部具 1 层小孔,沟界极区刺数为 7。

330. *S*. *rugosa* Mill.(图版 158:8～12)

花粉粒扁球形,*P*/*E* = 0.85,赤道面观椭圆形,极面观三裂圆形,大小为 20.1(16.3～22.5)μm×23.7(18.3～27.5)μm。具三孔沟,沟宽 3.5 μm,沟长/*P* = 0.80,两端渐尖,沟膜具细颗粒,内孔明显横长。外壁厚为 2.1 μm,外层是内层的 2 倍。层次分明,内层薄,覆盖层较光滑,外层内部具基柱,柱状层与内层间有空隙。外壁纹饰在光学显微镜下为刺状,在赤道光切面上约有 12 个刺,极光切面每裂片具 5 个刺。在扫描电镜下具显著的刺状纹饰,刺渐尖,顶端圆钝,刺长 2.6 μm,刺基部直径 1.8 μm,相邻两刺之间距离为 1.3 μm,刺长与刺基部宽之比为 1.4,刺基部具 1 层小孔,沟界极区刺数为 6。

331. *S*. *serotina* Ait.(图版 159:1～6)

花粉粒近球形,*P*/*E* = 0.90,赤道面观圆至椭圆形,极面观三裂圆形,大小为 21.3(17.5～23.7)μm×23.7(22.5～27.5)μm。具三孔沟,沟宽 4.8 μm,沟长/*P* = 0.96,两端渐尖,沟膜具皱褶,内孔不明显。外壁厚为 2.3 μm,外层是内层的 2 倍。层次分明,内层薄,覆盖层具皱褶或皱波状纹饰,外层内部具基柱,柱状层与内层间有空隙。外壁纹饰在光学显微镜下为刺状,在赤道光切面上约有 10 个刺,极光切面每裂片具 5 个刺。在扫描电镜下具显著的刺状纹饰,刺基部膨大,顶端锐尖,常弯曲,刺长 3.3 μm,刺基部直径 2.5 μm,相邻两刺之间距离为 1.2 μm,刺长与刺基部宽之比为 1.3,刺基部具 2 层小孔,沟界极区刺数为 7。

332. *S*. *spathulata* DC.(图版 159:7～11)

花粉粒近球形,*P*/*E* = 0.94,赤道面观圆至椭圆形,极面观深三裂圆形,大小为 22.5(20.0～25.0)μm×23.7(20.0～27.5)μm。具三孔沟,沟宽 4.3 μm,沟长/*P* = 0.86,两端渐尖,沟膜具细颗粒,内孔明显横长。外壁厚为 2.4 μm,外层是内层的 1.5 倍。层次分明,内层薄,覆盖层具强烈皱褶或条沟状纹饰,外层内部具基柱,柱状层与内层间有空隙。外壁纹饰在光学显微镜下为刺状,在赤道光切面上约有 12 个刺,极光切面每裂片具 5 个刺。在扫描电镜下具显著的刺状纹饰,刺渐尖,顶端钝,常弯曲,刺长 3.1 μm,刺基部直径 2.8 μm,相邻两刺之间距离为 0.9 μm,刺长与刺基部宽之比为 1.1,刺基部偶有小孔,沟界极区刺数为 3。

333. *S*. *speciosa* Nutt.(图版 160:1～6)

花粉粒近球形,*P*/*E* = 0.91,赤道面观圆至椭圆形,极面观三裂圆形,大小为 23.9(20.0～27.5)μm×26.3(22.5～31.4)μm。具三孔沟,沟宽 4.7 μm,沟长/*P* = 0.90,两端渐尖,沟膜具皱褶,内孔不明显。外壁厚为 2.7 μm,外层是内层的 2 倍。层次分明,内层薄,覆盖层具强烈皱褶或条沟状纹饰,外层内部具基柱,柱状层与内层间有空隙。外壁纹饰在光学显微镜下为刺状,在赤道光切面上约有 15 个刺,极光切面每裂片具 6 个刺。在扫描电镜下具显著的刺状纹饰,刺渐尖,刺长 3.1 μm,刺基部直径 2.4 μm,相邻两刺之间距离为 1.7 μm,刺长与刺基部宽之比为 1.3,刺基部偶有小孔,沟界极区刺数为 6。

334. *S*. *tortifolia* Ell.(图版 160:7～12)

花粉粒近球形,*P*/*E* = 0.93,赤道面观圆至椭圆形,极面观深三裂圆形,大小为 17.5(15.0

～20.0)μm×18.9(15.0～21.3)μm。具三孔沟,沟宽 1.4 μm,沟长/P=0.96,两端渐尖,沟膜具细颗粒,内孔不明显。外壁厚为 2.8 μm,外层是内层的 2.5 倍。层次分明,内层薄,覆盖层具皱褶或皱波状纹饰,外层内部具基柱,柱状层与内层间有空隙。外壁纹饰在光学显微镜下为刺状,在赤道光切面上约有 11 个刺,极光切面每裂片具 5 个刺。在扫描电镜下具显著的刺状纹饰,刺渐尖,顶端锐尖,刺长 3.6 μm,刺基部直径 2.2 μm,相邻两刺之间距离为 1.8 μm,刺长与刺基部宽之比为 1.6,刺基部具 1 层小孔,沟界极区刺数为 3。

335. *S*. *trinevata* Greene(图版 161：1～6)

花粉粒长球形,P/E=1.23,赤道面观圆至椭圆形,极面观三裂圆形,大小为 27.5(20.0～32.5)μm×22.4(18.7～27.5)μm。具三孔沟,沟宽 2.2 μm,沟长/P=0.92,两端渐尖,沟膜具皱褶内陷,内孔明显横长沟状。外壁厚为 2.7 μm,外层是内层的 2 倍。层次分明,内层薄,覆盖层具皱褶或皱波状纹饰,外层内部具基柱,柱状层与内层间有空隙。外壁纹饰在光学显微镜下为刺状,在赤道光切面上约有 17 个刺,极光切面每裂片具 5 个刺。在扫描电镜下具显著的刺状纹饰,刺突尖,顶端常弯曲,刺长 2.6 μm,刺基部直径 2.6 μm,相邻两刺之间距离为 1.1 μm,刺长与刺基部宽之比为 1.0,刺基部具 2 层小孔,沟界极区刺数为 4。

336. *S*. *uliginosa* var. *linoides* (T. et G.) Fernald(图版 161：7～12)

花粉粒扁球形,P/E=0.76,赤道面观椭圆形,极面观深三裂圆形,大小为 22.5(20.0～27.5)μm×29.6(21.5～32.5)μm。具三孔沟,沟宽 6.2 μm,沟长/P=0.80,两端渐尖,沟膜具细皱褶,内孔明显横长。外壁厚为 2.7 μm,外层是内层的 2 倍。层次分明,内层薄,覆盖层具皱褶或皱波状纹饰,外层内部具基柱,柱状层与内层间有空隙。外壁纹饰在光学显微镜下为刺状,在赤道光切面上约有 12 个刺,极光切面每裂片具 5 个刺。在扫描电镜下具显著的刺状纹饰,刺渐尖,顶端钝,刺长 3.0 μm,刺基部直径 2.2 μm,相邻两刺之间距离为 1.0 μm,刺长与刺基部宽之比为 1.4,刺基部具 1～2 层小孔,沟界极区刺数为 4。

337. *S*. *ulmifolia* Muhl.(图版 162：1～3)

花粉粒扁球形,P/E=0.88,赤道面观圆至椭圆形,极面观三裂圆形,大小为 17.5(15.0～23.7)μm×20.0(16.3～25.0)μm。具三孔沟,沟宽 3.7 μm,沟长/P=0.91,两端渐尖,沟膜具皱褶内陷,内孔明显横长。外壁厚为 2.6 μm,外层是内层的 2 倍。层次分明,内层薄,覆盖层具密集皱波状纹饰,外层内部具基柱,柱状层与内层间有空隙。外壁纹饰在光学显微镜下为刺状,在赤道光切面上约有 10 个刺,极光切面每裂片具 5 个刺。在扫描电镜下具显著的刺状纹饰,刺长渐尖,顶端钝,刺长 3.5 μm,刺基部直径 2.0 μm,相邻两刺之间距离为 0.9 μm,刺长与刺基部宽之比为 1.8,刺基部具 2～3 层小孔,沟界极区刺数为 8。

338. *S*. *virgaurea* L. var. *dahurica* Kitag.(图版 162：4～6)

花粉粒近球形,P/E=1.05,赤道面观圆至椭圆形,极面观深三裂圆形,大小为 23.6(18.9～25.0)μm×22.5(20.0～27.5)μm。具三孔沟,沟宽 3.7 μm,沟长/P=0.82,两端渐尖,沟膜光滑,内孔明显横长。外壁厚为 2.5 μm,外层是内层的 2 倍。层次分明,内层薄,覆盖层穿孔,外层内部具基柱,柱状层与内层间有空隙。外壁纹饰在光学显微镜下为刺状,在赤道光切面上约有 10 个刺,极光切面每裂片具 5 个刺。在扫描电镜下具显著的刺状纹饰,刺长渐尖,顶端锐尖,常弯曲,刺长 3.2 μm,刺基部直径 2.0 μm,相邻两刺之间距离为 1.6 μm,刺长与刺基部宽之比为 1.6,刺基部具 3 层小孔,沟界极区刺数为 1。

339. 毛果一枝黄花(*S. virgaurea* L.)(图版 162：7～9)

花粉粒近球形，$P/E=0.90$，赤道面观圆至椭圆形，极面观三裂圆形，大小为 22.5(20.0～27.5)μm×25.0(21.4～27.5)μm。具三孔沟，沟宽 3.9 μm，沟长/$P=0.92$，两端渐尖，沟膜较光滑，内孔不明显。外壁厚为 2.0 μm，外层是内层的 2 倍。层次分明，内层薄，覆盖层穿孔，外层内部具基柱，柱状层与内层间有空隙。外壁纹饰在光学显微镜下为刺状，在赤道光切面上约有 12 个刺，极光切面每裂片具 5 个刺。在扫描电镜下具显著的刺状纹饰，刺渐尖，顶端锐尖，刺长 3.0 μm，刺基部直径 2.0 μm，相邻两刺之间距离为 1.3 μm，刺长与刺基部宽之比为 1.5，刺基部具 1 层小孔，沟界极区刺数为 6。

340. 碱菀(*Tripolium vulgare* Nees)(图版 163：1～6)

花粉粒近球形，$P/E=0.92$，赤道面观圆至椭圆形，极面观深三裂圆形，大小为 27.5(22.5～32.5)μm×30.0(25.0～35.0)μm。具三孔沟，沟宽 5.7 μm，沟长/$P=0.95$，两端渐尖，沟膜具皱褶或皱波状纹饰，内孔明显横长沟状。外壁厚为 3.3 μm，外层是内层的 2.5 倍。层次分明，内层薄，覆盖层具强烈皱褶或条沟状纹饰，外层内部具基柱，柱状层与内层间有空隙。外壁纹饰在光学显微镜下为刺状，在赤道光切面上约有 11 个刺，极光切面每裂片具 6 个刺。在扫描电镜下具显著的刺状纹饰，刺渐尖，顶端钝，刺长 3.3 μm，刺基部直径 2.1 μm，相邻两刺之间距离为 0.7 μm，刺长与刺基部宽之比为 1.6，刺基部具 1 层小孔，沟界极区刺数为 3。

341. 女菀(*Turczaninowia fastigiata* (Fisch.) DC.)(图版 163：7～12)

花粉粒近长球形，$P/E=1.15$，赤道面观尖椭圆形，极面观三角形，大小为 25.0(22.5～30.0)μm×21.7(20.0～25.5)μm。具三孔沟，沟宽 2.6 μm，沟长/$P=0.86$，两端渐尖，沟膜较光滑，内孔不明显。外壁厚为 2.9 μm，外层是内层的 2.5 倍。层次分明，内层薄，覆盖层较光滑，外层内部具基柱，柱状层与内层间有空隙。外壁纹饰在光学显微镜下为刺状，在赤道光切面上约有 10 个刺，极光切面每裂片具 5 个刺。在扫描电镜下具显著的刺状纹饰，刺渐尖，顶端弯曲锐尖，刺长 3.4 μm，刺基部直径 2.6 μm，相邻两刺之间距离为 1.2 μm，刺长与刺基部宽之比为 1.3，刺基部具 2 层小孔，沟界极区刺数为 3。

342. *Xanthisma texanum* DC.(图版 164：1～6)

花粉粒近球形，$P/E=1.06$，赤道面观圆至椭圆形，极面观三裂圆形，大小为 23.8(20.0～28.9)μm×22.5(18.7～30.0)μm。具三孔沟，沟宽 5.0 μm，沟长/$P=0.92$，两端渐尖，沟膜粗糙具粗大颗粒，内孔明显横长。外壁厚为 2.2 μm，外层是内层的 2 倍。层次分明，内层薄，覆盖层具细小颗粒状纹饰，外层内部具基柱，柱状层与内层间有空隙。外壁纹饰在光学显微镜下为刺状，在赤道光切面上约有 18 个刺，极光切面每裂片具 5～6 个刺。在扫描电镜下具显著的刺状纹饰，刺矮钝突尖，刺长 2.0 μm，刺基部直径 2.8 μm，相邻两刺之间距离为 0.6 μm，刺长与刺基部宽之比为 0.7，刺基部无小孔，沟界极区刺数为 10。

343. 毛冠菊(*Nannoglottis carpesioides* Maxim.)(图版 165：1～5)

花粉粒近长球形，$P/E=1.18$，赤道面观椭圆形，极面观三裂圆形，大小为 31.9(28.7～35.0)μm×27.0(22.5～32.5)μm。具三孔沟，沟宽 4.4 μm，沟长/$P=0.89$，两端渐尖，沟膜不明显，内孔不明显。外壁厚为 2.3 μm，外层是内层的 2 倍。层次分明，内层薄，覆盖层具皱褶或皱波状纹饰，外层内部具基柱，柱状层与内层间有空隙。外壁纹饰在光学显微镜下为刺状，在赤道光切面上约有 22 个刺，极光切面每裂片具 5 个刺。在扫描电镜下具显著的刺状纹饰，

刺长渐尖，刺长 3.6 μm，刺基部直径 2.2 μm，相邻两刺之间距离为 1.5 μm，刺长与刺基部宽之比为 1.6，刺基部具 1 层小孔，沟界极区刺数为 4。

344. 厚毛毛冠菊（*N. delavayi* (Franch.) Ling et Y. L. Chen）（图版 165：6～10）

花粉粒近球形，P/E = 1.09，赤道面观圆至椭圆形，极面观深三裂圆形，大小为 28.5(22.5～32.5) μm×26.3(20.0～30.0) μm。具三孔沟，沟宽 2.8 μm，沟长/P = 0.90，两端渐尖，沟膜光滑内陷，内孔不明显。外壁厚为 3.1 μm，外层是内层的 2.5 倍。层次分明，内层薄，覆盖层具穿孔，外层内部具基柱，柱状层与内层间有空隙。外壁纹饰在光学显微镜下为刺状，在赤道光切面上约有 20 个刺，极光切面每裂片具 5 个刺。在扫描电镜下具显著的刺状纹饰，刺长渐尖，刺长 3.6 μm，刺基部直径 1.8 μm，相邻两刺之间距离为 1.8 μm，刺长与刺基部宽之比为 2.0，刺基部具 1 层小孔，沟界极区刺数为 4。

345. 狭舌毛冠菊（*N. gynura* (C. Winkl.) Ling et Y. L. Chen）（图版 166：1～5）

花粉粒近球形，P/E = 0.98，赤道面观圆至椭圆形，极面观三裂圆形，大小为 25.7(20.0～30.0) μm×26.4(20.0～32.5) μm。具三孔沟，沟宽 3.8 μm，沟长/P = 0.82，两端圆钝，沟膜粗糙内陷，内孔不明显。外壁厚为 2.1 μm，外层是内层的 2 倍。层次分明，内层薄，覆盖层具细小颗粒状纹饰，外层内部具基柱，柱状层与内层间有空隙。外壁纹饰在光学显微镜下为刺状，在赤道光切面上约有 22 个刺，极光切面每裂片具 5 个刺。在扫描电镜下具显著的刺状纹饰，刺渐尖，刺长 2.9 μm，刺基部直径 2.4 μm，相邻两刺之间距离为 1.0 μm，刺长与刺基部宽之比为 1.2，刺基部无小孔，沟界极区刺数为 5。

346. 玉龙毛冠菊（*N. hieraciophylla* (Hand.-Mazz.) Ling et Y. L. Chen）（图版 166：6～10）

花粉粒近球形，P/E = 1.03，赤道面观圆至椭圆形，极面观三裂圆形，大小为 31.9(26.7～35.5) μm×29.5(25.0～37.5) μm。具三孔沟，沟宽 4.7 μm，沟长/P = 0.86，两端圆钝，沟膜粗糙内陷，内孔不明显。外壁厚为 2.2 μm，外层是内层的 2 倍。层次分明，内层薄，覆盖层具皱褶或皱波状纹饰，外层内部具基柱，柱状层与内层间有空隙。外壁纹饰在光学显微镜下为刺状，在赤道光切面上约有 21 个刺，极光切面每裂片具 5 个刺。在扫描电镜下具显著的刺状纹饰，刺渐尖，刺长 2.3 μm，刺基部直径 1.8 μm，相邻两刺之间距离为 1.2 μm，刺长与刺基部宽之比为 1.3，刺基部无小孔，沟界极区刺数为 20。

347. 宽苞毛冠菊（*N. latisquama* Ling et Y. L. Chen）（图版 167：1～5）

花粉粒近长球形，P/E = 1.19，赤道面观椭圆形，极面观三裂圆形，大小为 28.5(22.5～32.5) μm×24.5(20.0～30.0) μm。具三孔沟，沟宽 7.6 μm，沟长/P = 0.90，两端渐尖，沟膜不明显，内孔不明显。外壁厚为 2.0 μm，外层是内层的 2 倍。层次分明，内层薄，覆盖层较光滑，外层内部具基柱，柱状层与内层间有空隙。外壁纹饰在光学显微镜下为刺状，在赤道光切面上约有 25 个刺，极光切面每裂片具 5 个刺。在扫描电镜下具显著的刺状纹饰，刺长渐尖，刺长 3.8 μm，刺基部直径 2.4 μm，相邻两刺之间距离为 1.5 μm，刺长与刺基部宽之比为 1.6，刺基部无小孔，沟界极区刺数为 4。

348. 大果毛冠菊（*N. macrocarpa* Ling et Y. L. Chen）（图版 167：6～10）

花粉粒近球形，P/E = 1.03，赤道面观圆至椭圆形，极面观深三裂圆形，大小为 28.1(25.0～35.0) μm×27.4(25.0～35.0) μm。具三孔沟，沟宽 3.9 μm，沟长/P = 0.84，两端圆钝，沟膜粗糙具大颗粒，内孔不明显。外壁厚为 2.6 μm，外层是内层的 2 倍。层次分明，内层薄，覆盖层具强烈皱褶或条沟状纹饰，外层内部具基柱，柱状层与内层间有空隙。外壁纹饰在光学显微镜下为刺状，在赤道光切面上约有 21 个刺，极光切面每裂片具 5 个刺。在扫描电镜下具显著的刺状纹饰，刺长渐尖，刺长 3.3 μm，刺基部直径 2.3 μm，相邻两刺之间距离为 0.6 μm，刺长与刺基部宽之比为 1.4，刺基部无小孔，沟界极区刺数为 3。

349. 川西毛冠菊（*N. souliei*（Franch.）Ling et Y. L. Chen）（图版 168：1～5）

花粉粒近球形，*P*/*E*＝0.92，赤道面观圆至椭圆形，极面观三裂圆形，大小为 31.5（25.0～35.0）μm×34.2（20.0～37.5）μm。具三孔沟，沟宽 7.6 μm，沟长/*P*＝0.88，两端圆钝，沟膜粗糙具小洞，内孔不明显。外壁厚为 2.5 μm，外层是内层的 2.5 倍。层次分明，内层薄，覆盖层具皱褶或皱波状纹饰，外层内部具基柱，柱状层与内层间有空隙。外壁纹饰在光镜下为刺状，在赤道光切面上约有 24 个刺，极光切面每裂片具 5 个刺。在扫描电镜下具显著的刺状纹饰，刺渐尖，刺长 2.7 μm，刺基部直径 1.7 μm，相邻两刺之间距离为 1.7 μm，刺长与刺基部宽之比为 1.6，刺基部具少数小孔，沟界极区刺数为 5。

350. 云南毛冠菊（*N. yunnanensis* Hand.-Mazz.）（图版 168：6～10）

花粉粒扁球形，*P*/*E*＝0.87，赤道面观椭圆形，极面观三裂圆形，大小为 27.0（25.0～32.5）μm×31.1（26.5～35.0）μm。具三孔沟，沟宽 7.1 μm，沟长/*P*＝0.82，两端圆钝，沟膜粗糙内陷，内孔不明显。外壁厚为 1.9 μm，外层是内层的 1.5 倍。层次分明，内层薄，覆盖层具皱褶或皱波状纹饰，外层内部具基柱，柱状层与内层间有空隙。外壁纹饰在光学显微镜下为刺状，在赤道光切面上约有 21 个刺，极光切面每裂片具 5 个刺。在扫描电镜下具显著的刺状纹饰，刺渐尖，刺长 2.7 μm，刺基部直径 2.2 μm，相邻两刺之间距离为 1.6 μm，刺长与刺基部宽之比为 1.2，刺基部无小孔，沟界极区刺数为 10。

3.2.3　紫菀族花粉形态特征的比较

根据紫菀族花粉的形状、大小、孔沟数目和外壁纹饰等特征，350 种花粉的比较列于表 2 中。

3.3　紫菀族花粉类型的分类与描述

1. 三脉叶紫菀型（*Aster ageratoides* type）

花粉粒扁球形，赤道面观椭圆形，极面观三裂圆形或浅三裂圆形，大小为（10.5～33.7）μm×（12.5～36.4）μm，*P*/*E*＝0.76～0.88。具三孔沟，沟端圆钝至渐尖，沟膜较光滑或具细颗粒，沟宽 3.7～4.7 μm，沟长/*P*＝0.78～0.97，内孔不明显至横长，沟界极区 6～10 个刺。外壁厚 1.5～2.9 μm，外层是内层的 1.5～2.5 倍。覆盖层较光滑或具细颗粒状纹饰，刺渐尖至长渐尖，顶端常弯曲，刺基部无孔。刺长 2.2～4.7 μm，刺基部直径 1.8～2.9 μm，刺长/宽＝1.2～1.7，刺间距 0.6～1.7 μm。

属于本类型花粉的有：图版 4：1；29：1；35：1,6；39：1,8；48：1；59：7；63：7,10；66：9；68：1；69：1,9；72：1；75：1；77：1；136：1；151：1～12；152：1～3；153：1；154：1～4；156：6～11；160：1,2；162：5。

表 2 紫菀族植物花粉形态特征比较

Table 2 Comparison of pollen morphological feature in selected *Astereae*

分类 Taxa	花粉形状 Pollen shape		花粉大小 Size(μm)				萌发孔 Aperture		外壁 Exine							图版 Plate
	花粉粒 Pollen grain	极面观 Shape in polar view	极轴直径(P) Polar diameter	赤道轴直径(E) Equatorial diameter	P/E	$\sqrt{P \cdot E}$ (μm)	宽度 Width (μm)	沟长/P Length of the colpus /P	厚度 Thickness (μm)	S/N	刺 Spine					
											长度 Length (μm)	宽度 Width (μm)	SNA	SNEL	BP	
Aster abatus	近球形	三裂圆形	30.0 (20.0～32.5)	31.3 (23.7～32.5)	0.96	30.64	7.8	0.84	2.3	2.0	3.3	2.7	7	6	无	1：1～5
A. acer	近球形	三裂圆形	28.7 (25.0～32.5)	31.3 (25.0～32.5)	0.92	29.97	8.0	0.88	2.0	2.0	3.3	2.5	8	6	无	1：6～10
A. acuminatus	近球形	三裂圆形	26.2 (20.0～30.0)	27.5 (20.0～31.3)	0.95	26.84	6.2	0.82	1.9	1.5	3.2	2.7	11	5	1～2 层	2：1～5
A. aegyropholis	近长球形	三裂圆形	25.0 (20.0～31.2)	20.0 (17.5～27.5)	1.25	25.00	4.5	0.91	2.0	2.0	2.0	1.5	10	6	1～2 层	2：6～10
三脉紫菀 *A. ageratoides*	扁球形	三裂圆形	20.0 (17.5～23.7)	22.7 (20.0～27.5)	0.88	21.82	3.7	0.91	1.8	1.5	3.8	2.9	7	5	无	3：1～5
A. ageratoides subsp. *leiophyllus* var. *tenuifolius*	近球形	三裂圆形	25.0 (17.5～30.0)	27.5 (20.0～30.0)	0.91	26.22	5.0	0.86	2.1	2.0	4.3	3.4	14	6	2～3 层	3：6～10
三脉紫菀坚叶变种 *A. ageratoides* var. *firmus*	近球形	三裂圆形	30.0 (25.0～35.0)	30.0 (23.9～32.5)	1.00	30.00	7.3	0.94	2.0	2.0	4.2	3.0	8	5	1 层	4：1～5
三脉紫菀异叶变种 *A. ageratoides* var. *heterophllus*	近球形	三裂圆形	27.5 (20.0～30.0)	26.3 (22.5～32.5)	1.05	26.89	5.0	0.88	1.8	2.0	3.2	2.2	14	5	散见	4：6～10
翼柄紫菀 *A. alatipes*	近长球形	三裂圆形	22.8 (16.3～30.0)	20.0 (17.5～27.5)	1.14	21.35	1.4	0.96	2.0	2.0	3.1	2.0	6	6	无	5：1～5
小舌紫菀 *A. albescens*	近球形	三裂圆形	25.0 (22.5～27.5)	26.3 (21.3～28.8)	0.95	25.64	5.0	0.89	1.1	2.0	4.3	3.4	8	5	1 层	5：6～10

注：S/N：外层与内层厚度比(sexine/nexine ratio)；SNA：沟界极区刺数(spine number on apocolpium)；SNEL：每裂片刺数(spine number at each lobe)；BP：基部小孔(basal pore)。

续表

分 类 Taxa	花粉形状 Pollen shape		花粉大小 Size(μm)				萌发孔 Aperture		外壁 Exine							图版 Plate
	花粉粒 Pollen grain	极面观 Shape in polar view	极轴直径(P) Polar diameter	赤道轴直径(E) Equatorial diameter	P/E	$\sqrt{P\cdot E}$ (μm)	宽度 Width (μm)	沟长/P Length of the colpus /P	厚度 Thickness (μm)	S/N	刺 Spine					
											长度 Length (μm)	宽度 Width (μm)	SNA	SNEL	BP	
小舌紫菀白背变种 *A. albescens* var. *discolor*	近长球形	三裂圆形	17.6 (15.0～27.5)	23.9 (21.3～27.5)	1.15	25.64	2.3	0.94	1.3	2.0	2.8	2.2	9	5	1层	6：1～5
小舌紫菀腺点变种 *A. albescens* var. *glandulosus*	近长球形	三裂圆形	28.9 (21.3～30.0)	26.3 (25.0～28.9)	1.06	27.57	2.3	0.87	1.2	2.0	3.9	2.9	8	6	无	6：6～10
小舌紫菀狭叶变种 *A. albescens* var. *gracilior*	近长球形	深三裂圆形	28.9 (22.5～37.5)	24.9 (20.0～27.5)	1.16	26.83	3.5	0.88	1.8	1.5	4.8	3.4	3	5	2层	7：1～6
小舌紫菀无毛变种 *A. albescens* var. *levissimus*	扁球形	浅三裂圆形	22.5 (15.0～27.5)	25.9 (17.5～30.0)	0.87	24.14	4.2	0.97	2.1	1.5	3.5	2.0	13	6	散见	7：7～11
小舌紫菀椭叶变种 *A. albescens* var. *limprichtii*	扁球形	深三裂圆形	20.0 (16.2～22.5)	22.5 (15.0～25.0)	0.89	21.21	4.2	0.70	1.6	1.5	2.9	3.2	6	5	散见	8：1～5
小舌紫菀卵叶变种 *A. albescens* var. *ovatus*	近球形	三裂圆形	32.5 (22.5～37.5)	30.0 (22.5～35.0)	1.08	31.22	8.5	0.74	1.2	1.5	4.0	3.0	4	6	4层	8：6～10
小舌紫菀长毛变种 *A. albescens* var. *pilosus*	近球形	三裂圆形	26.3 (22.5～32.5)	25.5 (15.0～30.0)	1.03	24.53	5.2	0.81	2.5	2.0	3.3	4.1	3	6	2层	9：1～5
小舌紫菀糙叶变种 *A. albescens* var. *rugosus*	近球形	三裂圆形	26.3 (18.9～32.5)	27.5 (20.0～33.8)	0.96	26.89	3.8	0.75	2.4	2.0	4.1	2.8	6	5	散见	9：6～10
小舌紫菀柳叶变种 *A. albescens* var. *salignus*	近球形	三裂圆形	28.9 (21.2～33.7)	27.5 (18.9～35.0)	1.06	28.19	6.0	0.86	2.8	2.0	4.5	3.2	8	6 (4)	散见	10：1～6
高山紫菀 *A. alpinus*	长球形	三裂圆形	31.5 (17.5～32.5)	26.3 (20.0～30.0)	1.20	28.78	5.9	0.98	2.1	1.5	3.8	3.2	4	5	无	10：7～11
A. altaicus	近球形	浅三裂圆形	22.5 (18.7～25.0)	25.0 (22.5～27.5)	0.90	23.72	4.6	0.91	2.0	2.5	3.3	2.4	10	6	无	11：1～6

续表

分类 Taxa	花粉形状 Pollen shape		花粉大小 Size(μm)				萌发孔 Aperture		外壁 Exine							图版 Plate
	花粉粒 Pollen grain	极面观 Shape in polar view	极轴直径(P) Polar diameter	赤道轴直径(E) Equatorial diameter	P/E	$\sqrt{P \cdot E}$ (μm)	宽度 Width (μm)	沟长/P Length of the colpus /P	厚度 Thickness (μm)	S/N	刺 Spine					
											长度 Length (μm)	宽度 Width (μm)	SNA	SNEL	BP	
A. altaicus var. *latibracheatus*	扁球形	浅三裂圆形	25.0 (21.3～28.7)	31.2 (25.0～32.5)	0.80	27.93	5.6	0.83	2.0	2.0	3.2	3.1	9	6	1层	11：7～11
A. amellus	长球形	深三裂圆形	30.0 (25.0～32.0)	24.8 (20.0～28.5)	1.21	27.28	2.6	0.82	3.1	3.0	4.6	3.9	3	6	散见	12：1～5
A. anomalus	扁球形	深三裂圆形	21.2 (20.0～23.6)	25.1 (22.5～27.5)	0.84	23.07	4.1	0.81	2.0	2.0	3.1	2.6	5	5	1层	12：6～10
银鳞紫菀 *A. argyropholis*	近球形	三裂圆形	25.0 (20.0～32.5)	22.5 (17.5～25.0)	1.11	23.72	2.7	0.92	1.8	2.0	3.7	2.6	7	5	无	13：1～5
星舌紫菀 *A. asteroides*	近球形	深三裂圆形	30.0 (20.0～35.0)	27.5 (22.5～32.5)	1.10	28.72	4.1	0.83	2.9	3.0	4.0	2.9	1	5	无	13：6～10
耳叶紫菀 *A. auriculatus*	近球形	三裂圆形	30.0 (20.0～35.0)	27.5 (22.5～31.3)	1.10	28.72	3.3	0.88	3.3	3.0	2.4	2.7	4	6	1层	14：1～5
A. azureus	近球形	三或二裂圆形	25.0 (18.7～31.2)	27.6 (20.0～32.5)	0.91	26.27	5.0	0.85	2.5	2.0	3.8	3.0	18	6	无	14：6～10
白舌紫菀 *A. baccharoides*	长球形	三角形	27.4 (22.5～32.5)	13.8 (10.5～20.3)	1.90	19.45	1.4	0.88	3.9	4.0	3.3	1.9	1	5	2～3层	15：1～3
巴塘紫菀 *A. batangensis*	长球形	三角形	25.0 (20.0～30.0)	20.0 (18.7～28.0)	1.25	22.36	2.9	0.87	2.4	2.5	4.1	2.6	3	6	2层	15：4～9
巴塘紫菀匙叶变种 *A. batangensis* var. *staticefolius*	近球形	三裂圆形	32.5 (25.0～40.0)	30.0 (20.0～36.3)	1.07	31.22	5.0	0.79	2.8	2.0	4.6	3.2	7	5	2层	16：1～5
A. benthamii	近球形	浅三裂圆形	31.3 (25.0～35.0)	30.0 (22.5～35.0)	1.04	30.64	4.7	0.85	3.8	3.0	3.5	3.2	12	6	2层	16：6～10

续表

分类 Taxa	花粉形状 Pollen shape		花粉大小 Size(μm)				萌发孔 Aperture		外壁 Exine							图版 Plate
	花粉粒 Pollen grain	极面观 Shape in polar view	极轴直径(P) Polar diameter	赤道轴直径(E) Equatorial diameter	P/E	$\sqrt{P \cdot E}$ (μm)	宽度 Width (μm)	沟长/P Length of the colpus /P	厚度 Thickness (μm)	S/N	刺 Spine					
											长度 Length (μm)	宽度 Width (μm)	SNA	SNEL	BP	
短毛紫菀 *A. brachytrichus*	近球形	三裂圆形	25.0 (22.5～27.5)	23.7 (20.0～26.3)	1.05	24.34	6.5	0.93	3.1	2.0	2.9	2.2	7	5	无	17: 1～6
线舌紫菀 *A. bietii*	近长球形	三裂(偶二裂)	34.8 (28.7～37.5)	30.0 (25.0～35.0)	1.16	32.34	4.4	0.81	1.6	2.0	4.5	4.2	7	5	1层	17: 7～11
扁毛紫菀 *A. bulleyanus*	近球形	浅三裂圆形	26.8 (17.5～30.0)	27.5 (20.0～32.5)	0.97	27.15	6.8	0.72	2.8	3.0	3.8	2.7	21	5	无	18: 1～6
A. canus	近球形	三裂圆形	30.0 (25.0～32.5)	32.5 (25.0～37.5)	0.92	31.22	4.4	0.94	2.2	1.5	4.0	3.0	5	6	无	18: 7～11
A. changiana	近球形	浅三裂圆形	27.5 (22.5～31.3)	27.5 (20.0～30.0)	1.00	27.50	6.2	0.89	2.5	2.0	3.4	2.7	10	5	1层	19: 1～5
A. ciliolatus	长球形	三角形	27.5 (22.5～30.0)	21.2 (20.0～28.5)	1.30	24.15	12.7	0.91	2.3	1.5	4.3	3.8	3	5	1层	19: 6～10
A. cimitaneus	近球形	深三裂圆形	20.5 (18.5～25.5)	19.8 (16.8～23.8)	1.08	20.23	6.4	0.89	2.3	1.5	4.5	2.9	4	6	1～2层	20: 1～3
A. coerulescens	近球形	深三裂圆形	27.5 (23.6～32.5)	30.0 (27.5～33.9)	0.92	28.72	5.8	0.90	2.3	1.5	3.5	2.2	5	6	1层	20: 4～8
A. concolor	长球形	三裂圆形	29.3 (21.2～32.5)	23.6 (20.0～27.5)	1.24	26.30	5.0	0.88	2.3	2.0	3.1	2.4	7	6	1～2层	20: 9,10 21: 1,2
A. conspicuus	近长球形	三裂圆形	45.6 (35.0～48.5)	40.00 (35.0～43.9)	1.14	42.71	5.7	0.97	3.9	3.0	4.3	3.6	6	5	2～3层	21: 3～6
A. cordifolius	近球形	浅三裂圆形	22.5 (20.0～26.3)	22.5 (20.0～25.0)	1.00	22.50	5.2	0.88	1.9	1.5	3.1	2.4	12	5	1层	21: 7～9 22: 1,2

续表

分类 Taxa	花粉形状 Pollen shape		花粉大小 Size(μm)				萌发孔 Aperture		外壁 Exine							图版 Plate
	花粉粒 Pollen grain	极面观 Shape in polar view	极轴直径(P) Polar diameter	赤道轴直径(E) Equatorial diameter	P/E	$\sqrt{P \cdot E}$ (μm)	宽度 Width (μm)	沟长/P Length of the colpus /P	厚度 Thickness (μm)	S/N	刺 Spine 长度 Length (μm)	刺 Spine 宽度 Width (μm)	刺 Spine SNA	刺 Spine SNEL	刺 Spine BP	
A. debilis	近球形	三裂圆形	27.5 (23.9~31.3)	30.8 (23.8~32.5)	0.89	29.10	6.0	0.94	2.7	2.0	3.0	2.6	7	5	1~2层	22：3~5
A. delavayi	扁球形	深三裂圆形	35.0 (22.5~40.0)	40.2 (25.0~45.0)	0.87	37.51	5.2	0.76	3.0	2.5	3.3	2.3	4	5	散见	22：6~10
A. dimorphyllus	近球形	三裂圆形	27.5 (23.7~32.5)	25.0 (22.5~30.0)	1.10	26.22	4.1	0.79	2.0	2.0	3.2	2.3	7	6	1层	23：1~5
重冠紫菀 *A. diplostephioides*	扁球形	深三裂圆形	27.5 (25.0~30.0)	31.3 (25.0~32.5)	0.88	29.34	6.1	0.92	2.5	2.0	2.8	2.4	4	5	1层	23：6~10
A. divaricatus	近球形	浅三裂圆形	25.0 (22.5~27.5)	25.0 (21.0~27.5)	1.00	25.00	4.9	0.89	3.1	3.0	4.4	2.8	10	5	无	24：1~5
长梗紫菀 *A. dolichopodus*	近球形	深三裂圆形	25.0 (22.5~26.3)	26.3 (21.0~27.0)	0.95	22.50	5.0	0.82	2.0	1.5	4.0	2.8	4	5	2~3层	24：6~8
长叶紫菀 *A. dolichophyllus*	近球形	三裂圆形	35.0 (27.5~40.0)	32.5 (22.5~37.5)	1.08	33.73	4.5	0.73	2.8	2.5	4.1	2.6	5	5	无	24：9 25：1~5
A. dumosus	近长球形	三裂圆形	25.0 (20.0~30.0)	22.0 (18.9~25.0)	1.14	23.56	1.7	0.84	2.7	2.0	3.5	2.6	8	6	1层	25：6~10
A. ericoides	近球形	三裂圆形	21.1 (17.5~23.9)	22.5 (18.7~25.0)	0.94	21.79	3.6	0.75	2.5	2.0	3.8	3.3	7	5	散见	26：1~4
海紫菀 *A. tripolium*	近球形	三裂圆形	27.5 (22.5~37.5)	30.0 (23.7~38.9)	0.92	28.72	3.7	0.92	3.0	2.5	3.8	3.8	9	5	无	26：5~10
镰叶紫菀 *A. falcifolius*	长球形	深三裂圆形	25.0 (22.5~28.2)	19.0 (17.8~27.5)	1.30	21.91	5.3	0.79	1.9	1.5	4.2	2.4	4	5	散见	27：1~6

续表

分类 Taxa	花粉形状 Pollen shape		花粉大小 Size(μm)				萌发孔 Aperture		外壁 Exine							图版 Plate
	花粉粒 Pollen grain	极面观 Shape in polar view	极轴直径(P) Polar diameter	赤道轴直径(E) Equatorial diameter	P/E	$\sqrt{P \cdot E}$ (μm)	宽度 Width (μm)	沟长/P Length of the colpus /P	厚度 Thickness (μm)	S/N	刺 Spine					
											长度 Length (μm)	宽度 Width (μm)	SNA	SNEL	BP	
狭苞紫菀 *A. farreri*	长球形	深三裂圆形	28.7 (25.0～33.8)	23.9 (22.5～27.5)	1.20	26.19	7.6	0.70	2.0	1.5	3.0	2.4	4	5	无	27：7～12
A. fastigiatus	近球形	三裂圆形	20.0 (17.5～23.9)	19.2 (15.0～22.5)	1.04	19.60	3.5	0.96	2.8	2.0	3.1	2.0	6	5	1层	28：1～3
萎软紫菀 *A. flaccidus*	近球形	深三裂圆形	30.0 (25.0～35.0)	30.0 (25.0～35.0)	1.00	26.20	4.7	0.88	3.0	2.5	4.2	2.4	5	6	1层	28：4～8
A. foliaceus Lindl. ssp. *apricus*	扁球形	三裂圆形	14.2 (10.5～18.5)	16.1 (12.5～20.5)	0.88	15.12	4.3	0.91	2.6	2.0	3.0	2.3	8	5	无	28：9,10
褐毛紫菀 *A. fuscescens*	近球形	三裂圆形	30.0 (21.3～33.8)	27.5 (22.5～30.0)	1.10	28.72	6.7	0.68	2.1	2.0	4.1	3.0	8	5	2层	29：1～6
秦中紫菀 *A. giraldii*	长球形	三裂圆形	27.5 (21.3～31.3)	26.9 (23.8～30.0)	1.20	25.09	5.3	0.98	2.3	2.5	3.9	1.8	6	5	1层	29：7～11
A. glaucodes	近球形	二裂或三裂圆形	26.2 (21.2～31.4)	27.5 (21.2～32.5)	0.95	26.84	6.7	0.80	1.8	1.5	2.0	2.2	8	5～8	无	30：1～4
A. glehnii	近球形	三裂圆形	25.0 (20.0～30.0)	25.0 (22.5～31.3)	0.90	23.72	5.5	0.94	2.1	2.0	4.2	2.3	7	5	无	30：5～9
红冠紫菀 *A. handelii*	近长球形	三裂圆形	35.0 (25.0～37.5)	30.2 (22.5～35.0)	1.16	32.51	10.5	0.89	2.7	3.5	3.0	2.4	4	5	无	30：10 31：1～5
横斜紫菀 *A. hersileoides*	近球形	深三裂圆形	23.8 (17.5～27.5)	22.7 (20.0～27.5)	1.05	23.24	6.7	0.77	2.8	2.0	3.3	3.3	4	5	1～2层	31：6～10
异苞紫菀 *A. heterolepis*	近球形	三裂圆形	32.5 (22.5～37.5)	30.0 (22.5～33.8)	1.08	31.22	7.1	0.73	2.9	2.0	3.3	2.2	5	5	散见	32：1～6

续表

分类 Taxa	花粉形状 Pollen shape		花粉大小 Size(μm)				萌发孔 Aperture		外壁 Exine							图版 Plate
	花粉粒 Pollen grain	极面观 Shape in polar view	极轴直径(P) Polar diameter	赤道轴直径(E) Equatorial diameter	P/E	$\sqrt{P \cdot E}$ (μm)	宽度 Width (μm)	沟长/P Length of the colpus /P	厚度 Thickness (μm)	S/N	刺 Spine					
											长度 Length (μm)	宽度 Width (μm)	SNA	SNEL	BP	
须弥紫菀 *A. himalaicus*	近球形	三裂圆形	25.0 (20.0～33.9)	26.2 (20.0～32.5)	0.95	25.59	7.2	0.75	2.3	1.5	3.6	2.2	4	4～5	无	32：7～12
A. hirtifolius	近球形	三裂圆形	23.7 (20.0～26.7)	25.0 (22.5～28.9)	0.95	24.34	5.1	0.94	2.0	1.5	2.6	2.0	8	5	1层	33：1～6
A. hispidus	近球形	三裂圆形	23.5 (20.0～27.5)	21.2 (19.5～27.5)	1.11	22.32	6.1	0.73	2.1	2.0	4.7	3.1	7	5	1层	33：7～9
等苞紫菀 *A. homochlamydeus*	近长球形	浅三裂圆形	30.0 (22.5～35.0)	26.3 (20.0～30.0)	1.14	28.09	4.5	0.93	4.0	3.0	3.8	3.1	12	6	1层	34：1～5
A. ibericus	长球形	三裂圆形	32.5 (30.0～36.2)	23.9 (20.5～30.5)	1.36	27.87	7.2	0.83	2.7	1.5	3.2	2.9	6	5	散见	34：6～10
大埔紫菀 *A. itsunboshi*	近球形	三裂圆形	20.0 (17.5～25.0)	20.0 (15.8～25.0)	1.00	20.00	6.1	0.84	2.0	1.5	4.7	2.2	8	5	无	35：1～3
滇西北紫菀 *A. jeffreyanus*	近球形	三裂圆形	27.5 (20.0～30.0)	28.7 (22.5～31.3)	0.95	28.19	5.0	0.76	2.0	2.0	3.8	2.2	7	5	无	35：4～9
A. laevis	近球形	二裂、三裂、四裂圆形	36.8 (31.3～40.0)	33.1 (30.0～37.5)	1.11	34.90	3.0	0.56	4.1	4.0	3.6	3.0	16	4～5	2～3层	36：1～5
A. lanceolatus	扁球形	二裂圆形	25.0 (21.2～28.9)	28.9 (22.5～32.5)	0.87	26.88	5.1	0.77	3.0	2.0	4.2	3.3	5	7	无	36：6～10
A. lateriflorus	近球形	三裂圆形	32.5 (28.7～35.0)	30.1 (20.0～35.0)	1.08	31.28	6.0	0.76	2.1	2.0	4.2	2.8	8	6	1层	37：1～5
宽苞紫苑 *A. latibracteatus*	近球形	三裂圆形	26.7 (23.8～30.0)	28.9 (26.7～31.3)	0.92	27.78	5.7	0.84	1.9	1.5	3.9	2.9	10	5	散见	37：6～10

续表

分类 Taxa	花粉形状 Pollen shape		花粉大小 Size(μm)				萌发孔 Aperture		外壁 Exine							图版 Plate
	花粉粒 Pollen grain	极面观 Shape in polar view	极轴直径(P) Polar diameter	赤道轴直径(E) Equatorial diameter	P/E	$\sqrt{P\cdot E}$ (μm)	宽度 Width (μm)	沟长/P Length of the colpus /P	厚度 Thickness (μm)	S/N	刺 Spine 长度 Length (μm)	刺 Spine 宽度 Width (μm)	刺 Spine SNA	刺 Spine SNEL	刺 Spine BP	
线叶紫菀 *A. lavanduliifolius*	近球形	三裂圆形	23.8 (18.8～25.0)	25.0 (22.5～35.0)	0.95	24.39	5.3	0.80	1.9	1.5	3.6	2.2	5	5	无	38：1～5
A. leucanthemifolius	长球形	三裂圆形	27.5 (25.0～31.3)	23.9 (21.9～28.0)	1.15	25.64	6.8	0.84	2.0	2.0	2.7	1.8	8	5	2～3层	38：6～10
丽江紫菀 *A. likiangensis*	长球形	三裂圆形	35.0 (27.5～40.0)	29.9 (25.0～38.5)	1.17	32.35	2.8	0.84	3.8	3.0	4.3	2.4	10	5	散见	39：1～3，5～7
舌叶紫菀 *A. lingulatus*	近球形	三裂圆形	32.5 (25.0～41.3)	31.3 (25.0～45.0)	1.04	31.89	5.3	0.92	3.5	3.0	3.9	2.4	8	5	散见	39：4,8,9 40：1～3
青海紫菀 *A. lipskyi*	近球形	三裂圆形	26.9 (20.0～27.5)	25.0 (18.9～30.0)	1.08	25.93	4.5	0.79	2.4	2.0	3.2	2.6	8	5	散见	40：4～7
A. littoralis	近球形	三裂圆形	27.5 (15.0～30.0)	26.2 (18.5～27.5)	1.05	26.84	3.6	0.77	2.6	2.0	5.0	2.8	6	5	散见	40：8～12
圆苞紫菀 *A. maackii*	近球形	三裂圆形	27.5 (20.0～30.0)	28.8 (26.3～36.3)	0.95	28.14	6.1	0.88	2.1	2.0	2.0	2.5	4	6	散见	41：1～3
A. macrophyllus	近球形	三裂圆形	32.5 (27.5～36.4)	30.0 (26.2～32.5)	1.08	31.22	7.6	0.83	2.3	2.0	4.2	3.3	7	5	散见	41：4～8
莽山紫菀 *A. mangshanensis*	扁球形	深三裂圆形	23.8 (22.5～27.5)	27.5 (25.0～30.0)	0.87	25.58	6.0	0.98	2.1	2.0	4.5	2.9	4	5	1层	41：9,10 42：1～4
大花紫菀 *A. megalanthus*	近长球形	三裂圆形	40.2 (22.5～42.5)	34.3 (21.2～37.5)	1.17	37.13	5.6	0.95	2.3	2.0	3.8	2.5	8	5	无	42：5～10
川鄂紫菀 *A. moupinensis*	近球形	浅三裂圆形	25.0 (20.0～27.5)	27.5 (22.5～32.5)	0.91	26.22	5.0	0.83	2.3	2.0	3.3	3.3	10	5	2层	43：1～6
A. nemoralis Ait. var. *major*	长球形	三裂圆形	33.3 (21.1～32.5)	25.0 (20.0～27.5)	1.33	28.85	4.9	0.84	2.1	1.5	3.3	2.8	8	6	1层	43：7～11

续表

分类 Taxa	花粉形状 Pollen shape		花粉大小 Size(μm)				萌发孔 Aperture		外壁 Exine							图版 Plate
	花粉粒 Pollen grain	极面观 Shape in polar view	极轴直径(P) Polar diameter	赤道轴直径(E) Equatorial diameter	P/E	$\sqrt{P\cdot E}$ (μm)	宽度 Width (μm)	沟长/P Length of the colpus /P	厚度 Thickness (μm)	S/N	刺 Spine					
											长度 Length (μm)	宽度 Width (μm)	SNA	SNEL	BP	
黑山紫菀 *A. nigromontanus*	近球形	三裂圆形	27.5 (23.9～32.5)	25.0 (22.5～27.5)	1.10	26.22	4.7	0.92	2.4	2.0	3.5	3.0	7	5	1～2层	44：1～6
亮叶紫菀 *A. nitidus*	近球形	三裂圆形	22.5 (16.3～27.5)	25.0 (18.9～30.0)	0.90	23.72	4.3	0.86	2.1	2.0	3.8	2.8	13	5	1层	44：7～12
A. novae-anglicae	近球形	三裂圆形	27.5 (23.7～30.0)	28.9 (25.0～32.5)	0.95	28.19	5.4	0.84	2.5	2.5	3.5	2.8	7	5	散见	45：1～5
A. occidentalis	长球形	三裂圆形	37.5 (30.0～40.0)	30.0 (25.0～35.0)	1.25	33.54	4.8	0.81	3.0	3.0	2.7	2.2	11	4～6	1层	45：6～10
石生紫菀 *A. oreophilus*	近球形	三裂圆形	25.0 (20.0～32.5)	27.5 (21.3～35.0)	0.91	26.22	9.3	0.89	2.7	2.0	3.0	2.6	6	5	1层	46：1～5
琴叶紫菀 *A. panduratus*	近长球形	三裂圆形	25.0 (21.3～30.0)	22.5 (17.5～27.5)	1.11	23.72	3.8	0.91	2.8	2.5	4.2	3.3	8	5	3层	46：6～10
A. pansus	近球形	三裂圆形	17.5 (15.0～21.2)	18.9 (16.3～22.5)	0.93	18.19	5.4	0.94	2.3	2.0	3.7	2.3	8	5	1层	47：1～4
A. patens	近球形	三裂圆形	25.0 (22.5～27.5)	27.5 (16.3～31.3)	0.91	26.22	6.8	0.87	2.5	3.0	3.9	2.8	7	5	1～2层	47：5～9
密叶紫菀 *A. pycnophyllus*	近长球形	三裂圆形	27.8 (21.3～33.5)	25.0 (20.0～31.3)	1.11	26.58	5.6	0.96	2.9	2.0	4.2	2.2	4	7	1～2层	47：10 48：1～4
A. pilosus	近球形	三裂圆形	18.9 (17.5～30.0)	20.0 (18.8～28.9)	0.95	19.44	5.7	0.96	2.9	2.5	3.1	2.0	7	5	散见	48：5～10
高茎紫菀 *A. proserus*	近长球形	浅三裂圆形	25.0 (21.1～27.5)	22.5 (20.0～26.3)	1.10	23.72	3.3	0.82	2.3	2.0	3.8	2.5	12	5	散见	49：1～6
A. puniceus	近球形	三裂圆形	25.0 (21.3～33.9)	23.7 (20.0～28.9)	0.81	24.34	5.8	0.81	2.4	2.0	3.7	2.4	7	6	2层	49:7～11

续表

分类 Taxa	花粉形状 Pollen shape		花粉大小 Size(μm)				萌发孔 Aperture		外壁 Exine							图版 Plate
	花粉粒 Pollen grain	极面观 Shape in polar view	极轴直径(P) Polar diameter	赤道轴直径(E) Equatorial diameter	P/E	$\sqrt{P \cdot E}$ (μm)	宽度 Width (μm)	沟长/P Length of the colpus/P	厚度 Thickness (μm)	S/N	刺 Spine					
											长度 Length (μm)	宽度 Width (μm)	SNA	SNEL	BP	
A. radula	近球形	三裂圆形	26.3 (23.7～30.0)	27.5 (25.0～31.3)	0.96	26.89	3.3	0.96	3.1	3.0	4.2	3.2	7	6	1层	50：1～5
凹叶紫菀 *A. retusus*	近球形	深三裂圆形	31.3 (25.0～37.5)	27.5 (20.0～37.5)	1.04	30.69	5.3	0.75	2.8	2.0	3.5	2.0	4	5	散见	50：6～11
A. sibiricus L. var. *meritus*	近长球形	三裂圆形	25.0 (20.0～30.0)	22.5 (21.2～28.9)	1.11	23.72	3.6	0.98	2.2	2.0	3.1	2.1	8	6	1层	51：1～5
A. roseus	近球形	三裂圆形	22.5 (17.5～28.9)	23.4 (18.7～30.0)	0.96	22.95	3.6	0.83	2.1	1.5	3.1	2.2	5	6	1层	51：6～10
A. sagittifolius	扁球形	三裂圆形	22.0 (20.0～27.5)	25.0 (20.0～30.0)	0.88	23.45	3.2	0.91	2.5	2.5	3.6	2.0	8	5	散见	52：1～5
A. salicifolius	近球形	三裂圆形	26.1 (18.9～28.7)	27.5 (20.0～32.5)	0.95	26.79	6.1	0.76	2.8	2.5	4.4	2.8	6	5	2层	52：6～10
怒江紫菀 *A. salwinensis*	长球形	三裂圆形	39.1 (28.5～42.5)	30.5 (21.3～37.5)	1.28	34.53	5.0	0.80	3.8	3.5	3.4	3.6	2	5	无	53：1～6
短舌紫菀等毛变种 *A. sampsonii* var. *isochaetus*	长球形	三角形	32.5 (28.5～36.8)	25.0 (22.5～31.3)	1.30	28.50	8.7	0.90	3.1	3.0	3.1	2.6	3	4～5	2～3层	53：7～11
A. scopulorus	近球形	三裂圆形	25.0 (12.5～32.5)	25.0 (11.3～27.5)	1.00	25.00	7.2	0.90	2.5	2.0	2.1	2.4	3	5	无	54：1～5
A. sedifolius	近球形	深三裂圆形	27.5 (22.5～30.0)	28.9 (22.5～31.2)	0.95	28.19	4.1	0.90	2.4	2.0	2.9	2.4	3	6	无	54：6～10
狗舌紫菀 *A. senecioides*	近球形	三裂圆形	35.0 (30.0～37.5)	33.7 (28.9～40.0)	1.04	34.34	4.2	0.81	3.1	2.0	3.8	2.9	3	6	散见	55：1～6
四川紫菀 *A. sutchuenensis*	近长球形	三裂圆形	25.0 (23.8～30.0)	21.2 (18.9～27.5)	1.18	23.02	4.5	0.96	2.4	2.0	3.8	3.0	8	6	2层	55：7～12

续表

分 类 Taxa	花粉形状 Pollen shape		花粉大小 Size(μm)				萌发孔 Aperture		外壁 Exine							图版 Plate
	花粉粒 Pollen grain	极面观 Shape in polar view	极轴直径(*P*) Polar diameter	赤道轴直径(*E*) Equatorial diameter	*P*/*E*	$\sqrt{P \cdot E}$ (μm)	宽度 Width (μm)	沟长/*P* Length of the colpus /*P*	厚度 Thickness (μm)	S/N	刺 Spine					
											长度 Length (μm)	宽度 Width (μm)	SNA	SNEL	BP	
A. *shortii*	近球形	浅三裂圆形	30.0 (22.5～37.5)	28.7 (23.7～35.0)	1.05	29.34	5.7	0.92	2.8	2.0	2.7	2.3	11	7	无	56：1～5
西伯利亚紫菀 *A*. *sibiricus*	近球形	三裂圆形	25.0 (21.1～32.5)	27.5 (22.5～30.0)	0.91	26.22	4.3	0.97	2.8	2.0	4.2	3.1	7	6	散见	56：6～10
西固紫菀 *A*. *sikuensis*	近球形	三裂圆形	23.8 (20.0～25.0)	22.5 (18.7～25.0)	1.06	23.14	4.5	0.92	1.5	1.5	3.0	2.7	6	5	无	57：1～3
岳麓紫菀 *A*. *sinianus*	近球形	三裂圆形	27.3 (20.0～28.9)	26.8 (20.0～31.3)	0.98	25.20	4.5	0.81	2.1	1.5	3.3	2.5	7	5	1～2层	57：4～9
甘川紫菀 *A*. *smithianus*	近球形	深三裂圆形	26.3 (21.0～30.0)	25.0 (19.5～27.5)	1.05	25.64	5.6	0.73	2.0	2.0	3.3	2.5	4	5	散见	57：10～12
缘毛紫菀 *A*. *souliei*	近球形	深三裂圆形	36.0 (25.0～40.0)	27.5 (22.5～30.0)	1.31	28.19	5.3	0.81	2.5	2.5	3.6	2.2	4	5	散见	58：1～5
A. *spathulifolius*	近球形	三裂圆形	28.9 (25.0～33.4)	27.3 (22.5～32.5)	1.06	28.09	4.2	0.98	2.1	2.0	3.5	2.8	7	5	无	58：6～10
A. *spectabilis*	扁球形	深三裂圆形	30.0 (22.5～32.5)	35.2 (28.7～37.5)	0.85	33.24	4.5	1.22	2.4	2.0	3.0	3.0	3	5	散见	59：1～5
圆耳紫菀 *A*. *sphaerotus*	近球形	三裂圆形	27.5 (22.5～30.5)	27.5 (25.0～30.0)	1.00	27.50	4.4	0.97	2.1	2.0	4.9	2.4	5	5	1层	59：6～10
A. *squarosus*	近长球形	三裂圆形	26.4 (22.5～28.9)	23.2 (21.3～25.0)	1.14	24.75	5.0	0.88	2.3	2.0	2.8	2.0	10	5	散见	60：1～5
A. *subintegerrimus*	近球形	三裂圆形	22.5 (20.0～27.5)	23.9 (20.0～28.7)	0.94	23.19	5.2	0.83	2.2	2.0	3.6	2.7	7	6	无	60：6～10
A. *subspicatus*	扁球形	三裂圆形	30.0 (25.0～33.7)	35.0 (26.4～36.4)	0.86	32.40	4.3	0.91	2.9	2.5	4.7	2.7	9	6	无	61：1～5

续表

分类 Taxa	花粉形状 Pollen shape		花粉大小 Size(μm)				萌发孔 Aperture		外壁 Exine							图版 Plate
	花粉粒 Pollen grain	极面观 Shape in polar view	极轴直径(P) Polar diameter	赤道轴直径(E) Equatorial diameter	P/E	$\sqrt{P \cdot E}$ (μm)	宽度 Width (μm)	沟长/P Length of the colpus /P	厚度 Thickness (μm)	S/N	刺 Spine 长度 Length (μm)	刺 Spine 宽度 Width (μm)	刺 Spine SNA	刺 Spine SNEL	刺 Spine BP	
A. subulatus	近球形	三裂圆形	20.0 (16.2～23.7)	21.4 (17.5～25.0)	0.93	20.69	5.4	0.95	2.1	2.0	3.5	2.6	6	5	1层	61: 6～10
凉山紫菀 *A. taliangshanensis*	近球形	三裂圆形	22.5 (19.8～27.5)	25.0 (20.2～28.3)	0.90	23.72	5.3	0.93	2.8	2.5	4.8	3.0	7	5	1层	62: 1～6
紫菀 *A. tataricus*	近球形	三裂圆形	27.5 (23.8～35.0)	27.5 (20.0～30.0)	1.00	27.50	6.3	0.82	2.7	2.5	3.8	2.5	7	5	无	62: 7～12
变种紫菀 *A. tataricus* var. *petersianus*	近球形	深三裂圆形	28.3 (27.5～30.0)	28.0 (20.0～28.3)	1.01	28.15	6.5	0.79	2.3	1.5	4.3	3.2	4	5	散见	63: 1～6
德钦紫菀 *A. techinensis*	近球形	三裂圆形	25.0 (18.9～30.0)	23.7 (20.0～32.5)	1.05	24.34	6.1	0.79	2.5	2.5	4.6	1.9	6	5	无	63: 7～12
A. tenuifolius	近球形	三裂圆形	27.5 (18.6～30.0)	28.9 (20.0～32.5)	0.95	28.19	5.9	0.95	2.8	3.0	3.5	2.4	8	5	1层	64: 1～5
A. tephrodes	近球形	三裂圆形	25.0 (20.0～28.7)	23.4 (18.9～26.4)	1.06	24.19	4.0	0.98	1.9	1.5	2.8	2.2	8	5	无	64: 6～10
天全紫菀 *A. tientschuanensis*	近长球形	深三裂圆形	32.5 (23.9～37.5)	27.5 (21.3～35.0)	1.18	29.90	5.2	0.86	3.2	3.0	3.9	1.7	3	5	无	65: 1～5
东俄洛紫菀 *A. tongolensis*	近球形	二裂或深三裂圆形	30.0 (25.5～35.0)	27.5 (20.0～32.5)	1.10	28.72	6.7	0.82	3.4	2.5	4.3	3.2	7	6	1层	65: 6～11
A. trichocarpus	近长球形	三裂圆形	21.3 (17.5～23.8)	18.7 (16.3～22.5)	1.14	19.96	6.1	0.89	2.0	2.0	3.7	2.2	7	5	散见	66: 1～3
A. triloba	长球形	三角形	30.0 (25.0～32.5)	15.6 (14.0～25.0)	1.92	21.63	6.1	0.97	3.3	3	3.7	2.2	2	5	1层	66: 4,5
三基脉紫菀 *A. trinervius*	近球形	三裂圆形	22.5 (17.5～27.5)	25.0 (21.3～28.7)	0.90	23.72	4.3	0.92	3.0	2.0	5.0	3.1	7	6	1层	66: 6～11

续表

分类 Taxa	花粉形状 Pollen shape		花粉大小 Size(μm)				萌发孔 Aperture		外壁 Exine							图版 Plate
	花粉粒 Pollen grain	极面观 Shape in polar view	极轴直径(P) Polar diameter	赤道轴直径(E) Equatorial diameter	P/E	$\sqrt{P \cdot E}$ (μm)	宽度 Width (μm)	沟长/P Length of the colpus /P	厚度 Thickness (μm)	S/N	刺 Spine					
											长度 Length (μm)	宽度 Width (μm)	SNA	SNEL	BP	
察瓦龙紫菀 *A. tsarungensis*	长球形	三裂圆形	32.5 (25.0～35.0)	26.4 (22.5～30.0)	1.23	29.29	4.4	0.81	3.0	2.0	3.3	3.3	7	5	散见	67：1～6
A. tuganianus	近球形	三裂圆形	28.7 (25.0～32.5)	30.0 (25.0～33.9)	0.96	29.34	5.0	0.98	2.5	1.5	3.7	3.4	4	6	1层	67：7～11
陀螺紫菀 *A. turbinatus*	近球形	三裂圆形	33.8 (28.9～37.5)	33.8 (28.9～37.5)	1.00	33.80	5.5	0.81	3.5	3.0	3.6	2.6	8	5	1层	68：1～6
A. umbellatus	近球形	三裂圆形	19.6 (17.5～23.8)	20.0 (18.7～25.0)	0.88	21.31	3.9	0.75	1.9	1.5	4.4	2.4	8	5	1层	68：7～11
A. undulatus	近球形	三裂圆形	28.3 (25.0～30.0)	26.7 (20.0～28.0)	1.06	27.49	6.8	0.82	2.8	1.5	2.8	1.9	11	6	无	69：1,2，4～6
峨眉紫菀单头变形 *A. veitchianus* f. *yamatzutae*	近球形	三裂圆形	28.8 (20.0～33.5)	26.3 (15.0～31.3)	1.10	27.52	5.6	0.98	2.9	2.0	3.9	2.1	11	5	无	69：3，7～11
密毛紫菀 *A. vestitus*	长球形	三裂圆形	35.0 (30.0～37.5)	30.0 (26.5～35.0)	1.77	32.40	6.5	0.98	3.0	2.5	4.3	2.4	8	5	无	70：1～6
A. vimineus	近球形	三裂圆形	17.5 (13.7～21.3)	18.9 (15.0～21.2)	0.93	18.19	3.6	0.96	1.8	1.5	3.2	2.7	7	5	2～3层	70：7～11
A. wuciwuus	近球形	三裂圆形	27.5 (20.0～30.0)	28.9 (21.1～35.4)	0.95	28.19	4.2	0.95	1.8	1.5	3.9	2.5	8	5	1层	71：1～5
云南紫菀 *A. yunnanensis*	近球形	深三裂圆形	30.0 (27.5～32.5)	28.7 (27.5～31.3)	1.05	29.34	7.8	0.81	1.9	1.5	3.6	2.6	8	6	1层	71：6～11
云南紫菀狭苞变种 *A. yunnanensis* var. *angnstior*	近球形	三裂圆形	33.2 (26.8～41.3)	32.5 (22.5～40.0)	1.02	34.91	5.0	0.79	2.8	2.0	3.9	2.4	8	5	无	72：1～5
云南紫菀夏河变种 *A. yunnanensis* var. *labrangensis*	扁球形	深三裂圆形	22.5 (20.0～27.5)	26.8 (17.5～30.0)	0.84	24.56	4.0	0.82	1.5	2.0	3.0	2.5	4	5	散见	72：6～11

续表

分类 Taxa	花粉形状 Pollen shape		花粉大小 Size(μm)				萌发孔 Aperture		外壁 Exine							图版 Plate
	花粉粒 Pollen grain	极面观 Shape in polar view	极轴直径(P) Polar diameter	赤道轴直径(E) Equatorial diameter	P/E	$\sqrt{P \cdot E}$ (μm)	宽度 Width (μm)	沟长/P Length of the colpus /P	厚度 Thickness (μm)	S/N	刺 Spine 长度 Length (μm)	刺 Spine 宽度 Width (μm)	刺 Spine SNA	刺 Spine SNEL	刺 Spine BP	
Acamptopappus sphaerocephalus	近球形	深三裂圆形	23.8 (20.0～26.3)	21.8 (18.8～25.0)	1.09	21.82	3.0	0.82	2.1	2.5	2.7	2.5	3	6	散见	73：1～6
Ac. shockleyi	近球形	圆形	21.2 (18.9～27.5)	22.5 (20.0～28.7)	0.94	21.84	4.6	0.78	1.9	2.0	2.7	2.3	5	7	无	73：7～12
Amphiachyris fremontii	近球形	三裂圆形	23.7 (21.3～26.3)	25.0 (21.3～27.5)	0.95	24.34	4.5	0.88	2.2	1.5	2.7	1.8	7	7	1层	74：1～5
Aphanostephus riddelli	长球形	三裂圆形	27.5 (22.5～32.5	21.8 (20.0～27.5)	1.26	24.49	2.1	0.98	2.0	2.0	2.2	2.4	8	6	1～2层	74：6～10
紫菀木 *Asterothamnus alyssoides*	近球形	三裂圆形	26.3 (22.5～28.7)	27.5 (25.0～31.2)	0.96	26.89	3.4	0.96	2.3	2.0	4.4	3.2	7	5～6	散见	75：1～6
中亚紫菀 *As. centrali-asiaticus*	扁球形	深三裂圆形	21.2 (18.9～25.0)	23.8 (20.0～30.0)	0.89	22.46	5.9	0.73	2.3	2.0	3.2	2.8	3	5	1层	75：7～12
灌木紫菀木 *As. fruticosus*	近球形	三裂圆形	26.3 (20.0～28.9)	25.0 (20.0～30.0)	1.05	25.64	3.6	0.79	2.5	2.0	2.7	2.5	5	6	1～2层	76：1～6
毛叶紫菀木 *As. poliifolius*	近球形	三裂圆形	25.0 (22.5～28.9)	25.0 (22.5～30.0)	1.00	25.00	2.0	0.86	1.9	1.5	2.8	2.8	5	6	2层	76：7～11
Bellis annua	扁球形	三裂圆形	17.5 (13.7～21.2)	23.3 (15.0～25.0)	0.75	20.19	6.9	0.85	2.1	2.0	3.0	1.6	8	5	1～2层	77：1～6
雏菊 *B. perennis*	扁球形	三裂圆形	17.5 (16.3～22.5)	21.2 (17.5～23.7)	0.83	19.34	4.0	0.88	2.1	2.0	3.0	1.8	8	5	1～2层	77：7～12
Boltonia latisquama	近球形	三裂圆形	17.2 (14.5～18.5)	17.5 (13.8～20.0)	0.96	16.2	4.2	0.90	1.4	1.5	2.3	1.6	8	5	无	78：1～6
短星菊 *Brachyactis ciliata*	近球形	深三裂圆形	22.5 (20.0～27.5)	25.0 (21.2～28.9)	0.90	23.72	1.7	0.88	2.5	2.0	2.7	2.1	4	5～6	无	78：7～11

续表

分类 Taxa	花粉形状 Pollen shape		花粉大小 Size(μm)				萌发孔 Aperture		外壁 Exine							图版 Plate
	花粉粒 Pollen grain	极面观 Shape in polar view	极轴直径(P) Polar diameter	赤道轴直径(E) Equatorial diameter	P/E	$\sqrt{P \cdot E}$ (μm)	宽度 Width (μm)	沟长/P Length of the colpus /P	厚度 Thickness (μm)	S/N	刺 Spine					
											长度 Length (μm)	宽度 Width (μm)	SNA	SNEL	BP	
腺毛短星菊 *Br. pubescens*	扁球形	深三裂圆形	21.8 (20.0～25.0)	25.0 (22.5～28.9)	0.87	23.35	4.4	0.90	2.1	1.5	3.3	1.7	3	7	无	79：1～6
西疆短星菊 *Br. roylei*	近球形	三裂圆形	21.2 (20.0～25.0)	23.8 (21.3～27.5)	0.89	22.46	4.2	0.86	2.5	2.0	3.1	2.3	8	7	1层	79：7～12
翠菊 *Callistephus chinensis*	近球形	三裂圆形	23.7 (21.2～27.5)	25.0 (22.5～28.8)	0.95	24.34	2.1	0.90	2.7	2.0	2.7	2.2	8	5	1层	80：1～6
刺冠菊 *Calotis caespitosa*	近球形	深三裂圆形	15.0 (12.5～17.5)	16.3 (12.5～18.7)	0.92	15.64	1.0	0.86	2.4	2.0	2.6	1.7	3	5	1～2层	80：7～12
C. hispidula	近球形	三裂圆形	23.7 (20.0～28.8)	22.5 (20.0～27.5)	1.05	23.09	4.7	0.89	1.7	1.5	2.1	2.0	6	7	1层	81：1,2
C. multicaulis	长球形	深四裂圆形	26.6 (20.5～27.5)	21.3 (17.5～23.8)	1.25	23.80	2.3	0.80	2.7	2.5	1.6	1.6	3	6	2层	81：3～7
C. kempei	近球形	三裂圆形	20.0 (18.8～22.5)	21.3 (18.8～25.0)	0.94	20.64	2.7	0.99	2.8	2.0	2.6	2.6	8	5	1层	81：8～12
Chrysopsis atenophylla	近球形	三裂圆形	22.5 (21.3～25.0)	23.8 (22.5～27.5)	0.95	23.14	5.4	0.82	2.8	2.5	3.1	2.7	9	6	2层	82：1～6
Ch. mariana	近球形	三裂圆形	26.2 (23.8～31.3)	28.9 (26.2～33.7)	0.91	27.52	4.5	0.81	2.7	2.0	4.1	3.1	8	6	2层	82：7～11
Chrysothamnus tretifolius	扁球形	深三裂圆形	25.0 (18.7～27.5)	28.7 (20.0～30.0)	0.87	26.79	5.7	0.89	2.0	1.5	2.1	2.3	4	5	2～3层	83：1～5
Chr. viscidiflorus	近球形	三裂圆形	21.3 (17.5～25.0)	23.7 (20.0～28.9)	0.89	22.45	4.8	0.90	2.1	1.5	2.9	2.6	8	5	2～3层	83：6～10
埃及白酒草 *Conyza aegyptiaca*	近球形	深三裂圆形	21.3 (20.0～23.7)	23.8 (21.3～28.9)	0.89	22.52	4.0	0.86	2.5	2.0	2.7	1.6	8	6	无	84：1～5

续表

分类 Taxa	花粉形状 Pollen shape		花粉大小 Size(μm)				萌发孔 Aperture		外壁 Exine							图版 Plate
	花粉粒 Pollen grain	极面观 Shape in polar view	极轴直径(P) Polar diameter	赤道轴直径(E) Equatorial diameter	P/E	$\sqrt{P \cdot E}$ (μm)	宽度 Width (μm)	沟长/P Length of the colpus /P	厚度 Thickness (μm)	S/N	刺 Spine					
											长度 Length (μm)	宽度 Width (μm)	SNA	SNEL	BP	
熊胆草 *Co. blinii*	近球形	深三裂圆形	23.7 (21.2～27.5)	26.3 (22.5～28.9)	0.90	24.97	5.0	0.87	2.4	2.0	2.7	2.5	5	6	散见	84：6～10
香丝草 *Co. bonariensis*	近球形	三裂圆形	18.7 (12.5～20.0)	18.7 (15.0～21.5)	1.00	18.70	2.7	0.90	2.1	1.5	3.7	2.0	8	5	散见	85：1～3
加拿大蓬 *Co. canadensis*	近球形	深三裂圆形	17.5 (15.0～20.0)	18.9 (17.5～22.5)	0.93	18.19	3.2	0.86	1.3	1.5	3.2	3.0	4	5	1层	85：4～9
白酒草 *Co. japonica*	近球形	三裂圆形	20.0 (16.3～23.8)	22.5 (18.8～25.0)	0.89	21.21	1.3	0.82	2.1	1.5	2.2	2.2	7	6	无	86：1～6
黏毛白酒草 *Co. leucantha*	近球形	浅三裂圆形	17.5 (12.5～20.0)	17.5 (14.0～21.5)	1.00	17.50	4.0	0.98	2.3	2.0	3.7	2.8	12	5	无	86：7～10
木里白酒草 *Co. muliensis*	近球形	深三裂圆形	21.3 (17.5～23.8)	20.0 (17.5～22.5)	1.07	20.64	2.7	0.77	2.3	2.0	2.8	2.0	3	5	无	87：1～6
劲直白酒草 *Co. stricta*	长球形	深三裂圆形	18.9 (15.0～20.0)	15.2 (12.5～20.0)	1.24	16.94	2.4	0.91	1.5	1.5	2.8	2.5	7	5	散见	87：7～11
苏门白酒草 *Co. sumatrensis*	近球形	三裂圆形	20.0 (17.5～25.0)	21.3 (17.5～26.3)	0.94	20.64	2.3	0.83	2.2	1.5	3.4	2.1	6	6	散见	88：1～6
Cyathocline lyrata	近球形	三裂圆形	18.9 (16.3～21.2)	18.9 (15.0～21.2)	1.00	18.90	4.3	0.82	2.0	1.5	3.4	2.4	1	4	2～3层	88：7～11
杯菊 *Cy. purpurea*	长球形	三裂圆形	18.7 (16.3～22.5)	14.9 (12.5～20.0)	1.34	16.69	1.7	0.90	2.1	1.5	2.9	2.1	7	3～5	2～3层	89：1～6
Doellingeria ambellata	近球形	三裂圆形	21.3 (20.0～25.0)	23.8 (21.2～27.5)	0.89	22.52	4.5	0.81	2.0	1.5	3.3	2.6	7	5	2层	89：7～11
东风菜 *Do. scabra*	长球形	三角形	27.5 (21.3～31.5)	18.2 (16.0～22.5)	1.51	22.37	3.6	0.93	2.6	2.0	5.0	3.8	5	5	1～2层	90：1～6

续表

分 类 Taxa	花粉形状 Pollen shape		花粉大小 Size(μm)				萌发孔 Aperture		外壁 Exine							图版 Plate
	花粉粒 Pollen grain	极面观 Shape in polar view	极轴直径(*P*) Polar diameter	赤道轴直径(*E*) Equatorial diameter	*P*/*E*	$\sqrt{P \cdot E}$ (μm)	宽度 Width (μm)	沟长/*P* Length of the colpus /*P*	厚度 Thickness (μm)	S/N	刺 Spine					
											长度 Length (μm)	宽度 Width (μm)	SNA	SNEL	BP	
鱼眼草 *Dichrocephala auriculata*	近球形	深三裂圆形	16.3 (15.0～20.0)	17.5 (16.3～21.2)	0.93	16.89	3.0	0.84	2.5	2.0	2.3	1.7	4	6	无	90：7～9
小鱼眼草 *Di. benthamii*	近球形	三裂圆形	18.1 (12.5～26.3)	18.9 (12.5～25.0)	0.96	18.50	3.3	0.82	2.0	2.0	2.7	2.4	4	5	散见	91：1～5
菊叶鱼眼草 *Di. chrysanthemifolia*	近球形	深三裂圆形	20.0 (16.3～23.8)	21.3 (17.5～25.0)	0.94	20.64	3.0	0.90	2.4	2.0	1.8	1.8	1	6	散见	91：6～11
飞蓬 *Erigeron acer*	近球形	三裂圆形	21.3 (17.5～25.0)	22.5 (20.0～27.5)	0.95	5.8	5.8	0.86	1.9	2.0	3.2	2.6	13	6	无	92：1～6
E. alpinus	近球形	三裂圆形	19.6 (15.0～23.8)	20.0 (17.5～25.0)	0.98	19.80	5.2	0.84	1.9	2.0	2.8	1.8	12	5	1层	92：7～9
阿尔泰飞蓬 *E. altaicus*	近球形	三裂圆形	23.7 (21.3～32.5)	25.0 (22.5～33.9)	0.95	24.34	4.7	0.79	2.8	2.5	3.0	2.4	11	5	1层	93：1～6
一年蓬 *E. annuus*	长球形	三角形	18.5 (15.0～20.0)	12.8 (10.0～16.5)	1.44	15.39	3.0	0.98	2.6	2.5	2.9	2.0	7	5	1～2层	93：7～10
橙花飞蓬 *E. aurantiacus*	扁球形	深三裂圆形	20.0 (17.5～27.5)	26.3 (20.0～30.0)	0.76	22.93	4.0	0.94	1.8	1.5	2.3	2.0	6	5	无	94：1～5
E. boreale	扁球形	深三裂圆形	21.1 (17.5～30.0)	23.9 (20.0～26.2)	0.88	22.46	4.0	0.96	2.9	2.5	3.4	2.1	6	5	无	94：6～11
短葶飞蓬 *E. breviscapus*	近球形	三裂圆形	20.0 (16.3～25.0)	22.5 (20.0～28.9)	0.89	21.21	5.0	0.91	1.8	1.5	2.0	2.2	12	5	无	95：1～6
E. canansis	扁球形	三裂圆形	15.0 (13.9～18.7)	18.0 (15.0～21.3)	0.83	16.43	6.1	0.95	1.6	1.5	2.6	2.0	11	5	无	95：7～9
E. clokeyi	近球形	三裂圆形	18.7 (15.0～22.5)	20.0 (16.3～25.0)	0.94	19.34	2.8	0.85	3.5	3.5	2.7	2.1	13	5	散见	95：10～13 96：6,7

续表

分类 Taxa	花粉形状 Pollen shape		花粉大小 Size(μm)				萌发孔 Aperture		外壁 Exine							图版 Plate
	花粉粒 Pollen grain	极面观 Shape in polar view	极轴直径(P) Polar diameter	赤道轴直径(E) Equatorial diameter	P/E	$\sqrt{P \cdot E}$ (μm)	宽度 Width (μm)	沟长/P Length of the colpus /P	厚度 Thickness (μm)	S/N	刺 Spine					
											长度 Length (μm)	宽度 Width (μm)	SNA	SNEL	BP	
E. compositus var. *glabratus*	长球形	三裂圆形	28.8 (23.6～31.1)	21.7 (20.5～27.5)	1.33	25.00	2.9	0.97	2.3	2.0	4.2	4.5	4	6	2层	96：1～5
E. divergens	近球形	深三裂圆形	18.9 (15.0～22.5)	17.5 (15.0～21.4)	1.08	18.19	4.0	0.83	1.6	1.5	2.3	1.9	13	5	无	96：8～13
长茎飞蓬 *E. elonagatus*	近球形	三裂圆形	20.0 (17.5～23.8)	21.3 (18.9～23.8)	0.94	20.64	6.5	0.87	1.7	1.5	3.0	1.8	10	5	散见	97：1～4
棉苞飞蓬 *E. eriocalyx*	近球形	三裂圆形	22.5 (17.5～27.5)	23.9 (18.7～30.0)	0.94	23.19	7.1	0.91	2.4	2.0	3.5	2.8	8	5	1层	97：5～10
E. foliosus	近球形	深三裂圆形	22.5 (20.0～27.5)	21.2 (18.8～28.9)	1.06	21.84	7.2	0.84	2.4	2.0	2.6	2.8	5	5	无	98：1～6
E. frondeus	近球形	深三裂圆形	20.0 (15.0～23.7)	18.7 (15.0～22.5)	1.07	19.34	4.0	0.83	2.3	2.0	3.5	2.5	10	5	1层	98：7～10 99：1,2
台湾飞蓬 *E. fukuyamae*	扁球形	三裂圆形	20.0 (16.1～23.9)	23.6 (17.5～26.2)	0.88	21.21	4.7	0.87	1.5	1.5	3.2	2.2	8	5	无	99：3～7
E. glabellus	扁球形	深三裂圆形	20.0 (16.3～23.7)	25.6 (20.0～27.5)	0.78	22.63	4.1	0.80	2.5	1.5	3.0	2.3	5	5	1层	99：8～12
E. gracilipes	近球形	三裂圆形	21.2 (17.5～25.0)	22.5 (20.0～26.3)	0.94	21.84	2.8	0.98	2.3	2.0	3.3	2.4	7	5	无	100：1～6
E. glaucus	近球形	三裂圆形	17.5 (16.3～22.5	18.9 (16.3～26.2)	0.93	18.19	5.2	0.84	3.0	2.5	2.4	2.2	6	5～6	1层	100：7～10
珠峰飞蓬 *E. himalajensis*	扁球形	三裂圆形	21.3 (15.0～25.0)	25.0 (16.3～27.5)	0.85	23.08	4.0	0.95	2.0	2.0	2.7	2.0	7	5	无	101：1～5
E. jaeschkei	近球形	深三裂圆形	21.1 (17.5～23.8)	22.5 (17.5～26.1)	0.94	21.79	4.5	0.94	2.6	2.5	2.8	2.3	6	5	无	101：6～10

续表

分类 Taxa	花粉形状 Pollen shape		花粉大小 Size(μm)				萌发孔 Aperture		外壁 Exine							图版 Plate
	花粉粒 Pollen grain	极面观 Shape in polar view	极轴直径(P) Polar diameter	赤道轴直径(E) Equatorial diameter	P/E	$\sqrt{P \cdot E}$ (μm)	宽度 Width (μm)	沟长/P Length of the colpus /P	厚度 Thickness (μm)	S/N	刺 Spine					
											长度 Length (μm)	宽度 Width (μm)	SNA	SNEL	BP	
堪察加飞蓬 *E. kamtschaticus*	近球形	三裂圆形	20.0 (17.5～23.7)	22.5 (20.0～28.9)	0.89	21.21	5.0	0.89	2.2	2.0	2.5	2.5	10	5	散见	102：1～5
俅江飞蓬 *E. kiukiangensis*	近球形	三裂圆形	22.5 (20.0～27.5)	22.5 (21.2～28.7)	1.00	22.50	4.6	0.82	2.0	2.0	3.2	1.6	10	6	偶见	102：6～11
山飞蓬 *E. komarovii*	近球形	三裂圆形	20.0 (18.7～25.0)	21.3 (17.5～23.7)	0.94	20.64	5.0	0.96	2.5	2.0	3.0	2.8	8	5	1层	103：1～5
西疆飞蓬 *E. krylovii*	近球形	三裂圆形	21.3 (17.5～25.0)	20.5 (17.5～25.0)	1.04	20.90	4.8	0.85	2.0	1.5	3.4	2.0	10	5	1层	103：6～10
贡山飞蓬 *E. kunshanensis*	近球形	浅三裂圆形	18.7 (15.0～25.0)	18.7 (14.5～23.8)	1.00	18.7	6.0	0.98	2.1	2.0	3.0	2.2	12	5	无	104：1～3
毛苞飞蓬 *E. lachnocephalus*	近球形	三裂圆形	18.7 (16.3～22.5)	20.0 (17.5～23.7)	0.94	19.34	6.0	0.87	2.3	2.0	2.6	1.4	8	5	无	104：4～9
光山飞蓬 *E. leioreades*	扁球形	三裂圆形	16.8 (15.0～22.5)	20.0 (17.5～25.0)	0.84	18.33	5.6	0.88	3.0	3.0	2.4	2.2	7	6～7	散见	105：1～6
白舌飞蓬 *E. leucoglossus*	近球形	三裂圆形	20.0 (17.5～25.0)	22.5 (18.9～26.3)	0.89	21.21	3.5	0.94	2.8	2.5	3.0	2.3	6	4	无	105：7～12
矛叶飞蓬 *E. lonchophyllus*	近球形	三裂圆形	23.5 (17.5～25.0)	25.0 (18.7～26.4)	0.94	24.24	4.8	0.82	2.7	2.5	3.0	2.4	7	5	1层	106：1～6
E. miser	近球形	三裂圆形	20.0 (15.0～23.7)	22.5 (17.5～25.0)	0.89	21.21	3.7	0.88	2.5	2.0	3.2	2.5	7	5～6	1层	106：7～12
E. mucronatus	近球形	四裂圆形	21.3 (16.3～25.0)	20.9 (16.0～26.8)	1.02	21.10	2.4	0.96	2.0	1.5	2.2	1.6	8	6	无	107：1～3
E. multicaulis	近球形	三裂圆形	20.0 (16.3～22.5)	22.5 (17.5～25.0)	0.89	21.21	4.2	0.87	2.3	2.0	1.9	2.1	8	5	散见	107：4～8

续表

分类 Taxa	花粉形状 Pollen shape		花粉大小 Size(μm)				萌发孔 Aperture		外壁 Exine							图版 Plate
	花粉粒 Pollen grain	极面观 Shape in polar view	极轴直径(P) Polar diameter	赤道轴直径(E) Equatorial diameter	P/E	$\sqrt{P \cdot E}$ (μm)	宽度 Width (μm)	沟长/P Length of the colpus /P	厚度 Thickness (μm)	S/N	刺 Spine					
											长度 Length (μm)	宽度 Width (μm)	SNA	SNEL	BP	
密叶飞蓬 *E. multifolius*	长球形	三角形	26.3 (22.5～30.1)	18.6 (16.0～25.0)	1.41	22.12	8.8	0.96	3.0	3.0	3.0	2.2	2	5	1层	107：9～11
多舌飞蓬 *E. multiradiatus*	近球形	深三裂圆形	18.7 (15.0～20.0)	21.3 (17.5～25.0)	0.89	19.82	5.2	0.88	2.1	1.5	2.7	2.2	3	5	1层	108：1～5
山地飞蓬 *E. oreades*	近球形	三裂圆形	25.0 (21.3～30.0)	27.5 (23.7～33.8)	0.98	26.22	5.9	0.99	2.7	2.0	2.9	3.0	8	5	无	108：6～10
展苞飞蓬 *E. patentisquamus*	近球形	三裂圆形	22.5 (17.5～25.0)	25.0 (20.0～28.9)	0.90	23.72	4.0	0.93	2.1	2.0	2.8	2.6	7	5	1层	109：1～6
柄叶飞蓬 *E. petiolaris*	近球形	四裂或三裂圆形	20.0 (16.1～23.7)	18.7 (15.0～20.0)	1.07	19.34	4.0	0.83	2.8	2.5	3.2	2.1	9	4	无	109：7～12
E. philadelphicus	近球形	三裂圆形	16.1 (12.5～18.7)	17.5 (15.0～20.0)	0.92	16.79	3.3	0.85	2.5	2.0	2.3	2.1	7	5	1～2层	110：1～6
E. politus	扁球形	深三裂圆形	22.5 (20.0～25.0)	25.9 (22.5～30.0)	0.87	24.14	3.9	0.89	2.1	2.0	2.2	2.2	4	6	无	110：7～12
E. pomeensis	扁球形	深三裂圆形	22.5 (20.0～27.5)	25.9 (21.1～28.5)	0.87	24.14	5.0	0.90	2.5	2.0	3.3	2.7	3	5	1层	111：1～6
紫苞飞蓬 *E. porphyrolepis*	扁球形	深三裂圆形	25.0 (20.0～28.9)	28.4 (21.3～31.1)	0.88	26.65	4.8	0.88	2.4	2.0	2.4	2.2	4	5	1层	111：7～12
假泽山飞蓬 *E. pseudoseravschanicus*	近球形	深三裂圆形	20.0 (17.5～25.0)	22.5 (17.5～26.3)	0.89	21.21	4.4	0.84	1.8	1.5	3.0	1.8	8	5	1层	112：1～6
E. pulchellus	近球形	深三裂圆形	20.0 (17.5～25.0)	22.5 (20.0～27.5)	0.89	21.21	5.0	0.90	2.4	2.0	2.9	2.1	8	6	1层	112：7～12
紫茎飞蓬 *E. purpurascens*	近球形	三裂圆形	21.3 (15.0～25.0)	20.9 (15.0～22.5)	1.02	21.10	2.5	0.85	2.2	2.0	3.8	2.1	8	6	1层	113：1～5

续表

分类 Taxa	花粉形状 Pollen shape		花粉大小 Size(μm)				萌发孔 Aperture		外壁 Exine							图版 Plate
	花粉粒 Pollen grain	极面观 Shape in polar view	极轴直径(P) Polar diameter	赤道轴直径(E) Equatorial diameter	P/E	$\sqrt{P \cdot E}$ (μm)	宽度 Width (μm)	沟长/P Length of the colpus /P	厚度 Thickness (μm)	S/N	刺 Spine 长度 Length (μm)	刺 Spine 宽度 Width (μm)	刺 Spine SNA	刺 Spine SNEL	刺 Spine BP	
E. pygmaeus	近球形	深三裂圆形	20.0 (17.5～26.1)	22.5 (18.6～27.5)	0.89	21.21	6.4	0.86	2.3	2.0	2.9	2.8	6	5	2层	113：6～10
E. ramosus	近球形	三裂圆形	15.7 (12.0～17.5)	16.2 (11.4～18.9)	0.97	15.95	3.1	0.89	1.6	1.5	3.0	2.2	10	5	散见	114：1～5
革叶飞蓬 *E. schmalhausenii*	扁球形	三裂圆形	19.6 (17.5～23.9)	22.5 (18.7～25.0)	0.87	21.00	5.7	0.82	1.5	1.5	2.5	2.0	10	5	无	114：6～10
泽山飞蓬 *E. seravschanicus*	近球形	深三裂圆形	18.6 (16.3～22.5)	20.0 (17.5～23.9)	0.93	19.29	4.3	0.86	2.1	2.0	2.3	2.2	4	5	散见	115：1～5
E. strigosus	近长球形	五裂圆形	27.5 (20.0～30.0)	23.3 (18.8～27.5)	1.18	25.31	4.4	0.95	2.7	2.5	2.5	2.2	12	5	1～2层	115：6～10
细茎飞蓬 *E. tenuicaulis*	扁球形	三裂圆形	18.6 (16.2～22.5)	21.4 (17.5～22.5)	0.87	19.95	4.7	0.84	1.5	1.5	3.0	2.0	8	5	无	116：1～6
天山飞蓬 *E. tianschanicus*	近球形	深三裂圆形	20.0 (16.3～23.9)	21.3 (17.5～25.0)	0.94	20.64	5.0	0.74	2.1	1.5	2.9	2.2	3	5	无	116：7～11
E. uniflorus	近球形	深三裂圆形	21.2 (17.5～25.0)	22.5 (20.0～27.5)	0.94	21.84	2.7	0.82	2.5	2.0	3.1	1.4	5	6	1层	117：1～5
E. vagus	长球形	深三裂圆形	26.2 (20.0～28.7)	21.5 (18.9～27.5)	1.22	23.73	5.9	0.82	2.4	2.0	2.5	2.5	1	6	1层	117：6～11
E. venustus	近球形	三裂圆形	22.5 (20.0～25.0)	25.0 (21.4～28.5)	0.90	23.72	3.3	0.84	2.8	2.5	3.3	2.8	7	5	2层	118：1～6
E. violaceus	扁球形	深三裂圆形	20.0 (17.5～23.7)	23.8 (20.0～27.5)	0.84	21.82	4.6	0.98	2.2	2.0	2.8	2.0	4	6	无	118：7～9
阿尔泰乳菀 *Galatella altaica*	近球形	深三裂圆形	28.9 (25.0～31.3)	28.9 (23.7～30.0)	1.00	28.90	7.3	0.86	2.2	2.0	2.9	2.9	4	6	2～3层	119：1～6

续表

分类 Taxa	花粉形状 Pollen shape：花粉粒 Pollen grain	花粉形状 Pollen shape：极面观 Shape in polar view	花粉大小 Size(μm)：极轴直径(P) Polar diameter	花粉大小 Size(μm)：赤道轴直径(E) Equatorial diameter	P/E	$\sqrt{P \cdot E}$ (μm)	萌发孔 Aperture：宽度 Width (μm)	萌发孔 Aperture：沟长/P Length of the colpus /P	外壁 Exine：厚度 Thickness (μm)	外壁 Exine：S/N	刺 Spine：长度 Length (μm)	刺 Spine：宽度 Width (μm)	刺 Spine：SNA	刺 Spine：SNEL	刺 Spine：BP	图版 Plate
盘花乳菀 *G. biflora*	长球形	三裂圆形	39.9 (27.5～42.5)	30.0 (23.7～35.0)	1.33	34.60	1.6	0.86	3.0	3.0	3.1	3.7	5	6	2～3层	119：7～11
紫缨乳菀 *G. chromopappa*	近球形	三裂圆形	23.7 (20.0～28.9)	25.0 (21.3～30.0)	0.95	24.34	4.1	0.82	2.8	2.5	3.1	2.4	10	6	2层	120：1～6
兴安乳菀 *G. dahurica*	近球形	深三裂圆形	26.3 (21.3～30.0)	27.5 (22.5～31.3)	0.96	26.89	3.7	0.86	2.9	2.5	3.4	3.1	4	5	1～2层	120：7～11
帚枝乳菀 *G. fastigiiformis*	近球形	深三裂圆形	30.0 (25.0～35.0)	28.9 (25.0～33.4)	1.04	29.44	2.7	0.90	1.9	1.5	3.4	3.0	4	6	2～3层	121：1～6
鳞苞乳菀 *G. hauptii*	长球形	三角形	37.5 (27.5～40.0)	25.0 (23.7～31.3)	1.50	30.62	1.6	0.90	2.4	1.5	3.2	2.9	1	6	2～3层	121：7～11
G. macrosciadia	扁球形	三裂圆形	28.4 (25.0～31.3)	32.5 (26.3～35.0)	0.88	30.38	10.0	0.78	2.7	1.5	3.0	2.1	8	5	1～2层	122：1～6
乳菀 *G. punctata*	长球形	三裂圆形	33.6 (23.7～37.5)	25.0 (22.5～27.5)	1.34	28.98	2.0	0.97	2.8	2.5	3.2	3.0	7	5	2～3层	122：7～12
昭苏乳菀 *G. regelii*	近球形	深三裂圆形	25 (23.0～30.0)	25.0 (22.5～28.9)	1.00	25.0	3.3	0.80	2.1	2.0	3.2	2.5	4	6	无	123：1,2
卷缘乳菀 *G. scoparia*	近球形	深三裂圆形	28.7 (25.0～31.3)	31.3 (27.5～33.4)	0.92	29.97	3.3	0.85	2.7	2.5	3.4	2.9	3	6	无	123：3～8
新疆乳菀 *G. songorica*	近长球形	三裂圆形	27.5 (22.5～30.0)	24.0 (22.5～27.5)	1.14	25.74	4.2	0.98	2.8	2.5	3.2	2.5	7	6	2～3层	123：9～12 124：1,2
田基黄 *Grangea maderaspatana*	近球形	三裂或四裂圆形	18.7 (16.3～28.8)	20.0 (17.5～28.9)	0.94	19.34	5.6	0.96	1.8	2.0	3.2	2.6	10	4～5	散见	124：3～7
Gutierrezia sarothrae	扁球形	深三裂圆形	22.5 (18.7～30.0)	27.5 (20.0～32.5)	0.82	24.87	4.6	0.88	2.5	2.0	3.2	2.2	8	6	无	124：8～12

续表

分类 Taxa	花粉形状 Pollen shape		花粉大小 Size(μm)				萌发孔 Aperture		外壁 Exine							图版 Plate
	花粉粒 Pollen grain	极面观 Shape in polar view	极轴直径(P) Polar diameter	赤道轴直径(E) Equatorial diameter	P/E	$\sqrt{P \cdot E}$ (μm)	宽度 Width (μm)	沟长/P Length of the colpus /P	厚度 Thickness (μm)	S/N	刺 Spine					
											长度 Length (μm)	宽度 Width (μm)	SNA	SNEL	BP	
Grindelia camporum	近球形	三裂圆形	27.9 (20.0～30.0)	28.8 (23.7～31.3)	0.97	28.35	5.4	0.80	2.8	2.5	3.0	2.6	7	5	无	125：1,2
Gri. robusta	近球形	三裂圆形	26.3 (22.5～30.0)	28.8 (23.7～32.5)	0.91	27.52	7.3	0.80	2.6	2.0	3.9	3.0	8	6	无	125：3～7
胶菀 *Gri. squarrosa*	近球形	深三裂圆形	25.0 (22.5～28.7)	26.3 (22.5～30.0)	0.95	25.64	5.7	0.88	2.3	1.5	3.5	2.4	6	6	无	125：8～12
窄叶裸菀 *Gymnaster angustifolius*	近球形	三裂圆形	22.5 (20.0～25.0)	23.8 (17.5～25.0)	0.95	23.14	4.2	0.90	2.2	2.0	3.6	2.6	7	6	散见	126：1～6
裸菀 *Gy. piccolii*	近球形	三裂圆形	22.5 (20.0～25.0)	26.3 (21.2～27.5)	0.95	24.33	3.3	0.88	2.4	2.0	3.1	2.7	4	6	散见	126：7～12
四川裸菀 *Gy. simplex*	近球形	三裂圆形	20.0 (17.5～25.0)	21.3 (17.5～25.0)	0.94	20.64	3.8	0.88	2.2	2.0	3.5	2.5	8	5	1层	127：1～6
Haplopappus divaricatus	扁球形	三裂圆形	19.4 (16.3～23.7)	22.5 (17.5～26.2)	0.86	20.89	3.2	0.84	2.3	2.0	2.4	2.0	8	6	1层	127：7～12
Ha. linearifolius	近球形	三裂圆形	25.0 (22.5～27.5)	27.5 (23.7～31.3)	0.91	26.22	2.5	0.88	2.6	2.0	2.3	1.7	15	7	无	128：1～6
Ha. rupinulosus	近球形	三裂圆形	22.5 (20.0～26.3)	25.0 (22.5～27.5)	0.90	23.72	4.0	0.89	2.2	2.0	3.2	2.5	12	6	散见	128：7～12
Ha. suffruticosus	近球形	三裂圆形	25.0 (22.5～31.3)	27.5 (23.7～32.5)	0.91	26.22	2.3	0.94	2.7	2.0	4.5	3.1	7	6	2层	129：1～6
阿尔泰狗娃花粗毛变种 *Heteropappus altaicus* var. *hirsutus*	长球形	三裂圆形	32.0 (22.5～35.0)	25.0 (20.0～28.7)	1.28	28.28	5.8	0.89	2.5	2.0	2.8	3.0	8	6	2层	129：7～12
阿尔泰狗娃花千叶变种 *H. altaicus* var. *millefolius*	近球形	深三裂圆形	22.5 (20.0～26.2)	25.0 (21.4～28.8)	0.90	23.72	3.0	0.97	2.8	2.5	3.1	2.0	4	6	1层	130：1～6

续表

分类 Taxa	花粉形状 Pollen shape		花粉大小 Size(μm)				萌发孔 Aperture		外壁 Exine							图版 Plate
	花粉粒 Pollen grain	极面观 Shape in polar view	极轴直径(*P*) Polar diameter	赤道轴直径(*E*) Equatorial diameter	*P*/*E*	$\sqrt{P \cdot E}$ (μm)	宽度 Width (μm)	沟长/*P* Length of the colpus /*P*	厚度 Thickness (μm)	S/N	刺 Spine					
											长度 Length (μm)	宽度 Width (μm)	SNA	SNEL	BP	
青藏狗娃花 *H*. *bowerii*	近球形	深三裂圆形	25.0 (21.3～32.5)	25.0 (20.0～32.5)	1.00	25.00	4.8	0.98	2.7	2.5	3.2	1.6	2	6	无	130：7～12
圆齿狗娃花 *H*. *crenatifolius*	近球形	三裂或四裂圆形	23.7 (20.0～27.5)	25.0 (20.0～28.9)	0.95	24.34	5.4	0.84	2.6	2.5	2.9	2.8	8	4～5	2～3层	131：1～6
拉萨狗娃花 *H*. *gouldii*	近球形	三裂圆形	25.4 (20.0～30.0)	23.7 (18.9～27.5)	1.07	24.54	4.7	0.98	2.6	2.0	3.6	3.1	9	6	2～3层	131：7～12
狗娃花 *H*. *hispidus*	近球形	深三裂圆形	25.0 (21.3～27.5)	27.5 (23.8～30.0)	0.91	26.22	4.2	0.84	2.3	2.0	3.5	3.3	4	5	1层	132：1～3
砂狗娃花 *H*. *meyendorffii*	近长球形	深三裂圆形	28.7 (22.5～30.0)	25.0 (22.5～31.3)	1.15	28.09	5.0	0.94	2.5	2.0	3.3	2.8	6	6	2～3层	132：4～9
半卧狗娃花 *H*. *semiprostratus*	近球形	深三裂圆形	25.0 (22.5～28.7)	27.5 (23.7～30.0)	0.91	26.22	4.9	0.90	2.4	2.0	3.5	3.0	1	5	2层	132：10～13 133：1,2
鞑靼狗娃花 *H*. *tataricus*	近球形	深三裂圆形	22.5 (18.9～27.5)	23.7 (18.9～28.7)	0.94	23.09	5.6	0.88	2.9	2.5	4.0	3.3	3	5	2～3层	133：3～8
Heterotheca subaxillaris	近球形	三裂圆形	22.5 (18.9～26.3)	20.2 (18.9～25.0)	1.10	21.31	4.1	0.84	2.5	2.0	3.3	2.7	8	5～6	2层	133：9～13
He. *camporum*	近球形	三裂圆形	25.0 (21.2～27.5)	25.8 (22.5～30.0)	0.97	25.39	5.0	0.94	2.6	2.5	3.2	2.3	14	6	散见	134：1～6
He. *graminifolia*	近球形	三裂圆形	25.2 (21.2～27.5)	26.3 (22.5～28.7)	0.96	25.74	2.7	0.88	2.1	1.5	3.8	2.4	7	7	2～3层	134：7～12
裂叶马兰 *Kalimeris incisa*	扁球形	三裂圆形	18.9 (17.5～25.0)	22.5 (18.7～27.5)	0.84	26.62	3.7	0.86	2.1	1.5	2.9	2.0	15	5	散见	135：1～5
马兰 *K*. *indica*	近球形	三裂圆形	21.5 (18.5～27.5)	25.0 (20.0～31.3)	0.86	25.00	5.2	0.84	2.5	2.0	3.4	2.2	13	5	散见	135：6～11

续表

分类 Taxa	花粉形状 Pollen shape		花粉大小 Size(μm)				萌发孔 Aperture		外壁 Exine							图版 Plate
	花粉粒 Pollen grain	极面观 Shape in polar view	极轴直径(P) Polar diameter	赤道轴直径(E) Equatorial diameter	P/E	$\sqrt{P \cdot E}$ (μm)	宽度 Width (μm)	沟长/P Length of the colpus /P	厚度 Thick-ness (μm)	S/N	刺 Spine					
											长度 Length (μm)	宽度 Width (μm)	SNA	SNEL	BP	
马兰狭叶变种 *K. indica* var. *stenophylla*	近球形	三裂圆形	23.7 (20.0～27.5)	25.0 (21.3～30.0)	0.95	24.34	3.3	0.80	2.6	2.0	3.1	1.8	10	6	1层	136：1～6
全叶马兰 *K. integrifolia*	近球形	三裂圆形	30.0 (25.0～35.0)	32.5 (27.5～36.4)	0.92	31.22	1.0	0.82	3.0	3.0	3.0	2.4	7	6	2层	136：7～12
山马兰 *K. lautureana*	近球形	浅三裂圆形	30.0 (23.7～35.0)	33.4 (25.0～36.4)	0.90	31.65	5.6	0.92	3.4	3.0	4.5	3.2	14	6	3层	137：1～5
蒙古马兰 *K. mongolica*	近球形	三裂圆形	30.0 (25～32.5)	30.0 (23.8～33.2)	1.00	30.00	4.4	0.85	3.3	3.0	4.6	3.5	10	5	2～3层	137：6～11
毡毛马兰 *K. shimadai*	近球形	深三裂圆形	27.5 (22.5～35.0)	28.8 (22.5～35.0)	0.95	28.14	5.0	0.88	4.0	3.5	3.4	3.4	5	5	1层	138：1～6
Lagenophora billardieri	近球形	深三裂圆形	21.3 (20.0～22.5)	22.5 (21.3～25.0)	0.94	21.89	4.3	0.97	3.3	2.5	3.2	1.8	4	7	1层	138：7～9
瓶头草 *Lagenophora stipitata*	近球形	三裂圆形	23.7 (20.0～25.0)	22.5 (20.0～25.0)	1.05	22.99	5.1	0.88	2.0	2.0	3.3	1.6	8	5	无	138：10～14 139：1
新疆麻菀 *Linosyris tatarica*	近长球形	三裂圆形	31.3 (26.3～37.5)	26.8 (22.5～30.0)	1.17	28.96	5.0	0.92	2.6	2.0	2.9	2.5	6	6	散见	139：8～13
灰毛麻菀 *L. villosa*	近球形	三裂圆形	31.3 (27.5～33.7)	30.0 (27.5～32.5)	1.04	30.64	5.5	0.88	2.1	2.0	3.1	2.7	14	6	散见	139：2～7
羽裂黏冠草 *Myriactis delevayi*	近球形	深三裂圆形	23.7 (21.2～30.0)	25.0 (23.7～31.3)	0.95	24.34	3.2	0.86	2.0	1.5	3.1	1.6	2	5	散见	140：1～6
M. janensis	近球形	三裂圆形	22.5 (20.0～26.3)	23.8 (21.3～27.5)	0.95	23.14	4.5	0.89	2.2	1.5	3.0	2.2	4	5	散见	140：7,8
台湾黏冠草 *M. longipedunculata*	扁球形	深三裂圆形	20.0 (17.5～25.0)	25.0 (20.0～27.5)	0.88	22.36	4.7	0.80	2.6	2.0	3.2	1.4	6	6	1层	140：9～13

续表

分类 Taxa	花粉形状 Pollen shape		花粉大小 Size(μm)				萌发孔 Aperture		外壁 Exine							图版 Plate
	花粉粒 Pollen grain	极面观 Shape in polar view	极轴直径(P) Polar diameter	赤道轴直径(E) Equatorial diameter	P/E	$\sqrt{P \cdot E}$ (μm)	宽度 Width (μm)	沟长/P Length of the colpus /P	厚度 Thickness (μm)	S/N	刺 Spine					
											长度 Length (μm)	宽度 Width (μm)	SNA	SNEL	BP	
圆舌黏冠草 *M. nepalensis*	近球形	深三裂圆形	25.0 (21.3～27.5)	23.8 (21.3～30.0)	1.05	24.39	4.3	0.88	2.8	2.5	4.1	2.7	4	5	无	141：1～6
狐狸草 *M. wallichii*	近球形	深三裂圆形	21.1 (18.7～23.8)	22.5 (20.0～31.3)	0.94	21.79	3.5	0.97	2.5	2.0	3.9	2.3	3	5	1层	141：7～12
黏冠草 *M. wightii*	长球形	深三裂圆形	29.3 (22.5～32.5)	22.5 (20.0～25.0)	1.30	25.68	4.8	0.94	3.1	3.0	2.7	2.2	2	5	1～2层	142：1～6
Microglossa albescens	近球形	三裂圆形	23.7 (20.0～25.0)	25.0 (22.5～27.5)	0.95	24.34	5.0	0.96	2.5	2.0	3.5	2.3	7	6	无	142：7～12
Mi. harrowianus var. *glabratus*	近球形	深三裂圆形	23.7 (17.5～25.0)	25.0 (22.5～30.0)	0.95	24.34	4.9	0.88	2.2	1.5	3.8	2.2	4	6	1层	143：1～6
小舌菊 *Mi. pyrifolia*	近球形	三裂圆形	20.0 (11.3～22.5)	21.3 (12.5～25.0)	0.94	20.64	3.6	0.84	2.1	1.5	3.2	2.2	4	5	无	143：7～12
毛冠菊 *Nannoglottis carpesioides*	近长球形	三裂圆形	31.9 (28.7～35.0)	27.0 (22.5～32.5)	1.18	29.35	4.4	0.89	2.3	2.0	3.6	2.2	4	5	1层	165：1～5
厚毛毛冠菊 *N. delavayi*	近球形	深三裂圆形	28.5 (22.5～32.5)	26.3 (20.0～30.0)	1.09	27.38	2.8	0.90	3.1	2.5	3.6	1.8	4	5	1层	165：6～10
狭舌毛冠菊 *N. gynura*	近球形	三裂圆形	25.7 (20.0～30.0)	26.4 (20.0～32.5)	0.98	26.05	3.8	0.82	2.1	2.0	2.9	2.4	5	5	无	166：1～5
玉龙毛冠菊 *N. hieraciophylla*	近球形	三裂圆形	31.9 (26.7～35.5)	29.5 (25.0～37.5)	1.03	30.68	4.7	0.86	2.2	2.0	2.3	1.8	20	5	无	166：6～10
宽苞毛冠菊 *N. latisquama*	近长球形	三裂圆形	28.5 (22.5～32.5)	24.5 (20.0～30.0)	1.19	26.15	7.6	0.90	2.0	2.0	3.8	2.4	4	5	无	167：1～5
大果毛冠菊 *N. macrocarpa*	近球形	深三裂圆形	28.1 (25.0～35.0)	27.4 (25.0～35.0)	1.03	27.75	3.9	0.84	2.6	2.0	3.3	2.3	3	5	无	167：6～10

续表

分类 Taxa	花粉形状 Pollen shape		花粉大小 Size(μm)				萌发孔 Aperture		外壁 Exine							图版 Plate
	花粉粒 Pollen grain	极面观 Shape in polar view	极轴直径(P) Polar diameter	赤道轴直径(E) Equatorial diameter	P/E	$\sqrt{P \cdot E}$ (μm)	宽度 Width (μm)	沟长/P Length of the colpus /P	厚度 Thickness (μm)	S/N	刺 Spine 长度 Length (μm)	刺 Spine 宽度 Width (μm)	刺 Spine SNA	刺 Spine SNEL	刺 Spine BP	
川西毛冠菊 *N. souliei*	近球形	三裂圆形	31.5 (25.0~35.0)	34.2 (20.0~37.5)	0.92	32.82	7.6	0.88	2.5	2.5	2.7	1.7	5	5	少数	168：1~5
云南毛冠菊 *N. yunnanensis*	扁球形	三裂圆形	27.0 (25.0~32.5)	31.1 (26.5~35.0	0.87	28.98	7.1	0.82	1.9	1.5	2.7	2.2	10	5	无	168：6~10
Pentachaeta exilis	近球形	浅三裂圆形	22.5 (20.0~25.0)	23.8 (20.0~27.5)	0.95	23.14	4.0	0.70	2.1	2.0	2.6	2.2	20	7	偶见	144：1~6
秋分草 *Rhynchospermum verticillatum*	近球形	三裂圆形	22.5 (21.1~27.5)	25.0 (22.5~30.0)	0.90	23.72	5.9	0.85	2.7	2.5	3.6	2.4	10	6	1层	144：7~12
Solidago altissima	近球形	三裂圆形	23.7 (22.5~26.4)	25.0 (23.7~28.8)	0.95	24.34	4.8	0.89	2.5	2.5	3.0	2.4	5	5	1~2层	145：1~6
S. altopilosa	扁球形	三裂圆形	22.5 (20.0~26.4)	27.1 (22.5~30.0)	0.83	24.69	3.2	0.93	2.2	2.0	3.1	2.6	14	5	散见	145：7~12
S. arguta	近球形	三裂圆形	20.0 (16.3~22.5)	22.7 (18.7~25.0)	0.89	21.3	4.0	0.84	2.2	2.0	2.0	2.2	8	5	2层	146：1~6
S. × *asperula* Desf.	近长球形	三裂圆形	20.0 (16.2~22.5)	17.4 (15.0~20.0)	1.15	18.66	3.6	0.98	2.6	2.0	3.3	3.3	7	5	2~3层	146：7~12
S. caesia	近球形	三裂圆形	21.3 (16.3~23.7)	22.5 (17.5~25.0)	0.95	21.89	4.2	0.82	2.1	2.0	3.1	2.4	5	5	1层	147：1~6
S. californica	近球形	圆形	20.0 (18.8~22.5)	22.5 (20.0~25.0)	0.89	21.21	4.3	0.86	2.0	2.0	1.9	2.8	6	5	1层	147：7~12
S. californica Nutt. var. *paucifica*	近球形	三裂、四裂或六裂圆形	20.0 (17.5~25.0)	21.3 (18.9~27.5)	0.94	20.64	1.6	0.80	2.6	2.0	3.2	3.0	25	5	2层	148：1~7

续表

分类 Taxa	花粉形状 Pollen shape		花粉大小 Size(μm)				萌发孔 Aperture		外壁 Exine							图版 Plate
	花粉粒 Pollen grain	极面观 Shape in polar view	极轴直径(P) Polar diameter	赤道轴直径(E) Equatorial diameter	P/E	$\sqrt{P \cdot E}$ (μm)	宽度 Width (μm)	沟长/P Length of the colpus /P	厚度 Thickness (μm)	S/N	刺 Spine					
											长度 Length (μm)	宽度 Width (μm)	SNA	SNEL	BP	
加拿大一枝黄花 *S. canadensis*	近球形	三裂圆形	15.0 (12.5～18.9)	15.6 (12.5～20.0)	0.96	15.30	3.8	0.97	1.8	2.0	2.0	2.5	6	5	1层	148：8,9
S. caucasica	近球形	三裂圆形	23.7 (21.3～26.3)	25.0 (23.7～27.5)	0.90	24.97	4.1	0.96	2.3	2.0	3.0	2.6	6	5	1层	148：10～12
S. conferta	长球形	三裂圆形	28.7 (20.0～30.0)	23.3 (18.7～27.5)	1.23	25.86	2.5	0.84	2.6	2.0	3.2	2.6	5	5	2～3层	149：1～5
一枝黄花 *S. decurrens*	近球形	三裂圆形	22.5 (21.3～26.3)	25.0 (23.7～27.5)	0.90	23.72	5.4	0.98	2.8	2.5	3.4	2.1	5	5	散见	149：6～11
S. erecta	近球形	三裂圆形	18.9 (16.2～22.5)	21.3 (18.7～23.7)	0.89	20.06	4.4	0.80	2.1	2.0	3.0	2.0	8	5	1～2层	150：1～6
S. fistulosa	近球形	三裂圆形	18.9 (16.2～22.5)	21.3 (17.5～23.7)	0.89	20.06	4.4	0.82	1.9	1.5	2.9	2.0	3	5	2层	150：7～12
S. flexicaulis	近球形	三裂圆形	25.0 (22.5～27.5)	27.5 (23.7～30.0)	0.91	26.22	4.1	0.82	3.0	2.5	3.0	2.2	3	5	2～3层	151：1～6
S. graminifolia	扁球形	二裂或三裂圆形	17.5 (15.0～23.8)	20.0 (17.5～26.3)	0.88	18.71	4.0	0.86	2.0	2.0	3.3	2.4	3	5	1层	151：7～12
S. gigantea	扁球形	三裂圆形	17.5 (15.0～21.4)	21.5 (16.3～23.8)	0.83	19.22	3.1	0.85	1.8	1.5	3.2	2.0	3	5	1层	152：1～5
S. gymnospermoides	扁球形	深三裂圆形	20.7 (17.5～25.0)	23.8 (20.0～28.9)	0.87	22.20	4.4	0.91	3.0	2.5	3.2	2.5	5	5	1～2层	152：6～11
S. juncea	近球形	三裂圆形	20.0 (17.5～26.3)	21.3 (17.5～27.5)	0.94	20.64	3.2	0.97	2.5	2.0	3.2	2.2	5	5	2层	153：1～5
S. lapponica	长球形	三裂圆形	30.9 (23.8～32.5)	25.0 (21.3～32.5)	1.24	27.80	4.0	0.80	2.4	2.0	4.6	3.0	1	5	2层	153：6～11

续表

分类 Taxa	花粉形状 Pollen shape		花粉大小 Size(μm)				萌发孔 Aperture		外壁 Exine							图版 Plate
	花粉粒 Pollen grain	极面观 Shape in polar view	极轴直径(P) Polar diameter	赤道轴直径(E) Equatorial diameter	P/E	$\sqrt{P \cdot E}$ (μm)	宽度 Width (μm)	沟长/P Length of the colpus /P	厚度 Thickness (μm)	S/N	刺 Spine					
											长度 Length (μm)	宽度 Width (μm)	SNA	SNEL	BP	
S. latifolia	近球形	三裂圆形	25.0 (22.5～28.9)	23.7 (20.0～27.5)	1.05	24.34	4.6	0.77	2.6	2.0	3.1	1.7	8	5	2层	154：1～6
S. macrophylla	近球形	三裂圆形	23.7 (21.2～25.0)	25.0 (22.5～27.5)	0.95	24.34	5.2	0.76	2.3	2.0	3.3	2.2	7	5	1层	154：7～12
S. miratilis	近球形	深三裂圆形	20.0 (17.5～22.5)	18.7 (17.5～20.0)	1.07	19.34	4.8	0.80	2.2	2.0	3.2	2.0	3	5	散见	155：1～6
S. missouriensis	长球形	三裂圆形	22.4 (16.8～25.0)	18.7 (16.3～22.5)	1.20	20.47	1.7	0.98	1.9	2.0	2.5	1.4	4	5	1层	155：7～12
S. nemoralis	长球形	深三裂圆形	18.8 (17.5～22.5)	15.0 (12.5～23.7)	1.25	16.79	2.0	0.90	1.8	2.0	3.0	2.8	3	5	1层	156：1～5
S. oreophila	近球形	三裂圆形	20.0 (17.5～25.0)	21.3 (18.7～27.5)	0.94	20.64	4.0	0.98	2.1	2.0	3.3	2.4	5	5	3～4层	156：6～11
钝苞一枝黄花 *S. pacifica*	近球形	深三裂圆形	21.3 (18.7～25.0)	22.5 (20.0～28.7)	0.95	21.89	5.2	0.88	2.6	2.0	4.2	2.2	4	5	2层	157：1～5
S. puberula	近球形	三裂圆形	18.9 (16.3～22.5)	20.0 (17.5～25.0)	0.95	19.44	4.2	0.96	2.7	2.0	3.2	1.9	7	5	1～2层	157：6～10
S. riddellii	近球形	深三裂圆形	18.9 (17.5～21.4)	21.3 (18.9～25.0)	0.89	20.62	4.0	0.80	2.5	2.0	3.1	1.7	2	5	1～2层	157：11～13 158：1,2
S. rigidiusenla	扁球形	三裂圆形	18.9 (15.0～21.3)	22.5 (18.9～25.0)	0.84	20.62	6.0	0.80	2.4	2.0	3.0	2.1	7	5	1层	158：3～7
S. rugosa	扁球表	三裂圆形	20.1 (16.3～22.5)	23.7 (18.3～27.5)	0.85	21.83	3.5	0.80	2.1	2.0	2.6	1.8	6	5	1层	158：8～12
S. serotina	近球形	三裂圆形	21.3 (17.5～23.7)	23.7 (22.5～27.5)	0.90	22.47	4.8	0.96	2.3	2.0	3.3	2.5	7	5	2层	159：1～3,5,6

续表

分类 Taxa	花粉形状 Pollen shape		花粉大小 Size(μm)				萌发孔 Aperture		外壁 Exine							图版 Plate
	花粉粒 Pollen grain	极面观 Shape in polar view	极轴直径(P) Polar diameter	赤道轴直径(E) Equatorial diameter	P/E	$\sqrt{P \cdot E}$ (μm)	宽度 Width (μm)	沟长/P Length of the colpus /P	厚度 Thickness (μm)	S/N	刺 Spine					
											长度 Length (μm)	宽度 Width (μm)	SNA	SNEL	BP	
S. spathulata	近球形	深三裂圆形	22.5 (20.0～25.0)	23.7 (20.0～27.5)	0.94	23.09	4.3	0.86	2.4	1.5	3.1	2.8	3	5	散见	159：4,7～11
S. speciosa	近球形	三裂圆形	23.9 (20.0～27.5)	26.3 (22.5～31.4)	0.91	25.07	4.7	0.90	2.7	2.0	3.1	2.4	6	6	散见	160：1～6
S. tortifolia	近球形	深三裂圆形	17.5 (15.0～20.0)	18.9 (15.0～21.3)	0.93	18.19	1.4	0.96	2.8	2.5	3.6	2.2	3	5	1层	160：7～12
S. trinevata	长球形	三裂圆形	27.5 (20～32.5)	22.4 (18.7～27.5)	1.23	24.82	2.2	0.92	2.7	2.0	2.6	2.6	4	5	2层	161：1～6
S. uliginosa var. *linoides*	扁球形	深三裂圆形	22.5 (20.0～27.5)	29.6 (21.5～32.5)	0.76	27.20	6.2	0.80	2.7	2.0	3.0	2.2	4	5	1～2层	161：7～12
S. ulmifolia	扁球形	三裂圆形	17.5 (15.0～23.7)	20.0 (16.3～25.0)	0.88	18.71	3.7	0.91	2.6	2.0	3.5	2.0	8	5	2～3层	162：1～3
S. virgausea var. *dahurica*	近球形	深三裂圆形	23.6 (18.9～25.0)	22.5 (20.0～27.5)	1.05	23.04	3.7	0.82	2.5	2.0	3.2	2.0	1	5	3层	162：4～6
毛果一枝黄花 *S. virgaurea*	近球形	三裂圆形	22.5 (20.0～27.5)	25.0 (21.4～27.5)	0.90	23.72	3.9	0.92	2.0	2.0	3.0	2.0	6	5	1层	162：7～9
碱菀 *Tripolium vulgare*	近球形	三裂圆形	27.5 (22.5～32.5)	30.0 (25.0～35.0)	0.92	28.72	5.7	0.95	3.3	2.5	3.3	2.1	3	6	1层	163：1～6
女菀 *Turczaninowia fastigiata*	近长球形	三角形	25.0 (22.5～30.0)	21.7 (20.0～25.5)	1.15	23.29	2.6	0.86	2.9	2.5	3.4	2.6	3	5	2层	163：7～12
Xanthisma taxanum	近球形	三裂圆形	23.8 (20.0～28.9)	22.5 (18.7～30.0)	1.06	23.14	5.0	0.92	2.2	2.0	2.0	2.8	10	5～6	无	164：1～6

2. 翼柄紫菀型(*Aster alatipes* type)

花粉粒长球形,赤道面观椭圆至长椭圆形,极面观三裂圆形,大小为(15.0～42.5)μm×(17.5～38.8)μm,P/E=1.14～1.36。具三孔沟,沟带状内陷,沟膜不明显,沟宽1.4～7.2 μm,沟长/P=0.56～0.98,内孔不明显,纵长或横长至沟状,沟界极区6～12个刺。外壁厚1.3～2.3 μm,外层是内层的1.5～2倍。覆盖层具条沟状、明显皱波状或密集颗粒状纹饰,刺形多变,刺基部无孔或具1～3层小孔。刺长2.8～4.3 μm,刺基部直径1.8～3.1 μm,刺长/宽=0.8～1.8,刺间距0.8～2.3 μm。

属于本类型花粉的有:图版5:1;6:1,7;17:9;39:1;42:8;60:1;66:2;124:1;132:5;139:11。

3. 小舌紫菀型(*Aster albescens* type)

花粉粒近球形,赤道面观椭圆形,极面观三裂圆形,大小为(17.5～32.5)μm×(17.5～33.9)μm,P/E=0.90～0.98。具三孔沟,沟端渐尖,沟膜具细皱褶或细颗粒,沟宽2.3～5.8 μm,沟长/P=0.73～0.98,内孔常不明显,沟界极区6～8个刺。外壁厚1.1～3.1 μm,外层是内层的1.5～2.5倍。覆盖层较光滑,或具小颗粒或细皱波状纹饰,刺渐尖至长渐尖,基部具内陷小孔,偶见1～3层小孔。刺长3.4～4.4 μm,刺基部直径2.0～3.4 μm,刺长/宽=1.3～1.9,刺间距0.4～1.8 μm,大小不等。

属于本类型花粉的有:图版5:6;9:6;20:6;24:1;32:1;33:1;37:1;41:4;48:9;50:1;57:10;66:10;68:7;70:10;89:9;101:6;118:1;127:1;134:7;141:10;147:1;149:9;154:7。

4. 高山紫菀型(*Aster alpinus* type)

花粉粒长球形,赤道面观梭形至长椭圆形,极面观多深三裂圆形,大小为(17.5～40.0)μm×(20.0～37.5)μm,P/E=1.2～1.5。具三孔沟,沟带状,深陷,沟膜不明显,沟间区相对平滑,每裂瓣具5～6列刺,沟宽1.6～5.9 μm,沟长/P=0.80～0.98,内孔常不明显,沟界极区1～4个刺。外壁厚2.1～3.1 μm,外层是内层的1.5～3倍。覆盖层具颗粒或皱波状纹饰,刺渐尖至长渐尖,或呈指状,刺基部无孔或具1层或多层小孔。刺长2.7～4.6 μm,刺基部直径2.2～3.2 μm,刺长/宽=1.2～1.6,刺间距1.3～2.0 μm。

属于本类型花粉的有:图版10:10;58:1;121:9;142:1;153:7。

5. *Aster amellus* type

花粉粒长球形,赤道面观钝椭圆形,极面观深三裂圆形,大小为(25.0～32.5)μm×(18.7～28.5)μm,P/E=1.21～1.33。具三孔沟,沟带状深陷,沟膜不明显,沟间区平滑,每裂瓣具5～6列刺,沟宽2.6～2.9 μm,沟长/P=0.82～0.94,内孔横长沟状,沟界极区3～4个刺。外壁厚2.3～3.1 μm,外层是内层的2倍。覆盖层光滑或具微细波状纹饰,刺基部宽大,上部长尖或圆钝至突尖,刺基部具1～2层小孔。刺长4.0～4.6 μm,刺基部直径3.9～4.5 μm,刺长/宽=0.9～1.2,刺间距0.9～1.4 μm。

属于本类型花粉的有:图版12:1;96:1;161:1。

6. 银鳞紫菀型(*Aster argyropholis* type)

花粉粒近球形,赤道面观圆至椭圆形,极面观三裂圆形,大小为(17.5～32.5)μm×(17.5～32.5)μm,P/E=0.89～1.11。具三孔沟,沟端渐尖,偶钝,沟膜多光滑,沟宽2.7～7.3 μm,

沟长/P=0.80～0.98,内孔多不明显,沟界极区6～8个刺。外壁厚1.8～2.5 μm,外层是内层的2～2.5倍。覆盖层较光滑,或具细皱波状或小颗粒状纹饰,刺渐尖至长渐尖,顶端常有弯曲,基部无孔。刺长3.0～4.2 μm,刺基部直径2.2～3.0 μm,刺长/宽=1.4～1.8,刺间距0.8～1.8 μm。

属于本类型花粉的有:图版13:1;30:7;35:1;100:1;105:7;125:1,3,8;142:8。

7. 星舌紫菀型(*Aster asteroides* type)

花粉粒近球形,赤道面观圆至椭圆形,极面观深三裂圆形,大小为(20.0～41.3)μm×(18.9～45.0)μm,P/E=1.04～1.10。具三孔沟,沟端渐尖,沟膜具细颗粒,沟宽4.1～5.3 μm,沟长/P=0.73～0.92,内孔常不明显,沟界极区1～4个刺。外壁厚2.4～3.5 μm,外层是内层的2～3倍。覆盖层较光滑或具细颗粒,刺基部宽大,渐尖,基部常无孔。刺长3.2～4.0 μm,刺基部直径2.4～2.9 μm,刺长/宽=1.2～1.6,刺稀,间距1.9～2.4 μm。

属于本类型花粉的有:图版13:6;24:6;25:1;40:3;155:1。

8. 白舌紫菀型(*Aster baccharoides* type)

花粉粒长球形,赤道面观梭形至长椭圆形,极面观三角形,大小为(22.5～37.5)μm×(10.5～35.0)μm,P/E=1.16～1.90。具三孔沟,沟端渐尖,沟深陷,沟膜不明显,沟间区成脊状隆起,脊圆柱状,脊上具1～2列刺,沟宽8.7～13.9 μm,沟长/P=0.88～0.90,内孔不明显,沟界极区1～4个刺。外壁厚2.7～3.9 μm,外层是内层的3～4倍。覆盖层穿孔,刺渐尖至长渐尖,刺基部具2层或多层小孔。刺长3.1～3.3 μm,刺基部直径1.9～2.6 μm,刺长/宽=1.2～1.7,刺间距1.6～2.6 μm。

属于本类型花粉的有:图版15:1;31:1;53:10。

9. 巴塘紫菀型(*Aster batangensis* type)

花粉粒长球形,赤道面观梭形至长椭圆形,极面观三角形,大小为(20.0～32.5)μm×(14.0～28.5)μm,P/E=1.15～1.92。具三孔沟,沟深陷,沟端渐尖,沟膜不明显,沟间区成脊状隆起,脊上具1～2列刺,沟宽2.6～12.7 μm,沟长/P=0.87～0.97,内孔不明显,沟界极区2～7个刺。外壁厚2.4～2.6 μm,外层是内层的2～3倍。覆盖层上刺密集,基部宽扁相连,顶端锐尖,基部具1～2层小孔。刺长2.1～5.0 μm,刺基部直径2.0～3.8 μm,刺长/宽=1.3～1.7,刺间距0.7～1.7 μm。

属于本类型花粉的有:图版15:6;19:7;21:1;66:4;90:1;93:9;163:10。

10. *Aster conspicuus* type

花粉粒长球形,赤道面观椭圆形,极面观三裂圆形,大小为(20.0～48.5)μm×(18.9～43.9)μm,P/E=1.14～1.40。具三孔沟,沟带状内陷,沟膜不明显,沟宽3.8～6.8 μm,沟长/P=0.84～0.98,内孔不明显,纵长或横长至沟状,沟界极区6～10个刺。外壁厚1.8～4.1 μm,外层是内层的1.5～2.5倍。覆盖层较光滑,刺基部宽大,刺基部具1～3层明显小孔。刺长2.2～4.5 μm,刺基部直径1.8～3.8 μm,刺长/宽=0.9～1.8,刺间距0.7～1.8 μm。

属于本类型花粉的有:图版21:3;38:7;43:10;55:11;67:7;70:1;74:6;129:10;130:1;146:10;149:1。

11. 重冠紫菀型(*Aster diplostephioides* type)

花粉粒扁球形,赤道面观椭圆形,极面观深三裂圆形,大小为(23.7～23.5)μm×(22.5～

30.0)μm,P/E=0.88。具三孔沟,沟端圆钝,沟膜具细颗粒,沟宽4.1 μm,沟长/P=0.92,内孔横长,沟界极区4个刺。外壁厚2.5 μm,外层是内层的2倍。覆盖层穿孔,表面具刺,刺渐尖,刺基部具1层小孔。刺长约2.8 μm,刺基部直径约2.4 μm,刺长/宽=1.2,刺间距3.5~5.0 μm。

属于本类型花粉的有:图版23:6。

12. 狭苞紫菀型(*Aster farreri* type)

花粉粒长球形,赤道面观钝椭圆形,极面观深三裂圆形,大小为(15.0~33.8)μm×(16.3~35.0)μm,P/E=1.16~1.30。具三孔沟,沟带状深陷,沟膜不明显,沟间区平滑,每裂瓣具5~6列刺,沟宽1.7~5.3 μm,沟长/P=0.70~0.90,内孔横长,沟界极区3~4个刺。外壁厚1.9~3.2 μm,外层是内层的1.5~3倍。覆盖层具明显皱波状或大颗粒纹饰,刺多长渐尖,刺基部无孔或具1层或多层小孔。刺长2.5~4.8 μm,刺基部直径1.4~3.4 μm,刺长/宽=1.4~1.8,刺间距大于1.5 μm。

属于本类型花粉的有:图版7:1;8:8;65:1;167:1。

13. 萎软紫菀型(*Aster flaccidus* type)

花粉粒近球形,赤道面观圆至椭圆形,极面观三裂圆形,大小为(12.5~35.0)μm×(13.8~35.0)μm,P/E=0.95~1.11。具三孔沟,沟端渐尖,沟膜不明显或较光滑,沟宽2.7~6.0 μm,沟长/P=0.73~0.96,内孔不明显或横长,沟界极区6~8个刺。外壁厚2.1~3.0 μm,外层是内层的2~3倍。覆盖层具粗条沟状纹饰,刺渐尖至长渐尖,基部常有孔。刺长2.3~4.5 μm,刺基部直径1.6~3.2 μm,刺长/宽=1.4~1.9,刺间距0.8~1.7 μm。

属于本类型花粉的的有:图版10:1;28:4;49:1;62:7;75:1;78:1;96:8;97:8;106:1,6;112:10;157:8。

14. 褐毛紫菀型(*Aster fuscescens* type)

花粉粒近球形,赤道面观圆至椭圆形,极面观三裂圆形,大小为(20.0~41.3)μm×(20.0~45.0)μm,P/E=0.89~1.10。具三孔沟,沟端多渐尖,沟膜具颗粒或皱褶,沟宽3.6~7.3 μm,沟长/P=0.76~0.97,内孔不明显或横长,偶有纵长,沟界极区5~8个刺。外壁厚2.1~3.5 μm,外层是内层的1.5~3倍。覆盖层具密集明显皱波状或颗粒状纹饰,刺常渐尖至长渐尖,基部具散孔或1~3层内陷小孔。刺长2.4~4.9 μm,刺基部直径1.6~3.1 μm,刺长/宽=1.1~2.0,刺稀,间距0.5~2.0 μm。

属于本类型花粉的有:图版4:1;29:1;35:6;39:8;46:1;56:1;57:6;59:7;66:9;68:1;69:1;76:1;138:12;153:1;160:1。

15. 异苞紫菀型(*Aster heterolepis* type)

花粉粒近球形,赤道面观圆至椭圆形,极面观深三裂圆形,大小为(20.0~37.5)μm×(20.0~33.8)μm,P/E=1.05~1.12。具三孔沟,沟端渐尖,沟膜具皱褶或颗粒,沟宽5.0~7.2 μm,沟长/P=0.73~0.96,内孔横长或不明显,沟界极区4~5个刺。外壁厚2.3~2.9 μm,外层是内层的2倍。覆盖层具密集皱波状或颗粒状纹饰,刺形瘦长,长渐尖,基部常具1层或多层小孔。刺长3.3~4.6 μm,刺基部直径1.9~2.9 μm,刺长/宽=1.5~1.9,刺稀,间距大于1.5 μm。

属于本类型花粉的有:图版20:1;32:4,7;48:1;63:7;155:1;157:11。

16. *Aster laevis* type

花粉粒近球形，赤道面观圆至椭圆形，极面观近圆形，大小为(17.5～40.0)μm×(18.9～37.5)μm，*P*/*E*＝0.94～1.11。沟孔数目多变，具二孔沟至多孔沟，沟常渐尖，沟膜较平滑，沟宽1.6～3.5 μm，沟长/*P*＝0.56～0.80，内孔不明显，沟界极区刺数不定。外壁厚2.4～4.1 μm，外层是内层的2～4倍。覆盖层光滑，刺突尖，基部具2～3层小孔。刺长3.2～3.6 μm，刺基部直径3.0～3.2 μm，刺长/宽＝1.1～1.2，刺密，间距0.7～0.8 μm。

属于本类型花粉的有：图版36：1；148：1。

17. *Aster lanceolatus* type

花粉粒扁球形，赤道面观椭圆形，极面观二裂圆形，大小为(21.2～28.9)μm×(22.5～32.5)μm，*P*/*E*＝0.87。具二孔沟，沟宽5.1 μm，沟长/*P*＝0.77，内孔不明显，外壁厚3.0 μm，外层是内层的2倍。覆盖层具小颗粒，刺渐尖，顶部弯曲，基部无孔。刺长4.2 μm，刺基部直径3.3 μm，刺长/宽＝1.3，刺间距1.3 μm。

属于本类型花粉的有：图版36：6。

18. 宽苞紫菀型(*Aster latibracteatus* type)

花粉粒近球形，赤道面观圆至椭圆形，极面观浅三裂圆形，大小为(17.5～30.0)μm×(17.8～32.5)μm，*P*/*E*＝0.91～1.05。具三孔沟，沟端渐尖，沟膜常具小颗粒，沟宽4.5～6.5 μm，沟长/*P*＝0.80～0.91，内孔不明显或明显横长，沟界极区10～14个刺。外壁厚1.7～2.5 μm，外层是内层的1.5～2.5倍。覆盖层较光滑，或具小颗粒或细皱波状纹饰，渐尖至长渐尖，基部常具内陷小孔。刺长3.5～4.3 μm，刺基部直径1.8～3.4 μm，刺长/宽＝1.3～1.7，刺间距0.7～1.5 μm。

属于本类型花粉的有：图版3：6；4：6；37：6；43：1；44：7；49：1；97：1；109：7；136：1。

19. 线叶紫菀型(*Aster lavanduliifolius* type)

花粉粒近球形，赤道面观圆至椭圆形，极面观三裂圆形，大小为(16.3～27.5)μm×(20.2～35.0)μm，*P*/*E*＝0.89～0.95。具三孔沟，沟端渐尖，沟膜光滑或具颗粒，沟宽3.3～5.3 μm，沟长/*P*＝0.77～0.98，内孔不明显或横长，沟界极区5～8个刺。外壁厚1.9～2.8 μm，外层是内层的2～2.5倍。覆盖层穿孔，刺渐尖或突尖，基部常有孔。刺长1.9～5.0 μm，刺基部直径2.1～3.1 μm，刺长/宽＝0.9～1.6，刺间距1.1～1.7 μm。

属于本类型花粉的有：图版38：1；62：1；104：5；130：1；154：1。

20. 莽山紫菀型(*Aster mangshanensis* type)

花粉粒扁球形，赤道面观椭圆形，极面观深三裂圆形，大小为(15.0～27.5)μm×(17.5～30.0)μm，*P*/*E*＝0.83～0.88。具三孔沟，沟端渐尖，沟膜较光滑或具细颗粒，沟宽3.1～6.0 μm，沟长/*P*＝0.82～0.97，内孔横长或不明显，沟界极区3～5个刺。外壁厚1.5～3.0 μm，外层约是内层的2倍。覆盖层较光滑或具细颗粒状纹饰，刺渐尖至长渐尖，刺基部具1层或多层内陷小孔。刺长3.0～4.5 μm，刺基部直径1.7～2.9 μm，刺长/宽＝1.2～2.0，刺间距0.7～1.8 μm不等。

属于本类型花粉的有：图版42：1；59：6；69：7；72：6；79：1。

21. 黑山紫菀型(*Aster nigromontanus* type)

花粉粒近球形，赤道面观圆至椭圆形，极面观三裂圆形，大小为(15.0～35.0)μm×(15.0

～36.4)μm，*P*/*E*＝0.89～1.10。具三孔沟，沟端常渐尖，沟膜常具颗粒或皱褶，沟宽1.0～6.4 μm，沟长/*P*＝0.79～0.96，内孔多横长或不明显，偶有纵长，沟界极区6～8个刺。外壁厚2.1～2.8 μm，外层是内层的2～3倍。覆盖层具皱褶或光滑，刺基部膨大，上部长尖，基部具1层或多层小孔。刺长2.9～4.5 μm，刺基部直径2.4～3.3 μm，刺长/宽＝1.0～1.8，刺密，间距0.4～0.9 μm。

属于本类型花粉的有：图版16：1；44：1；46：7；52：6；80：1；82：1,9；83：7；113：1,6；129：1；133：9；136：7；159：1。

22. 高茎紫菀型(*Aster prorerus* type)

花粉粒近球形，赤道面观圆至椭圆形，极面观浅三裂圆形，大小为(20.0～37.5)μm×(22.5～33.9)μm，*P*/*E*＝0.92～1.02。具三孔沟，沟端渐尖，沟膜光滑或具细皱褶，沟宽4.0～5.8 μm，沟长/*P*＝0.82，内孔常不明显，沟界极区10～15个刺。外壁厚1.8～2.6 μm，外层是内层的1.5～2.5倍。覆盖层具明显皱波状或条沟状纹饰，刺渐尖至长渐尖，基部具1层或多层小孔。刺长2.8～4.3 μm，刺基部直径1.8～2.6 μm，刺长/宽＝1.3～1.7，刺间距1.3～1.6 μm。

属于本类型花粉的有：图版49：1～6。

23. 凹叶紫菀型(*Aster retusus* type)

花粉粒近球形，赤道观面圆至椭圆形，极面观深三裂圆形，大小为(15.0～37.5)μm×(16.0～37.5)μm，*P*/*E*＝0.94～1.04。具三孔沟，沟端渐尖，沟膜常具细颗粒，沟宽3.0～6.5 μm，沟长/*P*＝0.74～0.97，内孔常不明显，沟界极区3～5个刺。外壁厚2.1～3.0 μm，外层是内层的2～3倍。覆盖层具明显条沟、峭状纹饰，刺基部宽，渐尖至长渐尖，刺基部常无孔。刺长2.9～4.3 μm，刺基部直径1.4～3.2 μm，刺长/宽＝1.1～1.8，刺间距0.5～1.4 μm。

属于本类型花粉的有：图版50：10；63：1；116：10；117：1；126：1,7；130：1,7；140：1,7；141：1；163：1。

24. 东俄洛紫菀型(*Aster tongolensis* type)

花粉粒近球形或扁球形，赤道面观圆至椭圆形，极面观常三裂圆形，偶有深三裂圆形或浅三裂圆形，大小为(15.0～35.0)μm×(17.5～32.5)μm，*P*/*E*＝0.87～1.10。具三孔沟或二孔沟，或者具三孔沟或四孔沟，沟端渐尖，沟膜光滑或具细皱颗粒，沟宽4.0～6.7 μm，沟长/*P*＝0.82～0.91，内孔横长或不明显，沟界极区3～18个刺。外壁厚1.8～3.4 μm，外层是内层的1.5～3倍。覆盖层光滑或具皱波状、颗粒状纹饰，刺渐尖，基部常有孔，偶无孔。刺长2.0～4.3 μm，刺基部直径2.0～3.2 μm，刺长/宽＝0.9～1.7，刺间距0.7～1.6 μm。

属于本类型花粉的有：图版7：10；14：6；65：6；124：3；151：8。

25. *Acamptopappus shockleyi* type

花粉粒近球形，赤道面观圆至椭圆形，极面观圆形，大小为(18.8～27.5)μm×(20.0～28.7)μm，*P*/*E*＝0.78～0.86。有孔无沟，具三孔，孔径4.3～4.6 μm。外壁厚1.9～2.0 μm，外层是内层的2倍。覆盖层光滑，刺基部膨大，突尖，呈针状，基部无孔或有1层小孔。刺长1.9～2.7 μm，刺基部直径2.3～2.8 μm，刺长/宽＝0.7～1.2，刺间距0.8～1.2 μm。

属于本类型花粉的有：图版73：10；147：7。

26. 毛叶紫菀木型(*Asterothamnus poliifolius* type)

花粉粒近球形，赤道面观圆至椭圆形，极面观三裂圆形，大小为(16.3～28.9)μm×(17.5

~30.0)μm,P/E=0.89~1.06。具三孔沟,沟端渐尖,沟膜具颗粒,沟宽3.6~7.2 μm,沟长/P=0.70~0.86,内孔常不明显,沟界极区5~8个刺。外壁厚1.9~2.5 μm,外层是内层的1.5~2.5倍。覆盖层常具条沟状纹饰,刺矮钝,呈突尖,基部常具小孔,偶无孔。刺长2.3~3.1 μm,刺基部直径2.2~2.8 μm,刺长/宽=0.9~1.3,刺较密,间距0.6~1.0 μm。

属于本类型花粉的有:图版8:1;76:7;79:10;98:1;115:1。

27. 雏菊型(*Bellis perennis* type)

花粉粒扁球形,赤道面观椭圆形,极面观三裂圆形或浅三裂圆形,大小为(16.3~28.7)μm×(15.0~32.5)μm,P/E=0.75~0.88。具三孔沟,沟端渐尖,沟膜较光滑或具细颗粒,沟宽3.2~6.9 μm,沟长/P=0.85~0.92,内孔横长沟状,沟界极区6~15个刺。外壁厚2.0~2.6 μm,外层是内层的1.5~2倍。覆盖层具密集或明显的皱波纹饰,刺突尖或渐尖至长渐尖,刺基部具1层或多层小孔。刺长2.4~3.5 μm,刺基部直径1.6~3.1 μm,刺长/宽=1.0~1.9,刺间距0.5~1.6 μm。

属于本类型花粉的有:图版11:7;77:1,7;99:5;105:1;127:1;135:1,10;145:7;162:1,7。

28. 短星菊型(*Brachyactis ciliata* type)

花粉粒近球形,赤道面观圆至椭圆形,极面观深三裂圆形,大小为(11.3~27.5)μm×(17.5~30.0)μm,P/E=0.90~1.07。具三孔沟,沟带状内陷或沟端渐尖,沟膜具细皱或颗粒,沟宽1.7~5.0 μm,沟长/P=0.80~0.90,内孔不明显或横长,沟界极区3~4个刺。外壁厚2.1~2.5 μm,外层是内层的1.5~2.5倍。覆盖层近光滑或具微细波状纹饰,刺渐尖至长渐尖,基部无孔。刺长2.7~3.8 μm,刺基部直径2.0~2.3 μm,刺长/宽=1.3~1.7,刺密,间距0.6~0.9 μm。

属于本类型花粉的有:图版55:1;78:1;143:1,7;150:7;151:1。

29. *Calotis multicaulis* type

花粉粒近球形至长球形,赤道面观圆至椭圆形,极面观三裂圆形,大小为(16.3~30.0)μm×(16.0~27.5)μm,P/E=1.02~1.25。具四孔沟或五孔沟,沟带状内陷,沟膜不明显或沟端渐尖,沟膜光滑,沟宽2.3~4.4 μm,沟长/P=0.80~0.96,内孔横长或不明显。外壁厚2.0~2.7 μm,外层是内层的1.5~2.5倍。覆盖层光滑或具颗粒,刺渐尖至突尖,顶端偶有弯曲,基部常有小孔,偶无孔。刺长1.6~2.5 μm,刺基部直径1.6~2.2 μm,刺长/宽=1.0~1.4,刺密,间距0.2~0.7 μm。

属于本类型花粉的有:图版81:3;107:1。

30. 黏毛白酒草型(*Conyza leucantha* type)

花粉粒近球形,赤道面观圆至椭圆形,极面观浅三裂圆形,大小为(15.0~33.5)μm×(17.5~32.5)μm,P/E=0.90~1.06。具三孔沟,沟端渐尖,沟膜具颗粒或细皱褶,沟宽4.2~5.8 μm,沟长/P=0.81~0.98,内孔常不明显,沟界极区10~14个刺。外壁厚1.8~2.8 μm,外层是内层的1.5~2.5倍。覆盖层具明显皱波状或条沟状纹饰,刺渐尖至长渐尖,基部无孔。刺长2.8~4.2 μm,刺基部直径1.9~3.0 μm,刺长/宽=1.2~1.8,刺间距1.1~1.8 μm。

属于本类型花粉的有:图版24:3;67:1,7;86:9,10;92:1。

31. 杯菊型(*Cyathocline purpurea* type)

花粉粒近球形或长球形,赤道面观圆至椭圆形,极面观常圆形或深三裂圆形,大小为(16.3～22.5)μm×(12.5～21.2)μm,$P/E=1.00\sim1.34$。具三孔沟,沟端缝状,于极区汇合,沟宽1.7～4.3 μm,沟长/$P=0.80\sim0.90$,内孔横长。外壁厚2.0～2.2 μm,外层是内层的1～1.5倍。覆盖层具均匀密集颗粒或网状穿孔,刺渐尖,基部具2～3层小孔。刺长2.9～3.4 μm,刺基部直径2.1～2.4 μm,刺长/宽=1.4～1.5,刺稀,间距大于2.0 μm。

属于本类型花粉的有:图版89:1;99:11。

32. 鱼眼草型(*Dichrocephala auriculata* type)

花粉粒近球形,赤道面观圆至椭圆形,极面观深三裂圆形,大小为(12.5～32.5)μm×(15.0～36.3)μm,$P/E=0.93\sim1.03$。具三孔沟,沟端渐尖或圆钝,沟膜光滑或具细颗粒,沟宽4.1～7.2 μm,沟长/$P=0.82\sim0.98$,内孔不明显或横长或纵长,沟界极区3～4个刺。外壁厚2.0～2.5 μm,外层是内层的1.5～2倍。覆盖层光滑或具细颗粒,刺形矮钝,突尖,基部偶有小孔。刺长1.9～3.3 μm,刺基部直径1.9～4.1 μm,刺长/宽=0.8～1.1,刺间距大于1.0 μm。

属于本类型花粉的有:图版9:1;41:1;54:1,6;90:7;91:1,6。

33. 短葶飞蓬型(*Erigeron breviscapus* type)

花粉粒近球形,赤道面观圆至椭圆形,极面观浅三裂圆形,大小为(16.3～33.7)μm×(20.0～32.5)μm,$P/E=0.89\sim1.04$。具三孔沟,沟端圆钝或渐尖,沟膜具颗粒,沟宽4.0～6.2 μm,沟长/$P=0.79\sim0.92$,内孔常不明显或横长,偶有纵长,沟界极区10～14个刺。外壁厚1.8～2.2 μm,外层是内层的2～2.5倍。覆盖层较光滑,或具细颗粒或细皱褶状纹饰,刺形矮钝,呈突尖,基部无孔或偶有小孔。刺长2.5～3.1 μm,刺基部直径2.2～2.7 μm,刺长/宽=0.7～1.1,刺间距0.6～1.2 μm。

属于本类型花粉的有:图版16:1;139:2;164:1。

34. *Erigeron divergens* type

花粉粒近球形,赤道面观圆至椭圆形,极面观深三裂圆形,大小为(15.0～23.7)μm×(15.0～27.5)μm,$P/E=1.07\sim1.08$。具三孔沟,沟端于极区汇合,沟宽4.0 μm,沟长/$P=0.83$,内孔横长或不明显。外壁厚1.6～2.3 μm,外层是内层的1.5～2倍。覆盖层具强烈条沟状纹饰或光滑,刺渐尖,基部无孔。刺长2.3～3.5 μm,刺基部直径1.9～2.5 μm,刺长/宽=1.3～1.4,刺密,间距0.5～0.6 μm。

属于本类型花粉的有:图版96:13;98:9。

35. 俅江飞蓬型(*Erigeron kiukiangensis* type)

花粉粒近球形,赤道面观圆至椭圆形,极面观浅三裂圆形,大小为(15.0～37.5)μm×(14.5～35.0) μm,$P/E=0.90\sim1.05$。具三孔沟,沟端渐尖或圆钝,沟膜光滑或具细颗粒,沟宽4.6～5.7 μm,沟长/$P=0.82\sim0.94$,内孔常不明显或横长,沟界极区10～14个刺。外壁厚2.0～3.1 μm,外层是内层的2～3倍。覆盖层较光滑,或具小颗粒或细皱褶状纹饰,刺渐尖至长渐尖,基部无孔。刺长2.7～4.4 μm,刺基部直径1.6～2.8 μm,刺长/宽=1.2～2.0,刺间距0.8～1.2 μm。

属于本类型花粉的有:图版11:1;24:1;56:1;102:8;134:1。

36. 西疆飞蓬型(*Erigeron krylovii* type)

花粉粒近球形,赤道面观圆至椭圆形,极面观浅三裂圆形,大小为(12.0～25.0)μm×(11.4～25.0)μm,P/E=0.91～1.04。具三孔沟,沟端渐尖,沟膜光滑或具颗粒,沟宽2.5～4.8 μm,沟长/P=0.82～0.89,内孔常不明显或横长,偶有纵长,沟界极区10～20个刺。外壁厚1.6～3.5 μm,外层是内层的1.5～3倍。覆盖层穿孔或具密集颗粒,刺渐尖至长渐尖,基部常具内陷小孔,散孔或1～3层。刺长2.3～3.4 μm,刺基部直径1.7～2.1 μm,刺长/宽=1.2～1.7,刺间距0.4～1.8 μm。

属于本类型花粉的有:图版95:10;106:6;114:1;128:1,7;144:10。

37. 紫苞飞蓬型(*Erigeron porphyrolepis* type)

花粉粒扁球形,赤道面观椭圆形,极面观深三裂圆形,大小为(20.0～32.5)μm×(21.1～37.5)μm,P/E=0.85～0.88。具三孔沟,沟端渐尖,沟膜具细波状或微细波状,沟宽4.8～5.0 μm,沟长/P=0.83～0.90,内孔横长沟状,沟界极区3～4个刺。外壁厚2.4～2.6 μm,外层是内层的2倍。覆盖层具皱波状纹饰,刺突尖,刺基部具1层小孔。刺长2.4～3.3 μm,刺基部直径2.2～3.0 μm,刺长/宽=1.0～1.2,刺间距0.2～1.2 μm。

属于本类型花粉的有:图版22:6;83:1;99:11;111:1,7。

38. 帚枝乳菀型(*Galatella fastigiiformis* type)

花粉粒近球形,赤道面观圆至椭圆形,极面观深三裂圆形,大小为(20.0～35.0)μm×(18.8～35.0)μm,P/E=0.94～1.09。具三孔沟,沟端渐尖,沟膜常不明显或具颗粒,沟宽3.0～5.0 μm,沟长/P=0.73～0.90,内孔常横长,沟界极区3～4个刺。外壁厚1.9～2.9 μm,外层是内层的1.5～2.5倍。覆盖层具明显皱波状、条沟状纹饰,刺基膨大,基部具1层小孔,内陷或明显。刺长2.7～3.4 μm,刺基部直径2.5～3.4 μm,刺长/宽=1.0～1.1,刺间距0.7～1.3 μm。

属于本类型花粉的有:图版31:1;73:1;75:7;119:1;121:1;138:1;159:7。

39. 乳菀型(*Galatella macrosciadia* type)

花粉粒扁球形,赤道面观椭圆形,极面观三裂圆形,大小为(16.3～31.3)μm×(18.7～35.0)μm,P/E=0.84～0.88。具三孔沟,沟端渐尖,沟膜具细颗粒,沟宽3.5～10.0 μm,沟长/P=0.82～0.97,内孔横长或不明显,沟界极区6～8个刺。外壁厚2.1～2.7 μm,外层是内层的1.5～2倍。覆盖层光滑或具细皱波状纹饰,刺渐尖至突尖,刺基部具1层或多层内陷小孔。刺长2.0～3.0 μm,刺基部直径1.8～2.2 μm,刺长/宽=0.9～1.4,刺间距1.2～1.6 μm。

属于本类型花粉的有:图版112:1;114:7;146:1;158:3,8。

40. 狗娃花型(*Heteropappus hispidus* type)

花粉粒近球形,赤道面观圆至椭圆形,极面观深三裂圆形,大小为(18.7～27.5)μm×(20.0～30.0)μm,P/E=0.91～1.05。具三孔沟,沟端渐尖,沟膜较光滑,沟宽3.7～5.6 μm,沟长/P=0.82～0.90,内孔不明显或横长,沟界极区1～4个刺。外壁厚2.3～2.9 μm,外层是内层的1.5～2倍。覆盖层较光滑,穿孔,刺基部宽,膨大,上部长尖,顶端锐尖,基部具1层或多层小孔。刺长3.2～4.2 μm,刺基部直径2.0～3.3 μm,刺长/宽=1.1～1.9,刺间距0.9～1.7 μm。

属于本类型花粉的有:图版132:1,10;133:5;157:1;162:4;165:6。

3.4 花粉类型检索表

1. 花粉粒具三孔沟,极面观呈浅三裂至深三裂圆形。
  2. P/E 小于0.88,扁球形。
    3. 沟界极区刺数5枚,极光切面呈深三裂圆形。
      4. 刺渐尖至长渐尖,刺基部具1层或多层小孔,内陷。
        5. 覆盖层穿孔,刺间距大(3.5～5.0 μm)……………………………………………… 11. 重冠紫菀型(*Aster diplostephioides* type)
        5. 覆盖层具皱波状纹饰,刺常呈长渐尖 …………………………………………… 20. 莽山紫菀型(*Aster mangshanensis* type)
      4. 基部膨大,刺突尖,覆盖层皱褶不平,刺基部具1层内陷小孔 ………………………………………… 37. 紫苞飞蓬型(*Erigeron porphyrolepis* type)
    3. 沟界极区刺数多于5枚,极光切面呈三裂圆形或浅三裂圆形。
      6. 覆盖层具强烈条沟状纹饰,刺渐尖至长渐尖,顶端偶有弯曲,基部具散孔或1层内陷小孔 …………………………………………… 27. 雏菊型(*Bellis perennis* type)
      6. 覆盖层较光滑成具微细波状或小颗粒状纹饰。
        7. 刺渐尖至长渐尖,顶端锐尖常弯曲,基部无孔 ………………………………………… 1. 三脉叶紫菀型(*Aster ageratoides* type)
        7. 刺渐尖至突尖,基部具1层或多层内陷小孔 ………………………………………… 39. 乳菀型(*Galatella macrosciadia* type)
  2. P/E 大于0.88,花粉粒呈长球形或近球形。
    8. P/E 大于1.14,长球形,沟端圆钝。
      9. 沟深陷,沟界极区刺数少于4枚,极光切面呈深三裂圆形或三角形。
        10. 沟间区隆起呈脊状,脊上具1～2列刺,极面观呈三角形,沟两侧刺交叉搭盖沟,刺基部有内陷散孔或明显1～2层孔。
          11. 脊圆柱状,脊上刺稀疏,间距大于1.5 μm,刺顶端弯曲,刺基部与覆盖层具明显小孔 ……………………………… 8. 白舌紫菀型(*Aster baccharoides* type)
          11. 脊上刺密集,刺基部宽扁相连,顶端锐尖,刺基部具1～2层小孔 ………………………………………… 9. 巴塘紫菀型(*Aster batangensis* type)
        10. 沟间区相对平滑,每裂瓣分布5～6列刺,沟缘清晰,极面观呈深三裂圆形。
          12. 花粉粒极区尖,刺渐尖至长渐尖,或呈指状 ………………………………………… 4. 高山紫菀型(*Aster alpinus* type)
          12. 花粉粒极区圆,赤道面观呈椭圆形。
            13. 刺长/宽小于1.2,突尖,基部宽大,上部长尖或圆钝,覆盖层光滑或具微细皱波状纹饰…………………………………………………… 5. *Aster amellus* type
            13. 刺长/宽大于1.2,渐尖至长渐尖,刺间距大于2.0 μm,覆盖层具明显皱波状或大颗粒状纹饰……………………… 12. 狭苞紫菀型(*Aster farreri* type)

9. 沟常内陷,沟界极区刺数多于 5 枚,极光切面呈三裂圆形。

14. 沟缘明晰,覆盖层光滑,刺基部宽大,具 1～3 层明显小孔,或无孔 …………… …………………………………………………………… 10. *Aster conspicuus* type

14. 覆盖层具明显皱波状条纹或条状细皱褶,或分布密集颗粒 …………………… ………………………………………… 22. 翼柄紫菀型(*Aster alatipes* type)

8. $P/E=0.88\sim1.14$,近球形。

15. 沟界极区刺数少于 4 枚,极光切面呈深三裂圆形。

16. 覆盖层具明显皱沟或粗条状纹饰。

17. 刺长/宽大于 1.2,渐尖至长渐尖。

18. 刺形瘦长,长渐尖,覆盖层具密集颗粒或皱波状纹饰,刺稀,间距大于 1.5 μm ………………………… 15. 异苞紫菀型(*Aster heterolepis* type)

18. 刺基部宽,渐尖至长渐尖,覆盖层具明显沟嵴状纹饰,刺间距小于 1.5 μm ……………………………………… 23. 凹叶紫菀型(*Aster retusus* type)

17. 刺长/宽小于 1.2,突尖,顶端钝或锐尖,刺基部具内陷小孔或明显无孔 … ……………………………… 38. 帚枝乳菀型(*Galatella fastigiiformis* type)

16. 覆盖层近光滑或具微细波状纹饰或穿孔。

19. 刺基部宽,膨大,上部长尖,顶端锐尖,基部与覆盖层多孔 ………………… ………………………………… 40. 狗娃花型(*Heteropappus hispidus* type)

19. 覆盖层近光滑或具微细波状纹饰。

20. 刺长/宽大于 1.1,基部宽大,渐尖。

21. 刺间距大于 1.5 μm …………… 7. 星舌紫菀型(*Aster asteroides* type)

21. 刺间距小于 1.5 μm,刺基部无孔,或偶见小孔 ……………………… ………………………………… 28. 短星菊型(*Brachyactis ciliata* type)

20. 刺长/宽小于 1.1,突尖,顶端圆钝,基部偶有小孔,刺间距大于 1.0 μm ……………………………… 32. 鱼眼草型(*Dichrocephala auriculata* type)

15. 沟界极区刺数多于 4 枚,极光切面呈三裂圆形或浅三裂圆形。

22. 沟界极区刺数少于 8 枚,极光切面呈三裂圆形。

23. 覆盖层穿孔或具密集明显皱波状纹饰,刺间距大于 1.5 μm,刺基部具散孔或 1～3层内陷小孔。

24. 覆盖层具皱波状纹饰,刺稀,间距大于 1.5 μm …………………………… ………………………………… 14. 褐毛紫菀型(*Aster fuscescens* type)

24. 覆盖层具穿孔……………… 19. 线叶紫菀型(*Aster lavanduliifolius* type)

23. 覆盖层较光滑,或具颗粒或细皱波状或条状纹饰。

25. 刺长/宽大于 1.0,渐尖至长渐尖,或刺下部至上部呈突尖。

26. 刺下部膨大,上部长尖,呈突尖,刺基部具 1 层或多层小孔 …………… ……………………………… 21. 黑山紫菀型(*Aster nigromontanus* type)

26. 刺渐尖至长渐尖。

27. 覆盖层具粗条沟状纹饰……… 13. 萎软紫菀型(*Aster flaccidus* type)

27. 覆盖层较光滑,或具小颗粒或细皱波状纹饰。

28. 刺基部常具内陷小孔 ……… 3. 小舌紫菀型(*Aster albescens* type)

28. 刺基部无孔 ……………… 6. 银鳞紫菀型(*Aster argyropholis* type)

25. 刺长/宽小于 1.0,突尖,钝圆锥状,刺基部垫状 …………………………
……………………… 26. 毛叶紫菀木型(*Asterothamnus poliifolius* type)

22. 沟界极区刺数大于 8 枚,极光切面呈浅三裂圆形。

29. 覆盖层具明显皱波状或条状纹饰,刺长渐尖,刺基部具内陷小孔或无孔。

30. 刺基部无孔 ………………… 30. 黏毛白酒草型(*Conyza leucantha* type)

30. 刺基部具内陷小孔 ………………… 22. 高茎紫菀型(*Aster prorerus* type)

29. 覆盖层具细皱波状纹饰或较光滑,或穿孔。

31. 刺渐尖至长渐尖,覆盖层穿孔或具密集颗粒,刺基部具 1 层或多层内陷小孔
……………………………………… 36. 西疆飞蓬型(*Erigeron krylovii* type)

31. 覆盖层具细皱波状纹饰或较光滑小颗粒。

32. 刺渐尖至长渐尖,刺长/宽大于 1.0。

33. 刺基部常具孔,内陷 …… 18. 宽苞紫菀型(*Aster latibracteatus* type)

33. 刺基部无孔 ………… 35. 俅江飞蓬型(*Erigeron kiukiangensis* type)

32. 刺长/宽小于 1.0,突尖 … 33. 短葶飞蓬型(*Erigeron breviscapus* type)

1. 花粉粒具三孔沟或二孔沟,三孔沟或四孔沟,或二孔沟和三孔。

34. 花粉粒具三孔、三孔沟、二孔沟、四孔沟,或三沟汇于极区。

35. 三孔或三沟于极区汇合。

36. 三孔 ……………………………………………… 25. *Acamptopappus shockleyi* type

36. 三沟于极区汇合。

37. 覆盖层穿孔,刺基部具 2～3 层小孔 ………………………………………
……………………………………………………… 31. 杯菊型(*Cyathocline purpurea* type)

37. 覆盖层无穿孔,刺基部常无孔…………………… 34. *Erigeron divergens* type

35. 三孔沟或二孔沟,三孔沟或四孔沟,或二孔沟

38. 三孔沟或具二孔沟或四孔沟 ………… 24. 东俄洛紫菀型(*Aster tongolensis* type)

38. 二孔沟…………………………………………………… 17. *Aster lanceolatus* type

34. 花粉粒具多孔沟,或孔沟数多变。

39. 多孔沟 …………………………………………………… 29. *Calotis multicaulis* type

39. 孔沟数多变 ………………………………………………………… 16. *Aster laevis* type

4 紫菀族各类型花粉的分支分析

4.1 顶端分类群和外类群的选择

为了从花粉角度寻求单系类群，搞清各花粉类型之间的演化关系，现将40个不同的花粉类型作为顶端分类群，进行分支分析。需要指出的是，由于花粉特征与外部形态特征在演化上并不同步，因此根据两者划分的类群也不完全吻合。例如，以花粉为特征，紫菀属（*Aster*）可以分为25个花粉型；相反，一枝黄花属（*Solidago*）则因其花粉与紫菀属和别的属相同而不存在独立的花粉型。

根据Wagenitz(1956)，Duigan(1961)和Van der Spoel-Walvius(1964)的报道，双子叶植物其他科中，凡是和菊科相似的植物花粉都与菊科春黄菊型（*Anthemoid* pattern）的花粉形态有联系，这说明该类型是菊科花粉的祖先型（Skavarla et al.，1977）。因此，选用春黄菊型作为分支分析的外类群。

4.2 性状选取

1. 花粉形状

(0) 圆球形或近圆球形；(1) 扁球形；(2) 长球形。

2. 花粉大小

(0) 大的(30～42.7 μm)；(1) 中等的(21～30 μm)；(2) 小的(21 μm以下)。

3. 刺形

(0) 刺基部圆柱形；(1) 刺基部壶状膨大；(2) 刺基部宽扁。

4. 刺长度

(0) 刺短(1.9～2.3 μm)；(1) 刺中等长(2.4～3.9 μm)；(2) 刺长(4.0～5.2 μm)。

5. 刺密度

(0) 刺稀疏；(1) 刺中等密度；(2) 刺密集。

6. 刺基部的孔
(0) 刺基部有孔;(1) 刺基部无孔。

7. 小孔数
(0) 刺基部偶有小孔;(1) 刺基部有 2 层孔;(2) 刺基部有多层孔。

8. 小孔形状
(0) 孔口大,孔缘薄而清晰;(1) 孔口小,孔缘厚而内陷。

9. 萌发器(孔、沟)数
(0) 三孔沟;(1) 多孔沟;(2) 多孔;(3) 二孔沟。

10. 沟长
(0) 沟在极区汇合,具合沟;(1) 沟在极区不汇合,不具合沟。

11. 极区大小
(0) 极区小,少于 5 个刺;(1) 极区含 5～8 个刺;(2) 极区含 9 个以上刺。

12. 沟形
(0) 沟带状,两端钝,与中间等宽;(1) 沟梭形,两端尖,比中间狭窄。

13. 沟与极轴的比值
(0) 比值大(>0.86);(1) 比值中等(0.80～0.86);(2) 比值小(<0.80)。

14. 沟膜
(0) 有沟膜;(1) 沟膜深陷;(2) 沟膜不明显。

15. 沟膜附属物
(0) 光滑;(1) 细颗粒或细皱褶;(2) 大颗粒或粗皱褶。

16. 内孔
(0) 内孔横长,矩形;(1) 内孔横长,梭形,呈沟状;(2) 内孔纵长;(3) 内孔模糊。

17. 覆盖层纹饰
(0) 光滑细颗粒,微皱;(1) 条状皱褶;(2) 密被颗粒。

18. 覆盖层有无穿孔
(0) 无孔;(1) 有孔。

19. 外壁外层与内层的比例
(0) 2 倍厚;(1) 2.5～3 倍厚。

20. 囊腔
(0) 囊腔不明显;(1) 囊腔明显。

21. 内部穿孔
(0) 多角形;(1) 长圆形;(2) 圆形。

22. 刺基部有无穿孔
(0) 无孔;(1) 有孔。

23. 外壁内层

(0) 片层结构;(1) “百叶窗”式片层结构。

24. 外壁厚度

(0) 两极与赤道等厚;(1) 两极加厚。

4.3 性状极向分析

筛选出24个与系统发育有关的性状,包括花粉粒的外部形态,如形状、大小、刺、沟等,以及花粉粒外壁层的内部结构,如覆盖层、柱状层和基足层等。

1. 花粉形状

80%紫菀族植物的花粉为圆球形或近圆球形,12%为长球形,8%为扁球形。根据J. W. Walker(1981)提出的原始被子植物花粉形状的演化方向为从圆球形、扁球形到长球形的观点,将形状特征看作有向进化序列,编码为:(0) 圆球形或近圆球形;(1) 扁球形;(2) 长球形。

2. 花粉大小

紫菀族植物的花粉大小悬殊,观察到的最小的花粉只有15.1 μm(*Aster foliaceus* Lindl. ssp. *apricus*),最大的花粉为*Aster conspicuus*,达到42.7 μm。绝大部分花粉粒的大小范围在19～30 μm之间。花粉大小的演化趋势(Walker, 1981)应为从大、中等到小,因此将这一性状编码为:(0) 大的(30～42.7 μm);(1) 中等的(21～30 μm);(2) 小的(21 μm以下)。

3. 刺形

紫菀族植物的花粉外壁都具刺,这是它们最明显的一个共同特征。但是刺的外形和结构呈现多种变化,这些特征有的可以用来区分属,有的可以用来区分种。就刺基部形态而言,大部分花粉刺基部为圆柱形,刺呈正常的圆锥形,但存在两类明显的不同情形:一类是刺基部突然膨大,呈壶状,刺顶突尖,如*Amphiachyris*,*Gutierrezia*属的花粉;另一类是刺基部宽扁,刺与刺紧密相连,刺顶锐尖,如巴塘紫菀(*Aster batangensis*)。有趣的是,长球形花粉通常都产生基部宽扁的刺。很显然,圆柱形基部的刺在紫菀族中普遍存在,是原初形态,而后二者是衍生的。故此性状可以编码为:(0) 刺基部圆柱形;(1) 刺基部壶状膨大;(2) 刺基部宽扁。

4. 刺长度

紫菀族植物的花粉,刺的长度变化范围为1.9～5.2 μm。刺的长度与传粉媒介有关,如为昆虫传粉,刺就发达;如为风媒传粉,刺则退化。由于在外类群春黄菊型(*Anthemoid* pattern)中刺短,甚至无刺,因而刺短应视为原始形态。故此性状可以编码为:(0) 刺短(1.9～2.3 μm);(1) 刺中等长(2.4～3.9 μm);(2) 刺长(4.0～5.2 μm)。

5. 刺密度

刺密度同样是由传粉媒介决定的,且与刺长度呈相关性。昆虫传粉的,刺越长,排列越密集;反之,风媒传粉的,刺越短,排列则越稀疏。根据该性状的演化趋势,可以将其编码为:(0) 刺稀疏;(1) 刺中等密度; (2) 刺密集。

6. 刺基部的孔

菊科植物的花粉大部分具刺，在刺的基部分布有小孔。在紫菀族植物中，除了飞蓬属（*Erigeron*）花粉刺基部少孔或无孔外，其余都有孔。在传粉过程中，这些小孔将花粉产生的酶和蛋白质输送到柱头上（Bolick，1978）。由于小孔在菊科花粉中广泛存在，因此有孔是初始性状，而无孔是次生的。故此性状可以编码为：(0) 刺基部有孔；(1) 刺基部无孔。

7. 小孔数

刺基部小孔的多少在各花粉型中是不同的。有的偶有小孔，有的排列成整齐的 1～2 层小孔，还有的有 3 层甚至多层小孔。此性状在演化方向上不明确，因此在分支分析中处理为无序性状。编码为：(0) 刺基部偶有小孔；(1) 刺基部有 2 层孔；(2) 刺基部有多层孔。

8. 小孔形状

小孔的形状可以分为孔口大、孔缘薄而清晰和孔口小、孔缘厚而内陷两种类型，在属级水平上有一定的分类价值。例如，乳菀属（*Galatella*）刺基部小孔多数属于前一种类型，而雏菊属（*Bellis*），*Brachactis* 属刺基部小孔则属于后一种类型。按照前面对第 6 个性状系统发育趋势的假定，相应地将此性状编码为：(0) 孔口大，孔缘薄而清晰；(1) 孔口小，孔缘厚而内陷。

9. 萌发器(孔、沟)数

萌发孔的类型是反映花粉最重要的系统发育趋势的特征之一（Walker，1981）。花粉萌发孔并不是随便地位于花粉表面，其数目、结构、位置经常是固定的。研究过的紫菀族植物花粉中，大部分是三孔沟的，三条沟均等地排列于花粉的表面，每个孔位于每条沟的中央，排成三角状的空间结构，这是一种最合理、最稳定的横切面结构，它可以有效地防止花粉粒在潮湿度不同的环境中或在花粉管萌发过程中因自身体积的改变而发生坍塌。因此，三孔沟花粉是一种高级的演化类型。还有一些紫菀族植物的花粉是二孔沟的，如 *Calotis echinacea*，在花粉粒表面呈环绕状；四孔沟的，如 *Calotis multicaulis*；五孔沟的，如 *Erigeron strigosus*；还有少数种植物花粉的萌发器数目不定，同一种植物有具三条、四条或六条沟的花粉，如 *Solidago californica* var. *paucifica*。据相关研究报道（Skvarla，1977），花粉孔沟的数目与植物染色体的倍数有关，往往多倍体植物就产生多条沟。由此可以认为三孔沟在菊科植物中是初生的，而多沟或少沟是次生的，同一种植物花粉孔沟数目有变异显然是处于过渡阶段的现象。因此，该性状可以编码为：(0) 三孔沟；(1) 多孔沟；(2) 多孔；(3) 二孔沟。

10. 沟长

三孔沟不在极区汇合的类型在紫菀族植物花粉中极为普遍，占 98%以上。尚有极少数种的花粉，其沟在极区汇合，形成合沟。这些花粉与被子植物中较原始的类群毛茛类复合群的具远极三歧槽的花粉有渊源关系。因此，该性状编码为：(0) 沟在极区汇合，具合沟；(1) 沟在极区不汇合，不具合沟。

11. 极区大小

沟界极区的大小是由沟长决定的。沟长的演化方向是从长、短到孔，相应地，沟界极区的演化方向就是从小、中到大。紫菀族植物中，花粉沟界极区的大小还反映在所载刺数的多少。可以将这一性状依演化方向编码为：(0) 极区小，少于 5 个刺；(1) 极区含 5～8 个刺；(2) 极区含 9 个以上刺。

12．沟形

紫菀族植物花粉的沟形明显可分为两大类：一类沟是两端与中间等宽，呈带状；另一类沟是两端尖，中间宽，呈梭形，这也是较多的一类。沟是调节器，梭形沟比带状沟具有更合理的调节结构。所以，此性状编码为：(0) 沟带状，两端钝，与中间等宽；(1) 沟梭形，两端尖，比中间狭窄。

13．沟与极轴的比值

沟与极轴的比值可以准确地反映沟的相对长度，两者的比值越大，表示沟越长。这一性状是从另一侧面反映沟的长短，与第10个性状相对应，将其编码为：(0) 比值大(>0.86)；(1) 比值中等(0.80～0.86)；(2) 比值小(<0.80)。但是由于演化方向不明确，因此作为无序性状处理。

14．沟膜

紫菀族植物的花粉一般有沟膜，有些花粉因受花粉形状和沟形变化的影响，沟膜出现了深陷或不明显的现象。有明显沟膜是原始性状，由此衍生出沟膜深陷或不明显的特征。故此性状编码为：(0) 有沟膜；(1) 沟膜深陷；(2) 沟膜不明显。

15．沟膜附属物

沟膜附属物表现为3种情形，即光滑、细颗粒或细皱褶以及大颗粒或粗皱褶。它们在整个紫菀族植物花粉中的分布与其他性状似乎没有明显联系，但是跟外层的变化基本一致，大颗粒或粗皱褶的表层纹饰，其沟膜附属物也属于同样类型。鉴于演化遵循从简单到复杂的一般规律，将此性状编码为：(0) 光滑；(1) 细颗粒或细皱褶；(2) 大颗粒或粗皱褶。

16．内孔

在内孔明显可见的类型中，可以辨别出3种式样：其一内孔横长，矩形，孔径较大，占10%左右，编码为(0)；其二内孔横长，梭形，呈沟状，约占80%，编码为(1)；其三内孔纵长，与外沟同向，仅占10%，编码为(2)；内孔模糊编码为(3)。

17．覆盖层纹饰

如前所述，该性状与第15个性状有密切的联系，演化趋势基本一致，即光滑为初始性状，条状皱褶和密被颗粒为次生现象。故将此性状编码为：(0) 光滑细颗粒，微皱；(1) 条状皱褶；(2) 密被颗粒。

18．覆盖层有无穿孔

在紫菀族植物花粉中，穿孔大多存在于刺基部，在刺与刺之间的覆盖层上有穿孔则不多见。在检查过的材料中，仅杯菊属(*Cyathocline*)和紫菀属(*Aster*)中的*A. diplostaphyoides*与白舌紫菀(*A. baccharoides*)两个种的花粉覆盖层有清晰可见的穿孔。穿孔的有无可能与处理方法有关。经过酸处理的花粉，由于去除了花粉粒表面的一些油脂类物质，可能会使穿孔显现出来，也就更容易观察得到，因而酸处理很有可能提高覆盖层穿孔类型的比例值。按照花粉粒外壁结构的演化方向，从无穿孔覆盖层到具穿孔覆盖层，将前者编码为(0)，后者编码为(1)。

19．外壁外层与内层的比例

菊科植物的花粉粒一般具有很厚的外壁，其外层包括覆盖层、柱状层和基足层，往往比内层厚2倍甚至2倍以上。这取决于柱状层的分化程度，柱状层分化愈复杂，外层与内层比例愈大,反之则愈小。因此,将外层与内层的比例为2倍厚的编码为(0),2.5~3倍厚的编码为(1)。

20. 囊腔

有无囊腔,是Skvarla用于菊科植物花粉分型的一个重要鉴别特征,也是一个族级水平上的标志性特征。紫菀族植物花粉大都有囊腔,因此被归于向日葵型(*Helianthoid* pattern)中。但是该特征在紫菀族植物花粉中也不是均一的,随着检查种类的增多,便发现有很多类群囊腔不明显,这在透射电镜和光学显微镜照片中可以看得很清楚。因此,将囊腔不明显编码为(0),囊腔明显编码为(1)。

21. 内部穿孔

与囊腔一样,内部穿孔也是紫菀族植物花粉区别于千里光型(*Senecioid* pattern)花粉的一个重要特征,后者的覆盖层和基柱内部没有穿孔,是实质性的。紫菀族植物花粉的内部穿孔大部分是多角形的,很少有长圆形和圆形的。因此,将多角形编码为(0),长圆形和圆形分别编码为(1)和(2)。

22. 刺基部有无穿孔

虽然紫菀族植物的花粉在刺基部普遍具有穿孔,但是这些穿孔一般只局限于刺基部,它们不存在于刺的上部,也不联合形成大的髓腔。从观察过的材料来看,只有飞蓬属(*Erigeron*)和*Krylovii*属在刺的基部有穿孔,这与向日葵族的某些属如*Silphium*相似。因此,将无基部穿孔编码为(0),有基部穿孔编码为(1)。

23. 外壁内层

紫菀族植物花粉的外壁内层通常为片层结构,这与前人的报道相符。同时还发现*Solidago californica*的片层特别发达,构成"百叶窗"式的结构。故将片层结构编码为(0),"百叶窗"式片层结构编码为(1)。

24. 外壁厚度

在光学显微镜下可见紫菀族植物花粉的外壁绝大部分是等厚的,但也有少数类群的花粉外壁不均匀增厚,在两极变得很厚而赤道周壁较薄,显然后者是次生的。故将两极与赤道等厚编码为(0),两极加厚编码为(1)。

4.4 分支分析的运算

将表3中的性状数据编码输入内存为8 GB的电子计算机,利用J. S. Farris(1988)编写的简约程序(Hennig86,Version 1.5)进行运算。采用以下操作命令来分析系统发育:

mhennig——按若干不同顺序添加性状矩阵中的分类群,以构建几个初始分支图,并保留最短分支图。

bb——产生各种分支式样的全部简约分支图(图1)。

将24个多态性状中的第1,2,3,4,5,9,11,14,15,16,17,21个性状处理为有向进化序列(additive),第7个和第13个性状作为无向演进序列,问号(?)表示未知性状。用Hennig86程序包中的nelsen命令计算出精确的一致性树(图2),并且给出了一致性指数和保留指数。

表3　紫菀族40种花粉型用于分支分析的数据矩阵

Table 3　Data matrix used for cladistic analysis of 40 types of the pollens from *Astereae*

分类 Taxa	性状编码 Character states																						
	1	2	3	4	5	6	7	8	9	10	11	12	13	14	15	16	17	18	19	20	21	22	23	24
Acamptopappus shockleyi	0	2	0	1	1	1	?	?	?	0	?	?	0	?	0	3	0	0	0	0	0	0	0	0
Aster diplostephyoildes	2	2	0	1	0	0	1	0	0	1	0	0	?	0	1	0	?	1	0	0	0	0	0	0
A. mangshanensis	2	2	0	1	1	0	1	1	0	1	0	1	1	0	1	3	0	0	0	0	0	0	0	0
A. ageratoides	2	1	0	1	1	0	1	1	0	1	1	0	2	0	1	3	0	0	1	0	0	0	0	0
A. baccharoides	1	0	0	2	0	0	0	1	0	1	0	1	0	1	0	0	0	1	1	1	0	0	0	1
A. batangensis	1	1	2	2	2	0	1	0	0	1	1	1	1	0	3	1	0	0	0	0	0	0	0	?
A. alpinus	1	0	0	2	1	0	0	0	0	1	0	1	0	2	2	3	2	0	0	0	0	0	0	0
A. amellus	1	0	0	0	0	1	0	0	1	0	1	0	0	0	2	0	3	0	0	0	0	0	0	0
A. farreri	1	1	0	1	1	1	0	0	0	1	0	1	0	0	1	0	0	0	0	0	0	0	0	0
A. conspicuus	1	0	1	0	1	0	1	0	0	1	1	1	0	0	0	3	0	0	0	1	0	0	0	0
A. alatipes	1	1	0	1	1	1	2	2	0	1	2	0	2	0	0	0	2	0	0	1	0	0	0	0
A. heterolepis	0	0	0	1	1	0	0	0	0	1	0	1	0	0	1	0	1	0	0	1	0	0	0	0
A. retusus	0	0	0	2	1	1	2	2	0	1	0	1	1	0	1	1	1	0	1	1	0	0	0	0
A. asteroides	0	1	0	0	0	1	2	2	0	1	0	1	0	0	1	3	2	0	1	1	0	0	0	0
A. fuscescens	0	1	0	0	1	0	1	1	0	1	1	1	1	0	1	3	1	0	1	0	0	0	0	0
A. lavanduliifolius	0	1	0	2	1	1	2	2	0	1	1	1	1	0	1	3	0	0	0	0	0	0	0	0
A. nigromontanus	0	0	0	1	1	0	1	0	0	1	1	1	1	0	2	3	1	0	1	1	0	0	0	0
A. flaccidus	0	1	0	1	1	1	?	0	1	1	1	1	0	2	3	1	0	1	0	0	0	0	0	0
A. albescens	0	2	0	1	1	0	0	1	0	1	1	1	1	0	1	3	0	0	0	0	0	0	0	0
A. argyropholis	0	1	0	1	1	1	?	?	0	1	1	1	1	0	0	3	0	0	0	1	0	0	0	0
A. prorerus	0	2	0	1	1	0	0	1	0	1	2	1	1	0	1	3	2	0	0	1	0	0	0	0
A. latibracteatus	0	1	0	0	1	0	0	1	0	1	2	1	2	0	0	0	0	0	0	0	0	0	0	0
A. tongolensis	0	0	0	1	1	0	0	1	1	1	0	1	0	0	0	3	0	0	1	1	0	0	0	0
A. lanceolatus	2	1	1	1	1	1	?	?	3	0	3	0	2	0	2	3	2	0	1	1	0	0	0	0
A. laevis	0	0	0	1	1	0	2	1	1	1	2	0	2	0	0	3	0	0	1	1	0	0	0	1
Asterothamnus poliifolius	0	2	2	1	2	0	1	0	0	1	1	1	0	1	1	1	0	1	0	0	1	1	1	0
Brachyactis ciliata	0	2	0	1	1	0	0	1	0	1	0	1	0	1	0	3	0	0	0	0	0	0	0	0
Bellis perennis	2	2	0	2	1	0	0	1	0	1	2	1	2	0	2	3	1	0	0	0	0	0	0	0
Calotis multicaulis	0	2	0	1	2	0	0	1	1	1	0	0	0	1	2	3	1	0	0	0	0	0	0	0
Cyathocline purpurea	1	2	0	0	0	0	2	0	0	0	0	0	0	2	1	0	0	1	0	0	0	0	0	0
Conyza leucantha	0	2	0	1	1	1	?	?	0	1	2	1	2	0	1	3	2	0	0	0	0	0	0	0
Dichrocephala auriculata	0	1	0	0	1	1	?	?	0	1	0	1	0	1	2	3	2	0	1	0	0	0	0	0
Erigeron krylovii	0	2	0	1	2	0	0	1	0	1	2	1	2	0	2	3	2	0	0	0	1	1	0	0

续表

分类 Taxa	性状编码 Character states																							
	1	2	3	4	5	6	7	8	9	10	11	12	13	14	15	16	17	18	19	20	21	22	23	24
E. kiukiangensis	0	1	0	2	1	1	?	?	0	1	2	0	2	0	0	3	0	0	0	0	1	0	0	0
E. breviscapus	0	2	0	0	0	1	?	?	0	1	2	0	2	0	1	3	0	0	0	0	1	0	0	0
E. porphyrolepis	2	1	0	1	1	0	1	1	0	1	0	1	2	0	1	1	1	0	0	0	1	0	0	0
E. divergens	0	2	0	0	2	0	0	1	0	1	1	1	1	1	2	3	1	0	0	1	1	0	0	0
Galatella fastigiiformis	0	1	1	1	1	0	2	1	0	1	0	0	0	1	0	1	1	0	0	1	0	0	0	0
G. macrosciadia	0	0	0	1	1	0	0	1	0	1	2	1	2	0	0	0	0	0	0	0	0	0	1	0
Heteropappus hispidus	0	0	1	1	1	0	1	0	0	1	0	1	0	0	1	3	0	0	0	0	0	0	0	0

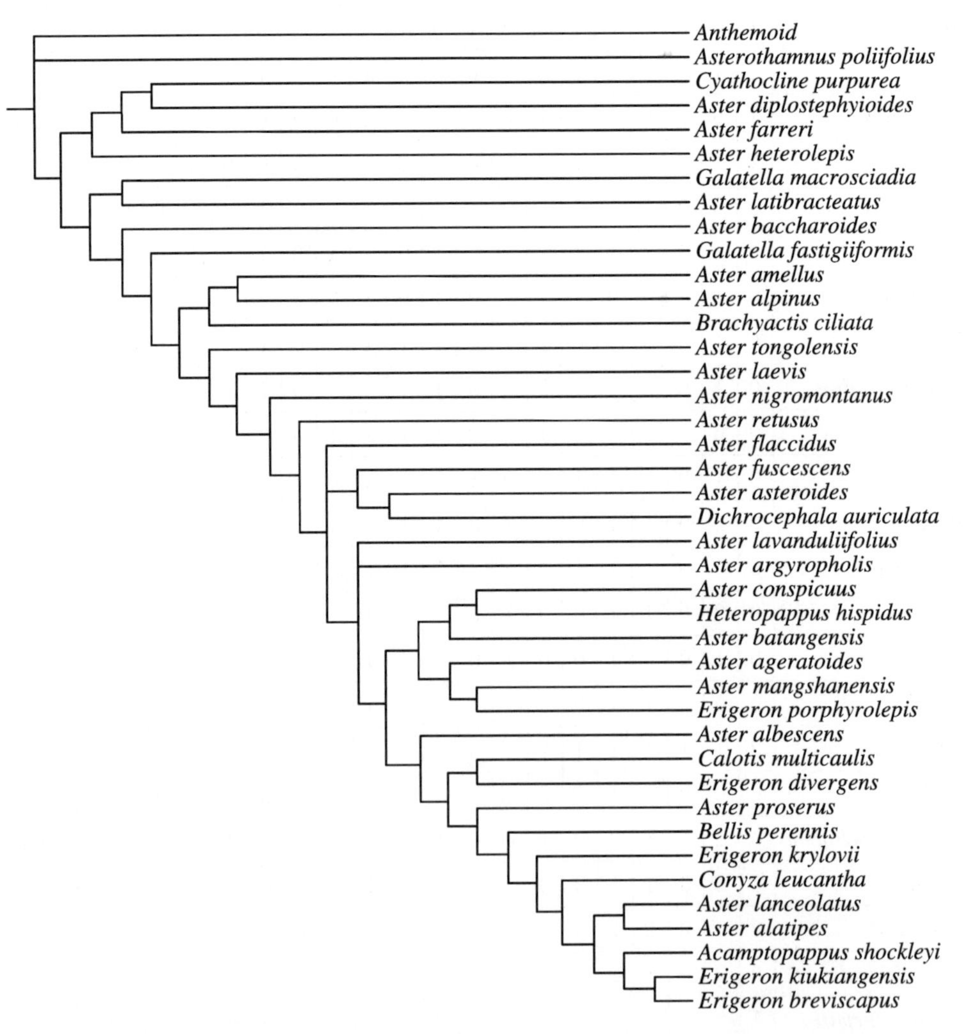

图 1 对紫菀族 40 种花粉型数据(表 3)进行分支分析得到的 26 个最简约分支图之一

Fig. 1 One of the 26 equally parsimonious cladograms of pollen type of the *Astereae* found from the 40 pollen types in data matrix (Table 3)

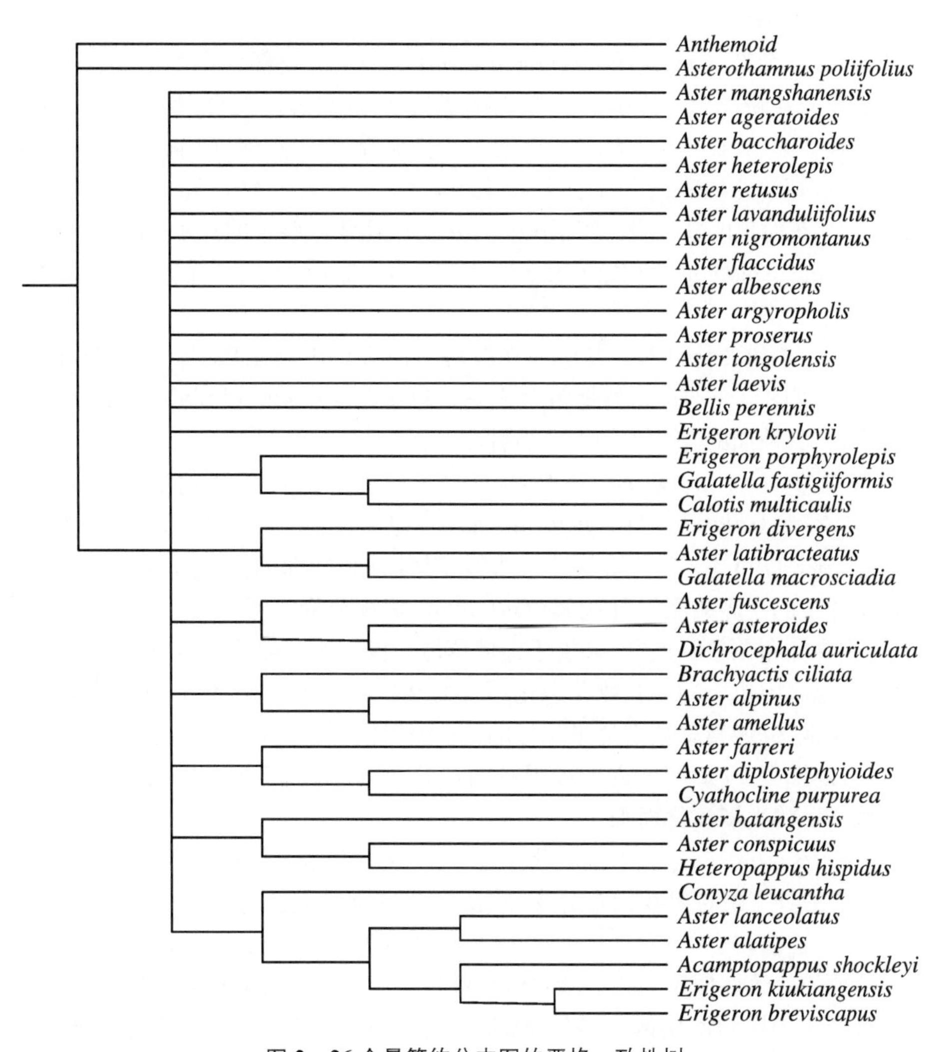

图 2　26 个最简约分支图的严格一致性树

Fig. 2　A strict consensus tree of all 26 equally parsimonious cladograms

4.5　花粉类型的系统演化

对紫菀族 40 种花粉类型进行分支分析所得到的最简约分支图长度为 184 步，一致性指数(consistence index)为 0.21，保留指数(retention index)为 0.51。

一致性指数的最大值为 1，最小值为 0，随着同塑性(homoplasy)的增加，该值逐渐减小。一致性指数是对数据矩阵中同塑性大小的一个度量，因此不能因为其值小而否定分支分析的结果。实际上，随着分类群数量增加，一致性指数的值就相应地减小。本研究中，一致性指数值较小，很可能是由于数据矩阵较大造成的。保留指数是对一致性指数的一个补充，是从另一个角度反映数据矩阵中的同塑性。保留指数可以很好地显示同塑性与数据矩阵大小之间的关系，其值的变化范围是从 1 到 0。对于同一矩阵，如果同塑性量接近于可能的最小步长数，保留指数值就高，反之则低。

分支图显示，杯菊型(*Cyathocline purpurea* type)位于分支图的最基部，表明了该类型的原始性。本类型的花粉粒为长椭圆形，3条沟呈缝隙状，且在极区汇合，刺粗短，覆盖层具清晰的网状穿孔。从杯菊属(*Cyathocline*)的形态分类特征看，它具有缘花(辐射花)层数大大减少了的头状花序、极短的花柱分枝以及羽状深裂的叶片。可见花粉特征和形态分类特征表现出较好的一致性，从花粉角度进一步证实了 *Grangea* 亚族在紫菀族中的近祖(plesiomorphy)地位，支持张小平(Zhang Xiaoping)和 Kare Bremer(1993)对 *Astereae* 的形态特征所做的分支分析结果。

分支图的另一个重要特征是：紫菀属在花粉方面表现出多系(polyphyletic)性质。该属25种花粉型在分支图上并不是密切地组合成一个单系分支(monophyly)，而是分散地镶嵌在不同的分支中，与其他属的花粉类型形成多种联系。

与杯菊(*Cyathocline purpurea*)密切相关的花粉型是由异苞紫菀型(*Aster heterolepis* type)和帚枝乳菀型(*Galatella fastigiiformis* type)组成的分支。这些分支成员的花粉粒较大，平均直径达到30 μm左右，大部分是长球形花粉，且刺基部的穿孔大而明显，说明紫菀属和乳菀属有系统上的亲缘关系。乳菀属(*Galatella*)集中分布于俄罗斯西伯利亚地区和中亚地区，在中国主要分布在新疆地区，喜生于山坡草地。该属原来被置于紫菀属中作为一个组处理，后仅以头状花序中边缘的舌状雌花退化不育而从紫菀属(*Aster*)中独立出来，但是形态外貌和紫菀属仍非常接近，其总苞都是半球形的，花粉特征的相似性证实了这种联系。根据它们的地理分布，可以推测 *Galatella* 花粉型很可能是沿着异苞紫菀型(*Aster heterolepis* type)的路线朝着适应干旱的生境演化而来。

由 *Brachyactis ciliata* type，东俄洛紫菀型(*A. tongolensis* type)和萎软紫菀型(*A. flaccidus* type)构成的分支组合是我们在分支分析中获得的最有趣的结果之一。这几种类型的花粉粒均为圆球形，普遍较小(平均直径为22.5 μm)，数量大，刺细长，刺基部有一层排列整齐的小孔。花粉特征的一致性似乎与该类植物的特殊生境和形态特征有密切的联系。这几类花粉型植物大部分产于中国西南山区，一般生长在海拔3 500 m以上的高山草甸，外形呈莲座状，且花序多单生于茎端。据此可以推知，花粉粒小而多、刺细长显然是此类单葶高山紫菀植物对虫媒传粉高效适应的结果。因此，在花粉方面高山类紫菀是一类共有衍征(synapomorphies)非常明显的单系类群。

如同形态资料一样，花粉特征分支图也显示出紫菀属(*Aster*)，飞蓬属(*Erigeron*)和白酒草属(*Conyza*)以及有关的属具有密切的亲缘关系。以 *Aster conspicuss* type 和狗娃花型(*Heteropappus hispidus* type)组成的分支与以小舌紫菀型(*Aster albescens* type)，西疆飞蓬型(*Erigeron krylovii* type)和黏毛白酒草型(*Conyza leucantha* type)为核心组成的分支构成一对姐妹群(sister groups)分支。这从花粉角度再一次证实了“飞蓬属(*Erigeron*)和白酒草属(*Conyza*)是从紫菀属(*Aster*)中发展衍生出来的”，为形态传统分类和分支分类提供了新的佐证。

综上所述，可以得出以下结论：

(1) 以杯菊型(*Cyathocline purpurea* type)为代表的田基黄亚族(*Grangeinae*)在花粉分支图上处于分支基部，说明它在紫菀族中属于较原始的类群。这一结果支持传统分类和形态分支分类的处理意见。

(2) 紫菀属(*Aster*)植物的花粉形态分化和变异显著，在分支图上分散地分布在不同的分支组合中，表现出明显的多型性。

(3) 高山类紫菀在花粉特征方面存在诸多共有衍征，构成很好的单系类群，说明花粉的发育和形态与植物的生境、海拔高度和外形特征都是密切相关的。

(4) 紫菀属(*Aster*)，飞蓬属(*Erigeron*)和白酒草属(*Conyza*)以及与紫菀属(*Aster*)有紧密关系的属在花粉特征分支图上聚合成独立的分支，再一次证实了在紫菀分类历史上很早就由 Bentham(1873)提出的"该族是一个不能划分出明显界限的亚族"的经典论断。

5 紫菀族的孢粉地理学研究

关于孢粉学、植物地理学以及细胞地理学的研究，在国内外均有很多报道。但是这些研究都是在各自领域里解决各自的问题，而没有相互结合起来进行研究，以解决植物的地理分布、起源及迁移路线等问题。孢粉学的研究主要是利用孢粉学资料解决植物分类上的一些问题，而植物地理学和细胞地理学的研究，则从不同的角度，前者根据植物类群系统发育与地理分布相结合的方法（王文采，1989，1992），后者根据植物核型演化趋势与地理分布相结合的方法，来讨论植物类群的分布中心、可能的起源地及迁移路线。虽然有研究（唐领余 等，2012）涉及第四纪地层中菊科植物花粉及其起源与分布，然而现代菊科植物花粉类型的系统发育与地理分布关系方面的研究尚属空白。近年来，张小平和周忠泽（1998）对中国蓼科花粉类型系统发育的研究，首次发现植物花粉类型的系统发育与地理分布有着内在的本质的联系，并根据植物花粉类型的系统发育与地理分布统一的原理，成功地解决了蓼科植物的分布中心、起源地及迁移路线等植物地理学问题。本章按照孢粉地理学研究的一般原理，来探讨一下菊科紫菀族植物的地理分布、起源与演化问题。

5.1 花粉类型的划分

菊科紫菀族是包括 3 个亚族（Zhang Xiaoping，Bremer，1993）170 个属 2 800 余种的世界性分布的大族，其花粉变异性大。作者通过对该族 36 属 350 种植物的光学显微镜、扫描电镜和透射电镜研究，根据花粉的形状、大小、萌发器官的类型、外壁纹饰和内层结构等形态特征，对每种花粉进行精确描述与花粉类型分类，将它们划分为 40 个类型。

5.2 各花粉类型植物的地理分布

紫菀族植物的地理分布（表 4）和各花粉类型的植物在中国各省（区）或世界各地区的分布，依种数的多少排列如下（分子代表种数，分母代表花粉类型数）：四川 84/28，云南 73/28，西藏 46/24，新疆 36/15，甘肃 28/16，内蒙古 24/14，江西 24/13，湖北 24/13，贵州 23/14，吉林 22/10，辽宁 21/10，陕西 25/13，山西 20/11，河北 18/11，广西 21/14，广东 17/11，湖南 19/13，青海 16/9，宁夏 3/2，台湾 16/13，福建 16/9，黑龙江 18/11，河南 15/7，浙江 14/10，江苏 14/8，

表 4 紫菀族植物的地理分布

Table 4 Geographical distribution of the tribe *Astereae*

种 Species	黑龙江	吉林	辽宁	内蒙古	山西	河北	江苏	山东	河南	安徽	浙江	江西	福建	广东	台湾	海南	广西	贵州	云南	四川	湖南	湖北	青海	西藏	新疆	甘肃	宁夏	喜马拉雅山脉南部	蒙古	日本	韩国	西伯利亚	中亚	瑞典	北美洲	欧洲
Aster abatus																																			+	
A. acer																																	+			
A. acuminatus																																			+	
A. aegyropholis																			+	+				+												
三脉紫菀 *A. ageratoides*	+	+	+	+	+	+		+	+										+	+			+			+				+	+	+	+			
A. ageratoides subsp. *leiophyllus* var. *tenuifolius*																																			+	
三脉紫菀坚叶变种 *A. ageratoides* var. *firmus*																			+	+	+	+						+								
三脉紫菀异叶变种 *A. ageratoides* var. *heterophllus*					+	+			+										+	+		+				+										
翼柄紫菀 *A. alatipes*																						+														
小舌紫菀 *A. albescens*																		+	+	+		+		+		+										
小舌紫菀白背变种 *A. albescens* var. *discolor*																				+																
小舌紫菀腺点变种 *A. albescens* var. *glandulosus*																			+	+				+												
小舌紫菀狭叶变种 *A. albescens* var. *gracilior*																			+	+						+										
小舌紫菀无毛变种 *A. albescens* var. *levissimus*																			+	+																

注："+"表示有分布。

续表

种 Species	黑龙江	吉林	辽宁	内蒙古	山西	河北	江苏	山东	河南	安徽	浙江	江西	福建	广东	台湾	海南	广西	贵州	云南	四川	湖南	湖北	青海	西藏	新疆	甘肃	宁夏	喜马拉雅山脉南部	蒙古	日本	韩国	西伯利亚	中亚	瑞典	北美洲	欧洲
小舌紫菀椭叶变种 *A. albescens* var. *limprichtii*																				+						+										
小舌紫菀卵叶变种 *A. albescens* var. *ovatus*																			+	+																
小舌紫菀长毛变种 *A. albescens* var. *pilosus*																			+	+				+												
小舌紫菀糙叶变种 *A. albescens* var. *rugosus*																			+	+																
小舌紫菀柳叶变种 *A. albescens* var. *salignus*																			+	+								+								
高山紫菀 *A. alpinus*	+	+	+		+	+																			+				+			+	+			
A. altaicus						+																														
A. altaicus var. *latibracheatus*																																				
A. amellus																																		+		
A. anomalus																																			+	
银鳞紫菀 *A. argyropholi*																			+	+																
星舌紫菀 *A. asteroides*																				+			+	+				+								
耳叶紫菀 *A. auriculatus*																		+	+	+																
A. azureus																																			+	
白舌紫菀 *A. baccharoides*											+	+	+	+							+															

续表

种 Species	黑龙江	吉林	辽宁	内蒙古	山西	河北	江苏	山东	河南	安徽	浙江	江西	福建	广东	台湾	海南	广西	贵州	云南	四川	湖南	湖北	青海	西藏	新疆	甘肃	宁夏	喜马拉雅山脉南部	蒙古	日本	韩国	西伯利亚	中亚	瑞典	北美洲	欧洲
巴塘紫菀 *A. batangensis*																			+	+				+												
巴塘紫菀匙叶变种 *A. batangensis* var. *staticefolius*																			+	+																
A. benthamii															+																					
短毛紫菀 *A. brachytrichus*																			+	+								+								
线舌紫菀 *A. bietii*																			+					+												
扁毛紫菀 *A. bulleyanus*																			+																	
A. canus																																				+
A. changiana																	+																			
A. ciliolatus																																			+	
A. cimitaneus																				+																
A. coerulescens																																			+	
A. concolor																																			+	
A. conspicuus																																			+	
A. cordifolius																																			+	
A. debilis																						+														
A. delavayi																								+												
A. dimorphyllus																														+						
重冠紫菀 *A. diplostephioides*																			+	+			+	+		+										

续表

种 Species	黑龙江	吉林	辽宁	内蒙古	山西	河北	江苏	山东	河南	安徽	浙江	江西	福建	广东	台湾	海南	广西	贵州	云南	四川	湖南	湖北	青海	西藏	新疆	甘肃	宁夏	喜马拉雅山脉南部	蒙古	日本	韩国	西伯利亚	中亚	瑞典	北美洲	欧洲
A. divaricatus																																			+	
长梗紫菀 *A. dolichopodus*																				+																
长叶紫菀 *A. dolichophyllus*																	+																			
A. dumosus																																			+	
A. ericoides																																			+	
海紫菀 *A. tripolium*																																		+		
镰叶紫菀 *A. falcifolius*																				+		+				+										
狭苞紫菀 *A. farreri*					+	+														+			+			+										
A. fastigiatus																				+																
萎软紫菀 *A. flaccidus*				+	+	+											+	+	+	+	+	+	+	+	+	+			+			+	+			
A. foliaceus Lindl. ssp. *apricus*																																			+	
褐毛紫菀 *A. fuscescens*																			+	+				+												
秦中紫菀 *A. giraldii*																																				
A. glaucodes																																			+	
A. glehnii																														+						
红冠紫菀 *A. handelii*																			+	+																

续表

种 Species	黑龙江	吉林	辽宁	内蒙古	山西	河北	江苏	山东	河南	安徽	浙江	江西	福建	广东	台湾	海南	广西	贵州	云南	四川	湖南	湖北	青海	西藏	新疆	甘肃	宁夏	喜马拉雅山脉南部	蒙古	日本	韩国	西伯利亚	中亚	瑞典	北美洲	欧洲
横斜紫菀 *A. hersileoides*																				+																
异苞紫菀 *A. heterolepis*																										+										
须弥紫菀 *A. himalaicus*																			+					+				+								
A. hirtifolius																																			+	
A. hispidus																			+																	
等苞紫菀 *A. homochlamydeus*																			+	+						+										
A. ibericus																																	+			
大埔紫菀 *A. itsunboshi*															+																					
滇西北紫菀 *A. jeffreyanus*																			+	+																
A. laevis				+	+	+																														
A. lanceolatus																																			+	
A. lateriflorus																																			+	
宽苞紫菀 *A. latibracteatus*																			+									+								
线叶紫菀 *A. lavanduliifolius*																				+																
A. leucanthemifolius																																			+	
丽江紫菀 *A. likiangensis*																			+	+				+												

续表

种 Species	黑龙江	吉林	辽宁	内蒙古	山西	河北	江苏	山东	河南	安徽	浙江	江西	福建	广东	台湾	海南	广西	贵州	云南	四川	湖南	湖北	青海	西藏	新疆	甘肃	宁夏	喜马拉雅山脉南部	蒙古	日本	韩国	西伯利亚	中亚	瑞典	北美洲	欧洲
舌叶紫菀 *A. lingulatus*																			+	+																
青海紫菀 *A. lipskyi*																							+													
A. littoralis																														+						
圆苞紫菀 *A. maackii*	+	+																																		
A. macrophyllus																																			+	
莽山紫菀 *A. mangshanensis*																					+															
大花紫菀 *A. megalanthus*																				+																
川鄂紫菀 *A. moupinensis*																				+		+														
A. nemoralis Ait. var. *major*																																			+	
黑山紫菀 *A. nigromontanus*																			+																	
亮叶紫菀 *A. nitidus*																				+																
A. novae-anglicae																																			+	
A. occidentalis																																			+	
石生紫菀 *A. oreophilus*																			+	+																
琴叶紫菀 *A. panduratus*							+				+	+	+	+			+	+		+	+	+										+				

续表

种 Species	黑龙江	吉林	辽宁	内蒙古	山西	河北	江苏	山东	河南	安徽	浙江	江西	福建	广东	台湾	海南	广西	贵州	云南	四川	湖南	湖北	青海	西藏	新疆	甘肃	宁夏	喜马拉雅山脉南部	蒙古	日本	韩国	西伯利亚	中亚	瑞典	北美洲	欧洲
A. pansus																																			+	
A. patens																																	+			
密叶紫菀 *A. pycnophyllus*																			+					+				+								
A. pilosus																																			+	
高茎紫菀 *A. proserus*										+		+										+														
A. puniceus																																			+	
A. radula																																			+	
凹叶紫菀 *A. retusus*																								+												
A. sibiricus L. var. *meritus*																																			+	
A. roseus																																		+		
A. sagittifolius																																			+	
A. salicifolius																																		+		
怒江紫菀 *A. salwinensis*																			+	+				+				+								
短舌紫菀等毛变种 *A. sampsonii* var. *isochaetus*														+							+															
A. scopulorus																																			+	
A. sedifolius																																+	+			
狗舌紫菀 *A. senecioides*																			+	+																

续表

种 Species	黑龙江	吉林	辽宁	内蒙古	山西	河北	江苏	山东	河南	安徽	浙江	江西	福建	广东	台湾	海南	广西	贵州	云南	四川	湖南	湖北	青海	西藏	新疆	甘肃	宁夏	喜马拉雅山脉南部	蒙古	日本	韩国	西伯利亚	中亚	瑞典	北美洲	欧洲
四川紫菀 *A. sutchuenensis*																			+	+																
A. shortii																																			+	
西伯利亚紫菀 *A. sibiricus*																												+								
西固紫菀 *A. sikuensis*																				+						+										
岳麓紫菀 *A. sinianus*												+									+															
甘川紫菀 *A. smithianus*																			+	+						+										
缘毛紫菀 *A. souliei*																			+	+				+		+		+								
A. spathulifolius																														+	+					
A. spectabilis																																			+	
圆耳紫菀 *A. sphaerotus*																	+																			
A. squarosus																																			+	
A. subintegerrimus																																	+			
A. subspicatus																																			+	
A. subulatus																																				
凉山紫菀 *A. taliangshanensis*																				+																
紫菀 *A. tataricus*	+	+	+	+	+	+			+																	+										

续表

种 Species	黑龙江	吉林	辽宁	内蒙古	山西	河北	江苏	山东	河南	安徽	浙江	江西	福建	广东	台湾	海南	广西	贵州	云南	四川	湖南	湖北	青海	西藏	新疆	甘肃	宁夏	喜马拉雅山脉南部	蒙古	日本	韩国	西伯利亚	中亚	瑞典	北美洲	欧洲
变种紫菀 *A. tataricus* var. *petersianus*	+	+	+	+	+	+	+	+	+	+	+	+	+	+	+	+	+	+	+	+	+	+	+	+	+	+	+									
德钦紫菀 *A. techinensis*																			+																	
A. tenuifolius																																			+	
A. tephrodes																																			+	
天全紫菀 *A. tientschuanensis*																				+																
东俄洛紫菀 *A. tongolensis*																			+	+						+										
A. trichocarpus													+																							
A. triloba																																			+	
三基脉紫菀 *A. trinervius*																								+				+								
察瓦龙紫菀 *A. tsarungensis*																			+	+				+												
A. tuganianus							+																													
陀螺紫菀 *A. turbinatus*							+			+	+	+	+																							
A. umbellatus																																			+	
A. undulatus																				+															+	
峨眉紫菀单头变形 *A. veitchianus* f. *yamatzutae*																																				
密毛紫菀 *A. vestitus*																			+	+				+				+								

续表

种 Species	黑龙江	吉林	辽宁	内蒙古	山西	河北	江苏	山东	河南	安徽	浙江	江西	福建	广东	台湾	海南	广西	贵州	云南	四川	湖南	湖北	青海	西藏	新疆	甘肃	宁夏	喜马拉雅山脉南部	蒙古	日本	韩国	西伯利亚	中亚	瑞典	北美洲	欧洲
A. *vimineus*																																			+	
A. *wuciwuus*																																				+
云南紫菀 *A*. *yunnanensis*																			+	+				+	+		+									
云南紫菀狭苞变种 *A*. *yunnanensis* var. *angnstior*																			+	+																
云南紫菀夏河变种 *A*. *yunnanensis* var. *labrangensis*																				+			+	+		+										
Acamptopappus sphaerocephalus																																			+	
Ac. *shockleyi*																																			+	
Amphiachyris fremontii																																			+	
Aphanotephus riddelli																																			+	
紫菀木 *Asterothamnus alyssoides*				+																									+							
中亚紫菀木 *As*. *centrali-asiaticus*				+																			+			+	+		+							
灌木紫菀木 *As*. *fruticosus*																									+				+				+			
毛叶紫菀木 *As*. *poliifolius*				+																					+				+				+			
Bellis annua																																		+		
雏菊 *B*. *perennis*																																		+		
Boltonia latisquama																																				+

续表

种 Species	黑龙江	吉林	辽宁	内蒙古	山西	河北	江苏	山东	河南	安徽	浙江	江西	福建	广东	台湾	海南	广西	贵州	云南	四川	湖南	湖北	青海	西藏	新疆	甘肃	宁夏	喜马拉雅山脉南部	蒙古	日本	韩国	西伯利亚	中亚	瑞典	北美洲	欧洲
短星菊 *Brachyactis ciliata*	+		+	+	+	+																			+	+			+	+						
腺毛短星菊 *Br. pubescens*																								+				+								
西疆短星菊 *Br. roylei*																								+	+			+					+			
翠菊 *Callistephus chinensis*		+	+		+			+											+	+									+	+						
刺冠菊 *Calotis caespitosa*														+		+																				
C. hispidula																																				+
C. multicaulis																																				+
C. kempei																																				+
Chrysopsis atenophylla																																			+	
Ch. mariana																																			+	
Chrysothamnus tretifolius																																			+	
Chr. viscidiflorus																																			+	
埃及白酒草 *Conyza aegyptiaca*													+	+	+															+				西亚		
熊胆草 *Co. blinii*																		+	+	+																
香丝草 *Co. bonariensis*							+	+	+	+	+	+	+	+	+	+	+	+	+	+	+	+														
加拿大蓬 *Co. canadensis*																																			+	

续表

种 Species	黑龙江	吉林	辽宁	内蒙古	山西	河北	江苏	山东	河南	安徽	浙江	江西	福建	广东	台湾	海南	广西	贵州	云南	四川	湖南	湖北	青海	西藏	新疆	甘肃	宁夏	喜马拉雅山脉南部	蒙古	日本	韩国	西伯利亚	中亚	瑞典	北美洲	欧洲
白酒草 *Co. japonica*											+	+	+	+	+		+	+	+	+	+			+				+		+						
黏毛白酒草 *Co. leucantha*													+		+	+	+	+	+									+			+					
木里白酒草 *Co. muliensis*																				+																
劲直白酒草 *Co. stricta*																+		+																		
苏门白酒草 *Co. sumatrensis*												+	+	+	+	+	+	+	+																	
Cyathocline lyrata																		+	+																	
杯菊 *Cy. purpurea*																	+	+	+	+								+								
Doellingeria ambellata																																			+	
东风菜 *Do. scabra*	+	+	+	+	+	+	+	+	+	+	+	+	+	+	+	+	+	+	+	+	+	+	+							+	+					
鱼眼草 *Dichrocephala auriculata*														+	+	+		+	+	+	+	+														
小鱼眼草 *Di. benthamii*																	+	+	+	+		+						+								
菊叶鱼眼草 *Di. chrysanthemifolia*																			+					+				+								
飞蓬 *Erigeron acer*		+	+	+	+	+														+			+	+	+	+	+		+	+		+	+			
E. alpinus																			+																	

续表

种 Species	黑龙江	吉林	辽宁	内蒙古	山西	河北	江苏	山东	河南	安徽	浙江	江西	福建	广东	台湾	海南	广西	贵州	云南	四川	湖南	湖北	青海	西藏	新疆	甘肃	宁夏	喜马拉雅山脉南部	蒙古	日本	韩国	西伯利亚	中亚	瑞典	北美洲	欧洲
阿尔泰飞蓬 *E. altaicus*																									+							+	+			
一年蓬 *E. annuus*		+				+	+	+	+	+		+	+							+	+	+		+												
橙花飞蓬 *E. aurantiacus*																									+								+			
E. boreale																																		+		
短葶飞蓬 *E. breviscapus*																	+	+	+	+	+			+												
E. canansis																																			+	
E. clokeyi																																			+	
E. compositus var. *glabratus*																																				
E. divergens																																			+	
长茎飞蓬 *E. elonagatus*			+	+																+				+	+	+			+		+	+	+			
棉苞飞蓬 *E. eriocalyx*				+																					+							+				
E. foliosus																																			+	
E. frondeus																																			+	
台湾飞蓬 *E. fukuyamae*															+																					
E. glabellus																																			+	
E. gracilipes																			+					+												
E. glaucus																																			+	

续表

种 Species	黑龙江	吉林	辽宁	内蒙古	山西	河北	江苏	山东	河南	安徽	浙江	江西	福建	广东	台湾	海南	广西	贵州	云南	四川	湖南	湖北	青海	西藏	新疆	甘肃	宁夏	喜马拉雅山脉南部	蒙古	日本	韩国	西伯利亚	中亚	瑞典	北美洲	欧洲
珠峰飞蓬 *E. himalajensis*																			+	+				+				+								
E. jaeschkei																								+												
堪察加飞蓬 *E. kamtschaticus*		+		+	+	+			+																				+			+	+			
俅江飞蓬 *E. kiukiangensis*																			+					+												
山飞蓬 *E. komarovii*		+																														+	+			
西疆飞蓬 *E. krylovii*																										+						+	+			
贡山飞蓬 *E. kunshanensis*																			+																	
毛苞飞蓬 *E. lachnocephalus*																									+								+			
光山飞蓬 *E. leioreades*																									+							+	+			
白舌飞蓬 *E. leucoglossus*																								+												
矛叶飞蓬 *E. lonchophyllus*																									+				+			+	+			
E. miser																																			+	
E. mucronatus																																			+	
E. multicaulis																								+												
密叶飞蓬 *E. multifolius*																			+					+												

续表

种 Species	黑龙江	吉林	辽宁	内蒙古	山西	河北	江苏	山东	河南	安徽	浙江	江西	福建	广东	台湾	海南	广西	贵州	云南	四川	湖南	湖北	青海	西藏	新疆	甘肃	宁夏	喜马拉雅山脉南部	蒙古	日本	韩国	西伯利亚	中亚	瑞典	北美洲	欧洲
多舌飞蓬 *E. multiradiatus*																			+	+				+				+								
山地飞蓬 *E. oreades*																									+				+			+	+			
展苞飞蓬 *E. patentisquamus*																			+	+																
柄叶飞蓬 *E. petiolaris*																									+							+	+			
E. philadelphicus																																				+
E. politus																																		+		
E. pomeensis																								+												
紫苞飞蓬 *E. porphyrolepis*																								+												
假泽山飞蓬 *E. pseudoseravschanicus*																									+							+	+			
E. pulchellus																																			+	
紫茎飞蓬 *E. purpurascens*																				+																
E. pygmaeus																																			+	
E. ramosus																																			+	
革叶飞蓬 *E. schmalhausenii*																									+							+	+			
泽山飞蓬 *E. seravschanicus*																									+								+			
E. strigosus																																			+	

续表

种 Species	黑龙江	吉林	辽宁	内蒙古	山西	河北	江苏	山东	河南	安徽	浙江	江西	福建	广东	台湾	海南	广西	贵州	云南	四川	湖南	湖北	青海	西藏	新疆	甘肃	宁夏	喜马拉雅山脉南部	蒙古	日本	韩国	西伯利亚	中亚	瑞典	北美洲	欧洲
细茎飞蓬 *E. tenuicaulis*																			+																	
天山飞蓬 *E. tianschanicus*																									+								+			
E. uniflorus																																		+		
E. vagus																																			+	
E. venustus																																+	+			
E. violaceus																																+				
阿尔泰乳菀 *Galatella altaica*																									+				+			+				
盘花乳菀 *G. biflora*																																+	+			
紫缨乳菀 *G. chromopappa*																									+				+				+			
兴安乳菀 *G. dahurica*	+	+	+	+																									+			+	+			
帚枝乳菀 *G. fastigiiformis*																									+								+			
鳞苞乳菀 *G. hauptii*																									+				+			+	+			
G. macrosciadia																																	+			
乳菀 *G. punctata*																									+							+	+			
昭苏乳菀 *G. regelii*																									+								+			

续表

种 Species	黑龙江	吉林	辽宁	内蒙古	山西	河北	江苏	山东	河南	安徽	浙江	江西	福建	广东	台湾	海南	广西	贵州	云南	四川	湖南	湖北	青海	西藏	新疆	甘肃	宁夏	喜马拉雅山脉南部	蒙古	日本	韩国	西伯利亚	中亚	瑞典	北美洲	欧洲
卷缘乳菀 *G. scoparia*																									+								+			
新疆乳菀 *G. songorica*																									+				+				+			
田基黄 *Grangea maderaspatana*														+	+	+	+		+																	
Gutierrezia sarothrae																																			+	
Grindelia camporum																																			+	
Gri. robusta																																			+	
胶菀 *Gri. squarrosa*																																			+	
窄叶裸菀 *Gymnaster angustifolius*										+																										
裸菀 *Gy. piccolii*				+					+											+																
四川裸菀 *Gy. simplex*																																			+	
Haplopappus divaricatus																																			+	
Ha. linearifolius																																			+	
Ha. rupinulosus																																			+	
Ha. suffruticosus																																			+	
Heterotheca subaxillaris																																			+	
He. camporum																																			+	
He. graminifolia																																			+	

续表

种 Species	黑龙江	吉林	辽宁	内蒙古	山西	河北	江苏	山东	河南	安徽	浙江	江西	福建	广东	台湾	海南	广西	贵州	云南	四川	湖南	湖北	青海	西藏	新疆	甘肃	宁夏	喜马拉雅山脉南部	蒙古	日本	韩国	西伯利亚	中亚	瑞典	北美洲	欧洲
阿尔泰狗娃花粗毛变种 *Heteropappus altaicus* var. *hirsutus*																			+	+																
阿尔泰狗娃花千叶变种 *H*. *altaicus* var. *millefolius*	+		+	+	+	+																				+										
青藏狗娃花 *H*. *bowerii*																							+	+												
圆齿狗娃花 *H*. *crenatifolius*																			+	+			+	+		+		+								
拉萨狗娃花 *H*. *gouldii*																								+												
狗娃花 *H*. *hispidus*	+	+	+	+						+	+	+			+					+		+	+	+	+											
砂狗娃花 *H*. *meyendorffii*	+	+	+	+	+	+																				+										
半卧狗娃花 *H*. *semiprostratus*																							+	+	+			+								
鞑靼狗娃花 *H*. *tataricus*	+	+	+	+																													+			
裂叶马兰 *Kalimeris incisa*	+	+	+	+																										+	+	+				
马兰 *K*. *indica*										+	+	+	+	+	+		+	+	+	+	+	+								+	+					
马兰狭叶变种 *K*. *indica* var. *stenophylla*					+		+		+			+																								
全叶马兰 *K*. *integrifolia*	+	+	+	+	+	+	+	+	+	+	+									+	+	+								+	+		+			

续表

种 Species	黑龙江	吉林	辽宁	内蒙古	山西	河北	江苏	山东	河南	安徽	浙江	江西	福建	广东	台湾	海南	广西	贵州	云南	四川	湖南	湖北	青海	西藏	新疆	甘肃	宁夏	喜马拉雅山脉南部	蒙古	日本	韩国	西伯利亚	中亚	瑞典	北美洲	欧洲
山马兰 *K. lautureana*	+	+	+	+			+	+	+																											
蒙古马兰 *K. mongolica*		+	+	+		+		+	+																											
毡毛马兰 *K. shimadai*							+			+	+	+	+		+						+	+														
Lagenophora billardieri																												+								
瓶头草 *Lagenophora stipitata*													+	+		+	+		+																	
新疆麻菀 *Linosyris tatarica*																									+							+	+			
灰毛麻菀 *Linosyris villosa*																									+							+	+			
羽裂黏冠草 *Myriactis delevayi*																			+	+																
M. janensis																																				
台湾黏冠草 *M. longipedunculata*															+																					
圆舌黏冠草 *M. nepalensis*												+		+			+	+	+	+		+		+				+								
狐狸草 *M. wallichii*																		+	+	+				+				+								
黏冠草 *M. wightii*																		+	+	+				+				+								
Microglossa albescens																			+	+				+												
Mi. harrowianus var. *glabratus*																			+	+				+												

续表

种 Species	黑龙江	吉林	辽宁	内蒙古	山西	河北	江苏	山东	河南	安徽	浙江	江西	福建	广东	台湾	海南	广西	贵州	云南	四川	湖南	湖北	青海	西藏	新疆	甘肃	宁夏	喜马拉雅山脉南部	蒙古	日本	韩国	西伯利亚	中亚	瑞典	北美洲	欧洲
小舌菊 *Mi. pyrifolia*														+	+		+	+	+																	
毛冠菊 *Nannoglottis carpesioides*																			+	+			+	+												
厚毛毛冠菊 *N. delavayi*																			+	+			+	+												
狭舌毛冠菊 *N. gynura*																			+	+			+	+												
玉龙毛冠菊 *N. hieraciophylla*																			+	+			+	+												
宽苞毛冠菊 *N. latisquama*																			+	+			+	+												
大果毛冠菊 *N. macrocarpa*																			+	+			+	+												
川西毛冠菊 *N. souliei*																			+	+			+	+												
云南毛冠菊 *N. yunnanensis*																			+	+				+												
Pentachaeta exilis																																			+	
秋分草 *Rhynchospermum verticillatum*												+	+	+	+			+	+	+	+	+		+						+						
Solidago altopilosa																																			+	
S. altisscima																																			+	
S. arguta																																			+	
S. × *asperula* Desf.																																			+	

续表

种 Species	黑龙江	吉林	辽宁	内蒙古	山西	河北	江苏	山东	河南	安徽	浙江	江西	福建	广东	台湾	海南	广西	贵州	云南	四川	湖南	湖北	青海	西藏	新疆	甘肃	宁夏	喜马拉雅山脉南部	蒙古	日本	韩国	西伯利亚	中亚	瑞典	北美洲	欧洲
S. caesia																																			+	
S. californica																																			+	
S. californica Nutt. var. *paucifica*																																			+	
加拿大一枝黄花 *S. canadensis*																																			+	
S. caucasica																																	+			
S. conferta																																			+	
一枝黄花 *S. decurrens*							+				+	+		+			+	+	+		+															
S. erecta																																			+	
S. fistulosa																																			+	
S. flexicaulis																																			+	
S. graminifolia																																			+	
S. gigantea																																			+	
S. gymnospermoides																																			+	
S. juncea																																			+	
S. lapponica																																+	+			
S. latifolia																																			+	
S. macrophylla																																			+	
S. miratilis																														+						
S. missouriensis																																			+	
S. nemoralis																																			+	

续表

种 Species	黑龙江	吉林	辽宁	内蒙古	山西	河北	江苏	山东	河南	安徽	浙江	江西	福建	广东	台湾	海南	广西	贵州	云南	四川	湖南	湖北	青海	西藏	新疆	甘肃	宁夏	喜马拉雅山脉南部	蒙古	日本	韩国	西伯利亚	中亚	瑞典	北美洲	欧洲
S. oreophila																																			+	
钝苞一枝黄花 *S. pacifica*	+	+	+																											+			+			
S. puberula																																			+	
S. riddellii																																			+	
S. rigidiusenla																																			+	
S. rugosa																																			+	
S. serotina																																			+	
S. spathulata																																			+	
S. speciosa																																			+	
S. tortifolia																																			+	
S. trinevata																																			+	
S. uliginosa var. *linoides*																																			+	
S. ulmifolia																																			+	
S. virgausea var. *dahurica*	+	+																																		
毛果一枝黄花 *S. virgaurea*																										+								+		
碱菀 *Tripolium vulgare*		+	+	+	+		+	+			+															+				+	+	+	+		+	
女菀 *Turczaninowia fastigiata*	+	+	+	+	+		+	+	+	+	+	+									+	+								+	+		+			
Xanthisma taxanum																																			+	

山东 12/5，安徽 12/7，海南 7/5，以及韩国 12/7，日本 17/12，蒙古 12/12，中亚地区 37/20，西伯利亚地区 26/12，喜马拉雅山脉南部及印度、阿富汗 32/14，瑞典 7/3，英国 5/2，匈牙利 2/1。

在亚欧大陆，中国的四川、云南、西藏，无论是植物的种数，还是花粉类型数都位居前列。含有 30 种以上的省（区）或地区位于中国的西南、西北地区和喜马拉雅山脉南部及中亚地区；含有 40 种以上的省（区）或地区位于中国的四川、云南、西藏。含有 20 个以上花粉类型的省（区）或地区位于中国四川、云南、西藏及中亚地区，以及北美洲中部温带草原区。在美洲大陆，西部及西南部中部山地森林地区在种数和花粉类型上都居于前列。

5.3 紫菀族植物的起源中心与分布中心

对紫菀族各花粉类型和植物种的统计分析及张小平等（1993）的研究结果表明，紫菀族世界区系地理分区可分为 5 个大区（图 3）。

1. 北美洲植物区

包括：(1) 北美东部低山森林植物分区；(2) 北美西部、西南部山地森林植物分区；(3) 北美中部草原植物分区。分布有：紫菀属群（*Aster* group），飞蓬属—白酒草属群（*Erigeron-Conyza* group），*Chrysopsis* group，*Chaetopappa* group，*Corethrogyne* group，一枝黄化属群（*Solidago* group），*Ericameria* group，*Grindelia* group，*Gutierrezia* group，*Haplopappus* group，*Petradoria* group 等属群及孤立群（isolated group）。

2. 澳大利亚植物区

分布有：*Brachyscome* group，*Olearia* group，*Vittadinia* group，等属群及孤立群（isolated group）。

3. 亚欧大陆植物区

包括：(1) 西伯利亚东部—远东植物分区；(2) 亚洲东部森林植物分区；(3) 横断山脉—喜马拉雅山脉森林植物分区；(4) 亚欧草原至半荒漠草原分区；(5) 亚洲中部温带荒漠区。分布有：紫菀属群（*Aster* group），飞蓬属—白酒草属群（*Erigeron-Conyza* group），*Amellus* group，*Apodocephala* group，田基黄属群（*Grangea* group），*Engleria* group，雏菊属群（*Bellis* group）等属群。

4. 中南美洲植物区

分布有：紫菀属群（*Aster* group），飞蓬属—白酒草属群（*Erigeron-Congza* group），*Brachyscome* group，*Chiliotrichum* group，*Chrysopsis* group，*Haplopappus* group，*Hinterhubera* group 等属群。

5. 非洲植物区

包括：(1) 非洲东部与中部高原及稀树草原分区；(2) 热带西非—南非—东南非森林与草原分区；(3) 北部及西北部非洲热带荒漠与旱生植物分区。分布有：紫菀属群（*Aster* group），飞蓬属—白酒草属群（*Erigeron-Conyza* group），*Amellus* group，*Apodocephala* group，*Comidendron* group，*Engleria* group，田基黄属群（*Grangea* group）等属群。

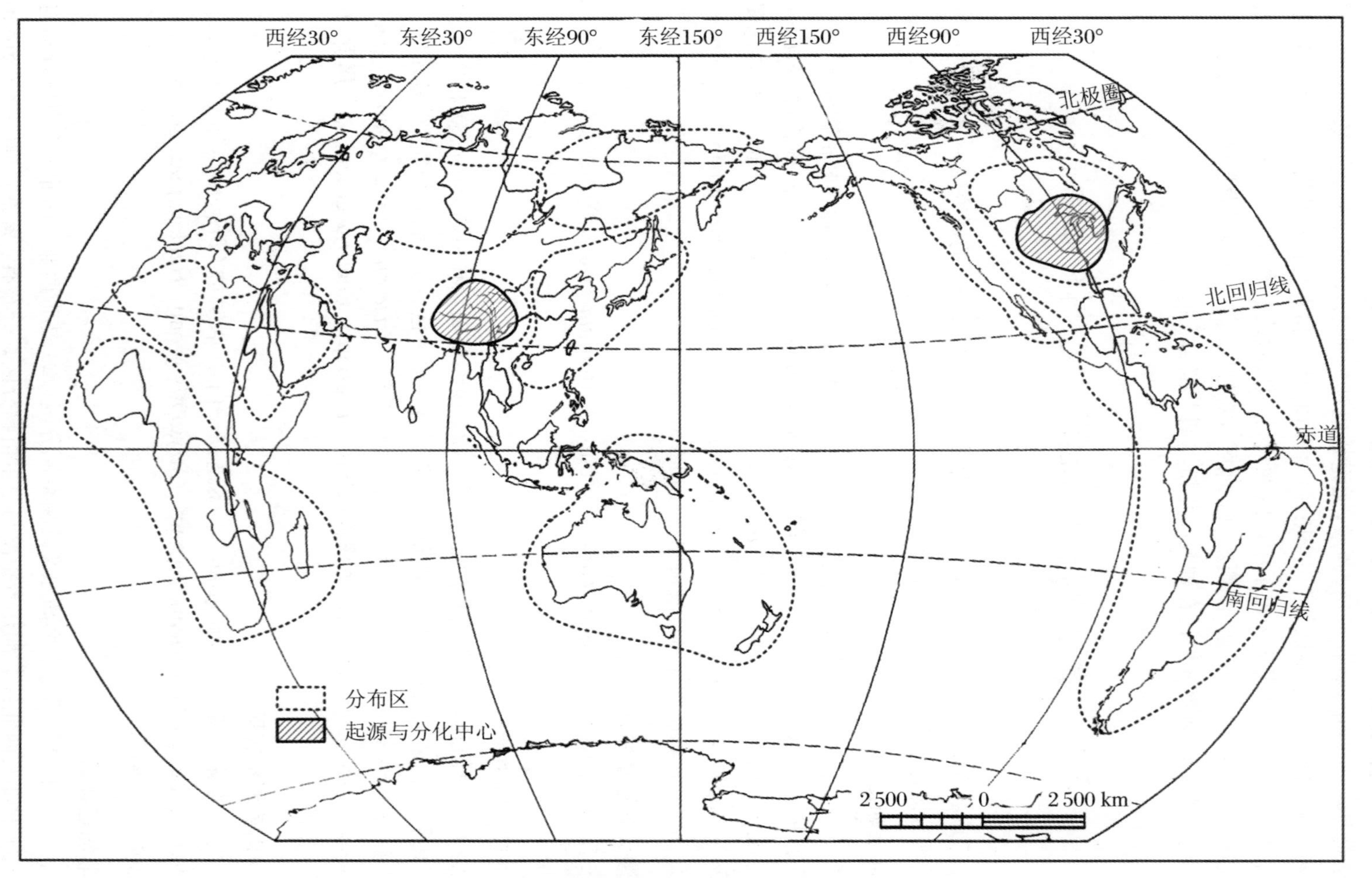

图3 紫菀族植物的分布中心与起源中心

Fig. 3 Distribution and origin centres for the tribe *Astereae*

在北美洲，西部山区—中部温带草原区，包括加拿大西北部，美国西部、中部至北部一带，是花粉类型和物种极为丰富的地区，包括了紫菀族最为原始的花粉类型及系统演化不同阶段的多数花粉类型的植物，是该族植物在美洲地区的分布中心。在澳大利亚、新西兰这两个隔离的岛屿，分布和分化出刺冠菊属(*Calotis*)，*Brachyscome* 等属种，是一个独特的小中心。亚洲的横断山脉—喜马拉雅山脉是亚洲第三纪冰期菊科植物的"避难所"，又是冰后期新分化出种的次生起源中心与分化中心，包含了极为丰富的花粉类型和植物种多样性，是现代菊科植物的亚欧分布中心。

据记载，菊科祖先种(目)Pro-Asterales 的化石花粉最早出现在新生代渐新世(Oligocene)的美国蒙大拿州和以色列及法国南部等地。已证明菊科祖先种(目)Pro-Asterales 可能在渐新世之前的早始新世(Eocene)或古新世(Paleocene)就已出现在古地中海至美国西北部亚热带略干旱温暖的环境中。该地区可能即是菊科植物的起源中心。随着气候变迁和环境趋于干旱化，菊科祖先种在美洲热带地区先后分化出适合于热带与亚热带地区生长的"盘花类"(Pro-Vernonieae, Pro-Eupatorieae)及"辐射花类"(Por-Inuleae，Pro-Senecioneae)的祖先种。在其向温带旱寒或高山地区发展时，从 Pro-Inuleae 祖先类群中分化出 Pro-Astereae，并向周围地区迁移扩展。一方面，通过欧洲中部向欧亚大陆北部迁移扩展；另一方面，通过白令海峡古通道，向欧亚大陆迁移和扩展。同时，在第三纪晚始新世时，澳洲大陆逐渐脱离冈瓦纳古陆，从南极板块分离出来，在其向北飘向赤道的过程中，从南美洲迁移衍生过来部分 Pro-Astereae 种。在第三纪渐新世至上新世，由于海底扩张，逐渐使亚欧、美洲、非洲及南极洲板块被海洋分隔成相对独立的大陆板块。冰期来临时，植物适应气候的巨变，向冰期受冰川影响不大的地区衍生与扩展，形成了冰后期独特的分化与分布区中心。这些分化与分布中心，在不同大陆板块，在相对孤立的情况下，独立地向着适应本地生境条件方向进行迁移与分化，从而形成了现在这样广布全球的地理分布格局。由此可以推测紫菀族(*Astereae*)可能于早渐新世或始新世起源于北美洲温带地区(图 3)，不过这尚需要化石地质资料的证实。

亚洲南部在第三纪时，由于冈瓦纳古陆的印度板块向北飘移，碰撞亚洲板块，促使喜马拉雅山脉隆起，并促成了褶皱的横断山脉的形成，横断山脉—喜马拉雅山脉地区构成了一个特殊的地形与气候环境，冰期时，成为亚洲北方植物包括菊科植物的"避难所"。冰期过后，这里的残遗植物又向周围及高海拔地区迁移，并同时分化出新的植物类群，致使该地区成为冰后期紫菀族次生的起源与分布中心。

5.4 紫菀族植物的一些分布式样

气候和地理条件的适宜，促使菊科植物快速地分化并由发源地向世界各地辐射播散，形成了现代这种广布全球的分布格局。

5.4.1 一枝黄花属(*Solidago*)的分布式样

作者所研究的一枝黄花属(*Solidago* L.)植物有 39 种，除加拿大一枝黄花(*S. canadensis*)，一枝黄花(*S. decurrens*)，钝苞一枝黄花(*S. pacifica*)，毛果一枝黄花(*S. virgaurea*)

等4种分布于中国的西北、东北及华南等一些地区外，绝大多数种类集中分布于北美洲。毛果一枝黄花（*S. virgaurea*）的分布区为欧洲、高加索地区至蒙古和中国的新疆。钝苞一枝黄花（*S. pacifica*）的分布区是由中国华北至东北一线。一枝黄花（*S. decurrens*）产于中国南方，从长江中下游地区经由安徽、江西至广西、贵州及广东、台湾一带。美国西海岸的加利福尼亚州等山地林区分布种类较多，这里生境条件多样，对该属植物生长有利，使得它们迅速分化；而东部沿海地区由于降水充沛、温度适宜，使其成为该属的一个次生分化和分布中心。

根据以上一枝黄花属（*Solidago* L.）植物的一些地理分布，可以看出该属的分布式样总体上是由北美洲经西北欧，向东南至中亚、东南亚一带。具体地说，其分布式样有5种（图4）：第1种为从西北欧，经高加索地区至蒙古和中国新疆北部阿尔泰山及天山林区，属于本式样的植物有毛果一枝黄花（*S. virgaurea*）；第2种为由河北北部阴山（或邻近地区）起，经中国东北至俄罗斯远东地区和日本诸岛，属于本式样的植物有钝苞一枝黄花（*S. pacifica*）；第3种为由云贵高原起，经由四川，向东扩展至长江中下游地区和华南沿海地区，属于本式样的植物有一枝黄花（*S. decurrens*）；第4种为由美国西海岸至科迪勒拉山系，属于本式样的植物有 *S. californica*，*S. californica* var. *paucifica*，加拿大一枝黄花（*S. canadensis*），*S. caucasica*，*S. lapponica*，*S. latifolia*，*S. miratilis*，*S. puberula*，*S. rugosa*，*S. spathulata* 和*S. virgaurea* var. *dahurica*；第5种为由美国东海岸向西，经威斯康星、肯塔基到密苏里、俄克拉何马地区，属于本式样的植物有 *S. altopilosa*，*S. altisscima*，*S. arguta*，*S. caesia*，*S. conferta*，*S. erecta*，*S. fistulosa*，*S. flexicaulis*，*S. graminifolia*，*S. gigantea*，*S. gymnospermoides*，*S. juncea*，*S. macrophylla*，*S. missouriensis*，*S. nemoralis*，*S. oreophila*，*S. riddellii*，*S. rigidiusenla*，*S. serotina*，*S. speciosa*，*S. tortifolia*，*S. trinevata*，*S. uliginosa* var. *linoides* 和*S. ulmifolia*。

5.4.2 田基黄亚族（*Grangeinae*）的分布式样

鱼眼草属（*Dichrocephala* DC.）植物有菊叶鱼眼草（*D. chrysanthemifolia*），鱼眼草（*D. auriculata*）和小鱼眼草（*D. benthamii*）3种，杯菊属（*Cyathocline* Cass.）植物有 *C. lyrata* 和杯菊（*C. purpurea*）2种，主要集中分布在中国云南、四川、广西、贵州等西南省区，以及喜马拉雅山系南面的印度、不丹、尼泊尔和非洲的热带、亚热带地区。其中，菊叶鱼眼草（*D. chrysanthemifolia*）在中国仅见于西藏、云南，鱼眼草（*D. auriculata*）广布于亚洲和非洲的热带与亚热带地区，小鱼眼草（*D. benthamii*）在印度以及中国的云南、四川、贵州、广西、湖北西部均有分布。

田基黄属（*Grangea* Adans.）植物包括7种，广泛分布于亚洲和非洲的热带与亚热带地区。作者所观察研究的田基黄属（*Grangea* Adans.）植物只有田基黄（*G. maderaspatana*）一种，产于中国华南及西南的部分地区，包括云南南部、广东中南部、海南、台湾、广西，此外，在印度、中南半岛、马来半岛、爪哇、巽他群岛、非洲的几内亚和尼日利亚的干燥荒地、河边沙滩也有分布。

根据该亚族植物的地理分布，可以看出其分布式样共有4种（图5）：第1种为由中国西南部向西至喜马拉雅山系，属于本式样的植物有小鱼眼草（*D. benthamii*），*C. lyrata* 和杯菊（*C. purpurea*）；第2种为由亚洲的亚热带和热带地区向西经沙特至非洲的热带和亚热带地区，属于本式样的植物有菊叶鱼眼草（*D. chrysanthemifolia*）和鱼眼草（*D. auriculata*）；第3

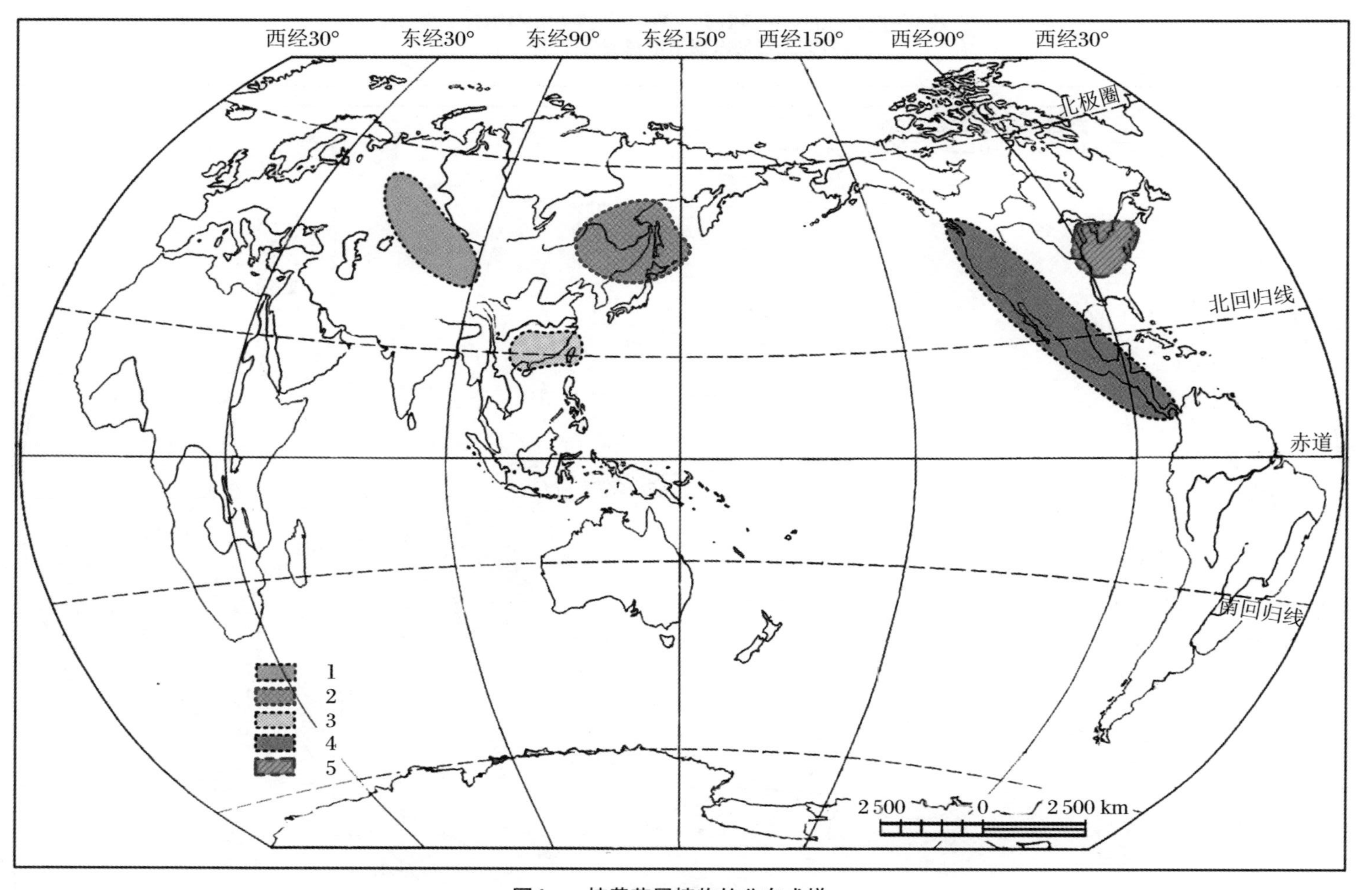

图4 一枝黄花属植物的分布式样

Fig. 4 Distribution pattern of *Solidago*

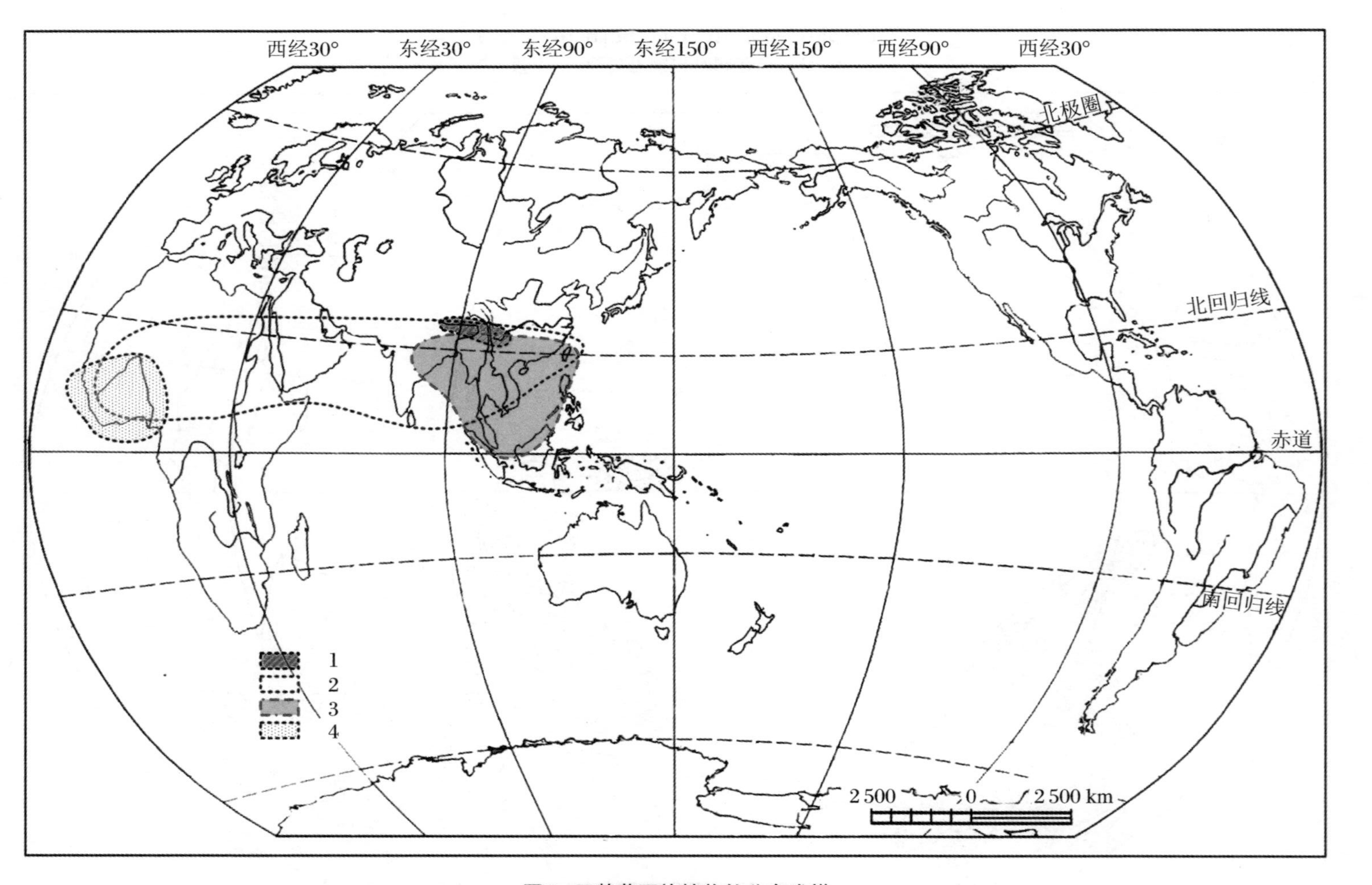

图5　田基黄亚族植物的分布式样

Fig. 5　Distribution pattern of the subtribe *Grangeinae*

种为由中国的西南与华南南部向南经印度、中南半岛到马来半岛、爪哇及巽他群岛；第4种为由几内亚、塞拉利昂，经科特迪瓦、加纳至尼日利亚的西非亚热带地区。

5.4.3 雏菊亚族(*Bellidinae*)的分布式样

按《中国植物志》的分类方法，该亚族包括瓶头草属(*Lagenophora* Cass.)，秋分草属(*Rhynchospermum* Reinw.)，黏冠草属(*Myriactis* Less.)和雏菊属(*Bellis* L.)4个属。瓶头草属(*Lagenophora* Cass.)共5种，是一个泛热带属。作者观察研究了瓶头草(*L. stipitata*)一种，其分布于中国的广东、广西、福建、台湾、云南，以及印度、中南半岛、爪哇、巽他群岛和澳大利亚。秋分草属(*Rhynchospermum* Reinw.)仅1种，产于亚洲热带地区，分布于中国西南、华南、长江中游一带，以及喜马拉雅山系南面、马来半岛和日本。黏冠草属(*Myriactis* Less.)(作者研究了6种)产于亚洲和非洲的热带地区，其中，圆舌黏冠草(*M. nepalensis*)，黏冠草(*M. wightii*)和狐狸草(*M. wallichii*)分布于中国西南云南、西藏、四川、贵州至华南、长江中游一带，以及喜马拉雅山系南面、中南半岛北部。台湾黏冠草(*M. longipedunculata*)特产于中国台湾。羽裂黏冠草(*M. delevayi*)分布于中国云南北部至四川南部。雏菊属(*Bellis* L.)植物，作者研究了2种，广泛分布于欧洲大陆。

根据上述各属植物的分布情况，可以看出该亚族植物的分布式样有3种(图6)：第1种为由中国的西南、华南经印度、中南半岛、巽他群岛到澳大利亚一带，属于本式样的植物有瓶头草(*L. stipitata*)；第2种为由马来半岛向北、向西至中国华南、西南、湖南、湖北及喜马拉雅山系一带，属于本式样的植物有秋分草(*R. verticillatum*)，圆舌黏冠草(*M. nepalensis*)，黏冠草(*M. wightii*)和狐狸草(*M. wallichii*)；第3种为由中国云南北部至四川南部，属于本式样的植物有羽裂黏冠草(*M. delevayi*)，该式样还包括中国台湾特产的种台湾黏冠草(*M. longipedunculata*)。

5.4.4 刺冠菊属(*Calotis*)，裸菀属(*Gymnaster*)和马兰属(*Kalimeris*)的分布式样

作者研究的刺冠菊属(*Calotis* R.)植物共4种，主要产于大洋洲，其中，刺冠菊(*C. caespitosa*)分布于我国海南，*C. hispidula*，*C. multicaulis* 和 *C. kempei* 分布于澳大利亚及周边岛屿的海边干燥向阳处。裸菀属(*Gymnaster* Kitam.)植物分布于中国、朝鲜和日本，作者研究了3种，其中裸菀(*G. piccolii*)分布于中国陕西、山西、四川等地，四川裸菀(*G. simplex*)产于四川西北部，窄叶裸菀(*G. angustifolius*)分布于中国浙江。作者研究的马兰属(*Kalimeris* Cass.)植物共7种，主要分布于亚洲东部、南部，喜马拉雅地区、西伯利亚东部，其中，毡毛马兰(*K. shimadai*)产于中国中部、东部及东南部，山马兰(*K. lautureana*)产于中国东北、华北至山东、河南、江苏一带。

根据上述各属植物的地理分布，可以看出其分布式样有4种(图7)：第1种为由中国海南经马来半岛至大洋洲一带，属于这一式样的植物有 *Calotis hispidula*，*C. multicaulis*，刺冠菊(*C. caespitosa*)和 *C. kempei*；第2种为由中国四川、西北到河南、陕西、山西南部，属于这一式样的植物有窄叶裸菀(*G. angustifolius*)；第3种为由中国西南及喜马拉雅地区向北，经中国西北东部至东北，以及朝鲜、日本、西伯利亚东部，属于本式样的植物有马兰狭叶变种(*K. indica* var. *stenophylla*)，全叶马兰(*K. integrifolia*)，裂叶马兰(*K. incisa*)和蒙古马兰(*K.

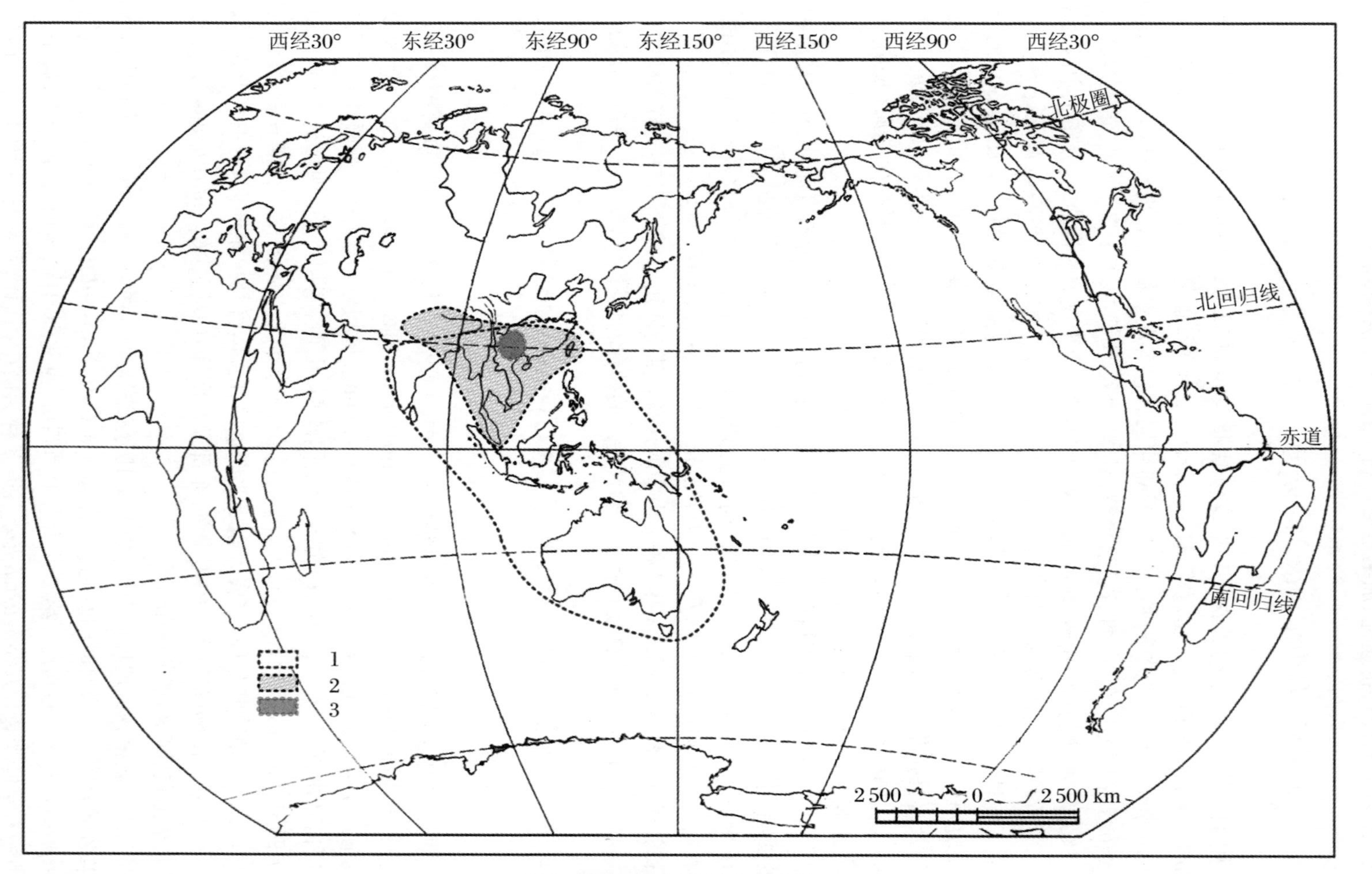

图6 雏菊亚族植物的分布式样

Fig. 6 Distribution pattern of the subtribe *Bellidinae*

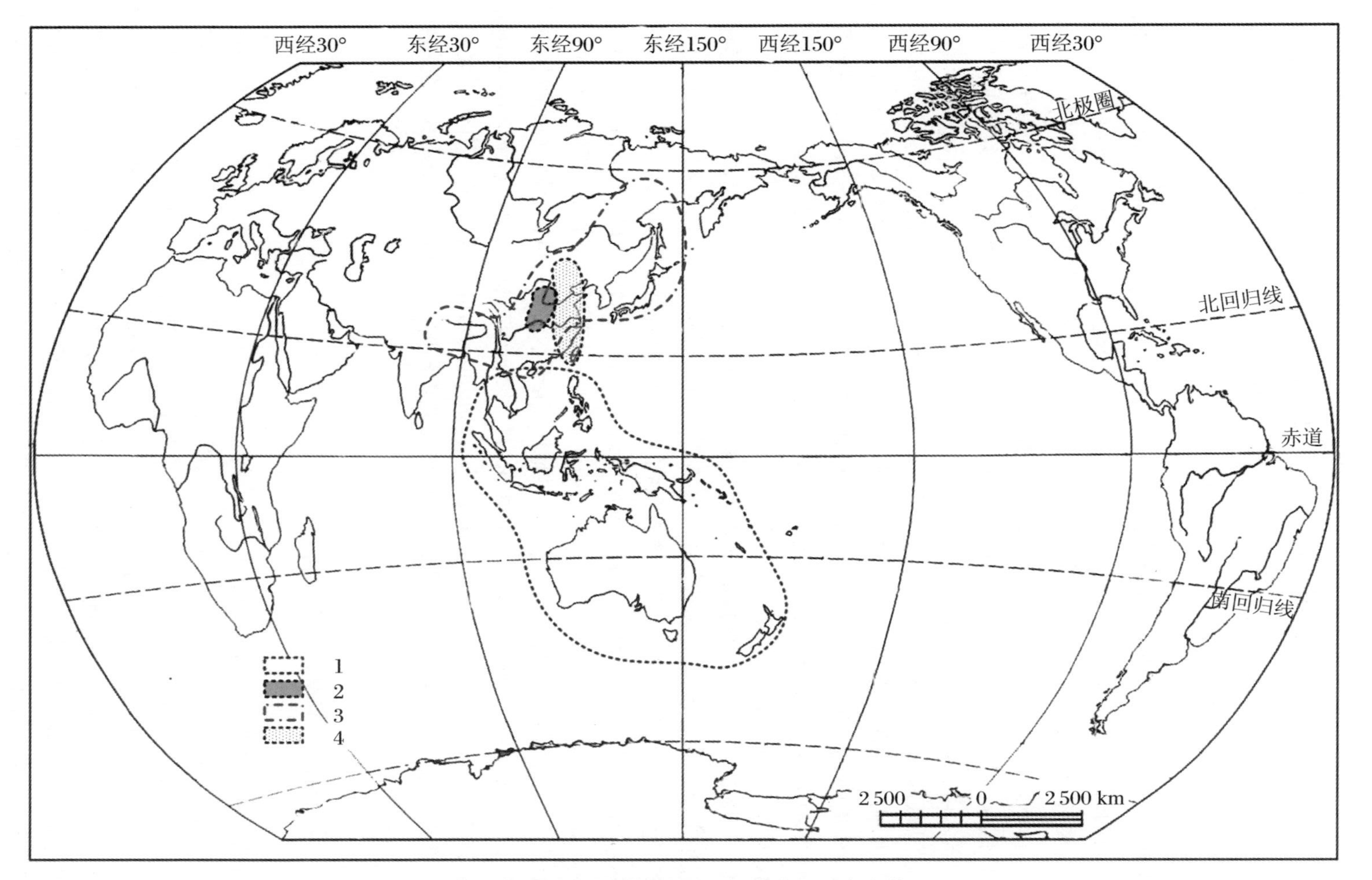

图7 刺冠菊属、裸菀属和马兰属植物的分布式样
Fig. 7 Distribution pattern of *Calotis*, *Gymnaster* and *Kalimeris*

mongolica)；第 4 种为由中国东南沿海至华北、东北一带，属于本式样的植物有毡毛马兰(*K. shimadai*)和山马兰(*K. lautureana*)。

5.4.5 翠菊属(*Callistephus*)，狗娃花属(*Heteropappus*)，东风菜属(*Doellingeria*)，女菀属(*Turczaninowia*)和碱菀属(*Tripolium*)的分布式样

作者研究的翠菊属(*Callistephus* Cass.)植物仅 1 种，为翠菊(*C. chinensis*)，原产中国，分布于中国四川、云南经山东、山西、河北至东北一带。狗娃花属(*Heteropappus* Less.)植物共 9 种，主要分布于亚洲东部、中部及喜马拉雅地区。阿尔泰狗娃花粗毛变种(*H. altaicus* var. *hirsutus*)分布于中国四川、云南地区，青藏狗娃花(*H. bowerii*)分布于中国青海南部到西藏东部，圆齿狗娃花(*H. crenatifolius*)和半卧狗娃花(*H. semiprostratus*)分布于喜马拉雅地区至中国云南、四川到西藏、青海、甘肃一带，拉萨狗娃花(*H. gouldii*)分布于喜马拉雅地区。东风菜属(*Doellingeria* Nees)植物有 2 种，即 *D. ambellata* 和东风菜(*D. scabra*)，分布于亚洲东部，由中国西南至东北，以及朝鲜、日本、西伯利亚东部。女菀属(*Turczaninowia* DC.)和碱菀属(*Tripolium* Nees)植物各 1 种，分别为碱菀(*Tripolium vulgare*)和女菀(*Turczaninowia fastigiata*)，前者分布于中国东部、北部至朝鲜、日本、西伯利亚东部，后者广布于亚洲、欧洲、非洲北部及北美洲。

根据上面描述的各属植物的地理分布，可以看出其分布式样有 4 种(图 8)：第 1 种为由中国西南经华中至东北一带，属于本式样的植物有翠菊(*C. chinensis*)；第 2 种为由中国甘肃东南部向东，经陕西至华北、西北、东北及蒙古、西伯利亚东部和朝鲜、日本等地，属于本式样的植物有阿尔泰狗娃花千叶变种(*H. altaicus* var. *millefolius*)，狗娃花(*H. hispidus*)，砂狗娃花(*H. meyendorffii*)，*H. tataricus*，*D. ambellata* 和东风菜(*D. scabra*)；第 3 种为中国云南、四川、青海、甘肃南部、西藏东部及喜马拉雅地区，属于本式样的植物有阿尔泰狗娃花粗毛变种(*H. altaicus* var. *hirsutus*)，青藏狗娃花(*H. bowerii*)，圆齿狗娃花(*H. crenatifolius*)，拉萨狗娃花(*H. gouldii*)和半卧狗娃花(*H. semiprostratus*)；第 4 种为由非洲北部、伊朗、中亚、欧洲向东，经西伯利亚和中国西北、东北到北美洲的广大地区，属于本式样的植物有碱菀(*T. vulgare*)。

5.4.6 紫菀属(*Aster*)的分布式样

作者研究的紫菀属(*Aster* L.)植物共 156 种，主要分布于亚欧大陆东南部及北美洲，其中分布于亚欧大陆的有 96 种，北美洲有 60 种。前者集中分布于喜马拉雅山区、中国西南经华北向北至西北、东北，至中亚地区、中欧、西欧和西伯利亚以及朝鲜、日本等地，而在喜马拉雅山区南部及中国西南的云南、四川和西藏分布最为集中，共有 51 种，占所研究欧亚分布种的 53%，且该地区几乎包含了全部的花粉类型，较原始类型的大多数种类都分布在该区域，因此可以推测该区域是紫菀属(*Aster* L.)最重要的多样化中心和分布中心之一。另一方面，由中亚地区向东至蒙古西部、中国新疆和青海、甘肃北部分布了 32%(36 种)的种类，这是由于该区域适合植物向着适应风媒、干旱生境生长方向迅速分化而造成的，可以认为该区域是紫菀属(*Aster* L.)的一个次生分化与分布中心。另有几个广布种，如三脉紫菀(*A. ageratoides*)，萎软紫菀

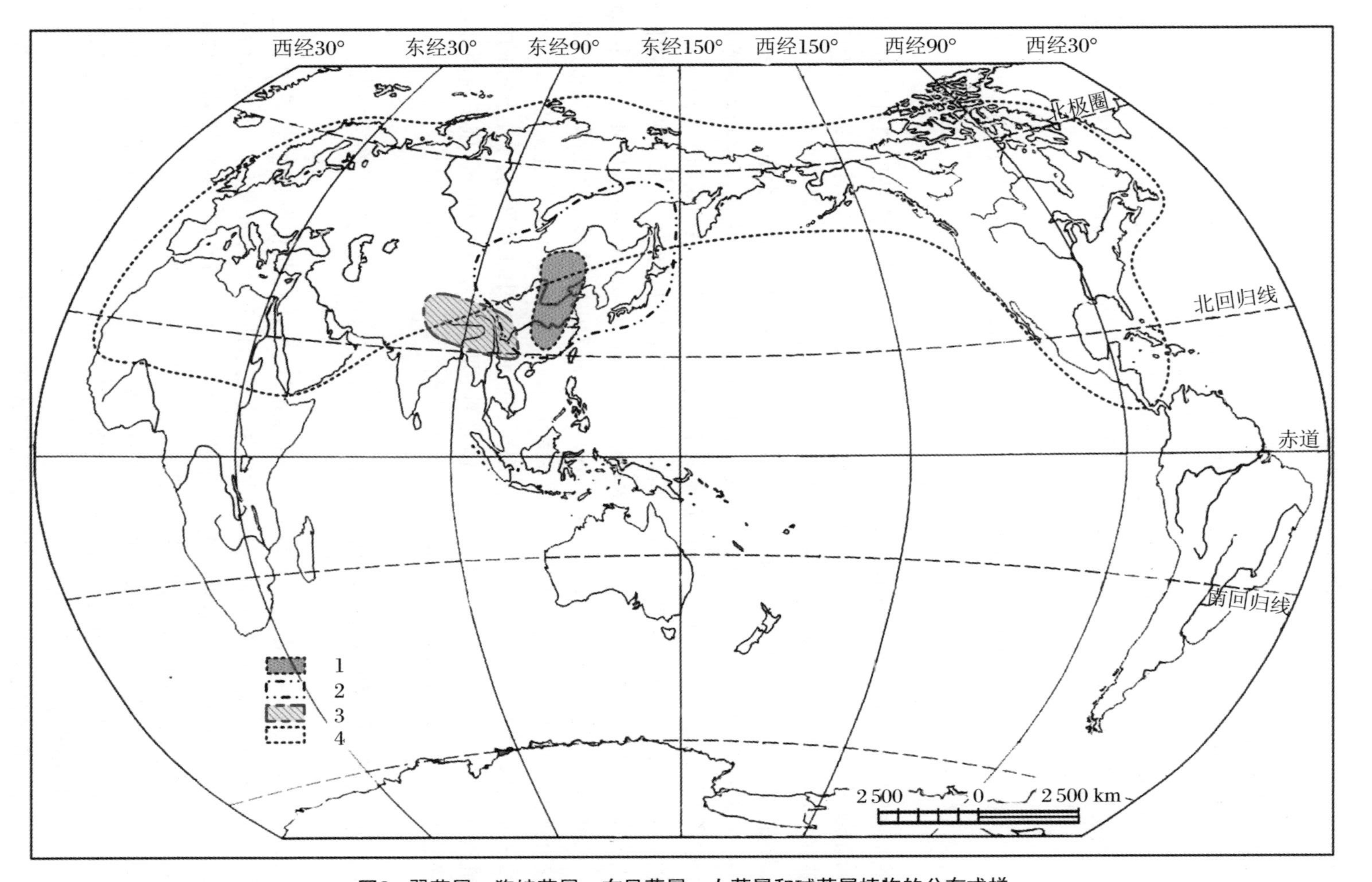

图8 翠菊属、狗娃花属、东风菜属、女菀属和碱菀属植物的分布式样

Fig. 8 Distribution pattern of *Callistephus*, *Heteropappus*, *Doellingeria*, *Turczaninowia* and *Tripolium*

(*A*. *flaccidus*)等,分布于中国南北各省(区)。

北美洲紫菀属(*Aster* L.)植物的分布则集中于美国东部沿海的马萨诸塞、纽约经俄亥俄、卡罗来纳向西至新墨西哥、亚利桑那、加利福尼亚等地区,其中东部地区分布了近50%的种,西部科迪勒拉山地区分布了近30%的种。

根据上述紫菀属(*Aster* L.)植物的地理分布,可以看出该属植物的分布式样有7种(图9):第1种为由中国西南部向西至喜马拉雅山地;第2种为由中国西南经青海、甘肃东部至中国东北,以及朝鲜半岛、日本;第3种为喜马拉雅山区至山西南部;第4种为中亚东部至蒙古西部和中国新疆、青海、甘肃至山西西北部;第5种为由中国东北向北至西伯利亚;第6种为由北美西海岸到科迪勒拉山地;第7种为由美国东部海岸向西经俄亥俄至威斯康星、密苏里一带。

5.4.7 紫菀木属(*Asterothamnus*),乳菀属(*Galatella*)和麻菀属(*Linosyris*)的分布式样

紫菀木属(*Asterothamnus* Novopokr.)为亚洲中部干旱草原和荒漠地区的特有属,分布于中国西北部、中亚地区和蒙古,其中紫菀木(*A*. *alyssoides*)仅产于蒙古东南部至中国内蒙古。乳菀属(*Galatella* Cass.)植物分布于亚欧大陆,作者观察研究的11种主要集中分布于中国新疆、蒙古、中亚地区和西伯利亚,其中兴安乳菀(*G*. *dahurica*)分布于中国东北、中亚地区、西伯利亚和蒙古地区。麻菀属(*Linosyris* Cass.)植物分布于亚欧大陆草原和森林草原地区,作者观察研究了2种,集中分布于中国新疆北部、俄罗斯西部、西伯利亚和中亚地区。

根据上述各属植物的地理分布,可以看出其分布式样有4种(图10):第1种为由中国西北至蒙古南部,属于本式样的植物有紫菀木(*Asterothamnus alyssoides*),中亚紫菀木(*A*. *centrali-asiaticus*)和毛叶紫菀木(*A*. *poliifolius*);第2种为由中国新疆西北部、蒙古西部至中亚地区和西伯利亚,属于本式样的植物有灌木紫菀木(*A*. *fruticosus*)及乳菀属(*Galatella* Cass.)的多种;第3种为由中国东北、蒙古东南部至西伯利亚和中亚地区,属于本式样的植物有兴安乳菀(*G*. *dahurica*);第4种为由中国新疆北部至西伯利亚、中亚地区、俄罗斯西部,属于本式样的植物有麻菀属(*Linosyris* Cass.)。

5.4.8 短星菊属(*Brachyactis*)和飞蓬属(*Erigeron*)的分布式样

Brachyactis Ledeb.属植物集中分布于喜马拉雅山区、中国西北和中亚地区,其中短星菊(*B*. *ciliata*)分布于中国东北、华北北部和西北经蒙古至西伯利亚、中亚地区。飞蓬属(*Erigeron* L.)植物主要分布于欧亚大陆和北美洲,作者观察研究了58种,其中亚欧大陆分布种有34种,集中分布于中国西南山区、新疆、蒙古、西伯利亚、中亚地区和西欧一带,其中堪察加飞蓬(*E*. *kamtschaticus*),飞蓬(*E*. *acer*)和一年蓬(*E*. *annuus*)分布于中国北部经蒙古到西伯利亚、中亚地区;北美洲分布种共24种,主要集中分布于美国西海岸的加利福尼亚经中部的密苏里、威斯康星至东部的纽约等山地林区。

根据上述两属植物的地理分布,可以看出其分布式样有5种(图11):第1种为由喜马拉雅山区经中国西藏、新疆西北部到中亚地区,属于本式样的植物有腺毛短星菊(*B*. *pubescens*)和西疆短星菊(*B*. *royiei*);第2种为由中国东北经蒙古至西伯利亚、中亚地区,属于本式样的

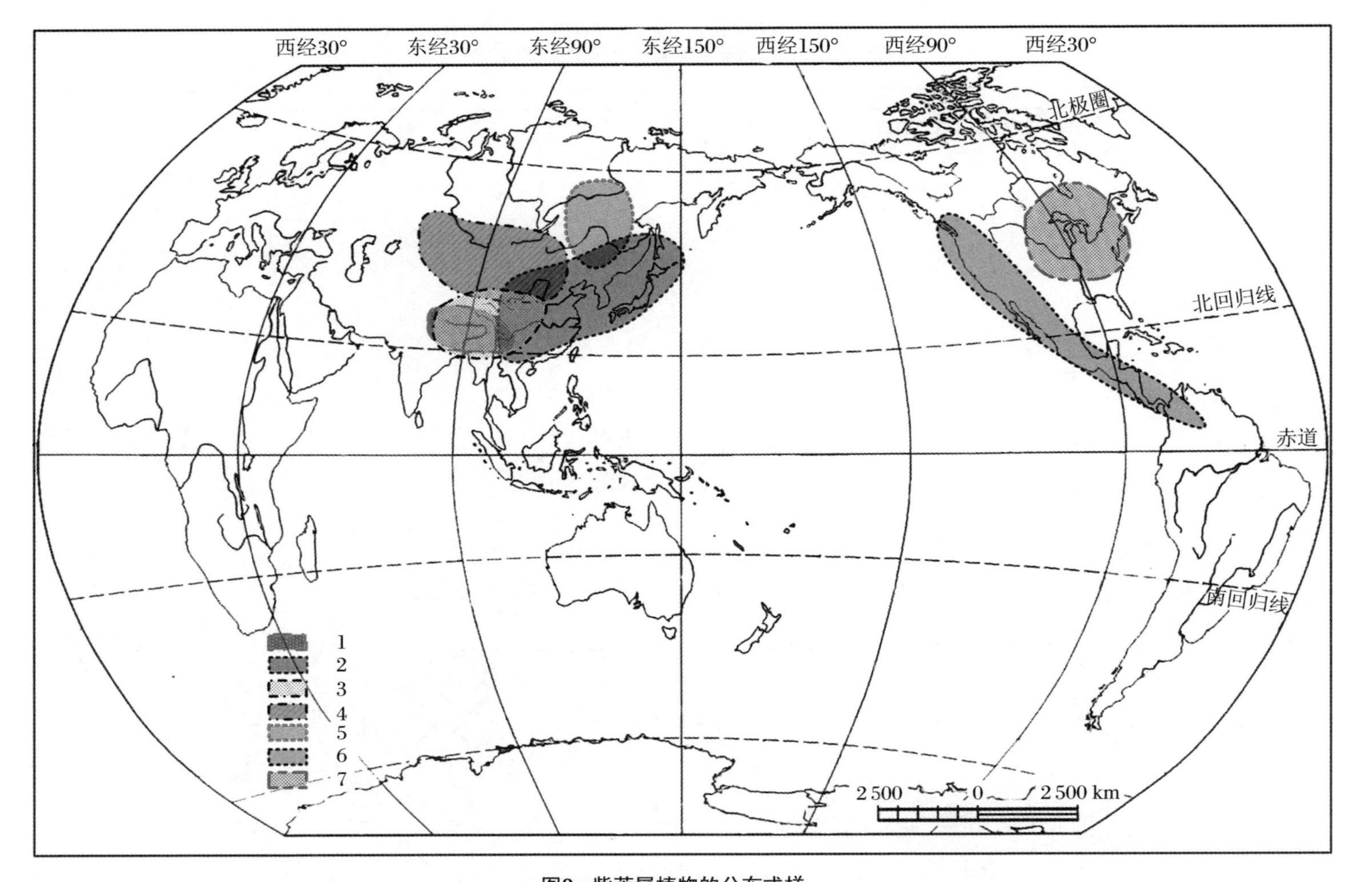

图9 紫菀属植物的分布式样
Fig. 9 Distribution pattern of *Aster*

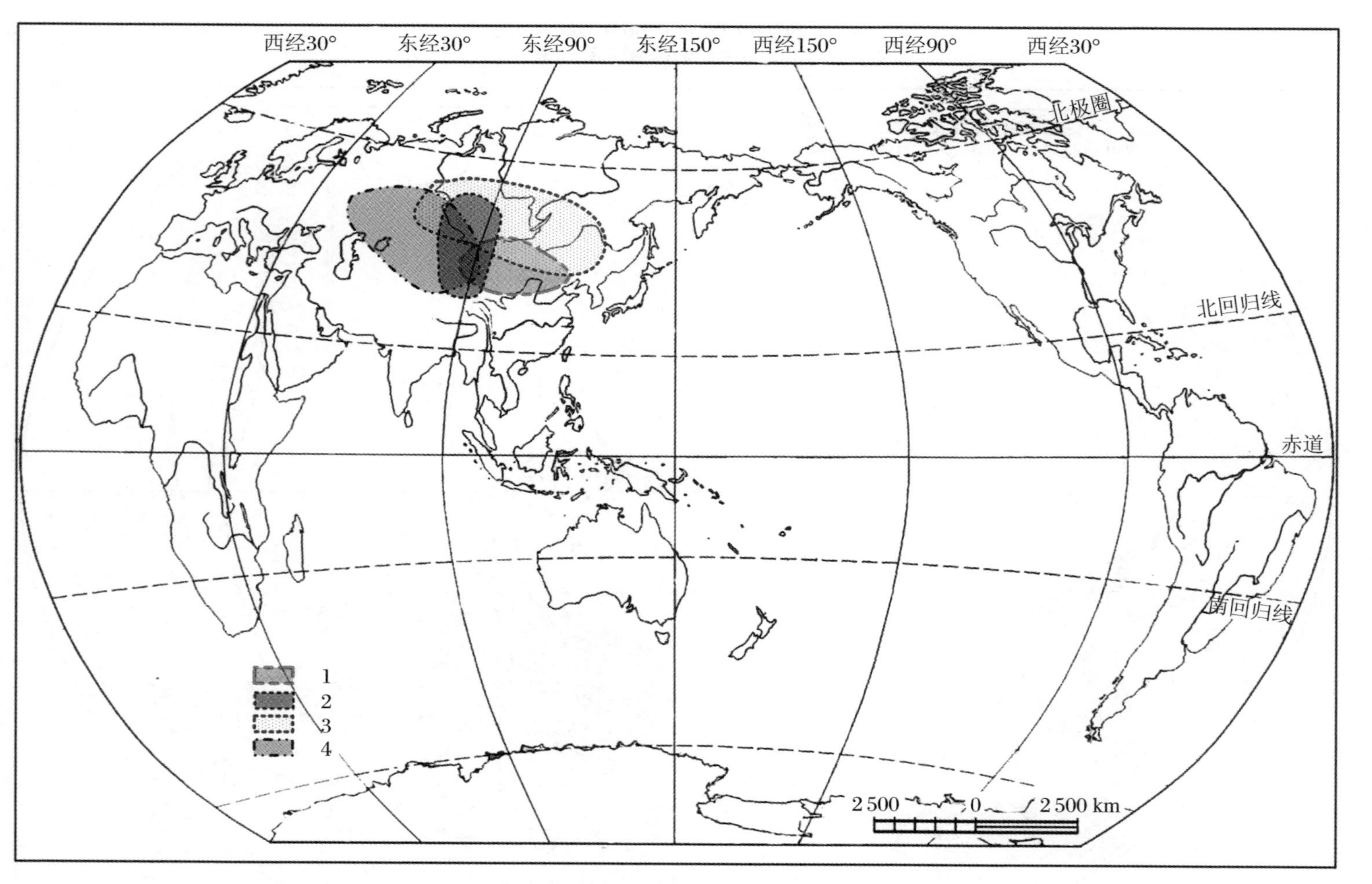

图10 紫菀木属、乳菀属和麻菀属植物的分布式样
Fig. 10 Distribution pattern of *Asterothamnus*, *Galatella* and *Linosyris*

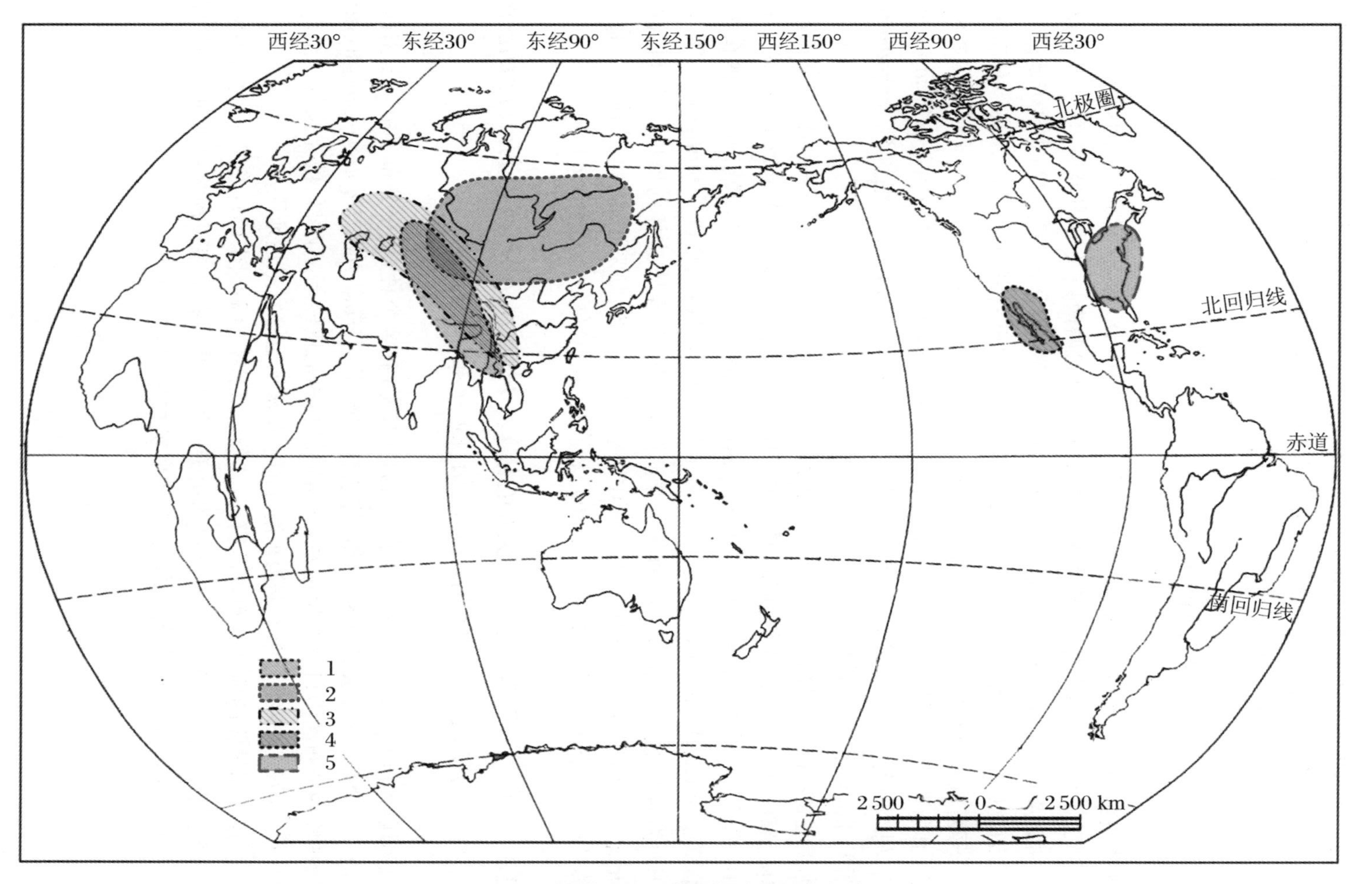

图11 短星菊属和飞蓬属植物的分布式样

Fig. 11 Distribution pattern of *Brachyactis* and *Erigeron*

植物有短星菊(*B. ciliata*),飞蓬(*E. acer*),一年蓬(*E. annuus*)和堪察加飞蓬(*E. kamtschaticus*);第3种为由中国西南山区经新疆、蒙古西部至西伯利亚、中亚地区和中欧等地,本式样包含了大多数旧世界的飞蓬属(*Erigeron* L.)植物;第4种为由美国加利福尼亚向东至科迪勒拉山系北部,本式样包含了大多数新世界的飞蓬属(*Erigeron* L.)植物;第5种为由美国东部沿海的纽约向西至威斯康星、密苏里一带的山地林区。

5.4.9 白酒草亚族(*Conyzinae*)的分布式样

该亚族包括小舌菊属(*Microglossa*)和白酒草属(*Conyza*)等,作者研究的小舌菊属(*Microglossa* DC.)共3种,属半灌木,集中分布于中国华南和西南以及中南半岛、马来半岛及巽他群岛。白酒草属(*Conyza* Less.)为一至多年生草本稀灌木,分布于热带和亚热带地区。其中,苏门白酒草(*C. sumatrensis*),熊胆草(*C. blinii*)和木里白酒草 *C. muliensis* 分布于中国西南和华南;埃及白酒草(*C. aegyptiaca*)和劲直白酒草(*C. stricta*)分布于从中国西南经喜马拉雅山区、西亚至非洲东部等地区;黏毛白酒草(*C. leucantha*)和白酒草(*C. japonica*)分布于喜马拉雅山区;另有2个广布种,香丝草(*C. bonariensis*)和加拿大蓬(*C. canadensis*)遍及东西半球的热带、亚热带地区。

根据上述植物的地理分布,可以看出其分布式样有4种(图12):第1种为由中国西南经华南、中南半岛、马来半岛到巽他群岛,属于本式样的植物有小舌菊属(*Microglossa* DC.);第2种为由中国的云贵高原向东经广西、广东到江西南部、福建、台湾一带,属于本式样的植物有苏门白酒草(*Conyza sumatrensis*),熊胆草(*C. blinii*)和木里白酒草(*C. muliensis*);第3种为由中国西南向西经喜马拉雅山区、西亚至非洲东部地区,属于本式样的植物有劲直白酒草(*C. stricta*);第4种为由喜马拉雅山区、中国华南经中南半岛、马来半岛到澳大利亚一带,属于本式样的植物有黏毛白酒草(*C. leucantha*)和埃及白酒草(*C. aegyptiaca*)等。

5.4.10 毛冠菊属(*Nannoglottis*),*Haplopappus*,*Heterotheca*,*Grindelia* 和 *Gutierrezia* 的分布式样

毛冠菊属(*Nannoglottis* Maxim.)是中国的特有属,有8个种,集中分布于中国云南西北部、四川西部至西藏、青海东部地区(林镕,陈艺林,1965)。*Grindelia*,*Haplopappus* 和 *Gutierrezia* 属植物的分布区沿科迪勒拉山系,从美国加利福尼亚经新墨西哥、俄克拉荷马至巴西一线。*Heterotheca* 属植物分布于美国东南部的卡罗来纳至佛罗里达地区。

根据上述各属植物的地理分布,可以看出其分布式样有3种(图13):第1种为由中国云南、四川西部至青藏高原以东地区;第2种为由美国加利福尼亚至中美洲科迪勒拉山系一带;第3种为由美国东南部太平洋沿岸平原区至佛罗里达半岛。

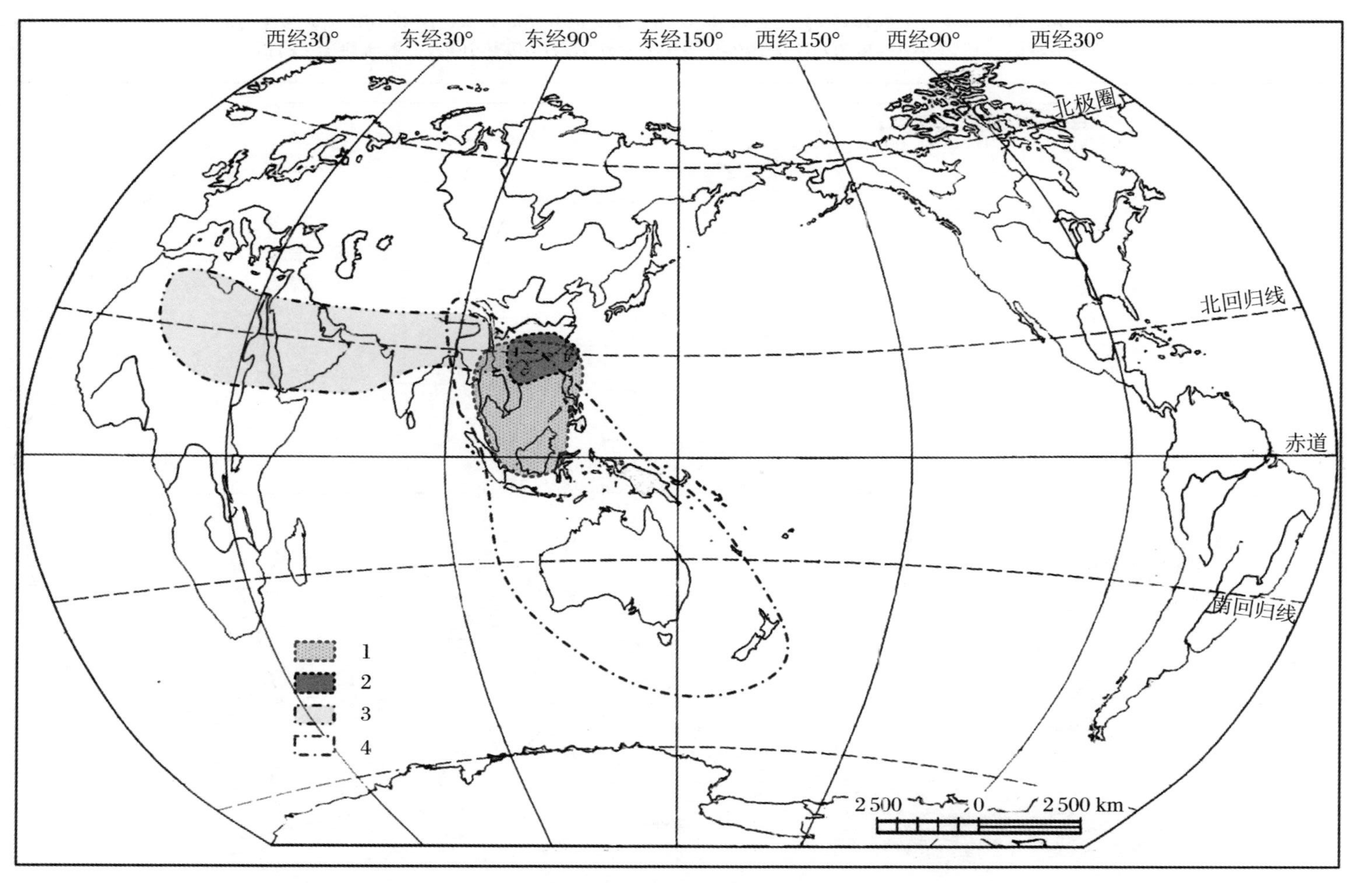

图12 白酒草亚族植物的分布式样

Fig. 12 Distribution pattern of the subtribe *Conyzinae*

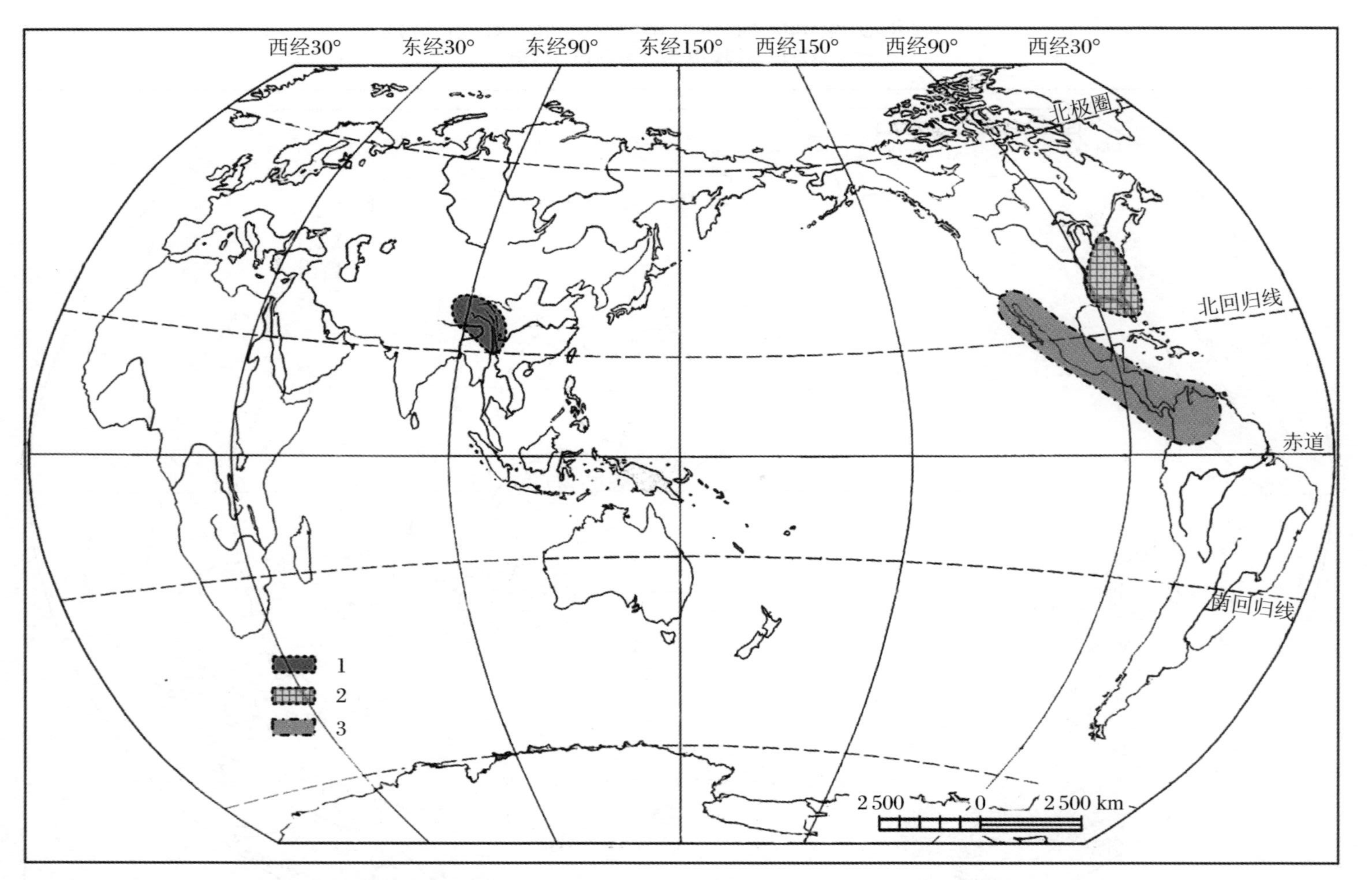

图13 毛冠菊属，***Haplopappus, Heterotheca, Grindelia***和***Gutierrezia***属植物的分布式样

Fig. 13 Distribution pattern of *Nannoglottis, Haplopappus, Heterotheca, Grindelia* and *Gutierrezia*

5.5 紫菀族植物的迁移路线

菊科祖先种发生后，在物种迁移、扩展分布区时分化出族的祖先种，再分化出各族、属及种，这些原始类群在大陆板块飘移和第三、第四纪冰期及间冰期交替作用下，经历了迁移—分化—再迁移—再分化的渐进过程（林有润，1993，1997）。根据紫菀族植物的起源及前面所述的地理分布式样，可以看出该族植物总的迁移路线是：自北美洲西部山区沿科迪勒拉山系向南，经南美洲安第斯山脉至大洋洲及非洲南部；向北经白令海峡古通道至亚洲温带、亚热带地区。具体地说，有以下五大路线（图 14）：

（1）自北美洲西部山区（起源中心）向南，经南美洲的安第斯山脉至澳大利亚、新西兰，向西至南部非洲、向北经南亚至横断山区—喜马拉雅山区。

（2）自北美洲西部山区（起源中心）向北，经白令海峡古通道至亚洲北部，至远东和西伯利亚地区分化成两支：一支向中亚地区及中欧，其中分化出如紫菀木这样的特有属种；另一支向中国华东和横断山区—喜马拉雅山区迁移。

（3）自北美洲西部山区（起源中心）向东，经北美洲东部沿海，至中欧、东欧和中亚地区。

（4）自中欧经中亚、西伯利亚至北美洲。

（5）自横断山区—喜马拉雅山区次生起源中心，向东至华东、长江中下游及华南地区；向南至印度半岛、中南半岛至马来半岛、巽他群岛；向西经西亚至东非；向东北经华北至远东、西伯利亚及日本列岛；向北经中国西藏、新疆西北部至中亚地区。

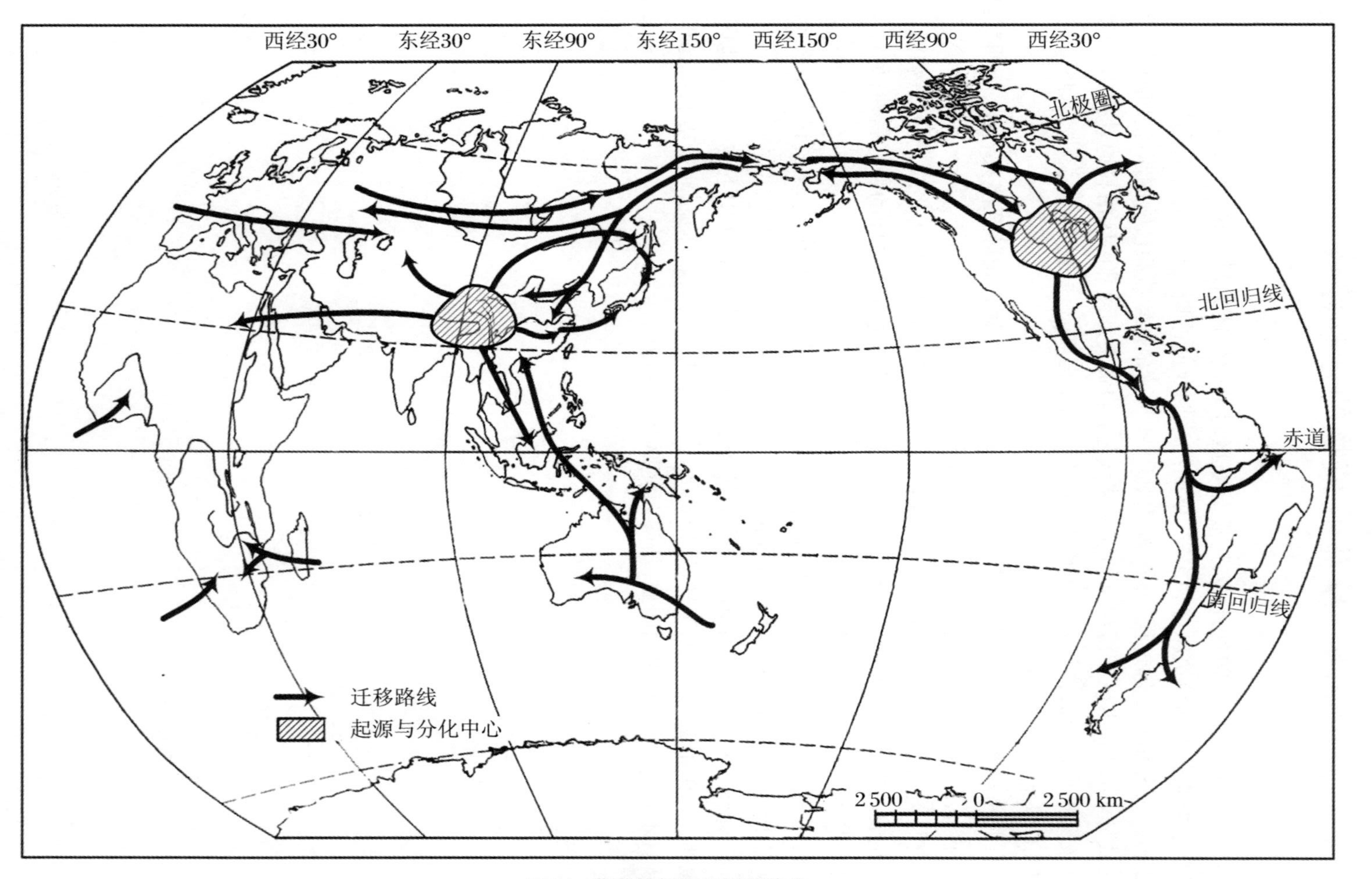

图14 紫菀族植物的迁移路线

Fig. 14 Migration routes of the tribe *Astereae*

6 紫菀族各亚族的花粉形态在分类和系统演化中的意义

6.1 田基黄亚族(*Grangeinae*)

田基黄亚族是紫菀族中一个较小的亚族,只包括9个小属,这些属主要分布在非洲和热带亚洲。由于受材料的限制,作者仅观察研究了该亚族中分布在中国的3个属:杯菊属(*Cyathocline*),鱼眼草属(*Dichrocephala*)和田基黄属(*Grangea*)。其中,杯菊属(*Cyathocline*)花粉形态较特殊,虽然仍属于三孔沟、具刺的紫菀族类花粉,但是3条沟为缝隙状,且在极区汇合成沟,内孔横长,清晰,刺粗短、坚硬,排列稀疏,刺基部有明显的小孔。杯菊(*C. purpurea*)的花粉为长椭圆形,覆盖层具网状小孔,这与一般的紫菀族类花粉有较大的差异。而此属中的另一种 *C. lyrata* 则以花粉圆球形,覆盖层上无网状小孔与杯菊相区别。有趣的是,产于欧洲的飞蓬属(*Erigeron*)的 *E. compositus* var. *glabratus* 的花粉外形与上述杯菊属非常相似,这也从花粉特征方面证实了两个亚族之间的联系。

鱼眼草属(*Dichrocephala*)和田基黄属(*Grangea*)的花粉非常相似,花粉粒都是圆球形,三孔沟,刺排列较密集,内孔明显横长,刺基部偶见小孔。这些特征也与小舌紫菀型花粉所共有。此外,鱼眼草(*D. auriculata*)(图版90:9)与 *Cyathocline lyrata* 的花粉很相似,特别是刺形,两者几无差别。田基黄亚族在紫菀族的分支图中处于基部分支(Zhang Xiaoping et al., 1993),属于较原始的类群。该亚族植物花序托一般伸长或凸起,有几层退化的舌状花,花柱很短,瘦果无冠毛,或仅有环状齿裂,叶片一般羽状分裂。从所观察的花粉形态看,其变异并未超出紫菀属的花粉类型范围。其杯菊属花粉类型可能反映了该亚族的孤立的分类地位,支持张小平(Zhang Xiaoping)和 Kare Bremer(1993)的分支分析结果。

6.2 一枝黄花亚族(*Solidagininae*)

6.2.1 一枝黄花属(*Solidago*)

一枝黄花亚族是紫菀族中的第二大亚族。该亚族以一枝黄花属(*Solidago*)为核心,一枝减少,至东亚地区只有3～4种零星分布,极个别种扩展到西欧。在形态上该亚族区别于紫菀亚族的一个显著特征是舌状花全为黄色,故亦称为同色花类。我们观察研究了该亚族的一枝黄花属(*Solidago*)(16种),*Grindelia*(3种),*Gutierrezia*(1种),*Haplopappus*(4种),*Chrysopsis*(2种),*Chrysothamnus*(2种)和*Xanthisma*(1种)等7属29种。

从所观察的*Solidago*属的16种植物花粉形态看,都是三孔沟、具刺、大部分圆球形的紫菀族类花粉。虽然这是一个北美洲的属,但与世界性分布的紫菀属在孢粉形态上的密切联系是显而易见的。*Solidago graminifolia*(图版151:1～6),*S. gigantea*(图版152:1～5),*S. gymnospermoides*(图版152:6～11)与莽山紫菀型(*Aster mangshanensis* type)很相似,花粉粒均为扁球形($P/E=0.83 \sim 0.88$),沟界极区具5枚刺,极光切面呈三裂圆形,覆盖层皱褶波状,刺长渐尖,刺基部往往有1层小孔,孔内陷。而*S. altopilosa*(图版145:7～12),*S. ulmifolia*(图版162:1～3),*S. virgaurea* L. var. *duharica*(图版162:4～6)则与三脉紫菀(*Aster ageratoides*,图版3:1～5)和产于北美洲的*A. fastigiatus*(图版28:1～3)的形态一致,因而被归于一类。

一枝黄花属(*Solidago*)中花粉最特殊的是来自北美洲的*S. californica*(图版147:7～12)及其变种*S. californica* var. *paucifica*(图版148:1～7)。其主要特征是孔沟数多变,前者的扫描电镜照片清楚地显示出在花粉的赤道位置并行地排列着2个圆形的孔,整个花粉应有4个孔,但未见沟的痕迹;而后者具有四孔沟(图版148:2)和六孔沟(图版148:5)的类型。它们的外壁都具有较短的刺,刺形圆丘状,顶端圆钝,看起来更像是一个个圆形的突起,少数刺有一突尖头,刺基部仍有孔。其在透射电镜下的壁层结构更与属内别的种和紫菀族(*Astereae*)类花粉明显不同。其覆盖的壁层很厚,在沟间区的某些部分厚于外壁内层,靠近表面有时有较大的穿孔。外壁内外层之间只有一层不太发达的柱状层,柱状层上、下以较细而少的基柱分别与内外层相连,而中间基柱排列紧密,形成上下透亮、中间似一悬空带状的结构。此外,在沟的内层(包括基层和内层),片层结构极其突出,像一条长粗绳叠在一起,类似“百叶窗”状。外层中的穿孔不像其他的花粉一律是长形的,而是圆形的。

该种及变种不定数的萌发器和独特的壁层结构表明了它们特殊的分类地位。根据J. Skvarla等人(1977)的观点,花粉孔沟数目的变化可能是雄配子在减数分裂过程中染色体不正常配对所致,也就是与多倍体有关。这种现象在紫菀属中也普遍存在,如大埔紫菀(*A. itsunboshi*,图版35:1～3)。目前尚未见*S. californica*的染色体数目的报道,但从其花粉的特殊性可以预见该种的染色体数很可能与一般的一枝黄花属(*Solidago*)($n=9$)不一样,也可能是一个杂种。因此,*S. californica*及其变种和大埔紫菀是否列为一个单独的花粉类型尚有待进一步研究。

一枝黄花属(*Solidago*)中存在以*S. gigantea*及近缘种*S. flexicaulis*(图版151:1～6),*S. graminifolia*(图版151:7～12),*S. juncea*(图版153:1～5),*S. latifolia*(图版154:1,2),*S. oreophila*(图版156:6～11),钝苞一枝黄花(*S. pacifica*)(图版157:1～5),*S. riddellii*(图版158:6～13),*S. serotina*(图版159:1)和*S. rugosa*(图版158:8～10),组成一类植物,属于三脉叶紫菀型(*Aster ageratoides* type)。

这类植物的花粉特征是:花粉粒圆球形,一般较小,除了*S. flexicaulis*的花粉大小指数为26.22 μm以外,其他均在19.22～22.47 μm之间。花粉具三孔沟,沟梭形,中间宽,两端尖,较短,因而极区面积大。刺中度密集,刺基部稍增粗,相互之间不相连,覆盖层大多有细皱褶,刺基部一般只有1层排列整齐的较清楚的小孔,刺端圆钝。

S. oreophilia 的花粉刺基部孔较多，且覆盖层上也布满了穿孔，在沟缘处特别明显，内孔横长，外壁层厚 2.5～3 μm。此类花粉属于紫菀属（*Aster*）的三脉紫菀型（*A. ageratoides* type），只是后者的花粉刺稍长而尖，基部的小孔少，不明显。这与飞蓬属（*Erigeron*）的花粉亦相似。上述差异不足以将一枝黄花属（*Solidago*）和紫菀属（*Aster*）作为不同的类型区分开，两者仍然属于同一种花粉类型。

在一枝黄花属（*Solidago*）中，与紫菀亚族（*Asterinae*）有联系的花粉还包括 *S. missouriensis*（图版 155：10，11），*S. nemoralis*（图版 156：1，2）和钝苞一枝黄花（*S. paucifica*）（图版 157：1，2），它们与 *Aster ibericus*（图版 34：6，7），乳菀（*Galatella punctata*）（图版 122：9，10），密叶飞蓬（*Erigeron multifolius*）（图版 107：10，11），高山紫菀（*Aster alpinus*）（图版 10：7～11），*A. ciliolatus*（图版 19：6～10），秦中紫菀（*A. giraldii*）（图版 29：10～12）和镰叶紫菀（*A. falifolius*）（图版 27：1）很相似。这些属的花粉赤道面观都是长椭圆形，花粉较大，三孔沟类型，沟深而长，内膜深陷，沟间较宽，极区尖，刺排列稀疏，刺基部不相连，基部偶见小孔。此类花粉也存在于 *Nannoglottis* 属中。毛冠菊（*N. carpesioides*，图版 165：2），厚毛毛冠菊（*N. delavayi*，图版 165：6，7），玉龙毛冠菊（*N. hieraciophylla*，图版 166：7），宽苞毛冠菊（*N. latisquama*，图版 167：1）都属于这种类型。这表明了这些属之间的亲缘关系。

一枝黄花属（*Solidago*）中另两种植物 *S. conferta*（图版 149：1）和 *S.* ×*asperula* Desf.（图版 146：10，11），它们的花粉与上述三脉紫菀型花粉的区别是花粉粒为圆形，沟较短，极区面积很大，刺数达 10 个以上，刺短突尖，属于 *Aster conspicuus* type 这一类型与 *Aster leucanthemifolius*（图版 38：7），*A. nemoralis* var. *major*（图版 43：11），密叶紫菀（*A. pycnophyllus*）（图版 47：10；48：1～4），盘花乳菀（*Galatella biflora*）（图版 119：7～10），乳菀（*G. punctata*）（图版 122：7～11）的花粉型非常相似，只是后者是长球形的，而且很可能是由 *S. conferta* 花粉发展演化而来的。

从一枝黄花属（*Solidago*）花粉的分型比较可以看出它与紫菀属的花粉有密切的关系，除了 *S. californica* 及其变种的花粉较特殊以外，其余的一枝黄花属（*Solidago*）的花粉都能在紫菀亚族中找到对应的花粉，其中最典型的例子分别是 *S. gigantea*—*Aster ageratoides* 和 *S. missouriensis*—高山紫菀（*Aster alpinus*）两条演化线。这一事实表明：(1) 一枝黄花属（*Solidago*）的花粉没有特殊的变异类型，不宜独立成一个类群；(2) 一枝黄花属（*Solidago*）与紫菀属有广泛的联系，花粉的形态特征相似，且具有相同的演化方式；(3) 一枝黄花属（*Solidago*）内部花粉存在多种类型，其变异多样性可与紫菀属相媲美。

6.2.2 *Grindelia*，*Gutierrezia*，*Chrysopsis*，*Haplopappus* 和 *Xanthisma*

与一枝黄花属（*Solidago*）形成鲜明对照的是 *Grindelia*（$n=9$），*Gutierrezia*（$n=4,8$），*Chrysopsis*（$n=4,5$）和 *Haplopappus*（$n=9$）4 个属，它们的花粉非常一致，属内也较少变异，花粉粒都为圆球形，较大（大小指数为 20.89～28.09 μm），三孔沟，内孔横长，菱形。其中，*Grindelia*，*Gutierrezia* 和 *Haplopappus* 属最接近，它们的共同特点是刺较短，顶端突尖，刺基部不膨大，刺基部的孔少见。*Haplopappus suffruticosus*（图版 129：1～6）的花粉的刺较特殊，基部明显膨大，顶端骤尖较长，基部有 2～3 层孔，孔口大而内陷。这与 *Aster conspicuus*（图版 21：6），*A. ageratoides*（图版 3：1～5），*A. ageratoides* subsp. *leiophyllus* var. *tenuifolius*（图版 3：7），*A. panduratus*（图版 46：7）花粉的刺属同一类型，亦与 *Chrysotham-*

nus viscidiflorus（图版 83：6～10）的花粉的刺很相近。与本属群关系非常近缘的 *Xanthisma texanum* 以花粉粒较大，刺短，突尖，与一枝黄花属（*Solidago*）的 *S*. *californica* 的花粉特征非常相似。

从所做的花粉观察和比较可以看出：*Haplopappus* 属内部分化出多种花粉类型，各种类型向周围不同的演化路线辐射演化。*H*. *linearifolius*（图版 128：1～6）和 *H*. *rupinulosus*（图版 128：7～12）朝着 *Gutierrezia sarotherae* 发展，而 *H*. *suffruticosus* 与 *Chrysopsis mariana*（图版 82：7～11），*Chrysothanmus tretifolius*（图版 83：1～5），胶菀（*Grindelia squarrosa*）（图版 125：8～12）密切关联。*Xanthisma texanum*（图版 164：1～6）的花粉与 *H*. *divaricatus*（图版 127：7～12）的花粉很接近，只是后者的刺有缩短的趋势。

上述 5 个属花粉形态之间的关系与它们的染色体数进化有密切的关系。*Haplopappus*，*Chrysothamnus* 和一枝黄花属（*Solidago*）的染色体基数都为 $n=9$，这一数目被大多数菊科系统分类学者认为是紫菀属（*Astereae*）中的原始基数（Nesom，1994；Morgan，1993；Suh，Simpson，1990；Watanabe et al.，1996；Zhang Xiaoping，Bremer，1993），由它经过染色体数目的非整倍化减少得到 $n=5,6,4$ 的染色体基数。已有报道（Lane，1994），*Gutierrezia* 属 $n=5,4$，*Grindelia* 属 $n=6$，*Xanthisma* 属 $n=4$，*Chrysopsis* 属 $n=5,4$。如果紫菀族染色体的这种演化方向推断正确的话，那么 *Haplopappus* 属与这些属的花粉相似的事实则是这一观点的又一印证。

关于一枝黄花亚族（*Solidagininae*）的系统地位和分类范围，目前很不统一。继张小平（Zhang Xiaoping）和 Kare Bremer（1993）按照形态特征分支分析的结果仍将一枝黄花亚族（*Solidagininae*）作为独立的亚族看待，包括紫菀族中所有的同色花类的处理以后，Nesom（1994a）也按形态特征，把紫菀族分成了 14 个亚族，将以往包括在广义一枝黄花亚族（*Solidagininae*）中的属和属群均独立为亚族，如另立了 *Chrysopsidinae* 等，这样大大缩小了一枝黄花亚族（*Solidagininae*）的范围。Lane 等人（1994）用 cpDNA 限制性基因位点图谱数据，对紫菀族（*Astereae*）进行了分支分析，其结果倾向于支持 Nesom 的分类观点。然而，另一个极端的意见是英国的 Jeffrey 提出来的，鉴于紫菀属（*Aster*）和一枝黄花属（*Solidago*）两者有些种极易杂交，形成了杂种（*Xanthisma solidaster*），他认为紫菀族只能分为 2 个亚族：田基黄亚族（*Grangeinae*）和紫菀亚族（*Asterinae*），没有理由将一枝黄花亚族（*Solidagininae*）独立为一个亚族。

花粉的观察研究结果支持 Jeffrey 的观点而不赞同 Nesom 的分类处理。一枝黄花亚族中两个核心属一枝黄花属（*Solidago*）和 *Hapolopappus* 属的花粉形态虽然有多种变异，但都能在紫菀亚族中找到相似或相同的类型，不存在任何特殊的类型。当然，观察研究的代表属种数量不够多，亦有可能是花粉的进化速率慢，显得保守稳定。但是，现有花粉资料结合染色体演化的关系证据和繁殖生物学特征，已足以表明一枝黄花亚族（*Solidagininae*）和紫菀亚族（*Asterinae*）的关系比我们先前估测的要密切得多，似乎将它们合并成一个亚族更合理。还有待于获取更多的证据来支持这一观点。

6.3 紫菀亚族(*Asterinae*)

6.3.1 紫菀属(*Aster*)

紫菀属(*Aster*)是紫菀亚族中最大的属，在不同地区的植物志中，由于不同学者对属的范围的观点不同，紫菀属所包括的种的数目也不一致。旧世界植物志一般采用狭义的紫菀属的概念，从紫菀属中分出很多小属，建立起以紫菀属为核心，周围有很多“卫星”属环绕的分类系统(例如：Komarov，1959；Rechingeg，1982；林镕、陈艺林，1985)。在其他植物志中，紫菀属是一个广义的概念，所有的“卫星”属都被纳入紫菀属中作为属下的阶元处理(例如：Tutin et al.，1976)。根据较近的估计，紫菀属有250种(林镕、陈艺林，1985；Alexandex，1933；Cronquist，1933)、600种(Core，1955)或1000种(Phillips，1950)。狭义的紫菀属在中国有将近100种(林镕、陈艺林，1985)。

紫菀属虽然很大，在分类上也存在不少问题，但就花粉研究而言，相对来说却是最薄弱、最不深入的一个类群。到目前为止，国外在研究紫菀族的时候大多以该族内其他属为代表材料(Skvarla et al.，1966；Skvarla et al.，1977；Ruffin，1976)。国内几乎未见紫菀族花粉的研究报道，只是在《中国植物花粉形态》(王伏雄 等，1995)一书中记载了2种紫菀属植物的花粉形态。以往的花粉研究显示，整个紫菀属的花粉外形和结构一致性相当高，都是三孔沟，外壁具刺，大都为圆球形的花粉(Wodehouse，1935；Erdtman，1952)，而壁层结构则属于向日葵型(*Helianthoid* pattern)，即以柱状层与基足层之间分离形成囊腔，并且柱状层和覆盖层内部具有小空泡(Skvarla，1977)为特征。

对紫菀族花粉的如此描述只是在族级水平上反映了该族花粉的基本形态，未能全面、充分地展示紫菀族内花粉的各种变异和进化。至于紫菀属内的花粉变异，几未论及。一个直接而简单的原因正如Skvarla(1977)所述，乃是研究材料缺乏的缘故。因为紫菀族植物数量多，分布广，取材困难。本研究把重点放在紫菀属，选取了紫菀属植物72种(包括亚种、变种，以及一些欧洲和北美洲的代表种)。从研究的结果看，紫菀属的花粉纹饰上全部具刺，这完全符合Skvarla等人的花粉报道结果，这也从花粉的角度证实了该属是一个自然的分类群。但是在别的特征方面，此属的花粉呈现出大量的变异，其数量比先前预计的要多得多，就观察过的材料划分的类型高达25种。

林镕和陈艺林(1985)根据总苞片的层数、排列、质地以及头状花序的着生方式，将中国的紫菀属划分为紫菀组、正菀组和山菀组3个组。又依据总苞的形状，总苞片的多少、形态、质地、冠毛性质、颜色、层数及其与管状花冠的长度比等特征的不同，在每个组下设立了若干“系”(ser.)，3个组共分为27个系。

已观察过的紫菀属的全部花粉的外壁无一例外都是具刺的，这是整个属的共同特征，这表明紫菀属是一个很自然的分类群。但是该属花粉的变异也最大、最复杂，这些变异主要表现在花粉的形状、大小，萌发孔沟的数目、形态，刺的密度、形状，基部小孔的分布、多少，以及覆盖层皱褶的程度等方面。它们一方面反映了属内各个系和各个种之间的联系和差别，另一方面也呈现出该属花粉不同的演化趋向以及与近缘属的关系。下面就这些变异在属下等级的分类意义上进行详细的讨论。

从观察过的紫菀属的花粉形状看，可以划分为明显的3类：(1) 圆球形；(2) 长球形；(3) 扁球形。从萌发器的孔沟数看，有三孔沟的、二孔沟的、四孔沟的，还有同一种植物既有三孔沟也有二孔沟和四孔沟的。另外，刺的形状和密度，刺基部孔的数目、大小，覆盖层等，也有不同的变化。根据这些变化，可以将紫菀属花粉分为25种类型。花粉分型大部分与形态分类系统中的"系"级分类单位相对应，支持了根据形态特征作出的系级划分(表5)。

表5 紫菀属的"系"级分类与花粉分型

Table 5 The Classification system of series and pollen types in *Aster*

序号	形态分类系统中的"系"	花粉分型
1	雅美系(ser. *Amelli*)	不独立成型
2	大花系(ser. *Macrocephali*)	不独立成型
3	褐毛系(ser. *Fuscescentes*)	褐毛紫菀型(*A. fuscesens* type)
4	耳叶系(ser. *Auriculati*)	莽山紫菀型(*A. mangshanensis* type)
5	密毛系(ser. *Vestiti*)	不独立成型
6	凉山系(ser. *Taliangshanenses*)	不独立成型
7	甘川系(ser. *Smithiani*)	高茎紫菀型(*A. prorerus* type)
8	三脉叶系(ser. *Ageratoides*)	三脉紫菀型(*A. ageratoides* type)
9	细茎系(ser. *Gracilicaules*)	未观察
10	大埔系(ser. *Itsunboshiani*)	不独立成型
11	软毛系(ser. *Molliusculi*)	未观察
12	横斜系(ser. *Hersileoides*)	不独立成型
13	小舌系(ser. *Albescentes*)	小舌紫菀型(*A. albescens* type)
14	锡金系(ser. *Sikkimenses*)	针叶紫菀型(*A. lavanduliifolius* type)
15	镰叶系(ser. *Falcifolii*)	不独立成型
16	陀螺系(ser. *Turbinati*)	白舌紫菀型(*A. baccharoides* type)
17	高山系(ser. *Alpini*)	高山紫菀型(*A. alpinus* type) 苞俄紫菀型(*A. heterolepis* type)
18	东俄洛系(ser. *Tongolenses*)	东俄洛紫菀型(*A. tongolensis* type)
19	怒江系(ser. *Salwinenses*)	不独立成型
20	凹叶系(ser. *Retusi*)	凹叶紫菀型(*A. reusus* type)
21	宽苞系(ser. *Latibracteati*)	宽苞紫菀型(*A. latibracteatus* type)
22	厚棉系(ser. *Prainiani*)	未观察
23	星舌系(ser. *Asteroides*)	星舌紫菀型(*A. asteroides* type) 萎软紫菀型(*A. flaccidus* type)
24	重冠系(ser. *Diplostephioides*)	重冠紫菀型(*A. diplostephioides* type) 狭苞紫菀型(*A. farreri* type)

续表

序号	形态分类系统中的“系”	花 粉 分 型
25	重羽系(ser. *Bipinnetisecti*)	未观察
26	狗舌系(ser. *Senecioides*)	不独立成型
27	巴塘系(ser. *Batangenses*)	巴塘紫菀型(*A*. *batangensis* type)

紫菀属花粉类型中,白舌紫菀型(*Aster baccharoides* type)中的白舌紫菀(*A*. *bacchaiodes*,图版 15: 1~3)、红冠紫菀(*A*. *handelii*,图版 31: 1~5)、短舌紫菀(*A*. *sampsonii* var. *isochaetus*,图版 53: 7~10)是最特殊、与其他类型差异最显著的一个类型。该类型的花粉 *P* 轴很长,赤道轴很短,*P*/*E* 比值达到 1.90,两极渐尖,极区只有 1 个刺,轮廓似细纺锤状或舟形;三孔沟,沟膜深陷,沟间区隆起成脊,脊圆柱状,脊上分布稀疏的刺(刺间距大于 1.5 μm),刺顶端弯曲,刺基部与覆盖层具明显小孔。此 3 种的花粉和被形态分类列为同一“系”的其他种陀螺紫菀(*A*. *turbinatus*,图版 68: 1~6)、岳麓紫菀(*A*. *sinianus*,图版 57: 4~9)的花粉差异较大,后者的花粉圆球形,在别的特征上也无共同之处,它们之所以放在同一系中,是因为它们的总苞都是倒圆锥形,较小,总苞片 4~7 层联系在一起。然而,从花粉角度比较,这些种放在一个系中不太自然,因此建议把白舌紫菀另立一个单独的系: 白舌紫菀系,它们有共同的地理分布范围和 3~4 mm 长的较小的总苞。另外,花粉研究也不支持林镕等(1985)认为岳麓紫菀接近白舌紫菀,甚至欲将前者降为白舌紫菀变种的观点,因为后者的花粉形态差异太大。

与白舌紫菀型花粉接近的是巴塘紫菀型(*A*. *batangensis* type),包括巴塘紫菀,*A*. *ciliolatus*(图版 19: 6~9),*A*. *concolor*(图版 21: 1,2),*A*. *triloba*(*Witadinia triloba*,图版 66: 1~3),还包括一年蓬(*Erigeron annuus*,图版 93: 7~10)和女菀(*Turczaninowia fastgiata*,图版 163: 7~12)。该类型花粉亦为长球形,它和白舌紫菀型花粉的主要区别是: 脊上刺排列密集、粗壮、坚硬,刺基部宽大,相互连接,覆盖层上全为刺、无空隙,刺基部具一层小孔,极区有 3 个刺。这也是一个特征很独特的花粉类型,支持形态分类将巴塘紫菀独立成系的分类处理。同时,该类型的种类组成也反映了和飞蓬属、女菀属以及北美紫菀属植物的密切联系。

耳叶系(ser. *Auriculat*)由 6 个种组成,作者观察了其中 5 种的花粉,建立了莽山紫菀花粉型(*Aster mangshanensis* type)。该类型的特征是花粉为扁球形($P/E<0.88$),花粉粒较小,刺细长渐尖,排列稀疏,刺基部只有 1 层小孔(图版 42: 1~4)。符合该类型特征的还有圆耳紫菀(*Aster sphaerotus*,图版 59: 6~10)和峨眉紫菀单头变型(图版 69: 3,7~11),但后者不同的是刺基部未见小孔。本系中的琴叶紫菀(*A*. *panduratus*)与莽山紫菀类型不同,其花粉为圆球形,刺短而密集,刺基部囊状膨大,小孔多达 2~3 层,且内陷,与耳叶紫菀(*A*. *auriculatus*,图版 14: 3)稍接近。但是耳叶紫菀的花粉外壁很厚,达 4 μm,柱状层与基层之间有明显的囊状空隙,因而这一种不属于此类型。

凉山系(ser. *Taliangshanenses*)是一个单型系,仅由凉山紫菀构成。此种以大到 4 mm 直径的总苞,近等长的总苞片以及多达 50~60 个舌状花的特征与近缘类群相区别。然而,观察表明该种的花粉并无特殊之处,花粉粒为圆球形,三孔沟,刺的密集程度中等,与线叶紫菀(*A*. *lavanduliifolius*,图版 38: 1~5)的花粉形态很相似。后者又与飞蓬属(*Erigeron*)中的毛苞飞蓬(*E*. *lachnocephalus*)和矛叶飞蓬(*E*. *lonchophyllus*)以及一枝黄花属(*Solidago*)中的 *S*. *erecta* 和 *S*. *latifolia* 的花粉相联系,共同组成线叶紫菀型(*Aster lavanduliifolius* type)。可见，凉山紫菀的植物体外形特征与花粉特征的演化并不平行。

萎软紫菀型（*A. flaccidus* type）植物主要由产于云南高山和亚高山的正菀组植物组成，包括：德钦紫菀（图版 63：10，11）、丽江紫菀（*A. likiangensis*，图版 39：1，2）、*A. lingulatus*（图版 39：8，9）、滇西北紫菀（*A. jeffreganus*，图版 35：4～6）、陀螺紫菀（*A. furbinatus*，图版 68：1，2）、*A. undulatus*（图版 69：2）、峨眉紫菀单头变型（图版 69：9，10）、三脉紫菀异叶变种（图版 4：6，7）、圆耳紫菀（*A. sphaerotus*，图版 59：7，8）、马兰狭叶变种（*Kalimeris indica* var. *stenophylla*，图版 136：1，2）。该型花粉粒普遍较小（平均大小指数为 22.5 μm），刺细长，刺基部有一层排列整齐的小孔。具此类花粉的植物大部分花序葶状，且集中分布于紫菀组相近的几个系中，如德钦紫菀、丽江紫菀、滇西北紫菀等。即使包括其他组的一些种，如陀螺紫菀和峨眉紫菀单头变型，它们也都是单头花序的，似乎两者之间有一定的联系。

另外，与这类花粉外形最相近的是北美洲所产的一枝黄花属（*Solidago*）中的一大部分花粉。只是后者的刺顶端稍圆钝，其他没有什么区别。这一点已在前面一枝黄花亚族中讨论过了。两者的相近可能是多方面因素造成的：(1) 紫菀属（*Aster*）和一枝黄花属（*Solidago*）的染色体基数均为 $n=9$；(2) 生境相似，都生长在高山或亚高山的潮湿森林中；(3) 具有共同或类似的昆虫传粉。

宽苞紫菀型（*A. latibracteatus* type）包括：*A. wuciwuus*（图版 71：1，2），*A. tephrodes*（图版 64：6，7），*A. eripolium*（图版 26：6，7），*A. sibiricus*（$n=9$，北美洲，图版 51：1，2），宽苞紫菀（*A. latibracteatus*，图版 37：6，7），川鄂紫菀（*A. moupinensis*，图版 43：1，3），*E. philadelphicus*（图版 110：1，2）。它们的显著特征是花粉粒圆球形，沟缘清晰，宽而浅，较短，两端圆钝，与中间等宽；极区平坦，面积大，极面观为三浅裂圆形，极区刺数达 15 个以上，刺短尖，基部不膨大，排列稀疏；覆盖层具强烈皱褶。有趣的是，具有此类型花粉的 7 种 *Asters* 属植物中，有 5 种是北美洲的种，仅有 2 种中国的紫菀，即宽苞紫菀（*A. latibracteatus*）和川鄂紫菀（*A. moupinensis*）。这说明北美洲的 *Aster* 属具有独立性。此类型还包括 *Erigeron* 属中的 *E. glaucus*，*E. multicaulis* 和 *E. philadelphicus* 3 个种，其中 *E. glaucus*（图版 100：9，10）与 *A. tephrodes*（图版 64：6，7）两种花粉的近似程度比它们与其他任何种之间的近似程度都更大。它们究竟是由于平行演化形成的，还是本应归于一属，在给出答案之前，还需要其他方面的研究证据。

鳞叶紫菀型（*A. argyropholis* type）花粉类型由 25 个种组成，包括：*A. umbellatus*（美国，图版 68：7，8），*A. lateriflorus*（$n=8$，图版 37：1，2），*A. tuganianus*（图版 67：7，8），*A. subintegerrimus*（图版 60：6，7），岳麓紫菀（*A. sinianus*，图版 57：5，6），*A. shortii*（美国，$n=8$，图版 56：1，2），西伯利亚紫菀（*A. sibiricus*，图版 56：6，7），黑山紫菀（*A. higromontanus*，图版 44：1，2），*A. novae*（图版 45：1，2），*A. occidentalis*（图版 45：6，7），亮叶紫菀（*A. nitidus*）（图版 44：7），*A. hirtifolius*（图版 33：1，2），*A. hispidus*（图版 33：8，9），*A. dolichophyllus*（图版 25：1，2），*A. dumosus*（美国，$n=8$，图版 25：6，7），*A. cordifolius*（图版 22：1，2），*A. changiana*（图版 19：1，2），*A. ciliolatus*（美国，$n=8$，图版 19：6，7），*A. benthamii*（中国香港，图版 16：6，7），*A. azureus*（图版 14：6，7），*A. anomalus*（图版 12：6，7），*A. altaicus*（图版 11：1，2），*A. altaicus* var. *latibracheatus*（图版：10，11），*A. argyropholis*（图版 2：6，7），*A. acer*（俄罗斯，图版 1：9，10）等。除了岳麓紫菀和西伯利亚紫菀外，仍以北美洲分布的 *Aster* 种为主。此花粉类型与宽苞紫菀型的区别在于极区面积小，其上刺数 10 个左右，沟端朝两极方向渐尖，属于三裂圆形，刺形短而尖，刺基部有 1～2 层

小孔。上述25个种当中有4个种的染色体基数 $n=8$(Jones,1980),而且在Jones的北美紫菀属的分类系统中,*A. cordifolius*, *A. ciliolatus*, *A. anomalus* 均属于同一 sect. *Heterophylli*, *A. azureus* 属于 sect. *Concinni*,但与 sect. *Heterophyllii* 相连。很显然,此花粉类型包括的种不仅在形态、地理分布和染色体基数方面具有高度的一致性,而且在花粉特征方面也显示出紧密联系,这表明这些种在种系发生上的密切亲缘关系,是一群自然的组合。它们是圆球类花粉中,由宽苞紫菀型向极区缩小、刺增多的方向演化而来的。

东俄洛紫菀型(*A. tongolensis* type)包括:*A. spectablilis*(图版59:1,2),*A. sabaltus*(图版61:6~9),*E. politum*(图版110:10,11),东俄洛紫菀(*A. tongolensis*,图版65:9,10),*A. tataricus*(图版62:10,11),*A. salicifolius*(图版52:6,7),*A. roseus*(图版51:6,7),凹叶紫菀(*A. retusus*,图版50:9~11),*A. conspicuus*(图版21:3,4),*A. coerulescens*(图版20:6,7),*A. canus*(图版18:9,10)。这一类型是由鳞叶紫菀型(*A. argyropholis* type)花粉的萌发沟向两极伸得更长,极区进一步缩小发展而来的。该类型的花粉极面观呈深三裂圆形,极区刺数6个以下。从地理分布上看,该类型的主要组成种仍来源于美洲,11个种中有8个产于美国,其余3个来自中国。值得一提的是,这些花粉的特征很相似。中美共有成分的种的染色体基数都是 $n=9$,据此是否有理由认为:既然这一花粉类型是相对原始的,那么 $n=9$ 的基数也是原始的?

高山紫菀型(*A. alpinus* type)包括:高山紫菀(*A. alpinus*,图版10:10),*A. ibericus*(图版34:6),镰叶紫菀(*A. faleifolius*,图版27:1),秦中紫菀(*A. giraldii*,图版29:10),缘毛紫菀(*A. souliei*,图版58:3),密叶飞蓬(*Erigeron multifolius*,图版107:10),鳞苞乳菀(*Galatella hauptii*,图版121:9),密苏里一枝黄花(*Solidago missouriensis*,图版155:10,11),黏冠草(*Myiactis wightii*,图版142:1),毛冠菊(*Nannoglottis carpesioides*)(图版165:1),厚毛毛冠菊(*N. delavayi*)(图版165:6,7)。此类花粉与巴塘紫菀型相似,其共同特征是赤道面观长椭圆形,萌发沟较长,极面观三角状,极区尖,2个刺。不同的是高山紫菀型刺排列较稀疏,刺基部不呈宽扁状相连,刺间距较大,覆盖层露出较多空隙,刺基部几无孔。其中,秦中紫菀与镰叶紫菀很相似,每裂瓣4个刺。虽然在形态分类系统中两个种被归于不同的组,镰叶紫菀属于正菀组镰叶系,而秦中紫菀却在山菀组,和缘毛紫菀一起被置于东俄洛系,然而,缘毛紫菀的花粉反倒有些特殊,刺特别稀少,刺形指状,沟间区稍隆起。鉴于上述比较,将秦中紫菀和缘毛紫菀与镰叶紫菀一同并入正菀组镰叶系似乎更合理一些。高山紫菀(*A. alpinus*)与密叶飞蓬(*Erigeron multifolius*)、鳞苞乳菀(*Galatella hauptii*)和北美洲产的 *Solidago missouriensis* 以及厚毛毛冠菊(*Nannoglottis delavayi*)的花粉外形一致性很强。高山紫菀是一个广泛分布于欧亚和北美洲的种,其染色体基数为 $n=9$,相对其他紫菀种而言,它是一个较原始的种。它与多个属在花粉特征上的联系,恰好从一个侧面显示出紫菀族内以 *Aster* 属为核心朝各个方向辐射演化的格局和特点。

6.3.2 飞蓬属(*Erigeron*)

飞蓬属(*Erigeron*)约有300种,其大部分种的分布区与紫菀属重叠,欧亚大陆和北美洲乃是它的分布中心,少数种扩展到非洲和大洋洲(Nesom,1976,1990a,1990c,1992a,1992b)。飞蓬属在中国据记载有35种(林镕、陈艺林,1985,1973),是紫菀族中仅次于紫菀属的第二大属,大部分种分布于中国的东北、西北、华北北部和西南以及喜马拉雅地区,而在中国华南和东南只有原产于北美洲而在中国归化的飞蓬亚属的一年蓬组的少数几个种。

作者研究了飞蓬属 30 个中国分布种、27 个北美洲和欧洲的分布种。这些种的花粉大部分是圆球形的,少数长球形,具三孔沟(少量四孔沟或五孔沟),覆盖层具刺,外壁厚 2.2～3 μm,内孔横长。这些特点与紫菀属的花粉是非常接近的。

飞蓬属内花粉的变异几乎遵循与紫菀属同样的方式和路线。一年蓬(*E. annuus*)和 *E. strigosus* 两个种的花粉形态在飞蓬属中显得很独特,花粉粒赤道面观长椭圆形,刺大,基部扩展,排列密集,沟间区隆起成脊,沟的两侧内卷,脊上只有 1 列刺,两侧各有 3 列刺,沟被两侧的刺交叠掩盖。与一年蓬(*E. annuus*)不同的是,*E. strigosus* 具五孔沟,花粉粒的 $\sqrt{P \cdot E}$ 值达到 25.31,是 *Erigeron* 属中最大的花粉粒。该种大型的花粉粒和多沟现象显然与它的染色体倍数有关。据报道,*E. strigosus* 有二倍体和各种多倍体系列居群,而所有的一年蓬都是三倍体的(Nesom,1989a,1989b),并推测一年蓬可能是杂交起源的,其亲本很可能是 *E. strigosus* 和产于美国东部的 *E. philadelphicus*。一年蓬(*E. annuus*)和 *E. strigosus* 花粉特征的高度一致性和独特性,映射出两者密切的种系关系。支持 Cronquist(1947)根据此两种的缘花瘦果都缺少刚毛状的冠毛以及两个种都是无融合生殖种的特征,重新将它们单独成立一年蓬组(sect. *phalacroloma*)的分类处理,而不赞同 Torrey 和 Gray(1841)将一年蓬(*E. annuus*)和 *E. divergens* 置于一年蓬组的分类意见,因为 *E. divergens* 的花粉与一年蓬(*E. annuus*)和 *E. strigosus* 差异很大。

需要指出的是,一年蓬和 *E. strigosus* 的花粉与紫菀属(*Aster*)中的巴塘紫菀和产于美国的 *A. concolor*, *A. triloba* 以及女菀(*Turczaninowia fastigiata*)属于同一种类型即巴塘紫菀型(*Aster batangensis* type),证明了它们之间密切的亲缘关系。

西疆飞蓬型(*Erigeron krylovii* type)包括:山飞蓬(*E. komarovii*,图版 103:1,2),西疆飞蓬(*E. krylovii*,图版 103:9,10),阿尔泰飞蓬(*E. altaicus*,图版 93:1,2),橙花飞蓬(*E. aurantiacus*,图版 94:1,2),多舌飞蓬(*E. multiradiatus*,图版 108:1,2),山地飞蓬(*E. oreades*,图版 108:9,10),堪察加飞蓬(*E. kamtschaticus*,图版 102:1,2),矛叶飞蓬(*E. lonchophyllus*,图版 106:1,2),革叶飞蓬(*E. schmalhausenii*,图版 114:6,7),展苞飞蓬(*E. petiolaris*,图版 109:1),贡山飞蓬(*E. kunshanensis*)(图版 104:1),*E. gracilipes*(图版 100:1,2),*E. venustus*(图版 118:1,2)。在飞蓬属(*Erigeron*)中,作者所观察过的大部分种的花粉都属于这种类型,表现出高度的一致性。它们的特征是:花粉粒圆球形,较小(大小指数为 15.39～25.00 μm),三孔沟,沟很发达,在赤道处达到最宽,棉苞飞蓬(*Erigeron eriocalyx*)的沟宽达 7.1 μm;沟向极区变尖,覆盖层上的刺排列较密,刺形短圆锥形,顶端锐尖;外壁厚约 2.5 μm,内孔横长。这类花粉是和 *A. acer* 型花粉联系在一起的,很可能由后者朝着适应干旱环境进一步演化而来。

Wodehouse(1935)认为花粉 3 条沟是减数分裂时四分孢子相互连接的位置痕迹。他还指出沟具有适应花粉体积改变的功能,因为当花粉粒从湿润的花药囊里散发到极端干旱的外界环境中时,必然会丧失水分,从而引起花粉体积的改变,这种调节体积的结构称为调节器。沟在吸水膨胀时张开,在干燥时收缩并拢。一个圆形的花粉粒,由于表面具有 3 条长宽相等、均匀排列的沟,其失去水分后仍然保持三角状的轮廓,因为三角形是最稳定的横切结构,所以这样的结构对于防止花粉粒的坍陷有很大的优越性。飞蓬属(*Erigeron*)中花粉的沟发达完全是由于干旱环境造成的。其中长茎飞蓬(*E. elongatus*),*E. alpinus* 和假泽山飞蓬(*E. pseudoseravschanicus*)关系密切,表现在刺短小尖细,沟特别宽。这几个种属于三型花亚属。

根据形态研究，它们都是后起的，是从飞蓬组起源的。Nesom(1989)根据三型花粉组的种具有细管状舌瓣雌花和成熟冠毛的长度超出总苞的特点，将该组从飞蓬属（*Erigeron*）中独立出来，恢复了 *Trimorpha* 属，认为该属与飞蓬属（*Erigeron*）和白酒草属（*Conyza*）相比，更相似且更近缘于后者。花粉研究的结果支持 Nesom 的划分，建议将上述 3 个种移入 *Trimorpha* 属。

另外，毛苞飞蓬（*E. lachnocephaius*）和波密飞蓬（*E. pomeensis*，未发表的新种）的刺形都非常特别。毛苞飞蓬的刺似短小的突起，刺顶端斜截成平顶状，排列稀疏，与归于同一系的棉苞飞蓬的尖刺和其他种的刺形成鲜明的对照。波密飞蓬的刺粗大，刺基部圆形膨大，紧密相连，沟完全被刺交叠覆盖。这种刺形除了和山飞蓬有点相似外，与其余中国产的飞蓬属种不相同，但是在检查过的北美洲的种当中却遇到一些同类型的花粉，如 *E. vagus*，*E. compositus* var. *glabratus*，这一事实表明，美洲的飞蓬属与旧世界新生的飞蓬种联系更紧密。

产于北美洲的 *Erigeron* 属的花粉除了少数和欧亚种有联系外，大部分种具有不同的形态外貌，且发生多种变异。*E. pygmaeus* 型花粉粒圆形，沟特别发达，极区面积缩小，一般只有 3～5 个刺，少数种如 *E. frondeus* 的 3 条沟在极区融合，形成合沟；刺形一般比 *Aster* 属的刺矮小，大部分刺基部膨大，如 *E. frondeus* 的刺腹部膨大，*E. politum* 的刺基部盘状扩大。该类型花粉显然与 *A. argyropholis* type 花粉相联系，可以推测后者的沟加长、变宽，极区再度缩小，是进一步适应旱生环境发展而来的。

E. glaucus 花粉突出的特点是：沟宽而短，极区面积很大，呈钝三角状。与该种近缘的种花粉有 *E. philadelphicus* 和 *E. multicaulis* 的花粉。三者的刺形、刺的疏密度有差别。*E. glaucus* 的刺高度退化，刺小而少，基部少有孔；*E. philadelphicus* 的刺较尖细，排列较密；而 *E. multicaulis* 的刺圆钝，密度介于前二者之间。刺的变化有可能与它们各自的生境有关。*E. glaucus* 是生长在美国加利福尼亚海滨的一种匍匐、多汁植物，海边风大，昆虫传粉的作用相对减弱，因而刺也相应退化了。上述 3 个种共同的花粉特征表明它们在种系发生上的密切关系，支持 Nesom 关于 *E. philadelphicus* 和 *E. glaucus* 关系近缘的观点。

由上所述，可以看出：(1) 飞蓬属（*Erigeron*）内花粉的变异式样与紫菀属（*Aster*）、一枝黄花属（*Solidago*）同样丰富多样，且与它们密切地联系在一起。(2) 由于适应干旱环境生长，花粉朝小型、圆球形、沟加宽、刺变小、外壁厚度变薄的方向演化发展。(3) 北美洲的飞蓬属（*Erigeron*），除了和旧世界共有的类型（检查过的种）以外，产生了多种变异，尤其表现在萌发孔刺形方面，如出现了多沟的类型（四沟型，如 *E. mucronatus*；五沟型，如 *E. strigosus*；有具大型宽扁刺的，如 *E. strigosus* 和一年蓬（*E. annuus*）；有刺粗大、排列稀疏的，如 *E. compositus* var. *glabratus*；有刺高度退化、类似于小突起的，如 *E. glaucus*。相比较而言，欧亚大陆的飞蓬属（*Erigeron*）花粉变异式样显得单调一些，这从花粉角度证明了北美洲是飞蓬属（*Erigeron*）的起源中心和分化中心，它们在各种生境中适应发展，辐射衍生出多种新的类群。而亚欧大陆的飞蓬属（*Erigeron*）仍然是以高山和亚高山寒旱型与新疆草原干旱型为主的原初类群。

6.3.3 白酒草属（*Conyza*）

白酒草属（*Conyza*）约有 100 种，其地理分布范围与飞蓬属（*Erigeron*）有些不同，主要分布于热带和亚热带地区，大部分种集中于亚洲和非洲（Nesom，1990b）。中国有 10 种，1 变种，分布于南部和西南部。

作者观察研究了中国产的9个种。结果显示,白酒草属的花粉特征相当一致,属于粘毛白酒草型(*E. leucantha* type),均为小型(14～18 μm)、圆球形、三孔沟、长刺花粉,沟比飞蓬属(*Erigeron*)窄长,极区很小,只有3～4个刺,刺短尖,基部少孔或无孔,外壁层很薄,约1.5～2.0 μm。这些特征与飞蓬属(*Erigeron*)中的sect. *Trimorpha* 花粉非常相似。早有研究表明,sect. *Trimorpha* 是飞蓬属向白酒草属演变的一个过渡类型,飞蓬属通过sect. *Trimorpha* 头状花序的雌花数量增多、大小退化、舌片变短、花冠管变细,最后演变出无舌片、花冠管细丝状、顶端平截或具2～3齿裂的多层外围雌花的白酒草属。花粉的联系为这一演化路线的推断提供了佐证。

6.3.4 乳菀属(*Galatella*)

乳菀属(*Galatella*)以边缘齿状、雌花退化不育、瘦果无肋与紫菀属相区别,是产于中国、亚洲北部和欧洲的一个非常近缘于紫菀属的中等大小的属,包含约40种,其中中国有12种,主要分布于新疆和东北。

作者观察研究了乳菀属的11种花粉,其中10种是中国产的,仅1种来自于俄罗斯阿尔泰地区。这些花粉可以再分为3个群。

(1) 群Ⅰ植物有乳菀(*G. punctata*)、阿尔泰乳菀(*G. altaica*)和鳞苞乳菀(*G. hauptii*)。上述花粉都是长球形的,刺基部有2～3层小孔,大而明显。其中,*G. punctata* 和 *G. altaica* 关系更近,它们的萌发沟呈带状,两端和中间等宽;而 *G. hauptii* 的萌发沟较长,两端渐尖。因此,它们的极区面积也就有一些差异,前者大,后者小。花粉的形态特征与形态分类相吻合。乳菀和阿尔泰乳菀属于乳菀组的植物,而鳞苞乳菀属于帚枝组。此类花粉与一枝黄花(*Solidago decurrens*)以及紫菀属中的 *Aster nemoralis* var. *major* 和 *A. leucanthemifolius*,阿尔泰狗娃花粗毛变种(*Heteropappus altaicus* var. *hirsutus*)是联系在一起的。

(2) 群Ⅱ植物有卷缘乳菀(*G. scoparia*)、帚枝乳菀(*G. fastigiiformis*)和盘花乳菀(*G. biflora*)。它们以花粉圆球形、赤道面观深三裂圆形、极区很小与阿尔泰乳菀型相区别。该类型花粉的另一特征是刺基部明显膨大,小孔内陷,尤其是帚枝乳菀特别显著。虽然在形态分类系统中,卷缘乳菀属于帚枝组,而盘花乳菀和帚枝乳菀被放在乳菀组,但是两者的花粉没有差异。值得提出的是,根据花粉形态的差异程度,乳菀和帚枝乳菀不应放在一个系中;乳菀最好并入乳菀组半球系,而帚枝乳菀和盘花乳菀归到一起更合适。

(3) 群Ⅲ植物有紫缨乳菀(*G. chromopappa*)、兴安乳菀(*G. dahurica*)和 *G. macrosciadia*。此类花粉也是圆球形的,它与卷缘乳菀型的区别仅在于极面观为浅三裂圆形,极区面积大一些。无论是从花粉角度还是从形态分类所依据的总苞特征来看,紫缨乳菀型所包括的3个种都更接近于卷缘乳菀,而与阿尔泰乳菀放在一起不太自然。

6.3.5 狗娃花属(*Heteropappus*)

狗娃花属(*Heteropappus*)约30种,主要分布于亚洲东部、中部及喜马拉雅地区。中国有12种,主要产于西藏、新疆、内蒙古、西北广大地区和西南少数地区,喜生于干旱草地、砾石沙丘和海岸沙滩,少数种沿东南扩展到朝鲜、日本和中国台湾地区。

狗娃花属与紫菀属的关系非常密切,仅以管状花花冠裂片4短1长呈二唇状而与紫菀属相区别，常常被合并于紫菀属(*Aster*)中。该属的花粉形态也反映了它与紫菀属的这种联系。作者观察过的9种狗娃花，其花粉可分为2种类型：(1) *Aster conspicuus* type，包括阿尔泰狗娃花粗毛变种(*H. altaicus* var. *hirsutus*，图版129：7～12)，阿尔泰狗娃花千叶变种(*A. altaicus* var. *millefolius*，图版130：1～6)2种。花粉长球形，沟带状，较短，极区大，刺较稀，与*A. nemoralis* var. *major* 和*A. leucanthemifolius* 同属一种花粉类型。(2) 狗娃花型(*H. hispidus* type)，除上述2种以外的其余8种均属此花粉类型。花粉圆球形，沟向两极极区伸长变窄。半卧狗娃花(*H. semiprostratus*)的极区仅容纳一刺，刺基部有多层小孔，靠近刺顶的最上一层小孔的孔口特别大而明显。有些种，如*H. tataricus*，刺基部的小孔甚至延伸到刺与刺之间的覆盖层上。其中，阿尔泰狗娃花千叶变种(*H. altaicus* var. *millefolius*)与青藏狗娃花(*H. bowerii*)的花粉相似，刺基部不膨大，几无小孔，极区有3～4个刺；其余4种狗娃花有明显一致的特征，即刺基部明显膨大，小孔多，有3层以上，且孔口普遍较大，如拉萨狗娃花(*H. gouldii*)、圆齿狗娃花(*H. crenatifolius*)和砂狗娃花(*H. meyendorffii*)等。有意思的是，刺基部小孔的特征与形态分类系统中的组别(sect.)有关(邵剑文、张小平，2002)。《中国植物志》(林镕、陈艺林，1985)将12种狗娃花分为2组，即假马兰组(sect. *Pseudocalimeris*)和狗娃花组(sect. *Heteropappus*)。阿尔泰狗娃花与青藏狗娃花属于假马兰组，而后面6种除了半卧狗娃花以外，都属于狗娃花组。至于半卧狗娃花属于假马兰组，很可能是由于相同的生境(都生长在河滩砂地)而导致花粉小孔相似，因为河滩砂地水分充足，小孔发达，昭示分泌和通气的功能增强。这种刺基部多孔的种还发生在紫菀属(*Aster*)中的*A. ageratoides* subsp. *leiophyllus* var. *tenuifolius*，特别与乳菀属的种如阿尔泰乳菀(图版119：4)、盘花乳菀(图版119：7)、帚枝乳菀(图版121：4)、鳞苞乳菀(图版121：7)、乳菀(图版122：7)、新疆乳菀(*Galatella songorica*)(图版124：1)相似，另外还与一枝黄花属(*Solidago*)的*S. aspenda*(图版146：11)，一枝黄花(*S. decurrens*)(图版149：2)，*S. oreophilia*(图版156：11)，钝苞一枝黄花(*S. pacifica*)(图版157：2)，以及*Chrysothamnus*属的*C. viscidiflorus*(图版83：8)，马兰属(*Kalimeris*)的*K. indica*(图版135：11)，紫菀木属(*Asterothamnus*)的*A. poliifolius* 和毛冠菊属(*Nannoglottis*)(图版165：6)很相似。

6.3.6 马兰属(*Kalimeris*)

马兰属(*Kalimeris*)植物全世界约20种，主要分布在欧亚大陆，我国有7种，主要分布在华北、东北、陕西及四川等地。

马兰属也是紫菀属的近缘属，该属仅以短冠毛(边肋上端较长的毛和位于瘦果上端排成环状的短毛或膜片)为特征而从紫菀属中独立出来，但是它与紫菀属不能截然分开，因为紫菀属中也有一些冠毛较短的种，如高茎紫菀(*Aster prorerus*)、甘川紫菀(*A. smithianus*)、黔中紫菀(*A. menelii*)等，对于这些种的分类处理，各人有不同的意见，因而马兰属的分类范畴是不统一的。另外，有些专家常把此属的种归并于*Boltonia* L'Herit 属中作为该属的一个组，即*Boltonia* sect. *Asteromoea*。

作者观察研究了7种国产马兰属植物的花粉，其形态为近球形，辐射对称，花粉大小为20.4～35.0 μm，具三孔沟，沟达两极，外壁厚1.7～5.6 μm，分两层，外层厚于内层；外壁纹饰具刺和细网状雕纹，网纹圆形。这些共同的特征反映出该属是一个很好的自然类群。然而在种级水平上，各种之间还是有差异的，根据刺的形状和刺基部孔的数量，可以将马兰属花粉细分为 3 个群：(1) 花粉粒较大(超过 25 μm)，刺锐尖，刺基部无明显膨大，少孔至 1 层孔，包括：裂叶马兰(*Kalimeris incisa*)、马兰(*K. indica*)、山马兰(*K. lautureana*，图版 137：2,3)和毡毛马兰(*K. shimadai*，图版 138：5,6)。其中，毡毛马兰和山马兰在光学显微镜下的花粉具很厚的外壁和发达的空隙，此外，与高茎紫菀、甘川紫菀以及 *Boltonia latisquama* 的花粉非常相似，在花粉大小、刺形、基部孔的特征等方面，几无差别。(2) 刺锐尖，基部明显膨大，孔多达 2 层以上，且大而明显，包括蒙古马兰(*K. mongolica*，图版 137：6)和全叶马兰(*K. integrifolia*，图版 136：10,11)。但是蒙古马兰花粉粒较大，外壁较厚，在这一点上接近于毡毛马兰和羽裂叶毡毛变型(王静、张小平，1999)。(3) 马兰狭叶变种最为特殊，花粉粒小，外壁薄，刺纤细，顶端较钝，基部不扩大，几无孔。

通过以上花粉特征的比较，可以认为：(1) 马兰属在种级水平上具有相当一致的花粉类型，而且属于紫菀属内的变异范畴。这一方面反映了该属是一个十分自然的类群，另一方面也表明了它与紫菀属的密切关系。(2) 马兰狭叶变种(*K. indica* var. *stenophylla*，图版 136：1～6)因具有较特殊的花粉外形，再考虑到其叶形也与马兰不同，故将它提升到种级水平，独立为一个种。(3) 高茎紫菀和甘川紫菀的冠毛和花粉都与裂叶马兰和山马兰相同，最好移入马兰属，以明确两者之间的分类界限。(4) 花粉特征又为北美的 *Boltionia* 属和东亚的马兰属(*Kalimeris*)在系统发育上的姊妹群关系增添了新的证据，但是作者仍支持《中国植物志》将它们作为两个属处理，以揭示同一祖先后裔在地理隔离作用下不同的变异和演化方向。

6.3.7 毛冠菊属(*Nannoglottis*)

毛冠菊属(*Nannoglottis*)是中国的特有属，只有 8 个种，分布于中国的川西、湖北、青海、西藏东部等地区。

由于毛冠菊属的地理分布和特征都较特殊，因此很难在菊科中找到与之有明显亲缘关系的类群。到目前为止，关于它究竟应归属于哪个族，专家的意见仍不一致，归纳起来有 3 种不同的观点：(1) Maximovica(1881)根据毛冠菊属的模式种毛冠菊(*N. carpesioides* Maxim.)的外貌略似旋覆花族(trib. *Inuleae*)的一些属，但花药基部无尾又不同于一般的旋覆花族，认为此属是旋覆花族中一个不正常的属。(2) Hoffman(1894)根据花药基部无尾和两性花不育等特征，将此属改列于千里光族的千里光亚族(subtrib. *Senecionineae*)中。这一观点被林镕和陈艺林(1985)接受并采用，他们通过进一步研究指出，毛冠菊属可同产于美洲的千里光族的原始类型 *Liabum* Adans 相比较，也应该视为千里光亚族中的一个原始的代表属。(3) Handel-Mazzetti(1937)认为毛冠菊属的头状花序有三型花，"外围有 20 多朵雌花"与紫菀族的白酒草属(*Conyza*)和飞蓬属(*Erigeron*)相近，倾向于把该属放入紫菀族中。张小平(Zhang Xiaoping) 和 Kare Bremer(1993)在对紫菀族进行分支分析时，遵从 Hand.-Mazz. 的意见，将毛冠菊属作为紫菀族中一个孤立的属来看待。由此看来，确定毛冠菊属的系统分类位置还需要找到更多的性状和线索，从不同的侧面来揭示它与邻近属的亲缘关系程度。

毛冠菊属的花粉粒圆球形、扁球形或长球形，大小指数为 28.81(25.72～31.91)μm，具三孔沟，有或无沟膜，内孔横长或不明显，中部缢缩，外壁层次分明，由内向外为外壁内层、基层、柱状层和覆盖层。外壁纹饰在光学显微镜下为刺状，在赤道光切面上约有 22 个刺，极光切面每裂片约 5 个刺；在扫描电镜下具显著的刺状纹饰，刺渐尖，刺基部有或无小孔；在透射电镜下覆盖层和柱状层内发育小孔，最明显的为柱状层与内层间有明显空隙(Zhang X. P.，2000)。

毛冠菊属的花粉除了在形状、直径、每裂片刺数等特征上更接近于紫菀族而与千里光族和旋覆花族有差异外，特别是在菊科花粉分型的3个重要鉴别特征上表现为与紫菀族一致而不同于后两个族(表6)。其一，毛冠菊属和紫菀族花粉外壁的基柱、基足层和覆盖层内均发育出穿孔，呈海绵状，这些穿孔的形状一般为多角形；千里光族花粉的这三层结构都没有穿孔，呈实心状；旋覆花族花粉大部分也无穿孔，少数有穿孔，但穿孔为长圆形，这在整个菊科中都是独特的。其二，毛冠菊属花粉的刺基部不膨大成半圆球状，与紫菀族的大部分花粉相似；千里光族与旋覆花族花粉的刺基部都呈半圆形膨大。根据Skvarla(1977)花粉分型的标准，毛冠菊属和紫菀族因两者都具有内部穿孔，应同属于向日葵式样(*Helianthoid* pattern)；相反，与旋覆花族和千里光族所属的千里光式样(*Senecioides* pattern)则有根本的区别。就毛冠菊属内的花粉变异而言，也可区分出3个群：(1) 长球形($P/E>1.14$)，无沟膜，包括毛冠菊(*N. carpesioides*)(图版165：1~5)和宽苞毛冠菊(*N. latisquama*)(图版167：1~5)2种。(2) 扁球形($P/E<0.88$)，有沟膜，沟膜粗糙内陷，只有云南毛冠菊(*N. yunanensis*)1种。(3) 近球形($0.88\leqslant P/E\leqslant 1.14$)，有沟膜，沟膜光滑或粗糙，内陷，包括厚毛毛冠菊(*N. delavayi*)(图版165：6~10)，狭舌毛冠菊(*N. gynura*)(图版166：1~5)，大果毛冠菊(*N. macrocarpa*)(图版167：6~10)，玉龙毛冠菊(*N. hieraciophylla*)(图版166：6~9)，*N. souliei*(图版168：1~5)已增加为5种。

表6　毛冠菊属与紫菀族、千里光族和旋覆花族的花粉特征比较

Table 6　Comparison of the pollen characters of *Nannoglottis* with *Astereae*, *Senecionineae* and *Inuleae*

类　群	形状	直径	刺长	内孔	每裂片刺数	刺基形状	柱状层基部穿孔	柱状层与基层之间
毛冠菊属	圆、扁长	28 μm	3.0 μm	横长，梭形	5~6个	不呈圆球状膨大	有多角形网状穿孔	有空隙
紫菀族	圆、扁长	27 μm	3.0 μm	横长，梭形	5~6个	大部分不呈圆球状膨大	有多角形网状穿孔	有空隙
千里光族	圆、长	26 μm	3.5 μm	横长，哑铃形	4~5个	呈球形膨大	无穿孔	有空隙，上有基柱
旋覆花族	圆、长	30 μm	3.1 μm	横长，哑铃形	3~4个	大部分呈球形膨大	大部分不穿孔，少数有长圆形穿孔	少数有空隙

综上所述，可得出以下结论：(1) 支持Hand.-Mazz.的分类意见，将毛冠属归于紫菀族中。(2) 毛冠菊属的花粉可划分为长球形、扁球形和近圆球形3种形态，其中圆球形占多数。(3) 从花粉由近球形到长球形或扁球形的演化趋势看，赞成传统形态分类系统中将狭舌毛冠菊(*N. gynura*)归于较原始的类群——狭苞组的分类处理。

7 结　　论

通过对36属350种紫菀族植物的花粉形态及超微结构、各类型花粉的支序演化关系、孢粉地理学以及花粉特征在紫菀族植物分类中的意义的研究，可以得出以下结论：

1. 根据花粉形状、萌发器的数目和结构、壁层的纹饰和构造，尤其是刺形及其数目的差异，首次将紫菀族植物划分为40个花粉类型。

2. 从所研究和观察过的材料看，紫菀族植物的花粉特征显示出高度的相似性，都是外壁具刺，刺基部有穿孔；大部分圆球形，三孔沟；柱状层一层，基部融合成连续状，柱状层与基足层分离形成囊腔，在基柱和覆盖层内部有圆泡状穿孔，属于Skvarla划分的典型的*Helianthoid* pattern花粉。这一结果充分证明紫菀族是一个非常自然的分类群。

3. 从花粉角度分析紫菀族内亚族之间的关系，所得结果支持Jeffrey(1995)的观点，即紫菀族只能分为2个亚族田基黄亚族(*Grangeinae*)和紫菀亚族(*Asterinae*)，而不赞同Nesom(1994)和Lane(1994)将紫菀族细分为14个亚族的分类处理意见。

4. 花粉类型的分支分析结果表明：(1) 杯菊(*Cyathocline purpurea*)处于支序图的基部，应为紫菀族中较原始的类群，这一结果和经典分类以及形态特征支序分类相吻合；(2) 紫菀属内花粉分化剧烈，呈现多态性，是一个多系类群；(3) 紫菀属(*Aster*)，飞蓬属(*Erigeron*)，白酒草属(*Conyza*)以及一些与*Aster*相近的属在花粉特征方面存在密切的亲缘关系，证实了*Aster*—*Erigeron*—*Conyza*这样一条系统演化路线；(4) 支序图还较好地反映了分支类群与植物生境之间的一致关系，高山紫菀类植物聚成一个单系分支就是例证。

5. 通过对紫菀族各花粉类型与植物种的地理分布的统计和分析，推测紫菀族可能起源于早渐新世或始新世的北美洲温带地区。现代紫菀族植物广布全球的分布格局可以分为5个大区，即：(1) 北美洲植物区；(2) 澳大利亚植物区；(3) 亚欧大陆植物区；(4) 中南美洲植物区；(5) 非洲植物区。

6. 紫菀族植物的花粉类型与其现代的生境分布式样形成较好的对应关系，可归纳为以下3种类型：(1) 高山耐寒类。以北美洲和亚洲高海拔山区为分布中心的紫菀属(*Aster*)和飞蓬属(*Erigeron*)是组成高山耐寒类的主要成分，也是新、旧世界保留下来的联系和交流的共同成分。此类植物叶基生，花单葶状，花粉粒圆球形，中等大，刺细小。(2) 草原耐旱类。以分布在欧亚干旱和半干旱草原的一枝黄花属(*Solidago*)，乳菀属(*Galatella*)，*Krylovia*，*Asterothamnus*等属为代表。这类植物花粉大都为球形或近球形，少数为长球形，大小为27.8～31.3 μm，具三孔沟，沟窄，内孔不明显；刺基部膨大，在膨大的顶端具很细的小尖刺。此类植物大多为多年生草本植物，有茎秆，头状花序较多，排成密或疏的伞房花序。(3) 低地温湿类。这类植物由白酒草属(*Conyza*)，马兰属(*Kalimeris*)，狗娃花属(*Heteropappus*)，东风菜属(*Doellingeria*)，裸菀属(*Gymnaster*)等属组成，大部分分布在地中海及亚洲东部的温暖湿润地带。

花粉粒球形，较大，沟长而宽，刺发达，刺基部穿孔多。

7. 一枝黄花属（*Solidago*）及其邻近属与紫菀属在花粉方面很相似，其变异程度和范围未能超出紫菀属之外，因而不足以独立成型。如此看来，仅以舌状花黄色为依据将一枝黄花属（*Solidago*）及相关属另立一亚族 *Solidaginae*，似乎人为性很大。将其并入紫菀亚族可能更自然、更合理。

8. 白舌紫菀（*Aster baccharoides*）是紫菀属中花粉最特殊的一个种，建议将白舌紫菀在分类上单独成立为“白舌紫菀系”。

9. 飞蓬属（*Erigeron*）的花粉是紫菀属（*Aster*）的花粉朝小型化、沟加宽、刺变小、外壁变薄的方向演化而来的，是适应干旱环境的结果。北美洲的飞蓬属（*Erigeron*）变化类型多，由此推测北美洲可能是该属的分化中心；而旧世界（欧亚）的飞蓬属（*Erigeron*）花粉类型单一，以原初类型为主。

10. 一年蓬（*Erigeron annuus*）和 *E. strigosus* 两种的花粉形态很相近，在飞蓬属中也很独特，支持 Cronquist（1947）将它们单独成立一年蓬组的系统分类观点，而不赞同 Torrey 和 Gray（1841）将一年蓬（*E. annuus*）和 *E. divergens* 放在一起的处理意见。

11. 建议恢复 Nesom（1994）建立的由长茎飞蓬（*Erigeron elongatus*），*E. alpinus* 和假泽山飞蓬（*E. pseudoseravschanucus*）组成的三型花属（*Trimorpha*），该属在亲缘关系上更接近于白酒草属（*Conyza*）。

12. 白酒草属（*Conyza*）的花粉通过三型花属（*Trimorpha*）与飞蓬属（*Erigeron*）相联系，但是与飞蓬属（*Erigeron*）相比，花粉粒变得更小，沟更窄更长，外壁层更薄，应是部分紫菀族（*Aster*）适应湿热气候衍生出来的另一种类型。

13. 乳菀属（*Galatella*）与狗娃花属（*Heteropappus*）两属的花粉特征相似，有长球形和圆球形两种类型，沟呈带状，较短，极区大，刺排列较稀疏，尤为突出的特征是刺基部明显膨大，其上穿孔大而明显，且有 3 层以上之多，表明两属有很近的亲缘关系。它们与紫菀属（*Aster*）中的 *A. ageratoides* subsp. *leiophyllus* var. *tenuifolius* 及一枝黄花属（*Solidago*）中的 *S. aspenda* 等亦有密切的联系。

14. 马兰属（*Kalimeris*）在花粉特征方面一致性很强，是一个十分自然的类群；与 *Boltonia* 属几无差别，证明了二者的姐妹群关系。因马兰狭叶变种具特殊的花粉外形，将其提升到种级水平；将高茎紫菀和甘川紫菀组合到马兰属，以明确紫菀属和马兰属的分类界限。

15. 鉴于毛冠菊属（*Nannoglottis*）在花粉外形、外壁纹饰及壁层的超微结构方面与紫菀族非常一致，确立了毛冠菊属在紫菀族中的系统位置。这一结论与新近关于该属染色体的研究报道不谋而合。

参 考 文 献

APG, 1998. An ordinal classification for the families of flowering plants[J]. Ann. Missouri Bot. Gard., 85: 531-553.

Bentham G, 1873a. Notes on the classification, history, and geographical distribution of the Compositae[J]. J. Linn. Soc. (Bot.), 13: 335-577.

Bentham G, 1873b. Compositae[M]//Bentham G, Hooker J D, Genera Plantarum. Vol. 2(1). London: Lovell Reeve.

Blackmore S, 1982a. A functional interpretation of *Lactuceae* (Compositae) pollen[J]. Pl. Syst. Evol., 141: 153-168.

Blackmore S, 1982b. Palynology of subtribe *Scorzonerinae* (Compositae: *Lactuceae*) and its taxonomic significance[J]. Grana, 21: 149-160.

Blackmore S, Paterson D S, 2005. Gardening the earth: the contribution of botainc gardens to plant conservation and habitat restoration[M]//Leadley E, Jury S L. Taxonomy and Plant Conservation. Cambridge: Cambridge University Press: 266-273.

Blackmore S, 2007. Pollen and spores: microscopic keys to understanding the earth biodiversity[J]. Plant Systematics and Evolution, 263: 3-12.

Bolick M R, 1978. A light and electron microscope study of pollen of the *Vernonieae* (Compositae)[D]. Austin: University of Texas.

Bremer K, 1994. Asteraceae: cladistics and classification[M]. Portland, USA: Timber.

Brenner G J, 1996. Evidence for the earliest stage of angiosperm pollen evolution: a paleoequatorial section from Israel[M]//Taylor D W, Hickey L J. Flowering Plant Origin, Evolution and Phylogeny. New York: Chapman and Hall: 91-115.

Carlquist S, 1961a. Pollen morphology of Rapateaceae[J]. Aliso, 5: 39-66.

Carlquist S, 1961b. Comparative Plant Anatomy[M]. New York: Holt, Rinehart and Winston.

Carlquist S, 1964. Pollen morphology and evolution of Sarcolaenaceae (Chlaenaceae)[J]. Brittonia, 16: 231-254.

Cronquist A, 1947. Revision of the North American species of *Erigeron*, north of Mexico [J]. Brittonia, 6: 121-302.

Cuatrecasas J, 1969. Prima Flora Colombiana: 3. Compositae—*Astereae*[J]. Webbia, 24: 1-335.

Duigan S L, 1961. Studies of the pollen grains native to Victoria, Australia: Ⅰ. Goodeniaceae (including *Brunonia*)[J]. Proc. R. Soc. Vict., 74: 89-109.

Erdtman G, 1952. Pollen Morphology and Plant Taxonomy: 1. Angiosperms[M]. Stockholm: Almqvist & Wiksell.

Erdtman G, 1960. The acetolysis method: a revised description[J]. Sven. Bot. Tidskr., 54: 561-564.

Erdtman G, Sorsa P, 1971. Pollen and Spore Morphology/Plant Taxonomy[M]. Stockholm: Almqvist & Wiksell.

Faegri K, 1956. Recent trends in palynology[J]. Bot. Rev., 22: 639-664.

Farris J S, 1988. Hennig86: Version 1.5[CP]. Port Jefferson Station.

Ferguson I K, 2000. Pollen-morphological data in systematics and evolution: past, present and future[C]//Nordenstam B, Ghazaly G, Kassas M. Plant Systematics for the 21st Century. London: Portland Press: 179-192.

Fischer H,1890. Beitrage Zur Vergleichenden Morphologic der Pollenkorner[M]. Berlin: [s.n.].

Furness C A, Hesse M, 2007. Preface: understanding pollen diversity and its role in plant systematics[J]. Pl. Syst. Evol., 263:1-2.

Grau J, 1977. *Astereae*: systematic review[M]//Heywood V H, Harborne J B, Turner B L. The Biology and Chemistry of the Compositae. London: Academic Press: 539-565.

Handel-Mazzetti H, 1937. *Vierhapperia*[J]. Notizbl. Bot. Gart. Berlis., 13: 627.

Harborne J B, Turner B L. The Biology and Chemistry of the Compositae[M]. London: Academic Press: 141-248.

Holfmann O, 1894. Compositae[M]//Engler A, Prantl K. Die Natürlichen Pflanzenfamilien: 4(5). Berlin: [s.n.]: 87-387.

Hu Xiuying, 1965. The Compositae of China[J]. Quarterly Journal of the Taiwan Museum, 18.

Jeffrey C, 1995. Compositae systematics (1975～1993): developments and desiderata [C]//Hind D J N, Jeffrey C, Pope G V. Advances in Compositae Systematics. Kew: Royal Botanic Gardens: 3-21.

Jones A G, 1980. Data on chromosome numbers in *Aster* (Asteraceae), with comments on the status and relationships of certain North American species[J]. Brittonia, 32: 240-261.

Jones S, 1970. Scanning electron microscopy of pollen as an aid to the systematics of *Vernonia* (Compositae)[J]. Bull. Torrey Bot. Club, 97(6): 325-335.

Keeley S C, Jones S B, 1979. Distribution of pollen types in *Vernonia* (Compositae: *Vernonieae*)[J]. Syst. Bot., 4: 195-202.

Komarov V L, 1959. Flora S.S.S.R.: 25[M]. Moscow: Akademija Nauk.

Lane M A, et al., 1994. Relationships of North American genera of *Astereae*, based on chloroplast DNA restriction site data[C]//Hind D J N, Beentje H J. Compositae Systermetics: Proceedings of the International Compositae Conference, Kew, 1994. Kew: Royal Botanic Gardens: 49-77.

Larson D A, Skvarla J J, Lewis C W, Jr, 1962. An electron microscope study of exine stratification and fine structure[J]. Pollen Spores, 4: 233-246.

Morgan D R, 1993. A molecular systematic study and taxonomies revision of *Psilactis* (Asteraceae: *Astereae*)[J]. Syst. Bot., 18: 290-308.

Nesom G L, 1976. A new species of *Erigeron* (Asteraceae) and its relatives in southwestern Utah[J]. Brittonia, 28: 263-272.

Nesom G L, 1989a. The separation of *Trimorpha* (Compositae: *Astereae*) from *Erigeron* [J]. Phytologia, 67: 61-66.

Nesom G L, 1989b. Infrageneric taxonomy of New World *Erigeron* (Compositae: *Astereae*)[J]. Phytologia, 67: 67-93.

Nesom G L, 1990a. Taxonomy of the genus *Laennecia* (Asteraceae: *Astereae*)[J]. Phytologia, 68: 205-228.

Nesom G L, 1990b. Further definition of *Conyza* (Asteraceae: *Astereae*)[J]. Phytologia, 68: 229-233.

Nesom G L, 1990c. Taxonomy of the *Erigeron* coronarius group of *Erigeron* sect. *Geniculactis* (Asteraceae: *Astereae*)[J]. Phytologia, 69: 237-253.

Nesom G L, 1992a. Revision of *Erigeron* sect. *Linearifolii* (Asteraceae: *Astereae*)[J]. Phytologia, 72: 157-208.

Nesom G L, 1992b. *Erigeron* and *Trimorpha* (Asteraceae: *Astereae*) of Nevada[J]. Phytologia, 73: 203-219.

Nesom G L, 1994. Subtribal classification in the *Astereae* (Asteraceae)[J]. Phytologia, 76: 193-274.

Noyes R D, 2000. Biogeographical and evolutionary insights on *Erigeron* and *Allies* (Asteraceae) from its sequence data[J]. Plant Syst. Evol., 220: 93-114.

Odgaard B V, 1999. Fossil pollen as a record of past biodiversity[J]. J. Biogeogr., 26: 7-17.

Oldfield F, 1959. The pollen morphology of some of the West European Ericales[J]. Pollen et Spores, 1: 19-48.

Raj B, 1961. Pollen morphological studies in the Acanthaceae[J]. Grana Palynd., 3 (1): 3.

Rechinger K H, 1982. Flora Iranica: 154[M]. Graz: Akademische Druck- und Verlagsanstalt.

Robinson H, Marticorena C, 1986. A palynological study of the *Liabeae* (Asteraceae)[J]. Smithsonian Contrib. Bot., 64: 1-50.

Salgado-Labouriau M L, 1982. On cavities in spines of Compositae pollen[J]. Grana, 21: 97-102.

Skvarla J J, 1965. Interbedded exine components in some Compositae[J]. Southwestern Naturalist, 10: 65-68.

Skvarla J J, Larson D A, 1965. An electron microscopic study of pollen morphology in the Compasitae with special reference to the *Ambrosiinae* [J]. Grana Palynol., 6:

210-269.

Skvarla J J, Turner B L, 1966. Systematic implications from electron microscopic studies of Compasitae pollen: a review[J]. Ann. Mo. Bot. Gard., 53: 220-256.

Skvarla J J, Turner B L, Patel V C, et al., 1977. Pollen morphology in the Compositae and in morphologically related families[M]//Heywood V H, Harborne J B, Turner B L. The Biology and Chemistry of the Compositae. London: Academic Press: 141-248.

Stix E, 1960. Pollenmorphologische Untersuchungen an Compositen[J]. Grana Palynol., 2(2): 41-114.

Suh Y, Simpson B, 1990. Phylogenetic analysis of chloroplast DNA in North American *Gutierrezia* and related genera (Asteraceae: *Astereae*)[J]. Syst. Bot., 15: 660-670.

Tardieu-Blot M L, 1963. Surles spores de Lindsaeaceae et de Dennstaedtiaeae de Madagasear et des Mascareignes, etude de palynologie appliquée á la systematique[J]. Pollen et Spores, 5: 69-86.

Ting W S, et al., 1964. A survey of pollen morphology of Hydrocotyloideae (Umtelliferae): 1[J]. Pollen et Spores, 6(2): 479-514.

Tomb A S, Larson D A, Skvarla J J, 1974. Pollen morphology and detailed structure of family Compositae, Tribe *Cichorieae*: Ⅰ. Subtribe *Stephanomeriinae*[J]. Am. J. of Bot., 61: 486-498.

Torrey J, Gray A, 1841. Flora of North America: 2[M]. New York: Wiley and Putnam.

Tutin T G, et al., 1976. Flora Europaea: 4[M]. Cambridge: Cambridge University Press: 116-120.

Van der Spoel-Walvius M R, De Vries R J, 1964. Description of *Dipsacus fullonum* L. pollen[J]. Acta Bot. Neerl., 13: 422-431.

Walker J W, Skvarla J J, 1975. Primitively columellaless pollen: a new concept in the evolutionary morphology of angiosperms[J]. Science, 187: 445-447.

Walker J W, 1981. 毛茛类复合群的比较花粉形态和系统发育[M]//贝克 C B. 被子植物的起源和早期演化. 张芝玉,等,译. 北京: 科学出版社.

Watanabe K, et al., 1996. Chromosomal and molecular evolution in the genus *Brachyscome* (Astereae)[C]//Hind D J N, Beentje H J. Compositae Systematics: Proceedings of the International Compositae Conference, Kew, 1994: 1. Kew: Royal Botanic Gardens: 705-722.

Wodehouse R P, 1965. Pollen Grains[M]. New York: McGraw-Hill: 574.

Zavada M S, 1984. Angiosperm origins and evolution based on dispersed fossil pollen ultrastructure[J]. Ann. Missouri Bot. Gard., 71: 440-459.

Zavada M S, 2007. The identification of fossil angiosperm pollen and its bearing on the time and place of the origin of angiosperms[J]. Pl. Syst. Evol., 263: 117-134.

Zavialova N E, 2005. Fine morphology of peculiar reticulate pollen from the Permian of Russia[C]//XVII International Botanical Congress, Vienna, Austria: 385.

Zhang Xiaoping, Bremer K, 1993. A cladistic analysis of the tribe *Astereae* (Asteraceae) with notes on their evolution and subtribal classification[J]. Pl. Syst. Evol., 184:

259-283.

Zhang Xiaoping, 2000. Pollen morphology and detailed structure of the genus *Nannoglottis* and its systematic implication[J]. Acta Micropalaeontologica Sinica, 17(2): 228-233.

林镕,陈艺林,1965.菊科的新属及未详知属[J].植物分类学报,10(1):91-102.

林镕,陈艺林,1973.中国飞蓬属及其邻属的研究[J].植物分类学报,11(4):399-430.

林镕,陈艺林,1985.中国植物志:第74卷[M].北京:科学出版社.

林有润,1993.菊科植物的系统分类与区系地理的初步探讨[J].植物研究,13(2):151-201.

林有润,1997.中国菊科植物的系统分类与区系的初步探讨[J].植物研究,17(1):6-27.

邵剑文,张小平,2002.国产狗娃花属植物的花粉形态研究[J].云南植物研究,24(6):759-764.

唐领余,张小平,周忠泽,2012.第四纪地层中常见的菊科植物花粉及其起源与分布[J].古生物学报,51(1):64-75.

王伏雄,等,1995.中国植物花粉形态[M].2版.北京:科学出版社.

王静,张小平,1999.马兰属花粉形态的研究[J].植物研究,19(1):34-39.

王文采,1989.中国植物区系中的一些间断分布现象[J].植物研究,9(1):1-16.

王文采,1992.东亚植物区系的一些分布式样和迁移路线[J].植物分类学报,30(1):1-24、30(2):97.

英 文 概 要

Pollen Morphology and Phylogeny of the Tribe *Astereae* (Compositae)

Introduction

The tribe *Astereae*(Compositae) is worldwide in distribution but with marked concentration in southwestern North America, South America along the Andes, South Africa, Australia and New Zealand, and includes about 170 genera and 2800 species (Zhang Xiaoping, Bremer, 1993). There are 28 genera, 224 speies of *Astereae* in China, most of which are distributed in steppe areas in the northwest of China, covering an area of Xinjiang, the Inner Mongolia, southeastern Tibet, northwestern Yunnan, Shichuan and Himalaya area.

The plants of *Astereae* have been diversified strongly and had complicated intrasubtribal and intergenera relationships, raising difficulty in subtribal classification. The existing subtribal classification was provided by Bentham(1873a) who classified *Astereae* into six subtribes, e. g. *Solidagininae*, *Grangeinae*, *Bellidinae*, *Asterinae*, *Conyzinae* and *Baccharidinae*, meanwhile, he also pointed out that this tribe was "not being divisible into distict subtribes", so the subtribal classification that he actually proposed must be regarded as provisional. In 1977, in his first review of the tribe, Grau only recognized two subtribes, *Grangeinae* and *Baccharidinae*, of the six subtribes as the natural groups, while the remains of the subtribes were all abandoned by him. However, Grau did not clarify the phylogenetic relationships among the taxa involved, with the end of the review being the arrangements of the genera geographically. In 1993, Zhang Xiaoping and Kare Bremer carried out the cladistic analysis of the *Astereae*, and they indicated that: the subtribe *Grangeinae* occupies a phylogenetically basal position as sister group to the rest of the tribe. The remains of the taxa may be divided into two large groups, largely corresponding to the homochromous *Solidagininae* and to the heterochromous *Asterinae* sensu lato, i. e. including the *Bellidinae*, *Hinterhuberinae*, *Conyzinae*, and *Baccharidinae*. The latter four subtribes are derived within the *Asterinae*. But the above point of view is refused by Nesom (1994) who redivided *Astereae* into 14 subtribes by establishing the other 8 subtribes out of *Solidagininae* and *Asterinae* respectively, as well as retaining the previous 6 subtribes. For this result Lane et al. (1994) offered the support from analysis of cpDNA restriction site analysis. In brief, much progress has been made at present time in survey of subtribal classification of the *Astereae* and its phylogeny, laying a foundation for the further investigations of the evolution and phylogeny within the *Astereae*.

It is obvious that many problems about subtribal classification and phylogenetic interrelationships of the genera within *Astereae* remain unresolved, e. g. (1) What's going on phylogenetically within *Aster* as a core genus in *Astereae*? What's the relationships of the *Aster* in old world with that of new world? (2) How was the genera *Erigeron* and *Kalimeris* in old world linked to *Trimorpha* and *Boltonia*, respectively? (3) Is it right or not to recoginze *Nonnoglottis* which taxonomic status is long debated as a member of tribe *Astereae*? (4) What relationships are between the geographically isolated genera, such as *Baccharis* in south and central America and *Bellis* in Europe and the geographically cosmopolitan ones, such as *Aster*, *Erigeron* and *Conyza*? The answers to all the questions concerned require botaincal systematists to conduct research of *Astereae* comprehensively and deeply, so as to find out more reasonable approching to the problems.

Pollen morphological characters are receiving increased recognition for their value in determining taxonomic dispositions and phylogenetic relationships of species and genera (Erdtman, 1952, 1972; Oldfield, 1959; Carlquist, 1961, 1964; Raj, 1961; Tardieu-Blot, 1963; Wodehouse, 1965; Jones, 1970). The study of pollen morphology of Compositae began in 1890 (Fischer, 1890), and the entire history of it can be divided briefly into three stages: in the first stage the pollen exomorphology was emphasis of study, which can be named as pollen-exomorphology-described and pollen-type-chassified phase. From 1926 to 1945, Wodehouse observed and described exomorpoholgy of pollen wall in the Compositae using light microscope, and he set up three major patterns in Compositae: (1) psilate—having an almost smooth, relatively unadorned surface, (2) echinate—with conspicuous spines, and (3) lophate—with the surface consisting of ridges and depressions (lacunae) that anastomose or are free and with a nearly always radio—symmetrical—hexagonal arrangement (Wodehouse, 1965). The lophate pollen grains were grouped further into two major categories; echinolophate—having spines extending from the ridges, and psilolophate—without spines on the ridges. Pollen of *Astereae* was assigned to the echinate pattern in Wodehouse's system of pollen type.

Due to limitation of light microscopy Wodehouse did not revealed the internal features of the pollen wall. His research statement describing the pollen of the family is that all 13 tribes in Compositae have the remarkably similar morphology with the exception of the *Vernonieae* and *Cichorieae*. The second stage was characterized by investigation of internal structures of pollen wall. In 1960, Stix, employing ultraviolet microscopy on sectioned pollen, described for the first time the internal morphology of pollen from species representing all 13 tribes in the Compositae, and showed a complexity of internal patterns which, in some instances, could be correlated with the external patterns shown by Wodehouse. She also showed that many of the pollen grains with superficially similar external surfaces were different internally. Stix (1960) recognized 42 "pollen types" in the Compositae, but no attempt was made to relate these types to specific tribal or phyletic lines.

The third stage was marked by combination of the elucidation of variation in exine structure with its application to the taxonomic system. Skvarla et al. (1977), according to ultrastructures of the exine of pollen wall, distinguished three main types of exine structures within the similarly echinate pollen in the family: helianthoid, senecioid, and anthemoid. Anthemoid pollen is acaveate, whereas the other two pollen types are caveate wherein columellae partly separate from the foot layer with three space between the three apertures. The columellae in helianthoid pollen are perforated with internal foramina, whereas in senecioid and anthemoid pollen the columellae often appear solid. The pollen of the *Astereae*, together with *Heliantheae*, *Eupatorieae*, *Helenieae*, and *Calenduleae*, belongs to *Helianthoid* pattern.

The above surveys have presented pollen morphology and structure of Compositae at the tribal level and their significant implication for tribal classification and evolution. Detailed studies of pollen of several of the major tribes of the Asteraceae are now available, such as those of Blackmore(1982a, b) on Lactuceae, Keeley and Jones (1979) on Vernonieae, Robinson and Marticorena(1986) on Liabeae, Tomb et al. (1974) on Cichorieae, Wagenitz(1955) on Centaurea, Payne and Skvarla (1970) on Ambrosiinae, Liens (1968, 1971) on Inuleae. In contrast, there is still little known about the pollen exmorphology and internal structure of most of genera and species within *Asterae*, with exception of a few of American species and genera, for instance, *Amphichris*, *Amphipappus*, *Greenella*, *Gutierrezia*, *Gymnosperma*, *Xanthocephalum*, *Calotis*, *Aphanostephus*, *Chaetopappa*, *Boltonia*, *Astranthium* ssp., *Baccharis*, *Bellis*, *Erigeron* ssp., *Solidago speciosa*.

With the above studies as a base, I have undertaken light microscopic and electron microscopic investigations in *Astereae*, especially those grown in China. I have attempted to examine systematically a larger number of taxa for understanding comprehensively pollen variation and evolution of the *Astereae*, and to discuss the results of my work in relation to taxonomy and phylogeny within *Astereae* at subtribal and generic and even species level, respectively.

Materials and Methods

Most of the pollen examined was taken from the anthers of specimens mounted on herbarium sheets and a few from fresh materials(see Table 1). Pollen was prepared for LM, SEM, TEM observations and measurements. For LM, the standard acetolysis method devised by Erdtman(1969) was used. The pollen samples were acetolyzed and mounted in glycerol jelly for observation, some LM photographs of the pollen microcharacters were taken. For SEM, nonacetolyzed pollen grains were placed on double stick tape and then sent into a vacuum chamber and coated with gold-palladium, observations and photographs were taken with a JSM-6300 scanning electron microscopy. For TEM, mature anthers were placed in 1% OsO_4 buffered with sodium cacodylate, pH=6.8, at room temperature for 18 hours. Following dehydration in an acetone series, the anthers were embedded in Spurr's medium, sectioned with glass knives, stained with uranyl acetate in combination with lead citrate, and observations and transmission electron micrographs were made with a HITACHI H-600 transmission electron microscopy.

Determination of size and description of shape were made from light microscopic measurements using a filar micrometer at 400×. At least 20 individual pollen grains were measured for each taxon. Three measurements were taken from each grain: (1) diameter in polar optical cross section for the equatorial diameter(eq. dia.), (2) diameter in equatorial optical cross section for the polar diameter(p. dia.) and (3) spine length. A complete set of permanent slides has been placed in the pollen reference collection of the Department of Biology, Anhui Normal University. Terminology for TEM descriptions followed Skvarla et al. (1977), and that for LM description was employed by Wodehouse (1965).

Pollen types of *Astereae*

1. *Aster ageratoides* type

The pollen grains are oblate, elliptic in equatorial view, 3-lobed or shallow 3-lobed circular in polar view, averaging (10.5~33.7)μm×(12.5~36.4)μm in equatorial diameter. P/E ratio is 0.76~0.88. Pollen class is 3-zonocolporate, with ectocolpus 3.7~4.7 μm wide, ends rounded to tapering, membranes smooth or granulate, and endopore lalongate. Length of the colpus/P (LC/P) ratio is 0.78~0.97. Sexine is 1.5~2.9 μm thick, 1.5~2.5 times as thick as nexine. The surface is smooth or echinate, echinae is tapering sharply from subglobose base, about 2.2~4.7 μm high, the end of the echinae is curved, without perforation at the base. The distance between echinae is 0.6~1.7 μm. 6~10 echinae in polar area.

Aster ageratoides type: Plate 4: 1; 29: 1; 35: 1,6; 39: 1,8; 48: 1; 59: 7; 63: 7,10; 66: 9; 68: 1; 69: 1,9; 72: 1; 75: 1; 77: 1; 136: 1; 151: 1~11; 152: 1~3; 153: 1; 154: 1~4; 156: 6~11; 160: 1,2; 162: 5.

2. *Aster alatipes* type

The pollen grains are prolate, elliptic in equatorial view, 3-lobed circular in polar view, averaging (15.0～42.5)μm×(17.5～38.8)μm in equatorial diameter. *P/E* ratio is 1.14～1.36. Pollen class is 3-colporate, with ectocolpus 1.4～7.2 μm wide. The ectocolpus is girdle and deeply sink, membranes aren't clear, endopore isn't clear or lolongate or lalongate to endocolpate. *LC/P* ratio is 0.56～0.98. Sexine is 1.3～2.3 μm thick, 1.5～2 times as thick as nexine. The surface is infrastriate obviously rugulate or granulate. The echinae is usually out of shape, without or with 1～3 rows of perforation at the base, about 2.8～4.3 μm high. The distance between echinae is 0.8～2.3 μm. 6～12 echinae in polar area.

Aster alatipes type: Plate 5: 1; 6: 1,7; 17: 9; 39: 1; 42: 8; 60: 1; 66: 2; 124: 1; 132: 5; 139: 11.

3. *Aster albescens* type

The pollen grains are subspheroidal, spheroidal or elliptic in equatorial view, 3-lobed circular in polar view, averaging (17.5～32.5)μm×(17.5～33.9)μm in equatorial diameter. *P/E* ratio is 0.90～0.98. Pollen class is 3-colporate, with ectocolpus 2.3～5.8 μm wide, ends tapering, membranes are rugulate or granulate, endopore isn't clear. *LC/P* ratio is 0.73～0.98. Sexine is 1.1～3.1 μm thick, 1.5～2.5 times as thick as nexine. The surface is smooth or granulate or rugulate. The echinae is tapering sharply from subglobose base, about 3.4～4.4 μm high, usually with 1～3 rows of sunken perforations at the base. The distance between echinae is 0.4～1.8 μm. 6～8 echinae in polar area.

Aster albescens type: Plate 5: 6; 9: 6; 20: 6; 24: 1; 32: 1; 33: 1; 37: 1; 41: 4; 48: 9; 50: 1; 57: 10; 66: 10; 68: 7; 70: 10; 89: 9; 101: 6; 118: 1; 127: 1; 134: 7; 141: 10; 147: 1; 149: 9; 154: 7.

4. *Aster alpinus* type

The pollen grains are prolate, elliptic or in equatorial view, deeply 3-lobed circular in polar view, with 5～6 rows of perforation on every petal, averaging (17.5～40.0)μm×(20.0～37.5)μm in equatiorial diameter. *P/E* ratio is 1.20～1.50. Pollen class in 3-colporate, with ectocolpus 1.6～5.9 μm wide. The ectocolpus is girdle and deeply sink, membranes aren't clear, mesocolplum is smooth. *LC/P* ratio is 0.80～0.98. Sexine is 2.1～3.1 μm thick, 1.5～3 times as thick as nexine. The surface is granulate or rugulate, echinae is tapering sharply from subglobose base, or like a finger, about 2.7～4.6 μm high, usually with none or one row of perforations at the base. The distance between echinae is 1.3～2.0 μm. 1～4 echinae in polar area.

Aster alpinus type: Plate 10: 10; 58: 1; 121: 9; 142: 1; 153: 7.

5. *Aster amellus* type

The pollen grains are prolate, elliptic in equatorial view, deeply 3-lobed circular in polar view, averaging (25.0～32.5)μm×(18.7～28.5)μm in equatiorial diameter. *P/E* ratio is 1.21～1.33. Pollen class is 3-colporate, with ectocolpus 2.6～2.9 μm wide, endopore lalongate and endocolpate. The ectocolpus is girdle, and deeply sink membranes aren't clear, mesocolplum is smooth with 5～6 rows of perforations on every petal. *LC/P* ratio is 0.82~0.94. Sexine is 2.3~3.1 μm thick, 2 times as thick as nexine. The surface is smooth or rugulate. The echinae is tapering sharply on the top, about 4.0~4.6 μm high, usually with perforations at the base. The distance between echinae is 0.9~1.4 μm. 3~4 echinae in polar area.

Aster amellus type: Plate 12: 1; 96: 1; 161: 1.

6. *Aster argyropholis* type

The pollen grains are subspheroidal, spheroidal or elliptic in equatorial view, 3-lobed circular in polar view, averaging (17.5~32.5)μm×(17.5~32.5)μm in equatorial diameter. *P/E* ratio is 0.89~1.11. Pollen class is 3-colporate, with ectocolpus 2.7~7.3 μm wide, ends tapering, seldom rounded, membranes are smooth, endopore isn't clear. *LC/P* ratio is 0.80~0.98. Sexine is 1.8~2.5 μm thick, 2~2.5 times as thick as nexine. The surface is smooth or rugulate or granulate. The echinae is tapering sharply from subglobose base, and bended on the top, about 3.0~4.2 μm high, usually without perforation at the base. The distance between echinae is 0.8~1.8 μm. 6~8 echinae in polar area.

Aster argyropholis type: Plate 13: 1; 30: 7; 35: 1; 100: 1; 105: 7; 125: 1,3,8; 142: 8.

7. *Aster asteroides* type

The pollen grains are subspheroidal, spheridal or elliptic in equatorial view, deeply 3-lobed circular in polar view, averaging (20.0~41.3)μm×(18.9~45.0)μm in equatorial diameter. *P/E* ratio is 1.04~1.10. Pollen class is 3-colporate, with ectocolpus 4.1~5.3 μm wide, ends tapering, membranes granulate and endopore isn't clear. *LC/P* ratio is 0.73~0.92. Sexine is 2.4~3.5 μm thick, 2~3 times as thick as nexine. The surface is smooth or granulate. The echinae is expanded at the base, tapering on the top about 3.2~4.0 μm high, usually without perforation. The distance between echinae is 1.9~2.4 μm. 1~4 echinae in polar area.

Aster asteroides type: Plate 13: 6; 24: 6; 25: 1; 40: 3; 155: 1.

8. *Aster baccharoides* type

The pollen grains are prolate, elliptic in equatorial view, triangle in polar view, averaging (22.5~37.5)μm×(10.5~35.0)μm in equatorial diameter. *P/E* ratio is 1.16~1.90. Pollen class is 3-colporate, with ectocolpus 8.7~13.9 μm wide, ends tapering, membranes aren't clear. Ectocolpus sink deeply and mesocolpum lophate, with the spine cylinder. *LC/P* ratio is 0.88~0.90. Sexine is 2.7~3.9 μm thick, 3~4 times as thick as nexine. The surface is perforate. Echinae is tapering sharply from subglobose base, about 3.1~3.3 μm high, usually with two or three rows of perforations at the base. The distance between echinae is 1.6~2.6 μm. 1~4 echinae in polar area.

Aster baccharoides type: Plate 15: 1; 31: 1; 53: 10.

9. *Aster batangensis* type

The pollen grains are prolate, elliptic in equatorial view, triangle in polar view, averaging (20.0~32.5)μm×(14.0~28.5)μm in equatorial diameter. *P/E* ratio is 1.15~1.92. Pollen class is 3-colporate, with ectocolpus 2.6~12.7 μm wide, ends tapering, membranes aren't clear. Ectocolpus sink deeply, and mesocloplum lophate, with one or two row of perforation on the spine. LC/P ratio is 0.87～0.97. Sexine is 2.4～2.6 μm thick, 2～3 times as thick as nexine. The surface is echinate, echinae is tapering on the top, about 2.1～5.0 μm high, usually with 1～2 rows of perforations at the base. The distance between echinae is 2～7 echinae in polar area. Tectum perforate.

Aster batangensis type: Plate 15: 6; 19: 7; 21: 1; 66: 4; 90: 1; 93: 9; 163: 10.

10. *Aster conspicuus* type

The pollen grains are prolate, elliptic in equatorial view, 3-lobed circular in polar view, averaging (20.0～48.5) μm × (18.9～43.9) μm in equatorial diameter. P/E ratio is 1.14～1.40. Pollen class is 3-zonocolporate, with ectocolpus 3.8～6.8 μm wide. Endopore isn't clear or lolongate or lalongate to endocolpate. The ectocolpus is girdle and deeply sink, membranes aren't clear. LC/P ratio is 0.84～0.98. Sexine is 1.8～4.1 μm thick, 1.5～2.5 times as thick as nexine. The surface is smooth, echinae widened at the base, about 2.2～4.5 μm high, usually with 1～3 rows of perforations at the base. The distance between echinae is 0.7～1.8 μm. 6～10 echinae in polar area.

Aster conspicuus type: Plate 21: 3; 38: 7; 43: 10; 55: 11; 67: 7; 70: 1; 74: 6; 129: 10; 146: 10; 149: 1.

11. *Aster diplostephioides* type

The pollen grains are oblate, elliptic in equatorial view, deeply 3-lobed circular in polar view, averaging (23.7～23.5) μm × (22.5～30.0) μm in equatorial diameter, P/E ratio is 0.88. Pollen class is 3-colporate, with ectocolpus 4.1 μm wide, ends rounded, membranes granulate, and endopore lalongate, the ends tapering acutely. LC/P ratio is 0.92. Sexine is 2.5 μm thick, 2 times as thick as nexine. The surface is echinate, echinae is tapering sharply from subglobose base, about 2.8 μm high, usually with one row of perforations at the base. The distance between echinae is 3.5～5.0 μm. 4 echinae in polar area. Tectum peforates.

Aster diplostephioides type: Plate 23: 6.

12. *Aster farreri* type

The pollen grains are prolate, ellpitic in equatorial view, deeply 3-lobed circular in polar view, averaging (15.0～33.8) μm × (16.3～35.0) μm in equatorial diameter. P/E ratio is 1.16～1.30. Pollen class is 3-colporate, with ectocolpus 1.7～5.3 μm wide. The ectocolpus is girdle and deeply sink, membranes aren't clear, mesocolplum is smooth, with 5～6 rows of perforation on every petal, endopore lalongate. LC/P ratio is 0.70～0.90. Sexine is 1.9～3.2 μm thick, 1.5～3 times as thick as nexine. The surface is rugulate or granulate. The echinae is tapering sharply from subglobose base, about 2.5～4.8 μm high, usually without or with one or more rows of perforations at the base. The distance between echinae is more than 1.5 μm. 3～4 echinae in polar area.

Aster farreri type: Plate 7: 1; 8: 8; 65: 1; 167: 1.

13. *Aster flaccidus* type

The pollen grains are subspheroidal, spheroidal or elliptic in equatorial view, 3-lobed circular in polar view, averaging (12. 5～35. 0)μm×(13. 8～35. 0)μm in equatorial diameter. *P*/*E* ratio is 0. 95～1. 11. Pollen class is 3-colporate, with ectocolpus 2. 7～6. 0 μm wide, ends tapering, membranes aren't clear or smooth, endopore isn't clear or lalongate. *LC*/*P* ratio is 0. 73～0. 96. Sexine is 2. 1～3. 0 μm thick, 2～3 times as thick as nexine. The surface is infrastaiate, echinae is tapering sharply from subglobose base, about 2. 3～4. 5 μm high, usually without perforation at the base. The distance between echinae is 0. 8～1. 7 μm. 6～8 echinae in polar area.

Aster flaccidus type: Plate 10: 1; 28: 4; 49: 1; 62: 7; 75: 1; 78: 1; 96: 8; 97: 8; 106: 1,6; 112: 10; 157: 8.

14. *Aster fucescens* type

The pollen grains are subspheroidal, spheroidal or elliptic in equatorial view, 3-lobed circular in polar view, averaging (20. 0～41. 3)μm×(20. 0～45. 0)μm in equatorial diameter. *P*/*E* ratio is 0. 89～1. 10. Pollen class is 3-colporate, with ectocolpus 3. 6～7. 3 μm wide, ends usually tapering, membranes are granulate or rugulate, endopore isn't clear or lalongate(seldom lolongate). *LC*/*P* ratio is 0. 76～0. 97. Sexine is 2. 1～3. 5 μm thick, 1. 5～3 times as thick as nexine. The surface is obviously rugulate or granulate. The echinae is tapering sharply from subglobose base, about 2. 4～4. 9 μm high, usually with scattered or 1～3 rows of sunken perforations. The distance between echinae is 0. 5～2. 0 μm. 5～8 echinae in polar area.

Aster fucescens type: Plate 4: 1; 29: 1; 35: 6; 39: 8; 46: 1; 56: 1; 57: 6; 59: 7; 66: 9; 68: 1; 69: 1; 76: 1; 138: 12; 153: 1; 160: 1.

15. *Aster heterolepis* type

The pollen grains are subspheroidal, spheroidal or elliptic in equatorial view, deeply 3-lobed circular in polar view, averaging (20. 0～37. 5)μm×(20. 0～33. 8)μm in equatorial diameter. *P*/*E* ratio is 1. 05～1. 12. Pollen class is 3-colporate, with ectocolpus 5. 0～7. 2 μm wide, ends tapering, membranes are rugulate or granulate, and endopore isn't clear or lalongate. *LC*/*P* ratio is 0. 73～0. 96. Sexine is 2. 3～2. 9 μm, 2 times as thick as nexine. The surface is granulate or rugulate. The echinae is long and thin, tapering on the top, about 3. 3～4. 6 μm high, usually with one or more rows of perforations at the base. The distance between echinae is more than 1. 5 μm. 4～5 echinae in polar area.

Aster heterolepis type: Plate 20: 1; 32: 4,7; 48: 1; 63: 7; 155: 1; 157: 11.

16. *Aster laevis* type

The pollen grains are subsperoidal, spheroidal or elliptic in equatorial view, subspheroidal in polar view, averaging (17. 5～40. 0)μm×(18. 9～37. 5)μm in equatorial diameter. *P*/*E* ratio is 0. 94～1. 11. Pollen class is 2-colporate or more than two zonocolporate, with ectolpus 1. 6～3. 5 μm wide, ends tapering, membranes are smooth, endopore isn't clear. *LC*/*P* ratio is 0. 56～0. 80. Sexine is 2. 4～4. 1 μm thick, 2～4 times as thick as nexine. The surface is smooth, echinae is tapering sharply from subglobose base, about 3.2～3.6 μm high, usually with 2～3 rows of perforations at the base. The distance between echinae is 0.7～0.8 μm.

Aster laevis type: Plate 36: 1; 148: 1.

17. *Aster lanceolatus* type

The pollen grains are oblate, elliptic in equatorial view, 2-lobed circular in polar view, averaging (21.2～28.9)μm×(22.5～32.5)μm in equatorial diameter. P/E ratio is 0.87. Pollen class is 2-colporate, with ectolpus 5.1 μm wide, endopore isn't clear. LC/P ratio is 0.77. Sexine is 3.0 μm thick, 2 times as thick as nexine. The surface is granulate echinae tapering sharply from subglobose base and bended on the top, about 4.2 μm high, usually without perforation at the base. The distance between echinae is 1.3 μm.

Aster lanceolatus type: Plate 36: 6.

18. *Aster latibracteatus* type

The pollen grains are subspheroidal, spheroidal or elliptic in equatorial view, shallow 3-lobed in polar view, averaging (17.5～30.0)μm×(17.8～32.5)μm in equatorial diameter. P/E ratio is 0.91～1.05. Pollen class is 3-colporate, with ecotolpus 4.5～6.5 μm wide, ends tapering, membranes granulate, endopore isn't clear or obviously lalongate. LC/P ratio is 0.80～0.91. Sexine is 1.7～2.5 μm thick, 1.5～2.5 times as thick as nexine. The surface is smooth or granulate or rugulate. The echinae is tapering sharply from subglobose base, about 3.5～4.3 μm high, usually with sunken perforation at the base. The distance between echinae is 0.7～1.5 μm. 10～14 echinae in polar area.

Aster latibracteatus type: Plate 3: 6; 4: 6; 37: 6; 43: 1; 44: 7; 97: 1; 109: 7; 136: 1.

19. *Aster lavanduliifolius* type

The pollen grains are subspheroidal, spheroidal or elliptic in equatorial view, 3-lobed circular in polar view, averaging (16.3～27.5)μm×(20.2～35.0)μm in equatorial diameter. P/E ratio is 0.89～0.95. Pollen class is 3-colporate with ectocolpus 3.3～5.3 μm wide, ends tapering, membranes are smooth or granulate, endopore isn't clear or lalongate. LC/P ratio is 0.77～0.98. Sexine is 1.9～2.8 μm thick, 2～2.5 times as thick as nexine. The surface is perforate. The echinae is tapering sharply from subglobose base about 1.9～5.0 μm high, usually with perforation at the base. The distance between echinae is 1.1～1.7 μm. 5～8 echinae in polar area.

Aster lavanduliifolius type: Plate 38: 1; 62: 1; 104: 5; 130: 1; 154: 1.

20. *Aster mangshanensis* type

The pollen grains are oblate, elliptic in equatorial view, deeply 3-lobed circular in polar view, averaging (15.0～27.5)μm×(17.5～30.0)μm in equatorial diameter. P/E ratio is 0.83～0.88. Pollen class is 3-colporate, with ectocolpus 3.1～6.0 μm wide, ends tapering, membranes are granulate, and endopore is lalongate, the ends tapering acutely. LC/P ratio is 0.82～0.97. Sexine is 1.5～3.0 μm thick, 2 times as thick as nexine. The surface is smooth or granulate, echinae is tapering sharply from subglobose base, about 3.0～4.5 μm high, usually with one or more rows of perforations at the base. The distance between echinae is 0.7～1.8 μm. 3～5 echinae in polar area.

Aster mangshanensis type: Plate 42: 1; 59: 6; 69: 7; 72: 6; 79: 1.

21. *Aster nigromontanus* type

The pollen grains are subspheroidal, spheroidal or elliptic in equatorial view, 3-lobed circular in polar view, averaging (15.0～35.0)μm×(15.0～36.4)μm in equatorial diameter. *P/E* ratio is 0.89～1.10. Pollen class is 3-colporate, with ectocolpus 1.0～6.4 μm wide, ends tapering, membranes are granulate or rugulate, endopore isn't clear or lalongate, seldom lolongate. *LC/P* ratio is 0.79～0.96. Sexine is 2.1～2.8 μm thick, 2～3 times as thick as nexine. The surface is rugulate or smooth. The echinae is expanded at the base, tapering on the top about 2.9～4.5 μm high, usually with one or more rows of perforations at the base. The distance between echinae is 0.4～0.9 μm. 6～8 echinae in polar area.

Aster nigromontanus type: Plate 16: 1; 44: 1; 46: 7; 52: 6; 80: 1; 82: 1,9; 83: 7; 113: 1,6; 129: 1; 133: 9; 136: 7; 159: 1.

22. *Aster proserus* type

The pollen grains are subspheroidal, spheroidal or elliptic in equatorial view, shallow 3-lobed in polar view, averaging (20.0～37.5)μm×(22.5～33.9)μm in equatorial diameter. *P/E* ratio is 0.92～1.02. Pollen class is 3-colporate, ends tapering, with ecotolpus 4.0～5.8 μm wide, membranes are smooth or rugulate, endopore isn't clear. *LC/P* ratio is 0.82. Sexine is 1.8～2.6 μm thick, 1.5～2.5 times as thick as nexine. The surface is obviously rugulate or infrastriate. The echinae is tapering sharply from subglobose base, about 2.8～4.3 μm high, usually with one or more rows of perforations at the base. The distance between echinae is 1.3～1.6 μm. 10～15 echinae in polar area.

Aster proserus type: Plate 49: 1～6.

23. *Aster retusus* type

The pollen grains are subspheroidal, spheroidal or elliptic in equatorial view, deeply 3-lobed circular in polar view, averaging (15.0～37.5)μm×(16.0～37.5)μm in equatorial diameter. *P/E* ratio is 0.94～1.04. Pollen class is 3-colporate, with ectocolpus 3.0～6.5 μm wide, ends tapering, membranes granulate and endopore isn't clear. *LC/P* ratio is 0.74～0.97. Sexine is 2.1～3.0 μm thick, 2～3 times as thick as nexine. The surface is obviously infrastriate striate. The echinae is widened at the base and tapering on the top, about 2.9～4.3 μm high, usually without perforation. The distance between echinae is 0.5～1.4 μm. 3～5 echinae in polar area.

Aster retusus type: Plate 50: 10; 63: 1; 116: 10; 117: 1; 126: 1,7; 130: 1,7; 140: 1, 7; 141: 1; 163: 1.

24. *Aster tongolensis* type

The pollen grains are subspheroidal or oblate, spheroidal or elliptic in equatorial view, deeply 3-lobed circular in polar view, seldom deeply 3-lobed or shallow 3-lobed averaging (15.0~35.0)μm×(17.5~32.5)μm in equatorial diameter. P/E ratio is 0.87~1.10. Pollen class is 3-colporate, or 2-colporate, or 3 or 4-colporate, with ectolpus 4.0~6.7 μm wide, ends tapering, membranes are smooth or rugulate, endopore is lalongate or not clear. LC/P ratio is 0.82~0.91. Sexine is 1.8~3.4 μm thick, 1.5~3 times as thick as nexine. The surface is smooth or rugulate, granulate. The echinae tapering sharply from subglobose base, about 2.0~4.3 μm high, usually with perforation, seldom without it. The distance between echinae is 0.7~1.6 μm. 3~18 echinae in polar area.

Aster tongolensis type: Plate 7: 10; 14: 6; 65: 6; 124: 3; 151: 8.

25. *Acamptopappus shockleyi* type

The pollen grains are subspheroidal, spheroidal or elliptic in equatorial view, spheroidal in polar view, averaging (18.8~27.5)μm×(20.0~28.7)μm in equatorial diameter. P/E ratio is 0.89~0.94. Pollen class is 3-colporate, without colpus, and the diameter of the pore is 4.3~4.6 μm. LC/P ratio is 0.78~0.86. Sexine is 1.9~2.0 μm thick, two times as thick as nexine. The surface is smooth. The echinae is expanded at the base and tapering sharply on the top, about 1.9~2.7 μm high, usually without or with one row of perforation at the base. The distance between echinae is 0.8~1.2 μm.

Acamptopappus shockleyi type: Plate 73: 10; 147: 7.

26. *Asterothammus poliifolius* type

The pollen grains are subspheroidal, spheroidal or elliptic in equatorial view, 3-lobed circular in polar view, averaging (16.3~28.9)μm×(17.5~30.0)μm in equatorial diameter. P/E ratio is 0.89~1.06. Pollen class is 3-colporate, with ectocolpus 3.6~7.2 μm wide, ends tapering, membranes are granulate, endopore isn't clear. LC/P ratio is 0.70~0.86. Sexine is 1.9~2.5 μm thick, 1.5~2.5 times as thick as nexine. The surface is infrastriate. The echinae is short, tapering sharply, about 2.3~3.1 μm high, usually with seldom or without perforation at the base. The distance between echinae is 0.6~1.0 μm. 5~8 echinae in polar area.

Asterothammus poliifolius type: Plate 8: 1; 76: 7; 79: 10; 98: 1; 115: 1.

27. *Bellis perennis* type

The pollen grains are oblate, ellipti in equatorial view, 3-lobed or shallow 3-lobed circular in polar view, averaging (16.3~28.7)μm×(15.0~32.5)μm in equatorial diameter. P/E ratio is 0.75~0.88. Pollen class is 3-colporate, with ectocolpus 3.2~6.9 μm wide, ends tapering, membranes are smooth or granulate, and endopore lalongate. LC/P ratio is 0.85~0.92. Sexine is 2.0~2.6 μm thick, 1.5~2 times as thick as nexine. The surface is concentrated or obviously rugulate corrugation, echinae is tapering sharply from subglobose base, about 2.4~3.5 μm high, usually with one or more rows of perforations at the base. The distance between echinae is 0.5~1.6 μm. 6~15 echinae in polar area.

Bellis perennis type: Plate 11: 7; 77: 1,7; 99: 5; 105: 1; 127: 1; 135: 1,10; 145: 7; 162: 1,7.

28. *Brachyactis ciliata* type

The pollen grains are subspheroidal, spherical or elliptic in equatorial view, deeply 3-lobed circular in polar view, averaging (11.3～27.5)μm×(17.5～30.0)μm in equatorial diameter. *P/E* ratio is 0.90～1.07. Pollen class is 3-colporate, with ectocolpus 1.7～5.0 μm wide, ends tapering or girdle and deeply, membranes are rugulate or granulate, endopore aren't clear or lalongate. *LC/P* ratio is 0.80～0.90. Sexine is 2.1～2.5 μm thick, 1.5～2.5 times as thick as nexine. The surface is smooth or rugulate. The echinae tapering sharply from subglobose base, about 2.7～3.8 μm high, usually without perforation at the base. The distance between echinae is 0.6～0.9 μm. 3～4 echinae in polar area.

Brachyactis ciliata type: Plate 55: 1; 78: 1; 143: 1,7; 150: 7; 151: 1.

29. *Calotis multicaulis* type

The pollen grains are subsperoidal or prolate, spheroidal or elliptic in equatorial view, 3-lobed circular in polar view, averaging (16.3～30.0)μm×(16.0～27.5)μm in equatorial diameter. *P/E* ratio is 1.02～1.25. Pollen class is 4-colporate or 5-colporate, with ectolpus 2.3～4.4 μm wide, membranes aren't clear or smooth, ends tapering, endopore is lalongate or not clear. *LC/P* ratio is 0.80～0.96. Sexine is 2.0～2.7 μm thick, 1.5～2.5 times as thick as nexine. The surface is smooth or granulate, echinae is tapering sharply from subglobose base and bended on the top, about 1.6～2.5 μm high, usually with perforation(seldom without it). The distance between echinae is 0.2～0.7 μm.

Calotis multicaulis type: Plate 81: 3; 107: 1.

30. *Conyza leucantha* type

The pollen grains are subspheroidal, spheroidal or elliptic in equatorial view, 3-lobed circular in polar view, averaging (15.0～33.5)μm×(17.5～32.5)μm in equatorial diameter. *P/E* ratio is 0.9～1.06. Pollen class is 3-colporate, with ectocolpus 4.2～5.8 μm wide, ends tapering, membranes are smooth or rugulate, endopore isn't clear. *LC/P* ratio is 0.81～0.98. Sexine is 1.8～2.8 μm thick, 1.5～2.5 times as thick as nexine. The surface is obviously rugulate or infrastriate. The echinae tapering sharply from subglobose base, about 2.8～4.2 μm high, usually without perforation at the base. The distance between echinae is 1.1～1.8 μm. 10～14 echinae in polar area.

Conyza leucantha type: Plate 24: 3; 67: 1,7; 86: 9,10; 92: 1.

31. *Cyathocline purpurea* type

The pollen grains are subspheroidal or prolate, spheroidal or elliptic in equatorial view, spheroidal or 3-lobed circular in polar view, averaging (16.3～22.5)μm×(12.5～21.2)μm in equatorial diameter. *P/E* ratio is 1.00～1.34. Pollen class is 3-colporate, with ectocolpus 1.7～4.3 μm wide, ends lineal, and joined on the top, endopore lalongate. *LC/P* ratio is 0.80～0.90. Sexine is 2.0～2.2 μm thick, 1～1.5 times as thick as nexine. The surface is granulate or netted perforate. The echinae is tapering sharply from subglobose base, about 2.9～3.4 μm high, usually with 2～3 rows of perforations at the base. The distance between echinae is more than 2.0 μm.

Cyathocline purpurea type: Plate 89: 1; 99: 11.

32. *Dichrocephala auriculata* type

The pollen grains are subspheroidal, elliptic or spheridal in equatorial view, deeply 3-lobed circular in polar view, averaging (12.5～32.5)μm×(15.0～36.3)μm in equatorial diameter. *P/E* ratio is 0.93～1.03. The pollen class is 3-colporate, with ectocolpus 4.1～7.2 μm wide, ends tapering or rounded, membranes are smooth or granulate, endopore clear or lalongate or lolongate. *LC/P* ratio is 0.82～0.98. Sexine is 2.0～2.5 μm thick, 1.5～2 times as thick as nexine. The surface is smooth or granulate. The echinae is stumpy and tapering sharply from subglobose base, about 1.9～3.3 μm high, seldom with perforation at the base. The distance between echinae is more than 1.0 μm. 3～4 echinae in polar area.

Dichrocephala auriculata type: Plate 9: 1; 41: 1; 54: 1,6; 90: 7; 91: 1,6.

33. *Erigeron breviscapus* type

The pollen grains are subspheroidal, spheroidal or elliptic in equatorial view, shallow 3-lobed circular in polar view, averaging (16.3～33.7)μm×(20.0～32.5)μm in equatorial diameter. *P/E* ratio is 0.89～1.04. Pollen class is 3-colporate, with ectocolpus 4.0～6.2 μm wide, ends rounded or tapering, membranes granulate, endopore isn't clear or lalongate, seldom lolongate. *LC/P* ratio is 0.79～0.92. Sexine is 1.8～2.2 μm thick, 2～2.5 times as thick as nexine. The surface is smooth or granulate or rugulate. The echinae is short and tapering sharply, about 2.5～3.1 μm high, usually without or seldom with perforation at the base. The distance between echinae is 0.6～1.2 μm. 10～14 echinae in polar area.

Erigeron breviscapus type: Plate 16: 1; 139: 2; 164: 1.

34. *Erigeron divergens* type

The pollen grains are subspheroidal, spheroidal or elliptic in equatorial view, deeply 3-lobed circular in polar view, averaging (15.0～23.7)μm×(15.0～27.5)μm in equatorial diameter. *P/E* ratio is 1.07～1.08. Pollen class is 3-colporate, with ectocolpus 4.0 μm wide, ends joined on the top, endopore lalongate or aren't clear. *LC/P* ratio is 0.83. Sexine is 1.6～2.3 μm thick, 1.5～2 times as thick as nexine. The surface is distinct infrastriate or smooth. The echinae is tapering from subglobose base, about 2.3～3.5 μm high, usually without perforation at the base. The distance between echinae is less than 1.0 μm (0.5～0.6 μm).

Erigeron divergens type: Plate 96: 13; 98: 9.

35. *Erigeron kiukiangensis* type

The pollen grains are subspheroidal, spheroidal or elliptic in equatorial view, shallow 3-lobed in polar view, averaging (15.0～37.5)μm×(14.5～35.0)μm in equatorial diameter. *P/E* ratio is 0.90～1.05. Pollen class is 3-colporate, with ectocolpus 4.6～5.7 μm wide, ends tapering or rounded, membranes smooth or granulate, endopore isn't clear or lalongate. *LC/P* ratio is 0.82～0.94. Sexine is 2.0～3.1 μm thick, 2～3 times as thick as nexine. The surface is smooth or granulate or rugulate. The echinae is tapering sharply from subglobose base, about 2.7～4.4 μm high, usually without perforation at the base. The distance between echinae is 0.8～1.2 μm. 10～14 echinae in polar area.

Erigeron kiukiangensis type: Plate 11: 1; 24: 1; 56: 1; 102: 8; 134: 1.

36. *Erigron krylovii* type

The pollen grains are subspheroidal, spheroidal or elliptic in equatorial view, shallow 3-lobed in polar view, averaging (12.0～25.0)μm×(11.4～25.0)μm in equatorial diameter. *P/E* ratio is 0.91～1.04. Pollen class is 3-colporate, with ectocolpus 2.5～4.8 μm wide, ends tapering, membranes smooth or granulate, endopore isn't clear or lalongate, seldom lolongate. *LC/P* ratio is 0.82～0.89. Sexine is 1.6～3.5 μm thick, 1.5～3 times as thick as nexine. The surface perforate or granulate. The echinae is tapering sharply from subglobose base, about 2.3～3.4 μm high, usually with sunken perforations, scattered or 1～3 rows of them. The distance between echinae is 0.4～1.8 μm. 10～20 echinae in polar area.

Erigron krylovii type: Plate 95: 10; 106: 6; 114: 1; 128: 1,7; 144: 10.

37. *Erigeron porphyrolepis* type

The pollen grains are oblate, elliptic in equatorial view, deeply 3-lobed circular in polar view, averaging (20.0～32.5)μm×(21.1～37.5)μm in equatorial diameter. *P/E* ratio is 0.85～0.88. Pollen class is 3-colporate, with ectocolpus 4.8～5.0 μm wide, ends tapering, membranes granulate, and endopore lalongate, the ends tapering acutely. *LC/P* ratio is 0.83～0.90. Sexine is 2.4～2.6 μm thick, 2 times as thick as nexine. The surface is rugulate, echinae is tapering sharply from subglobose base, about 2.4～3.3 μm high, usually with one row of perforations at the base. The distance between echinae is 0.2～1.2 μm. 3～4 echinae in polar area.

Erigeron porphyrolepis type: Plate 22: 6; 83: 1; 99: 1; 111: 1,7.

38. *Galatella fastigiiformis* type

The pollen grains are subspheroidal, spheridal or elliptic in equatorial view, deeply 3-lobed circular in polar view, averaging (20.0～35.0)μm×(18.8～35.0)μm in equatorial diameter. *P/E* ratio is 0.94～1.09. Pollen class is 3-colporate, with ectocolpus 3.0～5.0 μm wide, ends tapering, membranes aren't clear or granulate, endopore lalongate. *LC/P* ratio is 0.73～0.90. Sexine is 1.9～2.9 μm thick, 1.5～2.5 times as thick as nexine. The surface is obviously rugulate or infrastriate. The echinae is expanded at the base, about 2.7～3.4 μm high, usually with perforations, sunken or clear. The distance between echinae is 0.7～1.3 μm. 3～4 echinae in polar area.

Galatella fastigiiformis type: Plate 31: 1; 73: 1; 75: 7; 84: 6; 119: 1; 121: 1; 138: 1; 159: 7.

39. *Galatelle macrosciadia* type

The pollen grains are oblate, elliptic in equatorial view, 3-lobed circular in polar view, averaging (16.3～31.3)μm×(18.7～35.0)μm in equatorial diameter. *P/E* ratio is

0.84～0.88. Pollen class is 3-zonocoporate, with ectocolpus 3.5～10 μm wide, ends tapering, membranes granulate, and endopore lalongate. LC/P ratio is 0.82～0.97. Sexine is 2.1～2.7 μm thick, 1.5～2 times as thick as nexine. The surface is smooth or rugulate, echinae is tapering sharply from subglobose base, about 2.0～3.0 μm high, usually with one or more rows of perforations at the base. The distance between echinae is 1.2～1.6 μm. 6～8 echinae in polar area.

Galatelle macrosciadia type: Plate 112: 1; 114: 7; 146: 1; 158: 3,8.

40. *Heteropappus hispidus* type

The pollen grains are subspheroidal, spheridal or elliptic in equatorial view, deeply 3-lobed circular in polar view, averaging (18.7～27.5)μm×(20.0～30.0)μm in equatorial diameter. P/E ratio is 0.91～1.05. Pollen class is 3-colporate, with ectocolpus 3.7～5.6 μm wide, ends tapering, membranes smooth and endopore isn't clear or lalongate. LC/P ratio is 0.82～0.90. Sexine is 2.3～2.9 μm thick, 1.5～2 times as thick as nexine. The surface is smooth perforate. The echinae is expanded at the base, tapering at the top about 3.2～4.2 μm high, usually with one or more rows of perforations. The distance between echinae is 0.9～1.7 μm. 1～4 echinae in polar area.

Heteropappus hispidus type: Plate 132: 1,10; 133: 5; 157: 1; 162: 4; 165: 6.

Pollen Characters of each genus in *Astereae*

1. *Aster* L.

Perennical herb, sub-bush or bush, wide spread in Asia, Europe and North America, about 250 species in narrow sense. The pollen grains are oblate, subsphaeroidal, prolate, P/E ratio is 0.80～1.70, 3-lobed circular or triangle in polar view, occasionally 2-lobed or 4-lobed circular. The smallest $\sqrt{P \cdot E}$, *A. albesceus* var. *limprichtii*, is only 15.12 μm and the biggest, *A. megalan*, is 37.13 μm. Sexine is 1.1～4.0 μm thick, 1.0～4.0 times as thick as nexine. The surface is echinate, echinae 2.0～5.0 μm high, 1.7～3.9 μm in base diametre, with one or more rows of perforations or periporate.

2. *Acamptopappus* (A. Gray) A. Gray

Bush, spread in the west of North America, 2 species. The pollen grains are subsphaeroidal or prolate. P/E ratio is 0.92～1.19, circular or 3-lobed circular in polar view, with hole, without ectocolpus or 3-colporate, $\sqrt{P \cdot E}$ = 21.60～21.97 μm. Sexine is 1.7～2.4 μm thick, 1.5～2.5 times as thick as nexine. The surface is echinate, echinae 2.0～2.8 μm high, 1.0～2.6 μm in base diametre.

3. *Amphiachyris* (DC.) Nutt.

Annual herb, spread in America, 2 species. P/E ratio is 0.91～0.97, subsphaeroidal,

3-lobed circular in polar view. $\sqrt{P \cdot E}=24.10\sim25.02\ \mu m$. Sexine is 2.0~2.3 μm thick, 1.5 times as thick as nexine. The surface is echinate, echinae 2.5~2.9 μm high, 1.6~2.0 μm in base diametre.

4. *Aphanostephus* DC.

Annual to perennial herb, spread in America and Mexico, 4 species. The pollen grains are prolate. P/E ratio is 1.17~1.28, 3-lobed circular in polar view. $\sqrt{P \cdot E}=22.71\sim25.12\ \mu m$. Sexine is 1.8~2.1 μm thick, 2 times as thick as nexine. The surface is echinate, 2.3~2.5 μm in base diametre.

5. *Asterothamnus* Novopokr.

Branchy semi-bush, spread in middle Asia, the northwest of China, Mongolia, 7 species. The pollen grains are subsphaeroidal. P/E ratio is 0.90~1.05, 3-lobed circular in polar view. $\sqrt{P \cdot E}=22.71\sim25.12\ \mu m$. Sexine is 1.9~2.5 μm thick, 1.5~2.5 times as thick as nexine. The surface is echinate, 2.7~4.4 μm high, 2.5~3.2 μm in base diametre, with 1~2 rows of perforations at the base.

6. *Bellis* L.

Annual to perenrial herb, spread in many areas of the Northern Hemisphare. 7 species. The pollar grains are oblate or subsphaeroidal. P/E ratio is 0.75~0.94, 3-lobed in circular in polar view. $\sqrt{P \cdot E}=19.34\sim20.19\ \mu m$. Sexine is 2.0~2.2 μm thick, 2.0 times as thick as nexine. The surface is echinate, 2.8~3.2 μm high, 1.6~1.8 μm in base diametre, with 1~2 rows of perforations at the base.

7. *Boltonia* L'Herit

Perennial herb, spread in North America, 5 species. The pollen grains are oblate or subsphaeroidal. P/E ratio is 0.85~0.92, 3-lobed circular in polar view. $\sqrt{P \cdot E}=16.12\sim16.23\ \mu m$. Sexine is 1.2~1.5 μm thick, 1.5 times as thick as nexine. The surface is echinate, 2.0~2.7 μm high, 1.5~2.8 μm in base diametre, with no perforation at the base.

8. *Brachyactis* Ledeb.

Annual or perennial herb, spread in the middle and east of Asia, and North America, 6 species. The pollen grains are oblate or subsphaeroidal. P/E ratio is 0.87~1.01, 3-lobed circular in polar view. $\sqrt{P \cdot E}=22.46\sim23.35\ \mu m$. Sexine is 2.1~2.5 μm thick, 1.5~2.0 times as thick as nexine. The surface is echinate, 2.7~3.3 μm high, 1.7~2.3 μm in base diametre, with no hole or occasionally with perforations at the base.

9. *Callistephus* Cass.

Annual herb, originate in China, spread in East Asia and Middle Europe, 1 species. The pollen grains are subsphaeroidal. P/E ratio is 0.90~1.01, 3-lobed circular in polar view. $\sqrt{P \cdot E}=23.34\sim25.12\ \mu m$. Sexine is 2.6~2.8 μm thick, 2.0 times as thick as nexine. The surface is echinate, 2.6~3.1 μm high, 2.0~2.4 μm in base diametre, with one row of perforations.

10. *Calotis* R. Brown

Annual or perennial herb, occationally sub-bush, spread in South East Asia and Oceania, about 20 species. The pollen grains are subsphaeroidal or prolate. P/E ratio is 0.92～1.25, 3-lobed or 4-lobed circular. $\sqrt{P \cdot E}=15.64\sim23.80$ μm. Sexine is 1.7～2.8 μm thick, 1.5～2.5 times as thick as nexine. The surface is echinate, 1.6～2.6 μm high, 1.6～2.6 μm in base diametre, with none or 1～2 rows of perforations at the base.

11. *Chrysopsis* (Nutt.) S. Elliott

Annual to two years herb, or perennial herb with short growth period, spread in the northeast of North America, 10 species. The pollen grains are subsphaeroidal. P/E ratio is 0.9～0.95, 3-lobed circular in polar view. $\sqrt{P \cdot E}=23.14\sim27.52$ μm. Sexine is 2.5～2.8 μm thick, 2～2.5 times as thick as nexine. The surface is echinate, 3.1～4.1 μm high, 2.7～3.1 μm in base diametre, with 2 rows of perforations at the base.

12. *Chrysothamnus* Nutt.

Semi-bush or bush, spread in the west of North America, 15 species. The pollen grains are oblate or subsphaeroidal. P/E ratio is 0.87～0.90, 3-lobed circular in polar view. $\sqrt{P \cdot E}=22.45\sim26.79$ μm. Sexine is 1.8～2.2 μm thick, 1.5～2.0 times as thick as nexine. The surface is echinate, 2.1～2.9 μm high, 2.2～2.6 μm in base diametre with 2～3 rows of perforations at the base.

13. *Conyza* Less.

Annual or two years or perennial herb, rare bush, wide spread in tropical zone or subtropical zone, 80～100 species. The pollen grains are subsphaerocidal or prolate. P/E ratio is 0.89～1.24, 3-lobed circular in polar view. $\sqrt{P \cdot E}=16.94\sim22.52$ μm. Sexine is 1.3～2.5 μm thick, 1.5～2.0 times as thick as nexine. The surface is echinate, 2.2～3.7 μm high, 1.6～3.0 μm in base diametre, usually with no hole, occasionally with perforations at the base.

14. *Cyathocline* Cass.

Annual or perennial herb, spread in China and India, 3 species. The pollen grains are subsphaeroidal from prolate. P/E ratio is 0.98～1.34, 3-lobed circular in polar view. $\sqrt{P \cdot E}=16.69\sim18.90$ μm. Sexine is 2.0～2.2 μm thick, 1.5～2.0 times as thick as nexine. The surface is echinate, 2.9～3.4 μm high, 2.1～2.4 μm in base diametre, with 2～3 rows of perforations at the base.

15. *Doellingeria* Nees

Perennial herb, spread in the east of Asia and North America, 7 species. The pollen grains are subsphaeroidal or prolate. P/E ratio is 0.89～1.51, 3-lobed circular or triangle. $\sqrt{P \cdot E}=22.37\sim23.12$ μm. Sexine is 2.0～2.6 μm thick, 1.5～2.0 times as thick as nexine. The surface is echinate, 3.3～5.0 μm high, 2.6～3.8 μm in base diametre, with 1～2 rows of perforations at the base.

16. *Dichrocephala* DC.

Annual herb, spread in the tropical zone of Asia, Africa and Oceania, 5~6 species. The pollen grains are subsphaeroidal. P/E ratio is 0.93~0.96, 3-lobed circular in polar view. $\sqrt{P \cdot E}$ = 16.89~20.64 μm. Sexine is 2.0~2.5 μm thick, 1.5~2.0 times as thick as nexine. The surface is echinate, 1.9~2.3 μm high, 1.9~2.4 μm in base diametre, with no hole or periporate at the base.

17. *Erigeron* L.

Annual or perennial herb, rare-bush or bush, spread in Eurasia and America, 200 species. The pollen grains are subsphaeroidal, occasionally prolate or oblate. P/E ratio is 0.76~1.44, 3-lobed circular or triangle, occasionally 4-lobed or 5-lobed circular in polar view. $\sqrt{P \cdot E}$ = 15.95~26.65 μm. Sexine is 1.5~3.0 μm high, 1.5~3.0 times as thick as nexine. The surface is echinate, 1.9~4.2 μm high, 1.4~4.5 μm in base diametre, with periporate or 1~2 rows of perforations or with no hole at the base.

18. *Galatella* Cass.

Perennial herb, spread in Eurasia, 40 species. The pollen grains are subsphaeroidal or prolate. P/E ratio is 0.95~1.50, 3-lobed circular in polar view. $\sqrt{P \cdot E}$ = 24.34~34.60 μm. Sexine is 1.9~3.0 μm thick, 1.5~2.5 times as thick as nexine. The surface is echinate, 2.9~3.4 μm high, 2.1~3.7 μm in base diametre, with 1~3 rows of perforations at the base.

19. *Grangea* Adans.

Annual or perennial herb, spread in the north of Africa and tropical zone, 10 species. The pollen grains are subsphaeroidal. P/E ratio is 0.90~1.02, 3-lobed circular in polar view. $\sqrt{P \cdot E}$ = 19.20~19.87 μm. Sexine is 1.5~2.0 μm thick, 1.5~2.0 times as thick as nexine. The surface is echinate, 2.8~3.4 μm high, 2.4~2.7 μm in base diametre, with periporate at the base.

20. *Gutierrezia* Lag.

Annual or perennial herb, sub-bush or bush, spread in the south of North America and the south of South America, 27 species. The pollen grains are oblate and subsphaeroidal. P/E ratio is 0.82~0.90, 3-lobed circular in polar view. $\sqrt{P \cdot E}$ = 23.92~24.93 μm. Sexine is 2.0~2.5 μm thick, about 2.0 times as thick as nexine. The surface is echinate, 2.9~3.3 μm high, 2.0~2.3 μm in base diametre, with no perforation at the base.

21. *Grindelia* Willd.

Annual or perennial herb, wide spread in America, 55 species. The pollen grains are subsphaeroidal. P/E ratio is 0.61~0.97, 3-lobed circular in polar view. $\sqrt{P \cdot E}$ = 25.64~28.35 μm. Sexine is 2.1~2.3 μm thick, 1.5~2.5 times as thick as nexine. The surface is echinate, 3.0~3.9 μm high, 2.4~3.0 μm in base diametre with no hole at the base.

22. *Gymnaster* Kitam.

Annual herb, spread in the east of Asia, 5 species. The pollen grains are subsphaeroidal. P/E ratio is 0.94~0.95, 2-lobed or 3-lobed circular in polar view. $\sqrt{P \cdot E}$=20.64~24.33 μm. Sexine is 2.2~2.4 μm thick, about 2.0 times as thick as nexine. The surface is echinate 3.1~3.6 μm high, 2.4~2.7 μm in base diametre with periporate or one row of perforation at the base.

23. *Haplopappus* Cass.

Annual herb or bush, spread in South America, predominately in Chile, 70 species. The pollen grains are subsphaeroidal or oblate, P/E ratio is 0.90~0.92, 3-lobed circular in polar view. $\sqrt{P \cdot E}$=20.89~26.22 μm. Sexine is 2.2~2.6 μm thick, about 2.0 times as thick as nexine. The surface is echinate, 2.3~4.5 μm high, 1.7~2.5 μm in base diametre, with no hole or 1~2 rows of perforations at the base.

24. *Heteropappus* Less.

Annual or two years or perennial herb, wide spread in Middle Asia, 20 species. The pollen grains are subsphaeroidal or prolate. P/E ratio is 0.90~1.15, 3-lobed circular in polar view. $\sqrt{P \cdot E}$=23.09~28.28 μm. Sexine is 2.3~2.9 μm thick, 2.0~2.5 times as thick as nexine. The surface is echinate, 2.8~4.0 μm high, 1.6~3.3 μm in base diametre, with 1~3 rows of perforations at the base.

25. *Heterotheca* Cass.

Annual or perennial herb, spread in North America, predominately in the west of the U.S. and Mexico, 25 species. The pollen grains are oblate or subsphaeroidal. P/E ratio is 0.86~1.10, 3-lobed circular in polar view. $\sqrt{P \cdot E}$=21.31~25.74 μm. Sexine is 2.1~2.6 μm thick, 1.5~2.5 times as thick as nexine. The surface is echinate, 3.2~3.8 μm high, 2.3~2.7 μm in base diametre, with 2~3 rows of perforations at the base.

26. *Kalimeris* Cass.

Perennial herb, wide spread in Middle Asia, East Asia and Southeast Asia, 10 species. The pollen grains are subsphaeroidal and oblate. P/E ratio is 0.84~1.05, 3-lobed circular in polar view. $\sqrt{P \cdot E}$=20.62~31.65 μm. Sexine is 2.1~3.4 μm thick, 1.5~3.0 times as thick as nexine. The surface is echinate, 2.9~4.6 μm high, 1.8~3.5 μm in base diametre, with periporate and 1~3 rows of perforations.

27. *Lagenophora* Cass.

Annual herb, short, spread in Southeast Asia and Oceania and Middle America, South America, 5 species. The pollen grains are subsphaeroidal. P/E ratio is 0.94~1.05, 3-lobed circular in polar view. $\sqrt{P \cdot E}$=21.89~22.99 μm. Sexine is 2.0~2.3 μm thick, about 2.0 times as thick as nexine. The surface is echinate, 3.0~3.4 μm high, 1.5~1.8 μm in base diametre, with none or with one row of perforations.

28. *Linosyris* Cass.

Perennial herb, wide spread in grassland and forest grassland of Europe and Asia, 10 species. The pollen grains are subsphaeroidal or prolate. P/E ratio is 1.04～1.17, 3-lobed circular in polar view. $\sqrt{P \cdot E}$ = 28.96～30.64 μm. Sexine is 2.1～2.6 μm high, about 2.0 times as thick as nexine. Length of echinae is 2.9～3.1 μm, 2.4～2.7 μm in base diametre.

29. *Myriactis* Less.

Annual or perennial herb, wide spread in tropical zone of Asia and Africa, 12 species. The pollen grains are subsphaeroidal or oblate or prolate. P/E ratio is 0.80～1.30, 3-lobed circular in polar view. $\sqrt{P \cdot E}$ = 21.79～25.68 μm. Sexine is 2.0～3.1 μm thick, 1.5～3.0 times as thick as nexine. The surface is echinate, 2.7～4.1 μm high, 1.4～2.7 μm in base diametre, with 1～2 rows of perforations or with none at the base.

30. *Microglossa* DC.

Bush or semi-bush, spread in the tropical zones of Asia and Africa, 10 species. The pollen grains are subsphaeroidal. P/E ratio is 0.90～0.96, 3-lobed circular in polar view. $\sqrt{P \cdot E}$ = 20.64～24.34 μm. Sexine is 2.1～2.5 μm thick, 1.5～2.0 times as thick as nexine. The surface is echinate, 3.2～3.8 μm high, 2.0～2.2 μm in base diametre, with no hole or one row of perforations at the base.

31. *Nannoglottis* Maxim.

Perennial herb, spread in the south of China, 9 species. The pollen grains are subsphaeroidal or prolate or oblate. P/E ratio is 0.87～1.19, 3-lobed circular in polar view. $\sqrt{P \cdot E}$ = 26.05～32.82 μm. Sexine is 1.9～3.1 μm thick, 1.5～2.5 times as thick as nexine. The surface is echinate, 2.3～3.6 μm high, 1.8～2.4 μm in base diametre, with no hole at the base.

32. *Pentachaeta* Nutt.

Annual herb, spread in the southeast of America and Mexico, 6 species. The pollen grains are subsphaeroidal. P/E ratio is 0.92～0.96, 3-lobed circular in polar view. $\sqrt{P \cdot E}$ = 22.76～23.87 μm. Sexine is 2.0～2.4 μm thick, about 2.0 times as thick as nexine. The surface is echinate, 2.0～2.3 μm high, with no hole at the base.

33. *Rhynchospermum* Reinw.

Perennial herb, spread in subtropical zone, 1 species. The pollen grains are subsphaeroidal. P/E ratio is 0.89～0.92, 3-lobed circular in polar view. $\sqrt{P \cdot E}$ = 22.86～24.12 μm. Sexine is 2.6～3.0 μm thick, about 2.0～2.5 times as thick as nexine. The surface is echinate, 3.4～3.9 μm high, 2.1～2.5 μm in base diametre, with one row of perforations at the base.

34. *Solidago* L.

Perennial herb, spread dominately in North America, minority in East Asia and South America, 200 species. The pollen grains are subsphaeroidal oblate or prolate. P/E ratio is

0.76～1.25, 3-lobed or occasionally 4-lobed circular in polar view. $\sqrt{P \cdot E} = 15.30 \sim 27.80$ μm. Sexine is 1.7～3.3 μm thick, 1.5～2.5 times as thick as nexine. The surface is echinate, 1.9～4.6 μm high, 1.4～3.3 μm in base diametre, with periporate or 1～3 rows of perforations at the base.

35. *Tripolium* Nees

Annual or quick-growth perennial herb, spread in North America, the north of Africa and East Asia, 1 species. The pollen grains are subsphaeroidal. P/E ratio is 0.90～0.93, 3-lobed circular in polar view. $\sqrt{P \cdot E} = 27.43 \sim 28.96$ μm. Sexine is 3.0～3.5 μm thick, about 2.5 times as thick as nexine. The surface is echinate, 3.2～3.6 μm high, 2.0～2.4 μm in base diametre, with one row of perforations at the base.

36. *Turczaninowia* DC.

Perennial herb, spread in East Asia, 1 species. The pollen grains are prolate. P/E ratio is 1.14～1.17, 3-lobed triangle in polar view. $\sqrt{P \cdot E} = 22.79 \sim 23.72$ μm. Sexine is 2.7～3.0 μm thick, about 2.5 times as thick as nexine. The surface is echinate, 1.8～2.1 μm high, 1.6～2.1 μm in base diametre, with no perforation at the base.

Key to the pollen types

1. Pollen grains 3-colporate, 3-lobed circular shallowly or deeply in polar view.
  2. Pollen grains oblate, $P/E < 0.88$.
    3. Echinae of four or less in polar area, deeply 3-lobed circular in polar across view.
      4. Echinae acuminate, with one or many rows of perforations at the base.
        5. Tectum perforate, the distance between echinae more than 3.5 μm ……… …………………………………………………………… *Aster diplostephioides* type
        5. Tectum rugulate, echinae acuminate ……………… *Aster mangshanensis* type
      4. Echinae acute from subglobse base, usually with one row of perforation at the base, tectum rugulate ………………………………… *Erigeron porphyrolepis* type
    3. Echinae of more than 5 in polar area, 3-lobed circular or shallowly 3-lobed circular in polar view.
      6. Tectum fossulate, echinae acuminate, ends curved accidentally with few or one row of perforation at the base ……………………………… *Bellis perennis* type
      6. Tectum smooth or granulate.
        7. Echinae acuminate, usually with curve end, no perforation at the base … ……………………………………………………………… *Aster ageratoides* type
        7. Echinae from acuminate to acute, with one or many perforations at the base ………………………………………………………… *Galatella macrosciadia* type
  2. Pollen grains prolate or subsphaeroidal, $P/E > 0.88$.

8. Pollen grains prolate, $P/E>1.14$, ends of ectocolpus rounded.
  9. Ectocolpus sunken deeply, echinae four or less in polar area, deeply 3-lobed circular or triangular in polar view.
    10. Sexine ridged between sunken ectocolpus, 1～2 rows of echinae on each ridge, triangular in polar view, with 1～2 rows of perforations at the base of echinae.
      11. Echinae separated from each other on ridges, more than 1.5 μm in distance, tip curved, tectum and the base of echinae perforate ………… …………………………………………………………… *Aster baccharoides* type
      11. Echinae basically broad, flat, conjoint, ends tapering sharply, with one or more rows of perforations at the base …………… *Aster batangensis* type
    10. Sexine flat between ectocolpus, with 5～6 rows of echinae, deeply 3-lobed circular in polar view.
      12. Polar area tapering acutely, echinae acuminate, finger-like …………… ……………………………………………………………… *Aster alpinus* type
      12. Polar area rounded, elliptic in equatorial view.
        13. Echinae cuspidate (high/broad less than 1.0) base round, tip acuminate, tectum psilate or gently rugulate …………………… *Aster amellus* type
        13. Echinae acuminate (high/broad more than 1.1), the distance between echinae more than 2.0 μm, tectum rugulate or gemmate …………… ……………………………………………………………… *Aster farreri* type
  9. Ectocolpus sunken, echinae five or more in polar area, 3-lobed circular in polar view.
    14. Tectum psilate, base of echinae broad, no perforation or with 1～3 rows of perforations ………………………………………………… *Aster conspicuus* type
    14. Tectum fossulate, rugulate or gemmate ………………… *Aster alatipes* type
8. Pollen grains subspheroidal, $0.88\leqslant P/E\leqslant 1.14$.
  15. Echinae four or less in polar view, deeply 3-lobed circular in polar view.
    16. Tectum rugulate or fossulate.
      17. Echinae acuminate.
        18. Echinae rather slender, more than 1.5 μm in distance, tectum rugulate or gemmate ……………………………………………… *Aster heterolepis* type
        18. Echinae acumiate, with broad bases, less than 1.5 μm in distance, tectum fossulate …………………………………………………… *Aster retusus* type
      17. Echinae acute, with round or sharp ends, not or rarely perforate …… ………………………………………………………… *Galatella fastigiiformis* type
    16. Tectum psilate or gently rugulate or perforate.
      19. The base of echinae broad, perforate with acuminate ends, tectum perforate ……………………………………………… *Heteropappus hispidus* type
      19. Tectum psilate or gently rugulate.

20. Echinae acuminate, base broad.

21. The distance between echinae more than 1.5 μm ················ *Aster asteroides* type

21. The distance between echinae less than 1.5 μm, echinae surface psilate, unperforate at the base ················ *Brachyactis ciliata* type

20. Echinae acute with rounded ends, the base perforate, the distance between echinae more than 1.0 μm ········ *Dichrocephala auriculata* type

15. Echinae of five or more in polar area, 3-lobed circular in polar view.

22. Echinae of eight or less in polar area, 3-lobed circular in polar view.

23. Tectum perforate, rugulate or gemmate, the distance between echinae more than 1.5 μm, the base of echinae with 1～3 rows of perforations.

24. Tectum rugulate or gemmate ························ *Aster fucescens* type

24. Tectum perforate or gemmate ················ *Aster lavanduliifolius* type

23. Tectum psilate, granulate, gently rugulate or fossulate.

25. Echinae acuminate or cuspidate with broad base and acute ends.

26. Echinae cuspidate, base broad, with one or many rows of perforations at the base ···································· *Aster nigromontanus* type

26. Echinae acuminate.

27. Tectum fossulate ································ *Aster flaccidus* type

27. Tectum psilate, granulate, or gently rugulate.

28. Echinae base perforate ························ *Aster albescens* type

28. Echinae base unperforate ················ *Aster argyropholis* type

25. Echinae obtuse with globose base ········ *Asterothamnus poliifolius* type

22. Echinae of more than eight in polar area, shallowly 3-lobed circular in polar view.

29. Tectum rugulate or fossulate, echinae acuminate with sunken perforations or no perforation at the base.

30. The base of echinae with no perforation ········ *Conyza leucantha* type

30. The base of echinae with sunken perforations ······ *Aster prorerus* type

29. Tectum psilate, perforate or gently rugulate.

31. Tectum perforate, echinae acuminate, with one or more rows of sunken perforations at the base ···························· *Erigeron krylovii* type

31. Tectum granulate, psilate, or gently rugulate.

32. Echinae acuminate.

33. The base of echinae sunken, perforate ··· *Aster latibracteatus* type

33. The base of echinae unperforate ········ *Erigeron kiukiangensis* type

32. Echinae acute ···································· *Erigeron breviscapus* type

1. Pollen grains with variable colpi.

34. Aperture triprorate, 2-colporate, 3- or 4-colporate.

35. Aperture triprorate or syncolpate.

36. Aperture tripororate ································ *Acamptopappus shockleyi* type
36. Aperture syncolpate.
37. Tectum perforate, with 2～3 rows of perforations at the base of echinae ·· *Cyathocline purpurea* type
37. Tectum unperforate, unperforate at the base of echinae ···················· ·· *Erigeron divergens* type
35. Aperture 3-, 4- or 2-colporate.
38. Aperture 3- or 4-colporate ······································ *Aster tongolensis* type
38. Aperture 2-colporate ··· *Aster lanceolatus* type
34. Aperture more than 3-colporate or uncertain colporate.
39. Aperture more than 3-colporate ····························· *Calotis multicaulis* type
39. Aperture uncertainly colporate ·· *Aster laevis* type

Discussion and Conclusions

On the basis of the survey of the pollen morphology and ultrastructure of the 350 representatives of 36 genera in the tribe *Astereae*, and the cladistic analysis of pollen type, and the study of the implications for the palynogeography and phylogeny of *Astereae*, several conclusions can be drawn as follows:

1. 40 pollen types can be recognized for the first time in the tribe *Astereae* according to such data as the pollen shape, the ultrastructure of pollen wall, the number and configuration of the apertures, and the external ornamentation, especially the variation in the shape and number of the spines.

2. At the tribal level, the species of *Astereae* have been proved to be remarkable uniform as viewed from electron microscopic work on their pollen. The pollen grains of all taxa have been characterized as being consistently echinate with the basal perforations on the spines; pollen grains of most of the genera here studied are spheroidal and tricolporate except in *Aster laevis*, *Aster lanceolatus*, *Calotis multicaulis*, *Erigeron strigosus*, and *Solidago californica*, which indicate considerable variations in colpus number; columellae consists of a single layer of pillar of nearly equal length in all species and with basally fused regions equal or occasionally exceeding thickness of tectum; columellae are physically separated from the foot layer, forming cavus; internal foramina occur in the columellae and tectum of all pollens. *Astereae* should be described as possessing the pollen of a *Helianthoid* pattern designated by Skvarla, presumably reflecting an affinities with that tribe in one hand and a well-defined group as a tribe at another.

3. The result of the cladistic analysis based on pollen morphology corroborates Jeffrey's(1995) argumentation that the tribe *Astereae* can be divided into only two subtribes e. g. *Grangeinae* and *Asterinae*, rather than into 14 subtribes, the taxonomic treat-

ment held by Nesom(1994) and Lane(1994).

4. It has been shown by the cladogram that (1) *Cyathocline purpurea* (*Grangeinae*) is basal to the rest of clades, revealing systematically its plesiomorphic position in *Astereae*, which supports the traditional classification and presumption from the cladistic analysis of the gross morphologies; (2) pollen of the *Aster* is more diverse and affinities broader; (3) pollen evidence reveals closer similarity among the *Aster*, the *Erigeron* and the *Conyza*, delivering a strong backing for the well-known assumptions that the *Erigeron* and *Conyza* are derived within the *Aster*.

5. Combined the data of the fossil pollen records with our research results of statistics of geographical distribution and distribution pattern of the pollen types in *Astereae*, the tribe *Astereae* was postulated to originate from Eocene or early Oligocene of the temperate area of North America. The geographic distribution of the *Astereae* plants can be divided into five zones: (1) North American zone; (2) Australasian zone; (3) Eurasian zone; (4) South and Central American zone; (5) African and tropical zone.

6. The pollen types of the *Astereae* have been found to be well in correspondence with the habitats of taxa, three forms are distinguished: (1) Alpine coldproof form. The core elements of them are the genera *Aster* and *Erigeron* which distributions have centred on high northern latitudes or mountain altitudes in North America and Asia retained some means of communication and interchange between the old and the new world long after it was broken off in the warmer parts of the globe. Pollen grains of these taxa are spheroidal, middle in size, thin-spined; morphologically with scapose inflorescence and basal leaves. (2) Steppe drought-tolerant form. This form is represented by *Solidago*, *Galatella*, *Krylovia* and *Asterothamnus* with the main distribution of drought and half drought prairie areas. The pollen of these taxa are spheroidal or subspheroidal, occasionally prolate, 27.8~31.3 μm in size, tricolporate with narrow colpus and obscure os, and turgid at the base of spine, thin and sharp at tip. Most of the plants in this group are perennial herbs, cauliferous, corymbous with many heads. (3) Low-land warm and moist-adapted form. This assemblage contains *Conyza*, *Kalimeris*, *Heteropappus*, *Doellingeria* and *Gymnaster*, and they are distributed mostly in Mediterranean area and the temperate moist zone of eastern Asia. The pollen grains of these taxa are spheroidal, large in size, with much longer and wider colpus, and well-developed spines of many basal perforations.

7. *Solidago* and its related genera are similar to *Aster* in pollen characters, and their diversities are not enough to draw a clear line between those genera. Thus, it is much more reasonable to merge the *Solidaginae* with the *Asterinae* as a one integrated subtribe than to leave the *Solidaginae* independent as a segregate subtribe itself.

8. *Aster baccharoides* should be properly raised to a separate "series" as its own, for its quite unique pollen grains among that genus.

9. The pollen grains of *Erigeron* are derived within that of *Aster* toward reduction in size, widening of colpi, and thinning of exine and spine. *Erigeron* from North America has polymorphic pollen grains whereas those from old world are rather simple with primitive

types. This fact demonstrates that North America could possibly be a modern diversified centre of the genus.

10. *Erigeron annus* and *E. strigosus* are similar to each other in pollen morphology, and both are distinctive in the genus. This evidence supports Cronquist's taxonomic treatment which established a segregate sect. phalacroloma for these two species, and it does not favour Torrey & Gray's proposal on putting *E. annus* and *E. divergens* together.

11. The genus *Trimorpha* found previously by Nesom consisting of *Erigeron alpinus* and *E. pseudoseravschanucus* is here suggested to be resurrected, and has closer relationship with *Conyza* than with *Erigeron*.

12. *Conyza* has been connected with *Erigeron* via *Trimorpha*, but being with the size of pollen greatly reduced, colpi narrowed and longer, and the thickness of exine further decreased as compared to *Erigeron*. This type presumedly resulted from adaptive derivation of some of *Aster* inhabiting in a hot and moist climate.

13. The pollen grains of *Galatella* are similar to those of *Heteropappus*, and there are two types: prolate and spheroidal with short and belt-like colpi, tectum loosely spined, and the base of spine turgid with more than 3 layers of big and distict perforations, suggesting a close relationship between these two genera. In addition, they are also closely related to *Aster ageratoides* subsp. *leiophyllus* var. *tenuifolius* and *Solidago aspenda*.

14. The pollen characters of the genus *Kalimeris* are rather of uniform, implicating that this is a well-defined group; The comparison of pollen morphology made between *Kalimeris* and *Boltonia* from North America revealed their intimate relationship of sister group; *K. indica* var. *polymorpha* has special ornamentation of the exine and can be elevated to the specifical level; *Aster procerus* and *A. smithianus* are transferred to *Kalimeris* based on the pollen exmorphologies, as well as their gross morphologies, which gives support Hu Xiuying's (1965) taxonomic treatment.

15. In many aspects of pollen characters including pollen exmorpholgy, sculpture of the wall and ultrastructure of the exine, *Nannoglottis* resembles *Astereae*, and should be recognized as a member of *Astereae*. This conclusion has been confirmed by the report concerning chromosome study of *Nannoglottis*.

图版说明与图版

Plate Description and Plates

图版 1(Plate 1, figs. 1～10)

1. ***Aster abatus*** **Blake** (figs. 1～5)
    1. Subpolar view, SEM×3000
    2. Equatorial view, SEM×3000
    3. Polar view, cross-section
    4. Equatorial view, cross-section
    5. Subpolar view, ornamentation at high focus
2. ***Aster acer*** **L.** (figs. 6～10)
    6. Equatorial view, cross-section
    7,8. Polar view, cross-section
    9. Polar view, SEM×3000
    10. Equatorial view, SEM×3000

图版 2(Plate 2, figs. 1～10)

3. ***Aster acuminatus*** **Michaux** (figs. 1～5)
    1. Subpolar view, SEM×2700
    2. Equatorial view, SEM×3000
    3. Polar view, cross-section
    4. Equatorial view, cross-section
    5. Polar view, ornamentation at high focus
4. ***Aster aegyropholis*** **Hand.-Mazz.** (figs. 6～10)
    6. Polar view, SEM×3700
    7. Equatorial view, SEM×3700
    8. Equatorial view, ornamentation at high focus
    9. Polar view, cross-section
    10. Equatorial view, cross-section

图版 3(Plate 3, figs. 1～10)

5. 三脉紫菀(*Aster ageratoides* Turcz.) (figs. 1～5)

1. Equatorial view, SEM×3500
2. Subpolar view, SEM×3300
3. Polar view, ornamentation at high focus
4. Polar view, cross-section
5. Equatorial view, cross-section

6. *Aster ageratoides* subsp. *leiophyllus* var. *tenuifolius* (figs. 6～10)

6. Polar view, SEM×3000
7. Equatorial view, SEM×3300
8. Equatorial view, cross-section
9. Polar view, ornamentation at high focus
10. Polar view, cross-section

图版 4(Plate 4, figs. 1～10)

7. 三脉紫菀坚叶变种(*Aster ageratoides* var. *firmus* (Diels) Hand.-Mazz.) (figs. 1～5)

1. Polar view, SEM×2700
2. Showing spines, SEM×7500
3. Equatorial view, ornamentation and colporate at high focus
4. Polar view, cross-section
5. Equatorial view, cross-section

8. 三脉紫菀异叶变种(*Aster ageratoides* var. *heterophyllus* Maxim.) (figs. 6～10)

6. Equatorial view, SEM×3000
7. Polar view, SEM×2700
8. Equatorial view, cross-section
9. Polar view, ornamentation at high focus
10. Polar view, cross-section

图版 5(Plate 5, figs. 1～10)

9. 翼柄紫菀(*Aster alatipes* Hemsl.) (figs. 1～5)

1. Polar view, SEM×4000
2. Equatorial view, SEM×3000

3,5. Equatorial view, cross-section

4. Polar view, cross-section

10. 小舌紫菀(*Aster albescens* (DC.) Hand.-Mazz.) (figs. 6～10)

6. Subpolar view, SEM×3300
7. Showing spines, SEM×9000
8. Equatorial view, cross-section
9. Polar view, cross-section

10. Equatorial view, ornamentation at high focus

图版 6(Plate 6, figs. 1～10)

11. 小舌紫菀白背变种(*Aster albescens* var. *discolor* Ling) (figs. 1～5)

1. Equatorial view, SEM×4000
2. Polar view, SEM×4000
3. Showing spines, SEM×9000
4. Polar view, cross-section
5. Polar view, ornamentation at high focus

12. 小舌紫菀腺叶变种(*Aster albescens* var. *glandulosus* Hand.-Mazz.) (figs. 6～10)

6,8. Equatorial view, cross-section
7. Polar view, cross-section
9. Equatorial view, SEM×3500
10. Showing spines, SEM×9000

图版 7(Plate 7, figs. 1～11)

13. 小舌紫菀狭叶变种(*Aster albescens* var. *gracilior* Hand.-Mazz.) (figs. 1～6)

1. Equatorial view, SEM×3500
2. Polar view, SEM×3000
3. Showing spines, SEM×7000
4. Equatorial view, cross-section
5. Polar view, ornamentation at high focus
6. Polar view, cross-section

14. 小舌紫菀无毛变种(*Aster albescens* var. *levissimus* Hand.-Mazz.) (figs. 7～11)

7. Polar view, cross-section
8. Equatorial view, ornamentation and colporate at high focus
9. Equatorial view, cross-section
10. Equatorial view, SEM×4000
11. Showing spines, SEM×9000

图版 8(Plate 8, figs. 1～10)

15. 小舌紫菀椭叶变种(*Aster albescens* var. *limprichtii* Hand.-Mazz.) (figs. 1～5)

1. Equatorial view, SEM×3500
2. Polar view, SEM×3300
3. Polar view, cross-section
4. Polar view, ornamentation at high focus
5. Equatorial view, cross-section

16. *Aster albescens* var. *ovatus* Ling (figs. 6～10)

6. Equatorial view, SEM×2700
7. Polar view, SEM×2700

8. Equatorial view, cross-section
9. Polar view, ornamentation at high focus
10. Polar view, cross-section

图版 9(Plate 9, figs. 1～10)

17. 小舌紫菀长毛变种(*Aster albescens* var. *pilosus* Hand.-Mazz.) (figs. 1～5)
1. Polar view, SEM×2700
2. Equatorial view, SEM×3000
3. Subpolar view, ornamentation at high focus
4. Polar view, cross-section
5. Equatorial view, cross-section

18. 小舌紫菀糙叶变种(*Aster albescens* var. *rugosus* Ling) (figs. 6～10)
6. Equatorial view, SEM×3300
7. Subpolar view, SEM×3000
8. Showing spines, SEM×9000
9. Polar view, cross-section
10. Equatorial view, cross-section

图版 10(Plate 10, figs. 1～11)

19. 小舌紫菀柳叶变种(*Aster albescens* var. *salignus* Hand.-Mazz.) (figs. 1～6)
1. Polar view, SEM×3000
2. Equatorial view, SEM×3000
3. Showing spines, SEM×9000
4. Polar view, ornamentation at high focus
5. Equatorial view, cross-section
6. Polar view, cross-section

20. 高山紫菀(*Aster alpinus* L.) (figs. 7～11)
7. Polar view, ornamentation at high focus
8. Equatorial view, cross-section
9. Polar view, cross-section
10. Equatorial view, SEM×3500
11. Showing spines, SEM×9000

图版 11(Plate 11, figs. 1～11)

21. *Aster altaicus* Willd. (figs. 1～6)
1. Polar view, SEM×3300
2. Equatorial view, SEM×3700
3. Showing spines, SEM×7500
4. Equatorial view, ornamentation at high focus
5. Equatorial view, cross-section

6. Polar view, cross-section

22. ***Aster altaicus*** **var.** ***latibracheatus*** **Ling** (figs. 7～11)

7. Polar view, cross-section
8. Equatorial view, cross-section
9. Equatorial view, ornamentation and colporate at high focus
10. Polar view, SEM×3000
11. Equatorial view, SEM×3000

图版 12(Plate 12, figs. 1～10)

23. ***Aster amellus*** **L.** (figs. 1～5)

1. Equatorial view, SEM×2200
2. Polar view, SEM×2300
3. Equatorial view, cross-section
4. Polar view, cross-section
5. Equatorial view, ornamentation at high focus

24. ***Aster anomalus*** **Engelm.** (figs. 6～10)

6. Equatorial view, SEM×4300
7. Polar view, SEM×4000
8. Equatorial view, cross-section
9. Polar view, cross-section
10. Polar view, ornamentation at high focus

图版 13(Plate 13, figs. 1～10)

25. 银鳞紫菀(*Aster argyropholis* Hand.-Mazz.) (figs. 1～5)

1. Equatorial view, SEM×3500
2. Polar view, SEM×3300
3. Equatorial view, cross-section
4. Polar view, ornamentation at high focus
5. Polar view, cross-section

26. 星舌紫菀(*Aster asteroides* (DC.) O. Ktze.) (figs. 6～10)

6. Subpolar view, SEM×2700
7. Equatorial view, SEM×2700
8. Polar view, cross-section

9,10. Equatorial view, cross-section

图版 14(Plate 14, figs. 1～10)

27. 耳叶紫菀(*Aster auriculatus* Franch.) (figs. 1～5)

1. Subpolar view, SEM×3000
2. Equatorial view, SEM×3000
3. Polar view, cross-section

4. Equatorial view, cross-section
5. Equatorial view, ornamentation at high focus

28. ***Aster azureus*** **Lindl.** (figs. 6～10)
6. Subpolar view, SEM×3300
7. Equatorial view, SEM×3700
8. Equatorial view, cross-section
9. Polar view, cross-section
10. Polar view, ornamentation at high focus

图版 15(Plate 15, figs. 1～9)

29. 白舌紫菀(*Aster baccharoides* Steetz.) (figs. 1～3)
1. Equatorial view, SEM×3000
2. Polar view, SEM×2700
3. Showing spines, SEM×9000

30. 巴塘紫菀(*Aster batangensis* Bur. et Franch.) (figs. 4～9)
4. Polar view, SEM×3000
5. Showing spines, SEM×9000
6. Equatorial view, SEM×3000
7. Equatorial view, cross-section
8. Polar view, cross-section
9. Polar view, ornamentation at high focus

图版 16(Plate 16, figs. 1～10)

31. 巴塘紫菀匙叶变种(*Aster batangensis* var. *staticefolius* (Franch.) Ling) (figs. 1～5)
1. Subpolar view, SEM×3000
2. Subequatorial view, SEM×3000
3. Showing spines, SEM×9000
4. Polar view, cross-section
5. Equatorial view, cross-section

32. ***Aster benthamii*** **Steetz.** (figs. 6～10)
6. Polar view, SEM×3000
7. Equatorial view, SEM×3000
8. Polar view, cross-section
9. Polar view, ornamentation at high focus
10. Equatorial view, cross-section

图版 17(Plate 17, figs. 1～11)

33. 短毛紫菀(*Aster brachytrichus* Franch.) (figs. 1～6)
1. Subpolar view, SEM×3000
2. Equatorial view, SEM×3300

3. Showing spines, SEM×7500
4. Equatorial view, cross-section
5. Polar view, ornamentation at high focus
6. Polar view, cross-section

34. 线舌紫菀(*Aster bietii* Franch.) (figs. 7～11)
7. Equatorial view, cross-section
8. Equatorial view, ornamentation at high focus
9. Equatorial view, SEM×2700
10. Polar view, SEM×2700
11. Polar view, cross-section

图版 18(Plate 18, figs. 1～11)

35. 扁毛紫菀(*Aster bulleyanus* J. F. Jeffr.) (figs. 1～6)
1. Equatorial view, SEM×2500
2. Polar view, SEM×3000
3. Showing spines, SEM×9000
4. Equatorial view, ornamentation at high focus
5. Equatorial view, cross-section
6. Polar view, cross-section

36. *Aster canus* W. et K. (figs. 7～11)
7. Equatorial view, ornamentation and colporate at high focus
8. Polar view, cross-section
9. Equatorial view, SEM×3300
10. Subpolar view, SEM×3300
11. Equatorial view, cross-section

图版 19(Plate 19, figs. 1～10)

37. *Aster changiana* Ling (figs. 1～5)
1. Equatorial view, SEM×3500
2. Polar view, SEM×3300
3,4. Equatorial view, cross-section
5. Polar view, cross-section

38. *Aster ciliolatus* Lindl. (figs. 6～10)
6. Equatorial view, SEM×3000
7. Polar view, SEM×3000
8. Equatorial view, cross-section
9,10. Polar view, cross-section

图版 20(Plate 20, figs. 1～10)

39. *Aster cimitaneus* W. W. Smith et Fare (figs. 1～3)

1. Subequatorial view, SEM×3000
2. Polar view, SEM×2500
3. Showing spines, SEM×7500

40. *Aster coerulescens* DC. (figs. 4～8)

4. Equatorial view, cross-section
5. Polar view, ornamentation at high focus
6. Equatorial view, SEM×3000
7. Subpolar view, SEM×3000
8. Polar view, cross-section

41. *Aster concolor* L. (figs. 9,10)

9. Polar view, cross-section
10. Polar view, ornamentation at high focus

图版 21(Plate 21, figs. 1～9)

41. *Aster concolor* L. (figs. 1,2)

1. Equatorial view, SEM×3500
2. Polar view, SEM×3300

42. *Aster conspicuus* Lindl. (figs. 3～6)

3. Equatorial view, SEM×2300
4. Polar view, SEM×2200
5. Polar view, cross-section
6. Showing spines, SEM×7500

43. *Aster cordifolius* L. (figs. 7～9)

7. Equatorial view, ornamentation and colporate at high focus
8. Polar view, cross-section

图版 22(Plate 22, figs. 1～10)

43. *Aster cordifolius* L. (figs. 1,2)

1. Equatorial view, SEM×4000
2. Polar view, SEM×3500

44. *Aster debilis* Ling (figs. 3～5)

3. Equatorial view, cross-section
4. Polar view, ornamentation at high focus
5. Polar view, cross-section

45. *Aster delavayi* Franch. (figs. 6～10)

6. Equatorial view, SEM×3700
7. Showing spines, SEM×9000
8. Subpolar view, SEM×3000
9. Polar view, cross-section
10. Equatorial view, cross-section

图版23(Plate 23, figs. 1～10)

46. *Aster dimorphyllus* Fr. et Lava. (figs. 1～5)

1. Polar view, SEM×3000
2. Equatorial view, SEM×3300
3. Polar view, cross-section
4. Equatorial view, cross-section
5. Equatorial view, ornamentation at high focus

47. 重冠紫菀(*Aster diplostephyoides* C. B. Clarke) (figs. 6～10)

6. Subpolar view, SEM×2700
7. Equatorial view, SEM×2300
8. Polar view, cross-section
9. Equatorial view, ornamentation and colporate at high focus
10. Equatorial view, cross-section

图版24(Plate 24, figs. 1～9)

48. *Aster divaricatus* L. (figs. 1～5)

1. Equatorial view, SEM×3300
2. Subpolar view, SEM×3000
3. Polar view, cross-section
4. Polar view, ornamentation at high focus
5. Equatorial view, cross-section

49. 长梗紫菀(*Aster dolichopodus* Ling) (figs. 6～8)

6. Subpolar view, SEM×3000
7. Showing spines, SEM×7500
8. Equatorial view, SEM×3300

50. 长叶紫菀(*Aster dolichophyllus* Ling) (fig. 9)

9. Showing spines, SEM×9000

图版25(Plate 25, figs. 1～10)

50. 长叶紫菀(*Aster dolichophyllus* Ling) (figs. 1～5)

1. Equatorial view, SEM×3300
2. Polar view, SEM×3300
3. Polar view, cross-section
4. Polar view, ornamentation at high focus
5. Equatorial view, cross-section

51. *Aster dumosus* L. (figs. 6～10)

6. Equatorial view, SEM×3700
7. Polar view, SEM×3700
8. Polar view, cross-section

9. Equatorial view, cross-section
10. Polar view, ornamentation at high focus

图版 26(Plate 26, figs. 1～10)

52. *Aster ericoides* L. (figs. 1～4)
1. Polar view, SEM×3500
2. Equatorial view, SEM×3500
3. Polar view, cross-section
4. Equatorial view, ornamentation at high focus

53. 海紫菀(*Aster tripolium* L.) (figs. 5～10)
5. Polar view, cross-section
6. Polar view, SEM×3500
7. Equatorial view, SEM×3500
8. Equatorial view, ornamentation and colporate at high focus
9. Polar view, ornamentation at high focus
10. Equatorial view, cross-section

图版 27(Plate 27, figs. 1～12)

54. 镰叶紫菀(*Aster falcifolius* Hand.-Mazz.) (figs. 1～6)
1. Equatorial view, SEM×2700
2. Equatorial view, SEM×2700
3. Polar view, cross-section
4. Showing spines, SEM×9000
5. Equatorial view, cross-section
6. Equatorial view, ornamentation at high focus

55. 狭苞紫菀(*Aster farreri* W. W. Smith et J. F. Jeffrey) (figs. 7～12)
7. Polar view, SEM×2700
8. Equatorial view, SEM×2700
9. Equatorial view, cross-section
10. Showing spines, SEM×9000
11. Polar view, cross-section
12. Equatorial view, ornamentation and colporate at high focus

图版 28(Plate 28, figs. 1～10)

56. *Aster fastigiatus* Fischer (figs. 1～3)
1. Polar view, ornamentation at high focus
2. Polar view, cross-section
3. Equatorial view, cross-section

57. 萎软紫菀(*Aster flaccidus* Bunge) (figs. 4～8)
4. Showing spines, SEM×7500

5. Polar view, SEM×3000
6. Equatorial view, SEM×2700
7. Polar view, cross-section
8. Equatorial view, cross-section

58. *Aster foliaceus* Lindl. ssp. *apricus* A. Gray (figs. 9,10)
9. Polar view, SEM×4000
10. Equatorial view, SEM×4000

图版 29(Plate 29, figs. 1～11)

59. 褐毛紫菀(*Aster fuscescens* Burr. et Franch.) (figs. 1～6)
1. Polar view, SEM×300
2. Showing spines, SEM×9000
3. Polar view, cross-section
4,5. Equatorial view, cross-section
6. Equatorial view, SEM×2700

60. 秦中紫菀(*Aster giraldii* Diels) (figs. 7～11)
7. Equatorial view, cross-section
8. Showing spines, SEM×7500
9. Polar view, cross-section
10. Equatorial view, SEM×2700
11. Polar view, SEM×2700

图版 30(Plate 30, figs. 1～10)

61. *Aster glaucodes* Blake (figs. 1～4)
1. Polar view, SEM×3300
2. Subequatorial view, SEM×3000
3. Polar view, cross-section
4. Equatorial view, cross-section

62. *Aster glehnii* Fr. Schm. (figs. 5～9)
5. Equatorial view, cross-section
6. Polar view, SEM×3300
7. Equatorial view, SEM×3500
8. Polar view, ornamentation at high focus
9. Equatorial view, ornamentation at high focus

63. 红冠紫菀(*Aster handelii* Onno) (fig. 10)
10. Equatorial view, SEM×3000

图版 31(Plate 31, figs. 1～10)

63. 红冠紫菀(*Aster handelii* Onno) (figs. 1～5)
1. Showing spines, SEM×6000

2. Equatorial view, SEM×2300
3. Polar view, ornamentation at high focus
4. Equatorial view, cross-section
5. Polar view, cross-section

64. 横斜紫菀(*Aster hersileoides* Schneid.) (figs. 6～10)
6. Subpolar view, SEM×3000
7. Subequatorial view, SEM×3000
8. Subpolar view, ornamentation at high focus
9. Equatorial view, cross-section
10. Polar view, cross-section

图版 32(Plate 32, figs. 1～12)

65. 异苞紫菀(*Aster heterolepis* Hand.-Mazz.) (figs. 1～6)
1. Equatorial view, SEM×3000
2. Subpolar view, SEM×2700
3,5. Equatorial view, cross-section
4. Polar view, cross-section
6. Showing spines, SEM×9000

66. 须弥紫菀(*Aster himalaicus* C. B. Clarke) (figs. 7～12)
7. Subpolar view, SEM×3000
8. Equatorial view, SEM×3000
9,11. Equatorial view, cross-section
10. Showing spines, SEM×9000
12. Polar view, cross-section

图版 33(Plate 33, figs. 1～9)

67. *Aster hirtifolius* Blake (figs. 1～6)
1. Polar view, SEM×3700
2. Equatorial view, SEM×4500
3. Equatorial view, ornamentation and colporate at high focus
4. Polar view, cross-section
5. Equatorial view, cross-section
6. Showing spines, SEM×9000

68. *Aster hispidus* Thunb. (figs. 7～9)
7. Showing spines, SEM×9000
8. Equatorial view, SEM×3000
9. Subpolar view, SEM×3000

图版 34(Plate 34, figs. 1～10)

69. 等苞紫菀(*Aster homochlamydeus* Hand.-Mazz.) (figs. 1～5)

1. Equatorial view, SEM×2700
2. Polar view, SEM×3000
3. Equatorial view, cross-section
4. Equatorial view, ornamentation at high focus
5. Polar view, cross-section

70. *Aster ibericus* Ster. (figs. 6～10)

6. Equatorial view, SEM×2500
7. Subpolar view, SEM×3000
8. Equatorial view, cross-section
9. Polar view, ornamentation at high focus
10. Polar view, cross-section

图版 35(Plate 35, figs. 1～9)

71. 大埔紫菀(*Aster itsunboshi* Kitam.) (figs. 1～3)

1. Equatorial view, SEM×3000
2. Polar view, SEM×3000
3. Showing spines, SEM×7500

72. 滇西北紫菀(*Aster jeffreyanus* Diels) (figs. 4～9)

4. Subpolar view, SEM×3000
5. Showing spines, SEM×9000
6. Subequatorial view, SEM×3000
7. Equatorial view, cross-section

8,9. Polar view, cross-section

图版 36(Plate 36, figs. 1～10)

73. *Aster laevis* L. (figs. 1～5)

1. Equatorial view, SEM×2700
2. Showing spines, SEM×7500
3. Polar view, cross-section

4,5. Equatorial view, cross-section

74. *Aster lanceolatus* Willd. (figs. 6～10)

6. Equatorial view, SEM×3000
7. Polar view, SEM×2700

8,9. Equatorial view, cross-section

10. Equatorial view, ornamentation at high focus

图版 37(Plate 37, figs. 1～10)

75. *Aster lateriflorus* Britton (figs. 1～5)

1. Polar view, SEM×3000
2. Equatorial view, SEM×3300

3. Equatorial view, cross-section
4. Polar view, cross-section
5. Polar view, ornamentation at high focus

76. 宽苞紫菀(*Aster latibracteatus* Franch.)(figs. 6～10)
6. Polar view, SEM×3300
7. Equatorial view, SEM×3300
8. Equatorial view, cross-section
9. Polar view, cross-section
10. Equatorial view, ornamentation and colporate at high focus

图版 38(Plate 38, figs. 1～10)

77. 线叶紫菀(*Aster lavanduliifolius* Hand.-Mazz.) (figs. 1～5)
1. Subequatorial view, SEM×3000
2. Subpolar view, SEM×2700
3. Showing spines, SEM×9000
4. Equatorial view, cross-section
5. Polar view, cross-section

78. *Aster leucanthemifolius* (Nutt.) Greene (figs. 6～10)
6. Polar view, SEM×3500
7. Equatorial view, SEM×3300
8. Polar view, cross-section
9. Equatorial view, cross-section
10. Polar view, ornamentation at high focus

图版 39(Plate 39, figs. 1～9)

79. 丽江紫菀(*Aster likiangensis* Franch.) (figs. 1～3,5～7)
1. Polar view, SEM×2700
2. Equatorial view, SEM×2700
3. Showing spines, SEM×9000
5,7. Equatorial view, cross-section
6. Polar view, cross-section

80. 舌叶紫菀(*Aster lingulatus* Franch.) (figs. 4,8,9)
4. Showing spines, SEM×7500
8. Subpolar view, SEM×2700
9. Subequatorial view, SEM×2700

图版 40(Plate 40, figs. 1～12)

80. 舌叶紫菀(*Aster lingulatus* Franch.) (figs. 1～3)
1. Equatorial view, cross-section
2. Polar view, cross-section

3. Polar view, ornamentation at high focus

81. 青海紫菀(*Aster lipskyi* Komar.) (figs. 4～7)

4. Equatorial view, SEM×3000
5. Polar view, SEM×3000
6. Polar view, cross-section
7. Equatorial view, cross-section

82. *Aster littoralis* Komar. (figs. 8～12)

8. Equatorial view, cross-section
9. Equatorial view, ornamentation at high focus
10. Polar view, SEM×2700
11. Equatorial view, SEM×3000
12. Polar view, cross-section

图版 41(Plate 41, figs. 1～10)

83. 圆苞紫菀(*Aster maackii* Regel) (figs. 1～3)

1. Subequatorial view, SEM×3000
2. Subpolar view, SEM×3000
3. Showing spines, SEM×7500

84. *Aster macrophyllus* L. (figs. 4～8)

4. Subequatorial view, SEM×3000
5. Subpolar view, SEM×2700
6. Equatorial view, cross-section
7. Equatorial view, ornamentation at high focus
8. Polar view, cross-section

85. 莽山紫菀(*Aster mangshanensis* Ling) (figs. 9,10)

9. Polar view, cross-section
10. Equatorial view, ornamentation and colporate at high focus

图版 42(Plate 42, figs. 1～10)

85. 莽山紫菀(*Aster mangshanensis* Ling) (figs. 1～4)

1. Polar view, SEM×2500
2. Showing spines, SEM×7500
3. Equatorial view, SEM×2700
4. Equatorial view, cross-section

86. 大花紫菀(*Aster megalanthus* Ling) (figs. 5～10)

5. Equatorial view, ornamentation at high focus
6. Equatorial view, cross-section
7. Polar view, cross-section
8. Equatorial view, SEM×2500
9. Polar view, SEM×3000

10. Showing spines, SEM×7500

图版 43(Plate 43, figs. 1～11)

87. 川鄂紫菀(*Aster moupinensis* (Franch.) Hand.-Mazz.) (figs. 1～6)

1. Polar view, SEM×3000
2. Showing spines, SEM×7500
3. Equatorial view, SEM×3000
4. Polar view, cross-section
5. Equatorial view, cross-section
6. Equatorial view, ornamentation and colporate at high focus

88. *Aster nemoralis* Ait. var. *major* Peck (figs. 7～11)

7. Polar view, ornamentation at high focus
8. Polar view, cross-section
9. Equatorial view, ornamentation and colporate at high focus
10. Subpolar view, SEM×3300
11. Equatorial view, SEM×2700

图版 44(Plate 44, figs. 1～12)

89. 黑山紫菀(*Aster nigromontanus* Dunn) (figs. 1～6)

1. Equatorial view, SEM×2700
2. Subpolar view, SEM×3000
3. Equatorial view, cross-section
4. Showing spines, SEM×7500
5. Equatorial view, ornamentation and colporate at high focus
6. Polar view, cross-section

90. 亮叶紫菀(*Aster nitidus* Chang) (figs. 7～12)

7. Showing spines, SEM×7500
8. Equatorial view, ornamentation and colporate at high focus
9. Polar view, cross-section
10. Equatorial view, cross-section
11. Equatorial view, SEM×2700
12. Subpolar view, SEM×3000

图版 45(Plate 45, figs. 1～10)

91. *Aster novae-anglicae* L. (figs. 1～5)

1. Polar view, SEM×3300
2. Equatorial view, SEM×3300
3. Equatorial view, cross-section
4. Polar view, cross-section
5. Equatorial view, ornamentation at high focus

92. ***Aster occidentalis*** **(Nutt.) T. et G.** (figs. 6～10)

6. Equatorial view, SEM×3000
7. Subpolar view, SEM×3700
8. Equatorial view, ornamentation at high focus
9. Equatorial view, cross-section
10. Polar view, cross-section

图版 46(Plate 46, figs. 1～10)

93. 石生紫菀(*Aster oreophilus* Franch.) (figs. 1～5)

1. Showing spines, SEM×7500
2. Subpolar view, SEM×2500
3. Equatorial view, cross-section
4. Polar view, cross-section
5. Polar view, ornamentation at high focus

94. 琴叶紫菀(*Aster panduratus* Nees ex Walper) (figs. 6～10)

6. Subequatorial view, SEM×3000
7. Showing spines, SEM×9000
8. Subpolar view, SEM×3300
9. Equatorial view, cross-section
10. Subpolar view, ornamentation at high focus

图版 47(Plate 47, figs. 1～10)

95. ***Aster pansus*** **(Blake) Cronq.** (figs. 1～4)

1. Subpolar view, SEM×3000
2. Equatorial view, SEM×3000
3. Polar view, cross-section
4. Equatorial view, cross-section

96. ***Aster patens*** **Ait.** (figs. 5～9)

5. Polar view, cross-section
6. Subequatorial view, SEM×3500
7. Polar view, SEM×3000
8. Equatorial view, cross-section
9. Equatorial view, ornamentation at high focus

97. ***Aster pycnophyllus*** **W. W. Smith** (fig. 10)

10. Polar view, cross-section

图版 48(Plate 48, figs. 1～10)

97. ***Aster pycnophyllus*** **W. W. Smith.** (figs. 1～4)

1. Subpolar view, SEM×2700
2. Equatorial view, SEM×3000

3. Showing spines, SEM×7500
4. Equatorial view, cross-section

98. *Aster pilosus* Willd. (figs. 5～10)
5. Equatorial view, cross-section
6,8. Polar view, cross-section
7. Equatorial view, ornamentation at high focus
9. Subpolar view, SEM×4000
10. Equatorial view, SEM×3700

图版 49(Plate 49, figs. 1～11)

99. 高茎紫菀(*Aster prorerus* Hemsl.) (figs. 1～6)
1. Subpolar view, SEM×3000
2. Showing spines, SEM×9000
3. Equatorial view, SEM×3000
4. Equatorial view, cross-section
5. Polar view, cross-section
6. Equatorial view, ornamentation at high focus

100. *Aster puniceus* L. (figs. 7～10)
7. Equatorial view, ornamentation at high focus
8. Polar view, cross-section
9. Equatorial view, cross-section
10. Equatorial view, SEM×3500
11. Subpolar view, SEM×3300

图版 50(Plate 50, figs. 1～11)

101. *Aster radula* Ait. (figs. 1～5)
1. Polar view, SEM×3000
2. Equatorial view, SEM×3000
3. Polar view, cross-section
4. Equatorial view, cross-section
5. Polar view, ornamentation at high focus

102. 凹叶紫菀(*Aster retusus* Ludlow) (figs. 6～11)
6,8. Equatorial view, cross-section
7. Polar view, cross-section
9. Polar view, SEM×3000
10. Showing spines, SEM×9000
11. Equatorial view, SEM×3000

图版 51(Plate 51, figs. 1～10)

103. *Aster sibiricus* L. var. *meritus* (A. Nels.) Raup. (figs. 1～5)

1. Subpolar view, SEM×2700
2. Equatorial view, SEM×2700
3. Equatorial view, cross-section
4. Equatorial view, ornamentation at high focus
5. Polar view, cross-section

104. *Aster roseus* Ster. (figs. 6～10)

6. Equatorial view, SEM×3700
7. Subpolar view, SEM×3300
8. Polar view, cross-section
9. Equatorial view, cross-section
10. Equatorial view, ornamentation at high focus

图版 52(Plate 52, figs. 1～10)

105. *Aster sagittifolius* Wedemeyer (figs. 1～5)

1. Subpolar view, SEM×4000
2. Equatorial view, SEM×4000
3. Polar view, cross-section
4. Equatorial view, ornamentation and colporate at high focus
5. Equatorial view, cross-section

106. *Aster salicifolius* Scholler (figs. 6～10)

6. Subequatorial view, SEM×3000
7. Subpolar view, SEM×2500
8. Equatorial view, ornamentation and colporate at high focus
9. Equatorial view, cross-section
10. Polar view, cross-section

图版 53(Plate 53, figs. 1～11)

107. 怒江紫菀(*Aster salwinensis* Onno) (figs. 1～6)

1. Showing spines, SEM×9000
2. Subequatorial view, SEM×3300
3. Subpolar view, SEM×3000

4,5. Equatorial view, cross-section

6. Polar view, cross-section

108. 短舌紫菀等毛变种(*Aster sampsonii* var. *isochaetus* Chang) (figs. 7～11)

7. Equatorial view, cross-section
8. Polar view, ornamentation at high focus
9. Polar view, cross-section
10. Equatorial view, SEM×3300
11. Subpolar view, SEM×3500

图版 54(Plate 54, figs. 1～10)

109. *Aster scopulorum* A. Gray (figs. 1～5)

1. Subequatorial view, SEM×3300
2. Subpolar view, SEM×3300
3. Polar view, ornamentation at high focus
4. Polar view, cross-section
5. Equatorial view, cross-section

110. *Aster sedifolius* L. (figs. 6～10)

6. Polar view, SEM×3000
7. Subequatorial view, SEM×3300
8. Polar view, ornamentation at high focus
9. Polar view, cross-section
10. Equatorial view, cross-section

图版 55(Plate 55, figs. 1～12)

111. 狗舌紫菀(*Aster senecioides* Franch.) (figs. 1～6)

1. Equatorial view, SEM×3000
2. Subpolar view, SEM×2700
3. Polar view, cross-section
4. Showing spines, SEM×8000
5. Equatorial view, cross-section
6. Polar view, ornamentation at high focus

112. 四川紫菀(*Aster sutchuenensis* Franch.) (figs. 7～12)

7. Showing spines, SEM×8000
8. Polar view, ornamentation at high focus
9. Equatorial view, cross-section
10. Subpolar view, SEM×3300
11. Equatorial view, SEM×3000
12. Polar view, cross-section

图版 56(Plate 56, figs. 1～10)

113. *Aster shortii* Lindl. (figs. 1～5)

1. Subpolar view, SEM×3500
2. Subequatorial view, SEM×3700
3. Polar view, cross-section
4. Equatorial view, cross-section
5. Equatorial view, ornamentation and colporate at high focus

114. 西伯利亚紫菀(*Aster sibiricus* L.) (figs. 6～10)

6. Subpolar view, SEM×3500

7. Subequatorial view, SEM×3300
8. Equatorial view, ornamentation and colporate at high focus
9. Polar view, cross-section
10. Equatorial view, cross-section

图版 57(Plate 57, figs. 1～12)

115. 西固紫菀(*Aster sikuensis* W. W. Smith et Farr.) (figs. 1～3)
1,3. Equatorial view, cross-section
2. Subpolar view, ornamentation at high focus

116. 岳麓紫菀(*Aster sinianus* Hand.-Mazz.) (figs. 4～9)
4. Equatorial view, cross-section
5. Equatorial view, SEM×4000
6. Subpolar view, SEM×3300
7. Polar view, ornamentation at high focus
8. Polar view, cross-section
9. Showing spines, SEM×9000

117. 甘川紫菀(*Aster smithianus* Hand.-Mazz.) (figs. 10～12)
10. Subpolar view, SEM×3000
11. Equatorial view, SEM×3000
12. Showing spines, SEM×7500

图版 58(Plate 58, figs. 1～10)

118. 缘毛紫菀(*Aster souliei* Franch.) (figs. 1～5)
1. Subpolar view, SEM×2700
2. Showing spines, SEM×9000
3. Equatorial view, SEM×3000
4. Polar view, cross-section
5. Equatorial view, cross-section

119. *Aster spathulifolius* Maxim. (figs. 6～10)
6. Subpolar view, SEM×3300
7. Equatorial view, SEM×3300
8. Equatorial view, cross-section
9. Polar view, cross-section
10. Subpolar view, ornamentation at high focus

图版 59(Plate 59, figs. 1～10)

120. *Aster spectabilis* Ait. (figs. 1～5)
1. Subequatorial view, SEM×3000
2. Polar view, SEM×2700
3. Polar view, ornamentation at high focus

4. Equatorial view, cross-section
5. Equatorial view, ornamentation and colporate at high focus

121. 圆耳紫菀(*Aster sphaerotus* Ling) (figs. 6～10)

6. Showing spines, SEM×9000
7. Subequatorial view, SEM×3000
8. Polar view, SEM×3000
9. Polar view, cross-section
10. Equatorial view, ornamentation and colporate at high focus

图版60(Plate 60, figs. 1～10)

122. *Aster squarosus* Walt. (figs. 1～5)

1. Subpolar view, SEM×4000
2. Equatorial view, SEM×4000
3. Polar view, cross-section
4. Polar view, ornamentation at high focus
5. Equatorial view, cross-section

123. *Aster subintegerrimus* (Trautv.) Ostenf. et Res. (figs. 6～10)

6. Equatorial view, SEM×3500
7. Subpolar view, SEM×3300
8. Equatorial view, cross-section
9. Polar view, cross-section
10. Polar view, ornamentation at high focus

图版61(Plate 61, figs. 1～10)

124. *Aster subspicatus* Nees (figs. 1～5)

1. Equatorial view, SEM×2500
2. Subpolar view, SEM×2700
3. Polar view, cross-section
4. Equatorial view, ornamentation and colporate at high focus
5. Equatorial view, cross-section

125. *Aster subulatus* Michx. (figs. 6～10)

6. Subpolar view, SEM×2700
7. Polar view, cross-section
8. Equatorial view, cross-section
9. Subequatorial view, SEM×2700
10. Showing spines, SEM×7500

图版62(Plate 62, figs. 1～12)

126. 凉山紫菀(*Aster taliangshanensis* Ling) (figs. 1～6)

1. Subpolar view, SEM×2500

2. Equatorial view, SEM×3000
3. Polar view, cross-section
4. Showing spines, SEM×7500
5. Subpolar view, ornamentation at high focus
6. Equatorial view, cross-section

127. 紫菀(*Aster tataricus* L. f.) (figs. 7～12)

7. Showing spines, SEM×6500
8. Equatorial view, cross-section
9. Equatorial view, ornamentation and colporate at high focus
10. Subpolar view, SEM×2700
11. Equatorial view, SEM×2700
12. Polar view, cross-section

图版 63(Plate 63, figs. 1～12)

128. 变种紫菀(*Aster tataricus* var. *petersianus* Hort. ex Bailey) (figs. 1～6)

1. Subequatorial view, SEM×2700
2. Subpolar view, SEM×2700
3. Equatorial view, cross-section
4. Showing spines, SEM×6000
5. Polar view, ornamentation at high focus
6. Polar view, cross-section

129. 德钦紫菀(*Aster techinensis* Ling) (figs. 7～12)

7. Showing spines, SEM×7500
8. Polar view, cross-section
9. Polar view, ornamentation at high focus
10. Subpolar view, SEM×2700
11. Subequatorial view, SEM×2700
12. Equatorial view, cross-section

图版 64(Plate 64, figs. 1～10)

130. *Aster tenuifolius* L. (figs. 1～5)

1. Subequatorial view, SEM×3000
2. Subpolar view, SEM×3000

3,5. Equatorial view, cross-section

4. Polar view, ornamentation at high focus

131. *Aster tephrodes* (A. Gray) Blake (figs. 6～10)

6. Subpolar view, SEM×3700
7. Subequatorial view, SEM×3700
8. Polar view, cross-section

9,10. Equatorial view, cross-section

图版65(Plate 65, figs. 1～11)

132. 天全紫菀(*Aster tientschuanensis* Hand.-Mazz.) (figs. 1～5)

1. Polar view, SEM×2300
2. Showing spines, SEM×9000
3. Equatorial view, cross-section
4. Polar view, ornamentation at high focus
5. Polar view, cross-section

133. 东俄洛紫菀(*Aster tongolensis* Franch.) (figs. 6～11)

6. Showing spines, SEM×9000

7,8. Equatorial view, cross-section

9. Subpolar view, SEM×2300
10. Subequatorial view, SEM×2500
11. Polar view, cross-section

图版66(Plate 66, figs. 1～11)

134. *Aster trichocarpus* Duce. (figs. 1～3)

1. Polar view, ornamentation at high focus
2. Polar view, cross-section
3. Equatorial view, cross-section

135. *Aster triloba* (figs. 4,5)

4. Subpolar view, SEM×4300
5. Equatorial view, SEM×3300

136. 三基脉紫菀(*Aster trinervius* D. Don) (figs. 6～11)

6. Equatorial view, cross-section
7. Equatorial view, ornamentation and colporate at high focus
8. Polar view, cross-section
9. Subpolar view, SEM×2700
10. Showing spines, SEM×6000
11. Subequatorial view, SEM×3000

图版67(Plate 67, figs. 1～11)

137. 察瓦龙紫菀(*Aster tsarungensis* Ling) (figs. 1～6)

1. Equatorial view, SEM×2700
2. Subpolar view, SEM×2500
3. Polar view, cross-section
4. Showing spines, SEM×9000
5. Equatorial view, cross-section
6. Polar view, ornamentation at high focus

138. *Aster tuganianus* Ait. (figs. 7～11)

7. Subpolar view, SEM×3000
8. Equatorial view, SEM×3300
9. Equatorial view, cross-section
10. Polar view, ornamentation at high focus
11. Polar view, cross-section

图版 68(Plate 68, figs. 1～11)

139. 陀螺紫菀(*Aster turbinatus* S. Moore) (figs. 1～6)
1. Equatorial view, SEM×3000
2. Subpolar view, SEM×3000
3. Polar view, ornamentation at high focus
4. Equatorial view, cross-section
5. Polar view, cross-section
6. Showing spines, SEM×7000

140. *Aster umbellatus* Miller (figs. 7～11)
7. Subequatorial view, SEM×3700
8. Subpolar view, SEM×3300
9. Polar view, ornamentation at high focus
10. Equatorial view, cross-section
11. Polar view, cross-section

图版 69(Plate 69, figs. 1～11)

141. *Aster undulatus* L. (figs. 1,2,4～6)
1. Subequatorial view, SEM×4000
2. Subpolar view, SEM×3500
4. Equatorial view, cross-section
5. Polar view, cross-section
6. Polar view, ornamentation at high focus

142. 峨眉紫菀单头变形(*Aster veitchianus* f. *yamatzutae* (Matsuda) Ling) (figs. 3,7～11)
3. Showing spines, SEM×7500
7. Polar view, cross-section
8. Equatorial view, ornamentation at high focus
9. Polar view, SEM×3000
10. Equatorial view, SEM×3000
11. Equatorial view, cross-section

图版 70(Plate 70, figs. 1～11)

143. 密毛紫菀(*Aster vestitus* Franch.) (figs. 1～6)
1. Equatorial view, SEM×3000
2. Showing spines, SEM×7500

3. Polar view, SEM×3000
4. Equatorial view, cross-section
5. Subpolar view, ornamentation at high focus
6. Polar view, cross-section

144. ***Aster vimineus*** **Lamarck** (figs. 7～11)
7. Equatorial view, ornamentation and colporate at high focus
8. Polar view, cross-section
9. Equatorial view, cross-section
10. Subpolar view, SEM×3500
11. Subequatorial view, SEM×3500

图版 71(Plate 71, figs. 1～11)

145. ***Aster wuciwuus*** **Willd.** (figs. 1～5)
1. Subpolar view, SEM×3000
2. Equatorial view, SEM×3000
3. Polar view, ornamentation at high focus
4. Equatorial view, cross-section
5. Polar view, cross-section

146. 云南紫菀(*Aster yunnanensis* Franch.) (figs. 6～11)
6. Subpolar view, ornamentation at high focus
7. Equatorial view, cross-section
8. Polar view, cross-section
9. Showing spines, SEM×9000
10. Equatorial view, SEM×2300
11. Polar view, SEM×2500

图版 72(Plate 72, figs. 1～11)

147. 云南紫菀狭苞变种(*Aster yunnanensis* var. *angnstior* Griers) (figs. 1～5)
1. Polar view, SEM×2700
2. Subequatorial view, SEM×3000
3. Polar view, cross-section
4. Showing spines, SEM×9000
5. Equatorial view, cross-section

148. 云南紫菀夏河变种(*Aster yunnanensis* var. *labrangensis* (Hand.-Mazz.) Ling) (figs. 6～11)
6. Polar view, cross-section
7. Showing spines, SEM×9000
8. Polar view, ornamentation at high focus
9. Equatorial view, cross-section
10. Subpolar view, SEM×2700

11. Subequatorial view, SEM×3000

图版 73(Plate 73, figs. 1～12)

149. *Acamptopappus sphaerocephalus* A. Gray (figs. 1～6)
1. Subequatorial view, SEM×3700
2. Subpolar view, SEM×3700
3. Equatorial view, ornamentation at high focus
4. Showing spines, SEM×9000
5. Polar view, cross-section
6. Equatorial view, cross-section

150. *Acamptopappus shockleyi* A. Gray (figs. 7～12)
7. Showing spines, SEM×10000
8. Equatorial view, ornamentation at high focus
9. Equatorial view, cross-section
10. Equatorial view, SEM×4000
11. Polar view, SEM×4000
12. Polar view, cross-section

图版 74(Plate 74, figs. 1～10)

151. *Amphiachyris fremontii* A. Gray (figs. 1～5)
1. Polar view, SEM×3700
2. Subequatorial view, SEM×4000
3. Polar view, cross-section
4. Polar view, ornamentation at high focus
5. Equatorial view, cross-section

152. *Aphanostephus riddellii* T. et G. (figs. 6～10)
6. Polar view, SEM×3500
7. Equatorial view, SEM×3000
8. Polar view, cross-section
9. Equatorial view, cross-section
10. Equatorial view, ornamentation and colporate at high focus

图版 75(Plate 75, figs. 1～12)

153. 紫菀木(*Asterothamnus alyssoides* (Turcz.) Novopokr.) (figs. 1～6)
1. Polar view, SEM×3000
2. Subequatorial view, SEM×2700
3. Polar view, cross-section
4. Showing spines, SEM×6000
5. Equatorial view, cross-section
6. Polar view, ornamentation at high focus

154. 中亚紫菀木(*Asterothamnus centrali-asiaticus* Novopokr.) (figs. 7～12)

7. Showing spines, SEM×7500
8. Equatorial view, cross-section
9. Equatorial view, ornamentation at high focus
10. Subpolar view, SEM×2700
11. Subequatorial view, SEM×2700
12. Polar view, cross-section

图版 76(Plate 76, figs. 1～11)

155. 灌木紫菀木(*Asterothamnus fruticosus* (C. Winkl.) Novopokr.) (figs. 1～6)

1. Subpolar view, SEM×3500
2. Subequatorial view, SEM×3500
3. Polar view, cross-section

4,5. Equatorial view, cross-section

6. Showing spines, SEM×9000

156. 毛叶紫菀木(*Asterothamnus poliifolius* Novopokr.) (figs. 7～11)

7. Showing spines, SEM×9000
8. Subequatorial view, SEM×3000
9. Equatorial view, cross-section
10. Equatorial view, ornamentation at high focus
11. Polar view, cross-section

图版 77(Plate 77, figs. 1～12)

157. *Bellis annua* L. (figs. 1～6)

1. Subpolar view, SEM×4000
2. Equatorial view, SEM×3500
3. Polar view, cross-section
4. Showing spines, SEM×8000
5. Equatorial view, ornamentation at high focus
6. Equatorial view, ornamentation and colporate at high focus

158. 雏菊(*Bellis perennis* L.) (figs. 7～12)

7. Subpolar view, SEM×4000

8,9. Equatorial view, cross-section

10. Polar view, cross-section
11. Showing spines, SEM×9000
12. Subequatorial view, SEM×5000

图版 78(Plate 78, figs. 1～11)

159. *Boltonia latisquama* A. Gray (figs. 1～6)

1. Equatorial view, SEM×5000

2. Subpolar view, SEM×4300
3. Showing spines, SEM×10000
4. Equatorial view, ornamentation and colporate at high focus
5. Equatorial view, cross-section
6. Polar view, cross-section

160. 短星菊(*Brachyactis ciliata* Ledeb.) (figs. 7～11)
7. Showing spines, SEM×9000
8. Polar view, cross-section
9. Polar view, ornamentation at high focus
10. Subequatorial view, SEM×3500
11. Subpolar view, SEM×4000

图版 79(Plate 79, figs. 1～12)

161. 腺毛短星菊(*Brachyactis pubescens* (DC.) Aitch. et C. B. Clarke) (figs. 1～6)
1. Subequatorial view, SEM×3700
2. Showing spines, SEM×9000
3. Equatorial view, cross-section
4. Equatorial view, ornamentation at high focus
5. Polar view, cross-section
6. Polar view, ornamentation at high focus

162. 西疆短星菊(*Brachyactis roylei* (DC.) Wendelbo) (figs. 7～12)
7. Polar view, cross-section
8. Equatorial view, cross-section
9. Polar view, ornamentation at high focus
10. Subpolar view, SEM×4000
11. Subequatorial view, SEM×3700
12. Showing spines, SEM×9500

图版 80(Plate 80, figs. 1～12)

163. 翠菊(*Callistephus chinensis* (L.) Nees) (figs. 1～6)
1. Subpolar view, SEM×2300
2. Subequatorial view, SEM×2300
3. Equatorial view, ornamentation at high focus
4. Equatorial view, cross-section
5. Polar view, cross-section
6. Showing spines, SEM×6000

164. 刺冠菊(*Calotis caespitosa* Chang) (figs. 7～12)
7. Polar view, cross-section
8. Polar view, ornamentation at high focus
9. Showing spines, SEM×9000

10. Equatorial view, SEM×4000
11. Polar view, SEM×4800
12. Equatorial view, cross-section

图版 81(Plate 81, figs. 1～12)

165. *Calotis hispidula* F. Muell (figs. 1,2)
1. Polar view, ornamentation at high focus
2. Equatorial view, cross-section

166. *Calotis multicaulis* (Turcz.) Druce (figs. 3～7)
3. Equatorial view, ornamentation and colporate at high focus
4. Equatorial view, cross-section
5. Polar view, cross-section
6. Subequatorial view, SEM×4000
7. Subpolar view, SEM×4500

167. *Calotis kempei* F. Muell (figs. 8～12)
8. Polar view, SEM×4000
9. Subequatorial view, SEM×4000
10. Equatorial view, cross-section
11. Polar view, ornamentation at high focus
12. Polar view, cross-section

图版 82(Plate 82, figs. 1～11)

168. *Chrysopsis atenophylla* Kansas (figs. 1～6)
1. Subpolar view, SEM×3500
2. Equatorial view, SEM×3700
3. Equatorial view, ornamentation and colporate at high focus
4. Polar view, ornamentation at high focus
5. Polar view, cross-section
6. Showing spines, SEM×9000

169. *Chrysopsis mariana* (L.) Ell. (figs. 7～11)
7. Equatorial view, cross-section
8. Polar view, ornamentation at high focus
9. Equatorial view, SEM×3300
10. Showing spines, SEM×7500
11. Subpolar view, SEM×3000

图版 83(Plate 83, figs. 1～10)

170. *Chrysothamnus tretifolius* (Dur.) Hall. (figs. 1～5)
1. Subequatorial view, SEM×3300
2. Subpolar view, SEM×3000

3. Equatorial view, ornamentation at high focus
4. Polar view, cross-section
5. Showing spines, SEM×9000

171. ***Chrysothamnus viscidiflorus*** **(Hook.) Nutt.** (figs. 6～10)
6. Equatorial view, ornamentation and colporate at high focus
7. Showing spines, SEM×9000
8. Subequatorial view, SEM×3000
9. Subpolar view, SEM×3300
10. Polar view, cross-section

图版 84(Plate 84, figs. 1～10)

172. 埃及白酒草(*Conyza aegyptiaca* (L.) Ait.) (figs. 1～5)
1. Subpolar view, SEM×3300
2. Subequatorial view, SEM×4000
3. Equatorial view, ornamentation and colporate at high focus
4. Polar view, cross-section
5. Showing spines, SEM×12000

173. 熊胆草(*Conyza blinii* Levl.) (figs. 6～10)
6. Polar view, cross-section
7. Equatorial view, cross-section
8. Showing spines, SEM×9000
9. Polar view, SEM×3500
10. Equatorial view, SEM×3700

图版 85(Plate 85, figs. 1～9)

174. 香丝草(*Conyza bonariensis* (L.) Cronq.) (figs. 1～3)
1. Subpolar view, SEM×4300
2. Equatorial view, SEM×4300
3. Showing spines, SEM×10000

175. 加拿大蓬(*Conyza canadensis* (L.) Cronq.) (figs. 4～9)
4. Showing spines, SEM×9000
5. Subequatorial view, SEM×4000
6. Subpolar view, SEM×4000
7. Equatorial view, ornamentation at high focus
8. Equatorial view, cross-section
9. Polar view, cross-section

图版 86(Plate 86, figs. 1～10)

176. 白酒草(*Conyza japonica* (Thunb.) Less.) (figs. 1～6)
1. Equatorial view, SEM×3500

2. Subpolar view, SEM×4000
3. Equatorial view, cross-section
4. Equatorial view, ornamentation and colporate at high focus
5. Polar view, cross-section
6. Showing spines, SEM×7500

177. 黏毛白酒草(*Conyza leucantha* (D. Don) Ludlow et Raven) (figs. 7～10)

7. Polar view, cross-section
8. Showing spines, SEM×10000
9. Polar view, SEM×3700
10. Equatorial view, SEM×3700

图版 87(Plate 87, figs. 1～11)

178. 木里白酒草(*Conyza muliensis* Y. L. Chen) (figs. 1～6)

1. Subpolar view, SEM×3700
2. Subequatorial view, SEM×3500
3. Polar view, cross-section
4. Equatorial view, ornamentation and colporate at high focus
5. Equatorial view, cross-section
6. Showing spines, SEM×8000

179. 劲直白酒草(*Conyza stricta* Willd.) (figs. 7～11)

7. Polar view, cross-section
8. Equatorial view, ornamentation and colporate at high focus
9. Showing spines, SEM×10000
10. Subpolar view, SEM×4500
11. Equatorial view, SEM×4000

图版 88(Plate 88, figs. 1～11)

180. 苏门白酒草(*Conyza sumatrensis* (Retz.) Walker) (figs. 1～6)

1. Equatorial view, SEM×3300
2. Subpolar view, SEM×3500
3. Polar view, cross-section

4,5. Equatorial view, cross-section

6. Showing spines, SEM×12000

181. *Cyathocline lyrata* Cass. (figs. 7～11)

7. Equatorial view, cross-section
8. Equatorial view, ornamentation and colporate at high focus
9. Showing spines, SEM×9000
10. Subpolar view, SEM×4000
11. Equatorial view, SEM×4300

图版 89(Plate 89, figs. 1～11)

182. 杯菊(*Cyathocline purpurea* (Buch.-Ham. ex D. Don) O. Kuntz.) (figs. 1～6)

1. Equatorial view, SEM×4300
2. Subpolar view, SEM×4500
3. Equatorial view, ornamentation and colporate at high focus
4. Polar view, cross-section
5. Equatorial view, cross-section
6. Showing spines, SEM×9000

183. *Doellingeria ambellata* (Mill.) Nees (figs. 7～11)

7. Polar view, cross-section
8. Equatorial view, ornamentation and colporate at high focus
9. Showing spines, SEM×9000
10. Equatorial view, SEM×3500
11. Subpolar view, SEM×3300

图版 90(Plate 90, figs. 1～9)

184. 东风菜(*Doellingeria scabra* (Thunb.) Nees) (figs. 1～6)

1. Equatorial view, SEM×2700
2. Subpolar view, SEM×3000
3. Polar view, ornamentation at high focus
4. Equatorial view, cross-section
5. Polar view, cross-section
6. Showing spines, SEM×9000

185. 鱼眼草(*Dichrocephala auriculata* (Thunb.) Druce) (figs. 7～9)

7. Equatorial view, SEM×5000
8. Showing spines, SEM×9000
9. Polar view, SEM×5000

图版 91(Plate 91, figs. 1～11)

186. 小鱼眼草(*Dichrocephala benthamii* C. B. Clarke) (figs. 1～5)

1. Equatorial view, SEM×5000
2. Showing spines, SEM×9000
3. Subpolar view, SEM×4500
4. Equatorial view, ornamentation and colporate at high focus
5. Equatorial view, cross-section

187. 菊叶鱼眼草(*Dichrocephala chrysanthemifolia* DC.) (figs. 6～11)

6. Showing spines, SEM×9000
7. Polar view, cross-section
8. Equatorial view, ornamentation and colporate at high focus

9. Equatorial view, cross-section
10. Subpolar view, SEM×4500
11. Equatorial view, SEM×5000

图版 92(Plate 92, figs. 1～9)

188. 飞蓬(*Erigeron acer* L.) (figs. 1～6)
1. Equatorial view, SEM×3700
2. Subpolar view, SEM×3700
3. Showing spines, SEM×7500
4. Polar view, ornamentation at high focus
5. Equatorial view, cross-section
6. Polar view, cross-section

189. *Erigeron alpinus* L. (figs. 7～9)
7. Showing spines, SEM×8000
8. Subpolar view, SEM×3500
9. Equatorial view, SEM×4000

图版 93(Plate 93, figs. 1～10)

190. 阿尔泰飞蓬(*Erigeron altaicus* M. Pop.) (figs. 1～6)
1. Polar view, SEM×3700
2. Equatorial view, SEM×3500
3. Showing spines, SEM×8000
4. Polar view, ornamentation at high focus
5. Equatorial view, cross-section
6. Polar view, cross-section

191. 一年蓬(*Erigeron annuus* (L.) Pers.) (figs. 7～10)
7. Polar view, cross-section
8. Equatorial view, ornamentation at high focus
9. Equatorial view, SEM×4500
10. Polar view, SEM×4300

图版 94(Plate 94, figs. 1～11)

192. 橙花飞蓬(*Erigeron aurantiacus* Regel) (figs. 1～5)
1. Subequatorial view, SEM×4500
2. Subpolar view, SEM×4300
3. Polar view, ornamentation at high focus
4. Equatorial view, cross-section
5. Equatorial view, ornamentation and colporate at high focus

193. *Erigeron boreale* (Vierh.) Simm. (figs. 6～11)
6. Polar view, ornamentation at high focus

7. Subpolar view, SEM×3500
8. Equatorial view, cross-section
9. Polar view, cross-section
10. Subequatorial view, SEM×3500
11. Showing spines, SEM×8000

图版 95(Plate 95, figs. 1～13)

194. 短葶飞蓬(*Erigeron breviscapus* (Vnt.) Hand.-Mazz.) (figs. 1～6)

1. Equatorial view, SEM×4500
2. Subpolar view, SEM×4300
3. Polar view, ornamentation at high focus
4. Polar view, cross-section
5. Equatorial view, cross-section
6. Showing spines, SEM×9000

195. *Erigeron canansis* L. (figs. 7～9)

7,9. Equatorial view, ornamentation and colporate at high focus
8. Polar view, cross-section

196. *Erigeron clokeyi* Cronq. (figs. 10～13)

10. Showing spines, SEM×9000
11. Subequatorial view, SEM×4000
12. Subpolar view, SEM×4000
13. Polar view, cross-section

图版 96(Plate 96, figs. 1～13)

196. *Erigeron clokeyi* Cronq. (figs. 6,7)

6. Equatorial view, ornamentation and colporate at high focus
7. Equatorial view, cross-section

197. *Erigeron compositus* var. *glabratus* Macoun (figs. 1～5)

1. Equatorial view, SEM×2500
2. Polar view, SEM×2700
3. Equatorial view, ornamentation at high focus
4. Showing spines, SEM×8000
5. Equatorial view, cross-section

198. *Erigeron divergens* T. et G. (figs. 8～13)

8. Showing spines, SEM×10000
9. Equatorial view, ornamentation at high focus
10. Equatorial view, cross-section
11. Polar view, cross-section
12. Subequatorial view, SEM×5500
13. Polar view, SEM×4500

图版 97(Plate 97, figs. 1～10)

199. 长茎飞蓬(*Erigeron elonagatus* Auct.) (figs. 1～4)

1. Polar view, SEM×3700
2. Equatorial view, SEM×4300
3. Equatorial view, cross-section
4. Showing spines, SEM×7500

200. 棉苞飞蓬(*Erigeron eriocalyx* (Ledeb.) Vierh.) (figs. 5～10)

5. Equatorial view, ornamentation and colporate at high focus
6. Polar view, cross-section
7. Equatorial view, cross-section
8. Showing spines, SEM×7500
9. Equatorial view, SEM×4300
10. Subpolar view, SEM×3700

图版 98(Plate 98, figs. 1～10)

201. *Erigeron foliosus* Nutt. (figs. 1～6)

1. Polar view, SEM×3300
2. Equatorial view, SEM×3500
3. Showing spines, SEM×7500
4. Polar view, cross-section
5. Equatorial view, cross-section
6. Equatorial view, ornamentation and colporate at high focus

202. *Erigeron frondeus* Greene (figs. 7～10)

7. Showing spines, SEM×12000
8. Polar view, cross-section
9. Polar view, SEM×3700
10. Subequatorial view, SEM×4300

图版 99(Plate 99, figs. 1～12)

202. *Erigeron frondeus* Greene (figs. 1,2)

1. Polar view, ornamentation at high focus
2. Equatorial view, ornamentation at high focus

203. 台湾飞蓬(*Erigeron fukuyamae* Kitam.) (figs. 3～7)

3,7. Polar view, ornamentation at high focus
4. Polar view, cross-section
5. Equatorial view, SEM×4300
6. Subpolar view, SEM×3500

204. *Erigeron glabellus* Nutt. (figs. 8～12)

8. Equatorial view, ornamentation and colporate at high focus

9. Equatorial view, cross-section
10. Polar view, cross-section
11. Polar view, SEM×4300
12. Equatorial view, SEM×4500

图版 100(Plate 100, figs. 1～10)

205. *Erigeron gracilipes* Ling et Y. L. Chen (figs. 1～6)
1. Equatorial view, SEM×4000
2. Subpolar view, SEM×4000
3. Showing spines, SEM×7500
4. Equatorial view, cross-section
5. Polar view, cross-section
6. Equatorial view, ornamentation and colporate at high focus

206. *Erigeron glaucus* Ker. (figs. 7～10)
7. Showing spines, SEM×7500
8. Polar view, cross-section
9. Polar view, SEM×3700
10. Equatorial view, SEM×3700

图版 101(Plate 101, figs. 1～10)

207. 珠峰飞蓬(*Erigeron himalajensis* Vierh.) (figs. 1～5)
1. Equatorial view, SEM×4500
2. Subpolar view, SEM×3700
3. Equatorial view, cross-section
4. Polar view, cross-section
5. Polar view, ornamentation at high focus

208. *Erigeron jaeschkei* Vierh. (figs. 6～10)
6. Subequatorial view, SEM×4000
7. Subpolar view, SEM×4000
8. Equatorial view, cross-section
9. Polar view, cross-section
10. Equatorial view, ornamentation at high focus

图版 102(Plate 102, figs. 1～11)

209. 堪察加飞蓬(*Erigeron kamtschaticus* DC.) (figs. 1～5)
1. Polar view, SEM×4300
2. Subequatorial view, SEM×4300
3. Showing spines, SEM×8000
4. Polar view, cross-section
5. Equatorial view, ornamentation and colporate at high focus

210. 俅江飞蓬(*Erigeron kiukiangensis* Ling et Y. L. Chen) (figs. 6～11)

6. Showing spines, SEM×7500
7. Equatorial view, cross-section
8. Equatorial view, ornamentation at high focus
9. Polar view, cross-section
10. Equatorial view, SEM×3300
11. Polar view, SEM×3500

图版 103(Plate 103, figs. 1～10)

211. 山飞蓬(*Erigeron komarovii* Botsch.) (figs. 1～5)

1. Equatorial view, SEM×4000
2. Polar view, SEM×4000
3. Showing spines, SEM×7500
4. Polar view, cross-section
5. Equatorial view, cross-section

212. 西疆飞蓬(*Erigeron krylovii* Serg.) (figs. 6～10)

6. Showing spines, SEM×8000
7. Equatorial view, cross-section
8. Equatorial view, ornamentation at high focus
9. Equatorial view, SEM×4000
10. Polar view, SEM×4000

图版 104(Plate 104, figs. 1～9)

213. 贡山飞蓬(*Erigeron kunshanensis* Ling et Y. L. Chen) (figs. 1～3)

1. Subpolar view, SEM×3700
2. Subequatorial view, SEM×4000
3. Showing spines, SEM×7500

214. 毛苞飞蓬(*Erigeron lachnocephalus* Botsch.) (figs. 4～9)

4. Showing spines, SEM×7500
5. Polar view, cross-section
6. Equatorial view, cross-section
7. Polar view, ornamentation at high focus
8. Equatorial view, SEM×4000
9. Subpolar view, SEM×4000

图版 105(Plate 105, figs. 1～12)

215. 光山飞蓬(*Erigeron leioreades* M. Pop.) (figs. 1～6)

1. Equatorial view, SEM×3500
2. Polar view, SEM×3700
3. Equatorial view, cross-section

4. Showing spines, SEM×7500
5. Polar view, cross-section
6. Equatorial view, ornamentation and colporate at high focus

216. 白舌飞蓬(*Erigeron leucoglossus* Ling et Y. L. Chen) (figs. 7～12)
7. Polar view, cross-section
8. Equatorial view, cross-section
9. Equatorial view, ornamentation at high focus
10. Subequatorial view, SEM×3300
11. Subpolar view, SEM×3500
12. Showing spines, SEM×8500

图版 106(Plate 106 figs. 1～12)

217. 矛叶飞蓬(*Erigeron lonchophyllus* Hook.) (figs. 1～6)
1. Equatorial view, SEM×4000
2. Subpolar view, SEM×4000
3. Equatorial view, ornamentation at high focus
4. Showing spines, SEM×7500
5. Polar view, cross-section
6. Equatorial view, cross-section

218. *Erigeron miser* A. Gray (figs. 7～12)
7. Showing spines, SEM×7500
8. Polar view, cross-section
9. Equatorial view, cross-section
10. Equatorial view, SEM×4300
11. Polar view, SEM×4000
12. Polar view, ornamentation at high focus

图版 107(Plate 107, figs. 1～11)

219. *Erigeron mucronatus* Wall. (figs. 1～3)
1. Polar view, ornamentation at high focus
2. Equatorial view, cross-section
3. Polar view, cross-section

220. *Erigeron multicaulis* Wall. (figs. 4～8)
4. Polar view, cross-section
5. Equatorial view, ornamentation and colporate at high focus
6. Equatorial view, SEM×4000
7. Polar view, SEM×3500
8. Showing spines, SEM×12000

221. 密叶飞蓬(*Erigeron multifolius* Hand.-Mazz.) (figs. 9～11)
9. Showing spines, SEM×7500

10. Subequatorial view, SEM×3500
11. Polar view, SEM×4000

图版 108(Plate 108, figs. 1～10)

222. 多舌飞蓬(*Erigeron multiradiatus* (Lindl.) Benth.) (figs. 1～5)
1. Subpolar view, SEM×3700
2. Subequatorial view, SEM×3700
3. Polar view, ornamentation at high focus
4. Polar view, cross-section
5. Showing spines, SEM×9000

223. 山地飞蓬(*Erigeron oreades* (Schrenk) Fusch. et Mey.) (figs. 6～10)
6. Polar view, cross-section
7. Equatorial view, cross-section
8. Showing spines, SEM×7500
9. Equatorial view, SEM×3700
10. Subpolar view, SEM×3300

图版 109(Plate 109, figs. 1～12)

224. 展苞飞蓬(*Erigeron patentisquamus* J. F. Jeffr.) (figs. 1～6)
1. Subpolar view, SEM×3500
2. Equatorial view, SEM×3700
3. Polar view, cross-section
4. Showing spines, SEM×8000
5. Equatorial view, ornamentation and colporate at high focus
6. Equatorial view, cross-section

225. 柄叶飞蓬(*Erigeron petiolaris* Vierh.) (figs. 7～12)
7. Showing spines, SEM×7500
8. Equatorial view, cross-section
9. Equatorial view, ornamentation and colporate at high focus
10. Polar view, cross-section
11. Polar view, SEM×3700
12. Equatorial view, SEM×4000

图版 110(Plate 110, figs. 1～12)

226. *Erigeron philadelphicus* L. (figs. 1～6)
1. Equatorial view, SEM×4300
2. Polar view, SEM×4500
3. Showing spines, SEM×9000
4. Polar view, cross-section
5. Equatorial view, ornamentation and colporate at high focus

6. Equatorial view, cross-section

227. *Erigeron politum* Fr. (figs. 7～12)

7. Showing spines, SEM×10000
8. Polar view, cross-section
9. Equatorial view, ornamentation and colporate at high focus
10. Polar view, SEM×4500
11. Equatorial view, SEM×4500
12. Equatorial view, cross-section

图版 111(Plate 111, figs. 1～10)

228. *Erigeron pomeensis* Ling et Y. L. Chen (figs. 1～6)

1. Subequatorial view, SEM×4000
2. Polar view, SEM×3500
3. Polar view, cross-section
4. Showing spines, SEM×7500
5. Equatorial view, cross-section
6. Equatorial view, ornamentation and colporate at high focus

229. 紫苞飞蓬(*Erigeron porphyrolepis* Ling et Y. L. Chen) (figs. 7～12)

7. Showing spines, SEM×7000
8. Equatorial view, cross-section
9. Equatorial view, ornamentation and colporate at high focus
10. Subequatorial view, SEM×3700
11. Polar view, SEM×4000
12. Polar view, cross-section

图版 112(Plate 112, figs. 1～12)

230. 假泽山飞蓬(*Erigeron pseudoseravschanicus* Botsch.) (figs. 1～6)

1. Polar view, SEM×3700
2. Subequatorial view, SEM×4000
3. Equatorial view, cross-section
4. Showing spines, SEM×7500
5. Polar view, cross-section
6. Equatorial view, ornamentation at high focus

231. *Erigeron pulchellus* Michx. (figs. 7～12)

7. Showing spines, SEM×8500
8. Polar view, cross-section
9. Equatorial view, ornamentation and colporate at high focus
10. Polar view, SEM×3700
11. Equatorial view, SEM×4300
12. Equatorial view, cross-section

图版 113(Plate 113, figs. 1～10)

232. 紫茎飞蓬(*Erigeron purpurascens* Ling et Y. L. Chen) (figs. 1～5)

1. Equatorial view, SEM×3700
2. Polar view, SEM×3700
3. Showing spines, SEM×7500
4. Equatorial view, cross-section
5. Equatorial view, ornamentation at high focus

233. *Erigeron pygmaeus* (A. Gray) Greene (figs. 6～10)

6. Showing spines, SEM×8500
7. Polar view, cross-section
8. Equatorial view, cross-section
9. Subpolar view, SEM×3300
10. Equatorial view, SEM×3500

图版 114(Plate 114, figs. 1～10)

234. *Erigeron ramosus* (Walt.) B. S. P. (figs. 1～5)

1. Polar view, SEM×4000
2. Equatorial view, SEM×3500
3. Equatorial view, cross-section
4. Polar view, cross-section
5. Polar view, ornamentation at high focus

235. 革叶飞蓬(*Erigeron schmalhausenii* M. Pop.) (figs. 6～10)

6. Polar view, SEM×3700
7. Subequatorial view, SEM×3700
8. Equatorial view, cross-section
9. Polar view, cross-section
10. Polar view, ornamentation at high focus

图版 115(Plate 115, figs. 1～10)

236. 泽山飞蓬(*Erigeron seravschanicus* M. Pop.) (figs. 1～5)

1. Polar view, SEM×4000
2. Subequatorial view, SEM×4300
3. Showing spines, SEM×9500
4. Equatorial view, cross-section
5. Polar view, cross-section

237. *Erigeron strigosus* Muhl. et Willd. (figs. 6～10)

6. Showing spines, SEM×7500
7. Polar view, cross-section
8. Polar view, ornamentation at high focus

9. Subequatorial view, SEM×4000
10. Polar view, SEM×4000

图版 116(Plate 116, figs. 1～11)

238. 细茎飞蓬(*Erigeron tenuicaulis* Ling et Y. L. Chen) (figs. 1～6)
1. Subequatorial view, SEM×3700
2. Showing spines, SEM×8000
3. Subpolar view, SEM×4000
4. Equatorial view, ornamentation and colporate at high focus
5. Equatorial view, cross-section
6. Polar view, cross-section

239. 天山飞蓬(*Erigeron tianschanicus* Botsch.) (figs. 7～11)
7. Equatorial view, cross-section
8. Polar view, cross-section
9. Polar view, ornamentation at high focus
10. Equatorial view, SEM×4000
11. Subequatorial view, SEM×10000

图版 117(Plate 117, figs. 1～11)

240. *Erigeron uniflorus* L. (figs. 1～5)
1. Subpolar view, SEM×3500
2. Equatorial view, SEM×3300
3. Showing spines, SEM×7500
4. Equatorial view, cross-section
5. Polar view, cross-section

241. *Erigeron vagus* Payson (figs. 6～11)
6. Showing spines, SEM×9000
7. Polar view, cross-section
8. Equatorial view, ornamentation at high focus
9. Polar view, SEM×3300
10. Equatorial view, SEM×3700
11. Equatorial view, cross-section

图版 118(Plate 118, figs. 1～9)

242. *Erigeron venustus* Botsch. (figs. 1～6)
1. Subpolar view, SEM×3500
2. Equatorial view, SEM×3700
3. Equatorial view, cross-section
4. Polar view, ornamentation at high focus
5. Polar view, cross-section

6. Showing spines, SEM×8000

243. *Erigeron violaceus* M. Pop. (figs. 7～9)

7. Showing spines, SEM×8000
8. Polar view, SEM×3700
9. Subequatorial view, SEM×3700

图版 119(Plate 119, figs. 1～11)

244. 阿尔泰乳菀(*Galatella altaica* Tzvel.) (figs. 1～6)

1. Subequatorial view, SEM×2200
2. Polar view, SEM×2500
3. Polar view, cross-section
4. Showing spines, SEM×7500
5. Polar view, ornamentation at high focus
6. Equatorial view, cross-section

245. 盘花乳菀(*Galatella biflora* (L.) Nees et Esenb.) (figs. 7～11)

7. Showing spines, SEM×6000
8. Equatorial view, ornamentation and colporate at high focus
9. Polar view, SEM×2500
10. Equatorial view, SEM×3000
11. Polar view, cross-section

图版 120(Plate 120, figs. 1～11)

246. 紫缨乳菀(*Galatella chromopappa* Novopokr.) (figs. 1～6)

1. Subequatorial view, SEM×3000
2. Polar view, SEM×2500
3. Equatorial view, cross-section
4. Showing spines, SEM×6000
5. Equatorial view, ornamentation and colporate at high focus
6. Polar view, cross-section

247. 兴安乳菀(*Galatella dahurica* DC.) (figs. 7～11)

7. Showing spines, SEM×6000
8. Polar view, cross-section
9. Equatorial view, SEM×3000
10. Polar view, SEM×2500
11. Equatorial view, cross-section

图版 121(Plate 121, figs. 1～11)

248. 帚枝乳菀(*Galatella fastigiiformis* Novopokr.) (figs. 1～6)

1. Subpolar view, SEM×3000
2. Equatorial view, SEM×3000

3. Equatorial view, cross-section
4. Showing spines, SEM×9000
5. Equatorial view, ornamentation and colporate at high focus
6. Polar view, cross-section

249. 鳞苞乳菀(*Galatella hauptii* (Ledeb.) Lindl.) (figs. 7～11)

7. Showing spines, SEM×8000
8. Polar view, cross-section
9. Subequatorial view, SEM×2300
10. Subpolar view, SEM×2500
11. Equatorial view, cross-section

图版 122(Plate 122, figs. 1～12)

250. *Galatella macrosciadia* Gand. (figs. 1～6)

1. Polar view, SEM×2000
2. Equatorial view, SEM×2000
3. Polar view, cross-section
4. Showing spines, SEM×6000
5. Equatorial view, ornamentation and colporate at high focus
6. Equatorial view, cross-section

251. 乳菀(*Galatella punctata* (W. et K.) Nees ab Esenb.) (figs. 7～12)

7. Showing spines, SEM×7500
8. Equatorial view, cross-section
9. Equatorial view, ornamentation and colporate at high focus
10. Subpolar view, SEM×2500
11. Equatorial view, SEM×3000
12. Polar view, cross-section

图版 123(Plate 123, figs. 1～12)

252. 昭苏乳菀(*Galatella regelii* Tzvel.) (figs. 1,2)

1. Subequatorial view, SEM×2500
2. Subpolar view, SEM×2500

253. 卷缘乳菀(*Galatella scoparia* (Kar. et Kir.) Novopokr.) (figs.3～8)

3. Equatorial view, cross-section
4. Polar view, cross-section
5. Equatorial view, ornamentation at high focus
6. Equatorial view, SEM×2500
7. Showing spines, SEM×9000
8. Subpolar view, SEM×2500

254. 新疆乳菀(*Galatella songorica* Novopokr.) (figs. 9～12)

9. Equatorial view, ornamentation and colporate at high focus

10. Equatorial view, cross-section
11. Polar view, cross-section
12. Showing spines, SEM×7500

图版 124(Plate 124, figs. 1～12)

254. 新疆乳菀(*Galatella songorica* Novopokr.) (figs. 1,2)
1. Equatorial view, SEM×3000
2. Polar view, SEM×3000

255. 田基黄(*Grangea maderaspatana* (L.) Poir) (figs. 3～7)
3. Subpolar view, SEM×4000
4. Showing spines, SEM×8000
5. Equatorial view, cross-section
6. Polar view, cross-section
7. Equatorial view, ornamentation and colporate at high focus

256. *Gutierrezia sarothrae* (Pursh) Britt. (figs. 8～12)
8. Showing spines, SEM×7500
9. Equatorial view, ornamentation and colporate at high focus
10. Subpolar view, SEM×3300
11. Equatorial view, SEM×3500
12. Polar view, cross-section

图版 125(Plate 125, figs. 1～12)

257. *Grindelia camporum* Greene (figs. 1,2)
1. Polar view, cross-section
2. Equatorial view, ornamentation and colporate at high focus

258. *Grindelia robusta* Nutt. (figs. 3～7)
3. Polar view, cross-section
4. Equatorial view, cross-section
5. Equatorial view, SEM×2700
6. Showing spines, SEM×7500
7. Polar view, SEM×2700

259. 胶菀(*Grindelia squarrosa* (Ph.) Dunal) (figs. 8～12)
8. Showing spines, SEM×7500
9. Polar view, ornamentation at high focus
10. Subpolar view, SEM×3000
11. Equatorial view, SEM×3700
12. Polar view, cross-section

图版 126(Plate 126, figs. 1～12)

260. 窄叶裸菀(*Gymnaster angustifolius* (Chang) Ling) (figs. 1～6)

1. Polar view, SEM×3500
2. Equatorial view, SEM×3300
3. Polar view, cross-section
4. Showing spines, SEM×9000
5. Equatorial view, cross-section
6. Equatorial view, ornamentation at high focus

261. 裸菀(*Gymnaster piccolii* (Hook. f.) Kitam.) (figs. 7～12)

7. Showing spines, SEM×9000
8. Equatorial view, cross-section
9. Equatorial view, ornamentation and colporate at high focus
10. Subequatorial view, SEM×3500
11. Polar view, SEM×3700
12. Polar view, cross-section

图版 127(Plate 127, figs. 1～12)

262. 四川裸菀(*Gymnaster simplex* (Chang) Ling) (figs. 1～6)

1. Polar view, SEM×3500
2. Equatorial view, SEM×3300

3,5. Equatorial view, cross-section

4. Showing spines, SEM×9000
6. Polar view, cross-section

263. *Haplopappus divaricatus* (Nutt.) A. Gray (figs. 7～12)

7. Showing spines, SEM×8000
8. Equatorial view, ornamentation and colporate at high focus
9. Equatorial view, cross-section
10. Polar view, SEM×4000
11. Equatorial view, SEM×3500
12. Polar view, cross-section

图版 128(Plate 128, figs. 1～12)

264. *Haplopappus linearifolius* DC. (figs. 1～6)

1. Polar view, SEM×3000
2. Equatorial view, SEM×3000
3. Equatorial view, ornamentation and colporate at high focus
4. Showing spines, SEM×9000
5. Equatorial view, cross-section
6. Polar view, cross-section

265. *Haplopappus rupinulosus* (Pursh) DC. (figs. 7～12)

7. Showing spines, SEM×9000
8. Polar view, cross-section

9. Equatorial view, cross-section
10. Equatorial view, SEM×3700
11. Subpolar view, SEM×3500
12. Polar view, ornamentation at high focus

图版 129(Plate 129, figs. 1～12)

266. *Haplopappus suffruticosus* (Nutt.) A. Gray (figs. 1～6)

1. Polar view, SEM×2700
2. Equatorial view, SEM×2000
3. Equatorial view, cross-section
4. Showing spines, SEM×6000
5. Polar view, cross-section
6. Equatorial view, ornamentation at high focus

267. 阿尔泰狗娃花粗毛变种(*Heteropappus altaicus* var. *hirsutus* (Hand.-Mazz.) Ling) (figs. 7～12)

7. Showing spines, SEM×9000
8. Equatorial view, ornamentation and colporate at high focus
9. Equatorial view, cross-section
10. Polar view, SEM×3300
11. Equatorial view, SEM×3000
12. Polar view, cross-section

图版 130(Plate 130, figs. 1～12)

268. 阿尔泰狗娃花千叶变种(*Heteropappus altaicus* var. *millefolius* (Vnt.) Wang) (figs. 1～6)

1. Polar view, SEM×3700
2. Equatorial view, SEM×3500
3. Polar view, cross-section
4. Showing spines, SEM×7500
5. Equatorial view, cross-section
6. Equatorial view, ornamentation and colporate at high focus

269. 青藏狗娃花(*Heteropappus bowerii* (Hemsl.) Griers.) (figs. 7～12)

7. Showing spines, SEM×8000
8. Equatorial view, cross-section
9. Equatorial view, ornamentation and colporate at high focus
10. Polar view, SEM×3000
11. Equatorial view, SEM×3000
12. Polar view, cross-section

图版 131(Plate 131, figs. 1～12)

270. 圆齿狗娃花(*Heteropappus crenatifolius* (Hand.-Mazz.) Griers.) (figs. 1～6)

1. Subequatorial view, SEM×3500
2. Polar view, SEM×3000
3. Equatorial view, cross-section
4. Showing spines, SEM×8000
5. Polar view, cross-section
6. Equatorial view, ornamentation and colporate at high focus

271. 拉萨狗娃花(*Heteropappus gouldii* (C. E. C. Fisch.) Griers.) (figs. 7～12)

7. Showing spines, SEM×9000
8. Equatorial view, cross-section
9. Equatorial view, ornamentation and colporate at high focus
10. Polar view, SEM×3000
11. Equatorial view, SEM×2700
12. Polar view, cross-section

图版 132(Plate 132, figs. 1～13)

272. 狗娃花(*Heteropappus hispidus* (Thunb.) Less.) (figs. 1～3)

1. Polar view, ornamentation at high focus
2. Polar view, cross-section
3. Equatorial view, cross-section

273. 砂狗娃花(*Heteropappus meyendorffii* (Regel et Maack) Komar. et Klob.-Alis.) (figs. 4～9)

4. Polar view, cross-section
5. Showing spines, SEM×6000
6. Subequatorial view, SEM×2700
7. Equatorial view, ornamentation and colporate at high focus
8. Equatorial view, cross-section
9. Subpolar view, SEM×2700

274. 半卧狗娃花(*Heteropappus semiprostratus* Griers.) (figs. 10～13)

10. Showing spines, SEM×9000
11. Subequatorial view, SEM×3500
12. Subpolar view, SEM×2700
13. Polar view, cross-section

图版 133(Plate 133, figs. 1～13)

274. 半卧狗娃花(*Heteropappus semiprostratus* Griers.) (figs. 1,2)

1. Equatorial view, ornamentation at high focus
2. Equatorial view, cross-section

275. 鞑靼狗娃花(*Heteropappus tataricus* (Lindl.) Tamamsch.) (figs. 3～8)

3. Polar view, cross-section
4. Equatorial view, cross-section
5. Subpolar view, SEM×3000
6. Showing spines, SEM×5000
7. Equatorial view, ornamentation at high focus
8. Equatorial view, SEM×3000

276. *Heterotheca subaxillaris* (Lam.) Britt. & Rusby (figs. 9～13)

9. Showing spines, SEM×9000
10. Equatorial view, cross-section
11. Subpolar view, SEM×3500
12. Equatorial view, SEM×3700
13. Polar view, cross-section

图版 134(Plate 134, figs. 1～12)

277. *Heterotheca camporum* (Greene) Shinners (figs. 1～6)

1. Polar view, SEM×3300
2. Subequatorial view, SEM×3300
3. Equatorial view, cross-section
4. Showing spines, SEM×9000
5. Polar view, cross-section
6. Polar view, ornamentation at high focus

278. *Heterotheca graminifolia* (Michx.) Shinners (figs. 7～12)

7. Showing spines, SEM×9000
8. Equatorial view, cross-section
9. Polar view, ornamentation at high focus
10. Equatorial view, SEM×3300
11. Subpolar view, SEM×3300
12. Polar view, cross-section

图版 135(Plate 135, figs. 1～11)

279. 裂叶马兰(*Kalimeris incisa* (Fisch.) DC.) (figs. 1～5)

1. Polar view, SEM×4000
2. Equatorial view, SEM×4500
3. Showing spines, SEM×9000
4. Polar view, cross-section
5. Equatorial view, ornamentation and colporate at high focus

280. 马兰(*Kalimeris indica* (L.) Sch.-Bip.) (figs. 6～11)

6. Showing spines, SEM×7500
7. Equatorial view, cross-section

8. Polar view, ornamentation at high focus
9. Equatorial view, ornamentation and colporate at high focus
10. Subequatorial view, SEM×3000
11. Subpolar view, SEM×3000

图版 136(Plate 136, figs. 1～12)

281. 马兰狭叶变种(*Kalimeris indica* var. *stenophylla* Kitam.) (figs. 1～6)
1. Polar view, SEM×3000
2. Equatorial view, SEM×3000
3. Equatorial view, cross-section
4. Showing spines, SEM×6000
5. Equatorial view, ornamentation and colporate at high focus
6. Polar view, cross-section

282. 全叶马兰(*Kalimeris integrifolia* Turcz. ex DC.) (figs. 7～12)
7. Showing spines, SEM×7500
8. Equatorial view, ornamentation and colporate at high focus
9. Polar view, cross-section
10. Polar view, SEM×3000
11. Equatorial view, SEM×2500
12. Equatorial view, cross-section

图版 137(Plate 137, figs. 1～11)

283. 山马兰(*Kalimeris lautureana* (Debx.) Kitam.) (figs. 1～5)
1. Polar view, SEM×2200
2. Equatorial view, cross-section
3. Polar view, cross-section
4. Equatorial view, SEM×3000
5. Equatorial view, ornamentation at high focus

284. 蒙古马兰(*Kalimeris mongolica* (Franch.) Kitam.) (figs. 6～11)
6. Showing spines, SEM×6000
7. Equatorial view, ornamentation at high focus
8. Equatorial view, cross-section
9. Subequatorial view, SEM×2700
10. Subpolar view, SEM×2700
11. Polar view, cross-section

图版 138(Plate 138, figs. 1～14)

285. 毡毛马兰(*Kalimeris shimadai* Kitam.) (figs. 1～6)
1. Polar view, SEM×2700
2. Equatorial view, SEM×2700

3. Polar view, ornamentation at high focus
4. Showing spines, SEM×7500
5. Polar view, cross-section
6. Equatorial view, cross-section

286. ***Lagenophora billardieri*** **Cass.** (figs. 7～9)

7. Polar view, cross-section
8. Equatorial view, cross-section
9. Equatorial view, ornamentation and colporate at high focus

287. 瓶头草(*Lagenophora stipitata* (Labill.) Druce) (figs. 10～14)

10. Equatorial view, ornamentation and colporate at high focus
11. Polar view, cross-section
12. Equatorial view, SEM×3700
13. Polar view, SEM×3500
14. Equatorial view, cross-section

图版 139(Plate 139, figs. 1～13)

287. 瓶头草(*Lagenophora stipitata* (Labill.) Druce) (fig. 1)

1. Showing spines, SEM×9000

289. 灰毛麻菀(*Linosyris villosa* (L.) DC.) (figs. 2～7)

2. Equatorial view, SEM×3000
3. Equatorial view, cross-section
4. Polar view, SEM×2700
5. Showing spines, SEM×9000
6. Equatorial view, ornamentation at high focus
7. Polar view, cross-section

288. 新疆麻菀(*Linosyris tatarica* (Less.) C. A. Meyer) (figs. 8～13)

8. Equatorial view, cross-section
9. Polar view, cross-section
10. Polar view, ornamentation at high focus
11. Polar view, SEM×3000
12. Equatorial view, SEM×3000
13. Showing spines, SEM×9000

图版 140(Plate 140, figs. 1～13)

290. 羽裂黏冠草(*Myriactis delevayi* Gagnep) (figs. 1～6)

1. Polar view, SEM×3000
2. Showing spines, SEM×7000
3. Equatorial view, cross-section
4. Subequatorial view, SEM×3500
5. Equatorial view, ornamentation and colporate at high focus

6. Polar view, cross-section

291. *Myriactis janensis* Koidz. (figs. 7,8)

7. Equatorial view, cross-section
8. Polar view, cross-section

292. 台湾黏冠草(*Myriactis longipedunculata* Hayata) (figs. 9～13)

9. Equatorial view, cross-section
10. Polar view, cross-section
11. Polar view, SEM×3500
12. Equatorial view, SEM×3700
13. Showing spines, SEM×10000

图版 141(Plate 141, figs. 1～12)

293. 圆舌黏冠草(*Myriactis nepalensis* Less.) (figs. 1～6)

1. Subequatorial view, SEM×3000
2. Polar view, SEM×3000

3,5. Equatorial view, cross-section

4. Showing spines, SEM×7500
6. Polar view, cross-section

294. 狐狸草(*Myriactis wallichii* Less.) (figs. 7～12)

7. Showing spines, SEM×9000
8. Polar view, cross-section
9. Equatorial view, ornamentation and colporate at high focus
10. Equatorial view, SEM×3000
11. Subpolar view, SEM×3000
12. Equatorial view, cross-section

图版 142(Plate 142, figs. 1～12)

295. 黏冠草(*Myriactis wightii* DC.) (figs. 1～6)

1. Subequatorial view, SEM×3000
2. Polar view, SEM×3000
3. Equatorial view, cross-section
4. Showing spines, SEM×9000
5. Polar view, cross-section
6. Equatorial view, ornamentation and colporate at high focus

296. *Microglossa albescens* Clarke (figs. 7～12)

7. Showing spines, SEM×9000
8. Polar view, cross-section
9. Polar view, ornamentation at high focus
10. Polar view, SEM×3300
11. Equatorial view, SEM×3300

12. Equatorial view，cross-section

图版 143(Plate 143，figs. 1～12)

297. *Microglossa harrowianus* var. *glabratus* (figs. 1～6)

1. Subequatorial view，SEM×3000
2. Subpolar view，SEM×3000
3. Equatorial view，ornamentation at high focus
4. Showing spines，SEM×9000
5. Equatorial view，cross-section
6. Polar view，cross-section

298. 小舌菊(*Microglossa pyrifolia* (Lam.) O. Kuntz.) (figs. 7～12)

7. Showing spines，SEM×10000
8. Polar view，ornamentation at high focus
9. Polar view，cross-section
10. Equatorial view，SEM×4300
11. Subpolar view，SEM×4500
12. Equatorial view，cross-section

图版 144(Plate 144，figs. 1～12)

299. *Pentachaeta exilis* A. Gray (figs. 1～6)

1. Subequatorial view，SEM×4000
2. Polar view，SEM×4000
3. Equatorial view，cross-section
4. Showing spines，SEM×7500
5. Polar view，cross-section
6. Polar view，ornamentation at high focus

300. 秋分草(*Rhynchospermum verticillatum* Reinw.) (figs. 7～12)

7. Showing spines，SEM×7500
8. Equatorial view，cross-section
9. Polar view，cross-section
10. Subequatorial view，SEM×4000
11. Polar view，SEM×3500
12. Equatorial view，ornamentation at high focus

图版 145(Plate 145，figs. 1～12)

301. *Solidago altissima* L. (figs. 1～6)

1. Polar view，SEM×5500
2. Equatorial view，SEM×4300
3. Showing spines，SEM×9000
4. Equatorial view，ornamentation at high focus

5. Polar view, cross-section
6. Equatorial view, cross-section

302. *Solidago albopilosa* Braun (figs. 7～12)
7. Showing spines, SEM×7500
8. Equatorial view, ornamentation and colporate at high focus
9. Equatorial view, cross-section
10. Equatorial view, SEM×3300
11. Polar view, SEM×3000
12. Polar view, cross-section

图版 146(Plate 146, figs. 1～12)

303. *Solidago arguta* Ait. (figs. 1～6)
1. Subequatorial view, SEM×4300
2. Subpolar view, SEM×3500
3,5. Equatorial view, cross-section
4. Showing spines, SEM×9000
6. Polar view, ornamentation at high focus

304. *Solidago* × *asperula* Desf. (figs. 7～12)
7. Showing spines, SEM×9000
8. Equatorial view, ornamentation and colporate at high focus
9. Polar view, cross-section
10. Polar view, SEM×3500
11. Equatorial view, SEM×3300
12. Equatorial view, cross-section

图版 147(Plate 147, figs. 1～12)

305. *Solidago caesia* L. (figs. 1～6)
1. Equatorial view, SEM×3700
2. Subpolar view, SEM×4000
3. Polar view, cross-section
4. Showing spines, SEM×7500
5. Polar view, ornamentation at high focus
6. Equatorial view, cross-section

306. *Solidago californica* Nutt. (figs. 7～12)
7. Showing spines, SEM×10000
8. Equatorial view, cross-section
9. Polar view, cross-section
10. Equatorial view, SEM×4000
11. Equatorial view, SEM×3700
12. Equatorial view, ornamentation and colporate at high focus

图版 148(Plate 148, figs. 1～12)

307. *Solidago californica* Nutt. var. *paucifica* (figs. 1～7)

1. Equatorial view, SEM×3500

2,3. Equatorial view, SEM×3300

4. Showing spines, SEM×9000

5. Polar view, cross-section

6. Equatorial view, cross-section

7. Equatorial view, ornamentation at high focus

308. 加拿大一枝黄花(*Solidago canadensis* L.) (figs. 8,9)

8. Equatorial view, cross-section

9. Polar view, cross-section

309. *Solidago caucasica* Kem.-Nath. (figs. 10～12)

10. Equatorial view, cross-section

11. Polar view, cross-section

12. Equatorial view, ornamentation and colporate at high focus

图版 149(Plate 149, figs. 1～11)

310. *Solidago conferta* Mill. (figs. 1～5)

1. Polar view, SEM×3300

2. Equatorial view, SEM×3000

3. Equatorial view, cross-section

4. Polar view, cross-section

5. Equatorial view, ornamentation and colporate at high focus

311. 一枝黄花(*Solidago decurrens* Lour.) (figs. 6～11)

6. Equatorial view, ornamentation and colporate at high focus

7. Equatorial view, cross-section

8. Polar view, cross-section

9. Polar view, SEM×3300

10. Equatorial view, SEM×3700

11. Showing spines, SEM×9000

图版 150(Plate 150, figs. 1～12)

312. *Solidago erecta* Pursh (figs. 1～6)

1. Equatorial view, SEM×3500

2. Subpolar view, SEM×4000

3. Showing spines, SEM×9000

4,5. Polar view, cross-section

6. Equatorial view, ornamentation and colporate at high focus

313. *Solidago fistulosa* Miller (figs. 7～12)

7. Showing spines, SEM×8000
8. Equatorial view, ornamentation at high focus
9. Polar view, cross-section
10. Subequatorial view, SEM×4000
11. Subpolar view, SEM×3700
12. Equatorial view, cross-section

图版 151(Plate 151, figs. 1～12)

314. *Solidago flexicaulis* L. (figs. 1～6)

1. Equatorial view, SEM×3500
2. Polar view, SEM×3000
3. Equatorial view, cross-section
4. Showing spines, SEM×7500
5. Polar view, cross-section
6. Equatorial view, ornamentation at high focus

315. *Solidago graminifolia* (L.) Salisb. (figs. 7～12)

7. Showing spines, SEM×10000
8. Equatorial view, ornamentation at high focus
9. Equatorial view, cross-section
10. Equatorial view, SEM×4000
11. Polar view, SEM×4000
12. Polar view, cross-section

图版 152(Plate 152, figs. 1～11)

316. *Solidago gigantea* Ait. (figs. 1～5)

1. Subpolar view, SEM×4000
2. Showing spines, SEM×8000
3. Equatorial view, SEM×4000
4. Equatorial view, cross-section
5. Equatorial view, ornamentation and colporate at high focus

317. *Solidago gymnospermoides* (Greene) Fern. (figs. 6～11)

6. Showing spines, SEM×9000
7. Equatorial view, cross-section
8. Polar view, cross-section
9. Subequatorial view, SEM×4000
10. Polar view, SEM×3700
11. Equatorial view, ornamentation and colporate at high focus

图版 153(Plate 153, figs. 1～11)

318. *Solidago juncea* Ait. (figs. 1～5)

1. Subpolar view, SEM×4000
2. Equatorial view, SEM×4000
3. Polar view, cross-section
4. Equatorial view, ornamentation at high focus
5. Equatorial view, cross-section

319. *Solidago lapponica* Wither (figs. 6～11)

6. Polar view, cross-section
7. Subequatorial view, SEM×2500
8. Showing spines, SEM×8500
9. Subpolar view, SEM×3000
10. Equatorial view, cross-section
11. Equatorial view, ornamentation at high focus

图版 154(Plate 154, figs. 1～12)

320. *Solidago latifolia* L. (figs. 1～6)

1. Equatorial view, SEM×4000
2. Subpolar view, SEM×3300
3. Equatorial view, cross-section
4. Showing spines, SEM×7500
5. Polar view, cross-section
6. Polar view, ornamentation at high focus

321. *Solidago macrophylla* Pursh (figs. 7～12)

7. Showing spines, SEM×9000
8. Polar view, cross-section
9. Equatorial view, ornamentation at high focus
10. Polar view, SEM×3300
11. Equatorial view, SEM×3500
12. Equatorial view, cross-section

图版 155(Plate 155, figs. 1～12)

322. *Solidago miratilis* Kitam. (figs. 1～6)

1. Subpolar view, SEM×3300
2. Equatorial view, SEM×3500
3. Showing spines, SEM×9000
4. Polar view, cross-section
5. Equatorial view, cross-section
6. Equatorial view, ornamentation at high focus

323. *Solidago missouriensis* Nutt. (figs. 7～12)

7. Showing spines, SEM×7500
8. Equatorial view, ornamentation at high focus

9. Equatorial view, cross-section
10. Subpolar view, SEM×4500
11. Subequatorial view, SEM×3700
12. Polar view, cross-section

图版 156(Plate 156, figs. 1～11)

324. *Solidago nemoralis* Ait. (figs. 1～5)
1. Subpolar view, SEM×3700
2. Equatorial view, SEM×3300
3. Polar view, cross-section
4. Equatorial view, cross-section
5. Equatorial view, ornamentation at high focus

325. *Solidago oreophila* Rydb. (figs. 6～11)
6. Equatorial view, cross-section
7. Showing spines, SEM×8500
8. Equatorial view, ornamentation at high focus
9. Polar view, cross-section
10. Polar view, SEM×3500
11. Equatorial view, SEM×3000

图版 157(Plate 157, figs. 1～13)

326. 钝苞一枝黄花(*Solidago pacifica* Juz.) (figs. 1～5)
1. Subpolar view, SEM×3000
2. Equatorial view, SEM×3000
3. Polar view, cross-section
4. Equatorial view, cross-section
5. Equatorial view, ornamentation at high focus

327. *Solidago puberula* Nutt. (figs. 6～10)
6. Equatorial view, cross-section
7. Polar view, ornamentation at high focus
8. Polar view, SEM×4000
9. Equatorial view, SEM×4000
10. Polar view, cross-section

328. *Solidago riddellii* Frank (figs. 11～13)
11. Subpolar view, SEM×4000
12. Equatorial view, SEM×4000
13. Equatorial view, cross-section

图版 158(Plate 158, figs. 1～12)

328. *Solidago riddellii* Franch. (figs. 1,2)

1. Polar view, ornamentation at high focus
2. Polar view, cross-section

329. *Solidago rigidiusenla* (S. et G.) Portes (figs. 3～7)

3. Equatorial view, ornamentation and colporate at high focus
4. Polar view, SEM×3700
5. Equatorial view, SEM×3700
6. Polar view, ornamentation at high focus
7. Polar view, cross-section

330. *Solidago rugosa* Mill. (figs. 8～12)

8,12. Equatorial view, cross-section
9. Polar view, cross-section
10,11. Subequatorial view, SEM×4000

图版 159(Plate 159, figs. 1～11)

331. *Solidago serotina* Ait. (figs. 1～3,5,6)

1. Equatorial view, SEM×4000
2. Polar view, SEM×4000
3. Polar view, cross-section
5. Polar view, ornamentation at high focus
6. Equatorial view, cross-section

332. *Solidago spathulata* DC. (figs. 4,7～11)

4. Subpolar view, SEM×3500
7. Showing spines, SEM×7500
8. Equatorial view, cross-section
9. Equatorial view, SEM×3300
10. Polar view, cross-section
11. Equatorial view, ornamentation and colporate at high focus

图版 160(Plate 160, figs. 1～12)

333. *Solidago speciosa* Nutt. (figs. 1～6)

1. Equatorial view, SEM×3300
2. Polar view, SEM×3000
3. Equatorial view, ornamentation at high focus
4. Showing spines, SEM×7500
5. Polar view, cross-section
6. Equatorial view, cross-section

334. *Solidago tortifolia* Ell. (figs. 7～12)

7. Showing spines, SEM×9000
8. Polar view, cross-section
9. Equatorial view, ornamentation at high focus

10. Subpolar view, SEM×4000
11. Equatorial view, SEM×3500
12. Polar view, ornamentation at high focus

图版 161(Plate 161, figs. 1～12)

335. *Solidago trinevata* Greene (figs. 1～6)
1. Equatorial view, SEM×3500
2. Subpolar view, SEM×3500
3. Equatorial view, cross-section
4. Showing spines, SEM×8000
5. Polar view, cross-section
6. Equatorial view, ornamentation and colporate at high focus

336. *Solidago uliginosa* var. *linoides* (T. et G.) Fernald (figs. 7～12)
7. Showing spines, SEM×9000
8. Polar view, ornamentation at high focus
9. Equatorial view, ornamentation and colporate at high focus
10. Subpolar view, SEM×3300
11. Equatorial view, SEM×3300
12. Polar view, cross-section

图版 162(Plate 162, figs. 1～9)

337. *Solidago ulmifolia* Muhl. (figs. 1～3)
1. Subequatorial view, SEM×4500
2. Showing spines, SEM×9000
3. Subpolar view, SEM×4000

338. *Solidago virgaurea* L. var. *dahurica* Kitag. (figs. 4～6)
4. Showing spines, SEM×8000
5. Subpolar view, SEM×3000
6. Subequatorial view, SEM×3000

339. 毛果一枝黄花(*Solidago virgaurea* L.) (figs. 7～9)
7. Equatorial view, ornamentation and colporate at high focus
8. Equatorial view, cross-section
9. Polar view, cross-section

图版 163(Plate 163, figs. 1～12)

340. 碱菀(*Tripolium vulgare* Nees) (figs. 1～6)
1. Equatorial view, SEM×3300
2. Polar view, SEM×3000
3. Equatorial view, ornamentation and colporate at high focus
4. Showing spines, SEM×7500

5. Equatorial view, cross-section
6. Polar view, cross-section

341. 女菀(*Turczaninowia fastigiata* (Fisch.) DC.) (figs. 7～12)

7. Showing spines, SEM×7800
8. Equatorial view, cross-section
9. Equatorial view, ornamentation at high focus
10. Subpolar view, SEM×3700
11. Equatorial view, SEM×4000
12. Polar view, cross-section

图版 164(Plate 164, figs. 1～6)

342. *Xanthisma texanum* DC. (figs. 1～6)

1. Subpolar view, SEM×3500
2. Equatorial view, SEM×3500
3. Polar view, cross-section
4. Showing spines, SEM×7500
5. Equatorial view, cross-section
6. Equatorial view, ornamentation and colporate at high focus

图版 165(Plate 165, figs. 1～10)

343. 毛冠菊(*Nannoglottis carpesioides* Maxim.) (figs. 1～5)

1. Polar view, SEM×2700
2. Subequatorial view, SEM×2700
3. Showing spines, SEM×7500
4. Polar view, cross-section
5. Equatorial view, cross-section

344. 厚毛毛冠菊(*Nannoglottis delavayi* (Franch.) Ling et Y. L. Chen) (figs. 6～10)

6. Subpolar view, SEM×3000
7. Subequatorial view, SEM×3000
8,9. Equatorial view, cross-section
10. Polar view, cross-section

图版 166(Plate 166, figs. 1～10)

345. 狭舌毛冠菊(*Nannoglottis gynura* (C. Winkl) Ling et Y. L. Chen) (figs. 1～5)

1. Equatorial view, SEM×3500
2. Polar view, SEM×3300
3. Showing spines, SEM×9000
4. Equatorial view, cross-section
5. Equatorial view, ornamentation at high focus

346. 玉龙毛冠菊(*Nannoglottis hieraciophylla* (Hand.-Mazz.) Ling et Y. L. Chen) (figs. 6

～10)
6. Showing spines, SEM×9000
7. Subequatorial view, SEM×2700
8,10. Equatorial view, cross-section
9. Polar view, ornamentation at high focus

图版 167(Plate 167, figs. 1～10)

347. 宽苞毛冠菊(*Nannoglottis latisquama* Ling et Y. L. Chen) (figs. 1～5)
1. Subequatorial view, SEM×3000
2. Subpolar view, SEM×2700
3. Showing spines, SEM×7500
4. Equatorial view, cross-section
5. Polar view, cross-section

348. 大果毛冠菊(*Nannoglottis macrocarpa* Ling et Y. L. Chen) (figs. 6～10)
6. Showing spines, SEM×9000
7. Equatorial view, cross-section
8. Polar view, cross-section
9. Subequatorial view, SEM×3000
10. Polar view, SEM×3000

图版 168(Plate 168, figs. 1～10)

349. 川西毛冠菊(*Nannoglottis souliei* Franch. Ling et Y. L. Chen) (figs. 1～5)
1. Subequatorial view, SEM×3000
2. Polar view, SEM×3000
3. Showing spines, SEM×9000
4. Equatorial view, cross-section
5. Polar view, cross-section

350. 云南毛冠菊(*Nannoglottis yunnanensis* Hand.-Mazz.) (figs. 6～10)
6. Showing spines, SEM×9000
7. Polar view, cross-section
8. Equatorial view, cross-section
9. Subequatorial view, SEM×3000
10. Polar view, SEM×2700

图版 169(Plate 169, figs. 1～6)

***Aster alpinus* L.** (figs. 1～6)
1,2. TEM×12000. Showing connection of columellae base with foot layer and approximately equal thickness of nexine to tectum
3. TEM×8000. Showing fusion and thick columellar bases
4. TEM×15000. Showing numerous internal foramina filled with electron-dense ma-

terial

5. TEM×8000. Showing a single layer of columellar with close fused bases and prominent cavea

6. TEM×12000. Cross-section of spines

图版 170(Plate 170, figs. 1~4)

***Aster auriculatus* Franch.** (figs. 1~4)

1. TEM×5000. Showing disconnected ektexine at colpus

2,3. TEM×15000. The endexine is lamellate, and large columellae exist beneath spinule area

4. TEM×20000. Showing detailed structure of a single spine

图版 171(Plate 171, figs. 1~6)

***Aster fuscescens* Burr. et Franch.** (figs. 1~3)

1. TEM×3500. Near median-equatorial view

2,3. TEM×8000 and TEM×17000. Beneath spinule area the columellae are more complex than in adjacent areas

***Aster maackii* Regel** (figs. 4,5)

4,5. TEM×8000. Illustrating basal spinule channel opening on tectum

***Aster moupinensis* (Franch.) Hand.-Mazz.** (fig. 6)

6. TEM×8000

图版 172(Plate 172, figs. 1~6)

***Aster moupinensis* (Franch.) Hand.-Mazz.** (figs. 1~6)

1. TEM×10000

2. TEM×4000

3. TEM×15000

4. TEM×17000. Indicating amplified structure of adjacent areas of colpus

5. TEM×8000. Showing evident cavus and occasional attachment of columellae with foot layer

6. TEM×12000

图版 173(Plate 173, figs. 1~6)

***Aster taliangshanensis* Ling** (fig. 1)

1. TEM×6000

***Aster vestitus* Franch.** (figs. 2~6)

2~4,6. TEM×6000

5. TEM×6000. Showing clearly a single layer of window-like columellae and union of columellar base with foot layer

图版 174(Plate 174, figs. 1～6)

***Asterothamnus fruticosus* (C. Winkl.) Novopokr.** (fig. 1)

1. TEM×6000. Showing prominent cavea

***Conyza aegyptiaca* (L.) Ait.** (figs. 2,5)

2. TEM×4000
5. TEM×8000. Showing discontinuous tectum with unfused columellae at distant end

***Boltonia latisquama* A. Gray** (figs. 3,4)

3. TEM×30000. Illustrating granulated columellae
4. TEM×100000. Showing irregularly shaped internal foramina in ektexine

***Cyathocline purpurea* (Buch.-Ham. ex D. Don) O. Kuntz.** (fig. 6)

6. TEM×10000. Showing lack of internal foramina in ektexine

图版 175(Plate 175, figs. 1～7)

***Erigeron politum* Fr.** (figs. 1,2)

1. TEM×8000. Showing thickened endexine
2. TEM×12000

***Erigeron strigosus* Muhl. et Willd.** (fig. 3)

3. TEM×6000. Showing lack of internal foramina

***Erigeron tianschanicus* Botsch.** (figs. 4,5)

4. TEM×8000. Showing ektexine with densely arranged columellae
5. TEM×12000

***Galatella punctata* (W. et K.) Nees et Esenb.** (figs. 6,7)

6. TEM×17000. Indicating lamellate endexine and its disrupted lower portion
7. TEM×5000

图版 176(Plate 176, figs. 1～6)

***Heteropappus semiprostratus* Griers.** (figs. 1～6)

1. TEM×12000

2～6. TEM×6000. Showing ektexine with window-like columellae and densely fused columellar bases, and elongated internal foramina. The foot layer is differentiated from nexine in lack of lamellations

图版 177(Plate 177, figs. 1～6)

***Kalimeris integrifolia* Turcz.** (figs. 1～3)

1. TEM×2000. Near median-equatorial view

2,3. TEM×10000

***Nannoglottis yunnanensis* Hand.-Mazz.** (figs. 4～6)

4. TEM×5000. Showing prominent cavus

5,6. TEM×4000

图版 178(Plate 178, figs. 1～6)

Nannoglottis yunnanensis **Hand.-Mazz.** (fig. 1)

1. TEM×12000. Showing numerous internal foramina

Solidago californica **Nutt.** (figs. 2～6)

2. TEM×8000. Showing thickened endexine and occasionally atachment of columellae with foot layer

3～5. TEM×9000

6. TEM×5000

图版 179(Plate 179, figs. 1～5)

Solidago californica **Nutt. var.** ***paucifica*** (figs. 1～5)

1,3. TEM×8000. Showing thickened tectum and endexine and weakly developed columellae

2. TEM×3000. Near median-equatorial view with four colpi

4. TEM×50000. Showing rounded internal foramina

5. TEM×50000. Showing rope-like endexine at colpus

图版 1 Plate 1

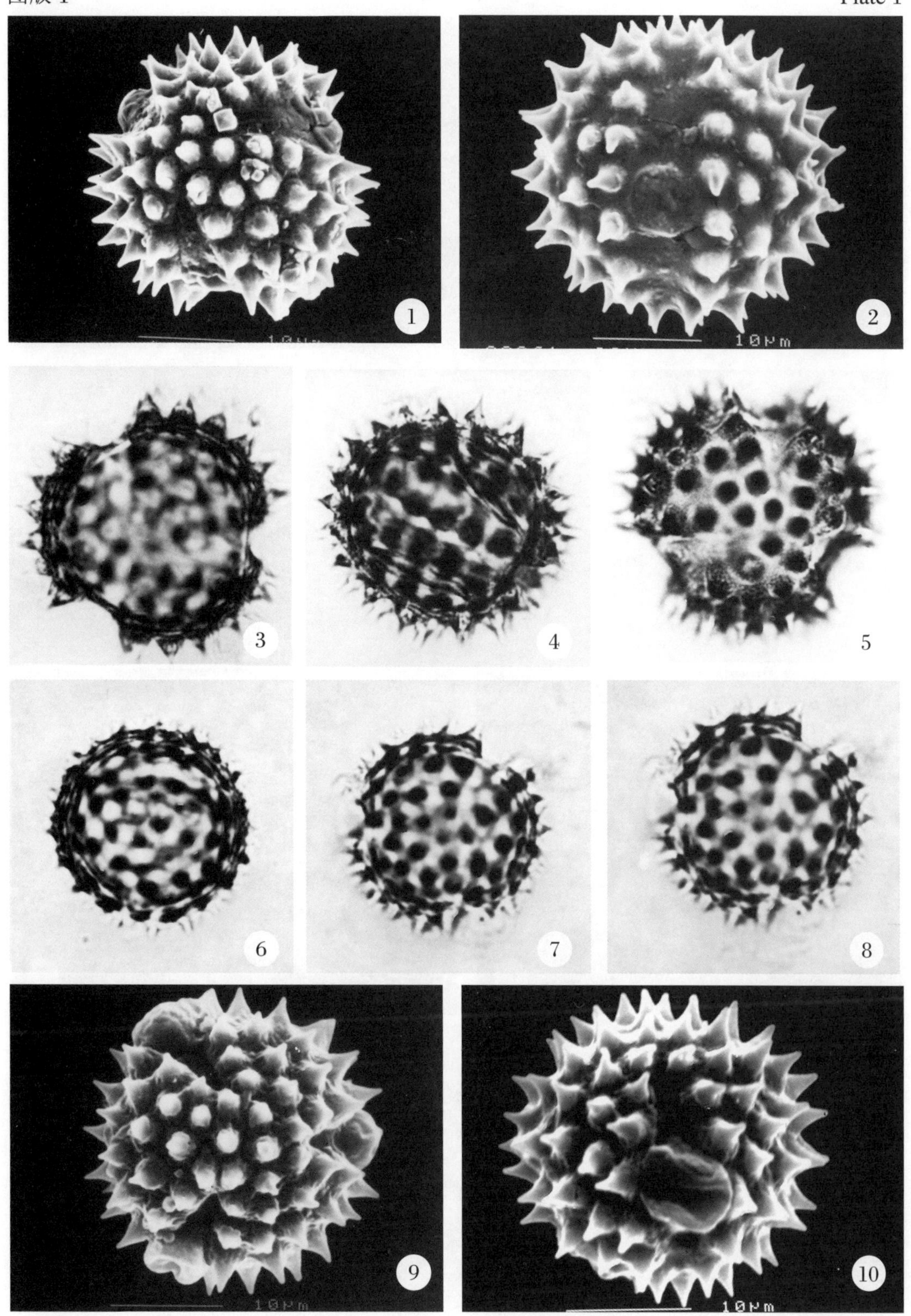

图版 2 Plate 2

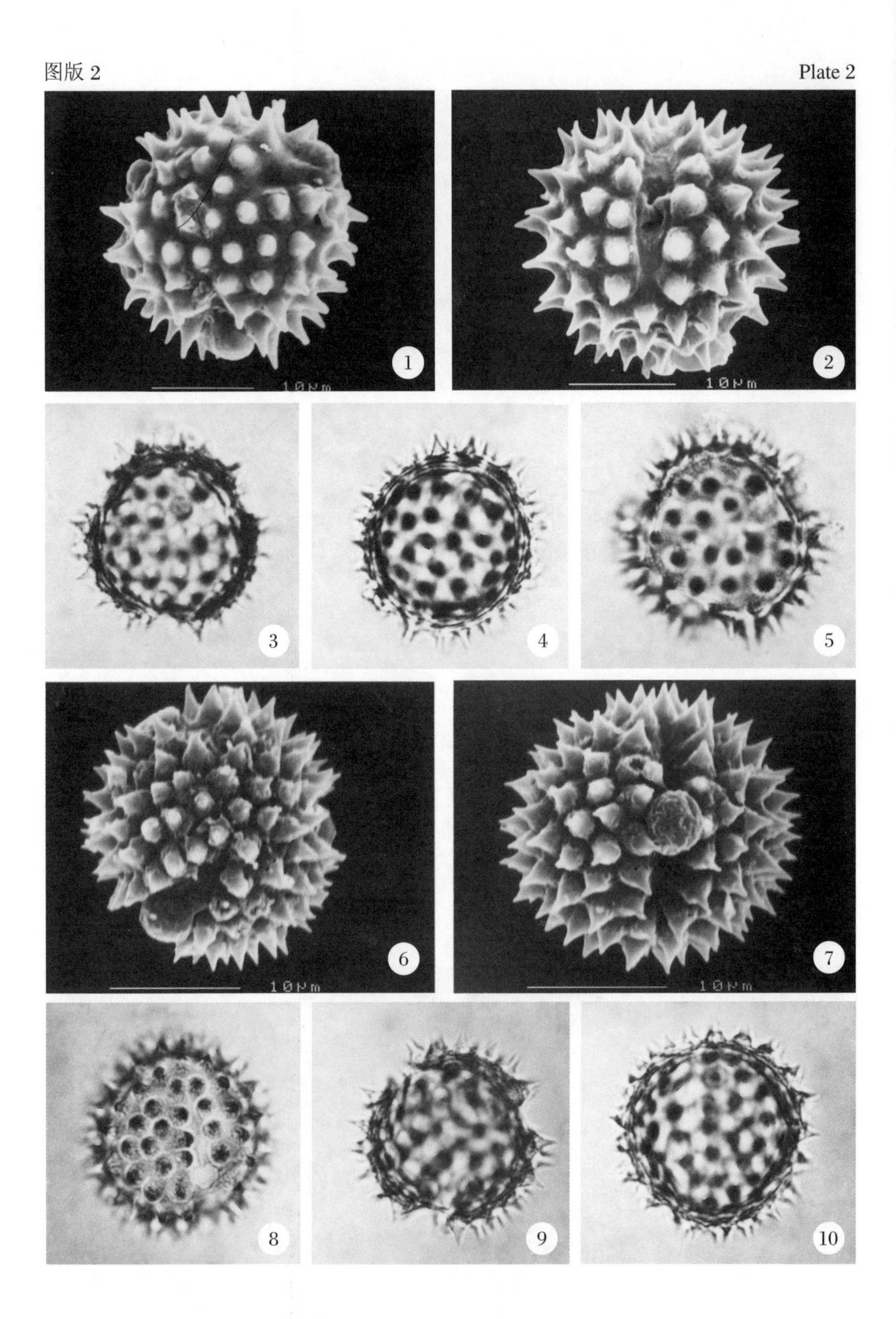

图版 3 Plate 3

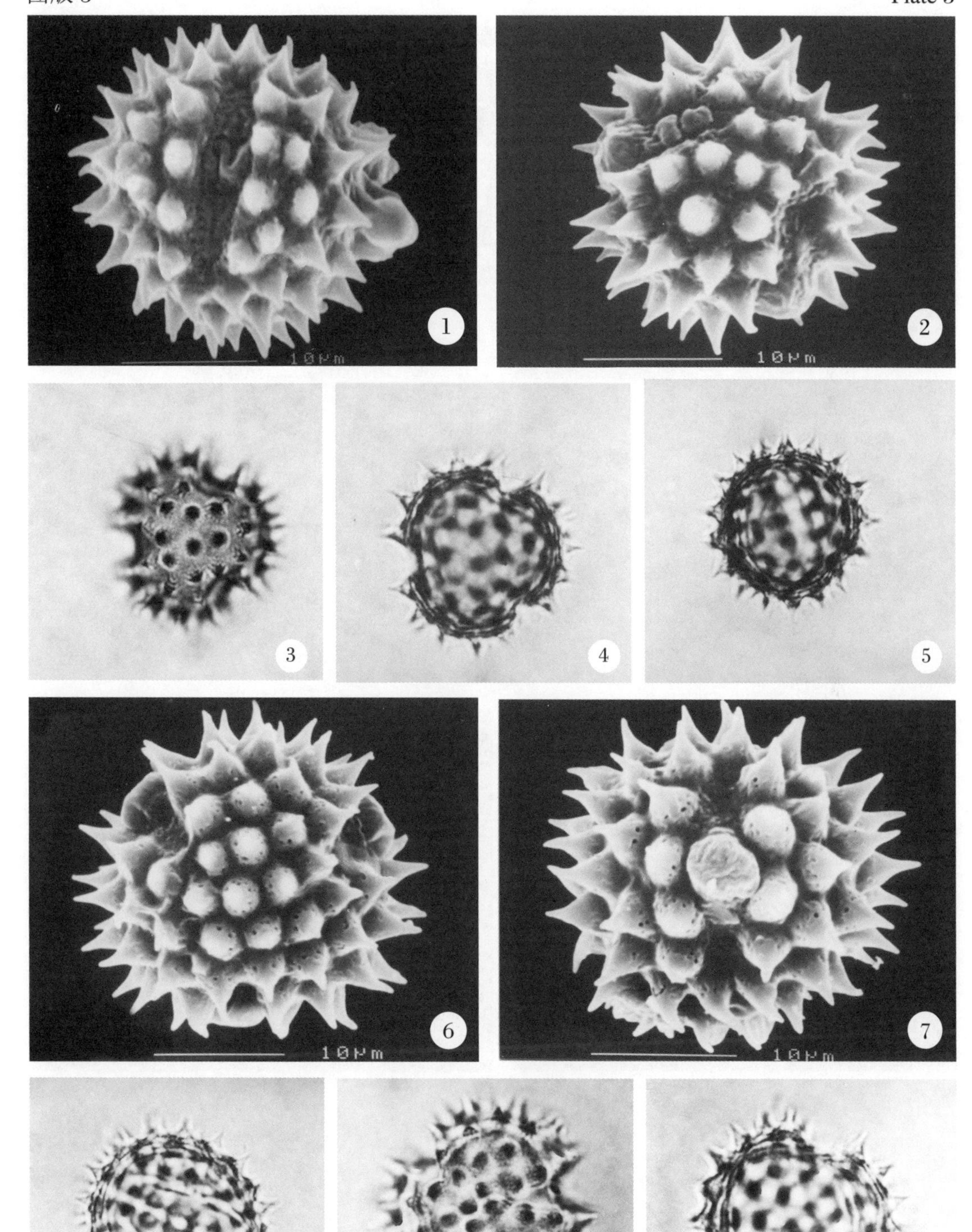

图版 4 Plate 4

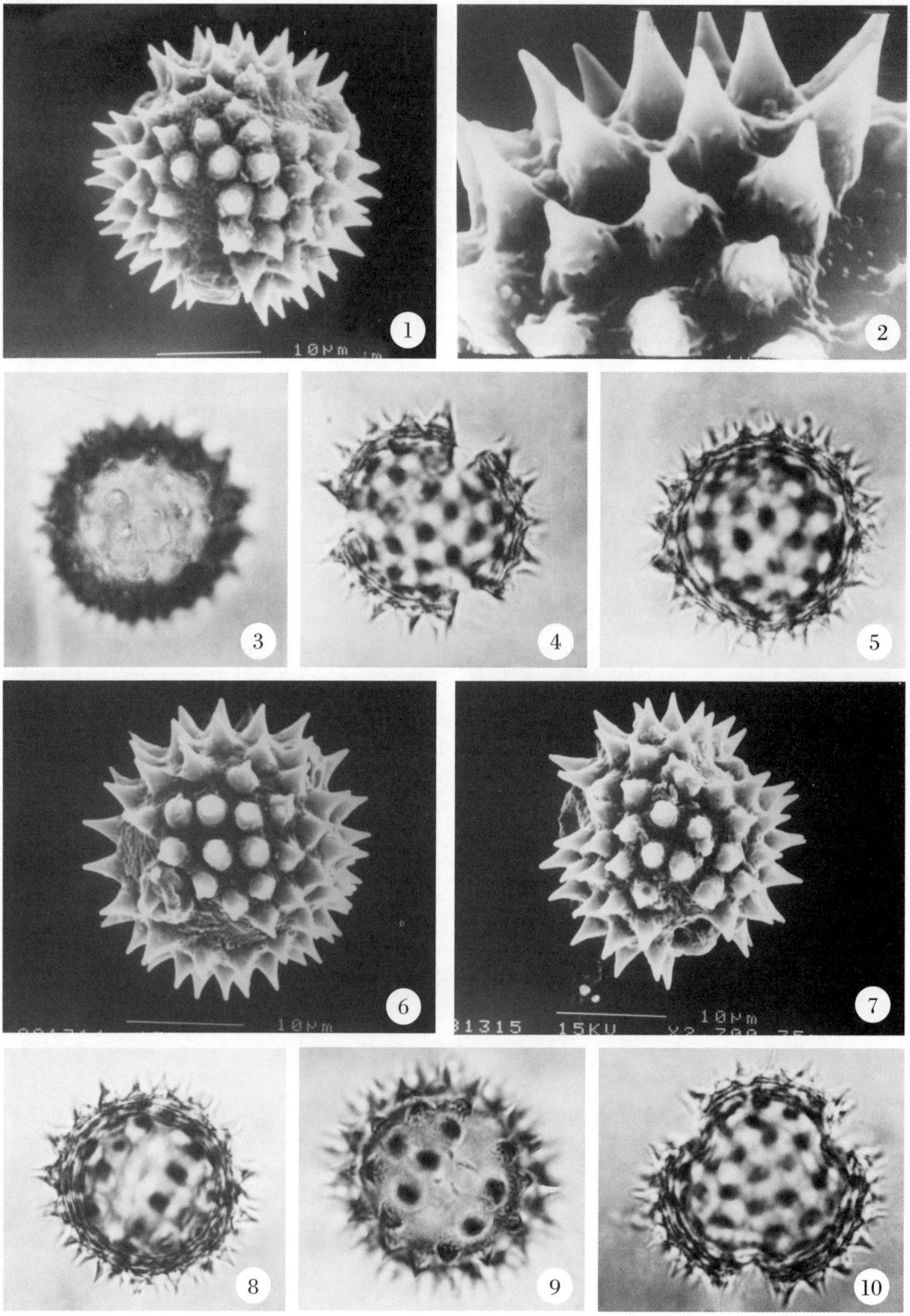

图版 5 Plate 5

图版 6 Plate 6

图版 7 Plate 7

图版 8

Plate 8

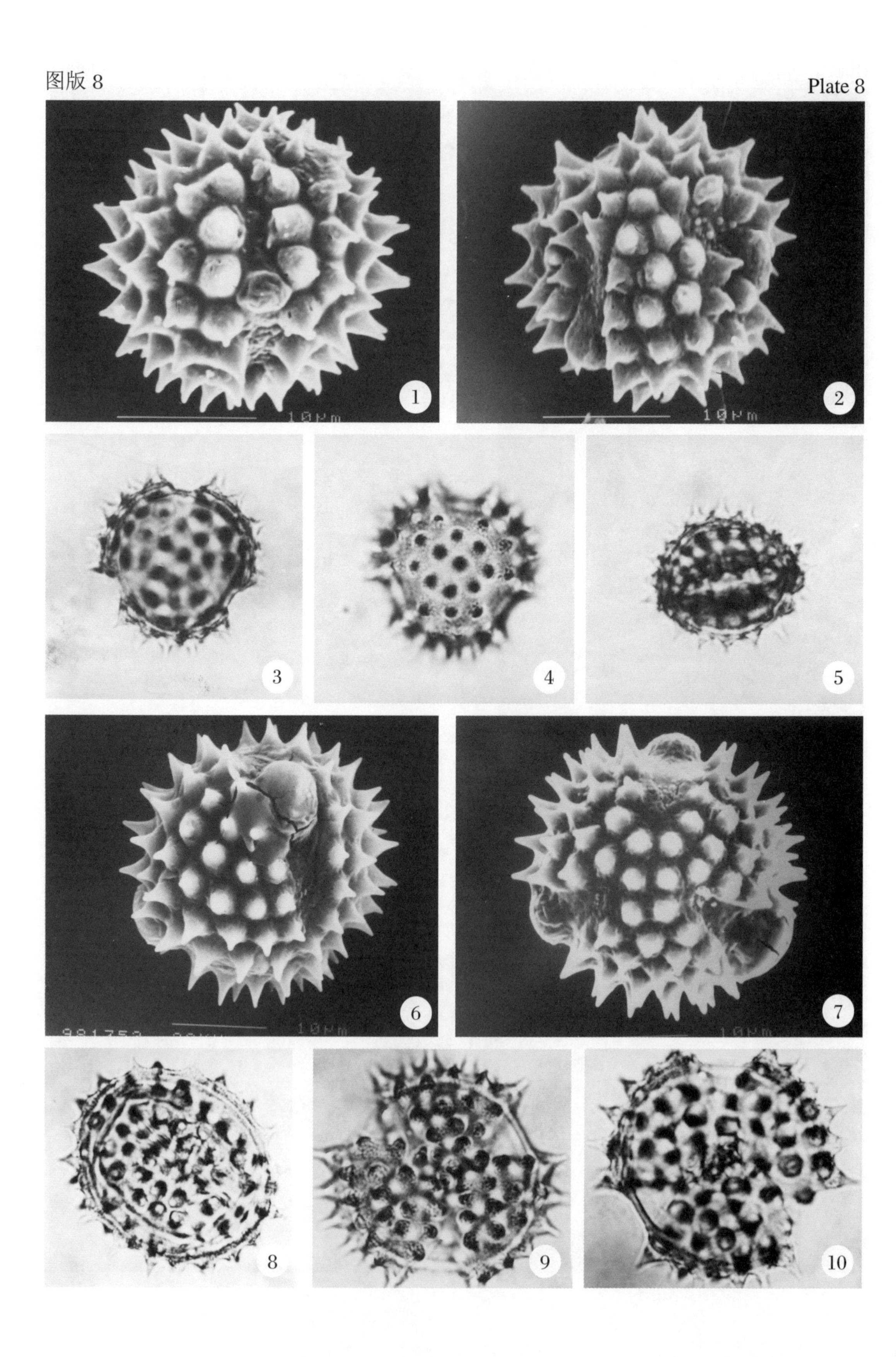

图版 9

Plate 9

图版 10 Plate 10

图版 11

Plate 11

图版 12 Plate 12

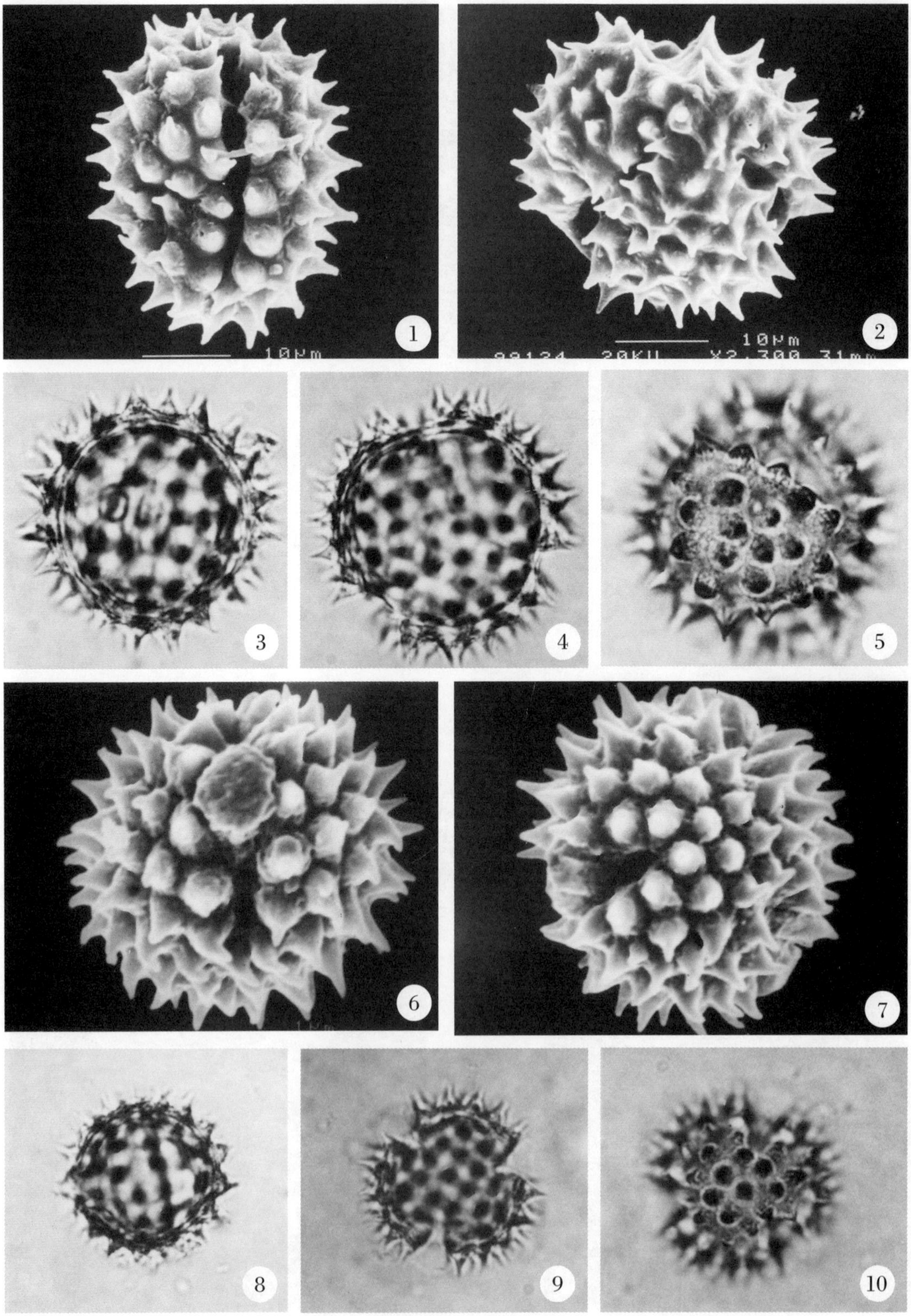

图版 13

Plate 13

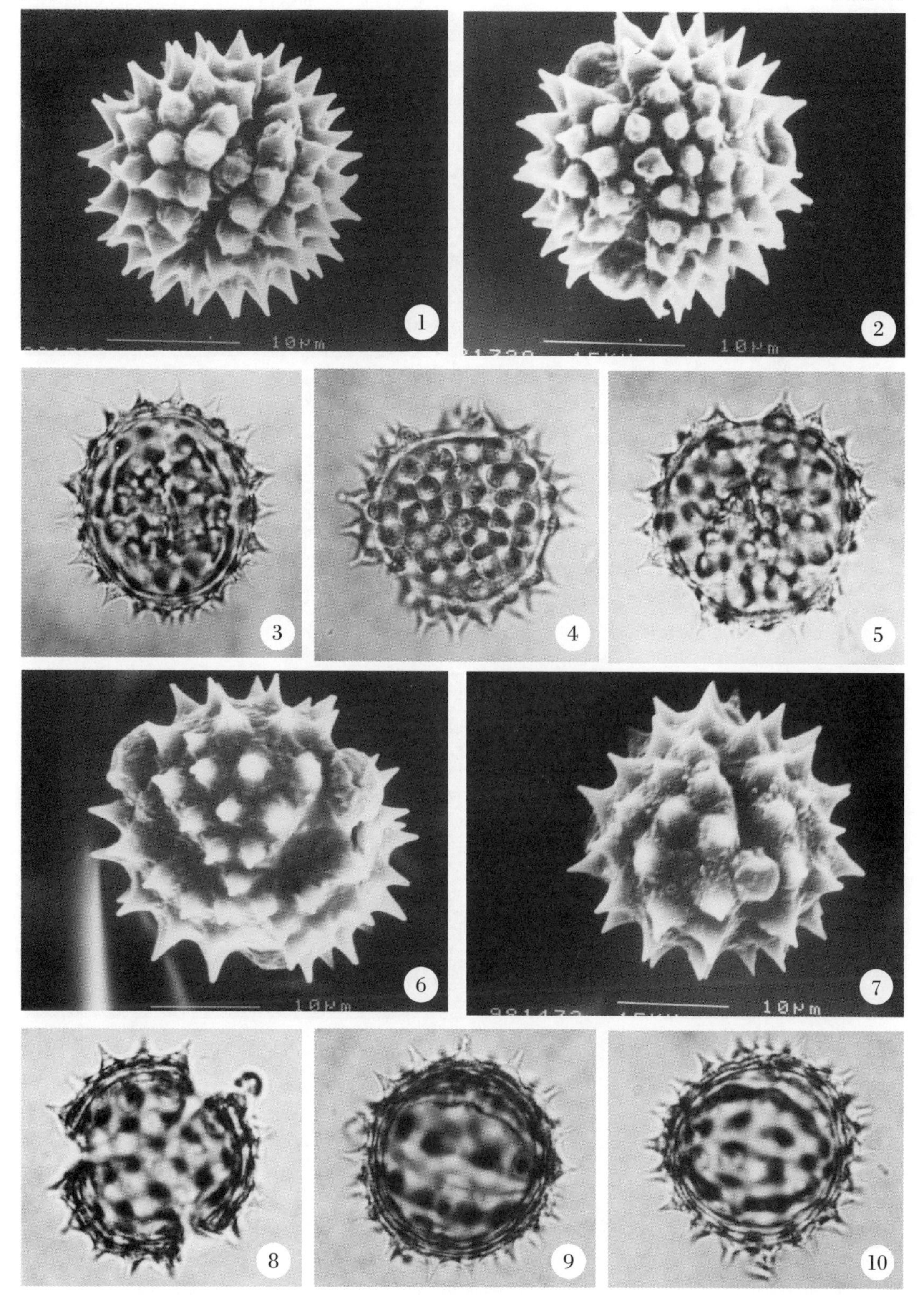

图版 14 Plate 14

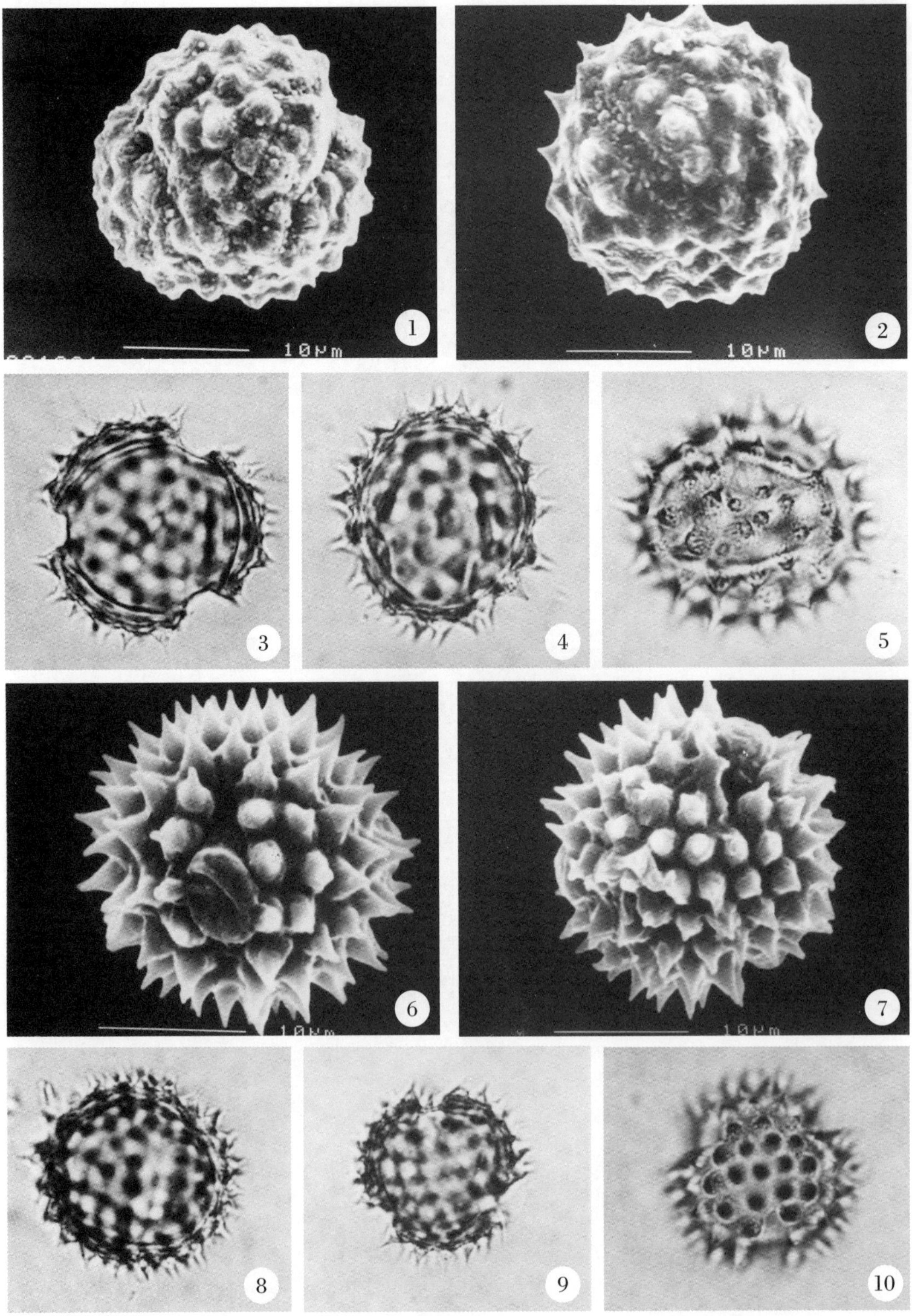

1 10μm

2 10μm

3

4

5

6 10μm

7 10μm

8

9

10

图版 15 Plate 15

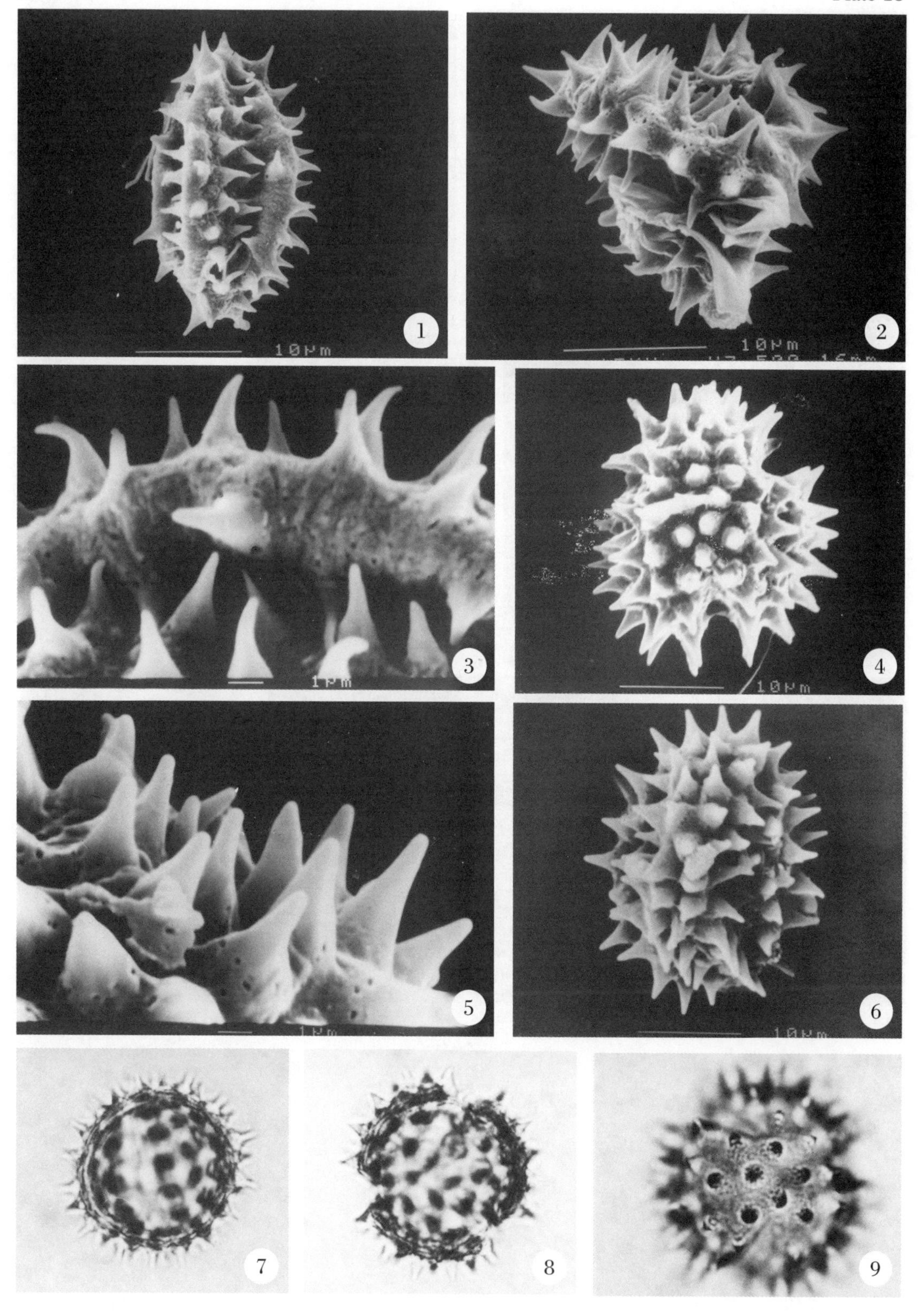

图版 16 Plate 16

图版 17

Plate 17

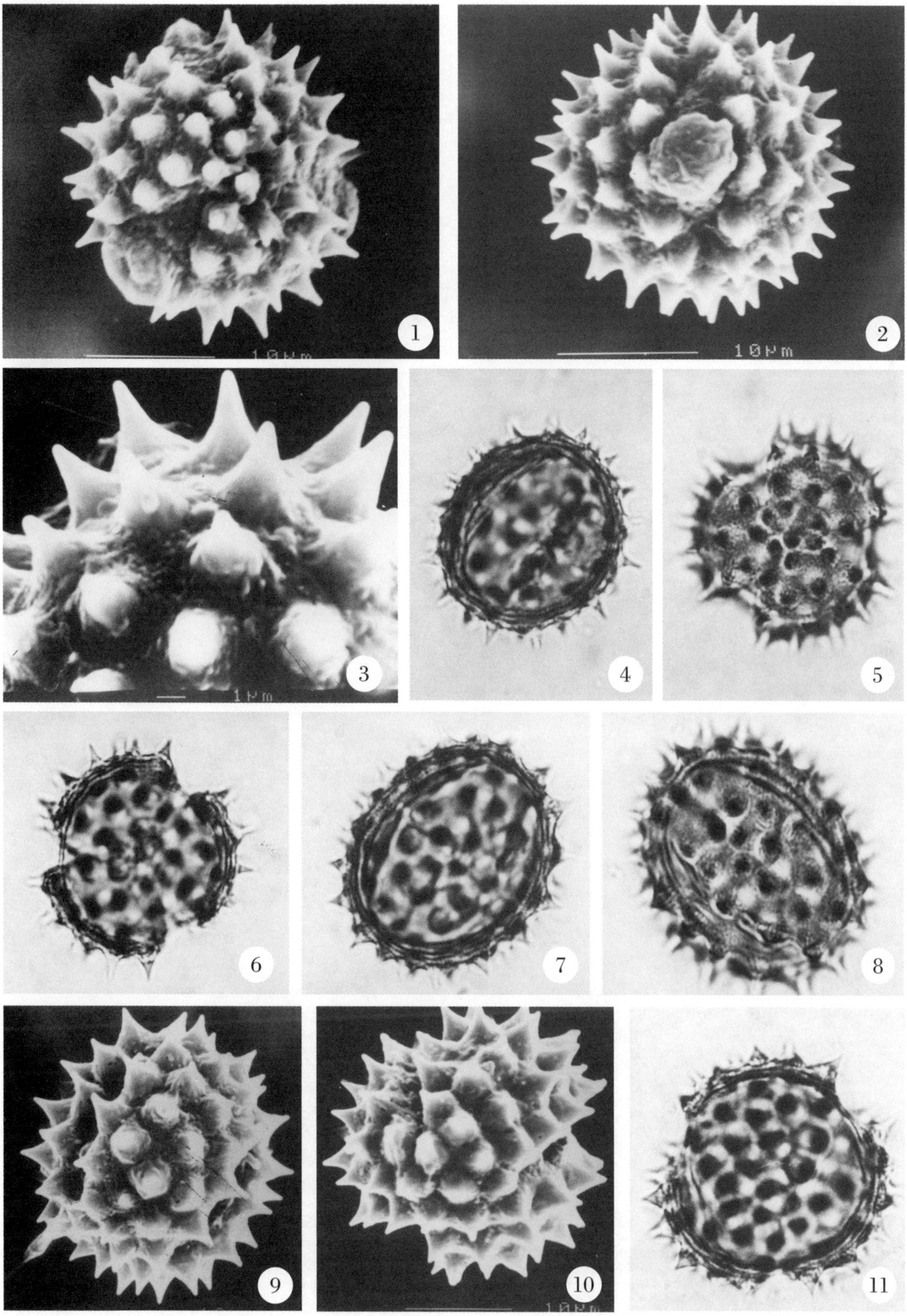

1 10 μm

2 10 μm

3 1 μm

4

5

6

7

8

9

10 10 μm

11

图版 18 Plate 18

图版 19 Plate 19

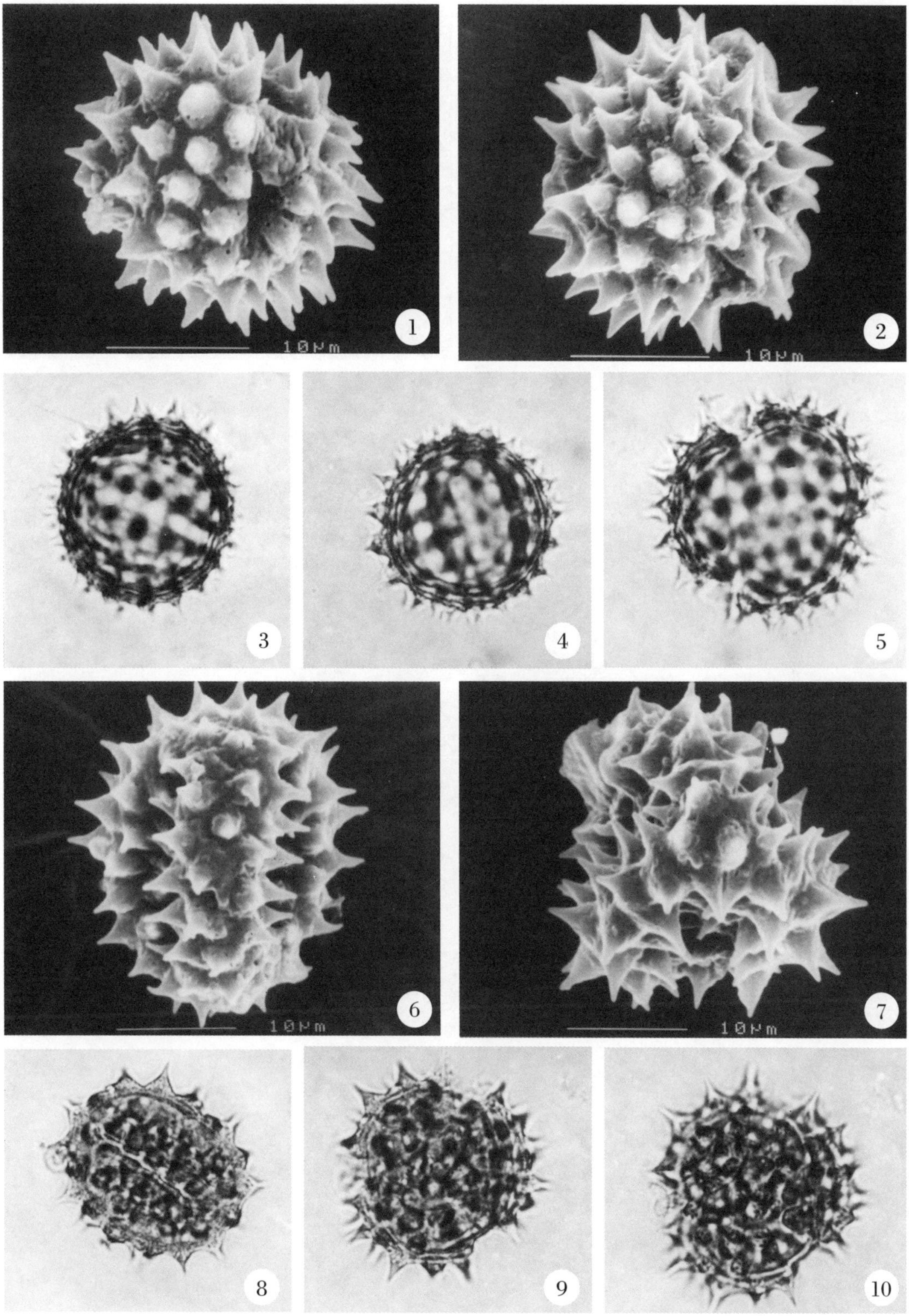

图版 20 Plate 20

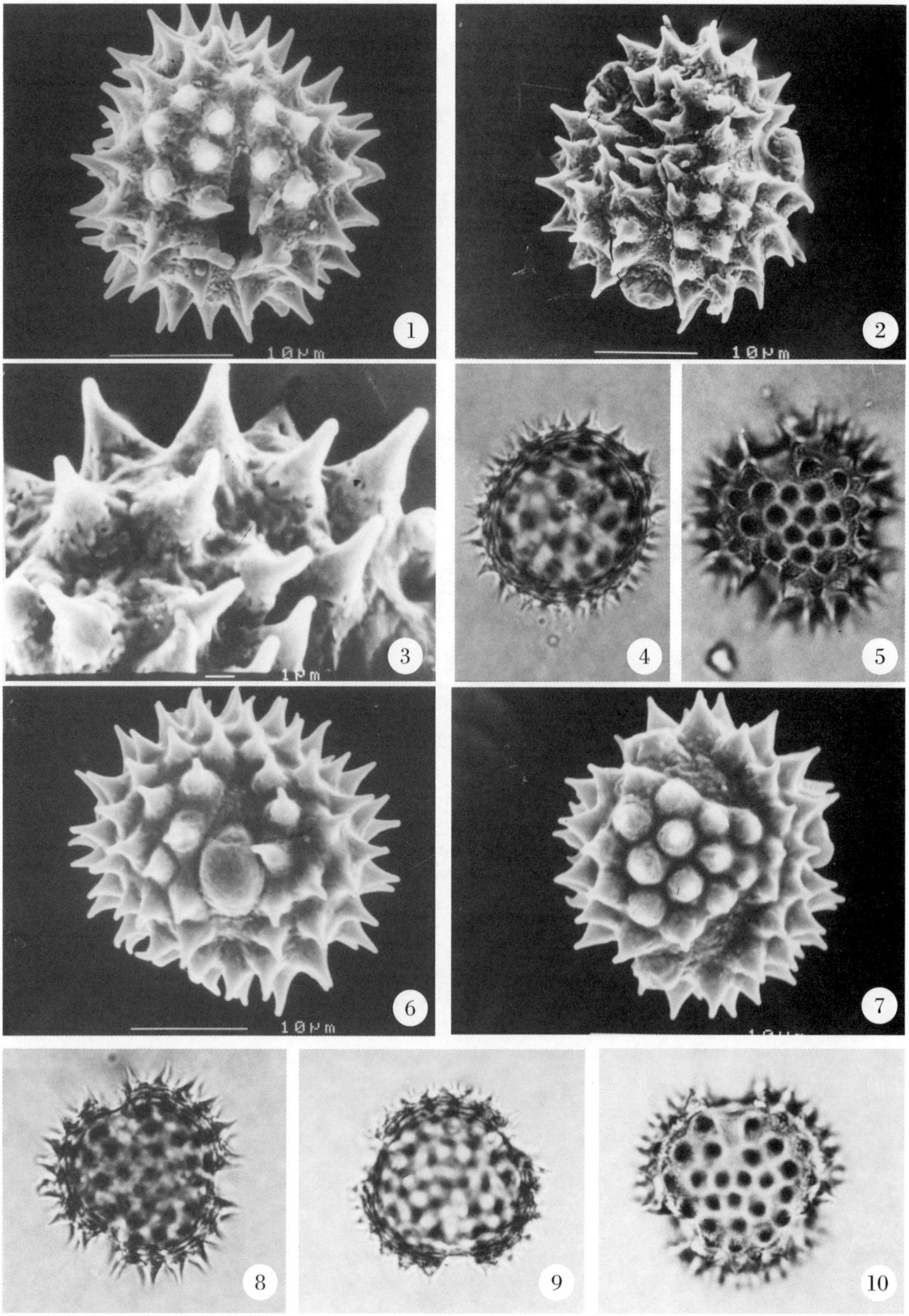

1 2 3 4 5 6 7 8 9 10

图版 21 Plate 21

图版 22 Plate 22

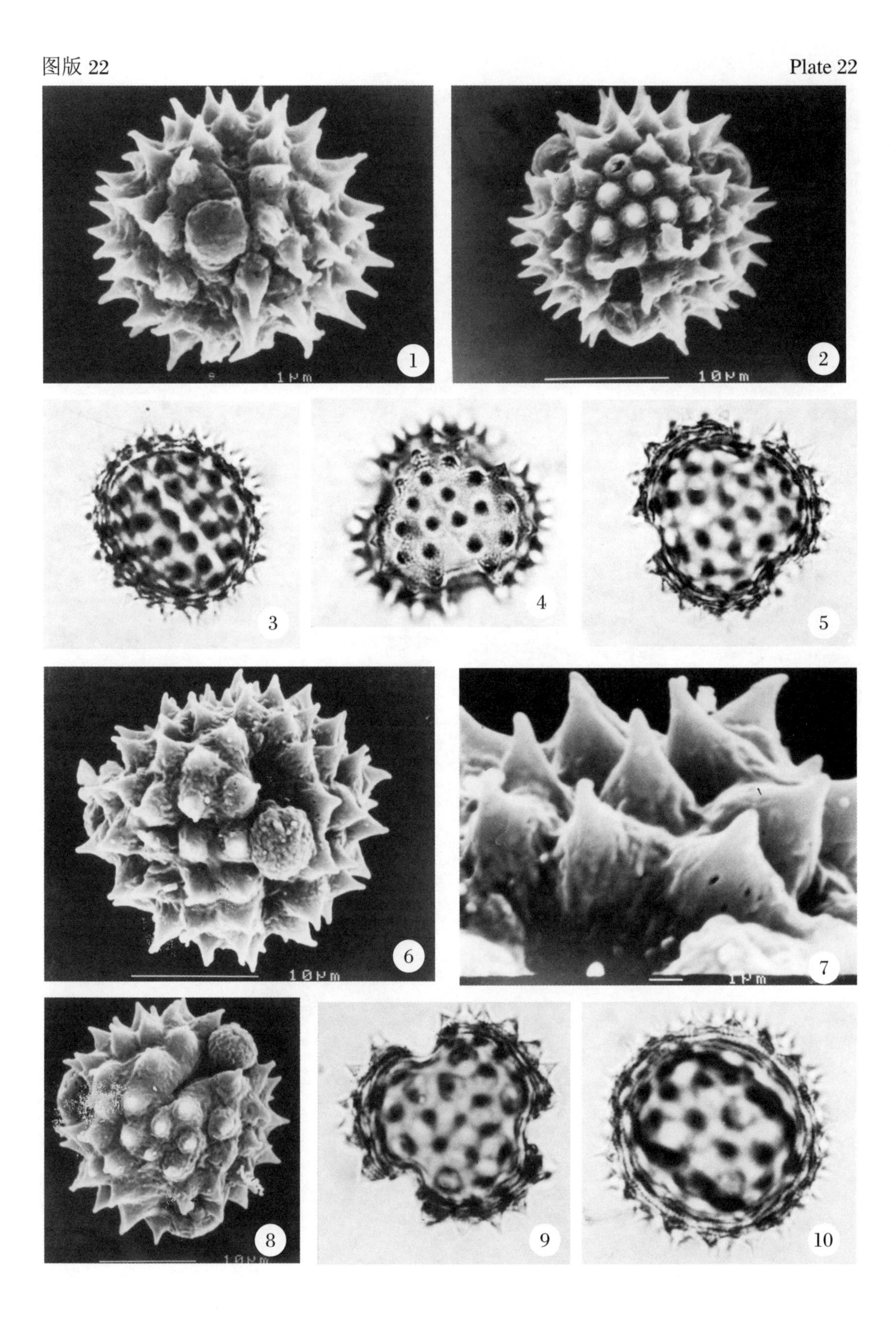

图版 23

Plate 23

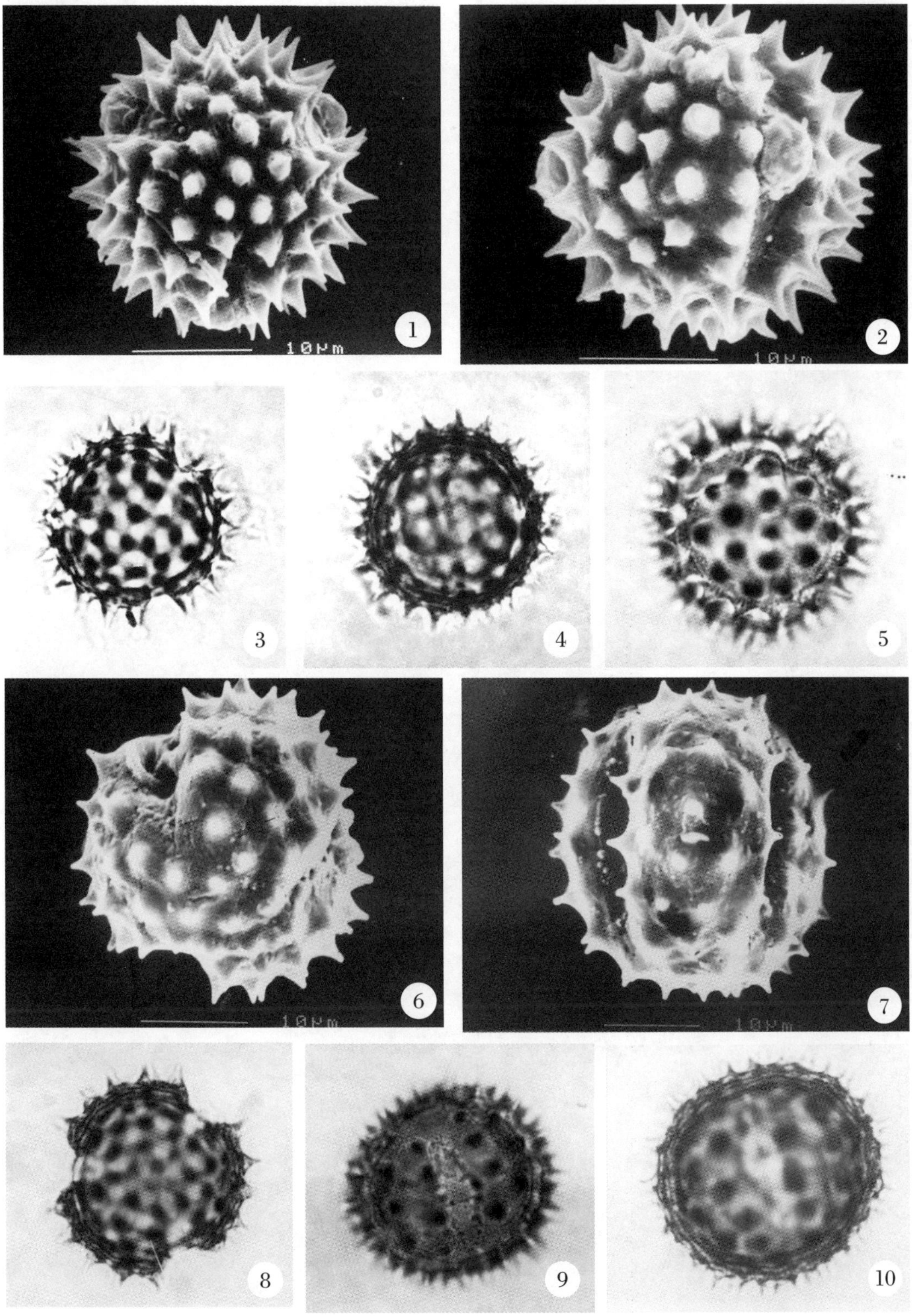

1 10μm

2 10μm

3

4

5

6 10μm

7 10μm

8

9

10

图版 24

Plate 24

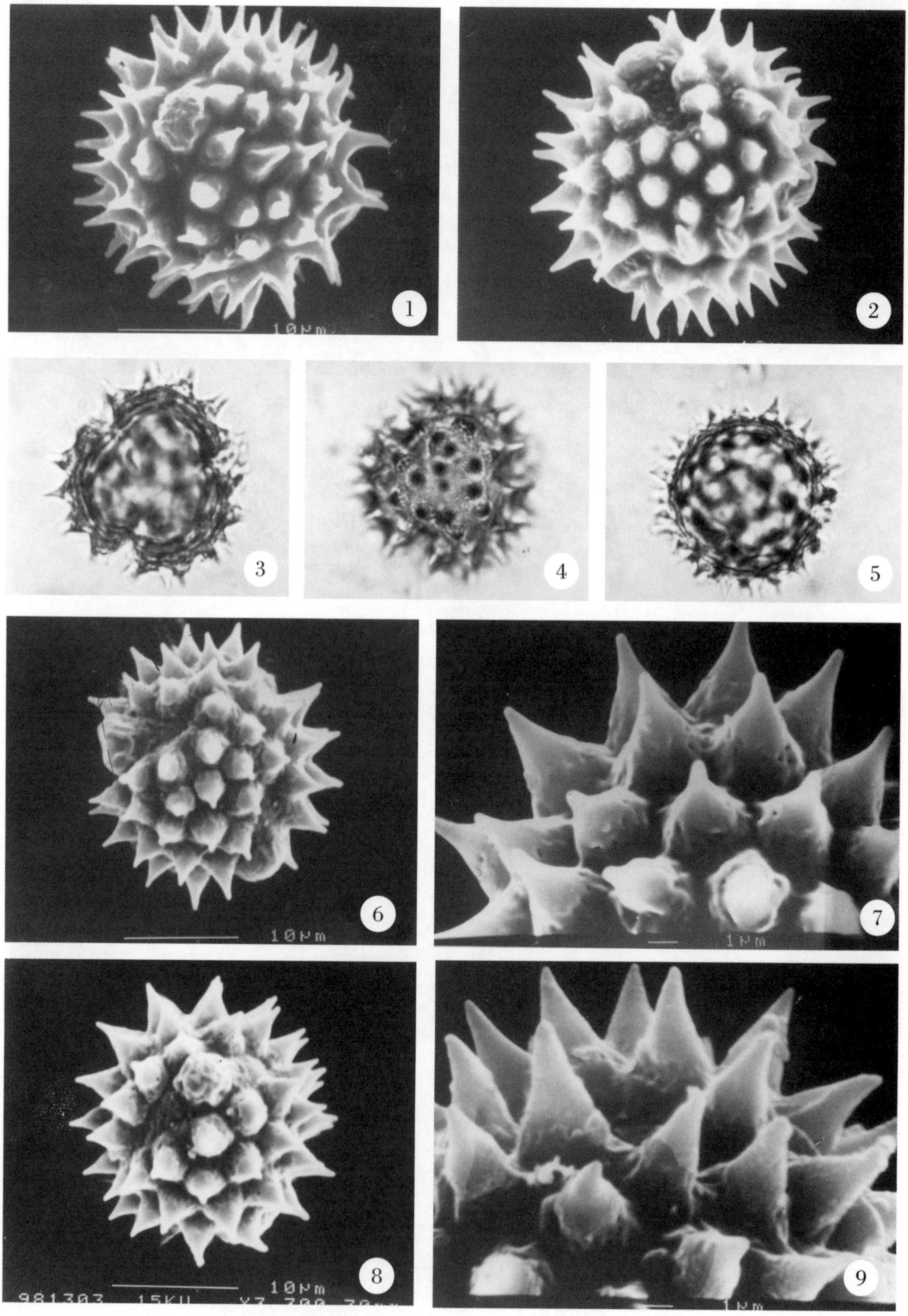

1 10μm

2

3

4

5

6 10μm

7 1μm

8 10μm 981303 15KV X7,700 70mm

9 1μm

图版 25　　Plate 25

图版 26 Plate 26

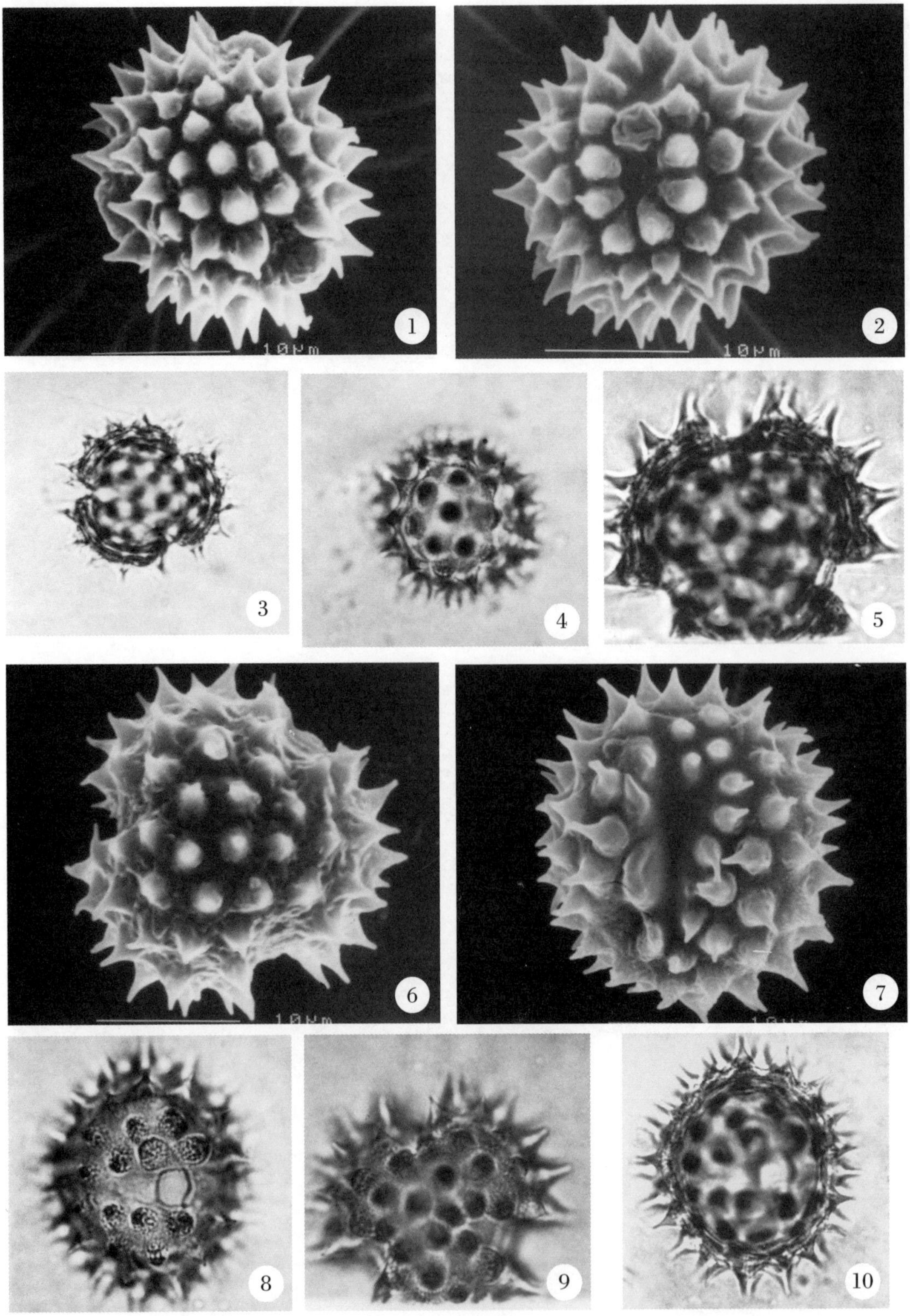

图版 27

Plate 27

图版 28 Plate 28

图版 29

Plate 29

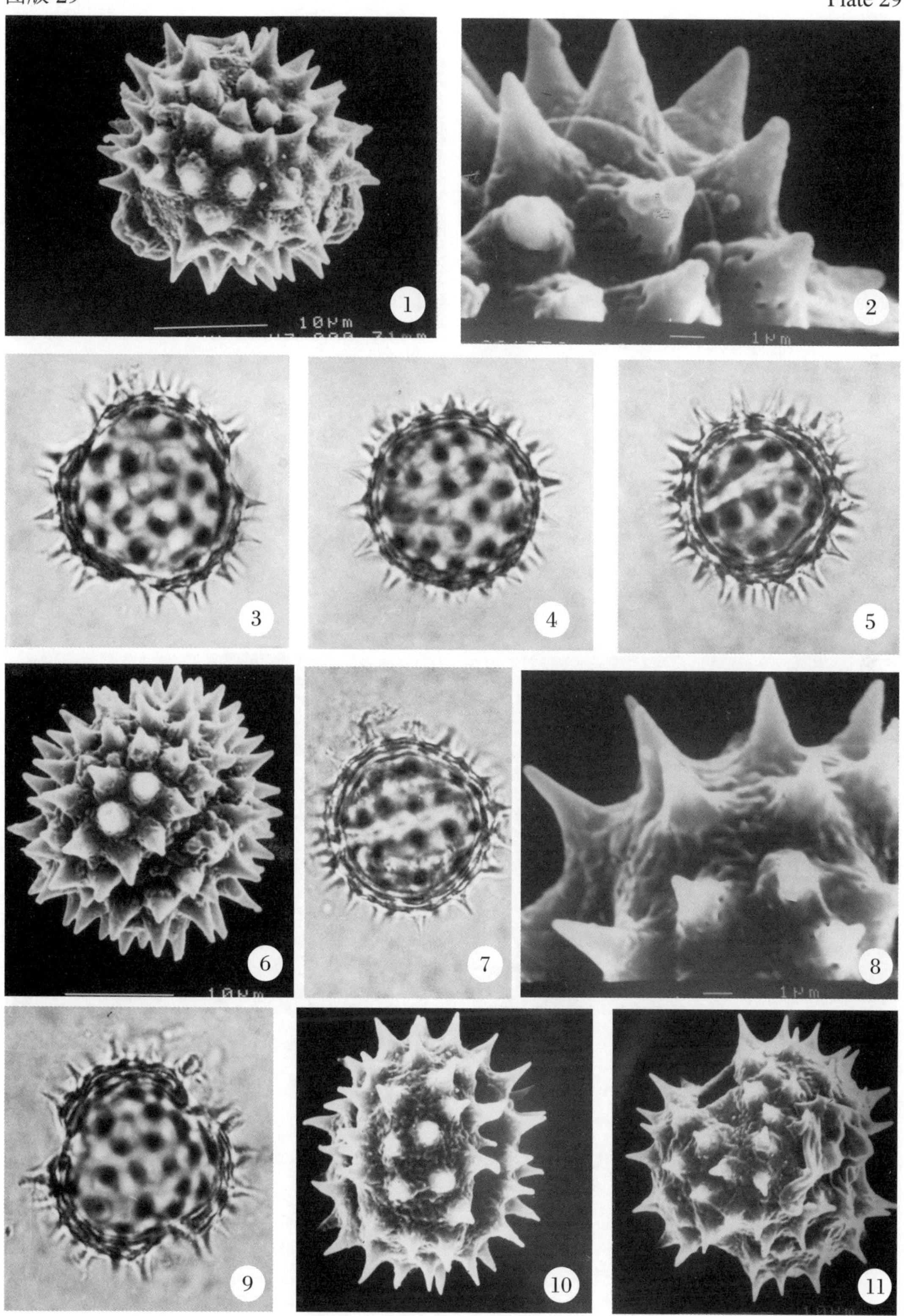

图版 30 Plate 30

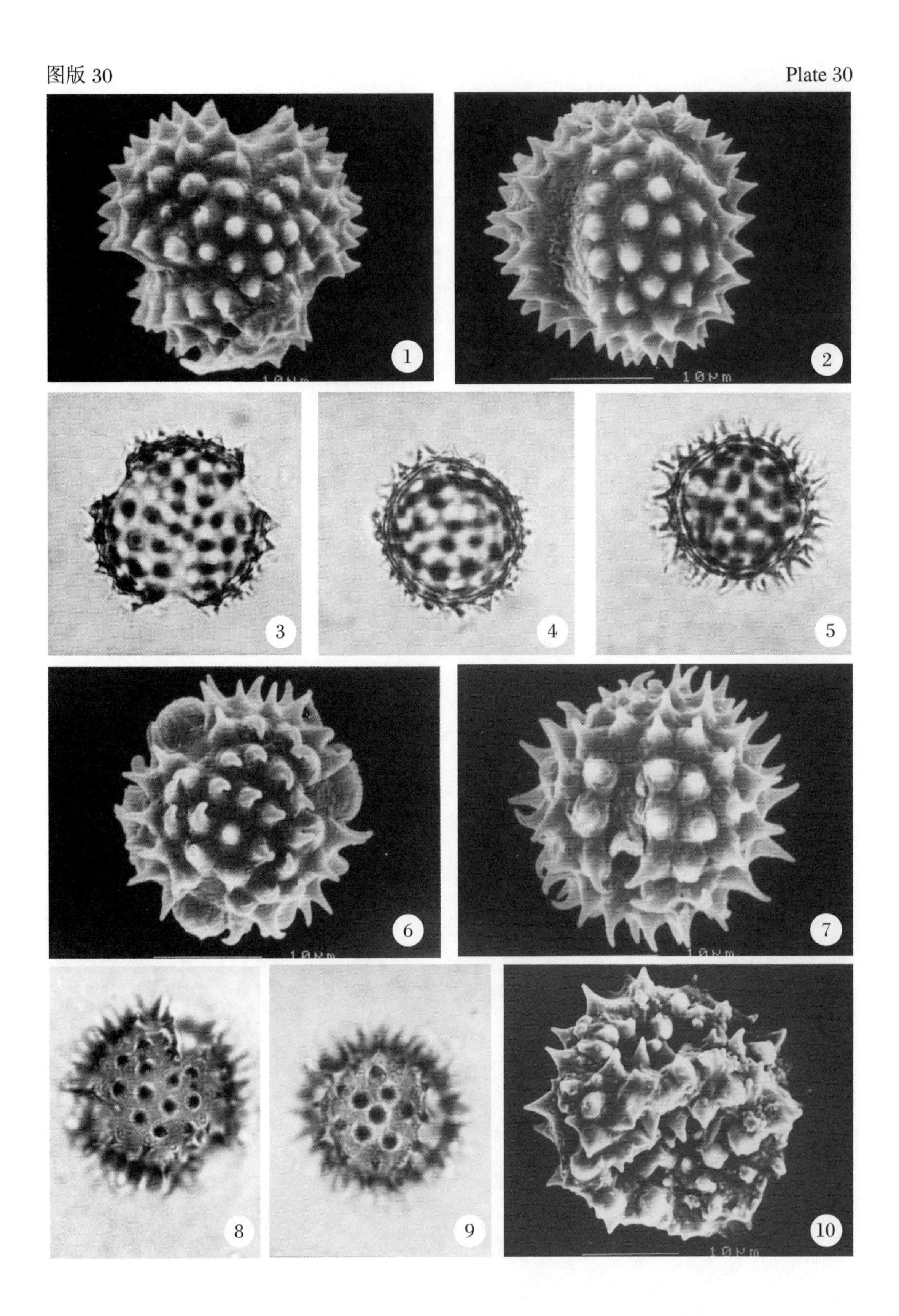

图版 31

Plate 31

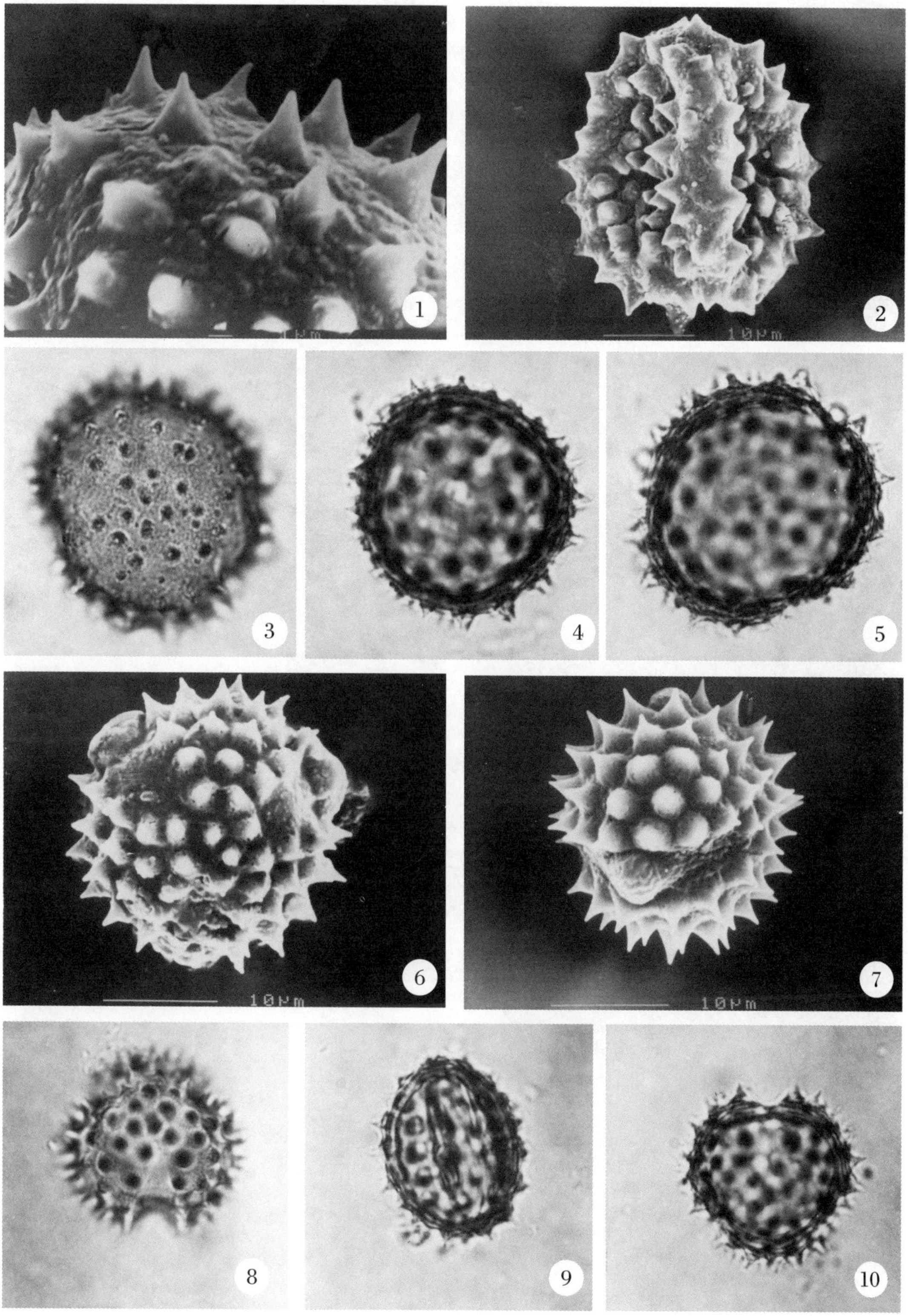

1

2

3

4

5

6

7

8

9

10

图版 32 Plate 32

1 2 3 4 5 6 7 8 9 10 11 12

图版 33 Plate 33

图版 34 Plate 34

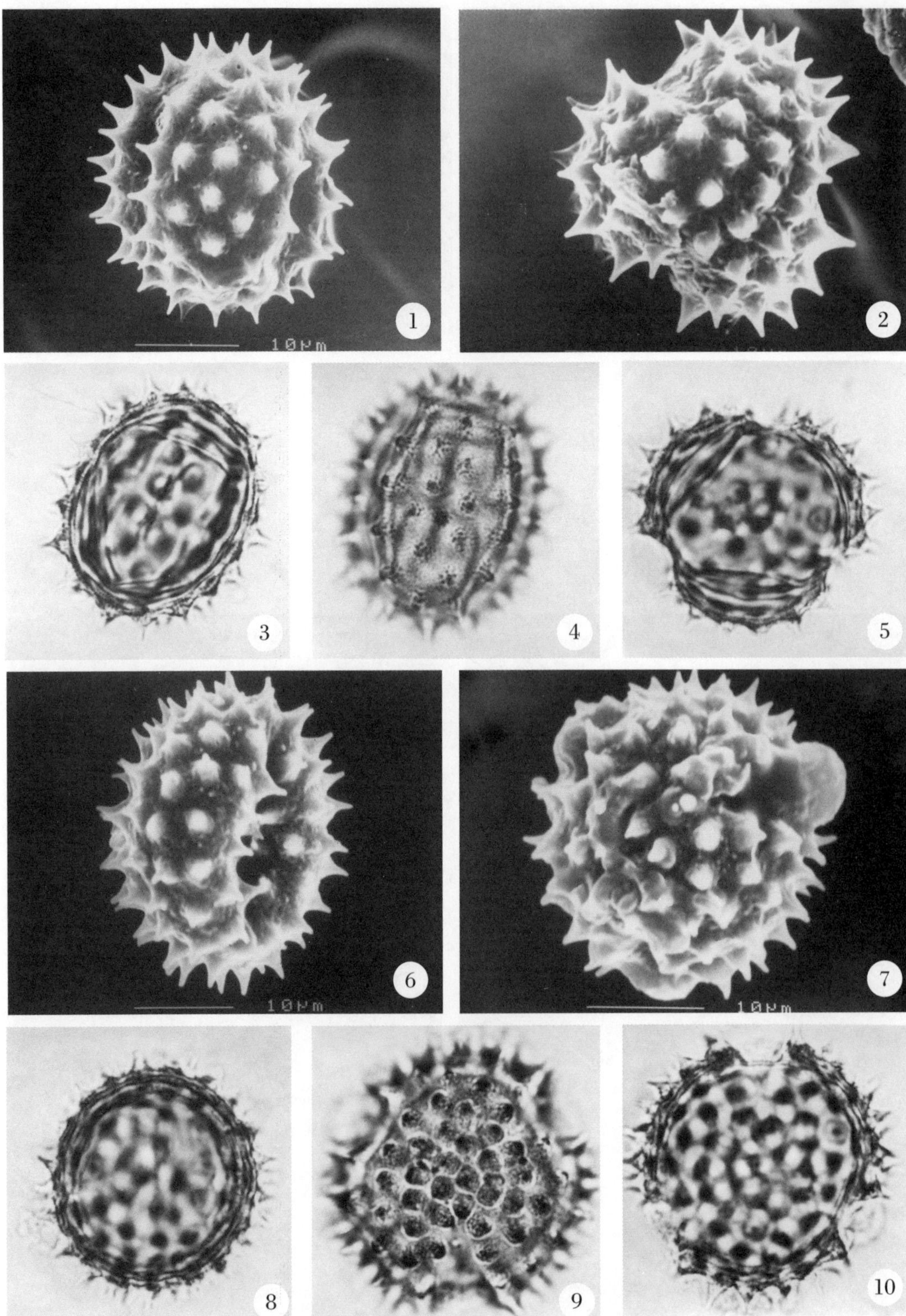

图版 35 Plate 35

图版 36 Plate 36

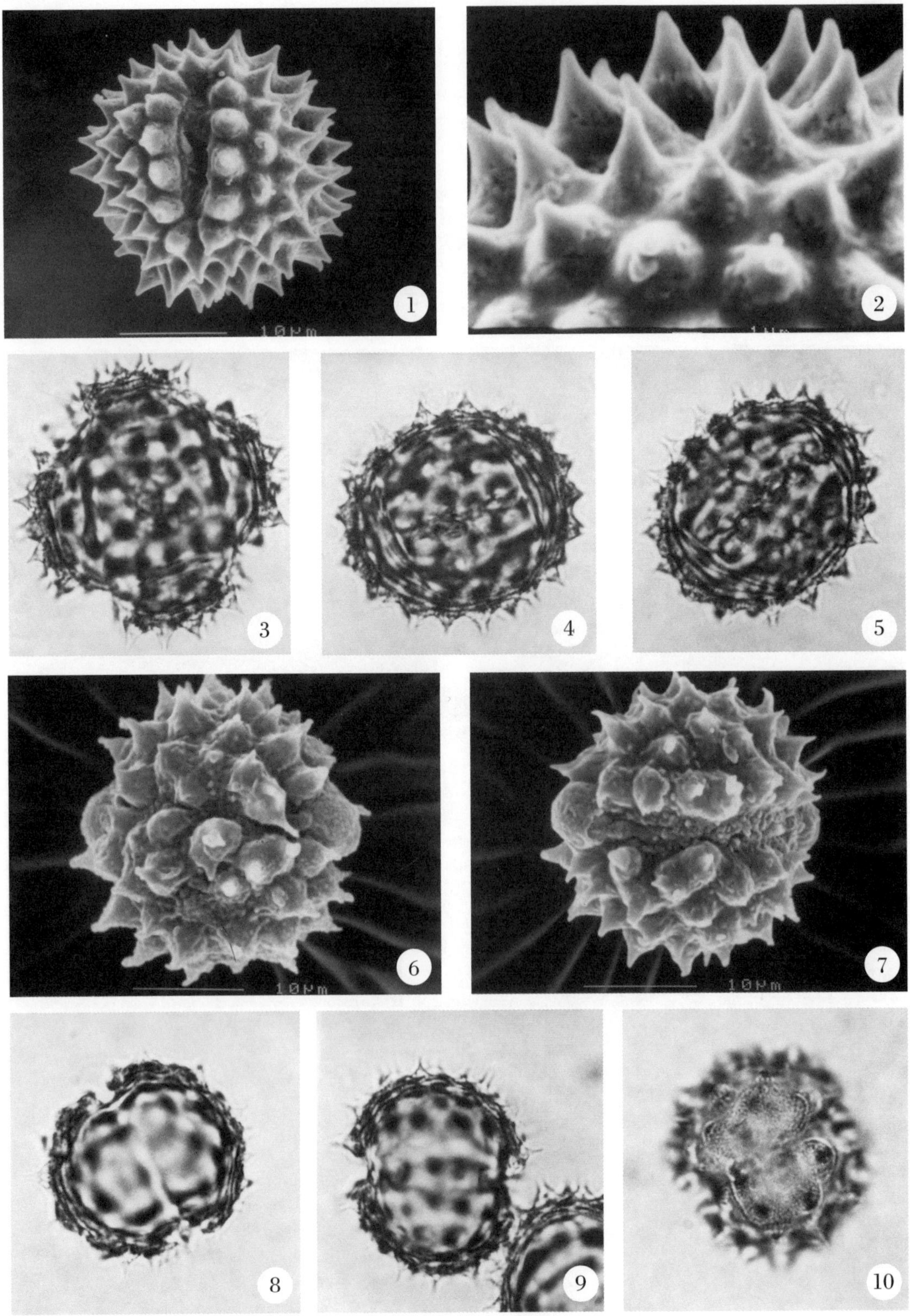

图版 37 Plate 37

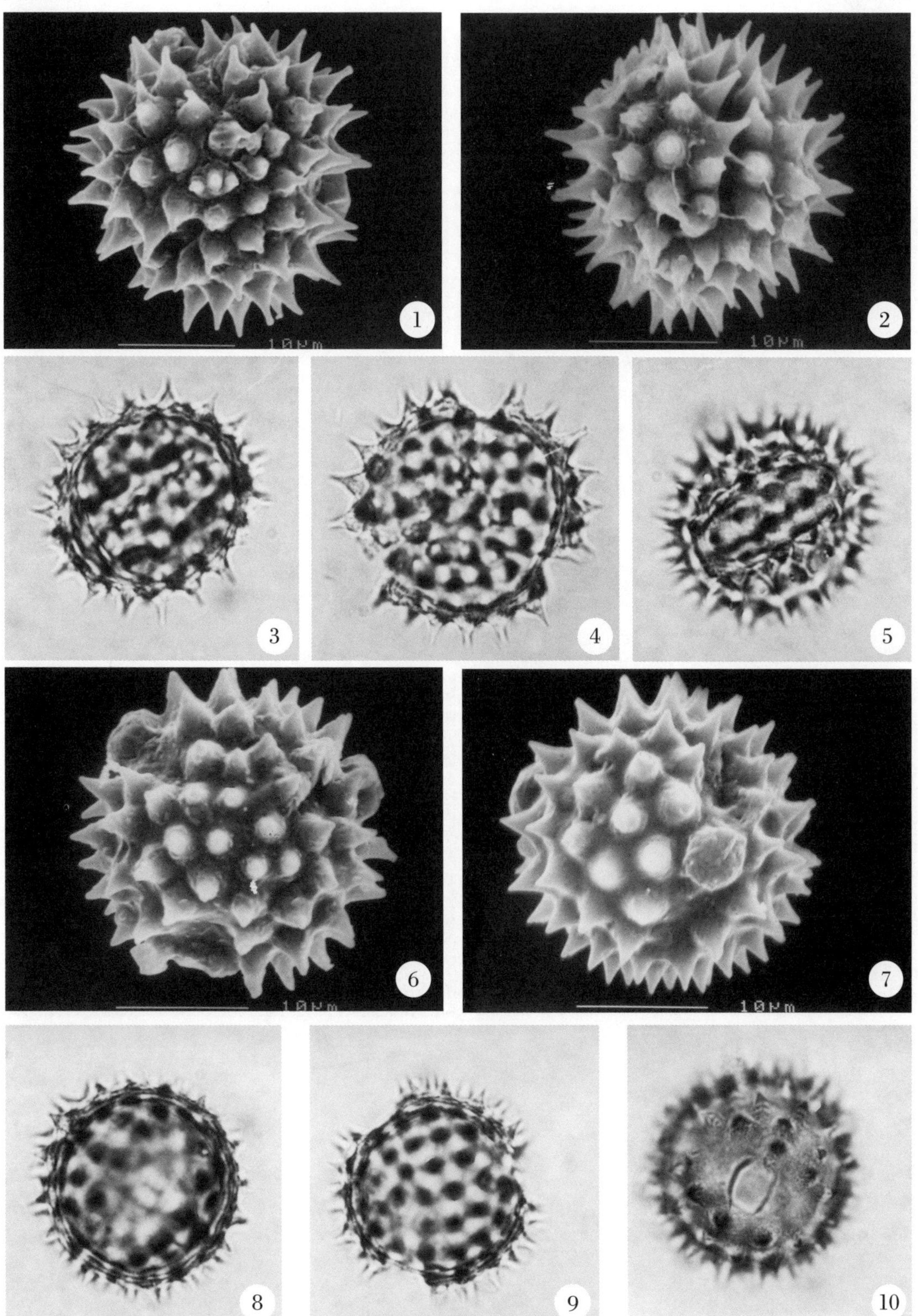

图版 38 Plate 38

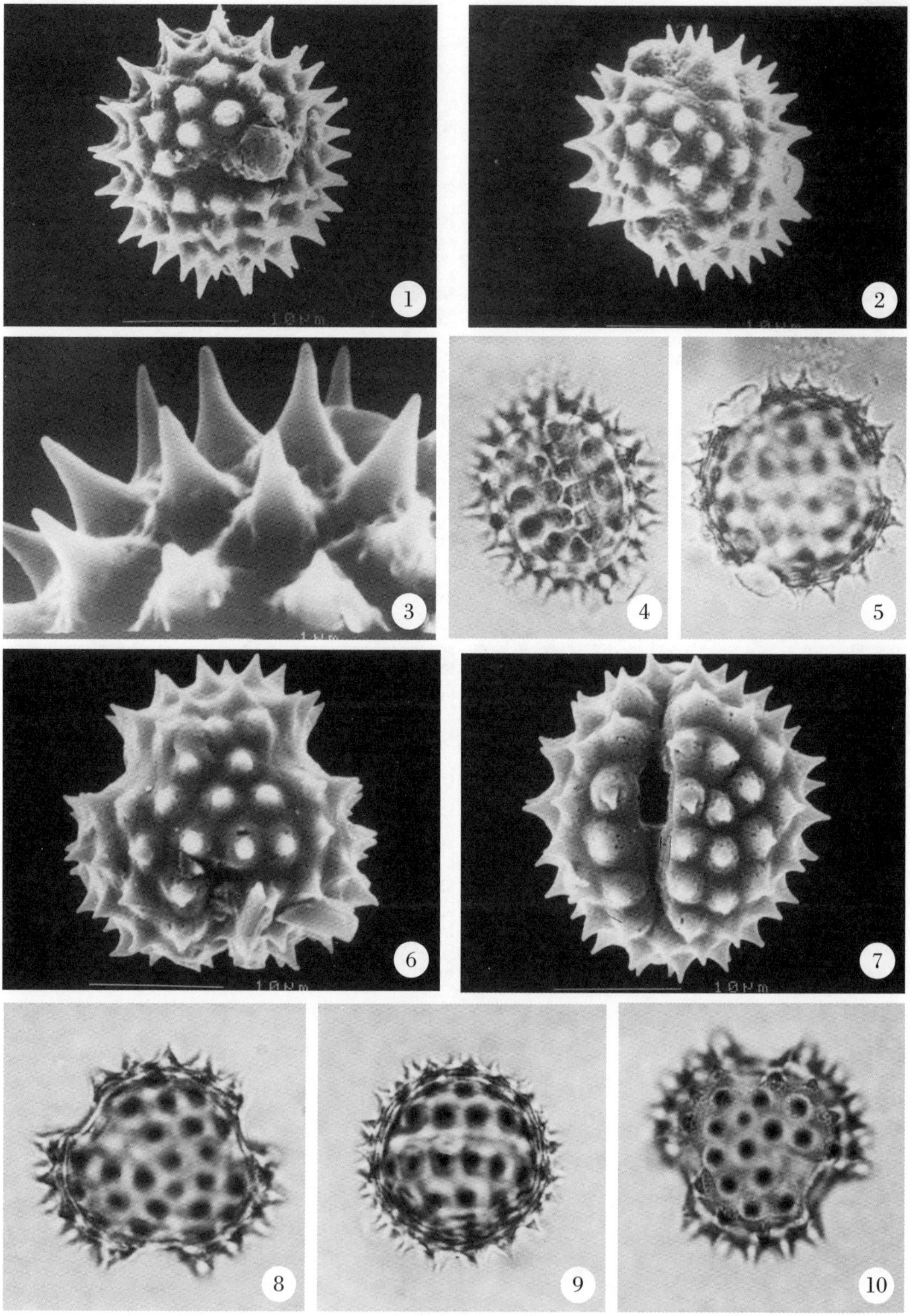

图版 39　　　　Plate 39

图版 40

Plate 40

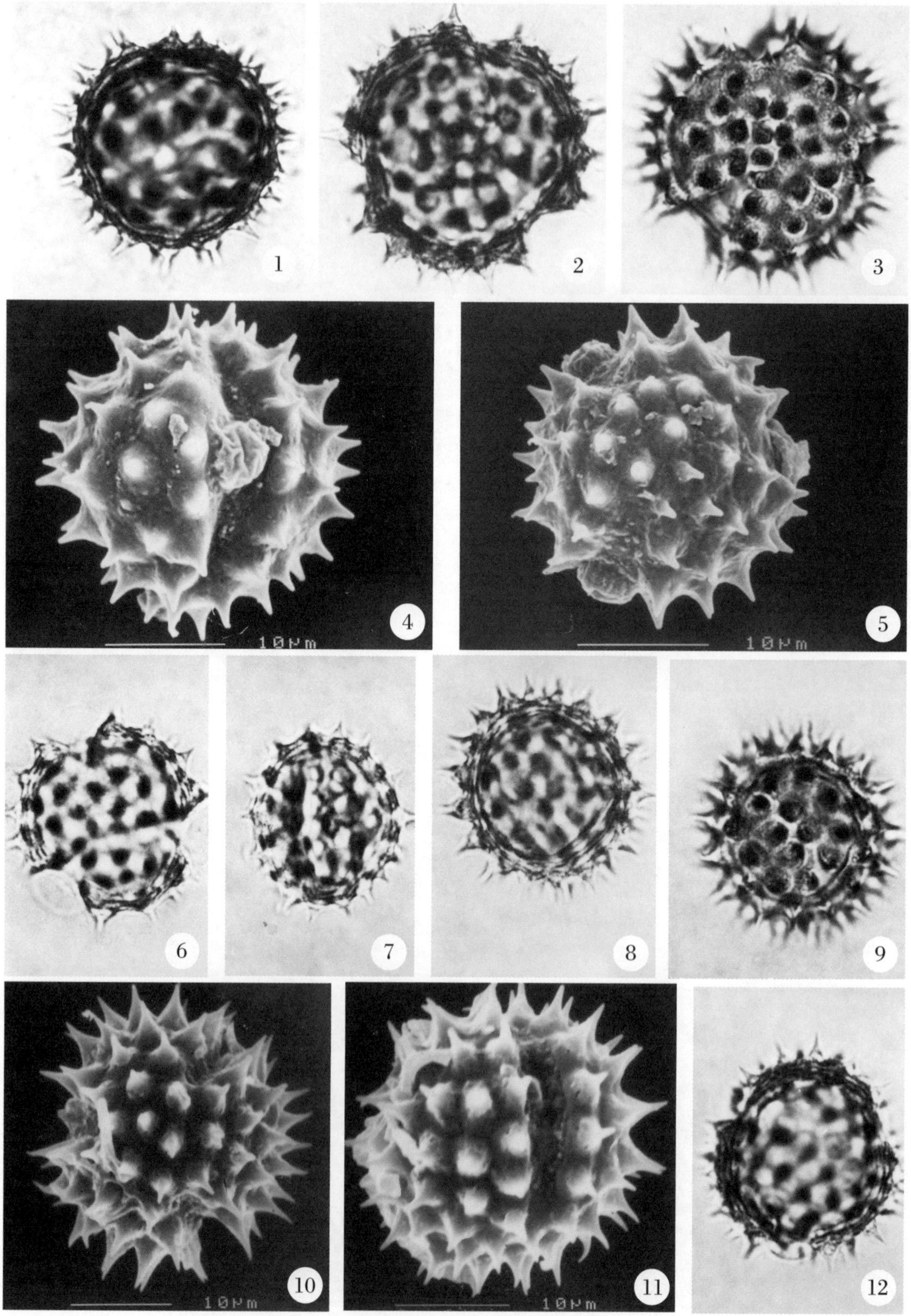

1 2 3

4 10μm 5 10μm

6 7 8 9

10 10μm 11 10μm 12

图版 41

Plate 41

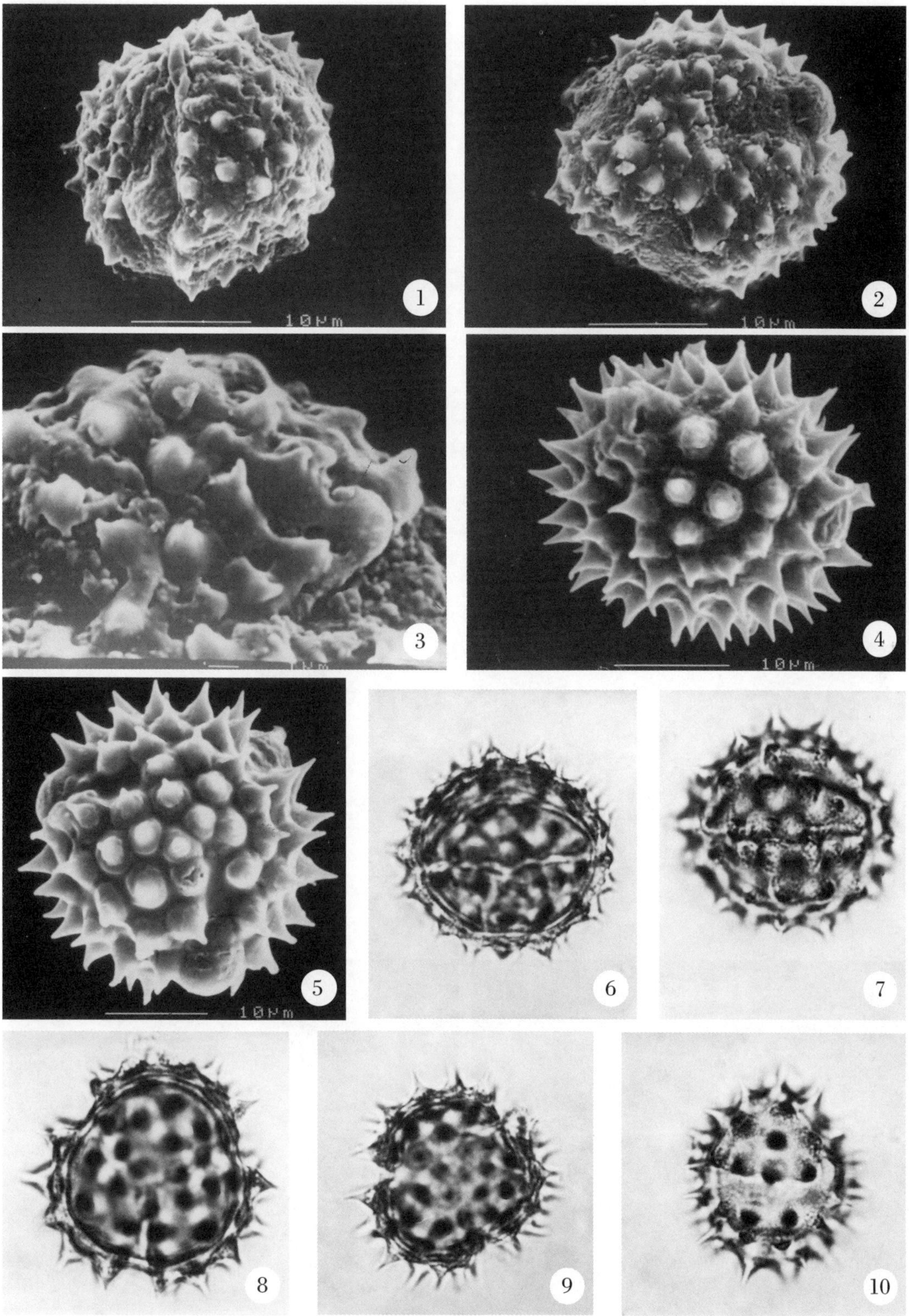

1

10μm

2

10μm

3

1μm

4

10μm

5

10μm

6

7

8

9

10

图版 42　　Plate 42

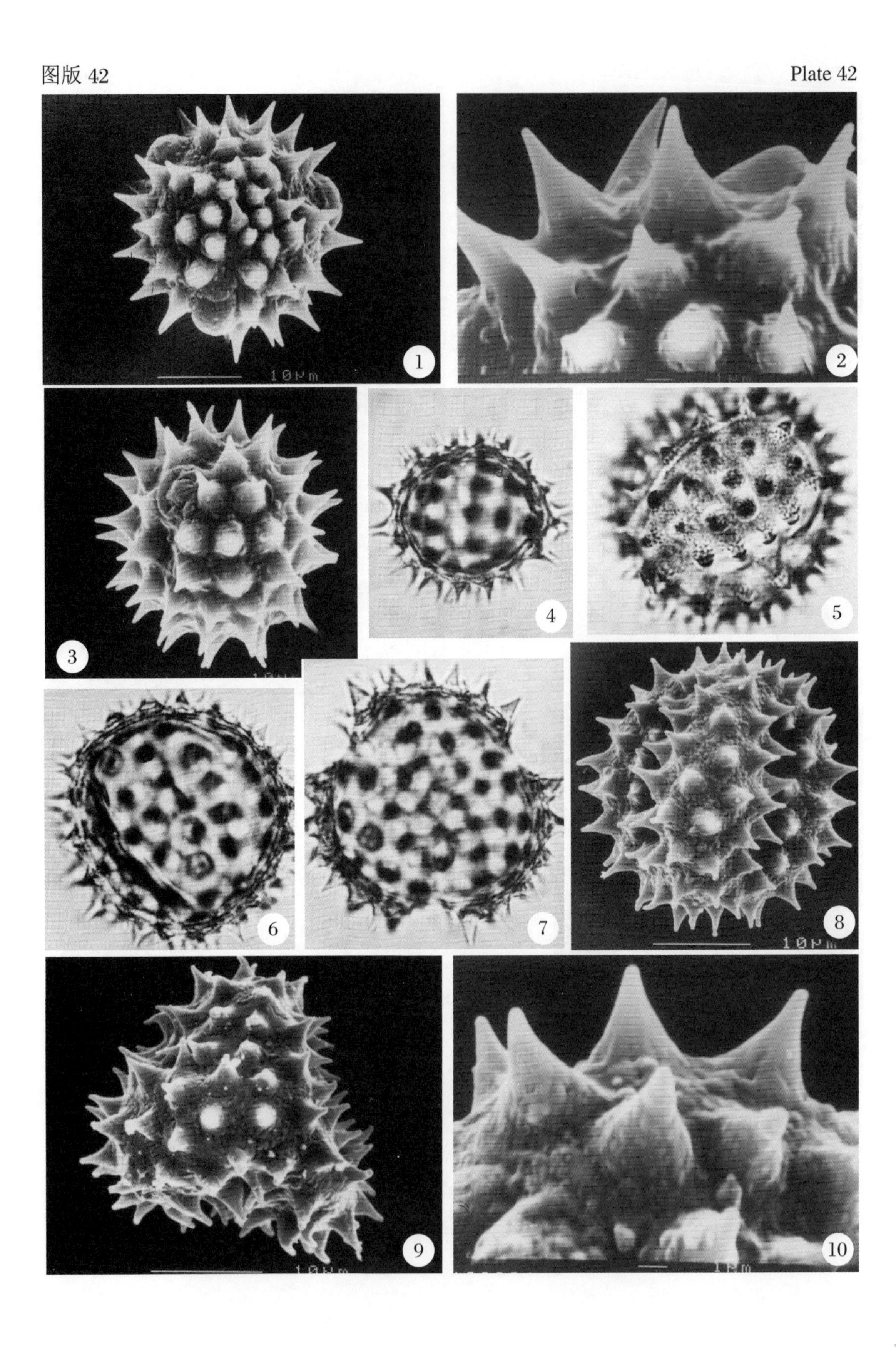

图版 43

Plate 43

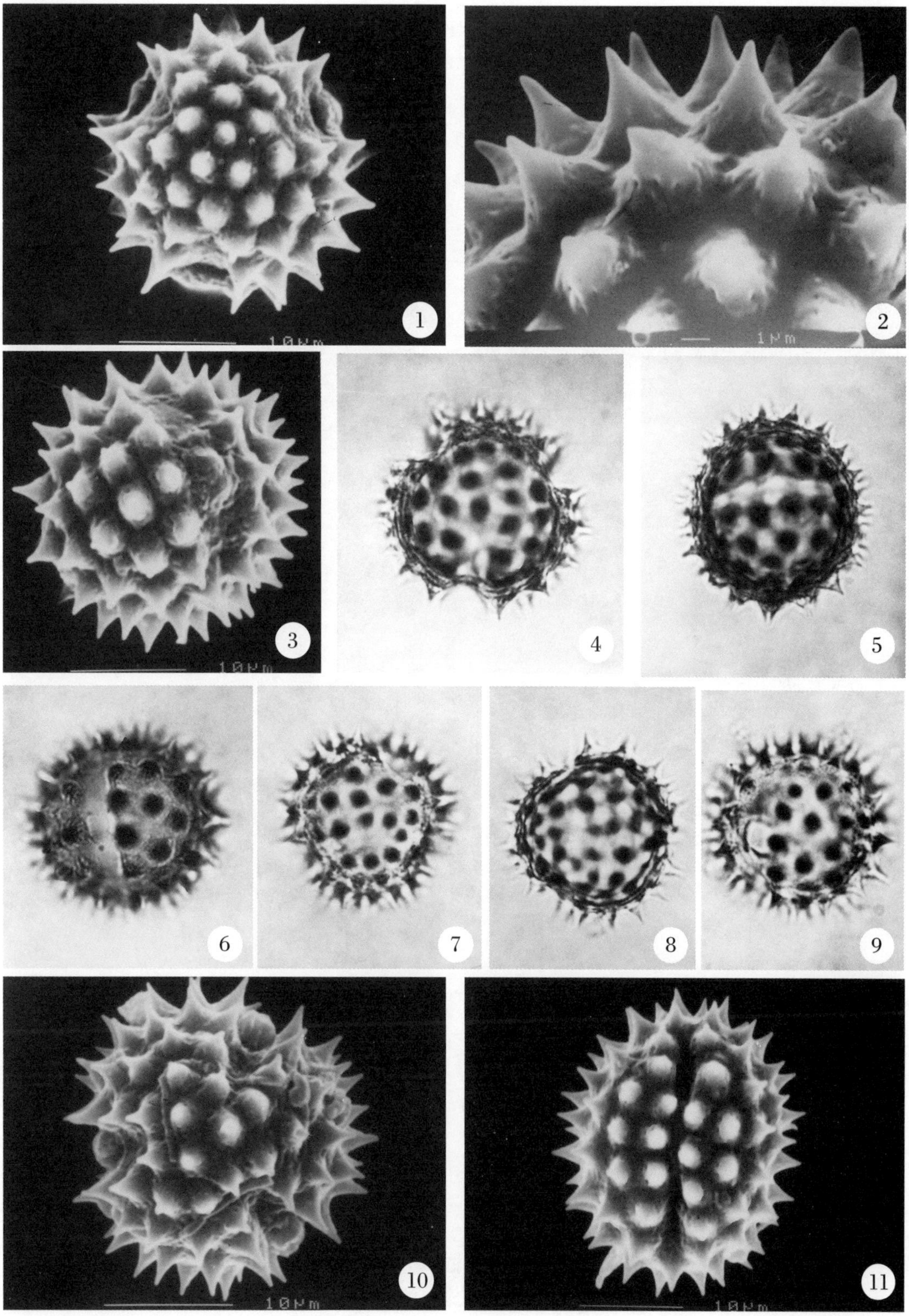

1 10μm

2 1μm

3 10μm

4

5

6

7

8

9

10 10μm

11 10μm

图版 44 Plate 44

图版 45 Plate 45

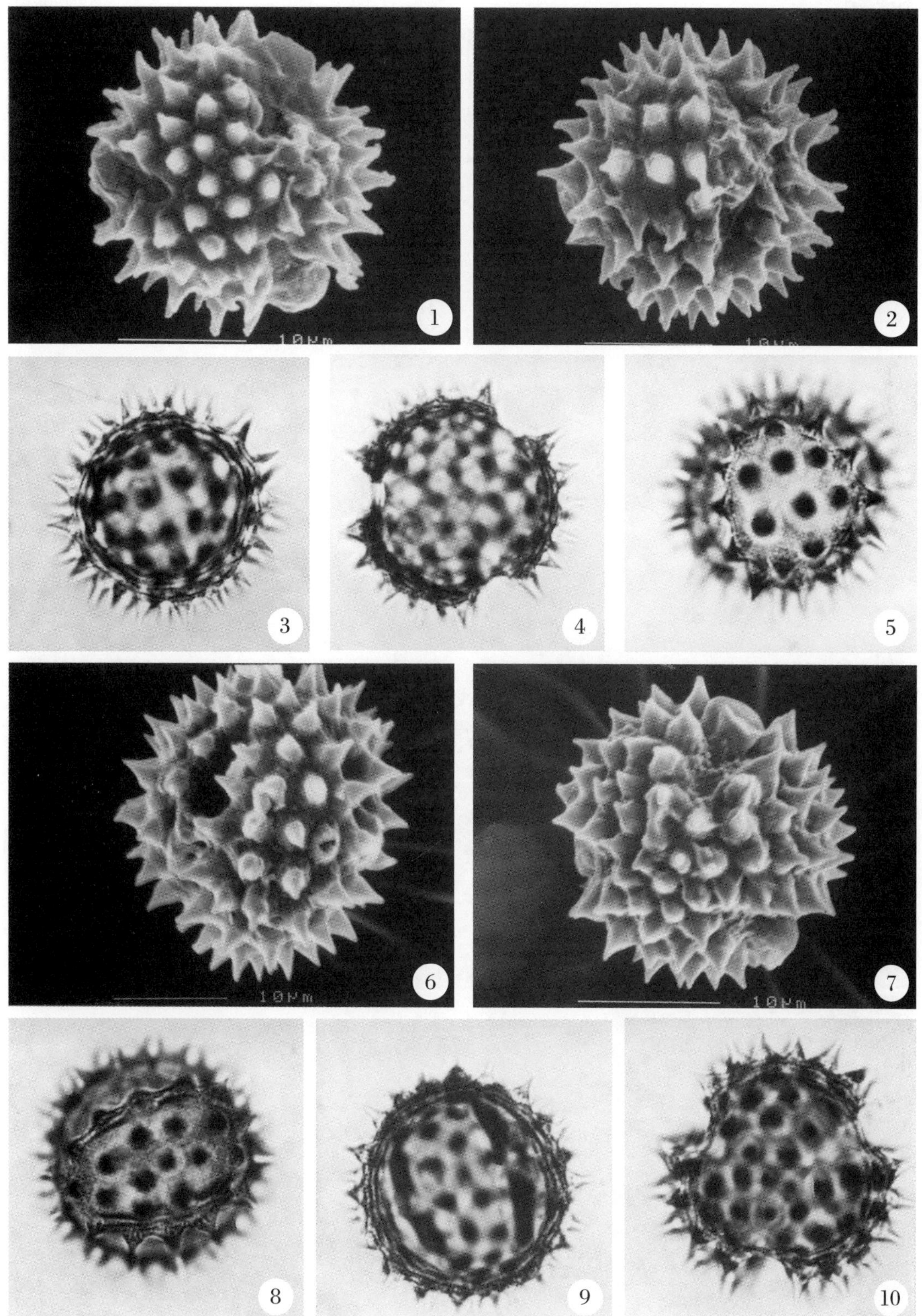

图版 46 Plate 46

图版 47 Plate 47

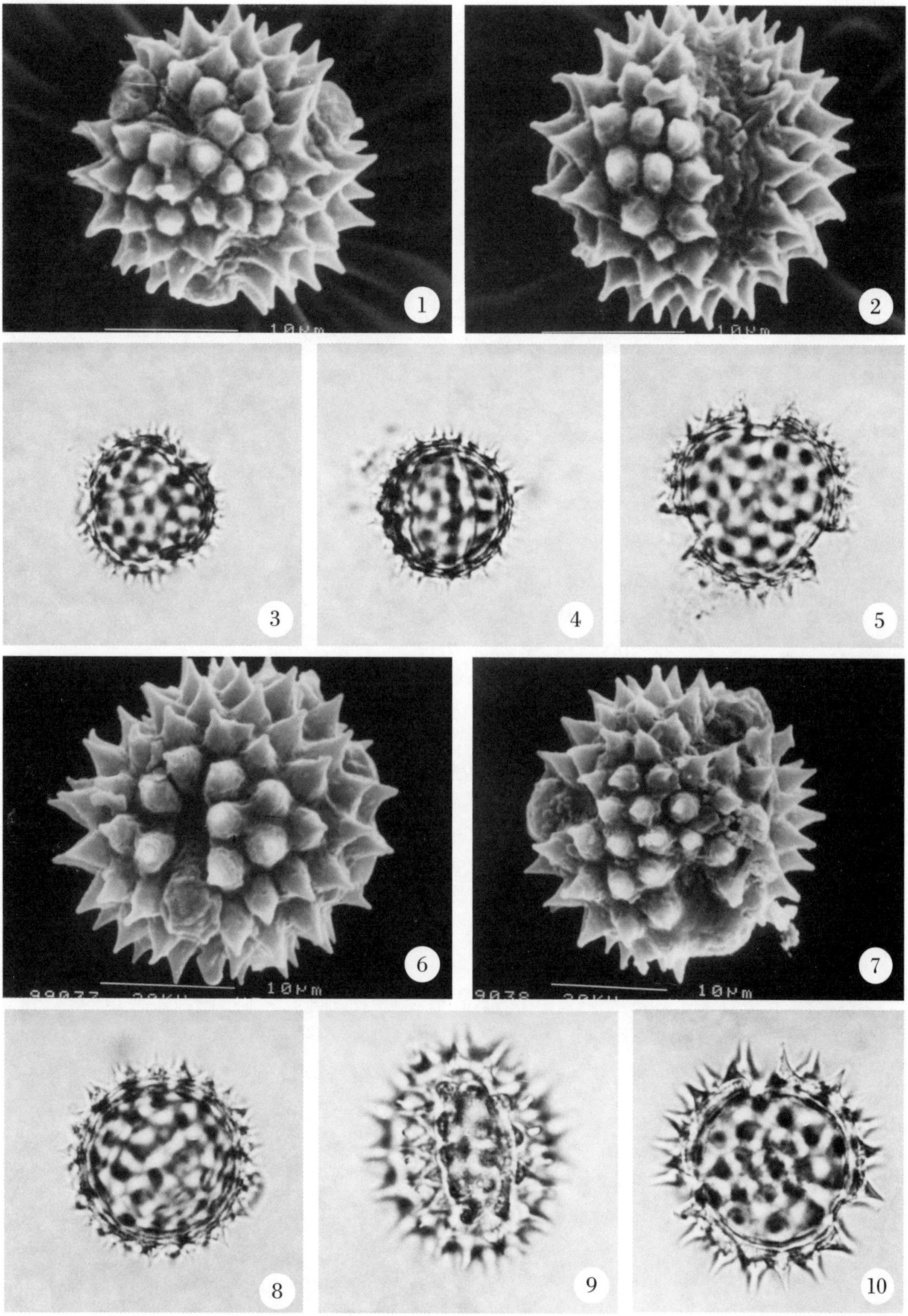

1 2

3 4 5

6 7

8 9 10

图版 48 Plate 48

图版 49

Plate 49

图版 50 Plate 50

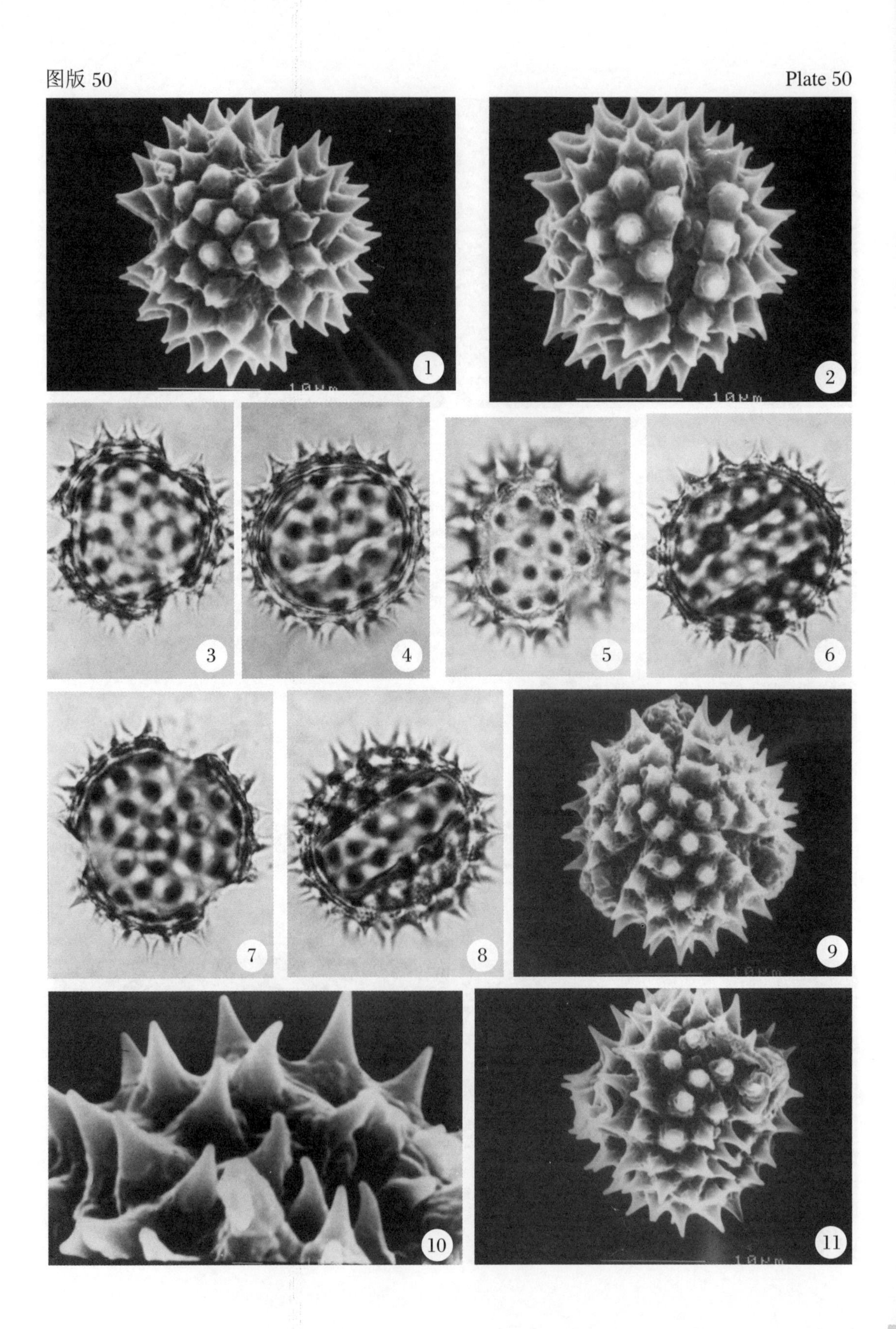

图版 51 Plate 51

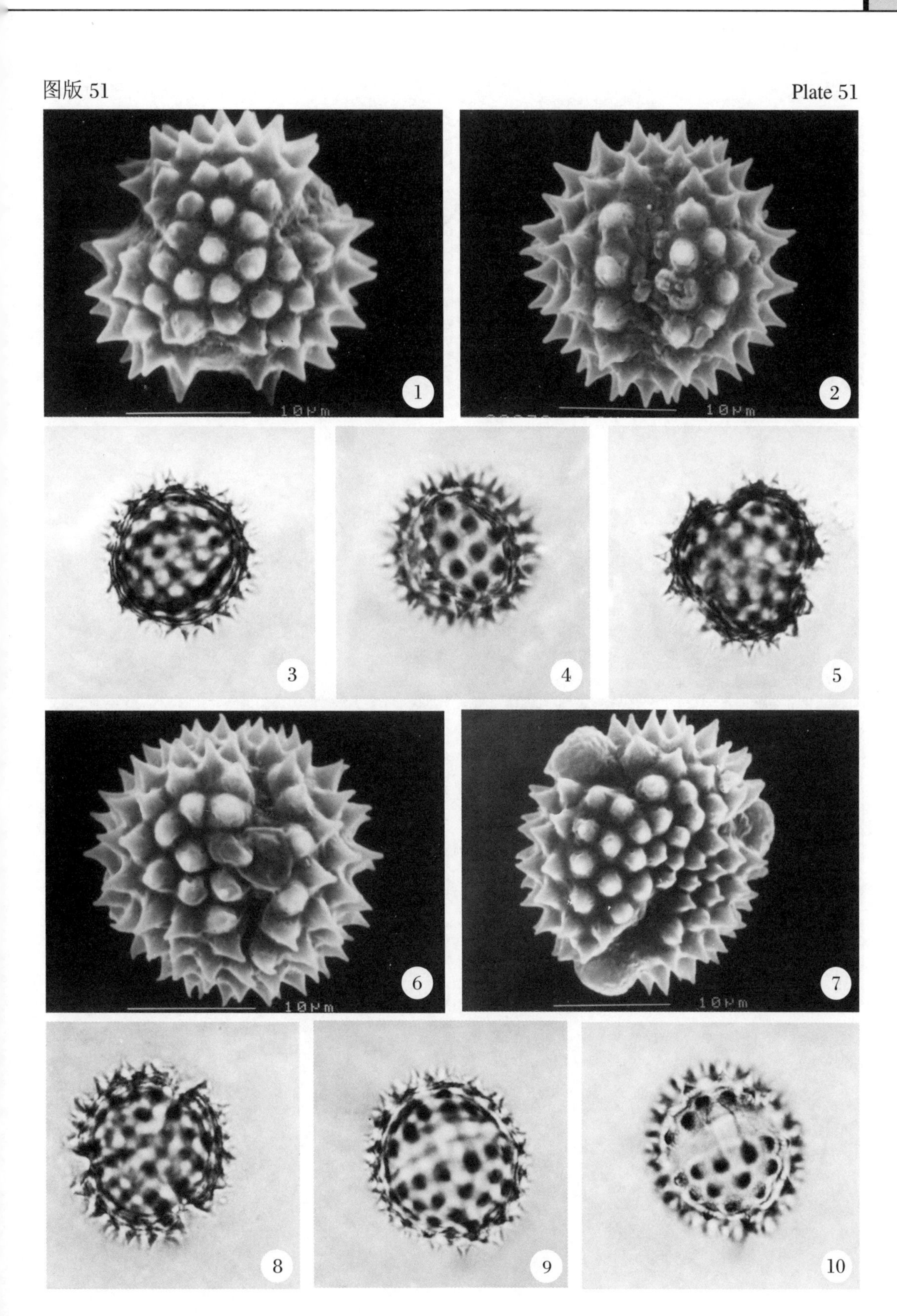

图版 52 Plate 52

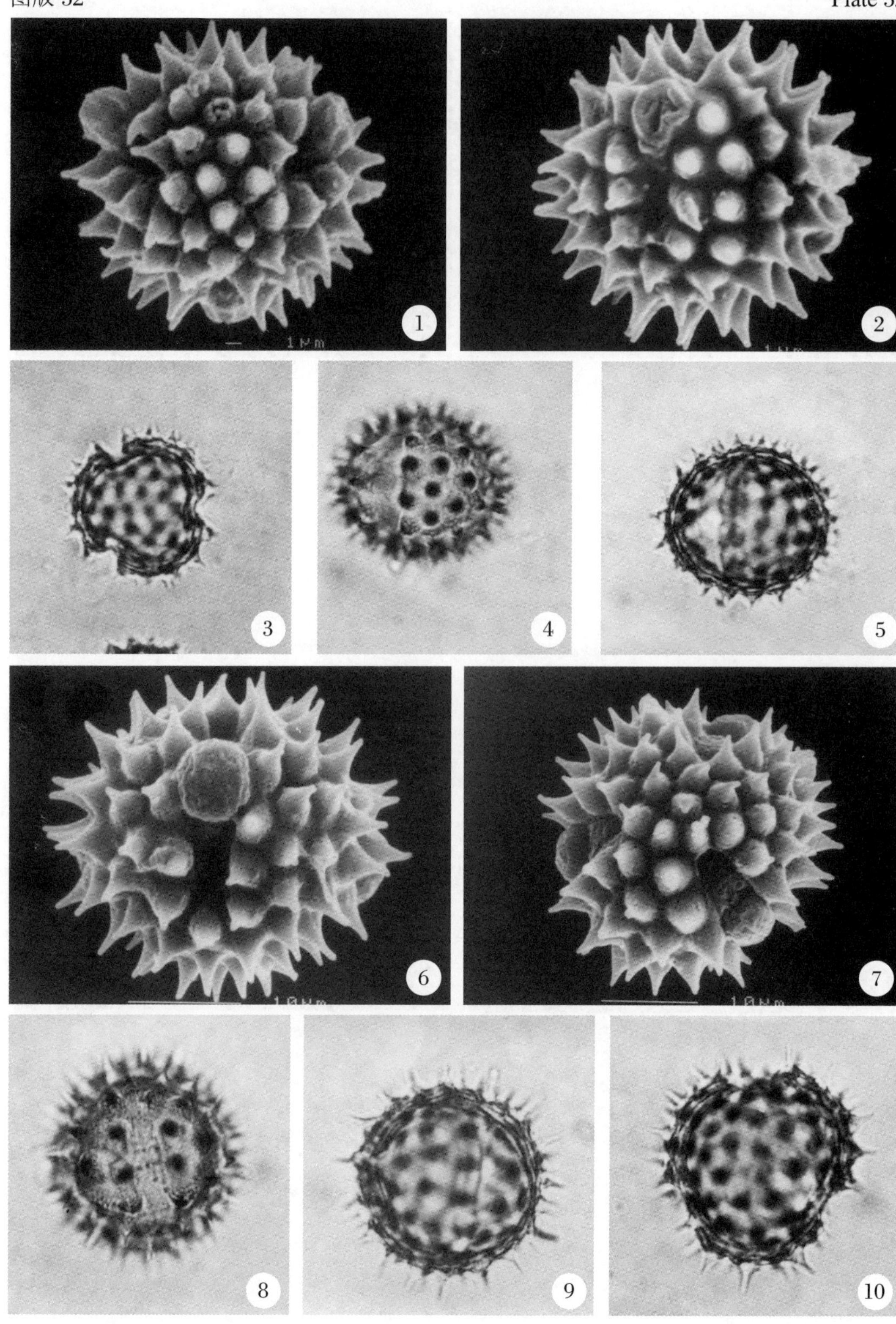

图版 53 Plate 53

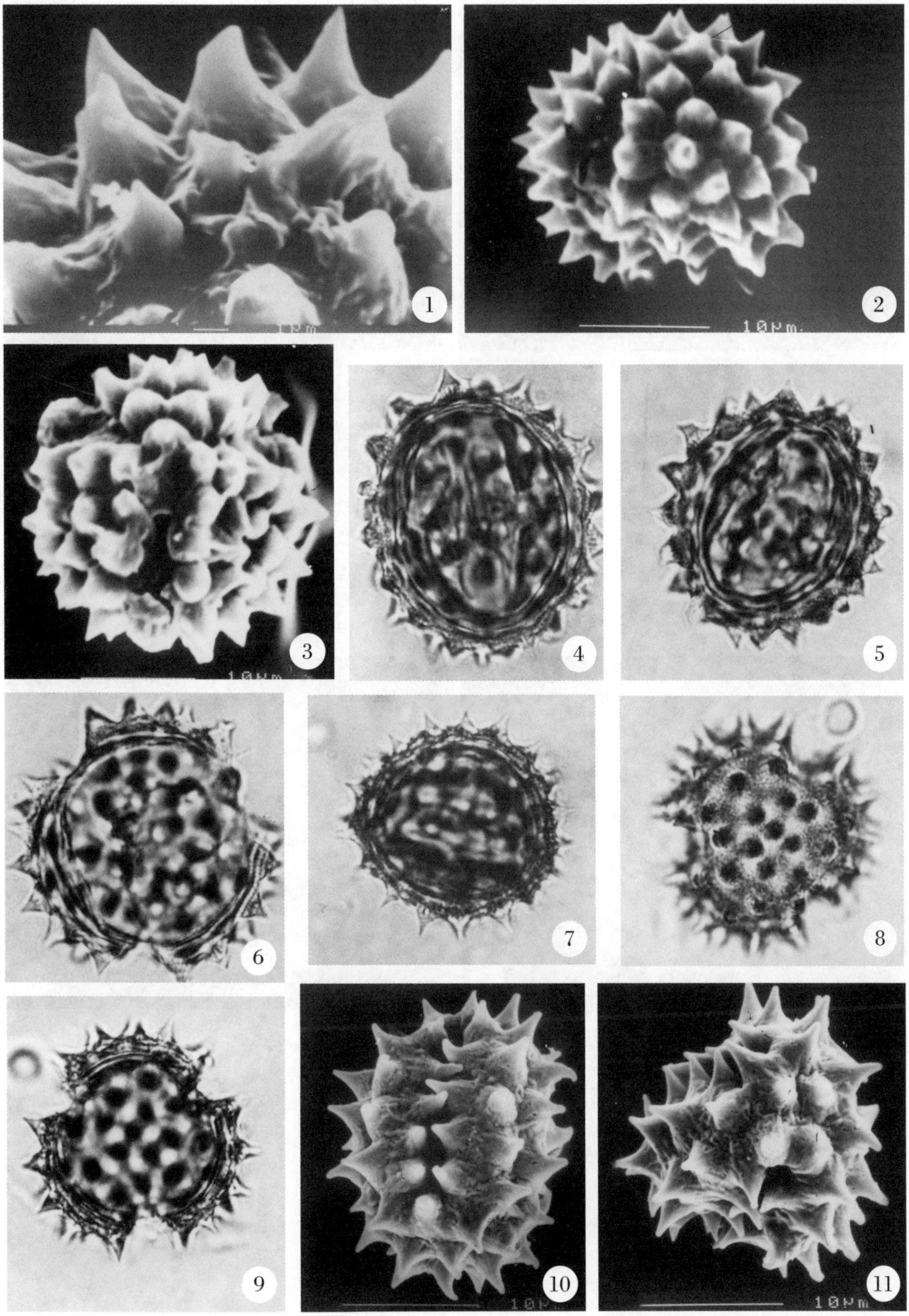

1 2 3 4 5 6 7 8 9 10 11

图版 54 Plate 54

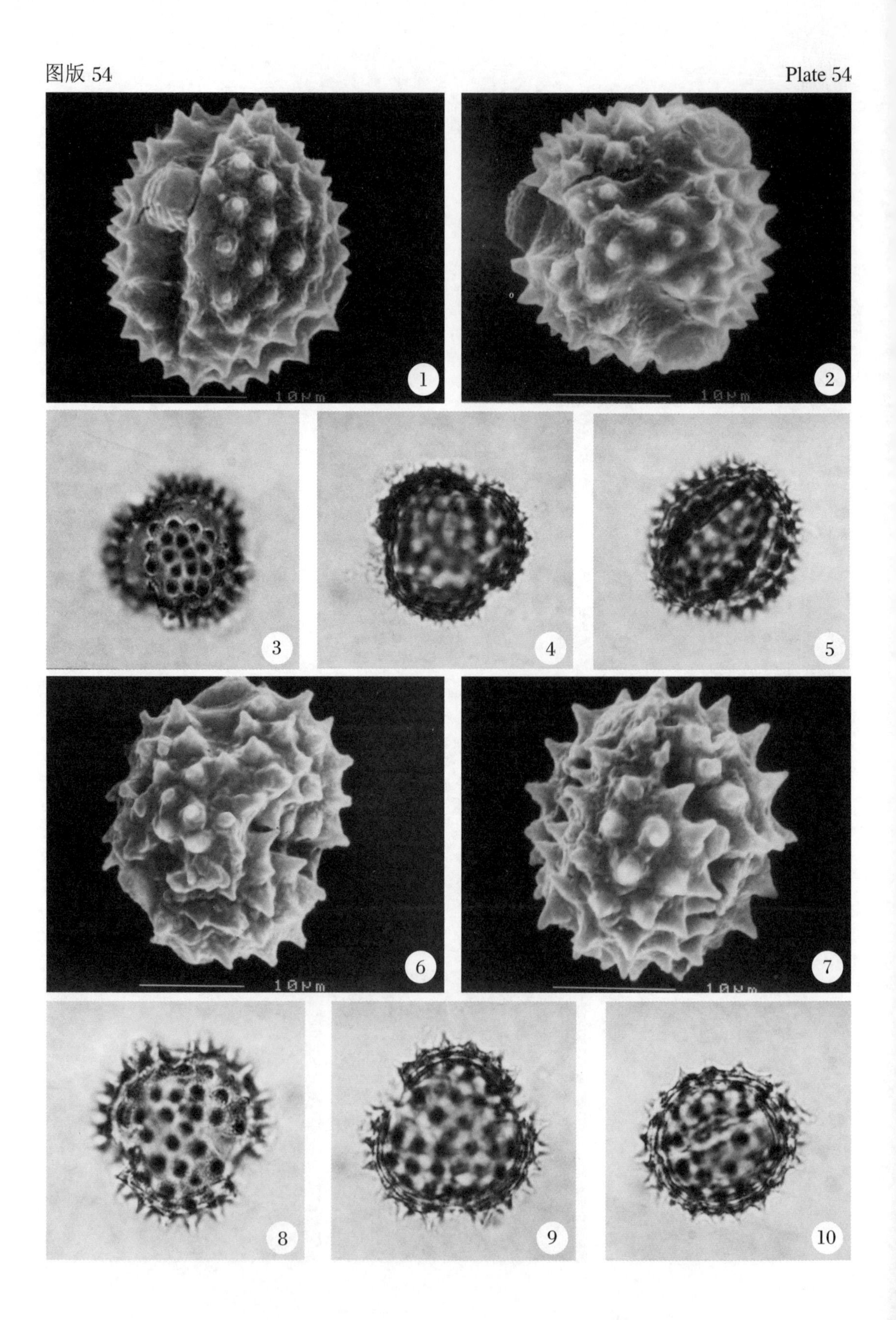

图版 55

Plate 55

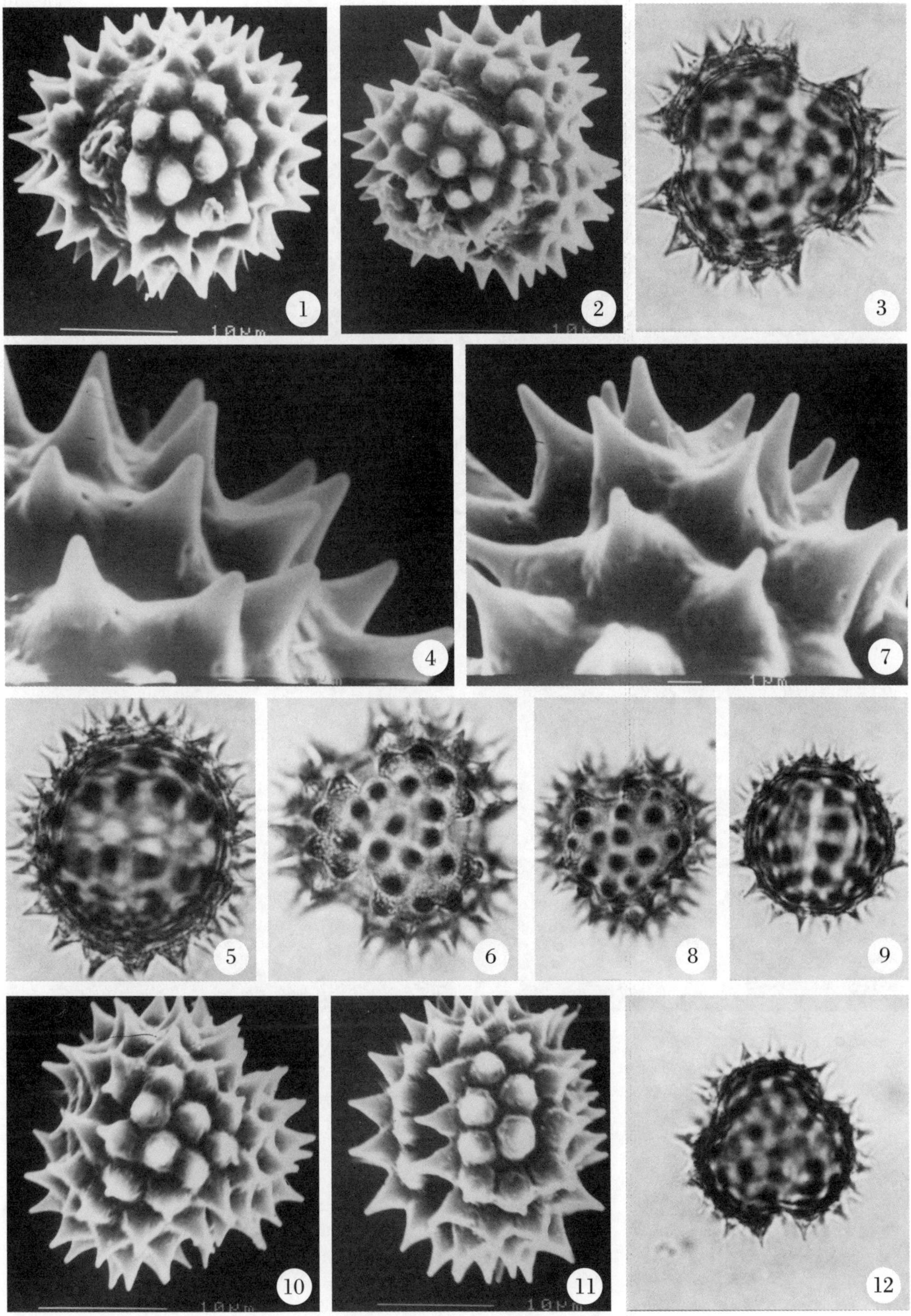

1 2 3 4 7 5 6 8 9 10 11 12

图版 56

Plate 56

1 2 3 4 5 6 7 8 9 10

图版 57 Plate 57

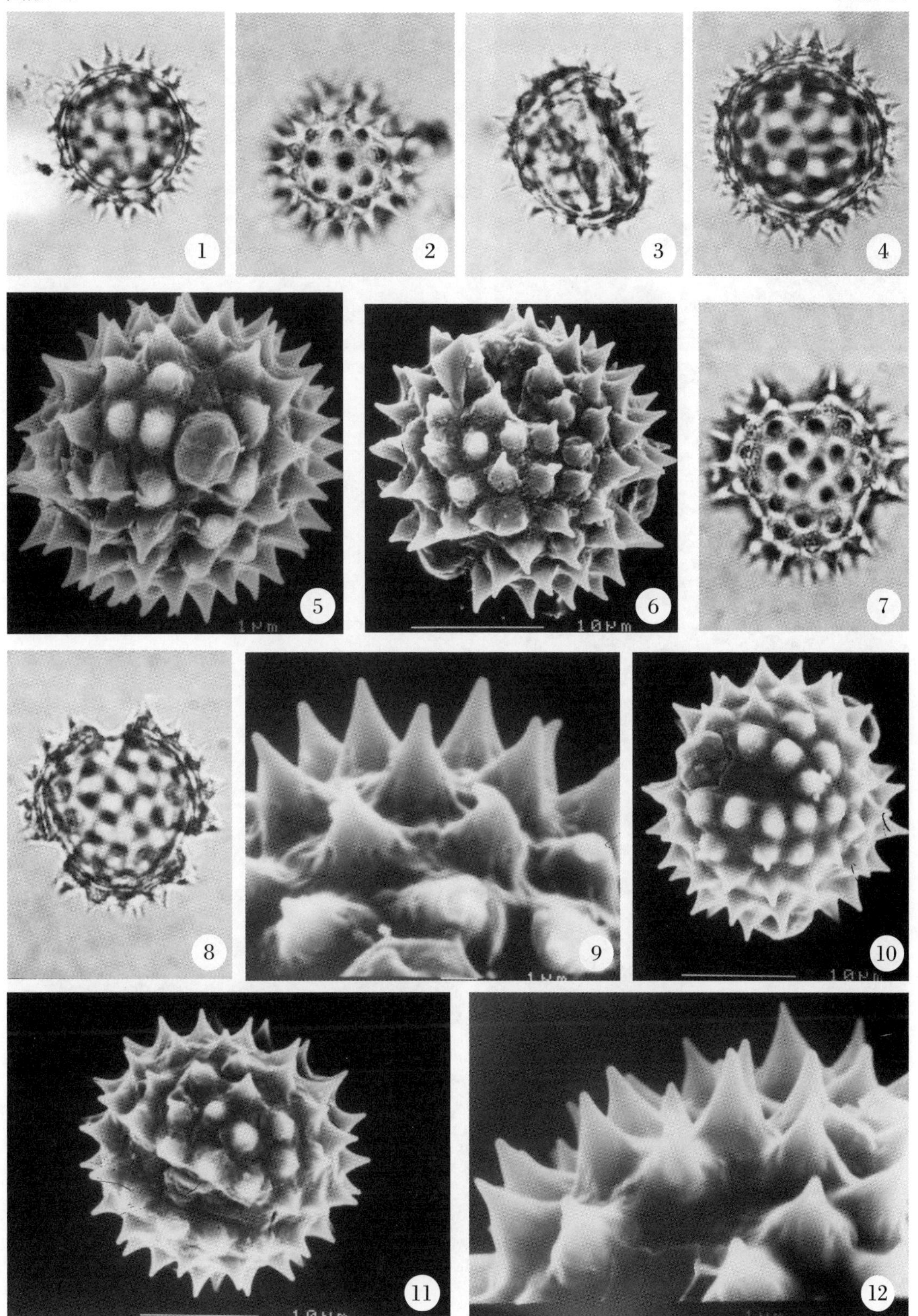

图版 58 Plate 58

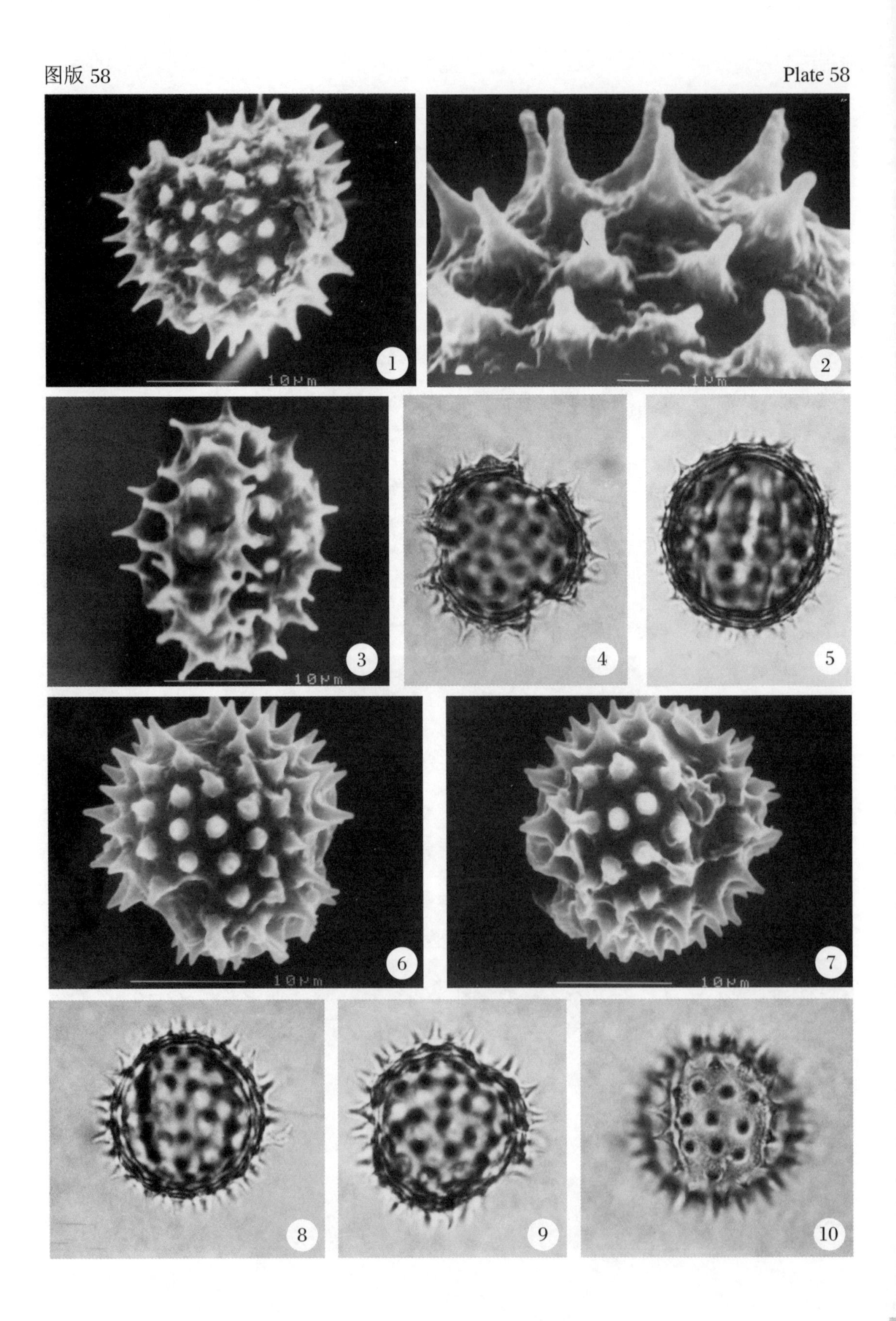

图版 59　　Plate 59

①　②　③　④　⑤　⑥　⑦　⑧　⑨　⑩

图版 60 Plate 60

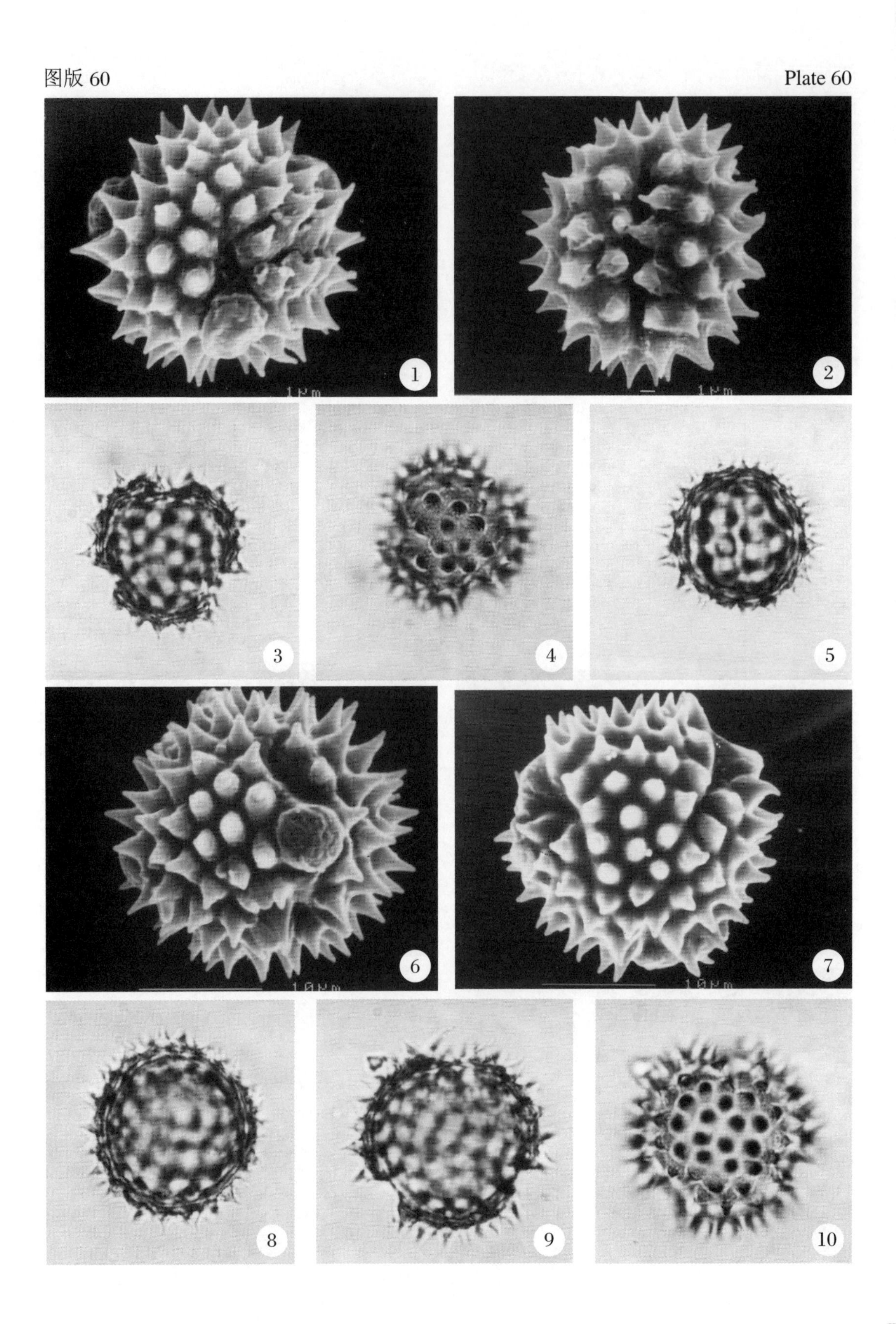

图版 61

Plate 61

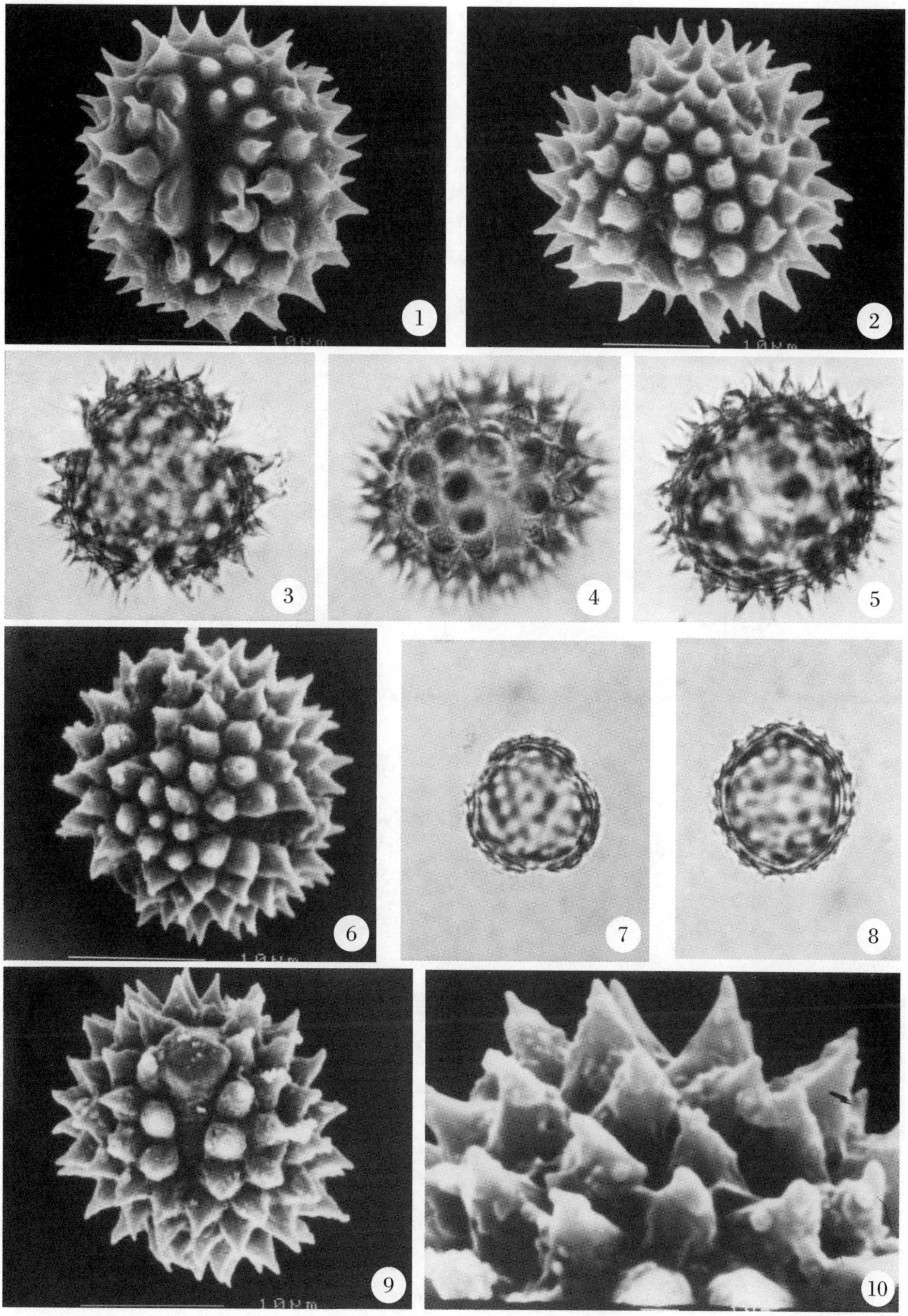

1

2

3

4

5

6

7

8

9

10

图版 62　　Plate 62

图版 63

Plate 63

图版 64 Plate 64

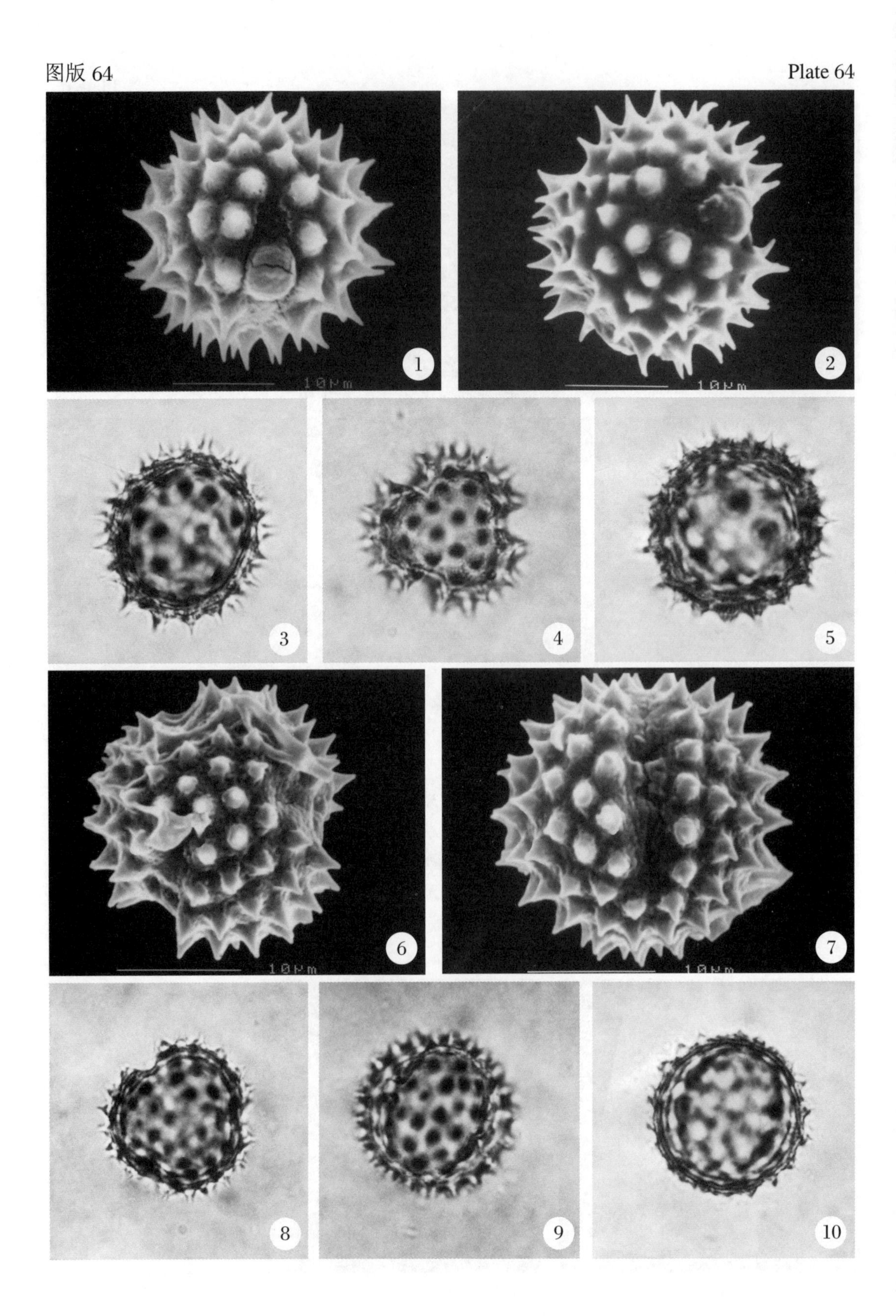

图版 65

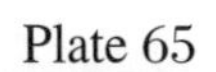

Plate 65

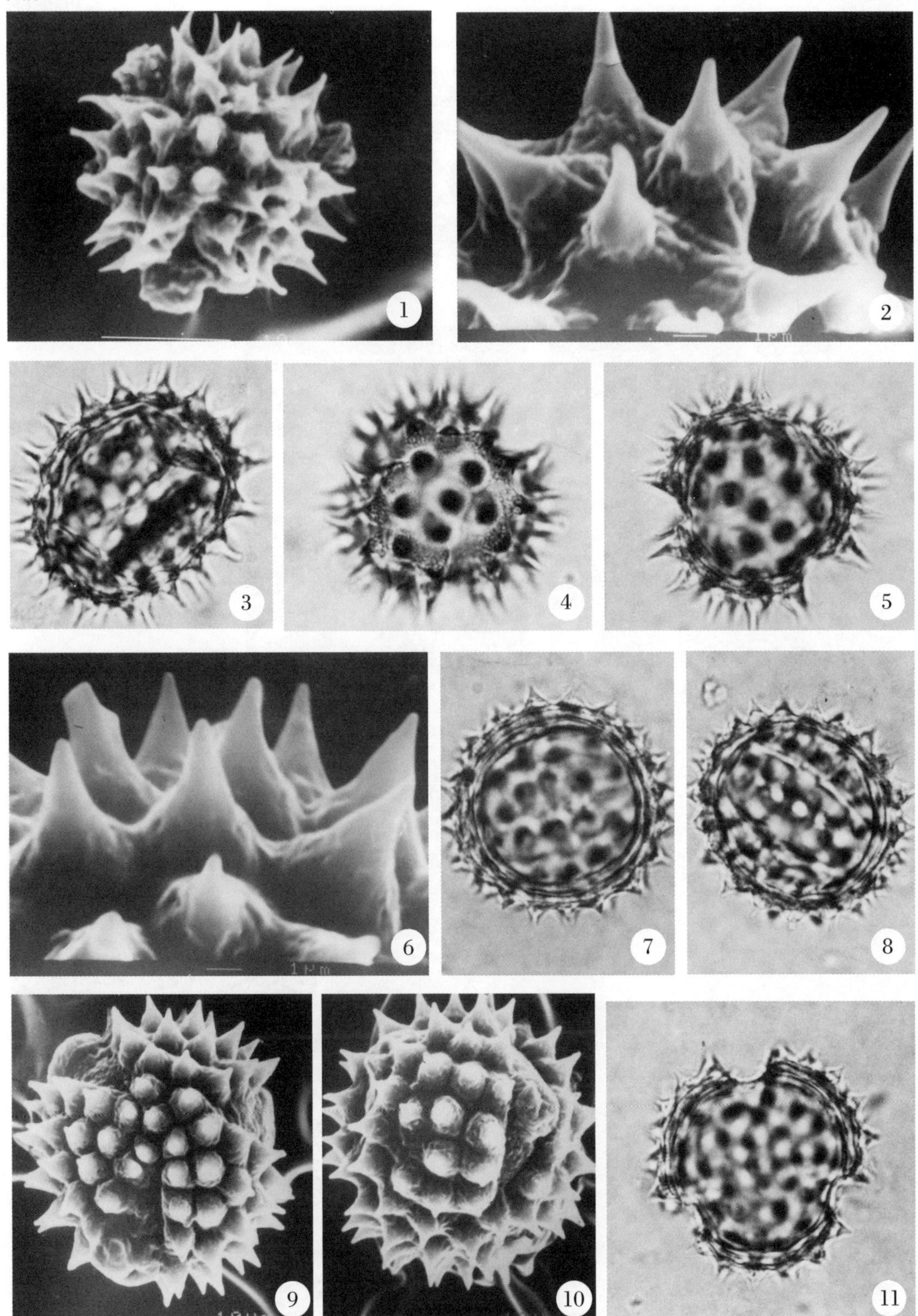

图版 66 Plate 66

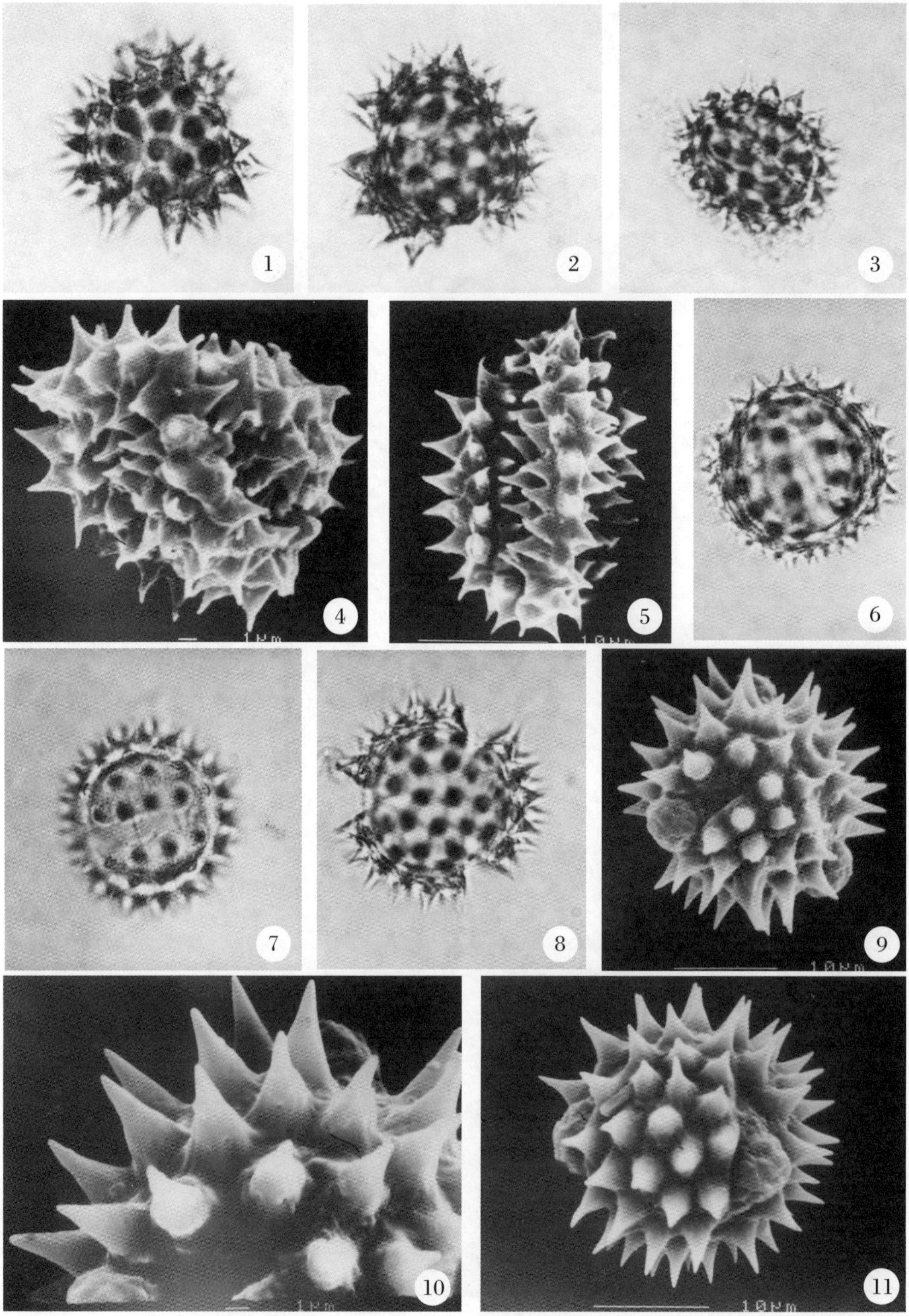

1 2 3 4 5 6 7 8 9 10 11

图版 67 Plate 67

1 2 3 4 5 6 7 8 9 10 11

图版 68 Plate 68

图版 69 Plate 69

1 2 3 4 5 6 7 8 9 10 11

图版 70 Plate 70

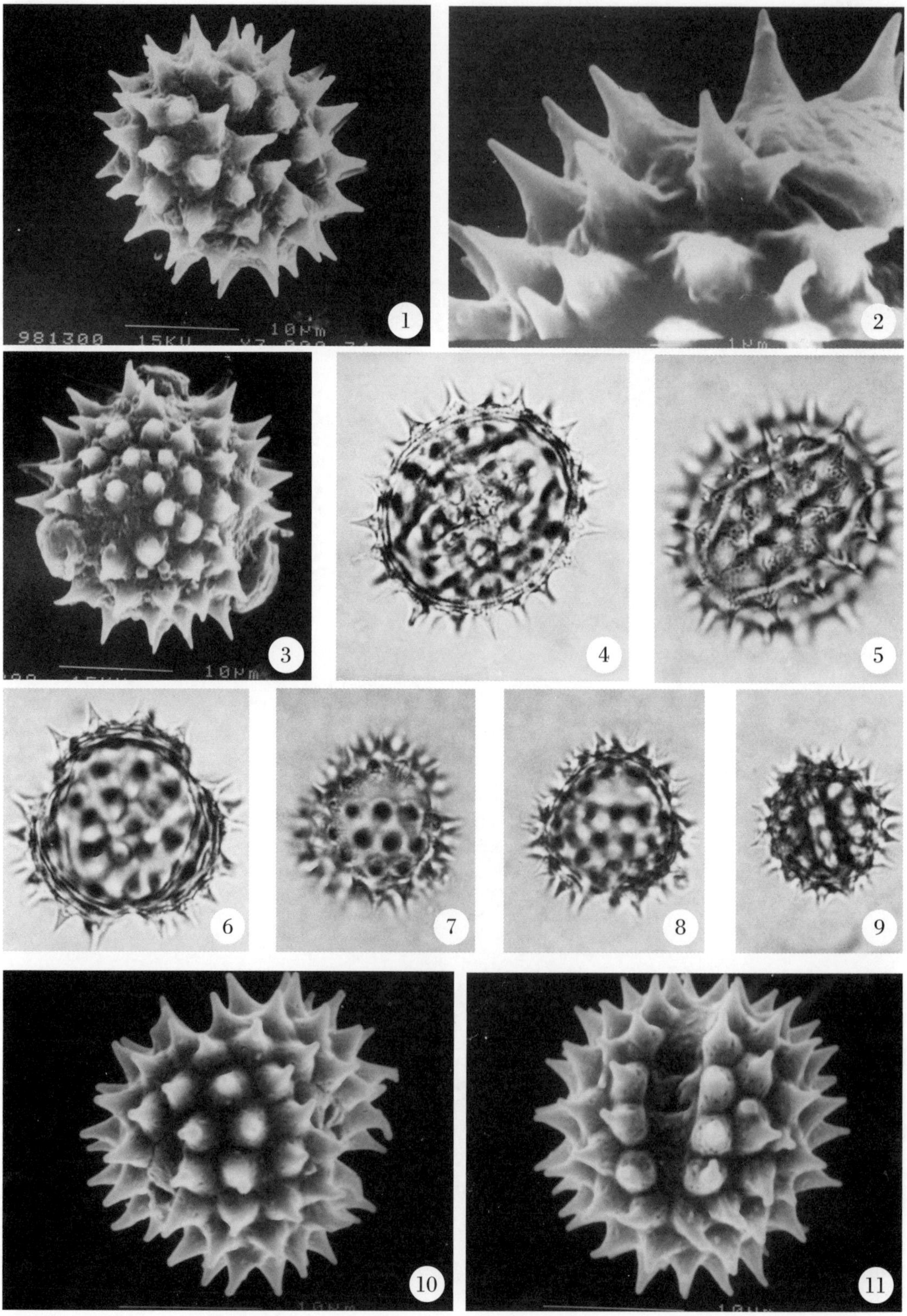

图版 71 Plate 71

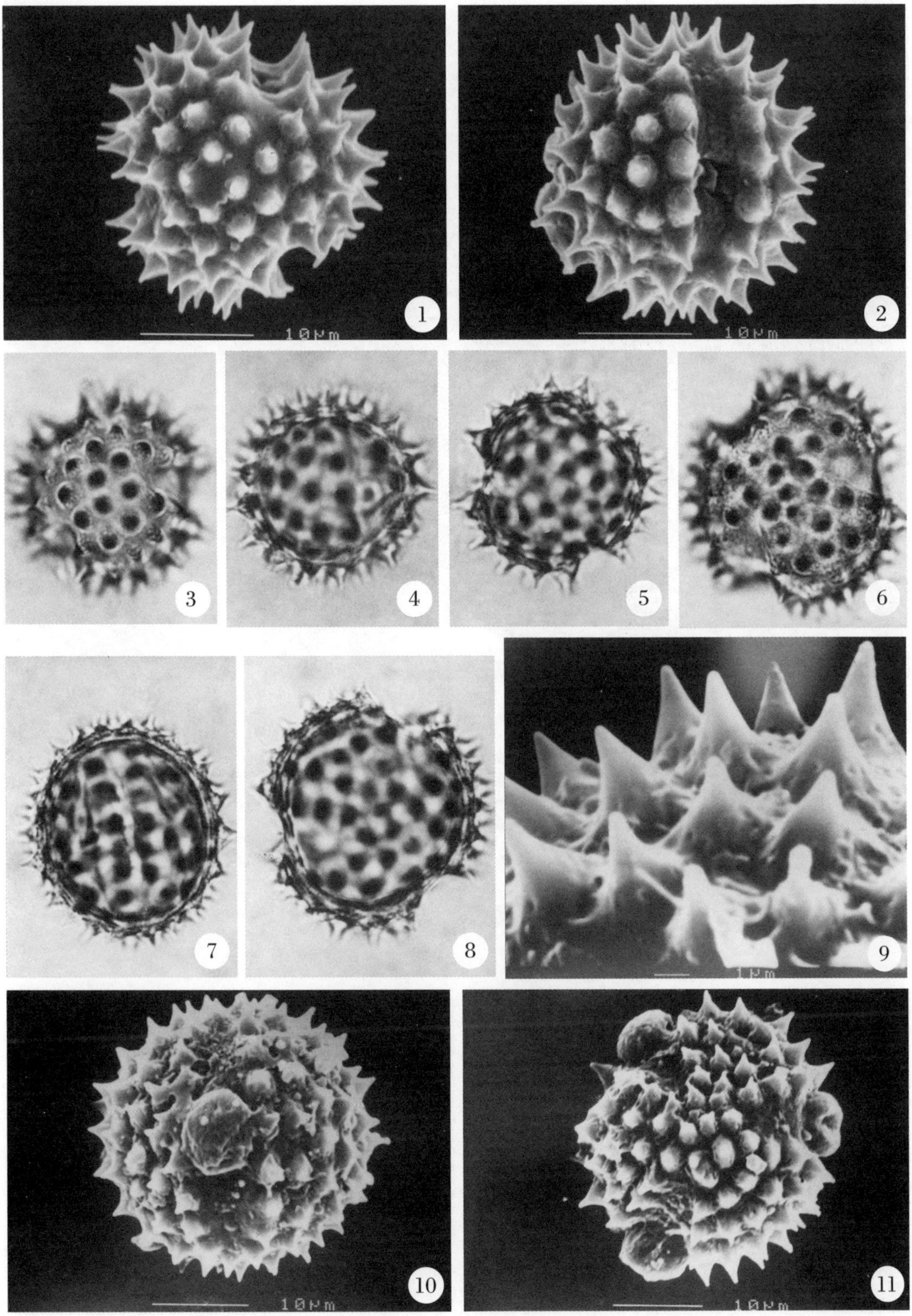

图版 72 Plate 72

图版 73

Plate 73

1

2

3

4

7

5

6

8

9

10

11

12

图版 74 Plate 74

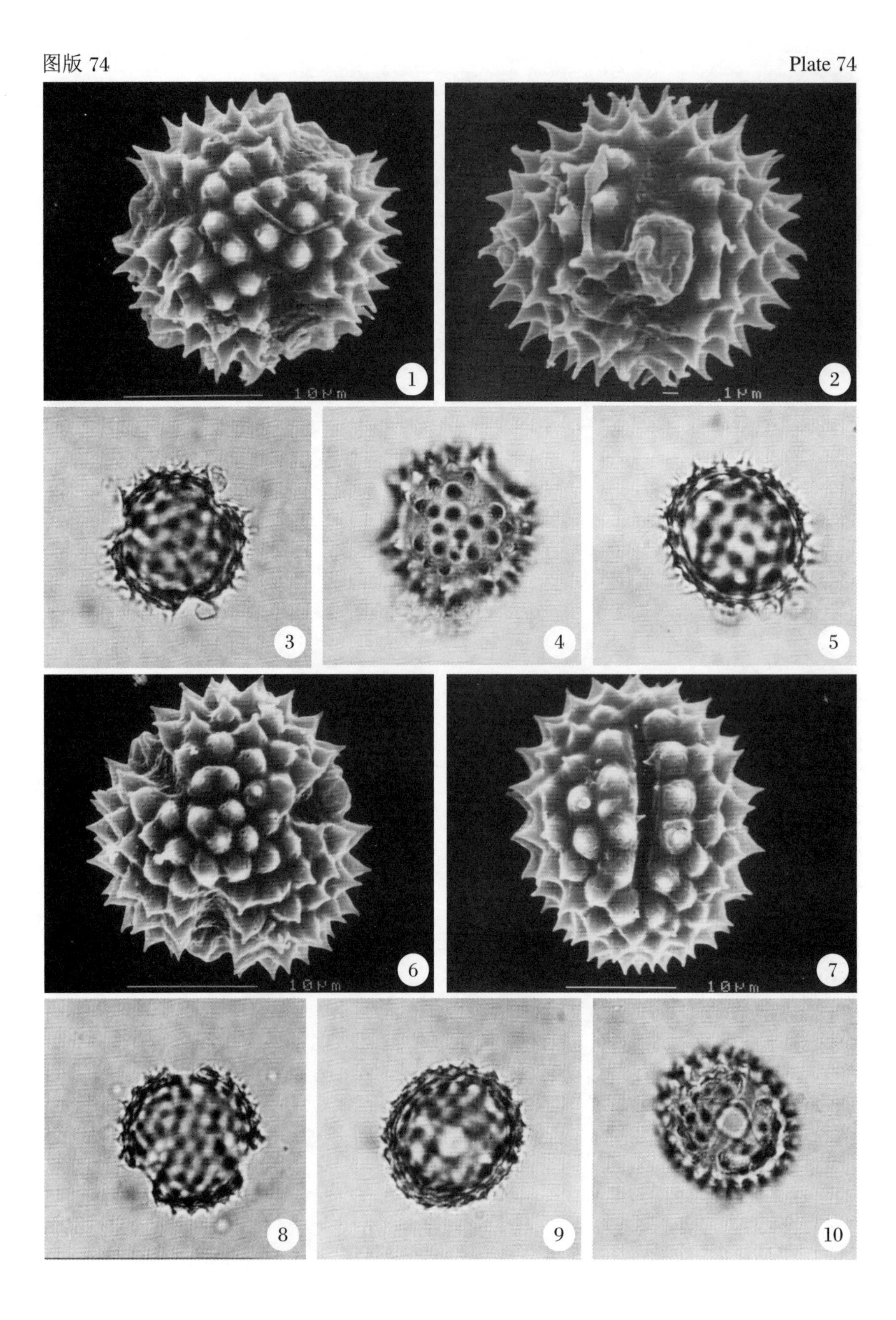

图版 75 Plate 75

1 2 3 4 7 5 6 8 9 10 11 12

图版 76 Plate 76

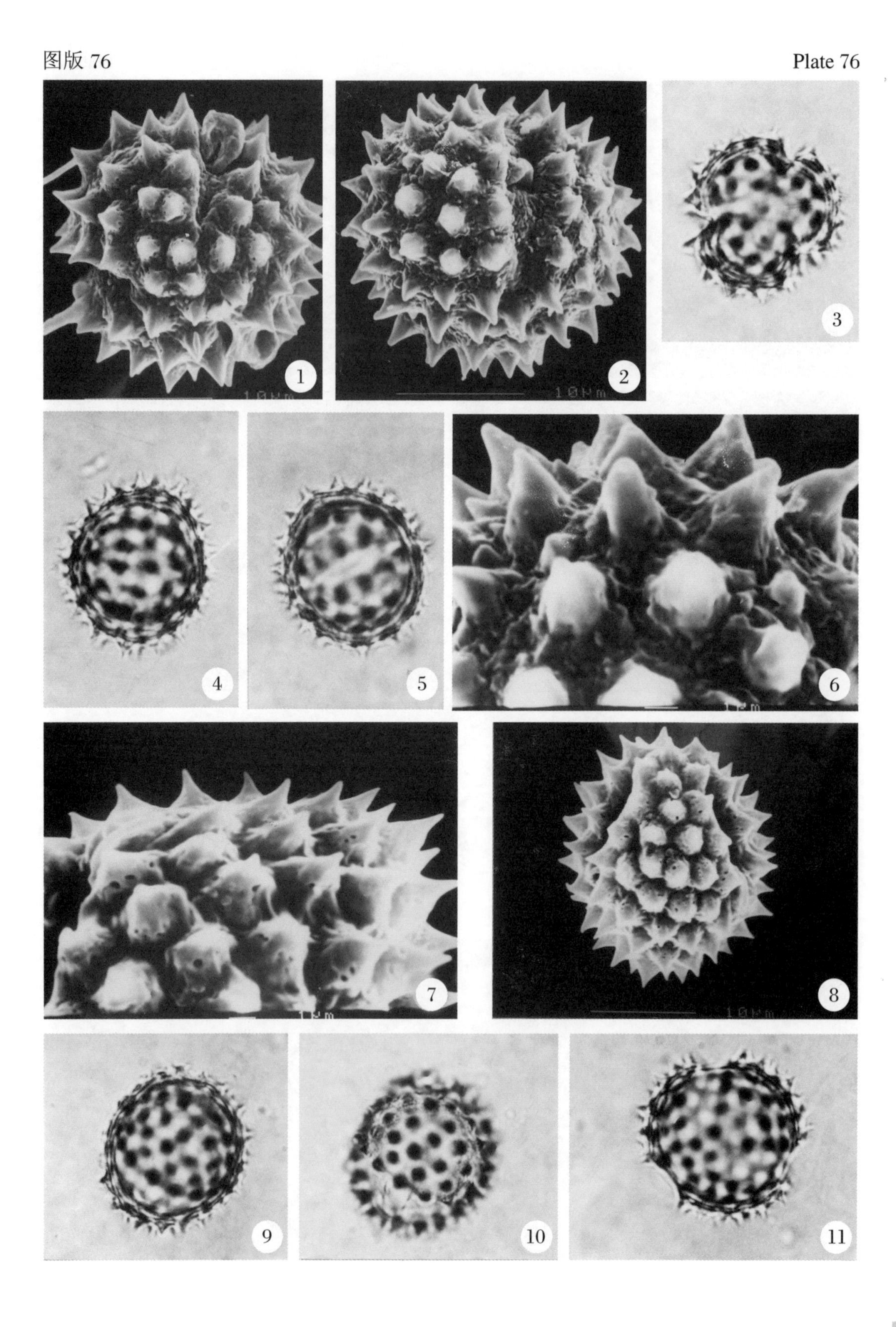

图版 77　　Plate 77

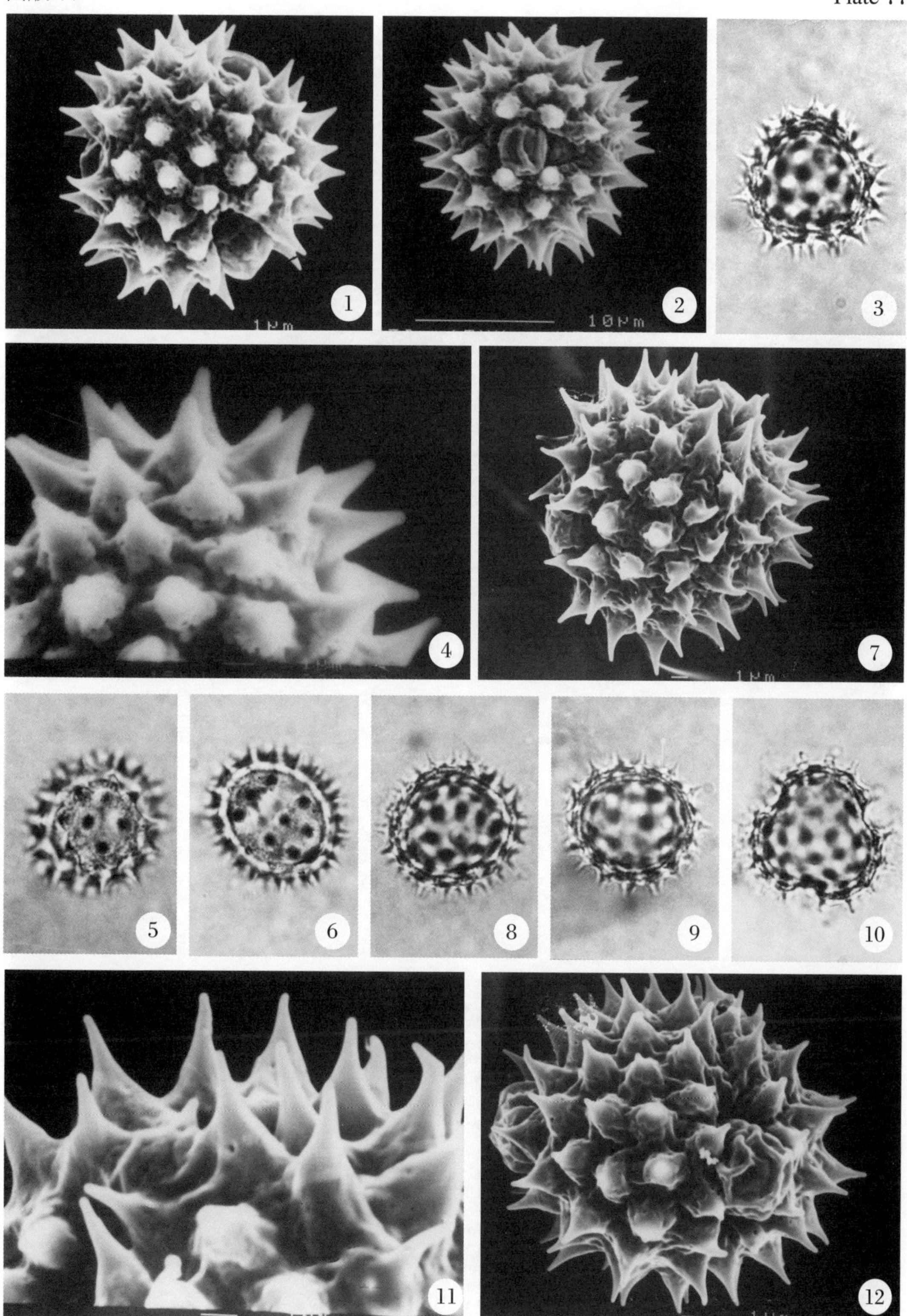

图版 78 Plate 78

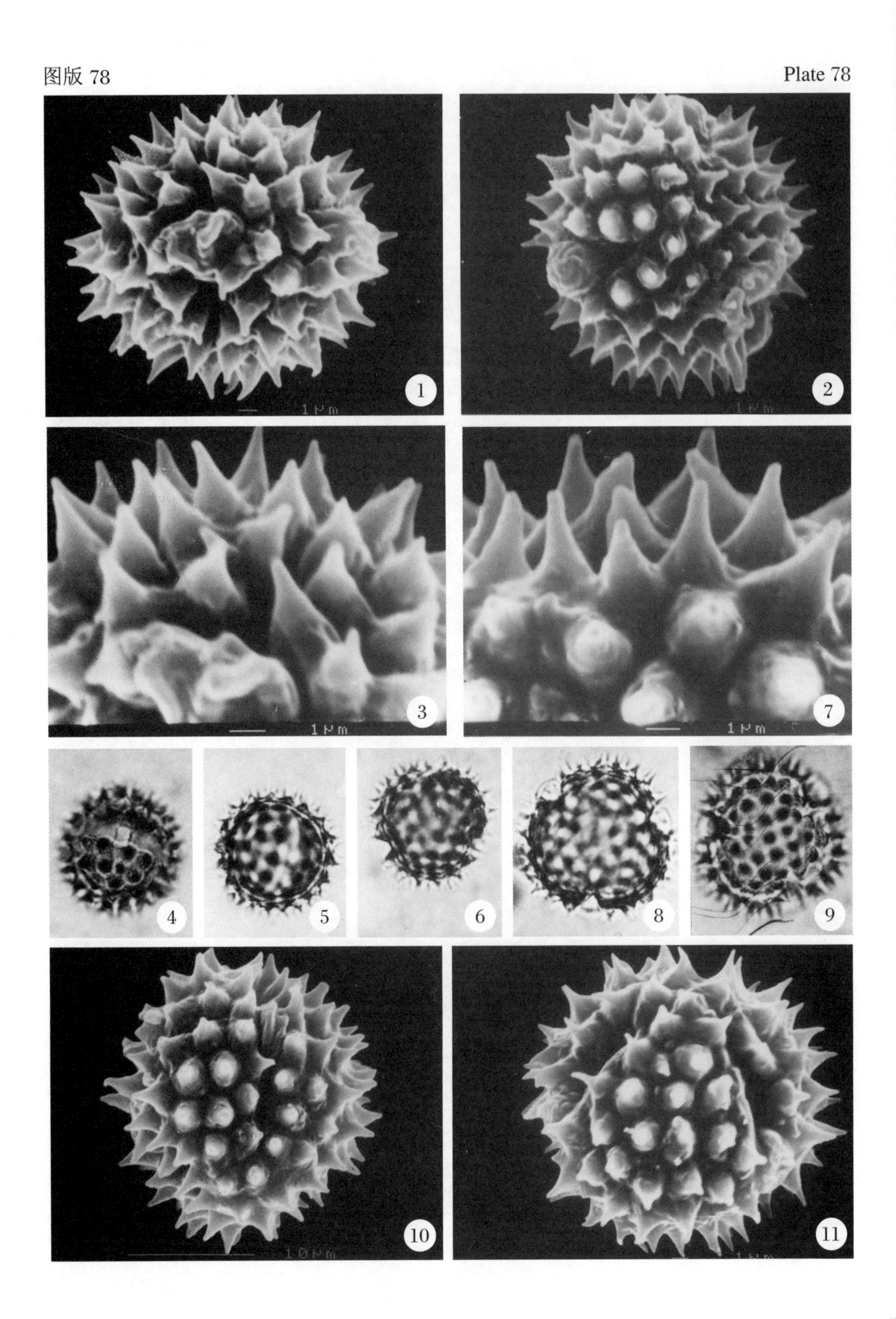

图版 79

Plate 79

图版 80 Plate 80

图版 81

Plate 81

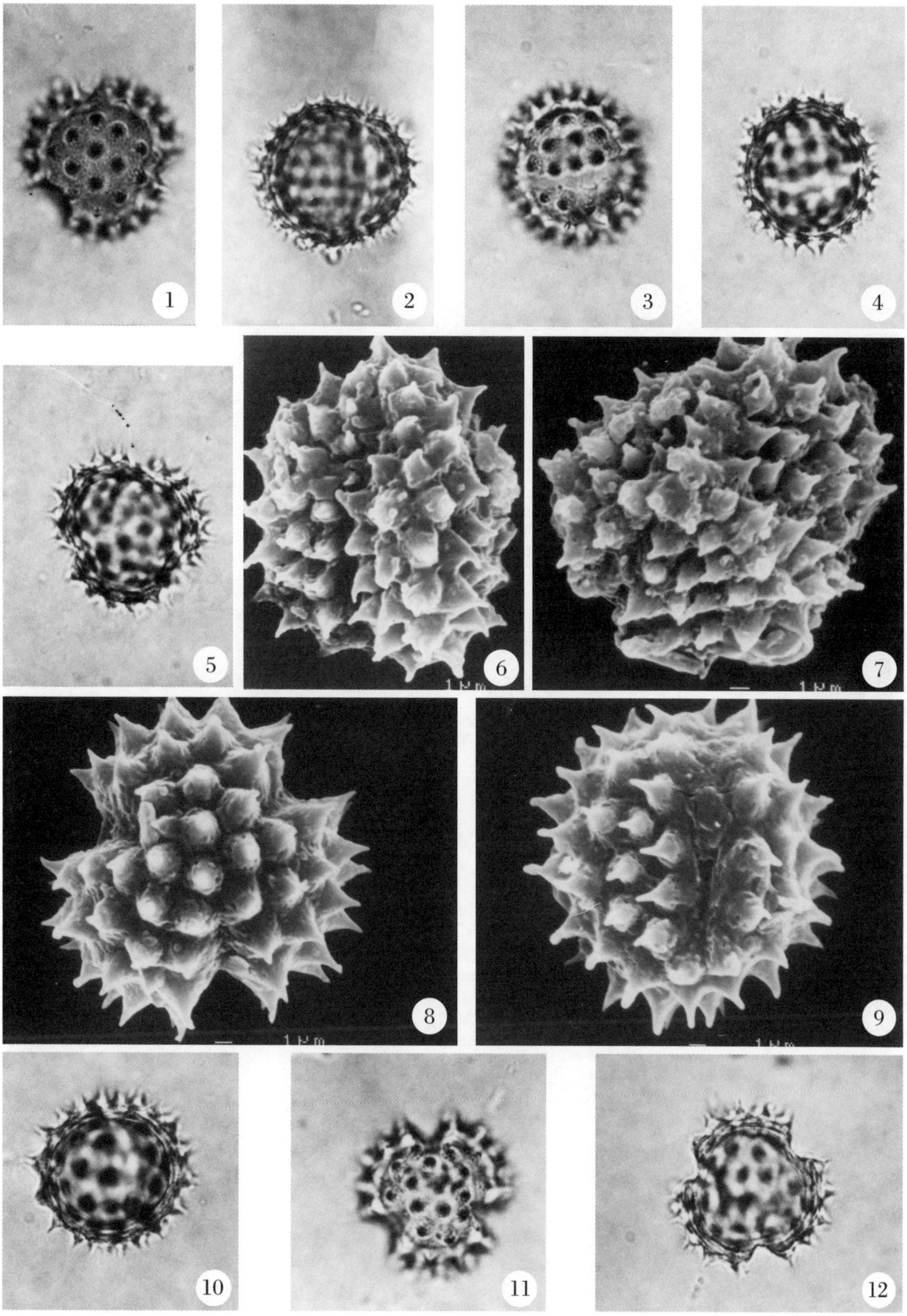

1 2 3 4 5 6 7 8 9 10 11 12

图版 82 Plate 82

图版 83 Plate 83

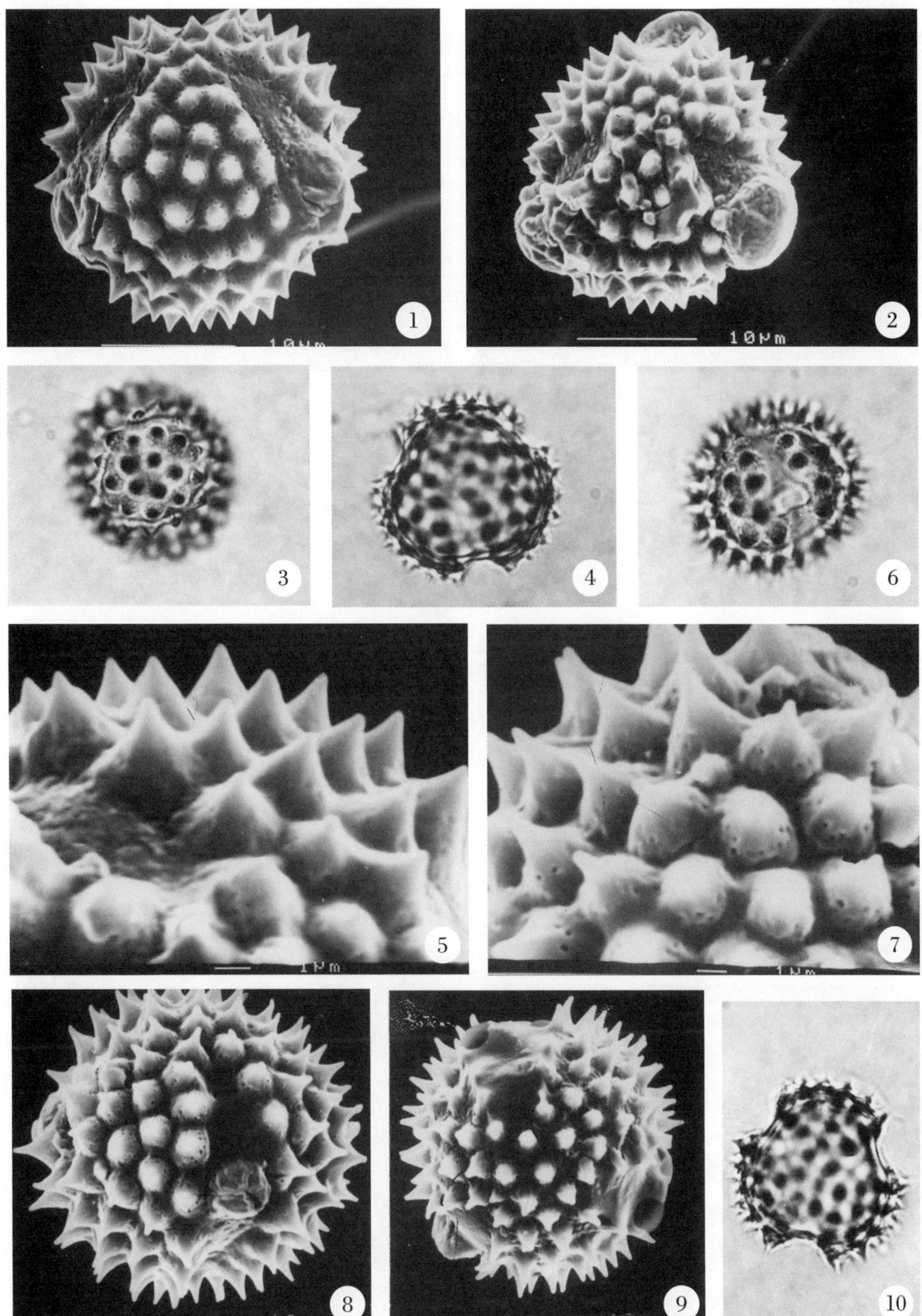

图版 84

Plate 84

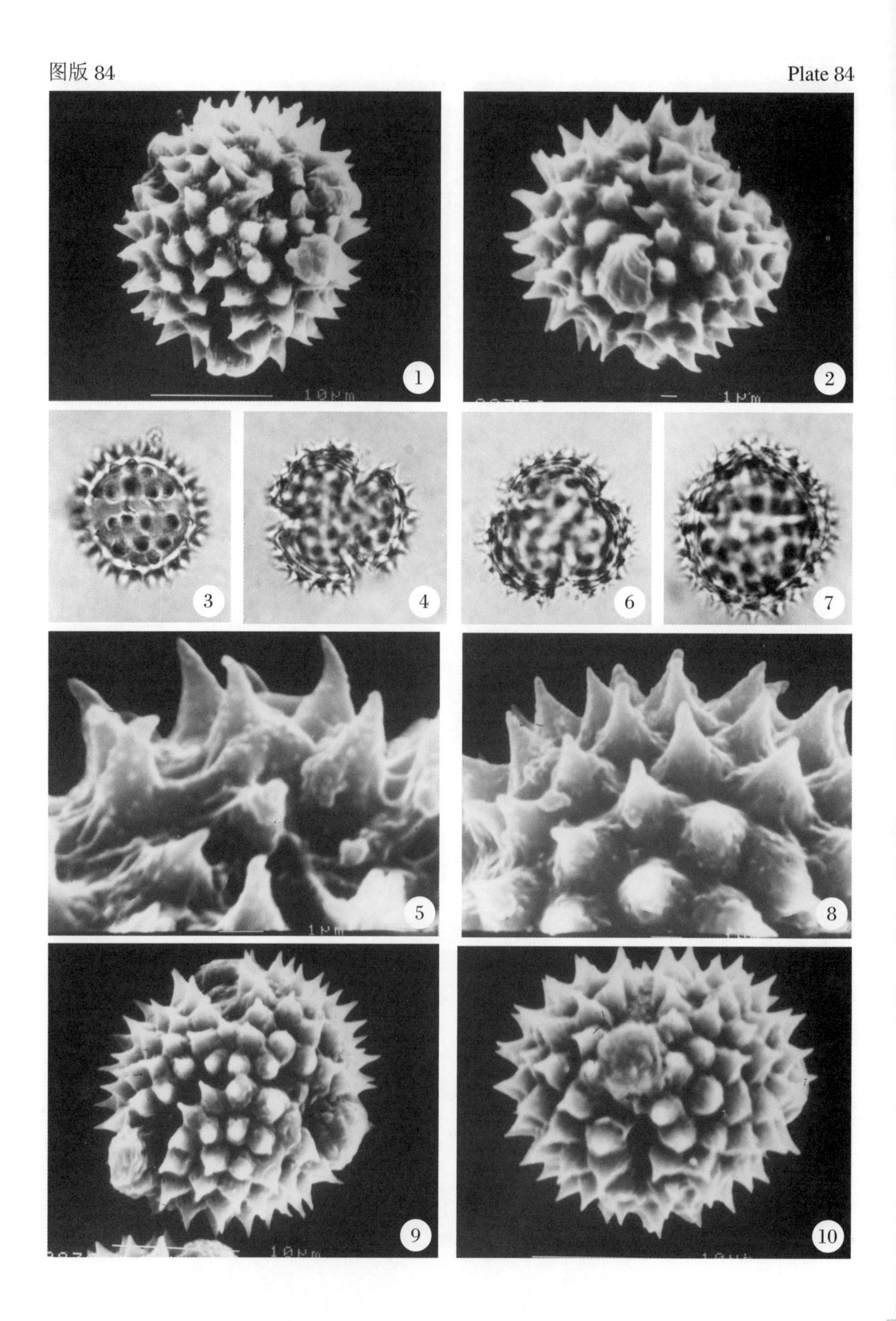

图版 85　　　　Plate 85

图版 86　　Plate 86

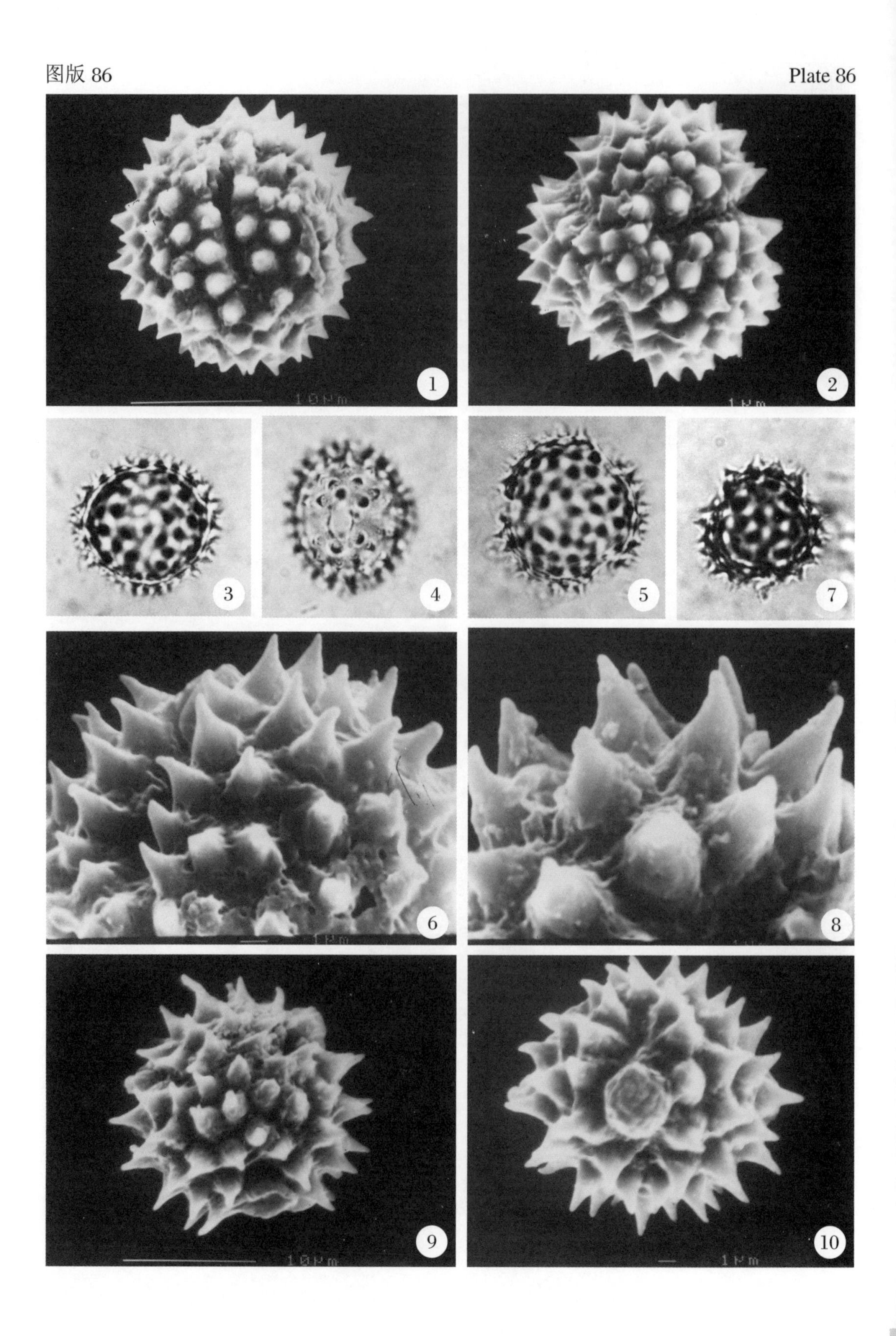

图版 87 Plate 87

1 2 3 4 5 7 8 6 9 10 11

图版 88 Plate 88

图版 89 Plate 89

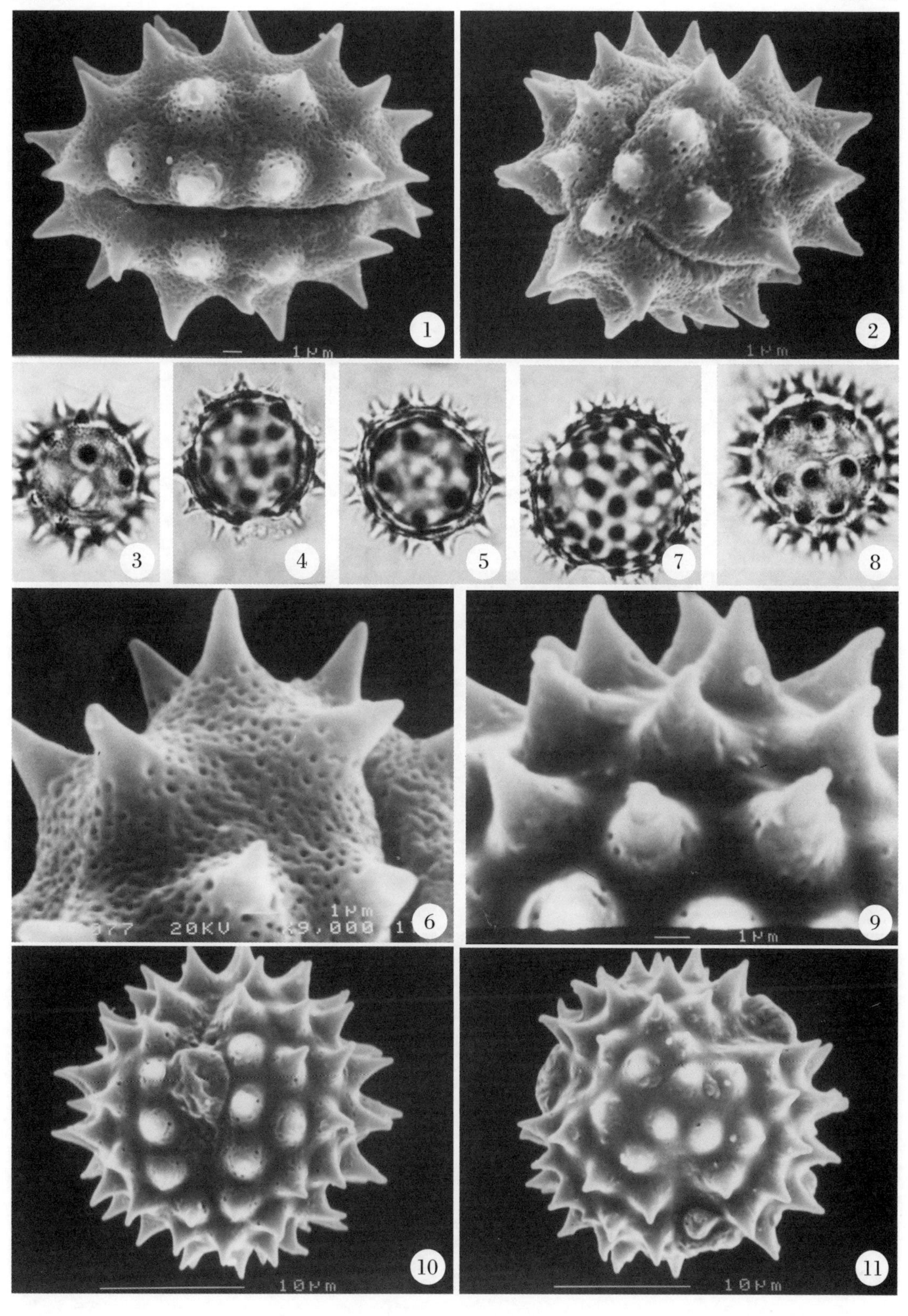

图版 90 Plate 90

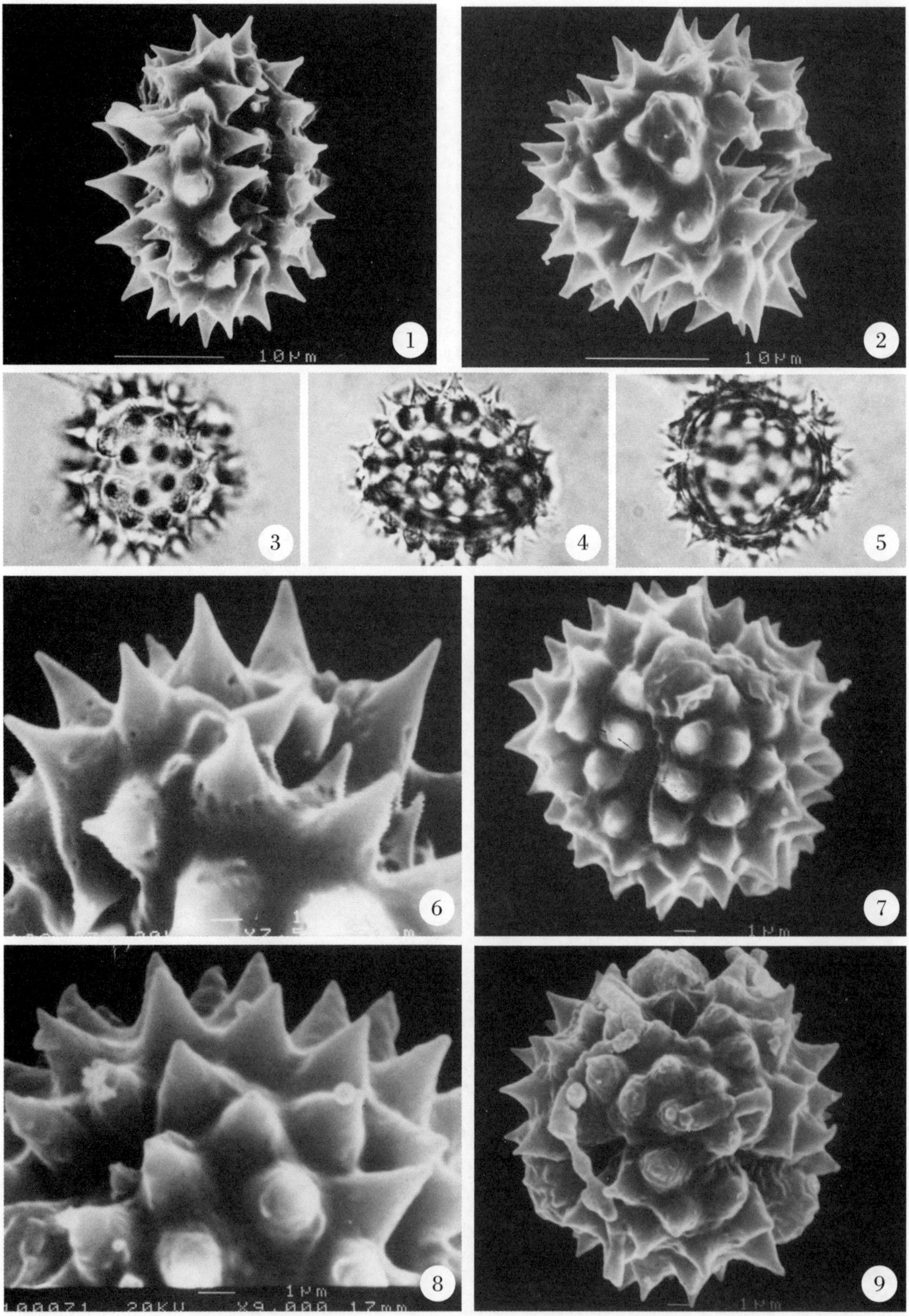

图版 91

Plate 91

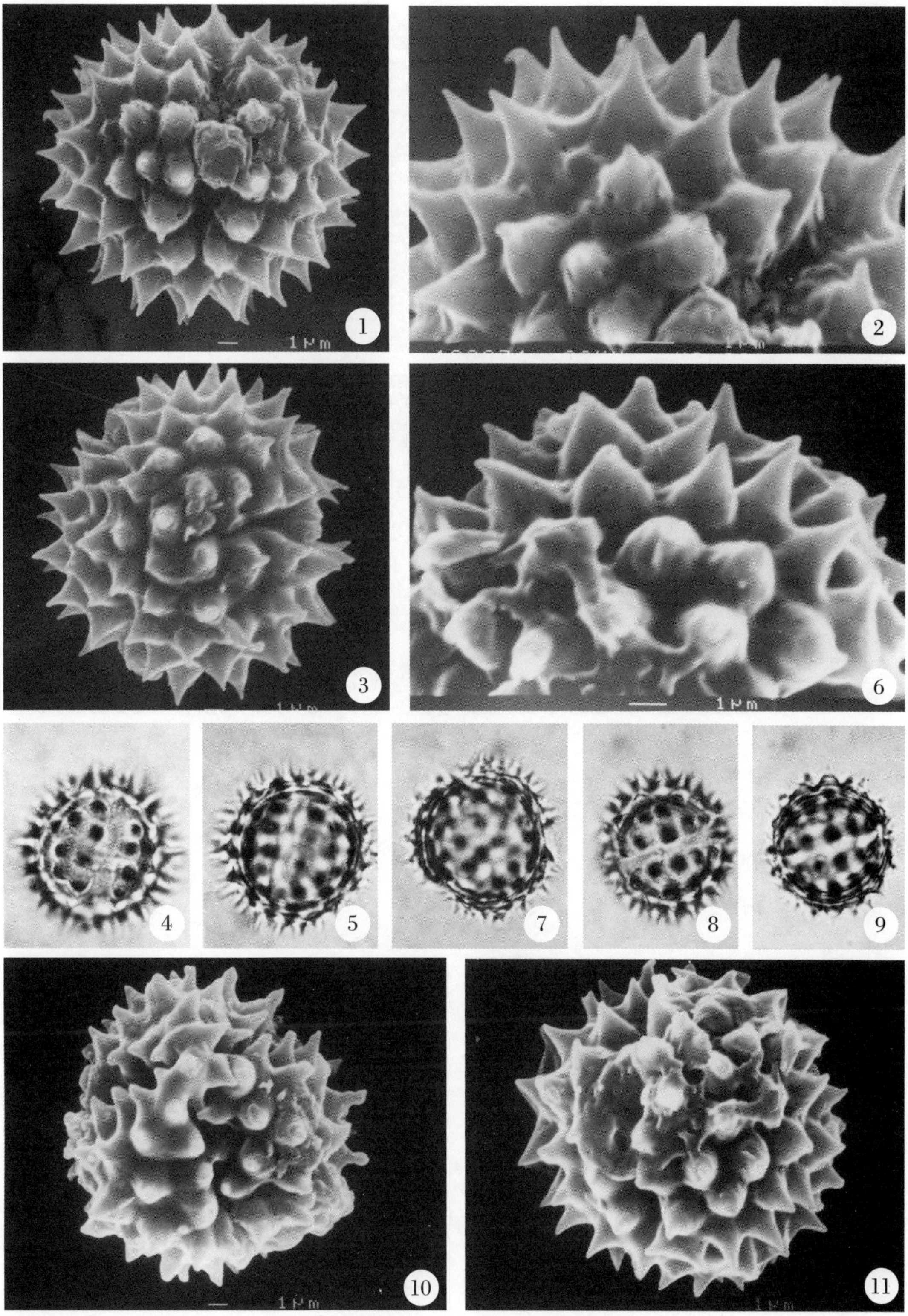

1 2 3 6 4 5 7 8 9 10 11

图版 92 Plate 92

图版 93 Plate 93

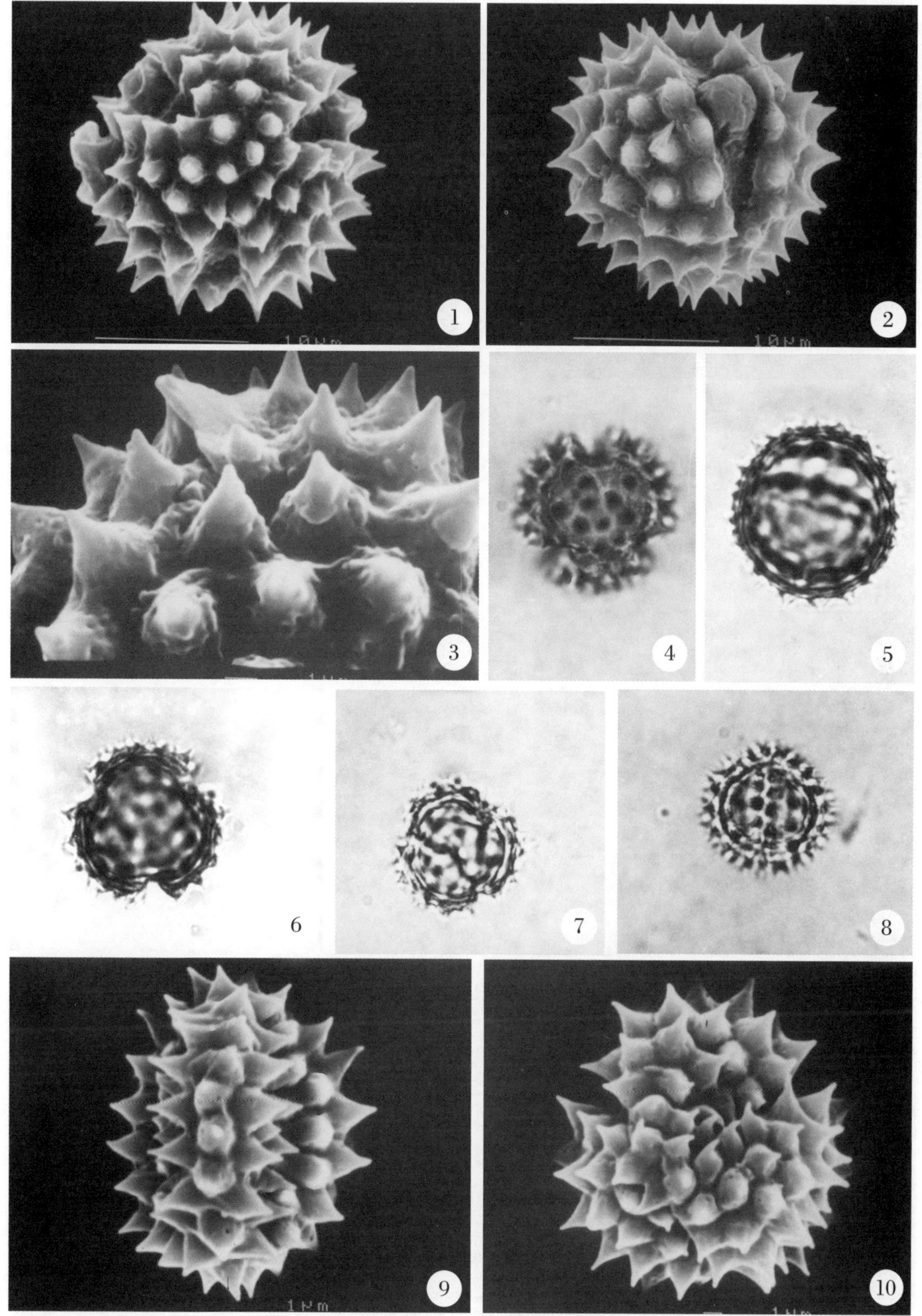

图版 94 Plate 94

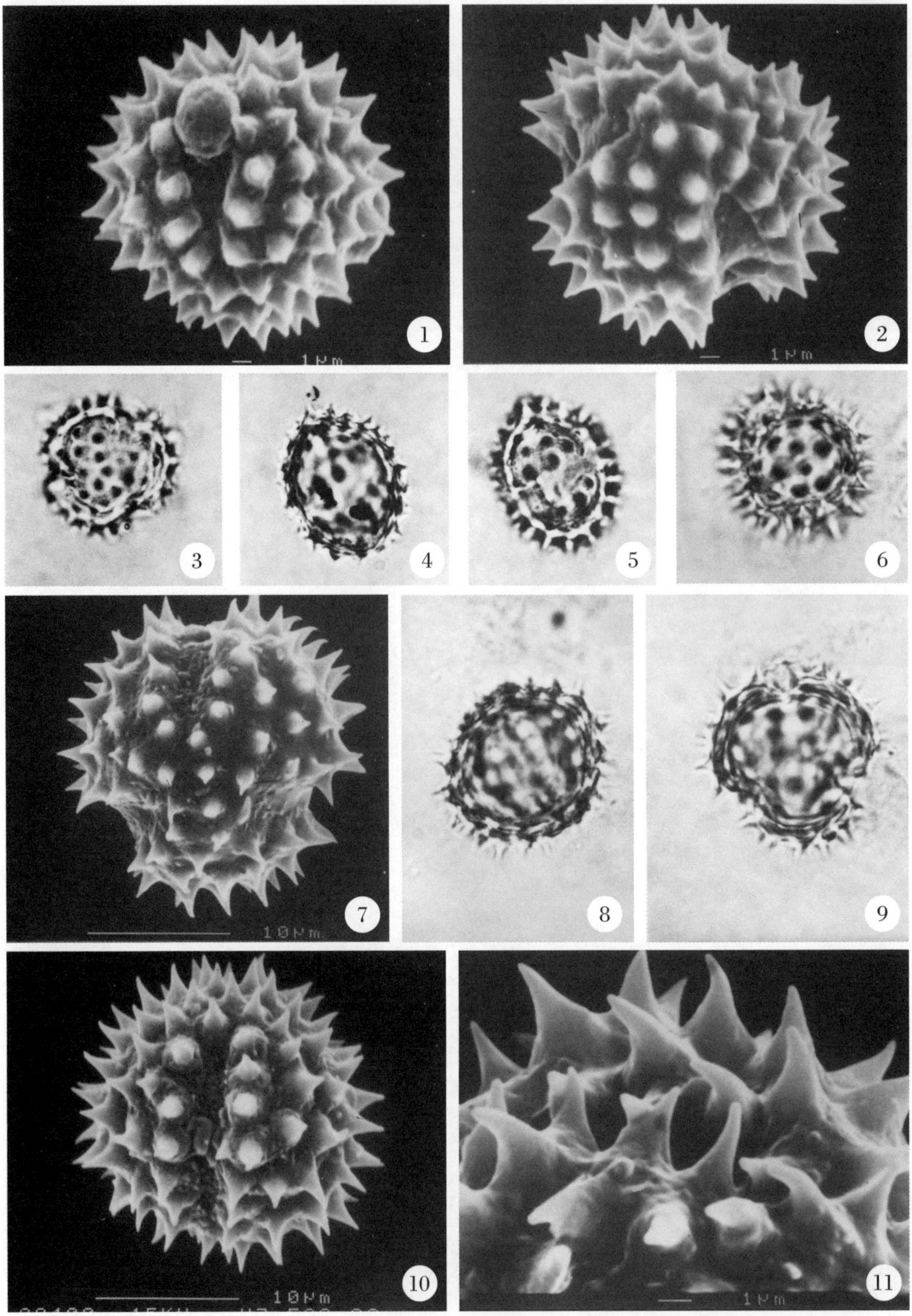

1 2 3 4 5 6 7 8 9 10 11

图版 95　　Plate 95

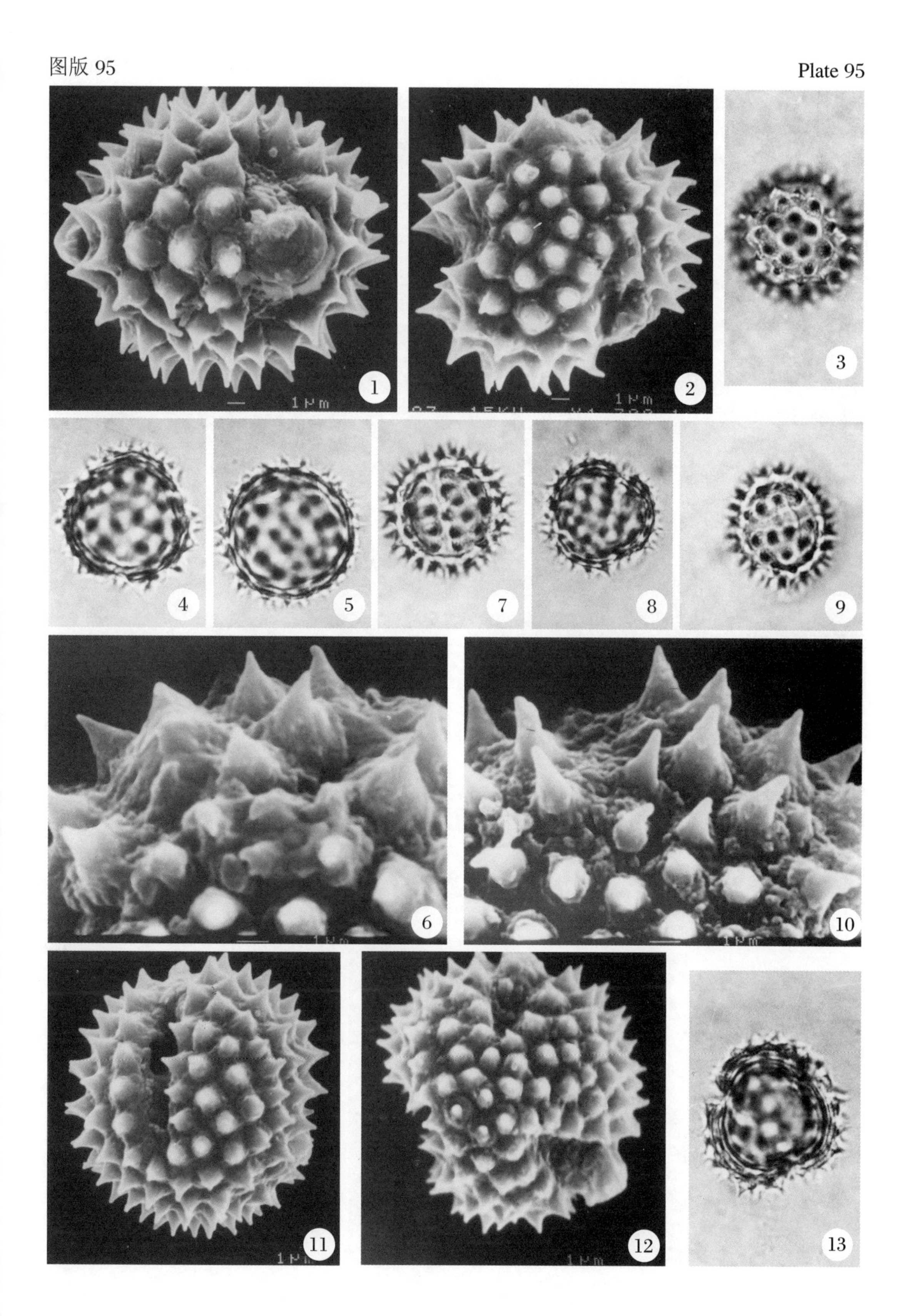

图版 96 Plate 96

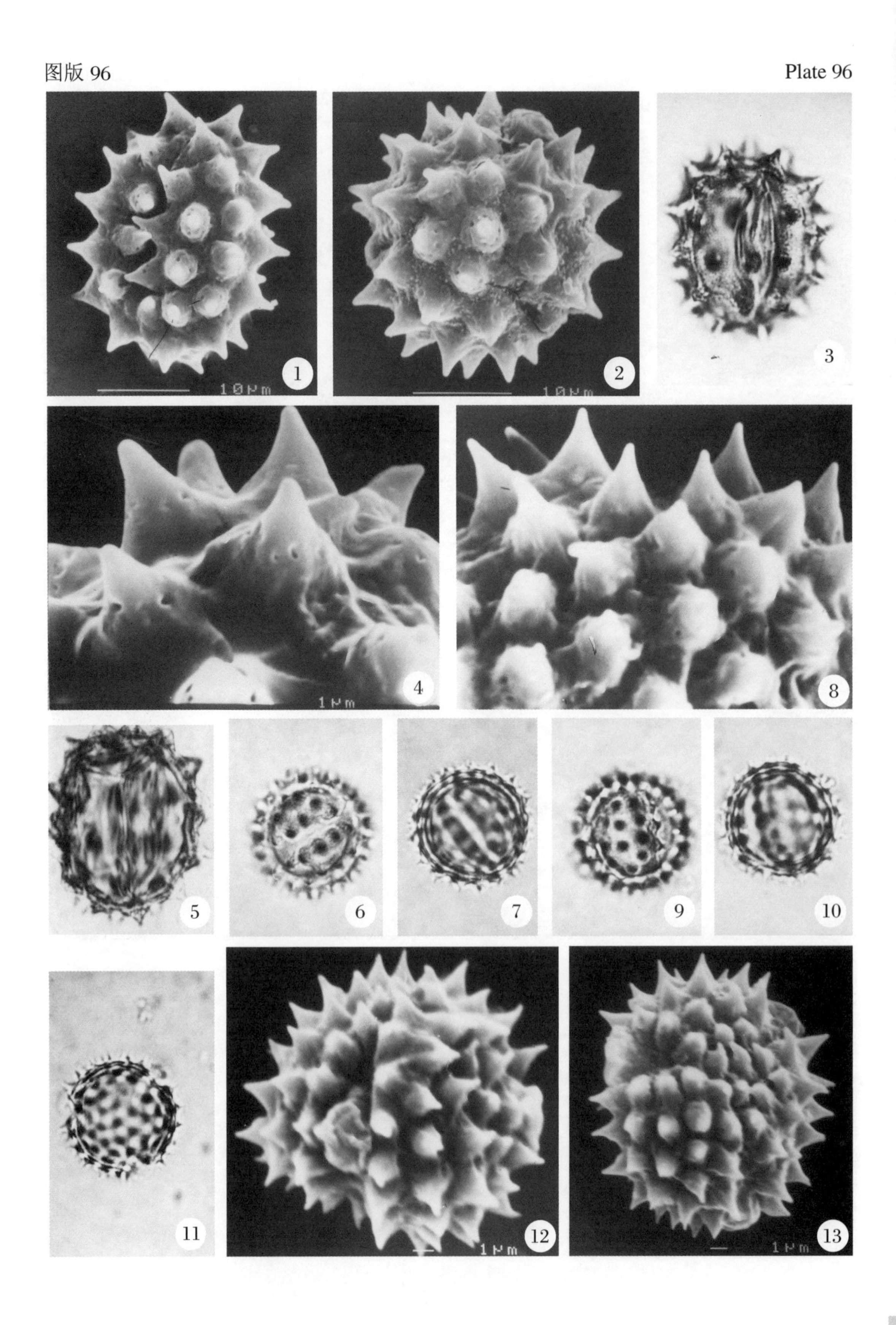

图版 97 Plate 97

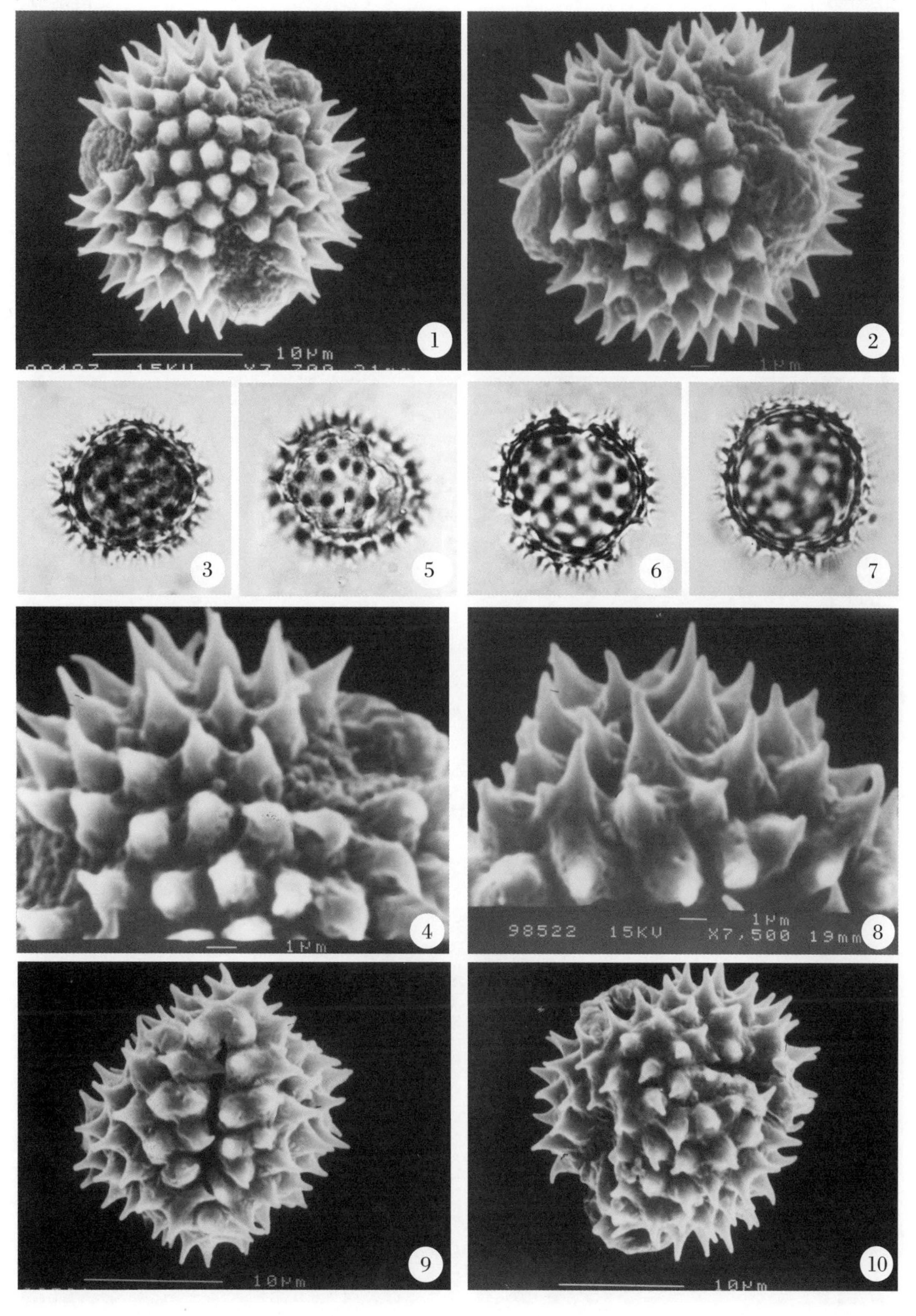

图版 98 Plate 98

图版 99

Plate 99

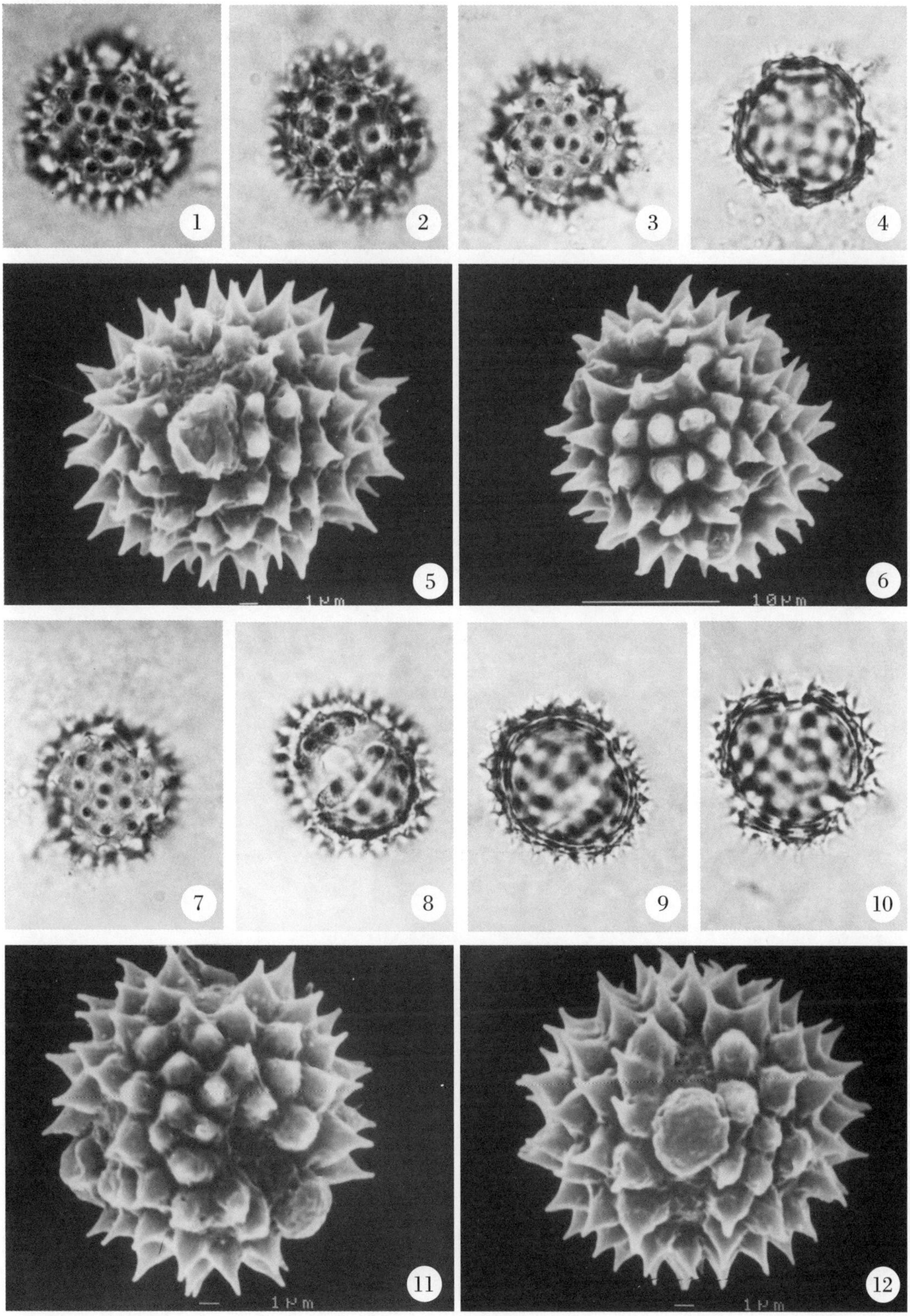

1 2 3 4

5 1μm

6 10μm

7 8 9 10

11 1μm

12 1μm

图版 100 Plate 100

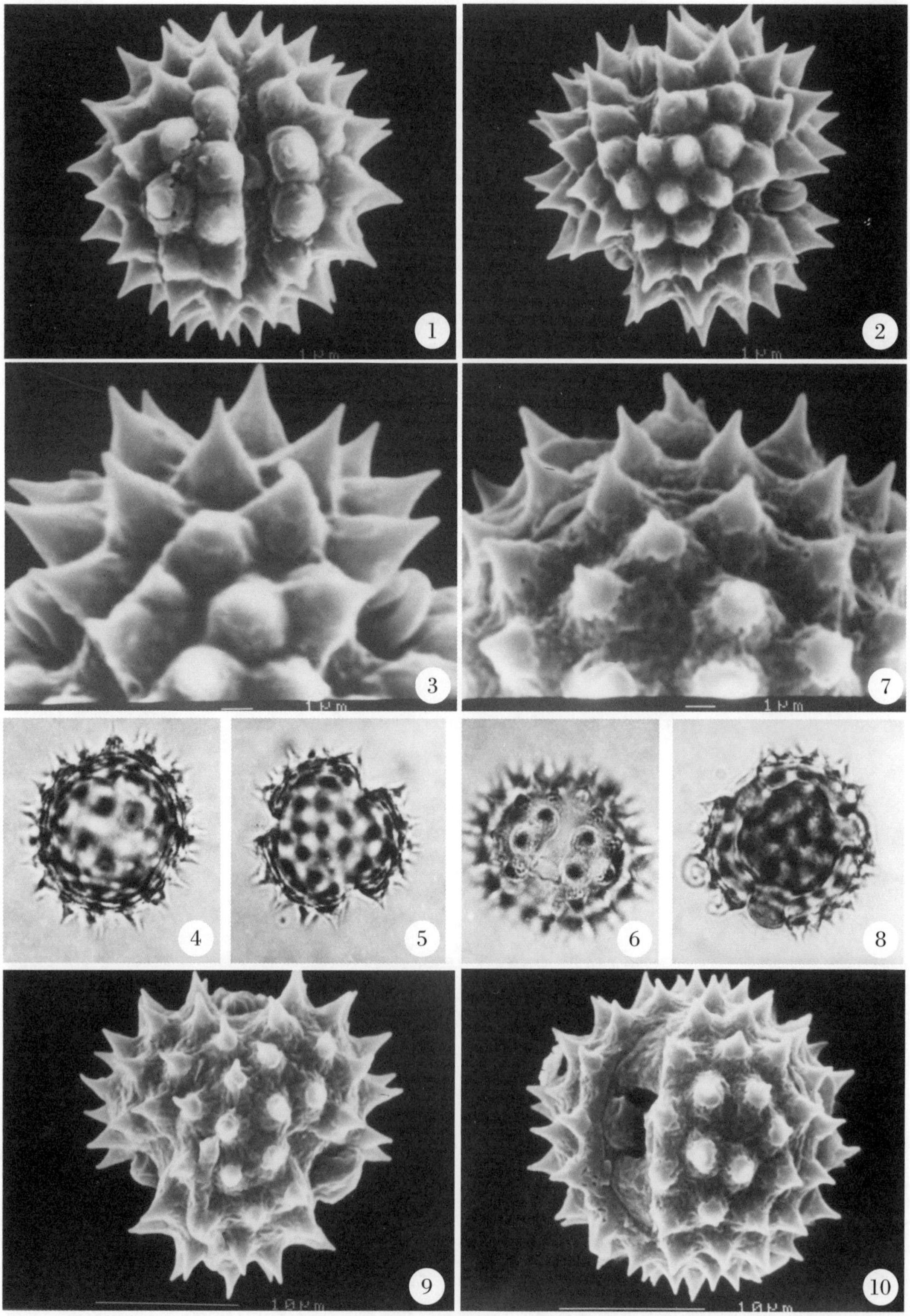

1 2 3 7 4 5 6 8 9 10

图版 101　　Plate 101

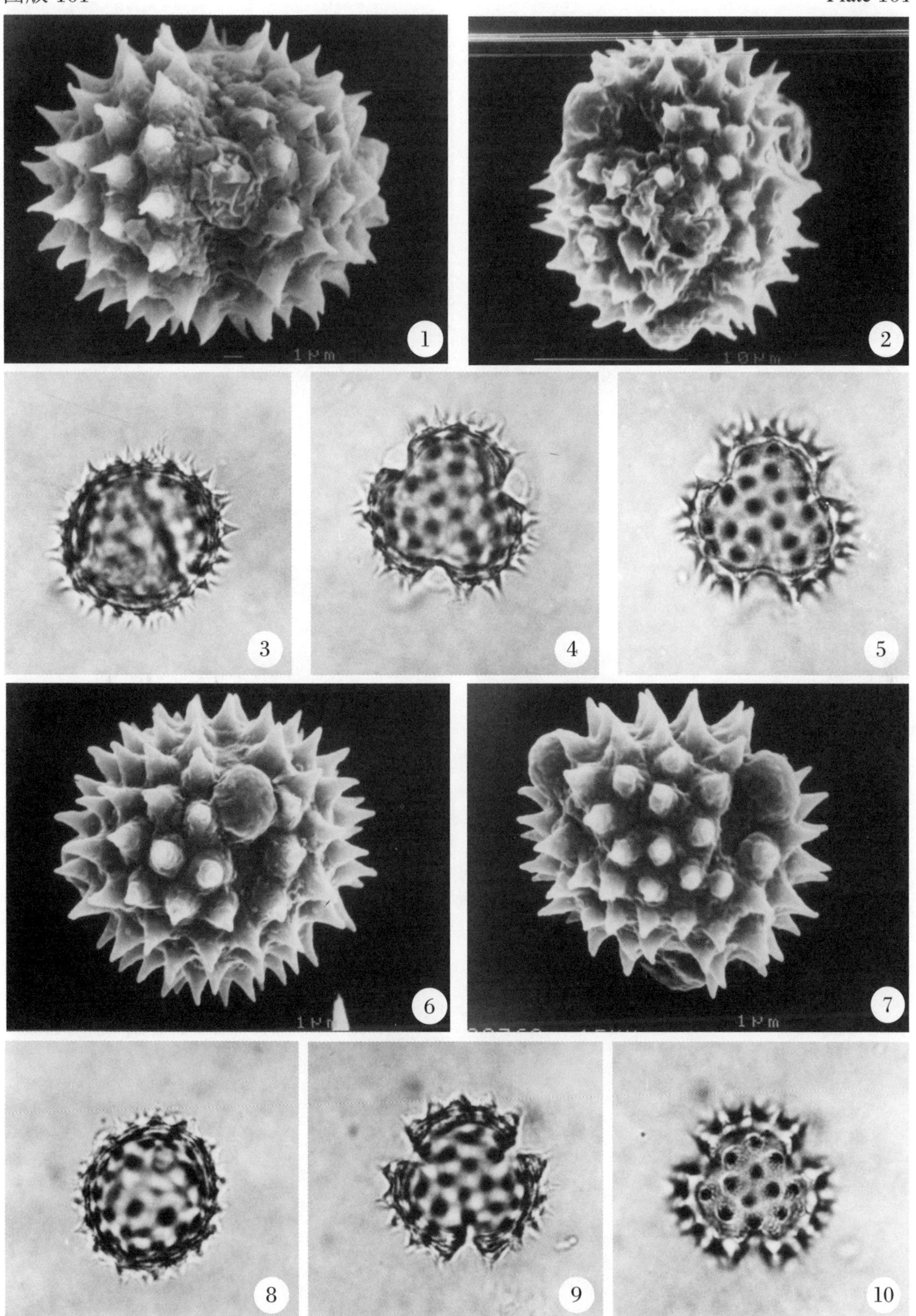

图版 102 Plate 102

1 1 μm
2 1 μm
3 1 μm
6 1 μm
4
5
7
8
9
10 10 μm
11 10 μm

图版 103

Plate 103

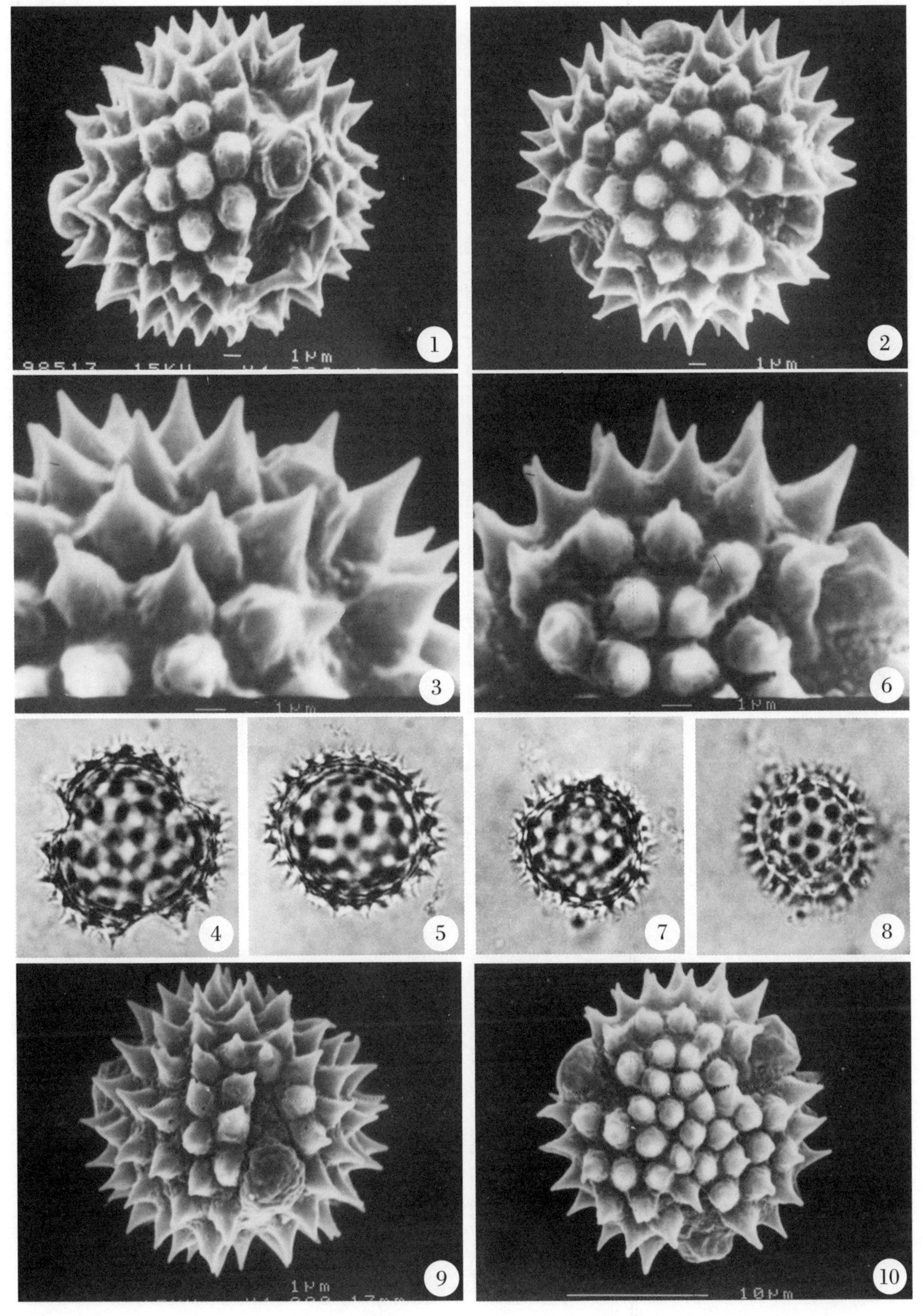

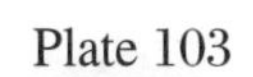

图版 104 Plate 104

图版 105

Plate 105

1 2 3 4 12 5 6 7 8 9 10 11

图版 106 Plate 106

图版 107

Plate 107

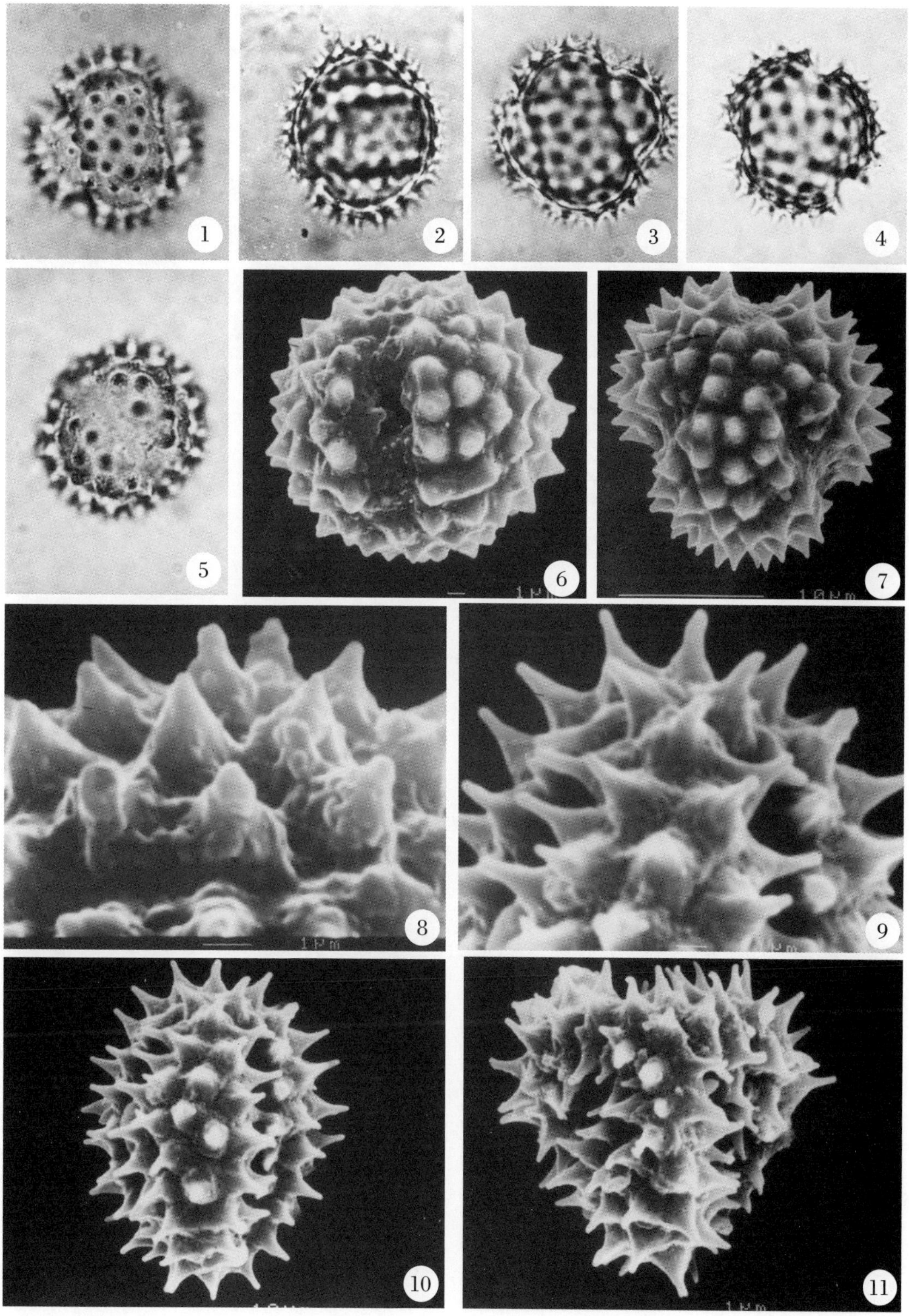

图版 108 Plate 108

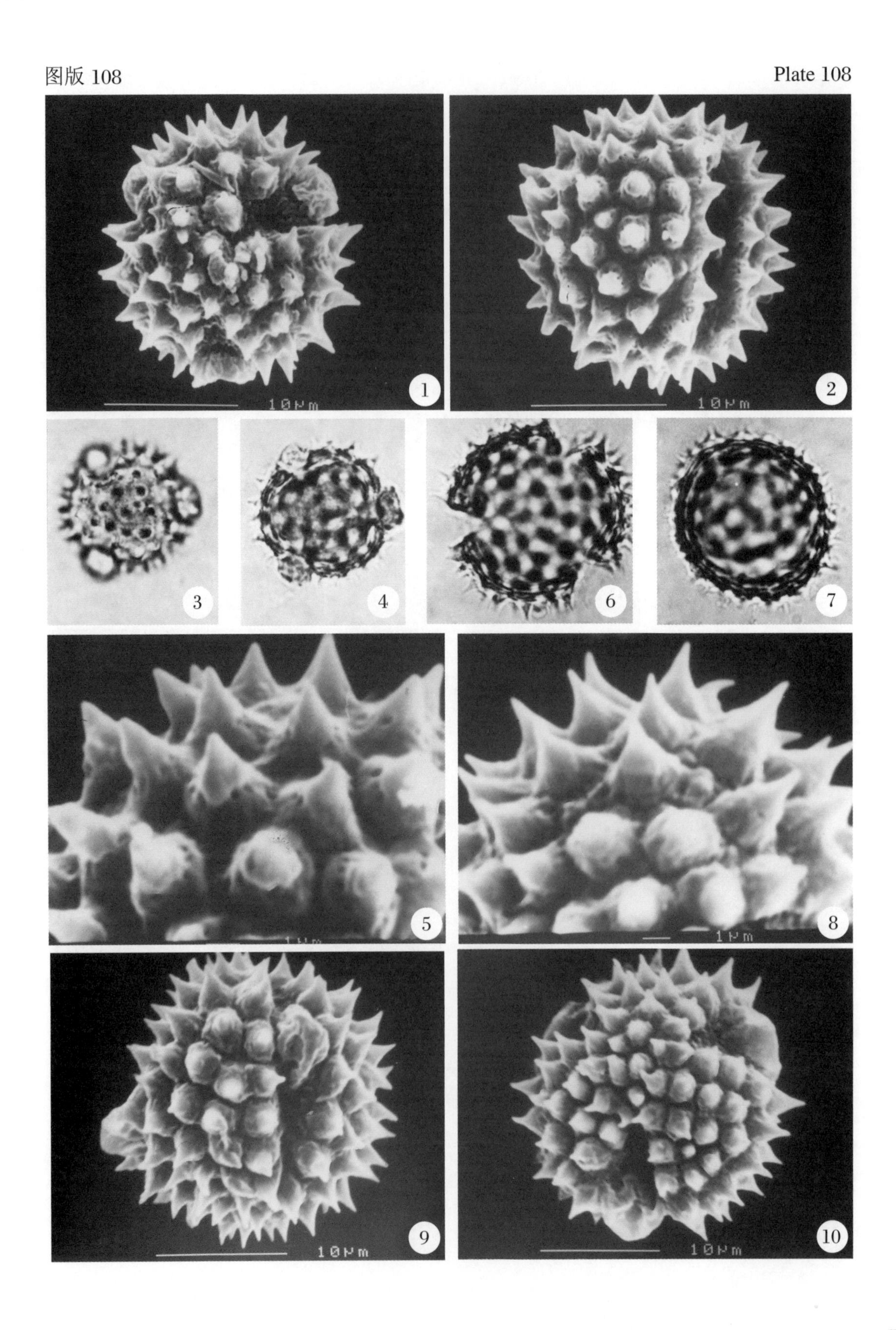

图版 109

Plate 109

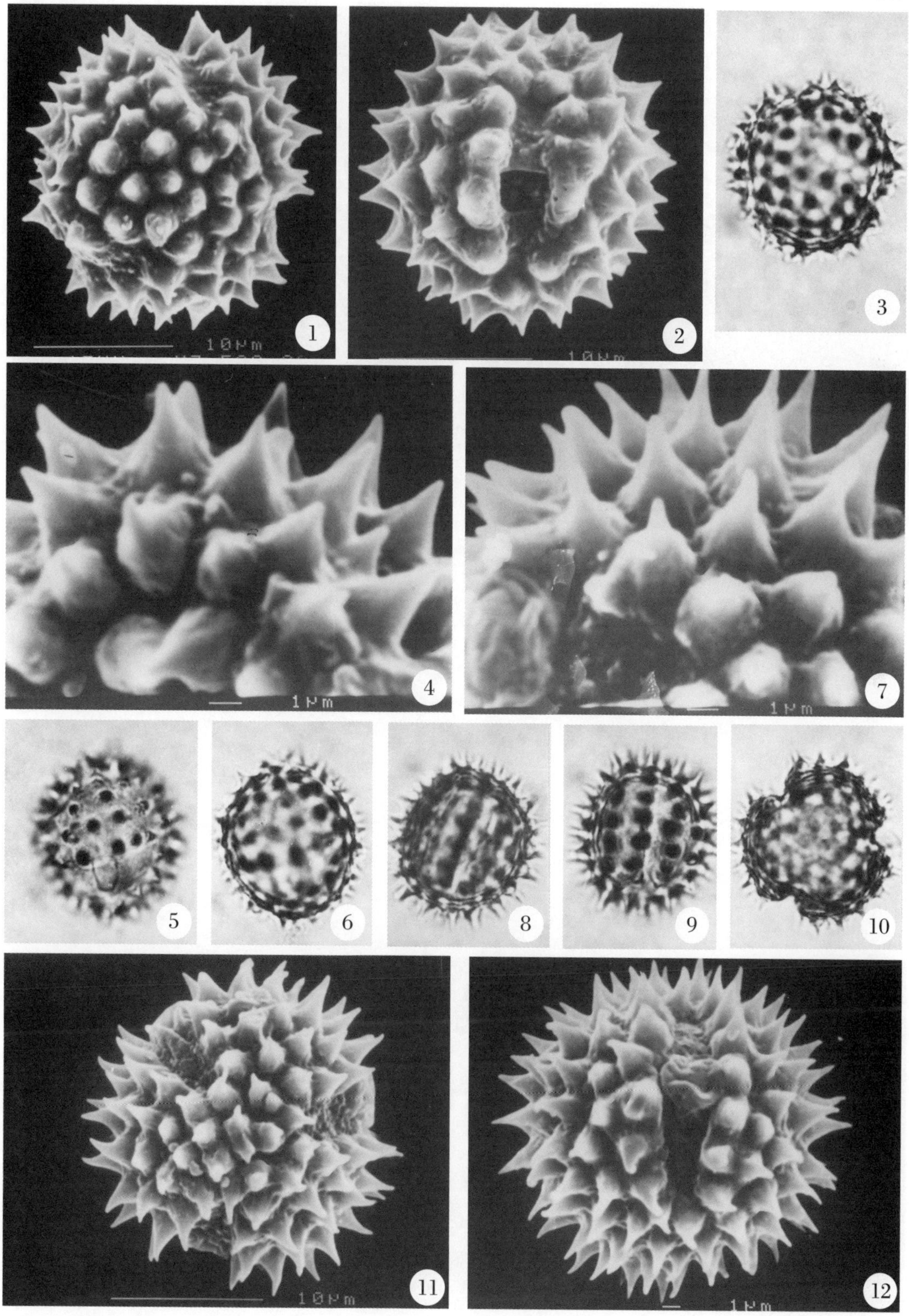

1 2 3 4 7 5 6 8 9 10 11 12

图版 110　　Plate 110

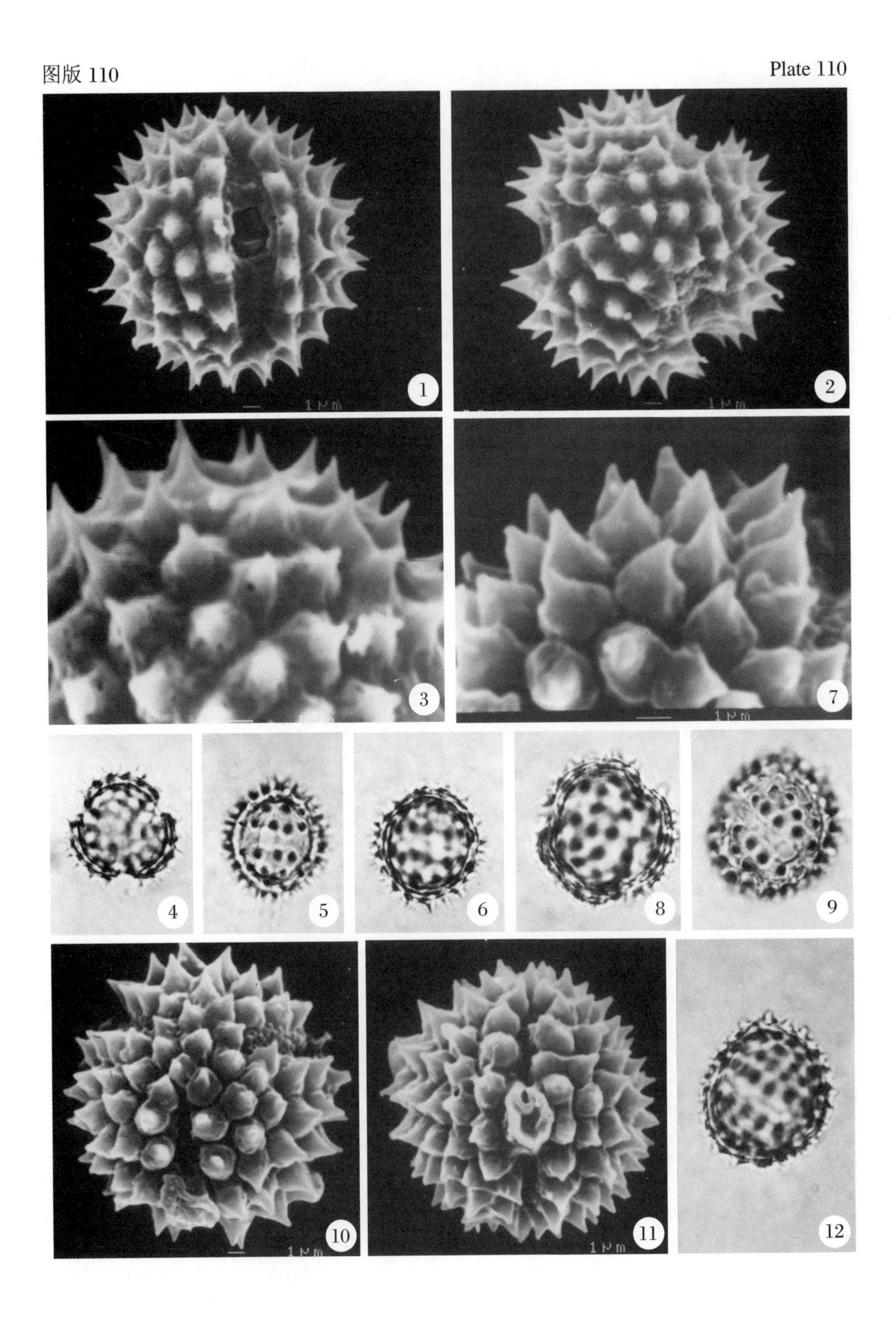

图版 111

Plate 111

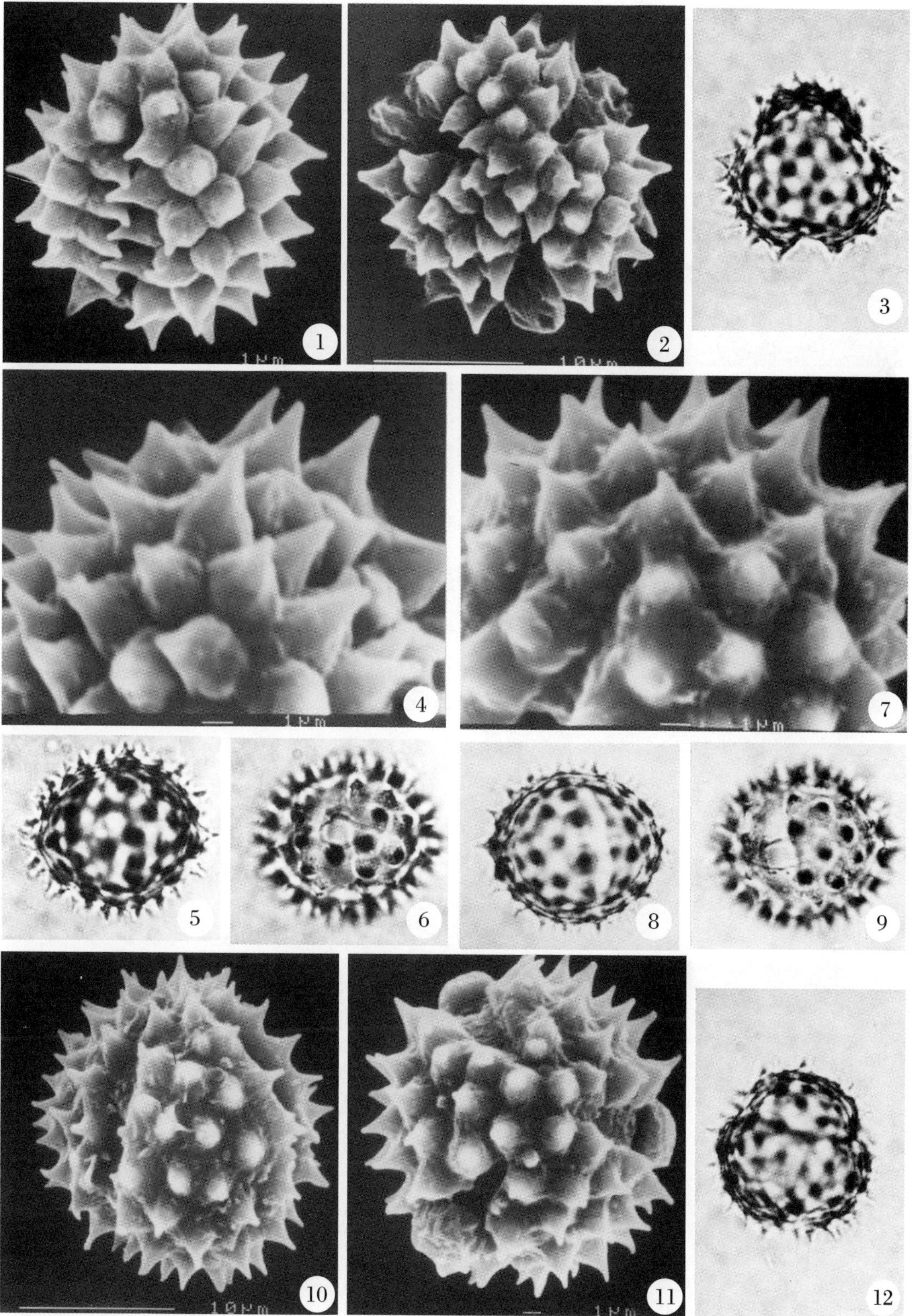

图版 112 Plate 112

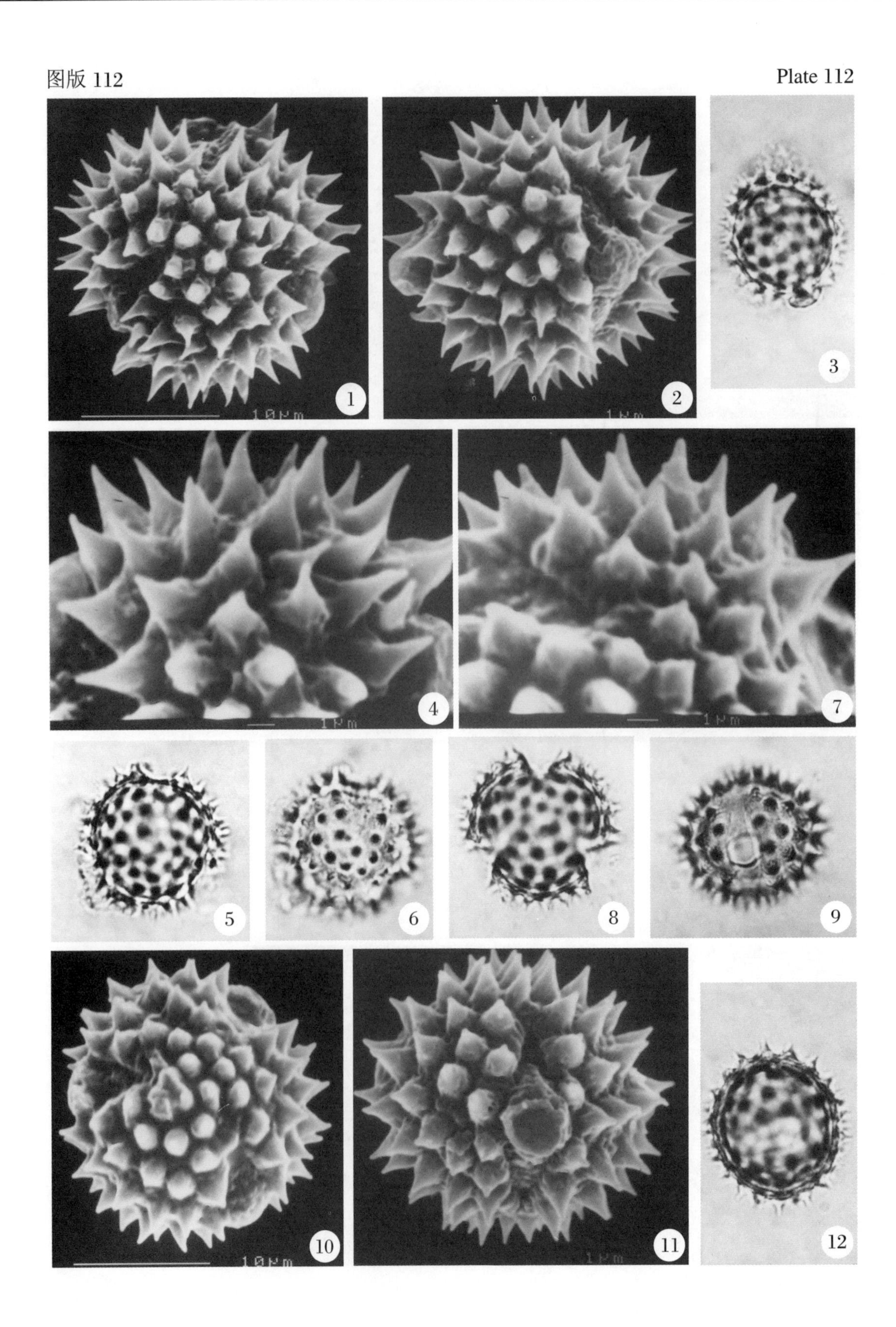

图版 113 Plate 113

图版 114 Plate 114

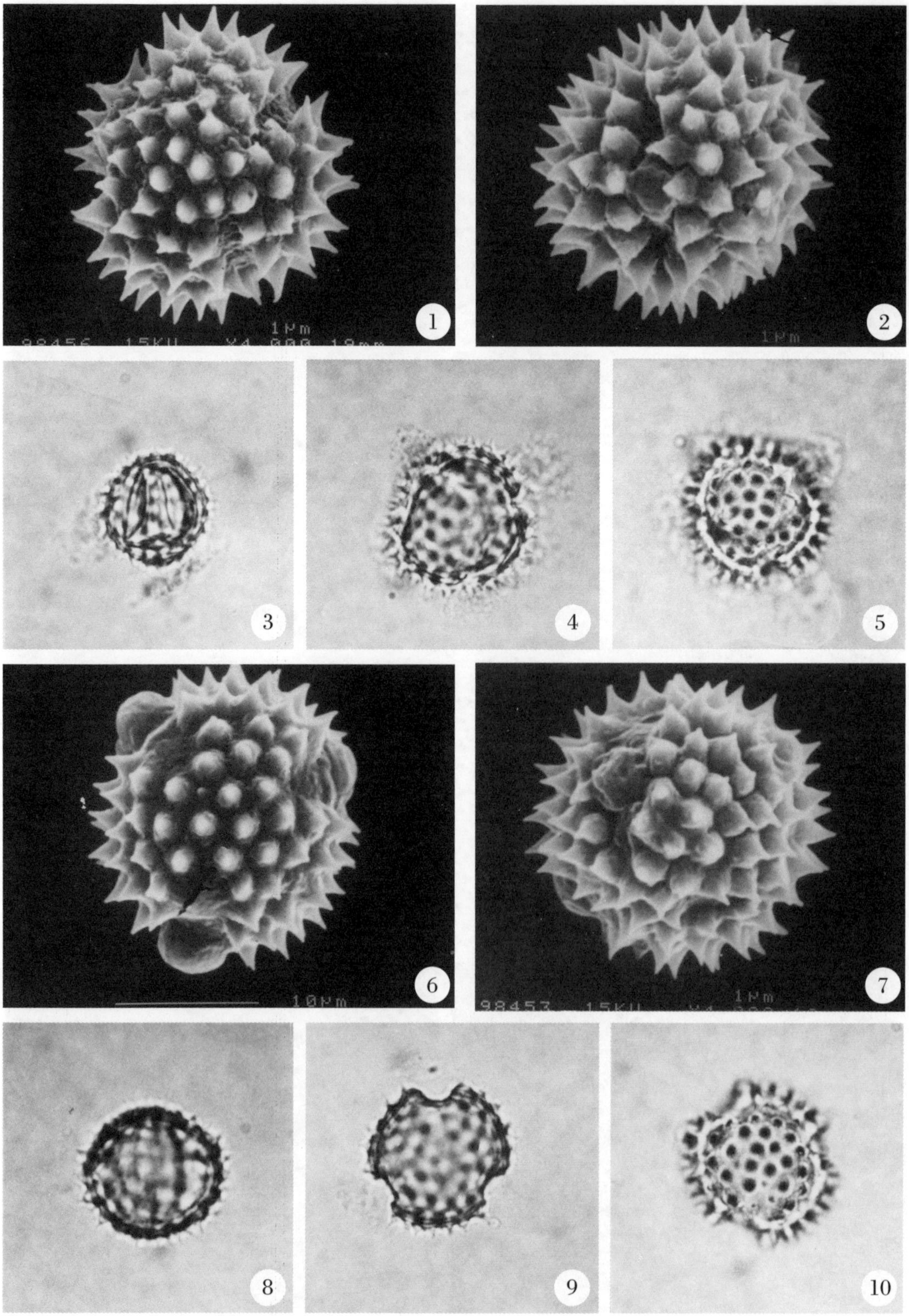

图版 115　　　　Plate 115

图版 116 Plate 116

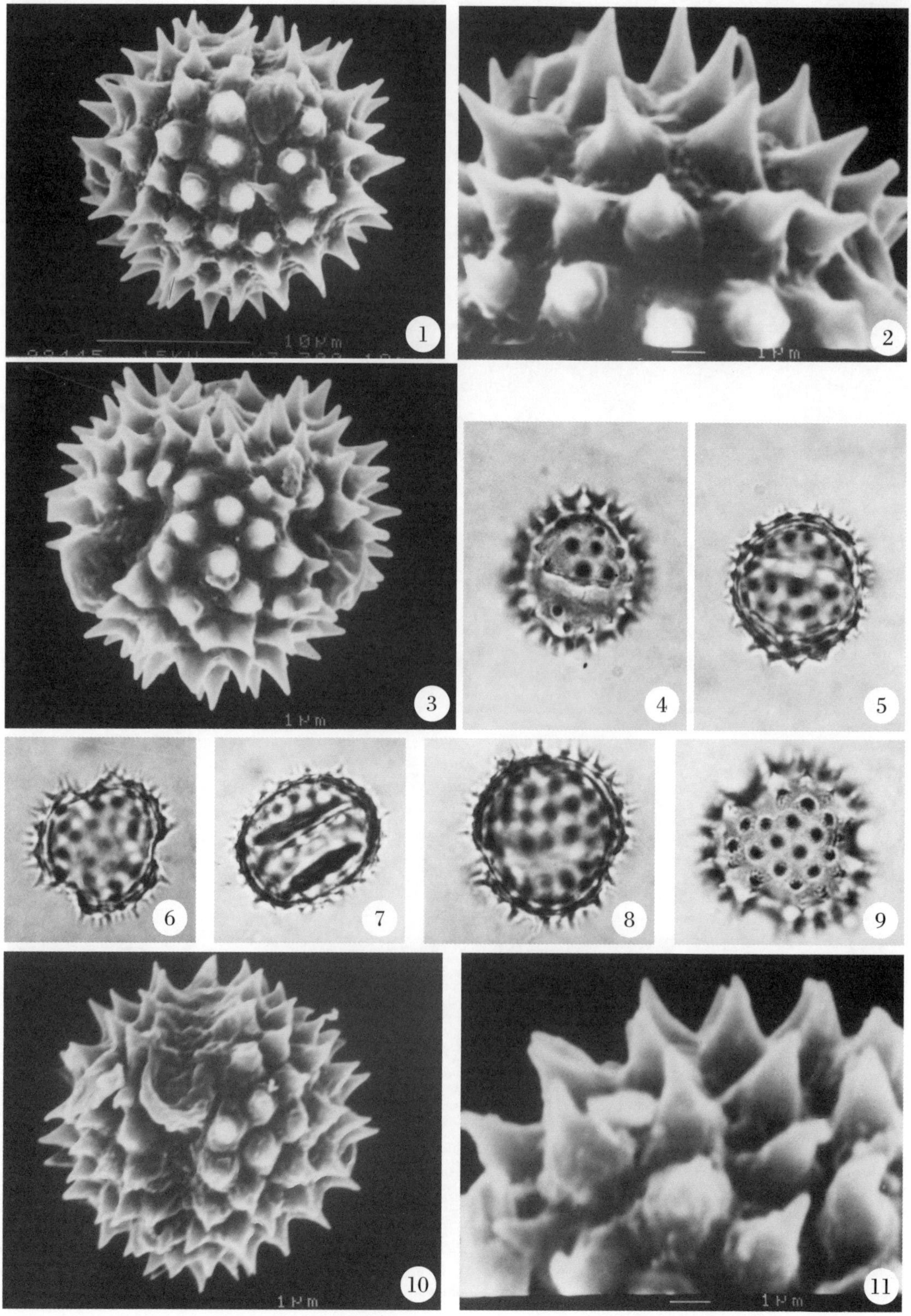

1 2 3 4 5 6 7 8 9 10 11

图版 117 Plate 117

图版 118 Plate 118

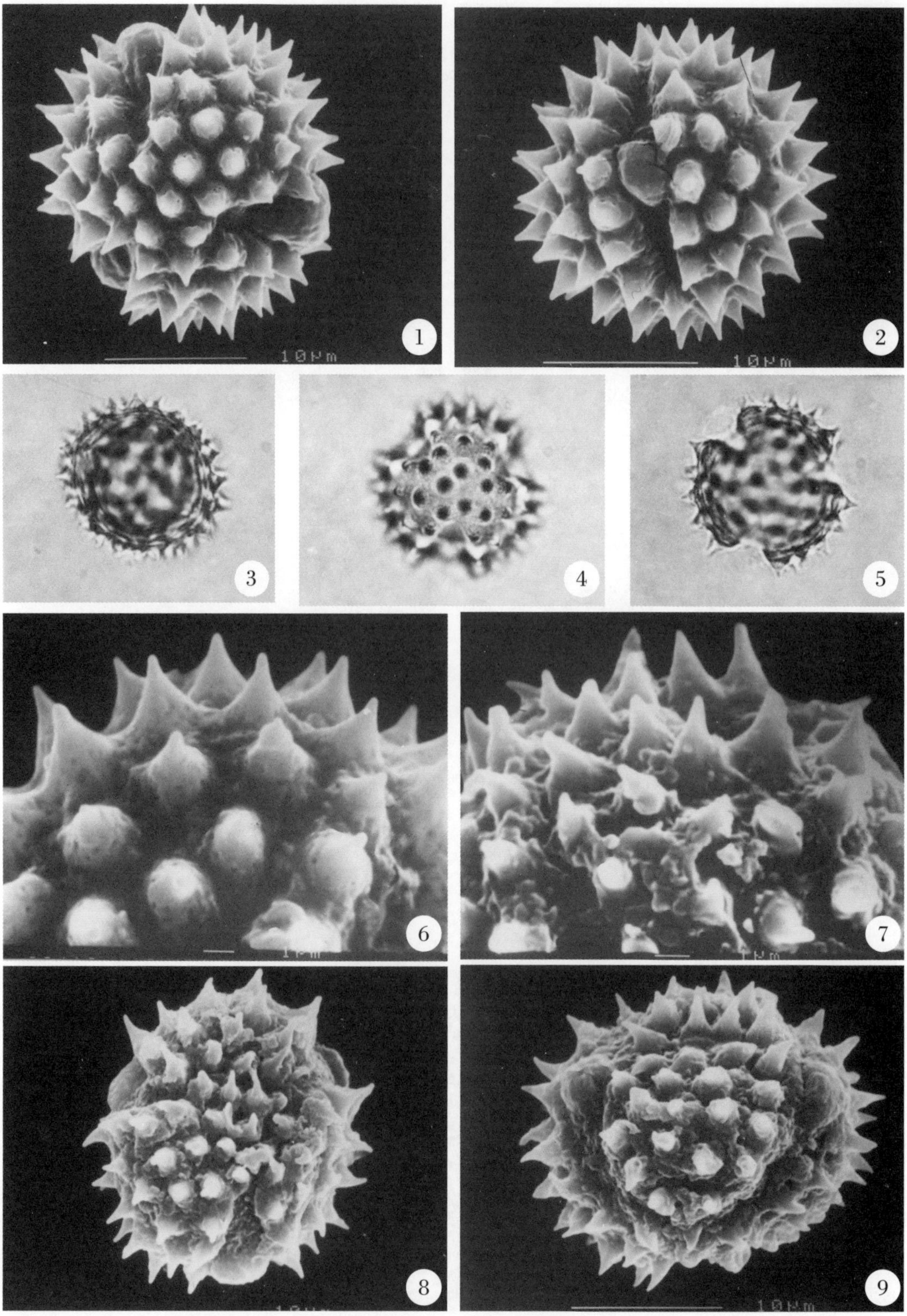

1 2 3 4 5 6 7 8 9

图版 119 Plate 119

1 2 3
4 7
5 6 8
9 10 11

图版 120 Plate 120

图版 121 Plate 121

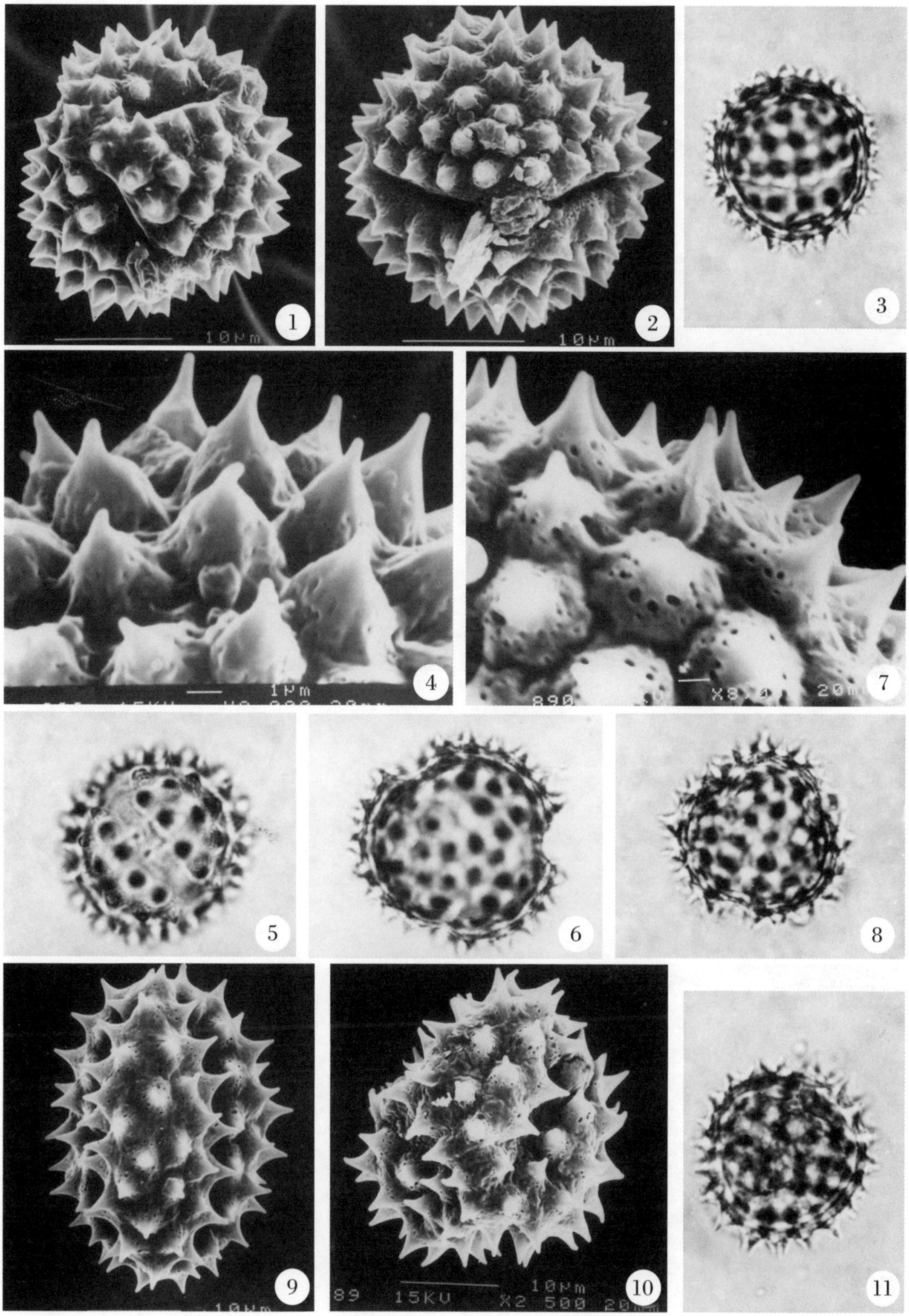

图版 122 Plate 122

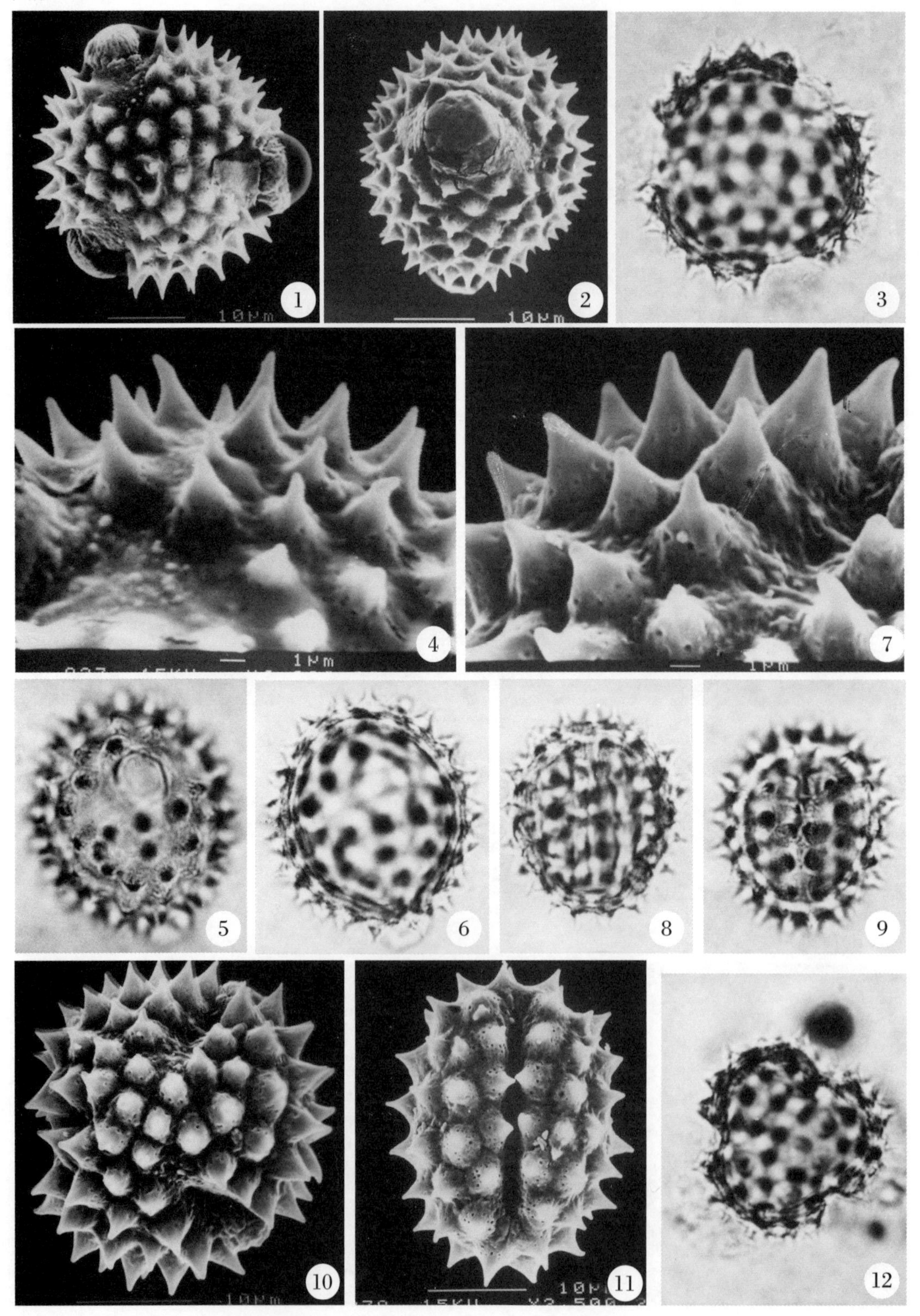

图版 123 Plate 123

图版 124 Plate 124

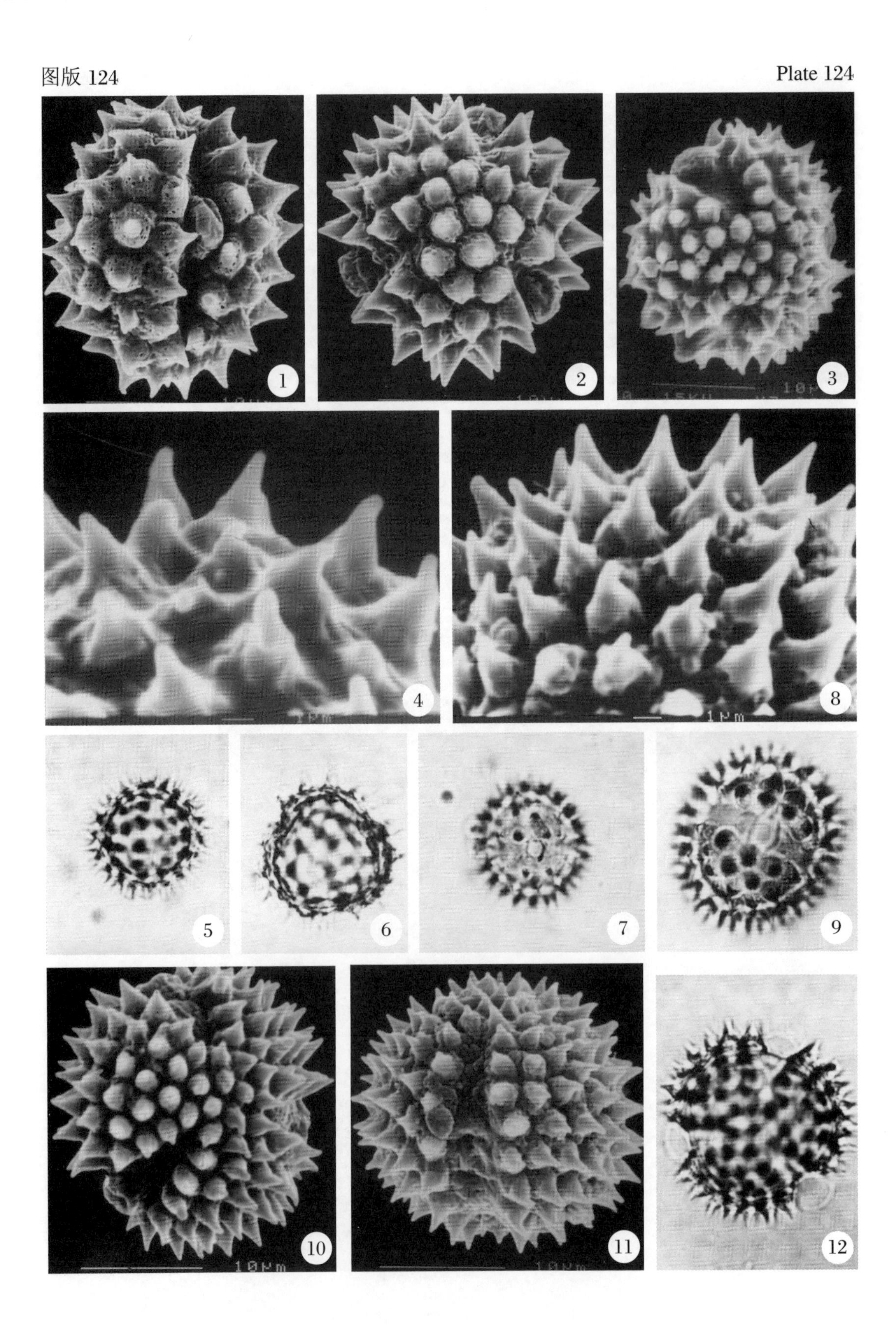

图版 125 Plate 125

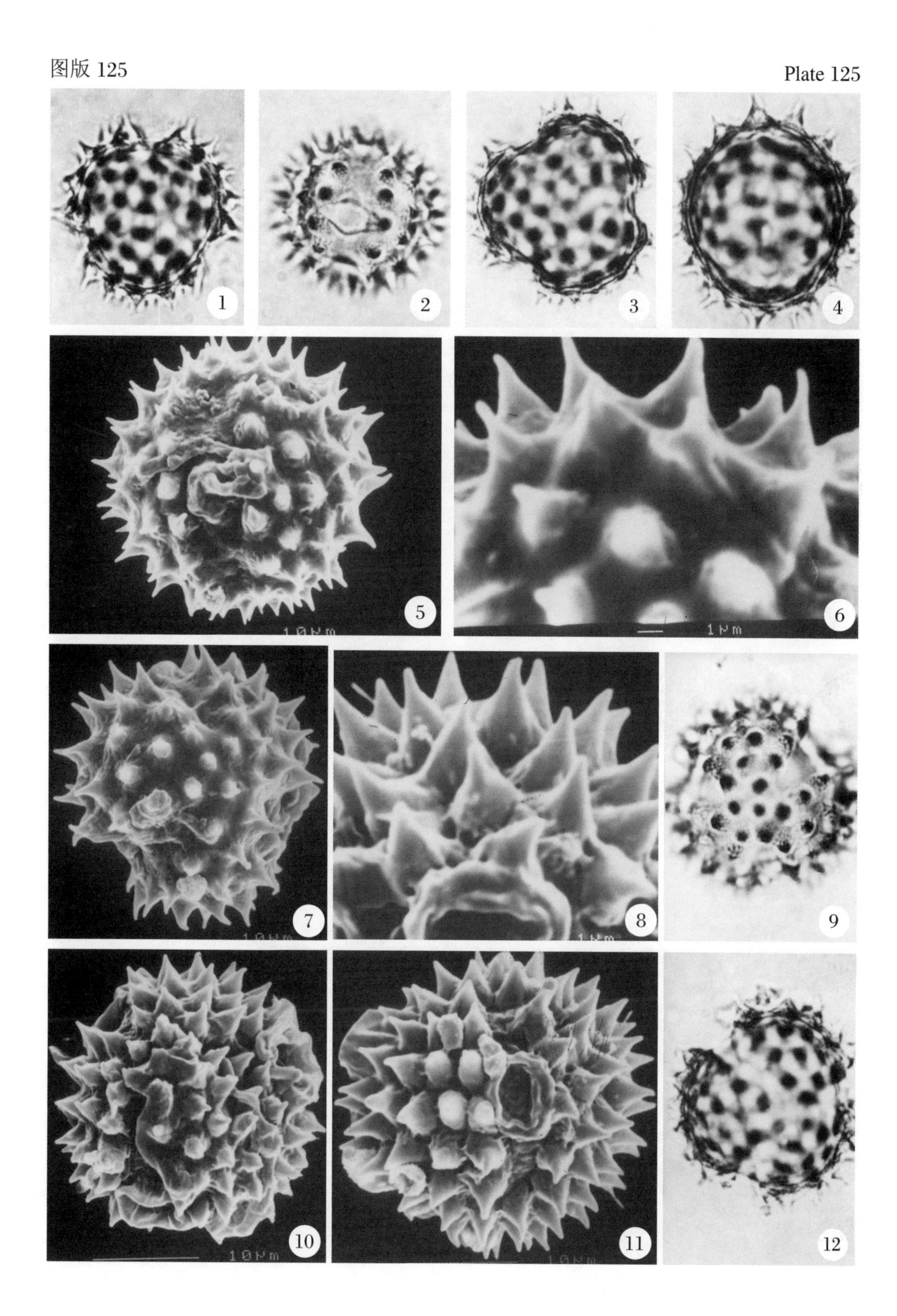

图版 126 Plate 126

图版 127

Plate 127

图版 128 Plate 128

图版 129

Plate 129

1 2 3

10μm 10μm

4 7

1μm
937 15KV X6,000 21mm

5 6 8 9

10 11 12

10μm 10μm

图版 130 Plate 130

图版 131 Plate 131

图版 132 Plate 132

图版 133 Plate 133

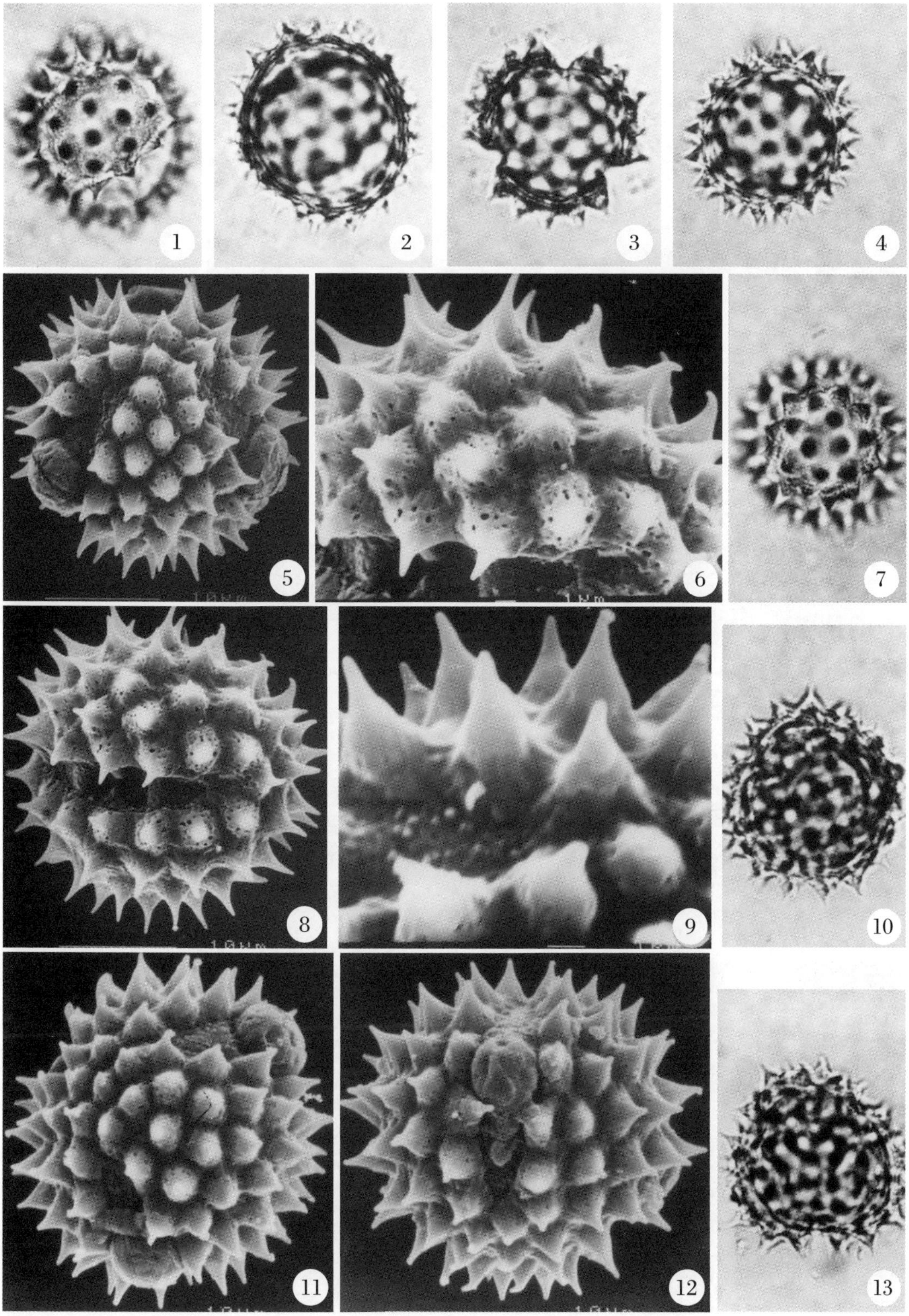

1 2 3 4 5 6 7 8 9 10 11 12 13

图版 134 Plate 134

图版 135 Plate 135

图版 136 Plate 136

图版 137 Plate 137

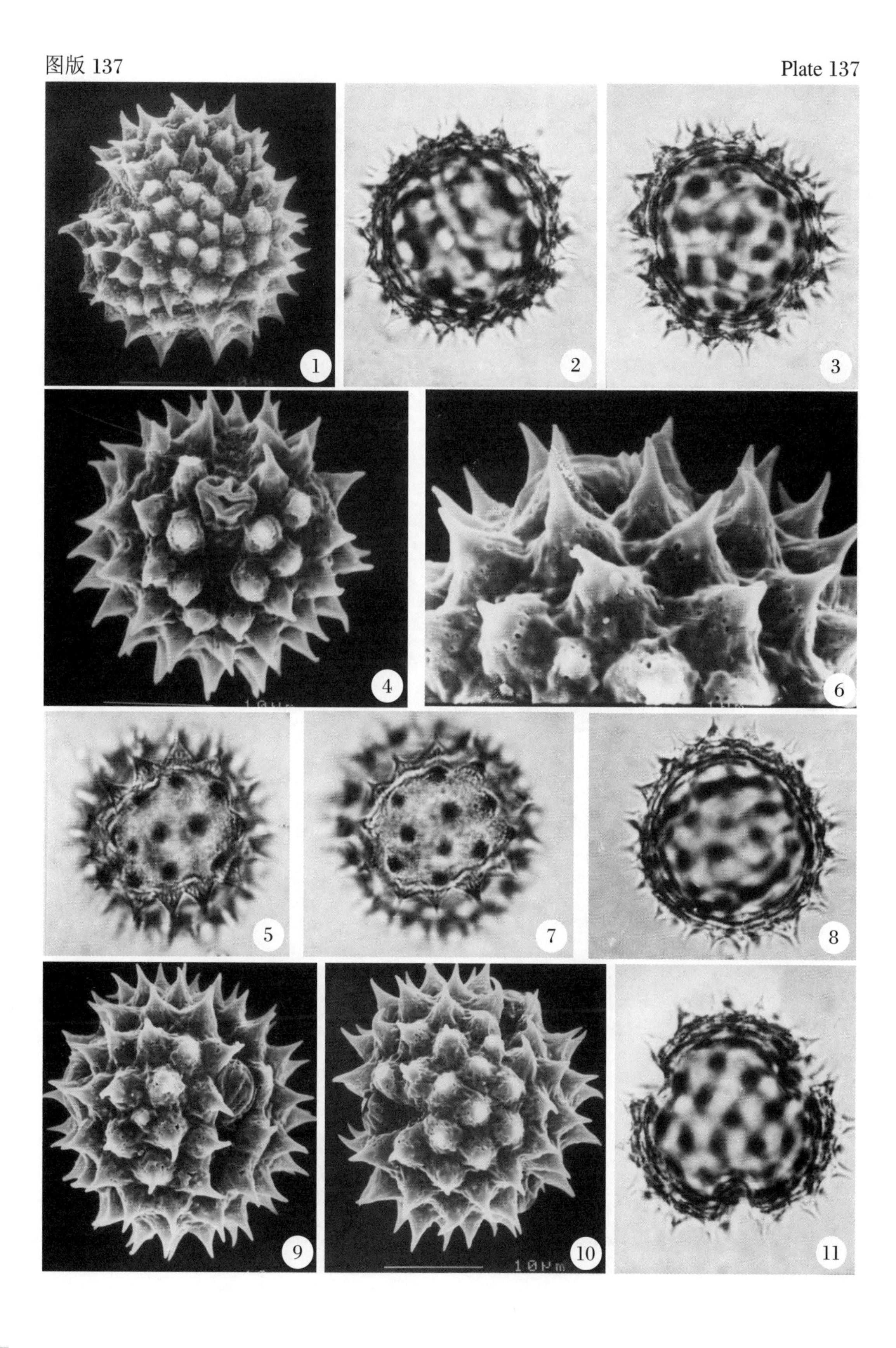

图版 138 Plate 138

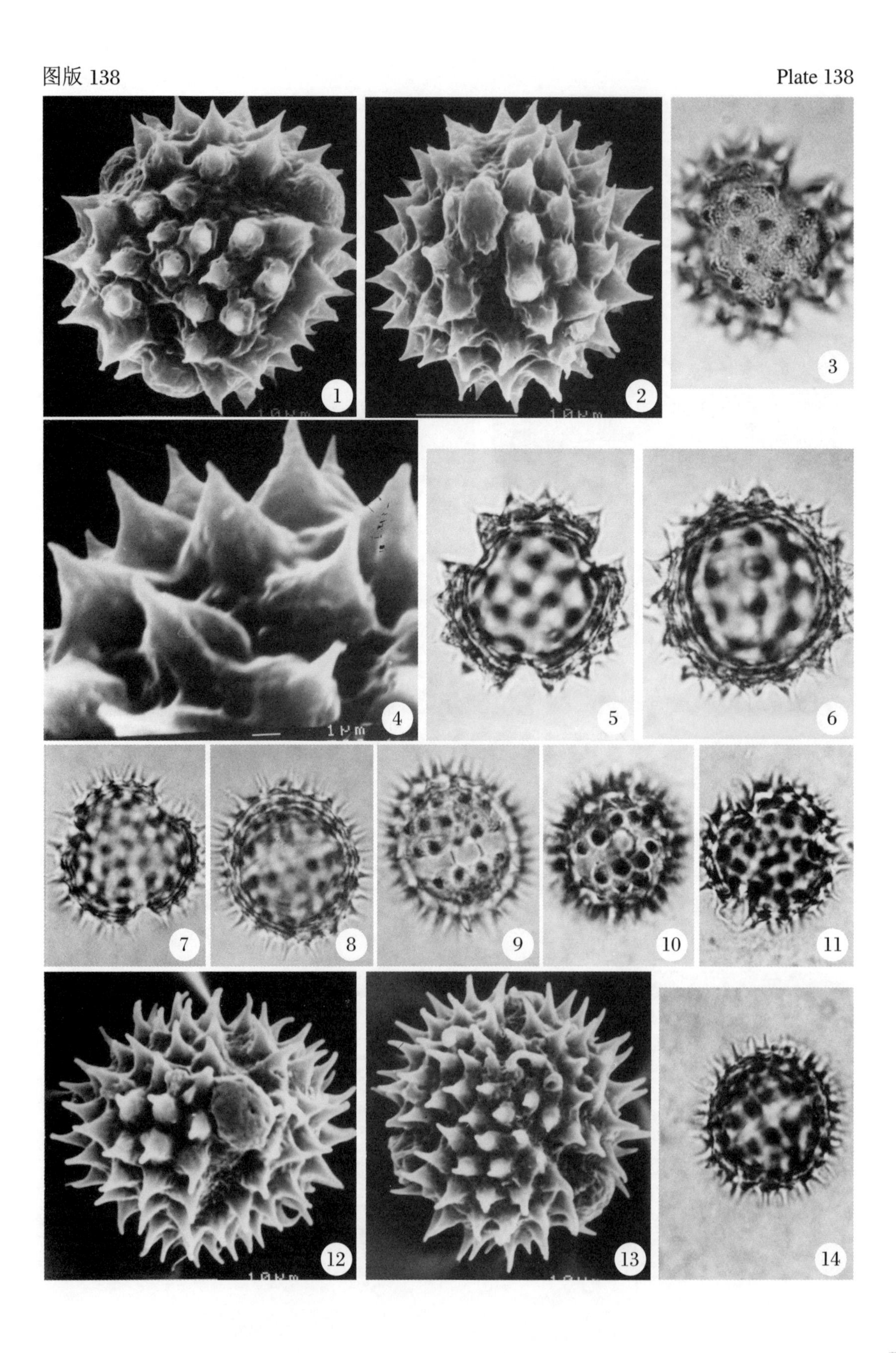

图版 139

Plate 139

2 15KV X9,000 20m 1μm

1

10μm

2

3

10μm

4

1μm

5

6

7

8

9

10

10μm

11

10μm

12

15KV

13

图版 140 Plate 140

1 2 3 4 5 6 7 8 9 10 11 12 13

图版 141

Plate 141

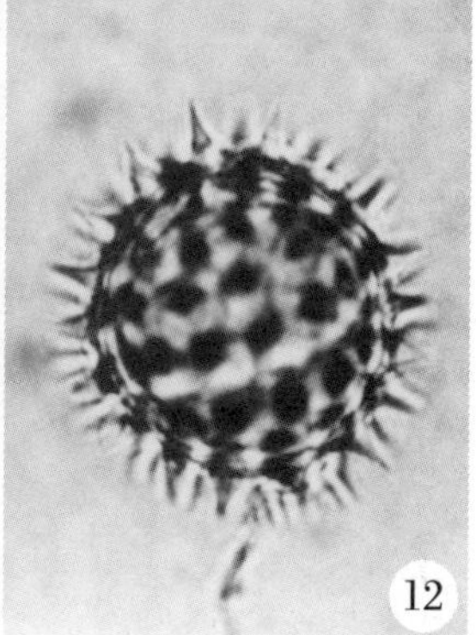

图版 142 Plate 142

图版 143

Plate 143

1 10 μm

2 10 μm

3

4 1 μm

7 1 μm

5

6

8

9

10 1 μm

11 1 μm

12

图版 144 Plate 144

图版 145

Plate 145

图版 146 Plate 146

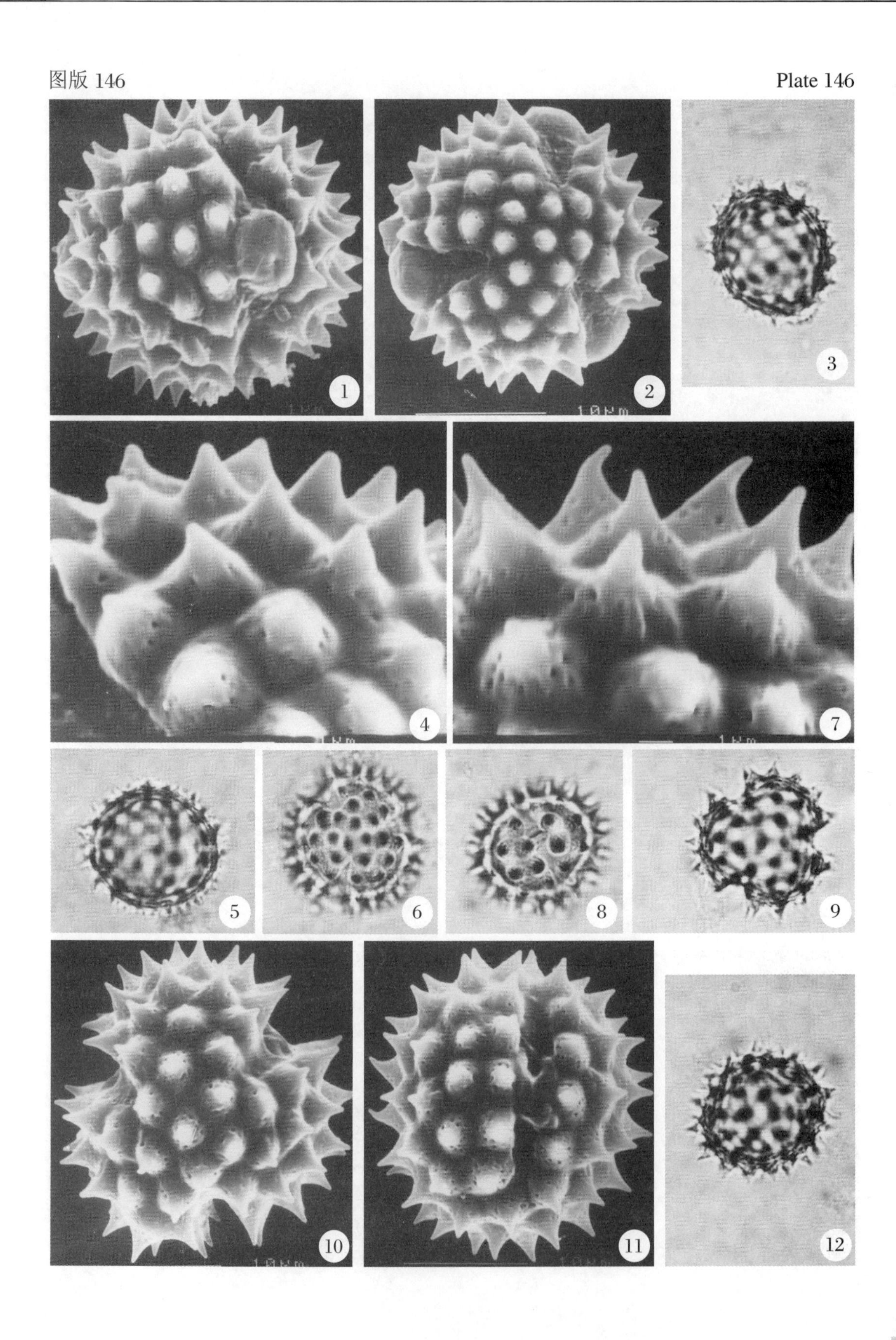

图版 147

Plate 147

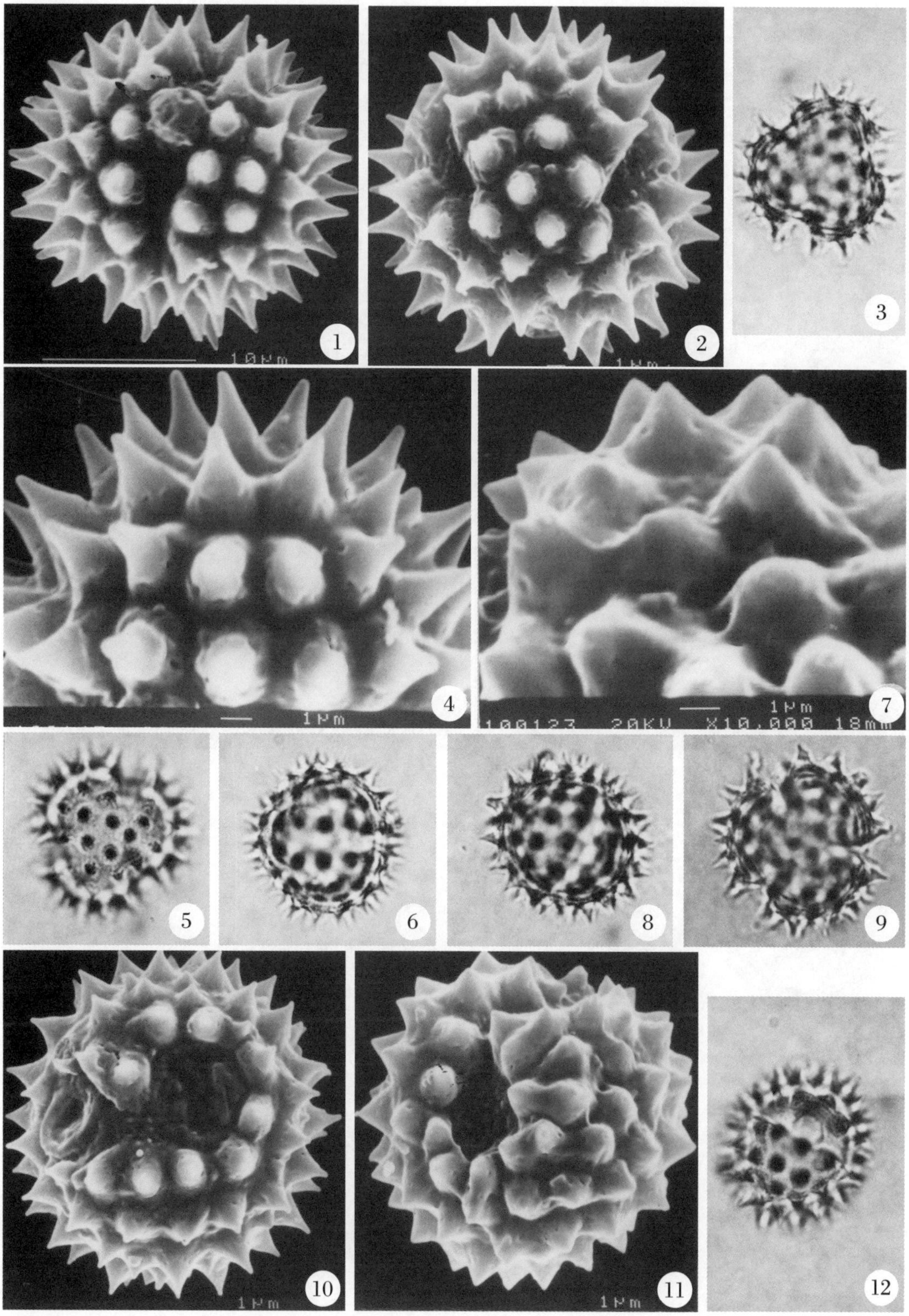

1 10μm

2 1μm

3

4 1μm

7 1μm
100123 20KV X10,000 18mm

5

6

8

9

10 1μm

11 1μm

12

图版 148 Plate 148

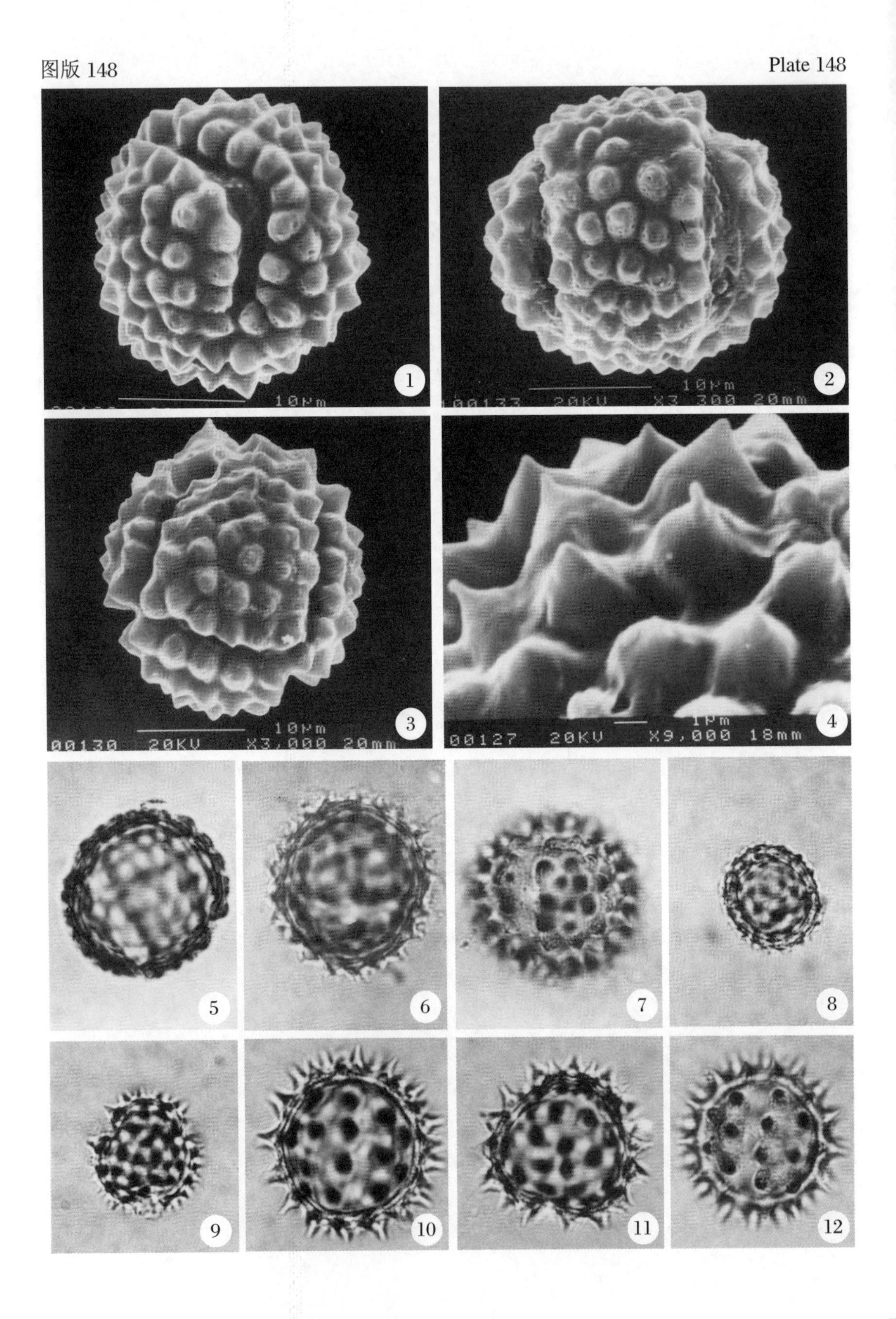

图版 149 Plate 149

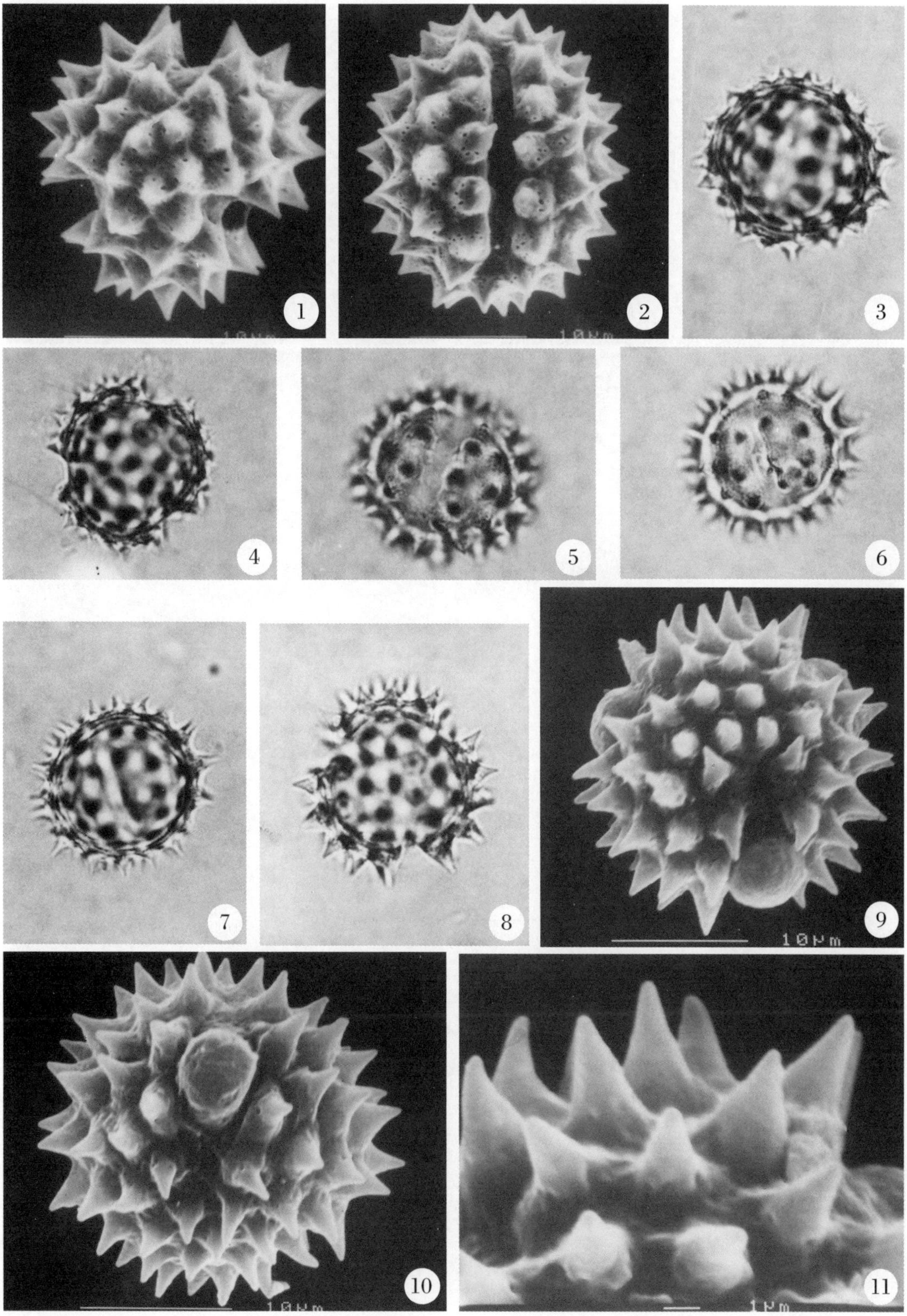

1 2 3 4 5 6 7 8 9 10 11

图版 150 Plate 150

图版 151　　Plate 151

图版 152 Plate 152

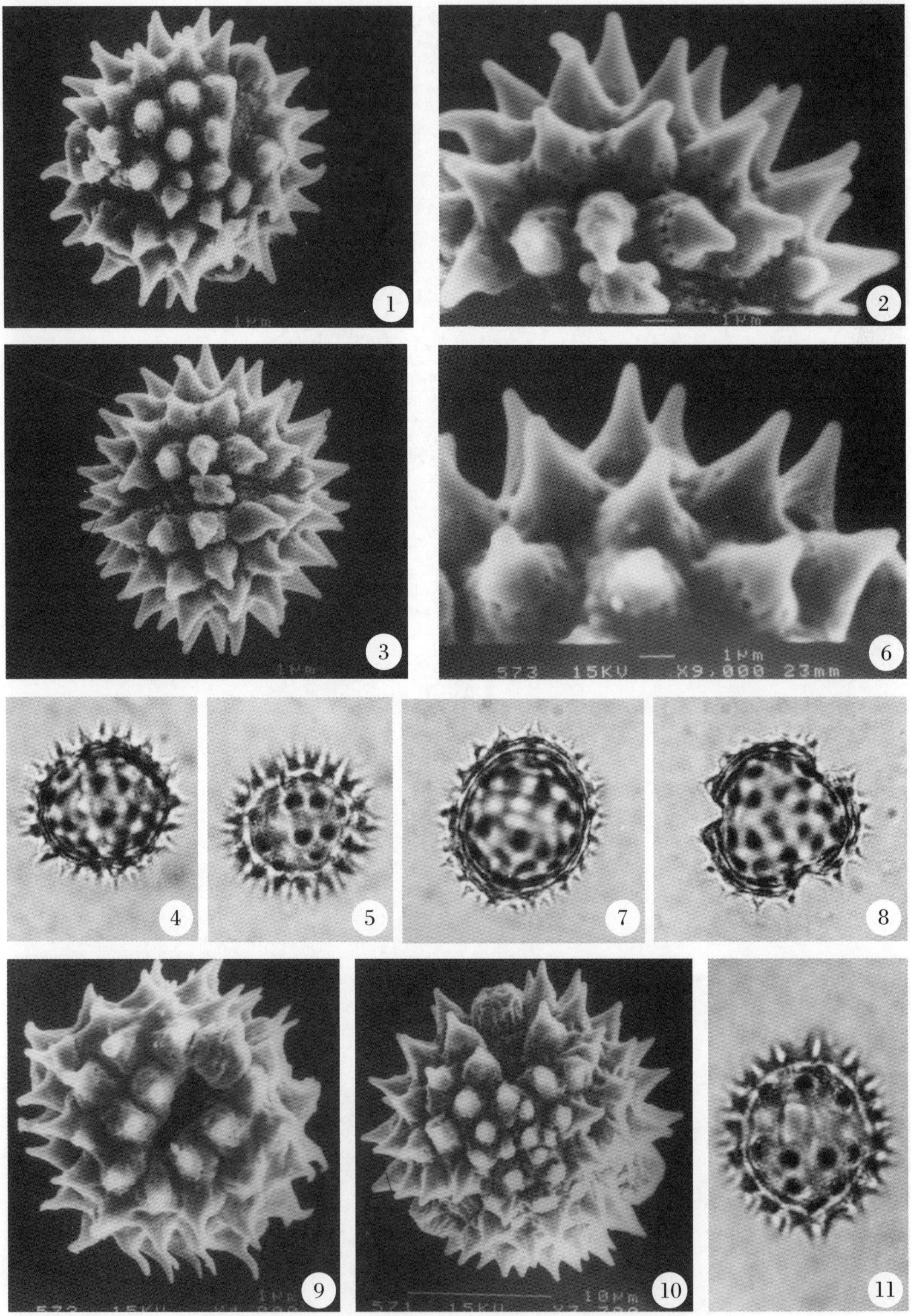

1 2 3 6 4 5 7 8 9 10 11

图版 153 Plate 153

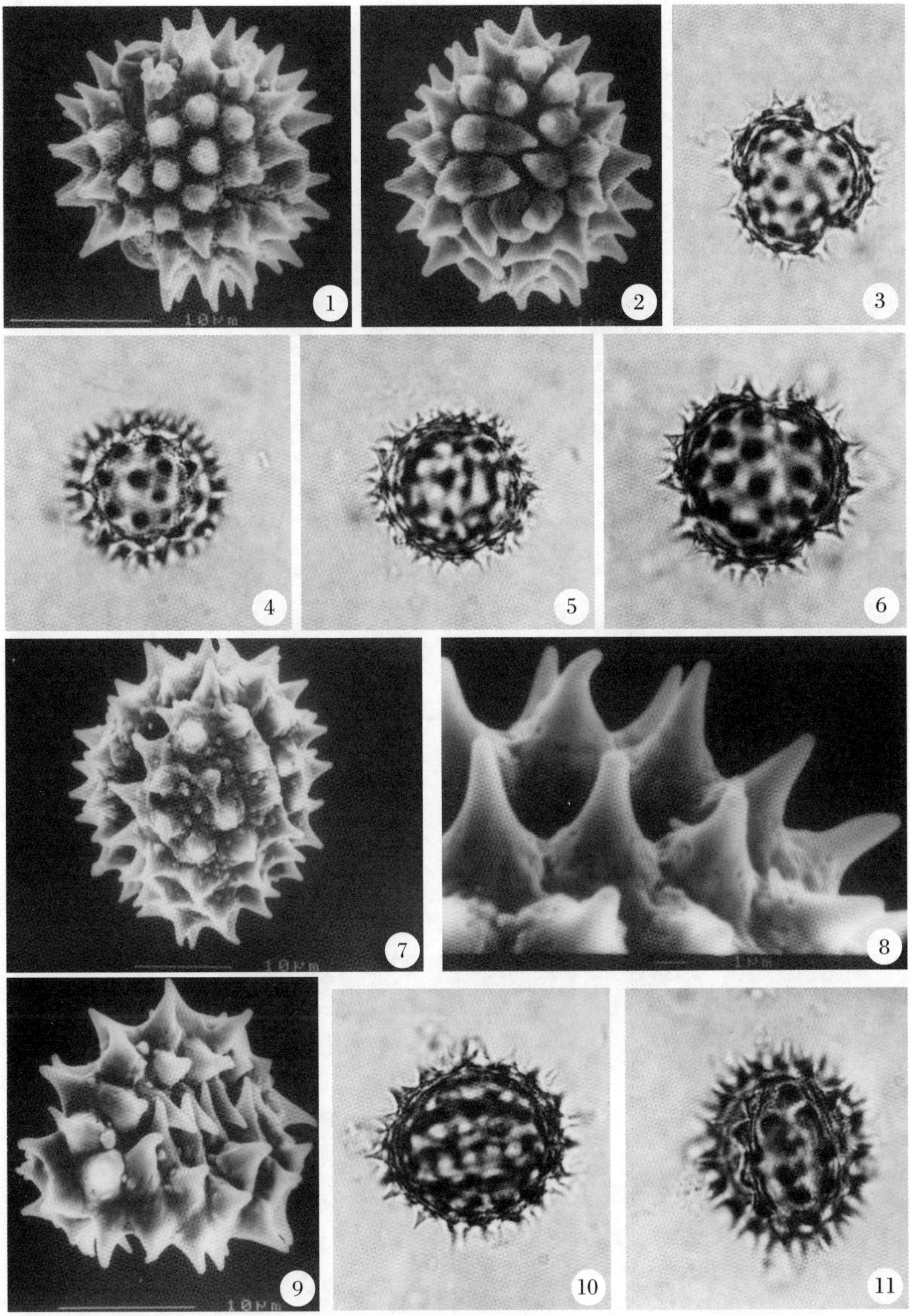

1 2 3
4 5 6
7 8
9 10 11

图版 154 Plate 154

图版 155 Plate 155

图版 156 Plate 156

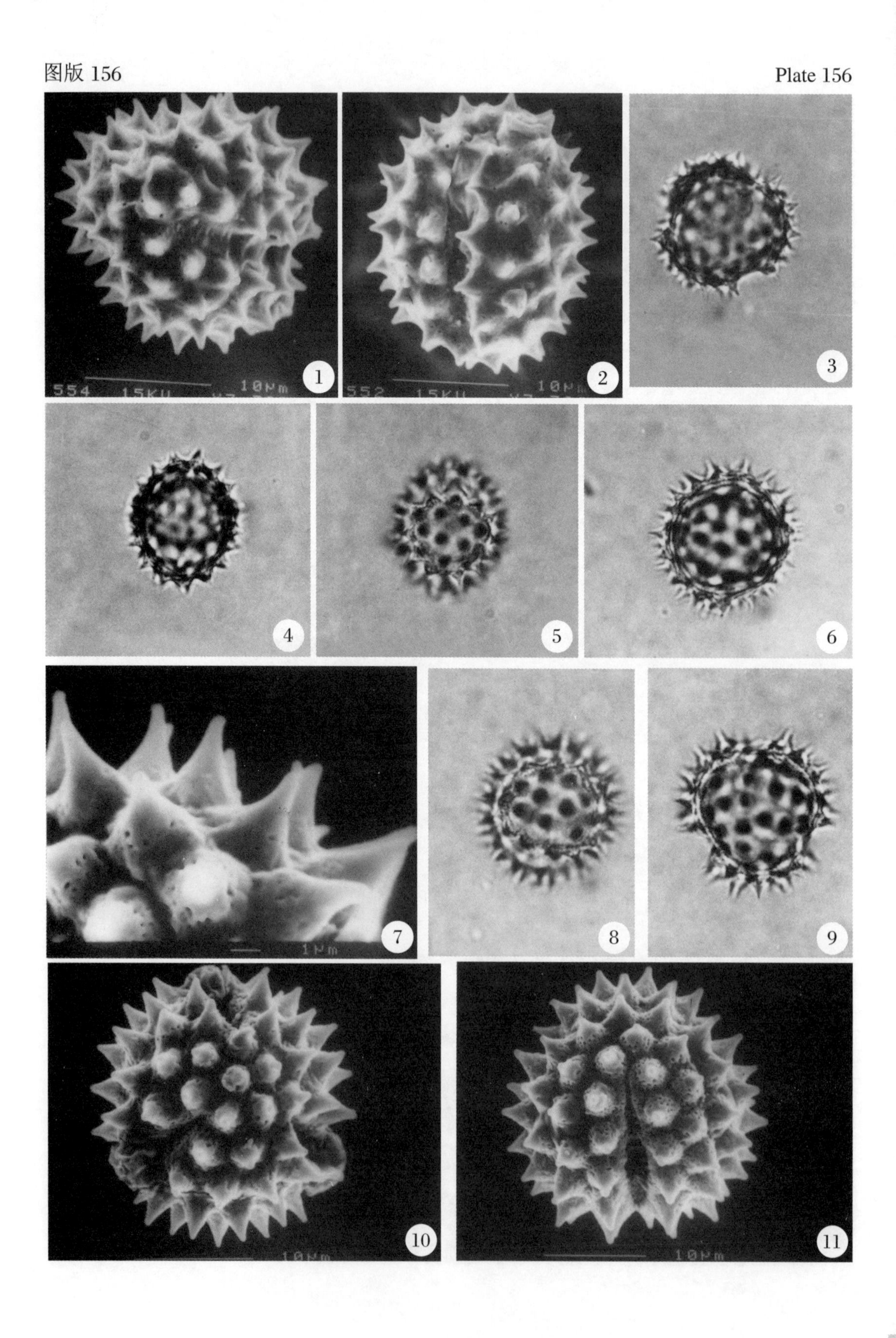

图版 157 Plate 157

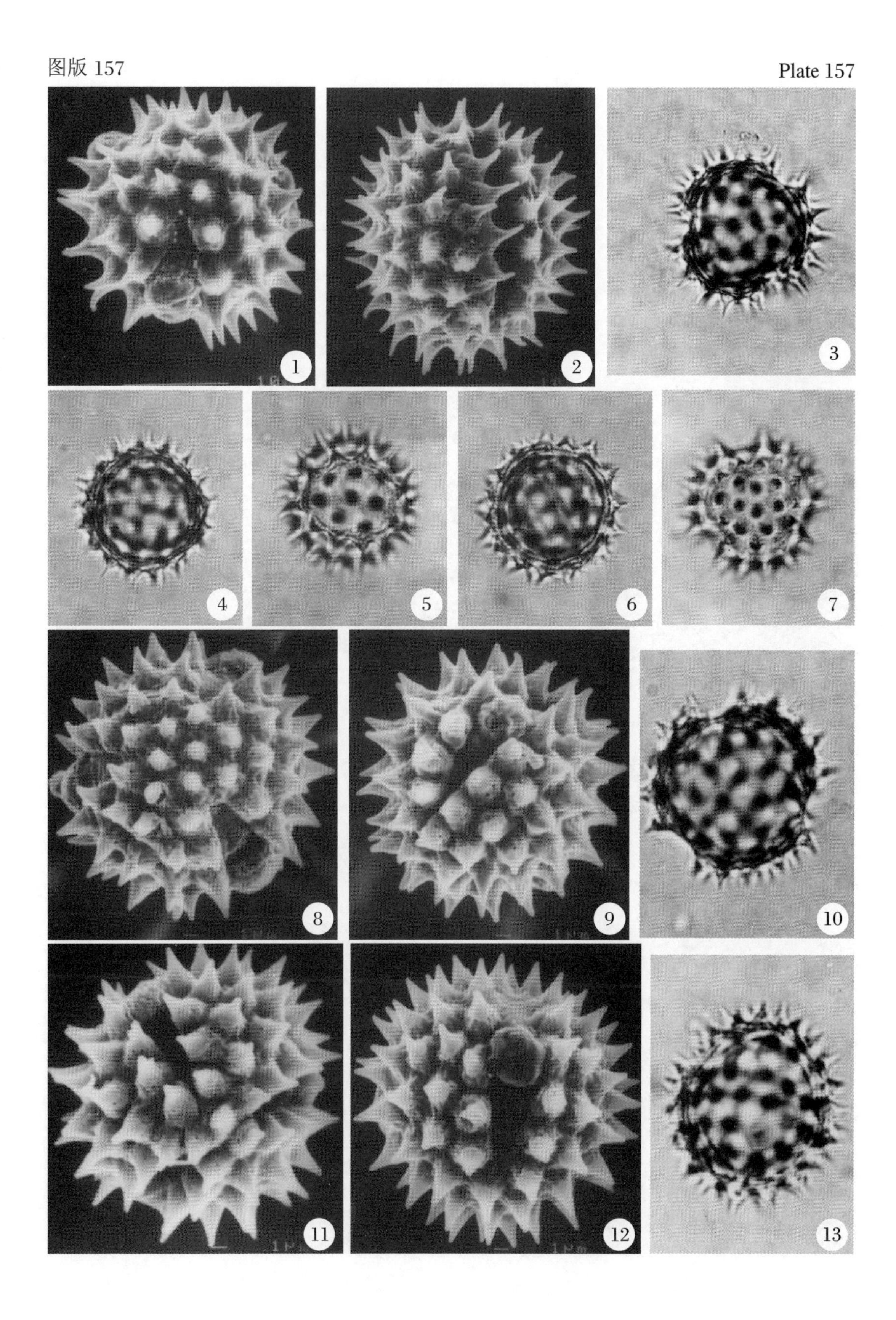

图版 158 Plate 158

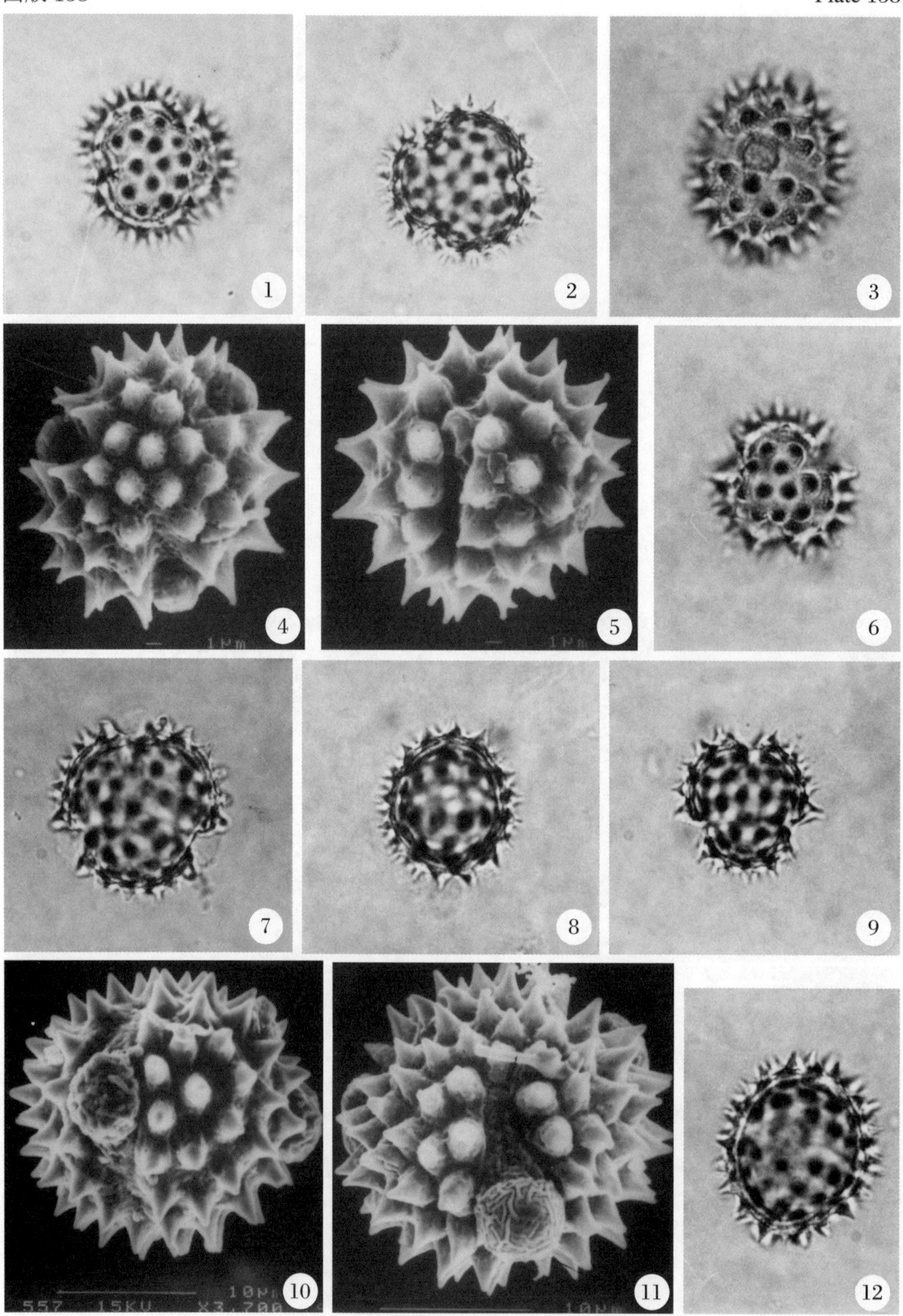

图版 159 Plate 159

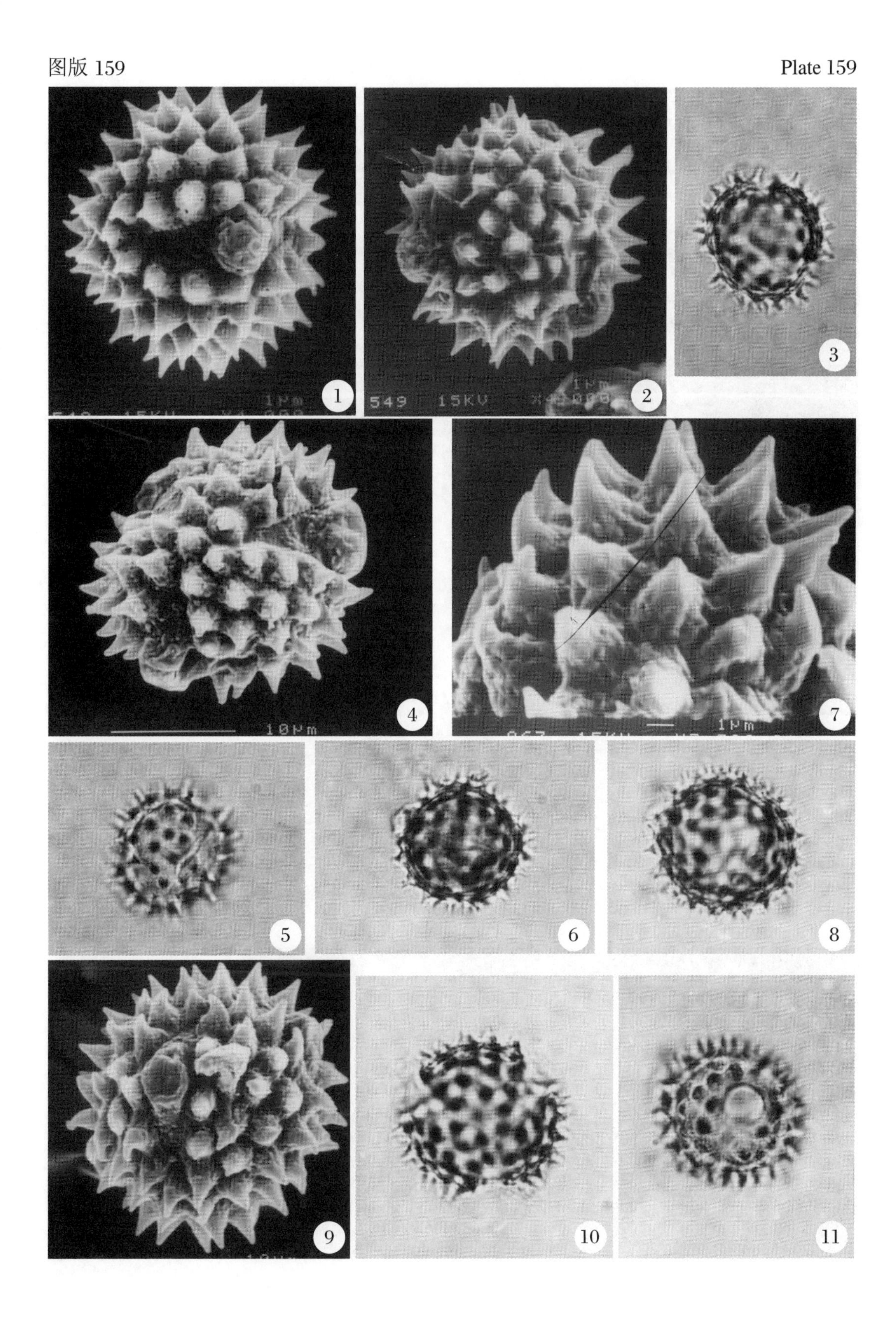

图版 160 Plate 160

图版 161

Plate 161

图版 162 Plate 162

图版 163　　Plate 163

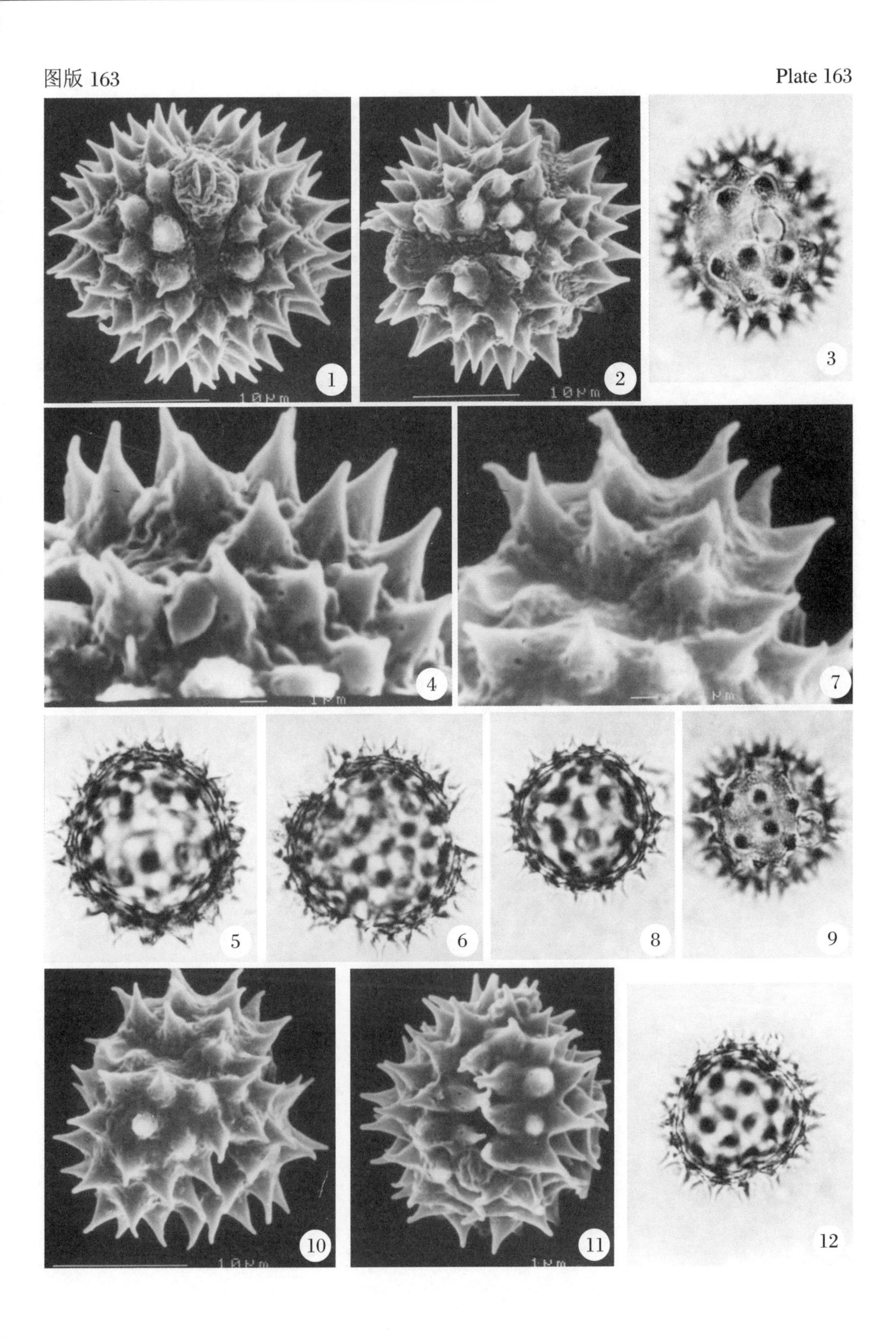

图版 164

Plate 164

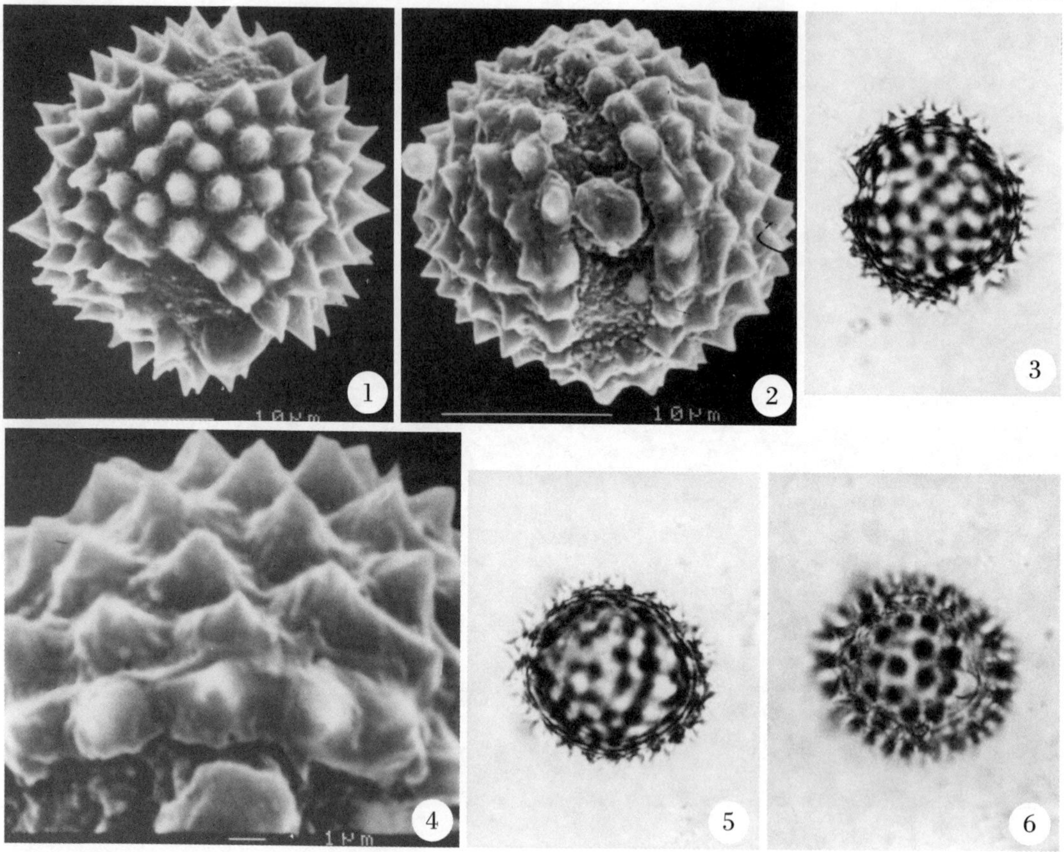

1 10μm

2 10μm

3

4 1μm

5

6

图版 165

Plate 165

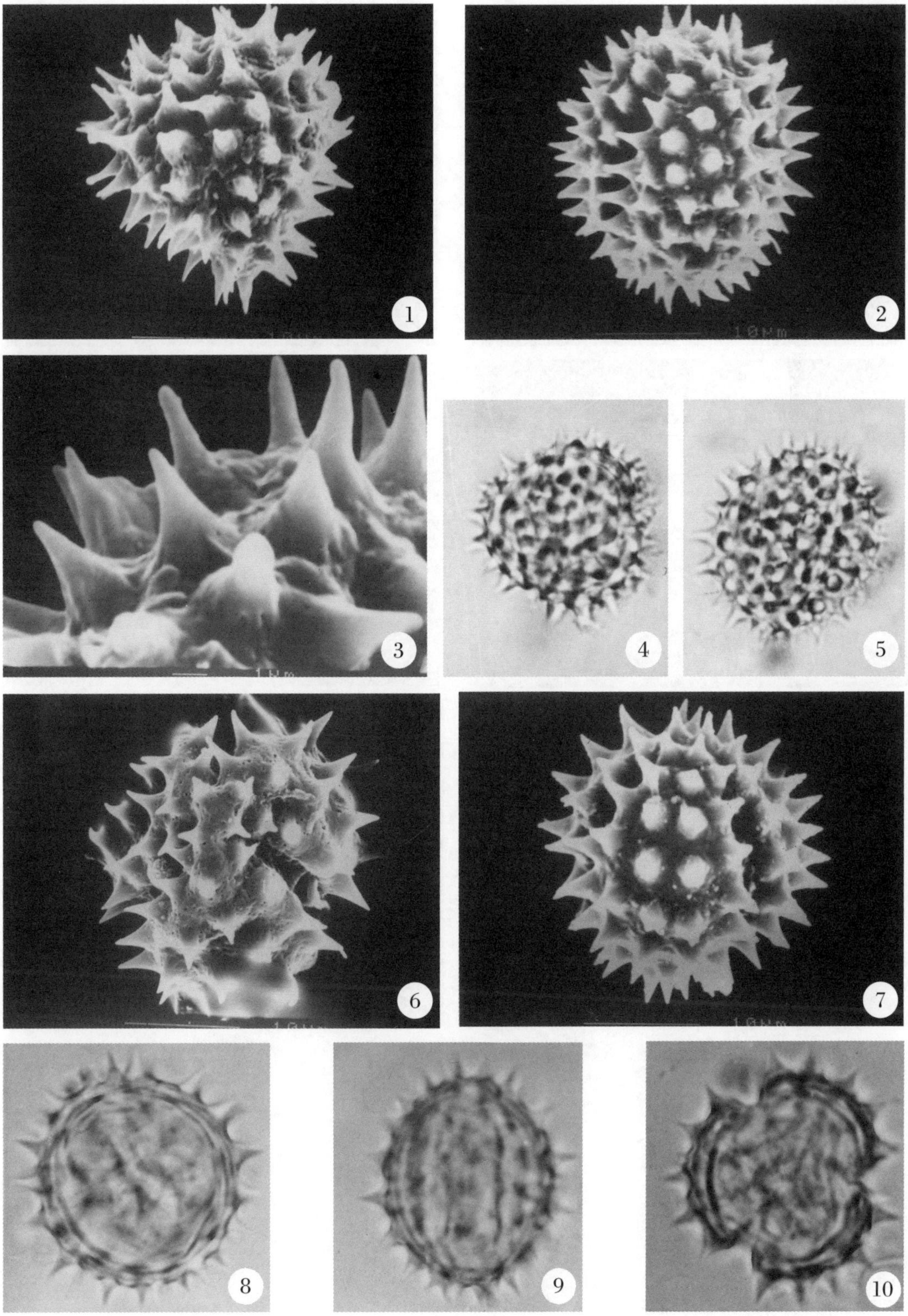

1 2 3 4 5 6 7 8 9 10

图版 166 Plate 166

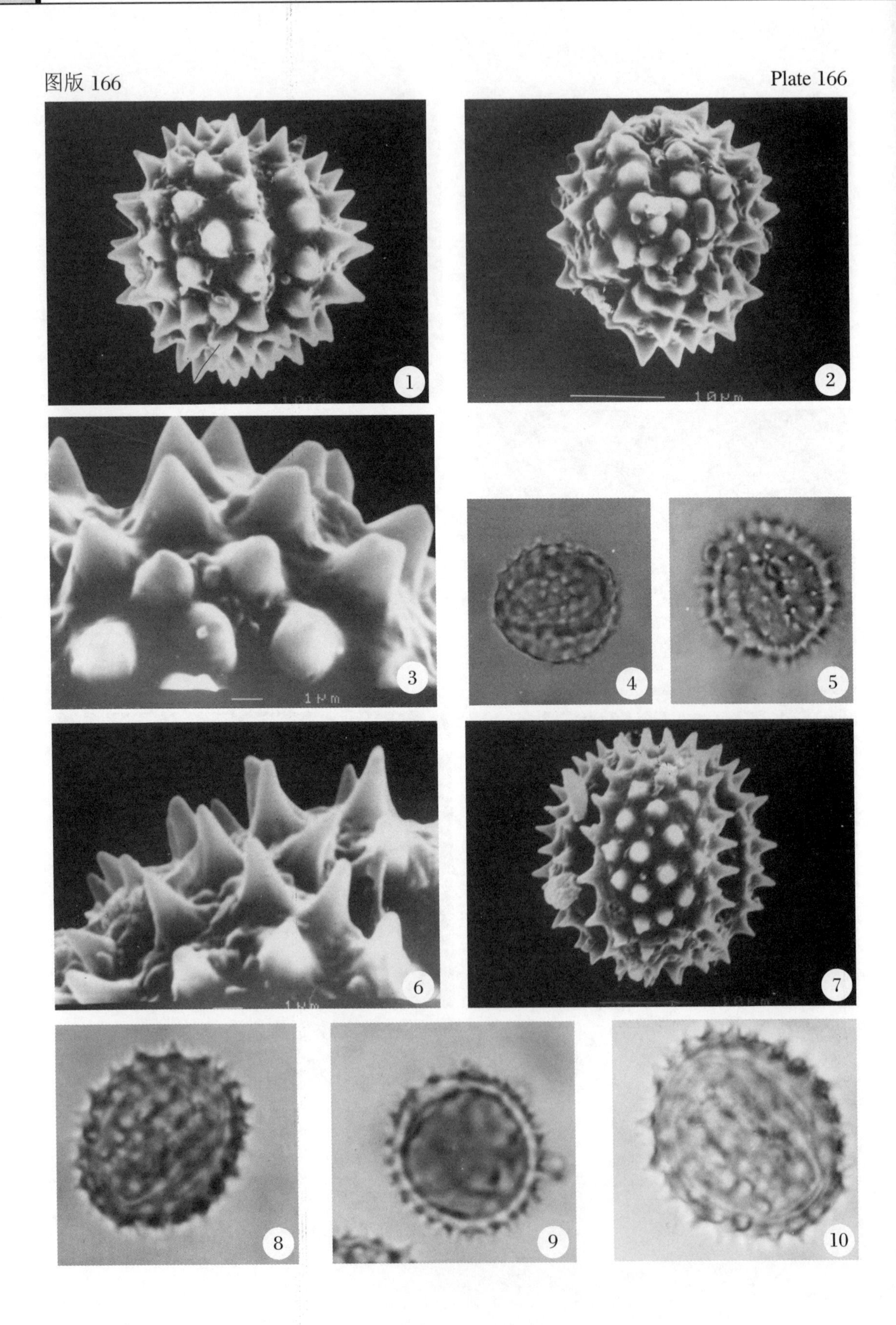

图版 167 Plate 167

图版 168　　Plate 168

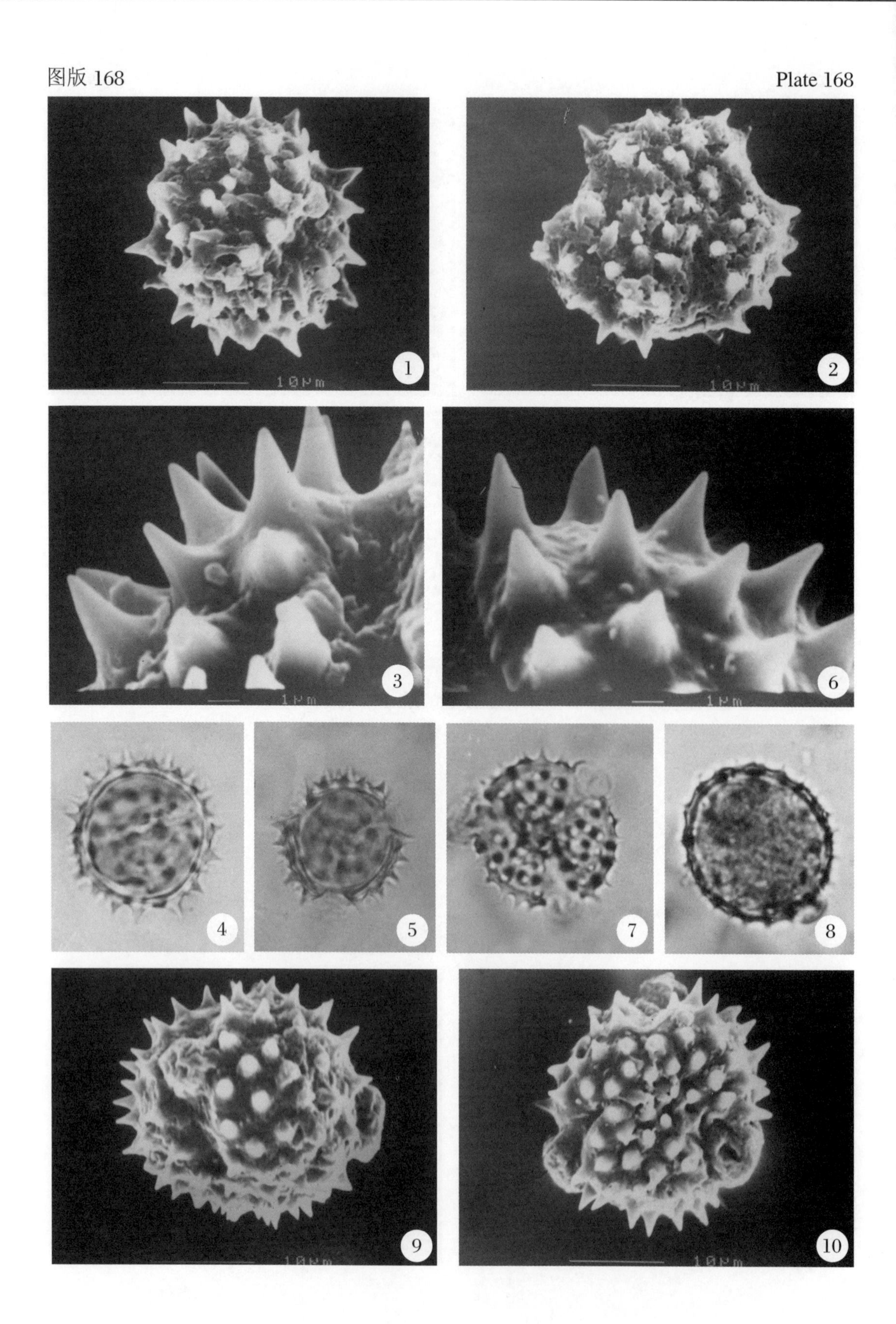

图版 169 Plate 169

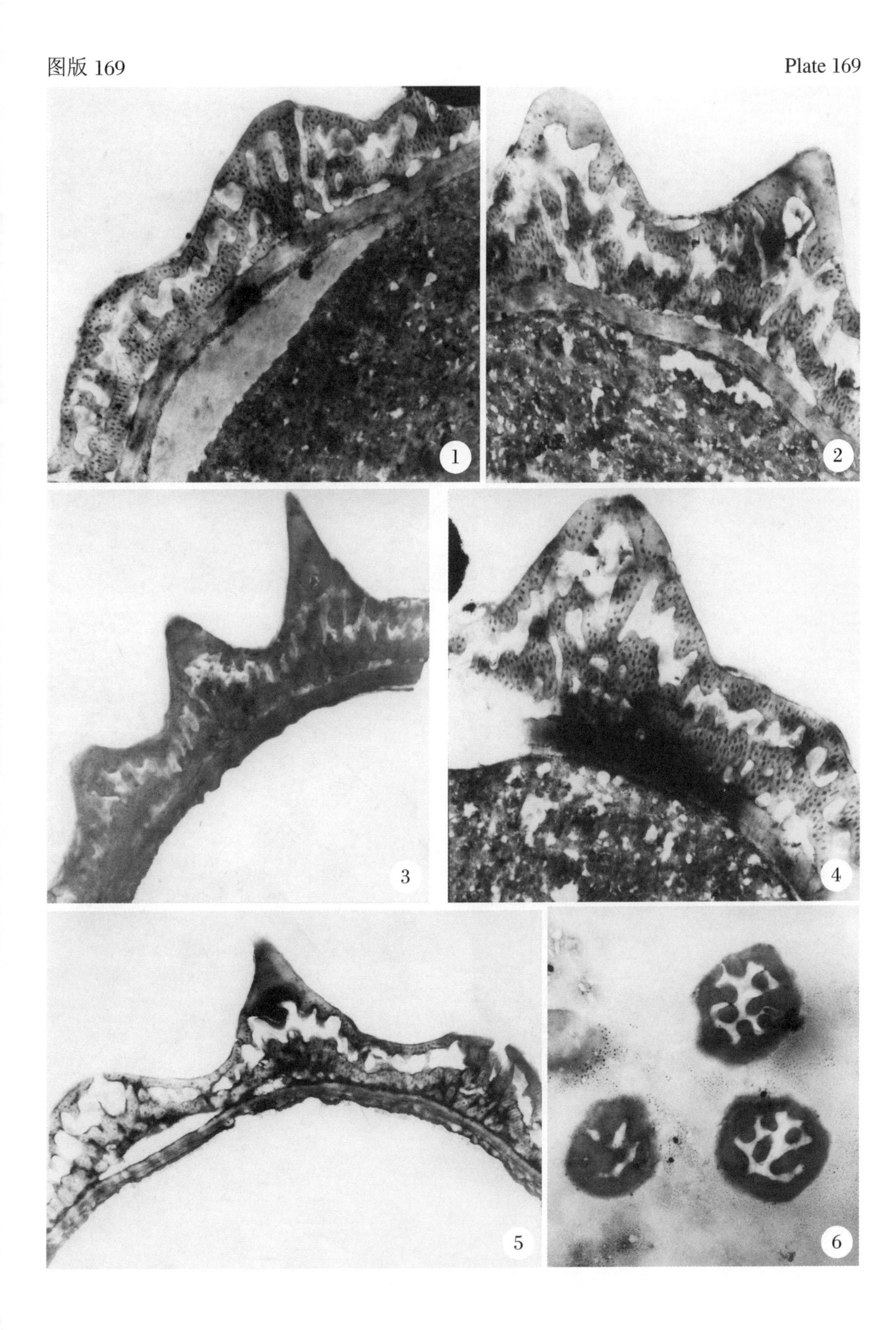

图版 170 Plate 170

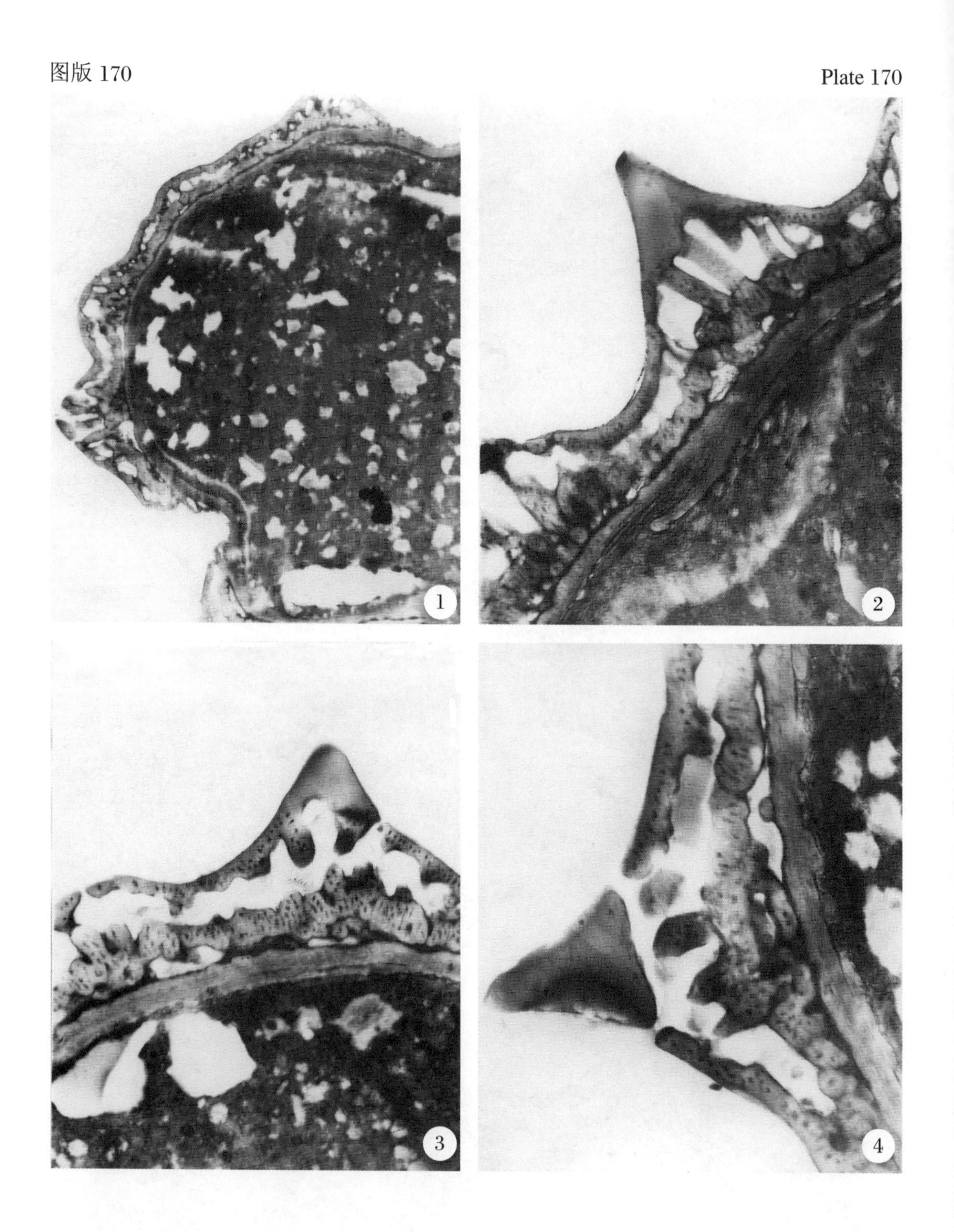

图版 171

Plate 171

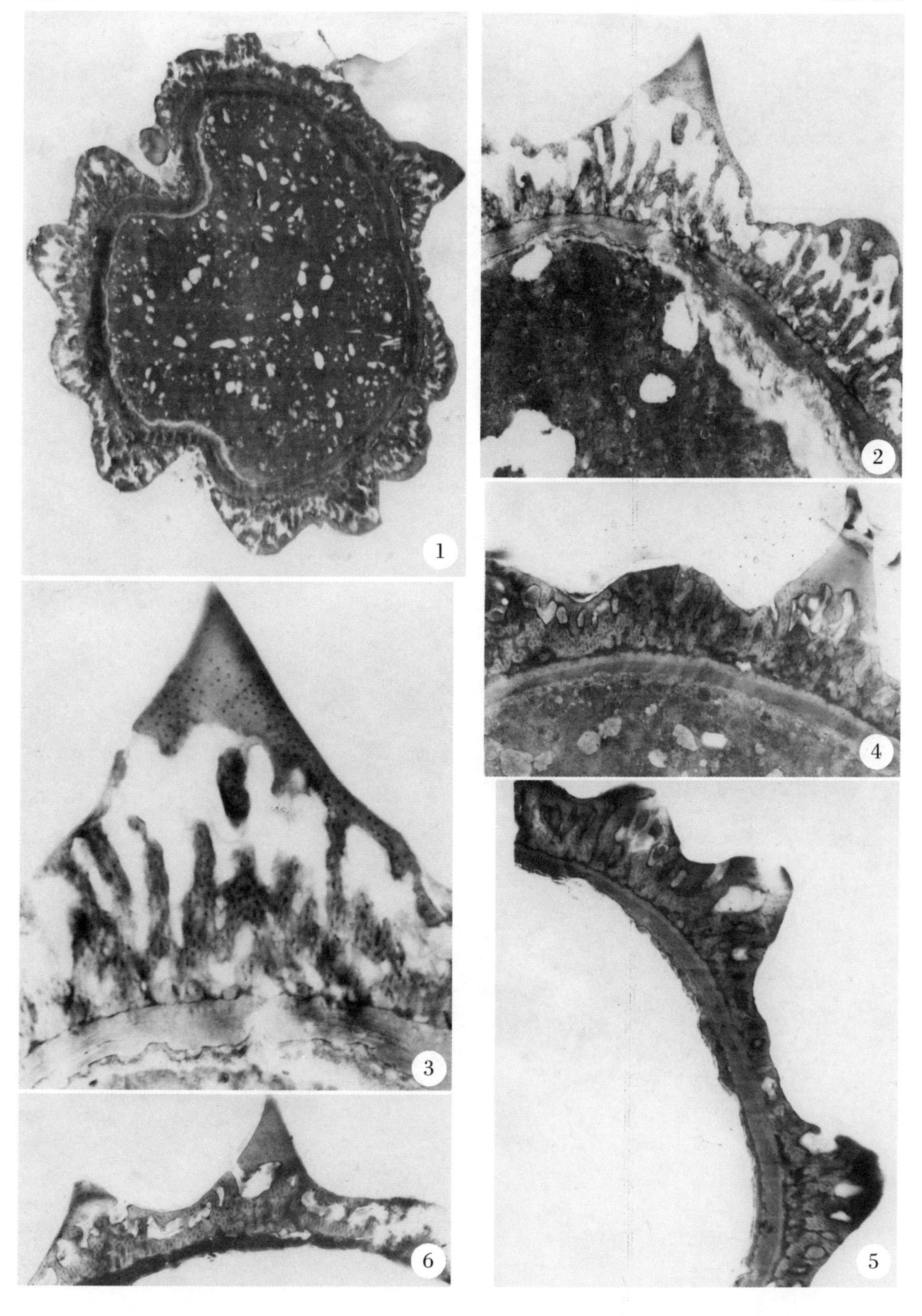

图版 172 Plate 172

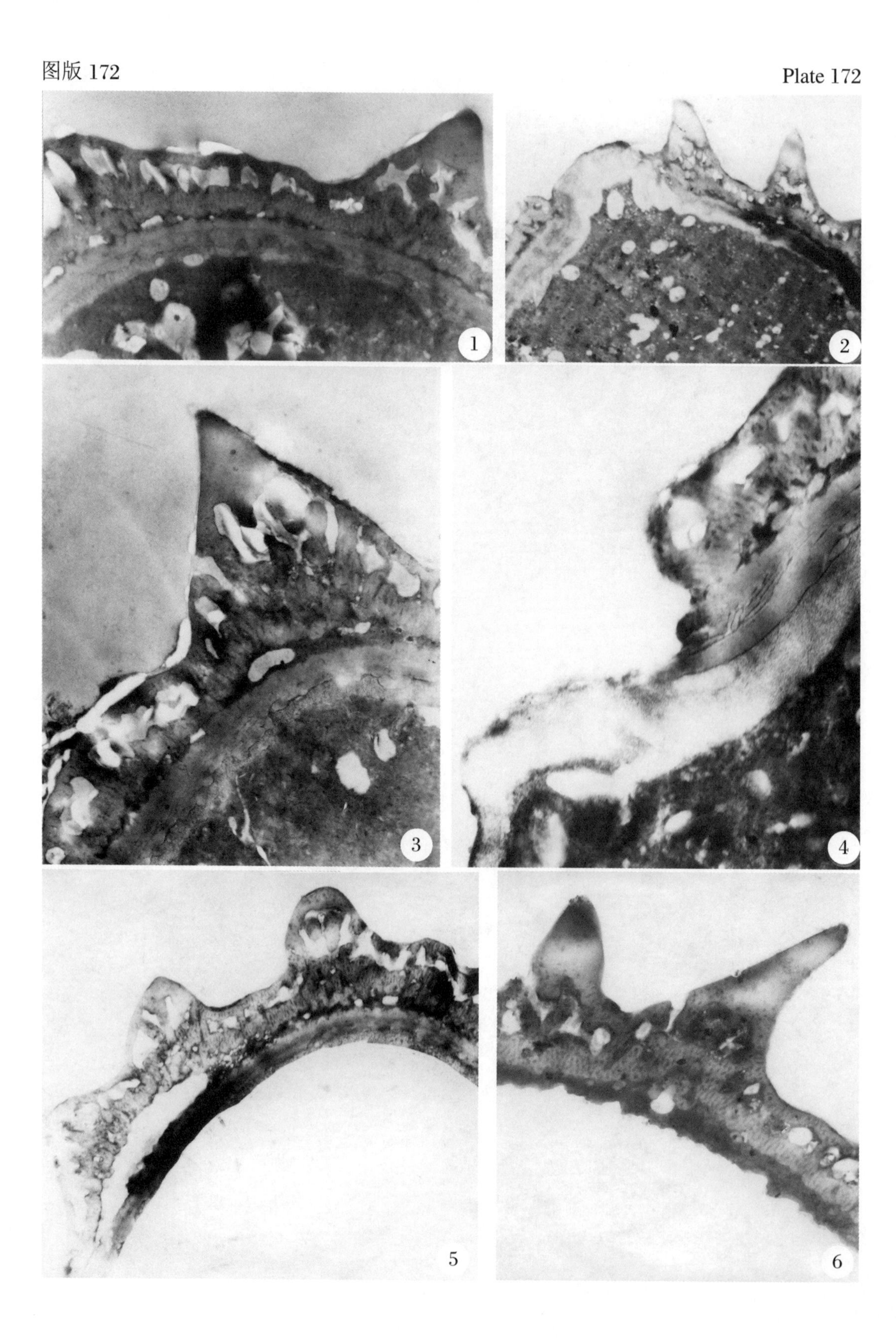

图版 173　　Plate 173

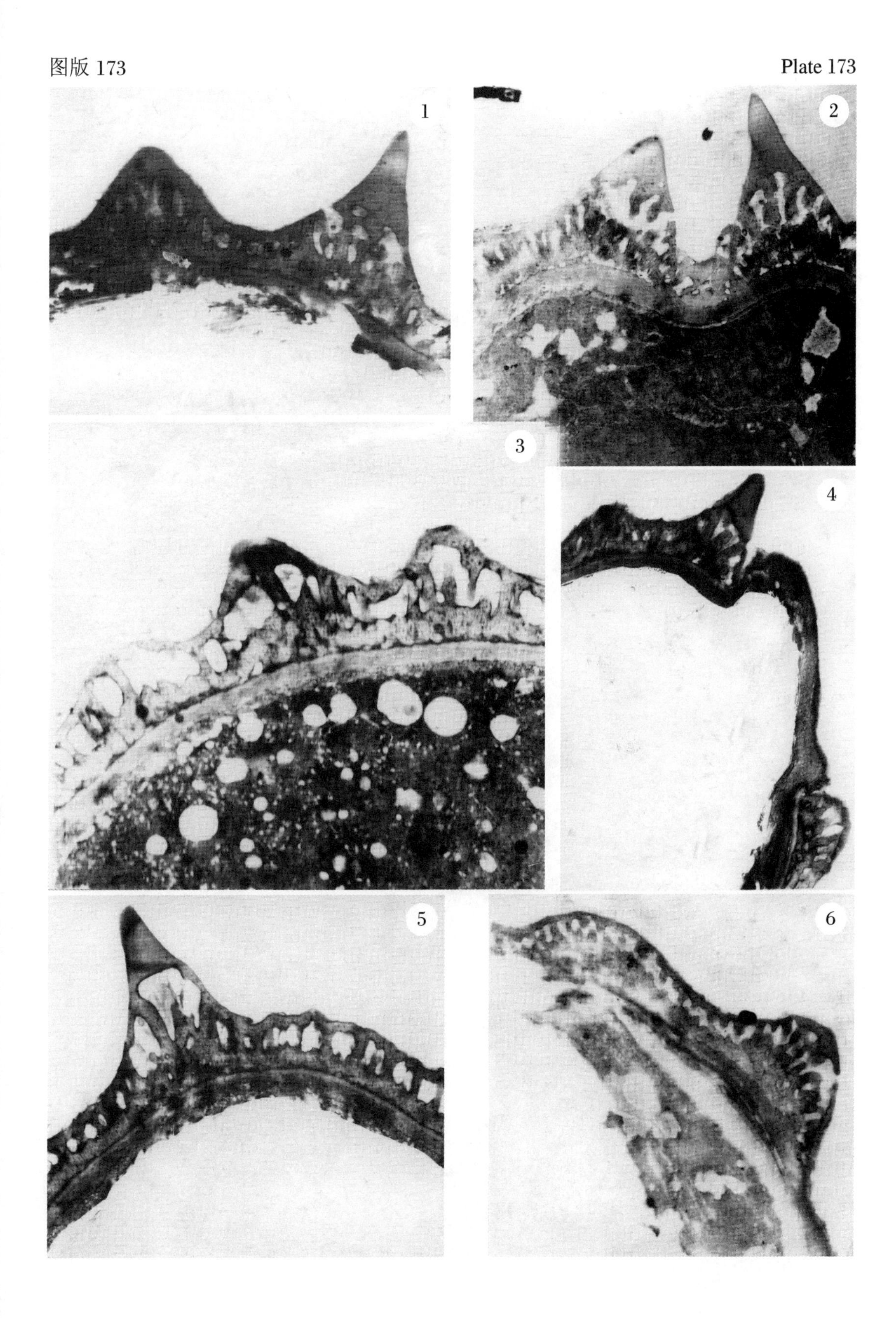

图版 174 Plate 174

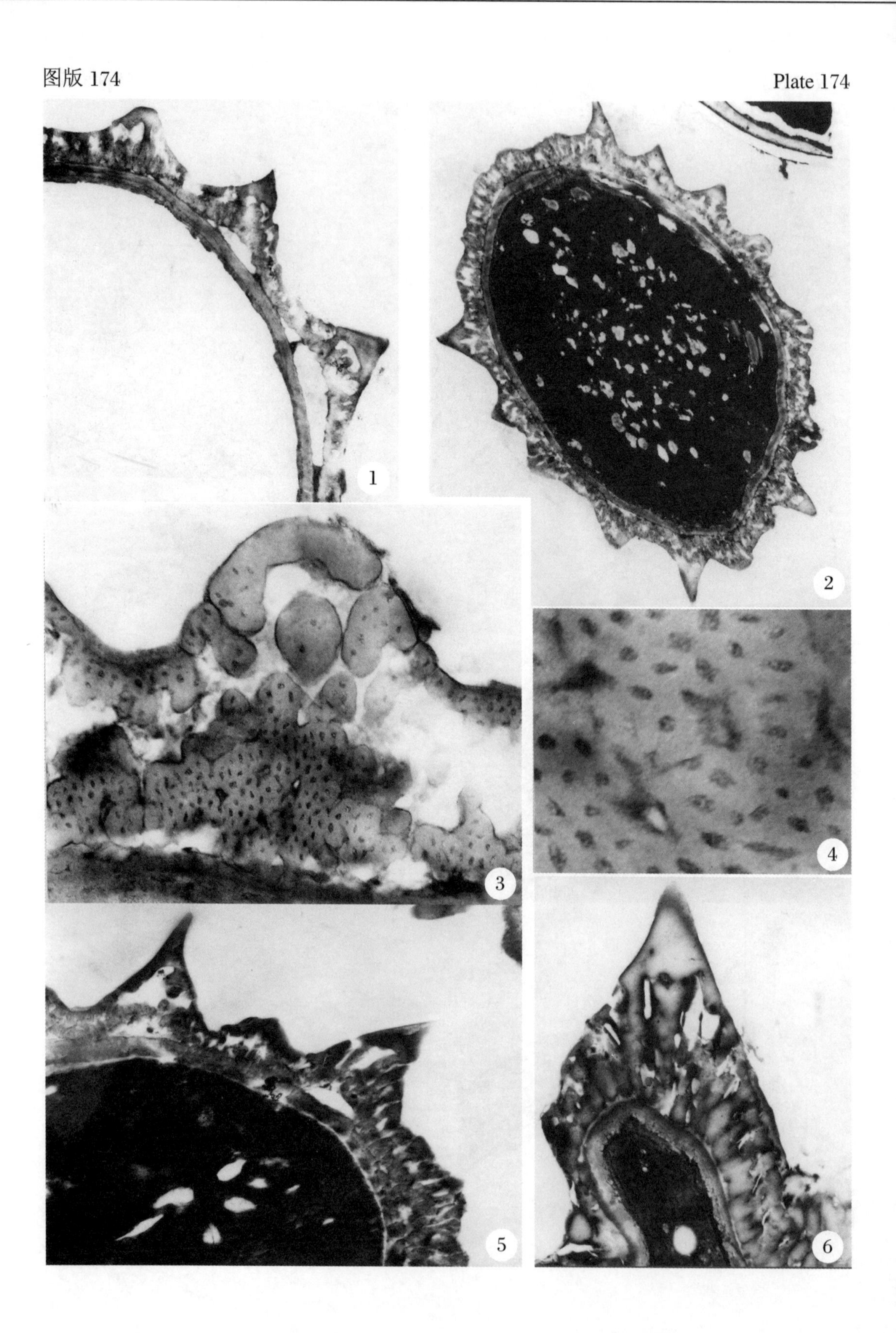

图版 175 Plate 175

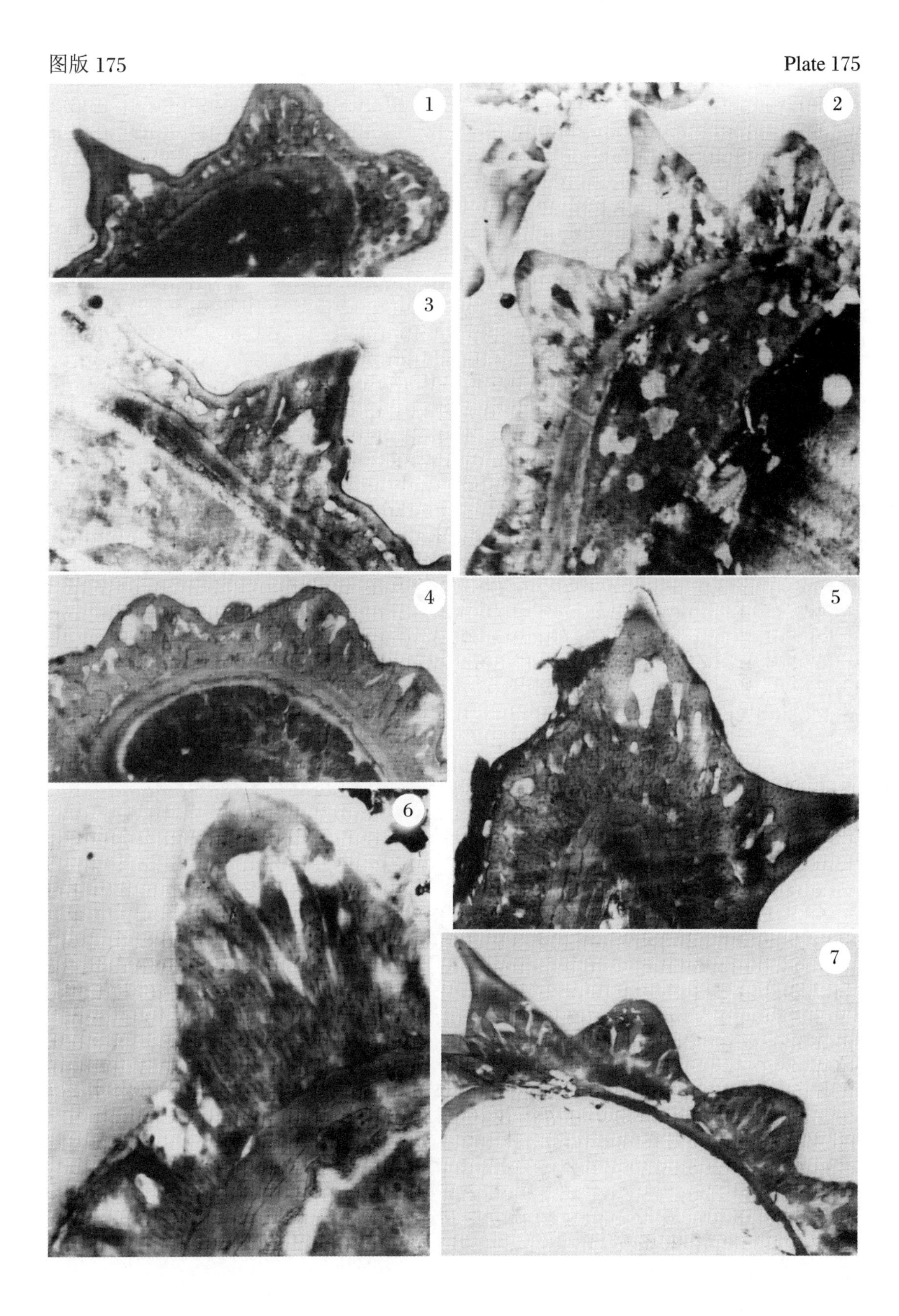

图版 176 Plate 176

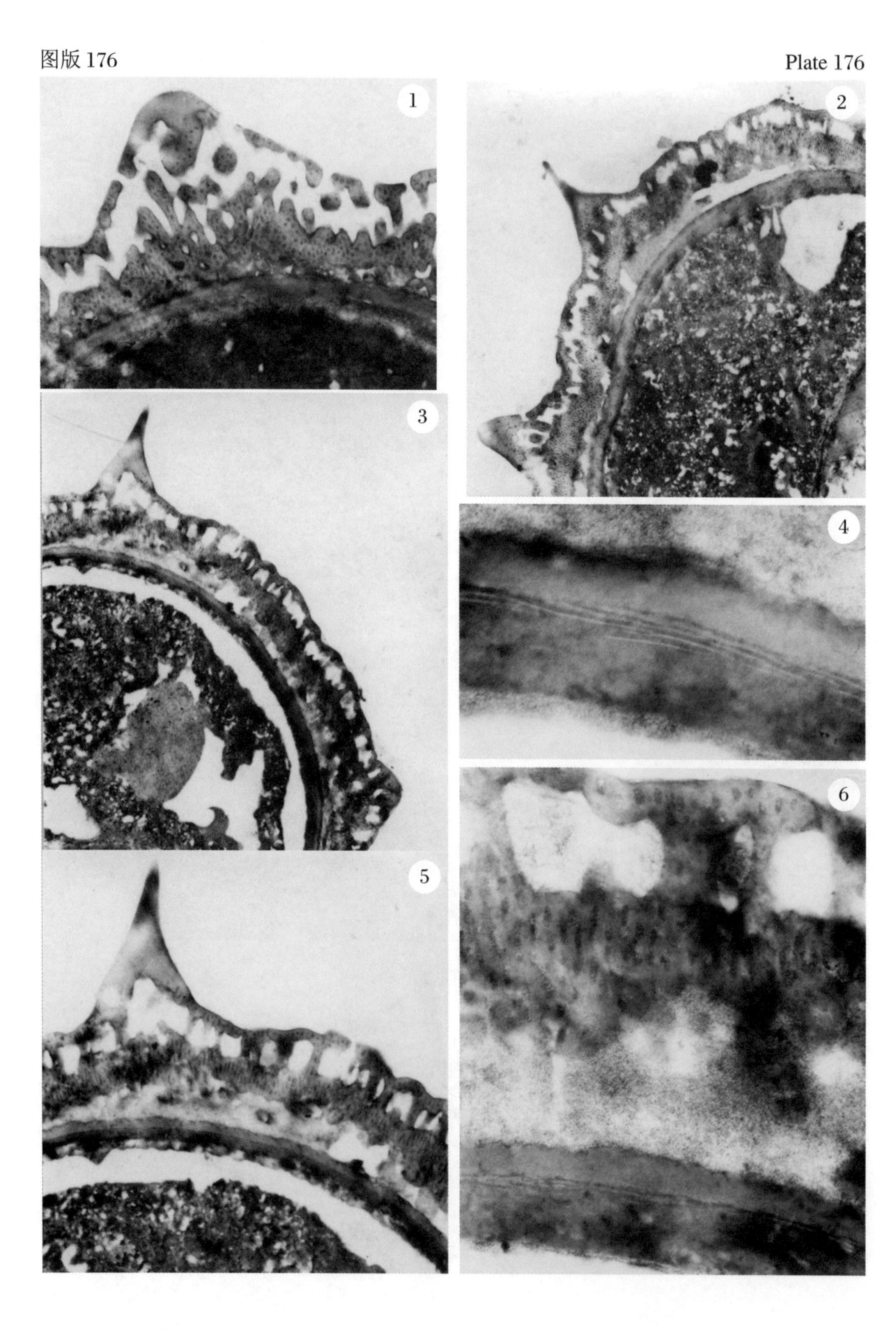

图版 177 Plate 177

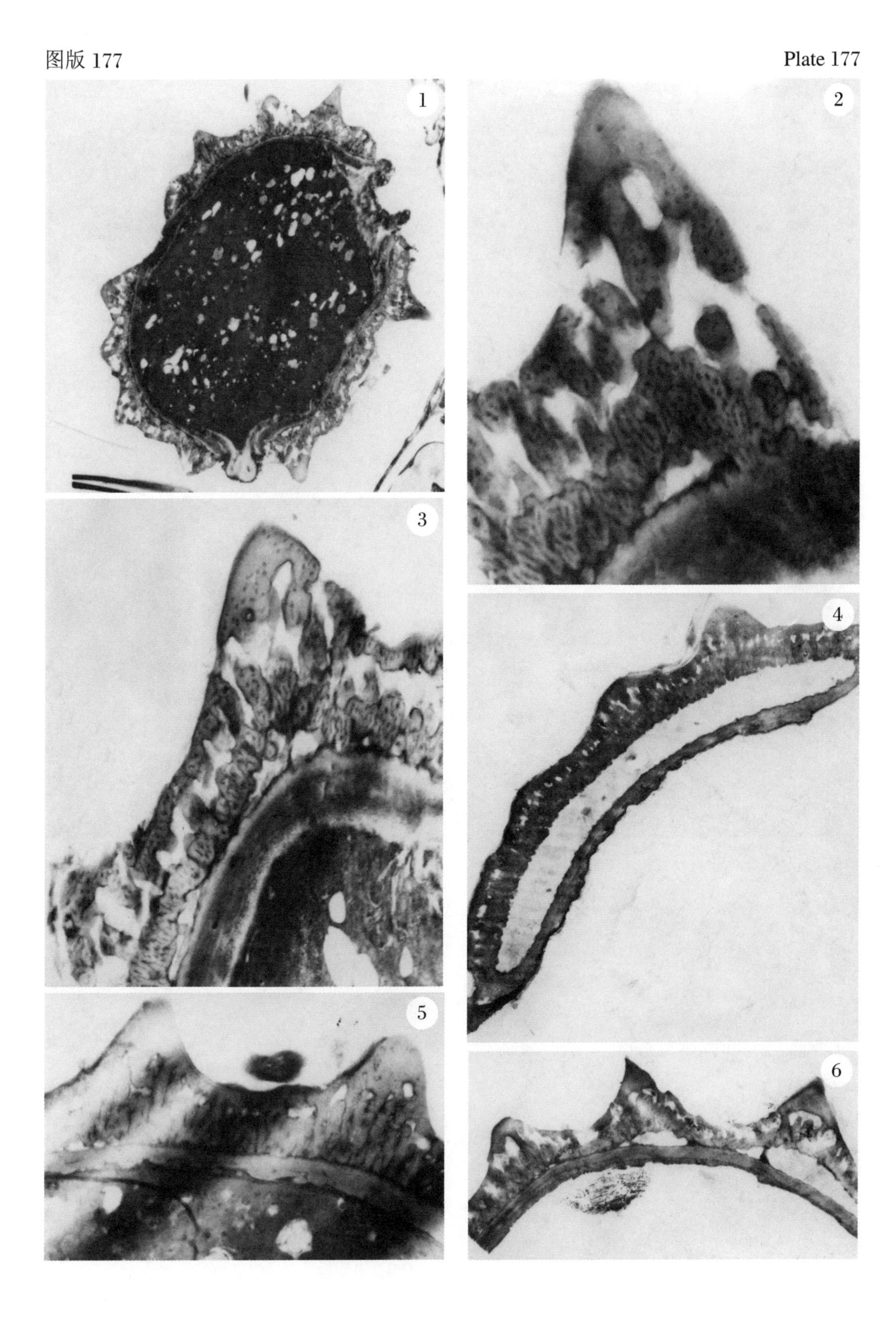

图版 178 Plate 178

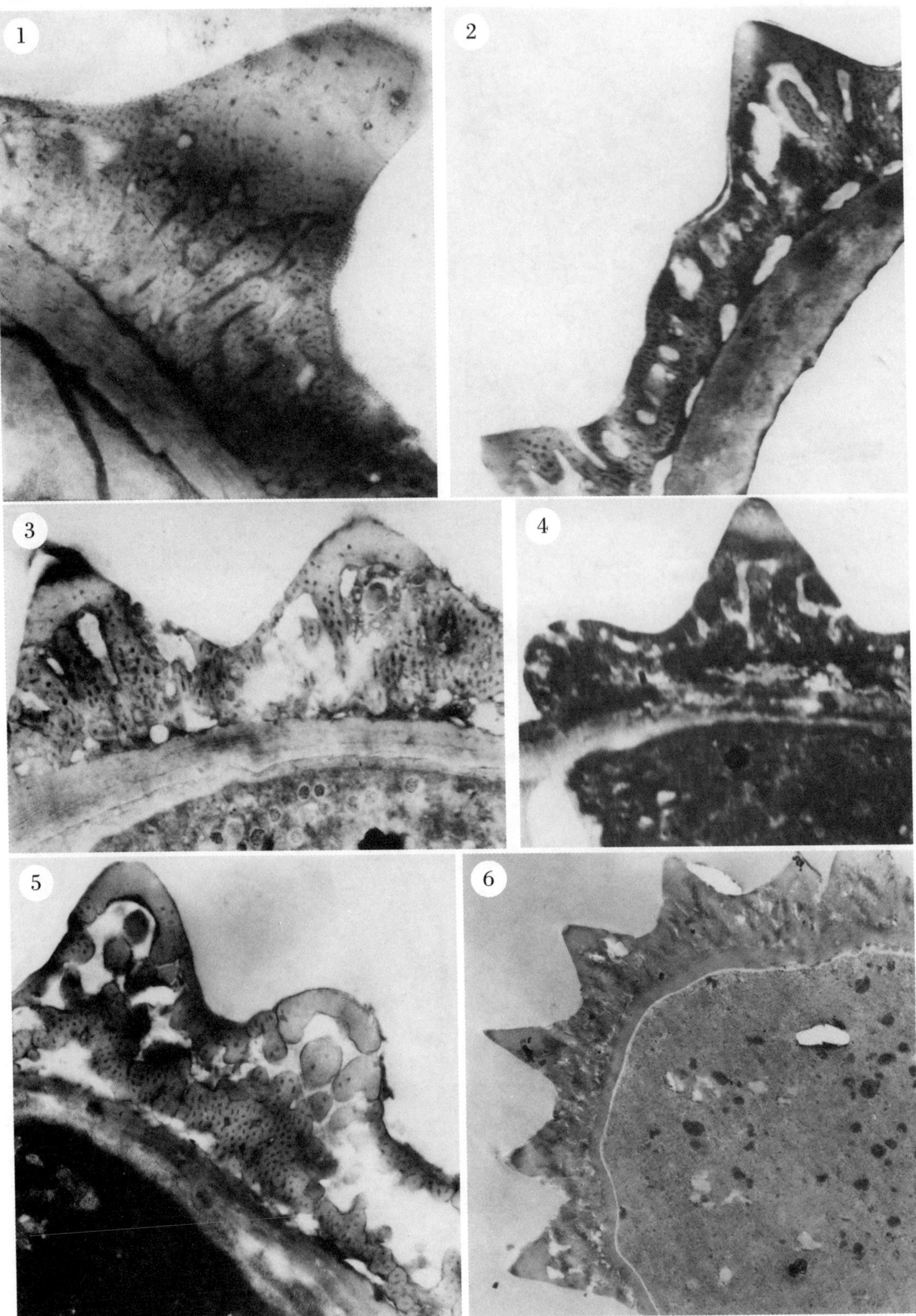

图版 179

Plate 179

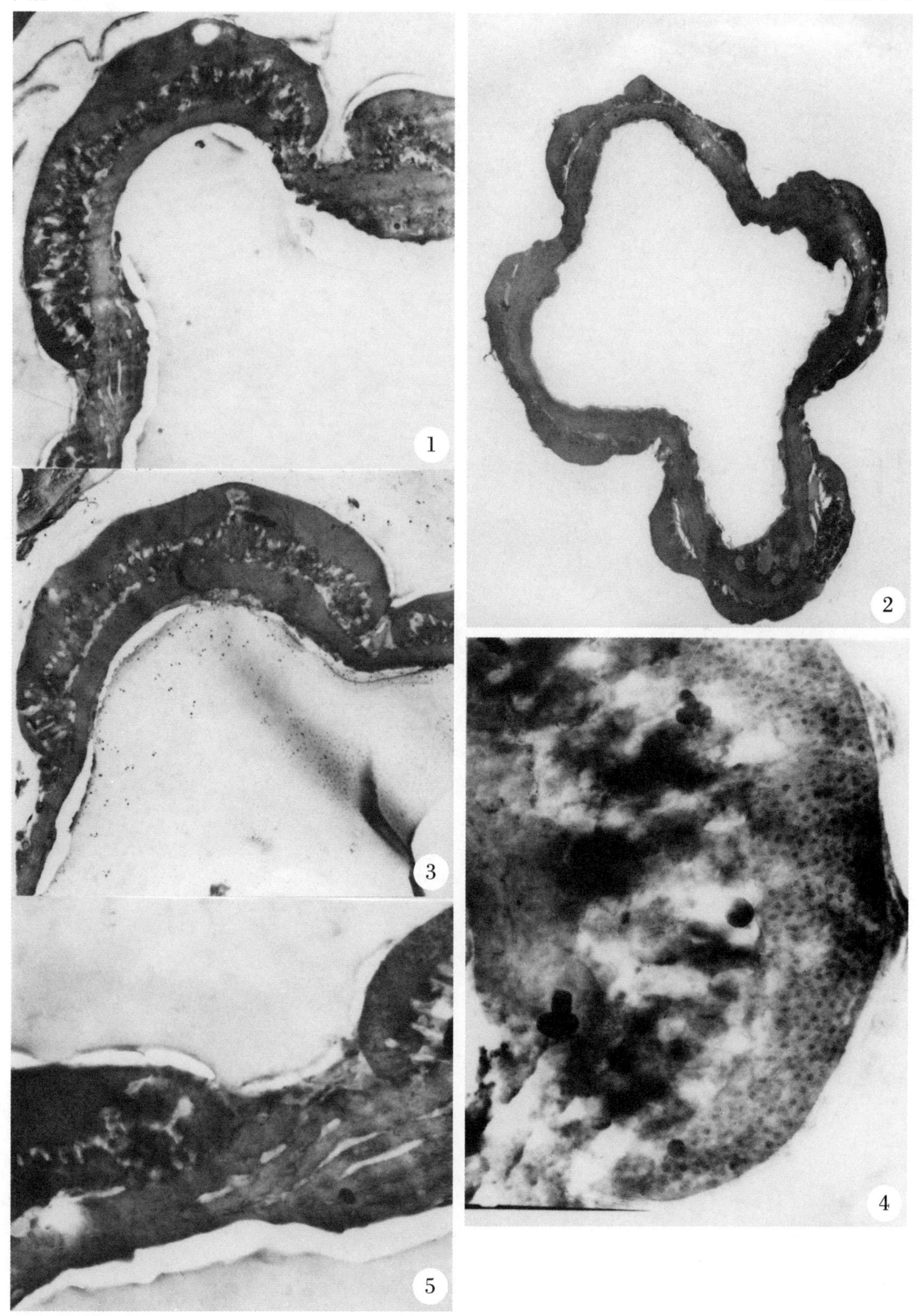